AF468263

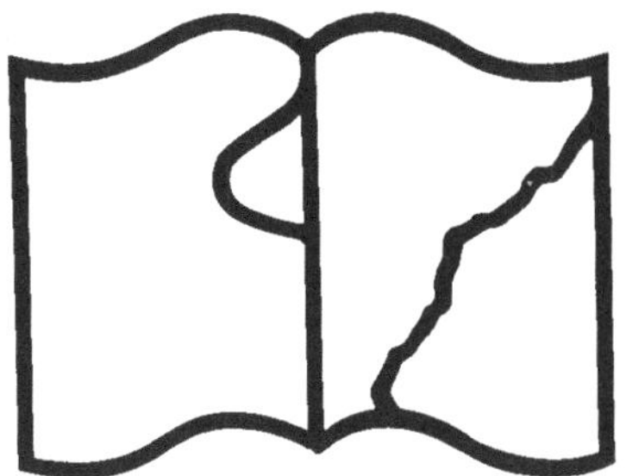

GUIDE DES CONSTRUCTEURS

TRAITÉ COMPLET DES CONNAISSANCES RELATIVES AUX CONSTRUCTIONS

PAR

R. MIGNARD

(7e ÉDITION)

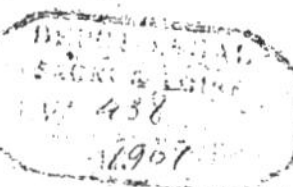

CHARPENTE EN FER

ET

SERRURERIE

PAR

A. L. CORDEAU

Ingénieur des Arts et Manufactures,
Chef des Travaux graphiques à l'École Centrale des Arts et Manufactures,
Professeur à l'École spéciale d'Architecture,
Ex-préparateur du Cours de Constructions civiles au Conservatoire des Arts et Métiers,
Officier de l'Instruction publique.

LIBRAIRIE CENTRALE DES BEAUX-ARTS
ÉMILE LÉVY, ÉDITEUR
13, RUE LAFAYETTE
PARIS

GUIDE DES CONSTRUCTEURS

CHARPENTE EN FER ET SERRURERIE

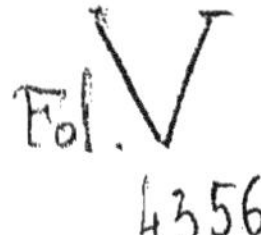

MACON, PROTAT FRÈRES, IMPRIMEURS.

GUIDE DES CONSTRUCTEURS

TRAITÉ COMPLET DES CONNAISSANCES RELATIVES AUX CONSTRUCTIONS

PAR

R. MIGNARD

(7e ÉDITION)

CHARPENTE EN FER

ET

SERRURERIE

PAR

A. L. CORDEAU

Ingénieur des Arts et Manufactures,
Chef des Travaux graphiques à l'École Centrale des Arts et Manufactures,
Professeur à l'École spéciale d'Architecture,
Ex-préparateur du Cours de Constructions civiles au Conservatoire des Arts et Métiers,
Officier de l'Instruction publique.

LIBRAIRIE CENTRALE DES BEAUX-ARTS
ÉMILE LÉVY, ÉDITEUR
13, RUE LAFAYETTE
PARIS

INTRODUCTION

La *serrurerie* est, d'une manière générale, l'art de mettre le fer en œuvre dans les constructions; elle tire son nom de la fabrication des serrures, mais cependant les *serruriers* exécutent tous les travaux comportant l'emploi du fer, et qui peuvent être classés en trois catégories :

1° Les gros ouvrages en fer, tels que planchers, combles, pans de fer, escaliers, etc., rangés sous le nom de *charpente en fer*.

2° Les ouvrages dits de forge, tels que grilles, rampes, balcons, corbeaux, étriers, pentures, pivots, chaînages, etc., comprenant tous les gros fers qui se livrent au poids et qui sont à la charpente en fer ce que la menuiserie est à la charpente en bois; ils constituent la *serrurerie proprement dite*.

3° Les ouvrages qui se tirent des fabriques, tels que serrures, verrous, targettes, paumelles, charnières, etc., qui sont plus spécialement désignés sous le nom de *quincaillerie*. Ces ouvrages sont exécutés mécaniquement dans des usines spéciales, dans des conditions de prix qui défient toute concurrence manuelle; les serruriers peuvent exécuter *à façon* des pièces similaires, mais dont le prix de revient est alors bien plus élevé.

L'emploi du fer remonte à une haute antiquité; il en est parlé dans la Genèse et dans les Annales du Céleste Empire; on a retrouvé des objets de fer travaillé dans les tombeaux de l'Inde et de l'Égypte, dans les ruines de Babylone et de Ninive : les Assyriens l'employaient pour fortifier les pièces de charpente et même comme revêtements; les Phéniciens en faisaient un grand commerce.

Le fer a été connu en Grèce dès l'antiquité la plus reculée; un grand nombre d'auteurs grecs et parmi eux Homère, Hésiode, Aristote, Plutarque, en font mention; les Grecs savaient souder le fer et le tremper.

Les Romains connaissaient la fonte (nucleus) et ils en extrayaient le fer par affinage et martelage. Ils savaient forger et travailler ce métal, puisque Vitruve cite, parmi les outils d'emploi courant, la lime, le ciseau du tailleur de pierre, la scie; les Romains devaient certainement fabriquer ces outils avec des fers aciéreux qu'ils savaient tremper; peut-être, dans certains cas, arrivèrent-ils à produire de l'acier. Vitruve parle encore de l'emploi du fer pour les appareils de levage, les moufles, chaînes, leviers, pinces, boulons, etc. Cependant, le fer ne fut jamais, dans l'antiquité, employé qu'à la confection d'objets de faible poids : clous, crampons, gonds, pivots, poignées de portes, pièces de scellement des chambranles, linteaux et huisseries. On a trouvé des serrures en fer et en bronze à Pompéi, et même des cadenas.

La période qui suivit la chute de l'Empire romain fut une époque de décadence pour la serrurerie, qui ne reprit son essor que vers le XIIe siècle. Les procédés de fabrication du fer, usités à cette époque, avaient l'avantage de fournir un métal très tenace, ductile et malléable, grâce aux vigoureux martelages destinés à transformer en barres ou en plaques les lopins provenant de l'affinage de la fonte ; le métal, facilement soudable, se travaillait bien au marteau, permettant au forgeron, devenu un véritable artiste, de créer ces œuvres de serrurerie fine qui sont aujourd'hui pour les hommes du métier un sujet d'étonnement et d'admiration.

L'absence des moyens mécaniques ne permettait pas d'obtenir des lopins et par suite des barres d'un poids élevé ; les barres atteignant 150 kilogrammes furent rares, jusqu'au XVIIe siècle ; de sorte que les applications du fer à la grosse serrurerie ne purent se développer que tardivement. A partir de cette époque, et jusqu'à la fin du XVIIIe siècle, où l'on voit l'architecte Louis exécuter en fer forgé le comble du Théâtre-Français, on employa le fer en barres dont la longueur atteignait 4 mètres et plus, mais encore bien timidement, et pour des travaux de peu d'importance.

C'est seulement du jour où l'emploi de la vapeur permit d'actionner de puissantes machines, et de produire du fer en masses importantes, que la charpente en fer put prendre le développement prodigieux auquel elle est arrivée aujourd'hui. L'établissement des chemins de fer eut, à ce point de vue, une influence considérable ; pour pouvoir produire les rails de fer, l'industrie métallurgique dut transformer peu à peu son outillage ; l'application et les perfectionnements du laminoir permirent alors de donner aux barres de fer des formes variées, fers à vitrages et à moulures, d'abord produits par les forges de Montataire et celles de la Providence, puis fers à double T, fers cornières, fers à T, etc., convenant aux divers besoins de la construction.

En même temps, d'autres exigences avaient surgi ; l'établissement d'ouvrages d'art à grandes portées, de vastes bâtiments pour les gares, les halles à marchandises et les remises pour les matériel, ne devenaient possibles que grâce à l'emploi du métal. Le nouveau mode de construction se généralisa peu à peu ; on transforma successivement les différentes parties de la charpente des édifices, pour lesquelles l'emploi du bois, sujet à se détruire ou à propager l'incendie, pouvait présenter quelque inconvénient : poitrails, planchers, combles, pans, etc. La difficulté de se procurer des bois de grandes dimensions et l'élévation croissante de leur prix ont encore favorisé le développement des constructions métalliques.

Le métal s'est ainsi substitué peu à peu au bois et à la pierre dans la presque totalité des applications ; les architectes, après en avoir d'abord repoussé ou dissimulé l'emploi, ont fini par l'accepter franchement ; leurs recherches et leurs efforts pour tenter de faire participer le métal à la décoration des édifices ont été couronnés de succès, ainsi qu'en témoignent les Halles Centrales, les grandes gares de chemins de fer, les Palais des Expositions universelles, et tant d'autres édifices publics ou particuliers dont le caractère architectural ne saurait être contesté.

L'emploi du fer a permis de résoudre des problèmes de construction réputés jusqu'ici insolubles, et cela grâce à la grande résistance qu'il présente sous un faible volume aussi bien à l'extension qu'à la compression et grâce à ses facultés d'assemblage.

La pierre ne peut supporter que des efforts de compression ; elle résiste fort mal à la flexion. Il en résulte qu'elle ne devra servir à constituer que des piliers verticaux, de courts linteaux, ou des voûtes ; d'où deux systèmes de construction : la plate-bande et la voûte. Le premier exige des points d'appui rapprochés et massifs ; le second permet de franchir sans appuis intermédiaires des portées assez considérables, mais cependant limitées par les difficultés d'exécution et par la résistance de la pierre.

Le bois est, comme le fer, un matériau à résistances symétriques, résistant aussi bien à la traction qu'à la compression ; il est par conséquent très propre, comme le fer, à constituer la plupart des organes de la construction que la pierre ne peut fournir, et en particulier des pièces soumises à des efforts de flexion. Mais ses résistances sont faibles, et dès que les portées grandissent, les pièces doivent avoir des dimensions transversales considérables, ou être constituées de pièces plus petites assemblées entre elles ; elles deviennent alors fort coûteuses.

En outre, les assemblages des bois sont toujours imparfaits, en ce sens qu'ils ne peuvent pas résister par eux-mêmes à des efforts susceptibles de séparer les pièces et qu'on est obligé, dans le cas où ils sont soumis à des efforts de ce genre, de les consolider par des ferrements ; ils constituent toujours des points faibles dans la construction.

Enfin le bois est attaqué par les insectes et par des végétaux cryptogamiques ; il est fort sensible à l'action de l'humidité, qui, alternant avec des périodes de sécheresse, amène peu à peu la dislocation des charpentes ; de plus, et surtout, le bois est éminemment combustible.

La substitution du métal au bois et à la pierre permet, en diminuant les dimensions transversales des pièces, d'augmenter l'espace disponible ; grâce aux résistances élevées du fer à tous les genres d'efforts et à ses remarquables facultés d'assemblage, il devient possible de franchir des portées considérables en constituant, à l'aide de barres assemblées de dimensions restreintes, des pièces susceptibles de présenter les résistances nécessaires : et, dans cet ordre d'idées, le fer se prête aux solutions les plus hardies.

Les assemblages de pièces métalliques peuvent être, en effet, combinés pour résister à tous les genres d'efforts, et cela sans qu'il en résulte d'affaiblissement dans la résistance de l'ensemble de la construction qui peut être pourvue d'une rigidité et d'une indéformabilité presque absolues, quelles que soient ses dimensions.

Par suite de la découverte des procédés Bessemer et Martin Siemens qui permettent de fabriquer l'acier en grandes masses, le constructeur s'est trouvé pourvu d'un métal présentant, à un degré plus élevé encore, les propriétés constructives du fer, et grâce auquel il a pu élargir encore le champ de ses applications.

Malheureusement, le fer exposé à l'air humide s'oxyde et se rouille ; dans toutes les parties où l'eau atmosphérique peut s'infiltrer, et en particulier dans les jonctions et assemblages, la rouille, en se formant, augmente de volume d'une manière irrésistible, et elle arrache tous les éléments de jonction, vis, rivets, boulons, détruisant ainsi en détail la rigidité de l'ensemble ; un ouvrage peut être considéré comme perdu dès que cette action se manifeste d'une manière sérieuse, à moins qu'on n'y apporte un prompt remède.

C'est ainsi que périront certainement, et dans un assez bref délai, toutes les constructions métalliques actuellement existantes ; elles sont, au point de vue de la durée, très inférieures aux constructions en pierre, et il est bien certain qu'il ne resterait absolument rien aujourd'hui des monuments de l'antiquité, s'ils avaient été construits en métal.

On a reproché encore aux constructions métalliques de ne pas résister aux incendies mieux que les constructions en bois ; on a constaté en effet que, comme le fer est bon conducteur de la chaleur, les pièces métalliques d'une construction, dès qu'elles sont léchées par les flammes dans un incendie, prennent rapidement une température élevée ; par suite de la forte dilatation qui en résulte, les poutres des planchers poussent alors par leurs extrémités sur les murs qu'elles tendent à renverser ; en même temps, le métal perd la plus grande partie de sa résistance, les pièces se voilent, les planchers se désorganisent et s'effondrent.

Ce danger des constructions métalliques a été reconnu depuis longtemps par les architectes américains, qui, dans leurs grandes constructions à ossature de fer ou d'acier, ont pris l'habitude d'habiller toutes les pièces métalliques principales par des revêtements en terre cuite ou en ciment armé qui les protègent contre l'action des flammes en cas d'incendie.

La construction métallique présente cependant sur la construction en bois l'avantage de n'être pas combustible par elle-même, et de ne pas propager l'incendie ; les effets signalés plus haut ne se produisent en réalité que lorsque le feu a pris une certaine violence, et, dans ce cas, la construction en bois serait encore dans de plus mauvaises conditions ; enfin il est facile de remédier à ce danger, comme le font les architectes américains.

En résumé, les constructions métalliques présentent, comme toutes choses en ce monde où rien n'est parfait, des avantages et des inconvénients : elles sont la résultante des nécessités de notre époque utilitaire, et elles caractériseront l'architecture du siècle finissant qu'on a déjà nommé le siècle du fer et de l'acier.

GUIDE

DES

CONSTRUCTEURS

PREMIÈRE PARTIE

LES MATÉRIAUX DE SERRURERIE

CHAPITRE PREMIER

LE FER ET LES MÉTAUX FERREUX

§ 1er. — LES MÉTAUX FERREUX

1. Les métaux ferreux. — Le métal désigné dans le langage ordinaire sous le nom générique de *fer*, s'emploie dans la construction sous trois formes différentes : le *fer proprement dit*, la *fonte* et l'*acier* ; ceux-ci ne diffèrent entre eux que par leur richesse en *carbone*.

Le *fer* ne contient pas plus de 0,2 °/₀ de carbone et il ne fond qu'à une température de 1700 à 1800° ; il est insensible à l'action de la *trempe* ; il est tenace, malléable, et soudable au rouge blanc. La *fonte* renferme de 2 à 5 °/₀ de carbone ; elle fond à haute température, de 1050 à 1250° ; une fois solidifiée, elle a une faible résistance à la traction, et présente une fragilité plus ou moins grande, aussi bien à chaud qu'à froid. L'*acier* renferme de 0,12 à 1 °/₀ de carbone ; il fond entre 1400° et 1600° suivant qu'il renferme plus ou moins de carbone ; il est très tenace, d'autant plus malléable qu'il contient moins de carbone ; il se soude au rouge blanc, comme le fer, mais moins facilement ; enfin il peut subir, à différents degrés, l'action de la *trempe*.

2. Propriétés constructives des métaux ferreux. — Ces métaux possèdent, mais à un degré plus ou moins élevé, les mêmes *propriétés constructives*.

Leur *persistance de constitution* est grande sous l'influence de l'air sec, de la chaleur, de l'électricité; mais elle est en défaut en présence de l'eau ou simplement de l'air humide ou chargé de vapeurs acides; la *rouille* est le grand ennemi des constructions métalliques, elle les ronge peu à peu et elle en amène sûrement la destruction dans un délai plus ou moins éloigné, malgré les précautions qu'on peut prendre contre elle.

Les métaux se dilatent et se contractent assez fortement sous l'influence de la chaleur ou du froid; pour les métaux ferreux, le *coefficient de dilatation*, c'est-à-dire l'allongement pris par une barre de 1 mètre de longueur sous l'influence d'une élévation de température de 1° est supérieur à $\frac{1}{100.000}$; c'est-à-dire qu'une barre de 1 mètre de long s'allonge de $0^{m}001$ environ lorsque la température s'élève de 100°. La *permanence de figure* des constructions métalliques est donc loin d'être parfaite; aussi le constructeur devra-t-il avec soin étudier les changements de leurs dimensions dus à la dilatation calorifique, et qui sont d'autant plus importants que les constructions sont plus développées. Il devra chercher les moyens de permettre à cette dilatation de se faire toujours librement; elle se produirait en effet sans cela d'une manière irrésistible, en renversant tous les obstacles, et en détruisant entièrement l'équilibre de la construction.

Les métaux ferreux présentent des *résistances mécaniques* considérables, qui leur permettent de supporter des efforts de toute nature, traction, compression, flexion, sans subir de défigurations importantes et nuisibles à la construction; c'est par là qu'ils présentent sur tous les autres matériaux de construction une supériorité évidente, qui a amené le développement si considérable de leurs applications.

Bien qu'à cause des faibles dimensions transversales des organes construits en métal, ils aient isolément une stabilité tout à fait insuffisante, les facultés si remarquables d'assemblage du métal permettent de doter les constructions qu'ils composent d'une rigidité et d'une indéformabilité absolues et de leur assurer le maximum de stabilité, tout en n'employant la matière que sous un faible volume; les métaux ferreux jouissent donc aussi au plus haut degré de la *capacité stabilitaire*.

Les métaux sont bons conducteurs de la chaleur; leur élasticité naturelle les rend sonores; ce sont donc de mauvais *isolants* aussi bien pour la chaleur que pour le bruit.

Ce qui manque le plus aux métaux ferreux, c'est la *capacité plastique*; les faibles dimensions sous lesquelles on les emploie ordinairement dans les constructions, ne fournissent que des formes grêles et bien maigres lorsqu'on les compare à celles des constructions en pierre. Il n'est cependant pas impossible de donner aux constructions métalliques un caractère architectural satisfaisant; mais on n'obtient en général ce résultat qu'en y faisant coopérer d'autres matériaux qui, peu résistants par eux-mêmes, viennent apporter au métal le concours de leur *massivité*.

Les métaux ferreux présentent au point de vue *économique* des qualités de premier ordre par suite de leurs grandes résistances mécaniques qui permettent de les employer sous un faible volume, et de leurs facultés remarquables d'assemblage et d'appropriation à toutes les conditions et à toutes les figures des ouvrages par le travail de fonderie, de forge, d'ajustage.

§ 2. — LA FONTE

3. La fonte. — La *fonte* est composée de *fer* et de 2 à 5 % de *carbone*; mais elle renferme en outre du silicium et du manganèse, et quelques impuretés, soufre, phosphore, scories qui peuvent modifier ses qualités.

Le carbone contenu dans la fonte s'y trouve en partie à l'état de combinaison avec le fer, et en partie sous forme de paillettes noirâtres de *graphite* disséminées dans la masse. La fonte ne se soude pas comme le fer, dont elle n'a ni la ténacité, ni la malléabilité ; mais elle fond à la température du rouge blanc, ce qui lui permet de se prêter au *moulage*, et de prendre ainsi toutes les formes compliquées qu'on ne peut donner au fer que par le travail de forge. La fonte résiste bien à la compression, et elle convient ainsi parfaitement à la fabrication des colonnes destinées à porter de lourdes charges.

La fonte prend, en se solidifiant dans le moule, un retrait linéaire de 0,01 environ ; c'est pourquoi les mouleurs emploient à la confection de leurs modèles un mètre spécial, dit *mètre au retrait*, qui a 101 centimètres de longueur.

4. Différentes espèces de fontes. — On classe les fontes d'après leur couleur qui dépend de la quantité plus ou moins grande de carbone non combiné qu'elles renferment, à l'état de graphite, en : *fontes grises*, *fontes blanches* et *fontes truitées*.

La *fonte grise* a une cassure à grains fins, d'un gris plus ou moins foncé ; elle fond de 1150 à 1250° ; elle pèse de 6.800 à 7.400 kilogrammes par mètre cube ; elle est douce aux outils, se burine, se lime et se perce facilement ; elle peut même être martelée sans rompre. Elle est surtout particulièrement propre au moulage et présente peu de soufflures.

La *fonte blanche*, qui fond de 1050 à 1100°, pèse de 7.300 à 7.700 kilogrammes par mètre cube ; sa couleur est argentine, sa cassure brillante, cristalline et parfois lamelleuse. Elle est plus dure, plus tenace et plus résistante que la fonte grise ; elle raye le verre. Mais elle est aigre, fragile, cassante, très difficile à attaquer avec le burin ou la lime. Elle ne convient pas au moulage des pièces importantes, parce qu'elle donne beaucoup de soufflures, de gerçures ou de fentes au refroidissement. Cependant, comme les fontes blanches gonflent en prenant dans le moule, on les emploie quelquefois pour le moulage de petites pièces d'ornement.

Les *fontes truitées* sont intermédiaires entre les précédentes ; leur cassure est blanche, parsemée de taches grises ; ces taches affectent quelquefois la forme de bandes, et on dit que la fonde est *rubanée*. On les utilise pour le moulage.

5. Fonte malléable. — Toutes les fois que le métal d'une pièce ne doit pas être soumis à des efforts importants de flexion ou à des chocs, et que cette pièce présente des formes compliquées, on préfère la fonte au fer. On est arrivé, depuis quelques années, à produire un métal intermédiaire entre la fonte et le fer, dit *fonte malléable*, et qui convient particulièrement à la fabrication de petites pièces de serrurerie ou de quincaillerie à bon marché.

Les pièces moulées en fonte blanche bien exempte de silicium, sont recuites pendant quatre à cinq jours dans des creusets où on les entoure d'hématite rouge ou oxyde de fer qui produit une décarburation plus ou moins profonde, de la surface au centre. Les objets produits, travaillés à la lime, prennent l'aspect du fer ; ils se polissent comme l'acier.

La fonte malléable est bien moins fragile que la fonte, mais elle ne peut cependant pas supporter de chocs un peu violents sans rompre. Son usage est limité aux pièces qui n'ont pas plus de 0 m 03 à 0 m 04 d'épaisseur ; pour les pièces plus fortes, il faut avoir recours aux moulages d'acier.

6. Essais des fontes. — Les essais des fontes ont pour but de reconnaître leur degré de fragilité ; ils se font par *choc* et par *flexion*.

Dans l'essai de choc, un barreau carré de 0 m 04 de côté posé sur deux couteaux espacés de 0 m 16, doit supporter sans rompre le choc d'un mouton du poids de 12 kilogrammes tombant d'une hauteur de 0 m 40 au milieu de l'intervalle des appuis ; l'enclume qui porte les couteaux doit peser 800 kilogrammes.

Pour l'essai à la flexion, un barreau de mêmes dimensions, soumis à l'appareil de Monge, c'est-à-dire encastré par une de ses extrémités entre deux mâchoires fixes, et chargé en porte à faux, doit supporter sans rompre un poids de 160 kilogrammes agissant à 1 m 50 de l'encastrement.

§ 3. — LE FER.

7. Fer proprement dit. — Le *fer* est un métal gris bleu très ductile lorsqu'il est pur, et d'une grande ténacité ; il jouit de la propriété de se souder à lui-même au rouge blanc, et de devenir absolument plastique à cette température, ce qui permet de le *forger*. Il pèse de 7.600 à 8.140 kilogrammes le mètre cube.

Le fer presque chimiquement pur est le *fer doux* ; il est plutôt mou. Si l'on réchauffe plusieurs fois de suite du fer au contact de l'air, le carbone est éliminé, mais il y a en même temps production d'oxyde de fer ; le métal est *brûlé* et devient impropre à tout usage.

Outre le carbone qu'il renferme, on trouve dans le fer différentes impuretés : des scories qui facilitent la soudure parce qu'elles servent de fondant pour entraîner l'oxyde de fer qui se forme à la surface des pièces à souder pendant le réchauffage à la forge ; du soufre, qui rend le fer *rouverain*, c'est-à-dire cassant à chaud et de plus fragile à froid ; du phosphore qui rend le fer cassant à froid, mais n'empêche pas de le travailler à chaud ; de l'arsenic, qui rend le fer dur, aigre et insoudable ; du silicium, qui le rend difficile à travailler, et lui donne une tendance à brûler lorsqu'on le chauffe.

Le fer a une cassure tantôt cristalline dite *à grains*, tantôt fibreuse ou *à nerfs*, suivant le travail qu'il a subi. Un fer à grains, corroyé et martelé, prend la texture à nerfs ; inversement un fer à nerfs reprend une texture à grains lorsqu'il est soumis à des chocs répétés ou à des vibrations prolongées.

Le fer supporte d'autant mieux les chauffes successives et le martelage qu'il est plus carburé. Le travail à froid *écrouit* le fer et lui fait perdre une partie de sa ductilité et de sa ténacité ; il les reprend par le *recuit*, opération qui consiste à le chauffer au rouge et à le laisser ensuite refroidir lentement.

Le coefficient de dilatation du fer est de 0,0000125.

8. Action des agents atmosphériques sur le fer. — 1° *Action de l'air.* — L'air froid et sec n'a aucune action sur le fer qui s'y conserve indéfiniment ; le fer chauffé au rouge à l'air libre se couvre d'écailles d'oxyde qu'on nomme *battitures*, par suite de sa combinaison avec l'oxygène de l'air ; au rouge blanc, il brûle dans l'air en lançant de vives étincelles.

2° *Action de l'humidité.* — A froid et dans l'air humide, le fer s'oxyde lentement et se recouvre d'une couche d'hydrate de peroxyde de fer, qui constitue la *rouille* ; une fois l'oxydation commencée, elle se continue avec une activité croissante, la rouille formant éponge pour retenir l'humidité. C'est la cause principale de destruction des ouvrages métalliques, et nous verrons plus loin quels sont les moyens employés pour la combattre, peinture au minium, galvanisation, étamage.

3° *Action des fumées acides.* — Les acides attaquent vivement le fer ; aussi dans les bâtiments où doivent se produire des émanations ou des fumées acides, est-il bon d'éviter les charpentes en fer apparentes ; il faut les enfermer complètement dans des hourdis maçonnés, ou si la chose n'est pas possible, remplacer la charpente en fer par une charpente en bois.

9. Action des mortiers. — 1° *Action du mortier de plâtre.* — Le mortier de plâtre, à cause du soufre qu'il renferme, accélère l'oxydation du fer ; il faut toujours avoir soin de protéger par une et mieux par deux couches de *peinture au minium* tous les fers qui doivent être enfermés dans le plâtre, tels que chaînages, pièces à scellement, solives de planchers, etc.

2° *Action des mortiers de chaux ou de ciment.* — Les chaux et les ciments conservent le fer et empêchent la production de la rouille, même à l'humidité ; le fait est prouvé par de nombreux exemples ; M. Lefort, Ingénieur en chef des Ponts et Chaussées, a constaté, lors de la démolition en 1886 de l'une des piles du vieux pont de Soissons, dont la construction remonte au XIIIe siècle, que des agrafes en fer reliant entre elles les pierres de taille, et qui s'étaient trouvées noyées dans le mortier, étaient parfaitement intactes.

M. Considère, Ingénieur en chef des Ponts et Chaussées a fait desceller une cinquantaine de pièces de fer qui étaient noyées depuis un nombre d'années variant de cinq à cinquante ans, dans des maçonneries immergées en mer ; partout où la maçonnerie était pleine et intacte, le fer était complètement exempt de rouille et bien adhérent au mortier. Il est utile de remarquer que cette conservation du fer dans les maçonneries immergées ne sera assurée que si ces maçonneries sont imperméables à l'eau.

Il ne faut pas peindre les fers qui doivent être noyés dans les mortiers de chaux ou de ciment ; cette opération est inutile et même nuisible, parce que la peinture à l'huile est décomposée par la chaux, et que la matière inerte qui en résulte empêche l'adhérence du mortier au fer, et favorise le développement de la rouille.

10. Protection des fers contre la rouille. — 1° *Peinture au minium.* — Pour éviter la production de la rouille, il faut recouvrir la surface du fer d'un enduit protecteur qui empêche l'humidité de l'air de pouvoir l'atteindre. Quel que soit le procédé employé il faudra toujours décaper préalablement la surface du métal pour enlever la rouille déjà produite, sans quoi celle-ci, une fois emprisonnée, continuerait son œuvre de destruction. Pour protéger temporairement des pièces, on peut se contenter de graisser leur surface, comme on le fait pour les armes, ou pour les pièces intérieures des serrures. Mais le plus généralement, on se servira de peinture au minium de plomb ou de fer à une et mieux à deux couches, suivant que les pièces sont à l'intérieur ou à l'extérieur, par-dessus laquelle on passera encore une ou deux couches de peinture à l'huile destinée à donner la tonalité qu'on désire obtenir si les fers doivent rester apparents.

Malheureusement une peinture, même de bonne qualité, ne dure qu'un certain nombre d'années, dix ou douze ans au plus, et elle a besoin d'être renouvelée ; en outre, si bien faite soit-elle, elle ne pénètre pas suffisamment dans les interstices des pièces ; malgré les rebouchages, l'eau peut s'infiltrer dans les assemblages dont les faces internes sont mal protégées ; il arrive en effet souvent qu'elles n'ont pas même reçu une couche de bonne peinture au minium. Une fois que la rouille a commencé à se produire dans un assemblage, elle en ouvre peu à peu les organes, par suite de son gonflement, arrachant rivets et boulons, et l'assemblage est irrémédiablement perdu ; de sorte que les ouvrages en fer sont menacés, dans ces conditions, d'une destruction rapide.

Il serait cependant facile et peu coûteux de prendre quelques précautions qui leur assureraient une durée beaucoup plus grande, et que recommande *M. Denfer*, professeur à l'École Centrale, dans son bel ouvrage sur la *Charpenterie métallique*. Elles consisteraient :

1° A peindre convenablement les tôles avant de les façonner, ou mieux avant de les assembler, et à laisser durcir la peinture le temps nécessaire ;

2° A ne jamais jonctionner deux pièces sans interposer une matière molle capable de durcir dans la suite, remplissant les vides et refluant au dehors de tout l'excédent inutile, sous la pression due au serrage des boulons ou des vis ; le mastic de minium ou de céruse convient bien à cet usage ;

3° A remplacer dans les joints rivés le mastic libre par une bande d'étoffe mince enduite de ce mastic à l'état frais ;

4° A procéder à la peinture définitive avec tout le soin voulu, avec des matières de qualité irréprochable ;

5° Enfin, à disposer tous les fers soumis aux intempéries de telle manière que jamais l'eau de pluie ne puisse s'accumuler ni séjourner sur leur surface.

M. Denfer estime que l'ensemble de ces précautions n'entraînerait pas à une dépense supérieure à un ou deux francs par 100 kilogrammes d'ouvrage, et que la durée des constructions pourrait être ainsi décuplée.

Dans les fonderies, on recouvre souvent les petites pièces de fonte d'huile de lin chaude mêlée de noir de fumée ; on peint les grosses pièces avec du goudron de houille passé à chaud. Enfin la peinture au goudron s'emploie également pour les charpentes industrielles ou pour les tôleries des réservoirs.

2° *Peinture au ciment.* — Nous avons vu que le fer enrobé dans le mortier de ciment s'y conserve indéfiniment ; on a donc pensé à revêtir de ciment armé ou simplement d'un enduit de mortier de ciment les parties apparentes des constructions en fer. Mais ce procédé est coûteux et ne peut pas toujours être employé facilement ; autant vaudrait, dans la plupart des cas, exécuter la construction en ciment armé.

On a préconisé en Autriche dans ces derniers temps, pour la protection des ouvrages métalliques, un système de *peinture au ciment* ; voici en quoi il consiste : on brosse d'abord le fer, bien débarrassé de toute peinture, avec un balai de bruyère ou de piazzava ; puis on le mouille fortement soit au chiffon, soit au pinceau, et on y passe successivement deux couches de lait de ciment un peu épais, additionné de sable fin à vives arêtes.

3° *Galvanisation du fer. Étamage. Plombage.* — On peut encore recouvrir la surface du fer d'une couche mince d'un métal moins oxydable, ou dont l'oxyde forme une patine inaltérable, comme le *zinc* ou l'*étain* et le *plomb* ; on obtient ainsi le fer *galvanisé*, le fer *étamé*, le fer *plombé* ; cette couche de métal doit être parfaitement adhérente au fer, dont la surface doit avoir été préalablement décapée. Dans le cas où, par suite de malfaçon, d'usure ou de cassure de la couche du métal protecteur, le fer vient à être mis à nu, la présence des deux métaux au contact de l'humidité de l'air détermine des courants électriques qui accélèrent la production de la rouille et la destruction du fer. Il n'y a alors qu'un seul remède, c'est de recouvrir l'objet tout entier de peinture.

L'*étamage* convient surtout aux fers placés dans les endroits secs ; à l'extérieur, il résiste moins bien que la galvanisation ; les tôles étamées prennent le nom de *fer blanc* et on les emploie principalement à la confection des ustensiles de ménage.

4° *Émaillage du fer.* — On peut encore recouvrir la surface des objets en fer d'une couche d'*émail* ; mais ce procédé coûteux ne convient qu'aux petites pièces de quincaillerie et aux articles de ménage.

11. Classification des fers d'après leurs qualités. — D'après leurs qualités, on classe les fers en sept espèces principales qui se divisent chacune en *fer dur* et *fer mou* suivant que le métal se laisse entamer avec plus ou moins de difficulté par les outils en acier trempé ; ce sont :

1° Le *fer doux*, le plus pur et le plus malléable ; sa texture est grenue ; il plie facilement à froid et à chaud, mais il se détériore à la forge et peut se brûler ; d'autre part, il se polit mal, s'oxyde facilement et il est trop mou pour pouvoir être employé à certains ouvrages.

2° *Le fer dur, fer fort ou fer de roche*, a une texture à nerf ; il présente une grande résistance, il plie à froid sans rompre, et s'améliore par le travail de forge ; mais il devient aigre si l'on prolonge le martelage ; le fer fort est susceptible de prendre un beau poli.

3° *Les fers tendres* ou *cassants à froid* ont une cassure lamelleuse, blanche, d'un vif éclat ; ils sont plus souvent durs que mous, et renferment du phosphore.

4° *Le fer métis* tient le milieu entre les deux précédents.

5° *Le fer rouverin* ou *cassant à chaud* renferme du soufre et de l'arsenic ; il se forge très difficilement et se soude mal ; il est possible de le plier à froid.

6° *Le fer aigre* est cassant à froid et à chaud ; présente une cassure à facettes ; il se soude bien, mais est trop dur pour le travail à la lime ; on doit le proscrire absolument des constructions.

7° *Les fers défectueux*, qui comprennent tous les fers mal affinés renfermant des impuretés en assez grande quantité, doivent être également rejetés.

12. Défaut des fers. — Les principaux défauts des fers sont :

Les criques ou gerces, petites fentes que l'on voit sur les arêtes, perpendiculairement à la longueur, ou même disséminées sur toute la surface ; elles indiquent un fer de mauvaise qualité ou un fer brûlé.

Les *traverses*, fentes dans tous les sens, et qui peuvent disparaître par un nouveau corroyage ; elles proviennent de ce que, dans le travail de forge, le métal n'a pas été suffisamment chauffé.

Les *doublures*, solutions de continuité dues à des matières étrangères enfermées dans le métal.

Les *pailles*, petites écailles qui se soulèvent à la surface ; elles ont peu d'importance si elles sont en petit nombre, mais si elles sont nombreuses, le fer doit être rejetée ; elles sont l'indice d'un corroyage insuffisant ; ce fer casse facilement par pliage.

Les *cendrures* sont des points noirs disséminés dans la masse et qui apparaissent par le travail ; elles sont sans importance dans les pièces de grosse construction et ne nuisent qu'au polissage des pièces.

13. Essais rapides des fers. — Ces essais ont pour but d'apprécier rapidement les qualités d'un fer et de mettre ses défauts en évidence ; ils sont de deux sortes : les essais *à froid* et les essais *à chaud* ; nous parlerons plus loin des essais de *résistance*.

1° *Essais à froid.* — Le premier de ces essais consiste à rompre une barre pour examiner sa cassure ; on entame un peu la barre avec une tranche, puis on la place sur le bord d'une enclume, et on provoque la rupture en frappant avec un marteau sur la partie en porte à faux. Si la *cassure* est gris blanc argenté avec de petits arrachements crochus, c'est un bon fer à grains ; si elle est difficile à produire et qu'elle présente des filaments fins et d'un gris clair, c'est un bon fer à nerfs. Si la cassure est à gros grains brillants, ou bien lamelleuse et gris d'ardoise, c'est un mauvais fer qu'il faut rejeter. Un fer bien résistant ne doit pas casser trop rapidement.

On peut encore plier une bande de tôle ou un fer plat alternativement dans un sens et dans l'autre ; un bon fer doit supporter au moins quatre pliures dans les deux sens.

Enfin on doit pouvoir poinçonner dans les tôles et barres profilées des trous de 20 à 25 millimètres de diamètre, à 15 millimètres du bord sans qu'il s'y produise de fentes.

2° *Essais à chaud.* — Dans ces essais, on porte la barre au rouge blanc au feu de forge, et on la travaille au marteau pour voir comment elle se comporte pendant ce travail ; on fend la barre longitudinalement à une de ses extrémités et on rabat à droite et à gauche les deux branches obtenues jusqu'à les replier le long du corps de la barre ; avec du fer supérieur, il ne doit se produire ni criques, ni déchirures.

On y perce à chaud des trous avec un mandrin conique ; ou bien encore on cintre une des extrémités de la barre, et même dans certains cas, on en forme un manchon cylindrique.

On essaie également de faire une soudure, et on voit si une fois refroidie elle est solide et résiste à une série de coups de marteau. On étire encore le métal en pointe et l'on voit s'il ne gerce pas ; on fait subir à cette pointe une série de flexions et de redressements successifs.

Les tôles s'essaient par pliage à chaud dans les deux sens et par emboutissage ; lorsque le fer est de mauvaise qualité, cette dernière opération détermine la production de gerçures.

§ 4. — L'ACIER.

14. L'acier. — L'acier est une combinaison de *fer* et de *carbone* qui y entre dans la proportion de 0,12 à 1 %; sa cassure est à grains fins; il pèse de 7.800 à 7.900 kilogrammes le mètre cube. Par la manière même dont il est fabriqué au convertisseur Bessemer ou dans les fours Martin-Siemens, l'acier ne comporte pas d'impuretés comme le fer ; il est bien plus homogène et résistant ; par contre, il se prête moins bien à la soudure qui ne peut souvent s'effectuer, même pour l'acier doux, qu'à la condition de saupoudrer d'un fondant (sable siliceux ou borax) les surfaces à réunir ; les aciers durs ne se soudent pas.

L'acier est d'autant plus dur qu'il contient plus de carbone ; sa résistance croît en même temps que sa dureté, mais les aciers les plus doux sont en même temps les plus malléables, les plus ductiles, et ils se soudent et se laminent plus facilement. Les aciers très doux qui renferment moins de 0,20 °/₀ de carbone ne prennent pas la *trempe* ; ce sont en réalité des *fers fondus* ; les aciers prennent d'autant mieux la trempe qu'ils sont plus durs ; il en résulte une augmentation de leur résistance, mais en même temps ils deviennent aigres et cassants ; on atténue et même on peut détruire entièrement les effets de la trempe par le *recuit*.

L'acier étant obtenu à l'état de fusion, peut être *moulé* comme la fonte, bien qu'avec plus de difficultés ; les *aciers moulés* sont sujets aux soufflures lorsqu'ils sont peu carburés ; le retrait linéaire de l'acier fondu est de 0,018 par mètre.

L'acier était autrefois obtenu par carburation du fer à température élevée, ou *cémentation* ; cet acier était très peu homogène, et devait être ensuite fondu au creuset ou corroyé.

Bien que, comme nous le verrons plus loin, les résistances mécaniques des aciers soient supérieures à celles du fer, leur emploi n'est en général économique que dans les constructions importantes ; leur mise en œuvre exige en effet des précautions spéciales entraînant un surcroît de main-d'œuvre considérable et dont l'omission peut amener de graves mécomptes.

15. Essais des aciers doux. — Nous ne parlerons que des essais qui concernent les aciers doux, les seuls qui soient employés ordinairement dans la construction ; ces essais, destinés à reconnaître si le métal est réellement doux et non fragile, sont de la plus grande importance.

1° *Essais à froid.* — La *cassure* d'un bon acier doit être à grains fins grisâtres ayant tendance au nerf dans les aciers extra-doux ; lorsque la cassure présente des grains plus gros et brillants, c'est l'indice d'un métal qui a été surchauffé.

Le *poinçonnage* doit se faire sans que les trous présentent de fentes sur les bords, dans les mêmes conditions que par le fer. Les aciers très doux supportent le *pliage à froid*, les deux moitiés du barreau d'essai étant appliquées l'une sur l'autre ; la même épreuve faite après la trempe donnera une indication certaine de la qualité de l'acier ; un métal extra-doux pourra seul alors supporter le pliage à bloc.

La *fragilité* de l'acier sera constatée par un essai de choc ; un barreau de section carrée de $0^{m}030$ de côté et de $0^{m}20$ de longueur posé sur deux couteaux espacés de $0^{m}160$, doit supporter sans rompre le choc d'un mouton de 18 kilogrammes tombant d'une hauteur de $1^{m}50$ au milieu de l'intervalle des couteaux.

2° *Essais à chaud.* — On porte une barre ronde de 0,016 de diamètre au rouge blanc au feu de forge et on lui fait subir diverses opérations ; la première consiste à la plier à angle droit sur le bord de l'enclume et à la redresser ensuite ; un bon acier très doux supporte l'opération jusqu'à vingt-cinq fois sans rompre ; un acier doux de qualité très ordinaire, doit la supporter au moins quatre à cinq fois.

On fait ensuite une *soudure* et on étudie sa résistance ; une bonne soudure doit résister lorsqu'on replie la barre sur elle-même ; en outre, la soudure étant tordue en maintenant l'une des extrémités dans un étau, doit supporter sans rompre de cinq à six révolutions. Si la soudure ne résiste pas bien, c'est que l'acier se rapproche de l'acier dur.

§ 5. — LES FERS DU COMMERCE

16. Classification des fers par qualités. — Le meilleur fer est celui qui est fabriqué entièrement *au bois*; il est très cher et peu abondant. Vient ensuite le fer affiné au bois avec des fontes faites au coke, puis enfin celui qui est obtenu uniquement au coke et qui est le plus commun. Les forges classent les fers au coke, d'après leurs qualités, en plusieurs catégories :

Les *fers n° 1*, employés pour la fabrication des rails.

Les *fers communs ou n° 2*, employés pour la serrurerie, la fabrication des boulons et des tire-fonds; à l'état corroyé, ils servent pour les rivets du commerce. On les emploie pour les barreaux de grilles, les arbres de machines, les fers profilés du commerce, pour la construction des charpentes, des réservoirs, des chaudières ordinaires du commerce ; les tôles de cette qualité ne doivent subir qu'un forgeage simple et des efforts statiques.

Les *fers ordinaires ou n° 3*, employés pour la maréchalerie, la serrurerie; ils servent à la fabrication des profilés de chemins de fer, des tôles devant supporter un léger emboutissage au marteau, des corps cylindriques de chaudières, des ponts métalliques. C'est la qualité « *commune marine* ».

Le *fer fort ou n° 4*, pour boulonnerie ou serrurerie de qualité supérieure; ce fer corroyé donne les rivets de bonne qualité pour ponts et charpentes de navires; il fournit les profilés supérieurs, les tôles pour corps cylindriques ou viroles, et celles dont les bords doivent être façonnés au marteau pour chaudières; c'est la qualité « *ordinaire marine* ».

Le *fer fort supérieur ou n° 5*, employé pour les tôles de chaudières à haute pression embouties à la presse, pour les plaques des boîtes à fumée; c'est la qualité « *supérieure marine* ».

Le *fer fin ou n° 6*, pour pièces de machines, tiges, bielles, essieux, arbres moteurs; il donne les fers profilés de qualité extra qui doivent supporter un travail pénible; il sert à la fabrication des chaînes; en fer corroyé, il fournit les rivets de machines, les tôles de chaudières de locomotives, de foyers, les plaques à tubes et plaques de boîtes à fumée, les emboutis difficiles; c'est la qualité « *fine marine* ».

Le *fer fin extra ou n° 7*, employé pour les pièces mécaniques très soignées, bielles motrices, tiges de pistons, essieux coudés, pour celles qui sont de formes très tourmentées et soumises à de grands efforts; pour la taillanderie en général; pour les tôles de coup de feu, les emboutis spéciaux, les blindages de ponts de navires; c'est la qualité « *fine marine* » assimilable à la qualité au bois.

17. Formes commerciales des fers. — Les fers du commerce sont ordinairement *laminés*; toutefois, on fabrique à bon marché des fers carrés ou plats dont les formes et les dimensions n'ont pas besoin d'être rigoureuses, au moyen de machines spéciales nommées *fenderies*; ce sont les *fers fendus* qui se livrent dans le commerce en bottes ou verges, et servent à la fabrication des clous, ou sont employés comme *fentons* ou *cotes de vache*.

Les *fers laminés* se trouvent dans le commerce en barres présentant les profils les plus divers :

1° *Fers carrés*; ceux qui ont moins de 0 m 030 de côté se nomment *carillons*.

2° *Fers ronds*; on nomme *verges rondes* ceux qui n'ont que 0 m 006 à 0 m 07 de diamètre.

3° *Fers plats*, à section rectangulaire, dénommés, suivant leurs dimensions, fer plats, méplats, aplatis, feuillards, bandelettes, rubans, larges plats.

4° *Fers demi-ronds*, bien que leur section soit rarement un demi-cercle.

5° *Rails* de chemins de fer, ou de tramways.

6° *Fers à planchers*, à profil double T ; la partie verticale du fer se nomme l'*âme*, les parties extrêmes, les *ailes* ou les *tables*. Dans les fers à planchers ordinaires, les ailes sont relativement étroites (fig. 1) ; on les nomme *fers à ailes ordinaires* par opposition avec d'autres fers double T dits à *larges ailes* (fig. 2), moins fréquemment employés.

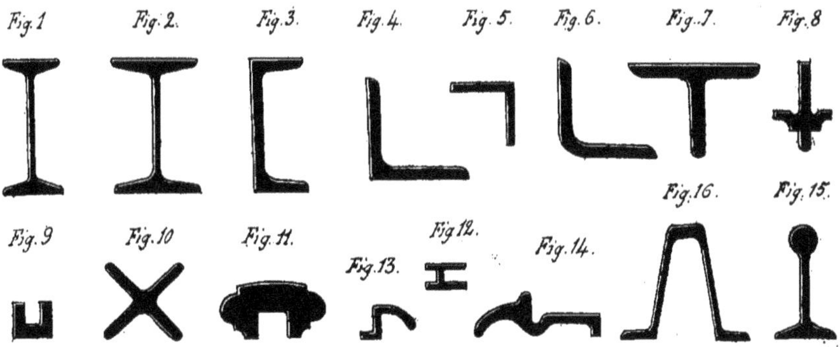

7° *Fers en U*, qui ne sont que de demi-fers à T, composés également d'une âme verticale et de deux ailes, mais qui font saillie d'un seul côté sur l'âme (fig. 3). Ces fers sont quelquefois munis d'une troisième aile au milieu et on les appelle alors fers en E.

8° *Cornières*, fers à équerres ou fers d'angles (fig. 4), comprenant deux catégories : les cornières à branches égales, et celles à branches inégales ; les faces sont toujours planes intérieurement et extérieurement ; l'angle rentrant est remplacé par un congé circulaire dans les cornières ordinaires ; cependant, il existe de petites cornières dans lesquelles ce congé est supprimé (fig. 5). Les cornières sont quelquefois ouvertes à plus ou à moins de 90° ; enfin, bien que les deux branches aient ordinairement la même épaisseur on trouve certains modèles de cornières à branches d'épaisseur différente. On fait des cornières à angle extérieur arrondi nommées *couvre-joints* (fig. 6), et destinées à la jonction bout à bout des cornières dans les ouvrages métalliques.

9° *Fers à simple T.* — Ces fers se composant d'une âme verticale et d'une table (fig. 7), donnant l'aspect de deux cornières accolées. Ils sont tantôt arrondis sur les bords extérieurs, tantôt à angle vif ; l'aile peut être plus ou moins développée par rapport à la hauteur de l'âme.

10° *Fers à vitrages.* — Ce sont des fers à simple T dont l'aile est plus ou moins bombée, et profilée de moulures ; les saillies de l'aile sur l'âme forment les feuillures nécessaires pour recevoir les vitres (fig. 8).

11° Les *fers à vasistas* sont de petits fers en U (fig. 9) dont la rainure est juste suffisante pour enchâsser le verre.

12° Les *fers divers*, comprenant de nombreux profils spéciaux employés surtout dans la menuiserie métallique ou dans des cas très particuliers : *fers en croix* (fig. 10), *fers à mains-courantes* (fig. 11), *fers à ranchets* pour persiennes (fig. 12), *fers en* Z pour jets d'eau (fig. 13), fers pour *appuis de croisées* (fig. 14), *fers à profil polygonal*, trapèze, pentagone, hexagone, octogone ; *fers creux demi-ronds*.

13° Les *fers à barrots*, en forme de rail à patin (fig. 15).

14° Les *fers Zorès* (fig. 16), du nom de leur inventeur, ont une forme en U ou en V renversé.

18. Les tôles. — Les tôles sont obtenues par laminage ; elles se présentent sous des épaisseurs et avec des surfaces variables. On les classe suivant leur épaisseur en *grosses tôles* ayant de 0 m 006 à 0 m 020 et plus, *tôles moyennes*, de 0 m 003 à 0 m 006, *tôles minces* dont l'épaisseur varie de 0 m 0005 à 0 m 003.

Quant aux dénominations de qualité, elles varient suivant les forges, et correspondent sensiblement, en général, à celles des fers en barres ; *tôles puddlées*, *tôles fer demi-fort*, *tôles fer fort douces*, *tôles fer fort supérieur*, *tôles forgées au bois*.

Les *tôles striées* ont une de leurs faces couverte de reliefs longitudinaux formant des carrés ou des losanges ; leur épaisseur varie de 0 m 007 à 0 m 012, et les stries ont environ 0 m 002 de profondeur.

Les *tôles ondulées* sont surtout employées comme matériaux de couverture, et alors elles sont galvanisées.

Le *métal déployé* dont l'introduction en France date seulement de 1898 est une tôle travaillée par une machine spéciale qui la transforme sans aucun déchet par découpage et étirage en un treillis métallique à mailles losanges ; les tôles employées ont de 0 m 0005 à 0 m 010 d'épaisseur. La feuille de tôle est d'abord cisaillée en lanières suivant des traits parallèles et discontinus disposés en quinconces, et ces lanières sont ensuite étirées en losanges alternés, de sorte que la largeur de la feuille travaillée reste la même que celle de la feuille de tôle primitive, mais que sa longueur est considérablement augmentée.

La largeur des feuilles obtenues est de 2 m 44, dimension fixée par les conditions de fabrication ; leur longueur est variable ; mais l'usine les débite ordinairement en bandes de 0 m 80 de long. On emploie à cette fabrication des tôles d'acier spéciales extra-doux, de qualité supérieure préparées à cet effet d'une manière particulière. Les mailles du treillis ont, suivant leur petite diagonale, une largeur qui varie de 0 m 006 à 0 m 150 ; le poids du mètre superficiel varie de 1 kg. 450 à 6 kg. 400, suivant la grandeur des mailles et l'épaisseur de la tôle.

19. Division en classes des fers du commerce. — Les fers du commerce appartenant aux diverses sortes que nous venons de définir sont classés de la manière suivante, d'après la Série de la Société centrale des architectes.

1° *Fers marchands* (jusqu'à 7m 00 de longueur) :

1re classe.
- Fers carrés de 0,020 à 0,054.
- Fers ronds de 0,030 à 0,061.
- Fers plats de 0,027 à 0,039 sur 0,011 et plus.
- — de 0,040 à 0,115 sur 0,009 à 0,040.
- Verges ou fentons pour bâtiment.

2e classe.
- Fers carrés de 0,016 à 0,019.
- — de 0,055 à 0,069.
- Fers ronds de 0,017 à 0,0295.
- — de 0,062 à 0,074.
- Fers plats de 0,020 à 0,039 sur 0,008 et plus.
- — de 0,040 à 0,081 sur 0,006 à 0,0085.
- — de 0,116 à 0,165 sur 0,012 à 0,100.
- — de 0,040 à 0,115 sur 0,041 et plus.
- Verges et cotières pour clous.

3e classe.
- Fers carrés de 0,011 à 0,015.
- — de 0,070 à 0,081.
- Fers ronds de 0,012 à 0,0165.
- — de 0,075 à 0,090.
- Fers plats de 0,020 à 0,039 sur 0,0055 à 0,0075.
- — de 0,040 à 0,081 sur 0,0045 à 0,0055.
- — de 0,116 à 0,165 sur 0,007 à 0,011.
- — de 0,082 à 0,115 sur 0,0065 à 0,0085.
- Fer demi-rond de 0,026 à 0,080.

4e classe.
- Fers carrés de 0,005 à 0,010.
- — de 0,082 à 0,110.
- Fers ronds de 0,006 à 0,0115.
- — de 0,091 à 0,110.
- Fers plats de 0,013 à 0,039 sur 0,0045 et plus.
- — de 0,116 à 0,165 sur 0,0055 à 0,0065.
- — de 0,082 à 0,115 sur 0,0045 à 0,006.
- Fer demi-rond de 0,015 à 0,025.

2° *Fers feuillards* (jusqu'à 7m 00 de longueur) :

1re classe.
- De 0,013 à 0,019 sur 0,00375 à 0,004.
- De 0,020 à 0,081 sur 0,003 à 0,004.
- De 0,120 sur 0,005.

2e classe.
- De 0,082 à 0,115 sur 0,003 à 0,004.
- De 0,013 à 0,019 sur 0,003.

3° *Larges plats* (jusqu'à 8m 00 de longueur) :

1re classe.
- De 0,170 à 0,300 sur 0,009 et plus.

2e classe.
- De 0,170 à 0,300 sur 0,007 à 0,0085.
- De 0,301 à 0,400 sur 0,009 et plus.

3e classe.
- De 0,170 à 0,300 sur 0,006 à 0,0065.
- De 0,301 à 0,407 sur 0,007 à 0,0085.
- De 0,401 à 0,500 sur 0,009 et plus.

4ᵉ classe.... De 0,301 à 0,400 sur 0,006 à 0,0065.
De 0,404 à 0,500 sur 0,0075 à 0,0085.
De 0,501 à 0,600 sur 0,009 et plus.

5ᵉ classe.... De 0,501 à 0,600 sur 0,008 à 0,0085.

4° *Gros ronds et gros carrés* :

1ʳᵉ série .... De 0,111 à 0,135 (jusqu'à 5 mètres).

2ᵉ série..... De 0,136 à 0,150 (jusqu'à 5 mètres).

3ᵉ série..... De 0,151 à 0,165 (jusqu'à 4 mètres).

4ᵉ série..... De 0,166 à 0,200 (jusqu'à 3 mètres).

5° *Fers à doubles T à ailes ordinaires* (jusqu'à 10ᵐ 00 de longueur) :

1ʳᵉ classe.... Fers de 0,080, 0,100, 0,120, 0,140, 0,160.

2ᵉ classe.... Fers de 0,128, 0,200, 0,220.

3ᵉ classe.... Fers de 0,240, 0,260.

6° *Fers à double T à larges ailes* (jusqu'à 10ᵐ00 de longueur) :

1ʳᵉ classe.... Fers de 0,100, 0,120, 0,140, 0,160.

2ᵉ classe.... Fers de 0,080, 0,180, 0,200, 0,220.

3ᵉ classe.... Fers de 0,240, 0,250, 0,260.

4ᵉ classe.... Fers de 0,280 et 0,300.

5ᵉ classe.... Fers de 0,350.

7° *Fers spéciaux* (jusqu'à 8ᵐ 00 de longueur) :

1ʳᵉ classe.... Cornières égales de 0,040 à 0,100.

2ᵉ classe.... Cornières égales de 0,030 à 0,035.

3ᵉ classe.... Cornières égales de 0,110 à 0,130.
Cornières inégales de 0,060 sur 0,040 et 0,065 sur 0,045.
— de 0,070 sur 0,050 et 0,070 sur 0,060.
— de 0,080 sur 0,050 et 0,080 sur 0,060.
— de 0,095 sur 0,060 et 0,100 sur 0,080.

4ᵉ classe.... Cornières égales de 0,025 à 0,027.
Cornières inégales de 0,110 sur 0,070 et 0,050 sur 0,040.
— de 0,055 sur 0,035 et 0,120 sur 0,080.
Fers à simple T de 0,030 sur 0,035 et 0,035 sur 0,035.
— de 0,035 sur 0,040 et 0,035 sur 0,045.
— de 0,040 sur 0,040 et 0,040 sur 0,045.
— de 0,040 sur 0,050 et 0.040 sur 0,055.
— de 0,045 sur 0,050 et 0,050 sur 0,050.
— de 0,050 sur 0,060 et 0,055 sur 0,060.
— de 0,060 sur 0,065 et 0,075 sur 0,080.
Fers en U (jusqu'à 10 mètres) de 0,100, 0,120, 0,140.
Fers à vitrages et demi-vitrages de 0,035 à 0,060.

5e classe....	Cornières égales de 0,020 à 0,0225. — de 0,140 à 0,150. Cornières inégales de 0,040 sur 0,025 et 0,045 sur 0,030. — de 0,130 sur 0,090 et 0,130 sur 0,120. — de 0,135 sur 0,090 et 0,135 sur 0,120. — de 0,140 sur 0,090 et 0,140 sur 0,110. — de 0,150 sur 0,070 et 0,150 sur 0,090. Fers à simple T de 0,023 sur 0,023 et 0,023 sur 0,025. — de 0,025 sur 0,025 et 0,025 sur 0,027. — de 0,025 sur 0,030 et 0,027 sur 0,027. — de 0,027 sur 0,030 et 0,030 sur 0,027. — de 0,030 sur 0,30. Fers à T inégaux de 0,030 sur 0,020 et 0,036 sur 0,018. — de 0,035 sur 0,025 et 0,040 sur 0,025. Fers en U (jusqu'à 10 mètres) de 0,050, 0,055, 0,060. — 0,062, 0,080, 0,150, 0,160, 0,175. Fers à vitrages de 0,027 et 0,030.
6e classe....	Fers à simple T de 0,018 sur 0,018 et 0,020 sur 0,018. — de 0,018 sur 0,020 et 0,020 sur 0,020. — de 0,023 sur 0,020 et 0,020 sur 0,023. — de 0,020 sur 0,025. Fers à T inégaux de 0,030 sur 0,013. Fers en U (jusqu'à 10 mètres) de 0,030, 0,035, 0,040. — 0,200, 0,220, 0,235, 0,250. Fers rainés à vasistas de 0,016, 0,018, 0,020, 0,023. Petits-bois demi-ronds de 0,014, 0,016, 0,018. — 0,020, 0,023, 0,025.
7e classe....	Fers à T simples de 0,130 sur 0,070 ; de 0,130 sur 0,090. — de 0,150 sur 0,100 ; de 0,150 sur 0,100. — de 0,200 sur 0,100. Fers rainés à vasistas de 0,011 et 0,014.
Fers hors classe	Fers Zorès (jusqu'à 7 mètres de longueur). Fers à moulures et d'ornements.

20. Fontes de commerce. — Les différents objets en fonte moulée employés dans le bâtiment se trouvent en général dans le commerce ; ils sont ordinairement fournis par les serruriers ; ce sont :

Les plaques unies, gaufrées et quadrillées ;

Les tuyaux et raccords ;

Les cuvettes ;

Les colonnes pleines unies ;

Les balcons et barres d'appui de divers modèles ;

Les panneaux de portes ;

Les garnitures de rampes ;

Les cylindres, cloches et barreaux de grilles pour calorifères, etc.

La fonte de *première fusion* sortant du haut-fourneau est rarement employée, si ce n'est pour de grosses pièces très simples de forme et n'ayant pas besoin d'une grande résistance. On se sert plus généralement de fonte de *deuxième fusion* pour les pièces soignées.

Lorsque des pièces se répètent un certain nombre de fois dans la construction, et qu'elles ne sont pas d'un modèle courant du commerce, on les fait exécuter sur *modèles* spéciaux ; telles sont les colonnes creuses, les plaques de retombée, consoles ou sabots de combles, certaines pièces d'assemblage, etc.

21. Classification des aciers par qualités. — Les aciers du commerce peuvent être classés, d'après leurs qualités, de la manière suivante :

Acier n° 1, *extra-dur*, peu employé pour certains outils seulement.

Acier n° 2, *très dur*, pour ressorts, matrices, bouterolles, coutellerie, scies, poinçons, limes.

Acier n° 3, *dur*, pour ressorts, armurerie, canons, masses, marteaux, rails, socs de charrue, étampes.

Acier n° 4, *mi-dur*, pour rails, éclisses, pelles, pioches, bêches, glissières, essieux, frettes, mandrins, clavettes.

Acier n° 5, *mi-doux*, pour pièces mécaniques, pelles, arbres de transmission, essieux de wagons, tire-fonds, scies à chaud, vis, goujons, lunetterie.

Acier n° 6, *doux*, pour profilés divers, tôles de construction de ponts et de navires, boulons, pièces mécaniques, constructions de toutes sortes.

Acier n° 7, *très doux*, *soudable*, pour tôles et profilés, pour chaudières, rivets de chaudières, tôles pour pièces embouties, tubes, pièces cémentées.

Acier n° 8, *extra-doux*, *soudant*, pour tréfilage, tôles minces embouties, qualité supérieure pour tôles de chaudières, foyers, viroles, rivets, pièces cémentées, tôles très façonnées, emboutis compliqués ; cet acier remplace le *fer de Suède*.

Les aciers des trois dernières catégories ne prennent pas la *trempe* ; ce sont de véritables *fers fondus*, mais ils se soudent ; ils doivent seuls être employés en construction ; les autres prennent bien la trempe, mais ne se soudent pas, et à part des applications particulières, ils doivent être rejetés. Les forges fournissent aujourd'hui en acier doux toutes les barres laminées dont il a été parlé à propos des fers, ainsi que les tôles. On a même étudié des profils spéciaux, dits *profils normaux*, pour les barres double T, de manière à obtenir une meilleure utilisation du métal et le maximum de résistance pour un poids donné d'acier.

22. Fils de fer et d'acier. — Ces fils sont fabriqués avec un métal de très bonne qualité, fort et doux à froid, plutôt dur que mou, apte à prendre par le travail une texture nerveuse ; on les définit par leur *numéro de jauge*. Il existe un certain nombre de jauges : la jauge française décimale, la jauge de Paris, celle de Limoges, la jauge carcasse du commerce, la jauge de Birmingham.

Le fil de fer est le plus souvent *galvanisé* lorsqu'il doit servir à des ouvrages exposés aux intempéries. Les fils de fer employés dans la construction sont, d'après la jauge de Paris, le diamètre étant donné en dixièmes de millimètres ;

Numéros	0	1	2	3	4	5	6	7	8	9	10	11	12	13	14	15
Diamètres	5	6	7	8	9	10	11	12	13	14	15	16	18	20	22	24

Numéros	16	17	18	19	20	21	22	23	24	25	26	27	28	29	30
Diamètres	27	30	34	39	44	49	54	59	64	70	76	82	88	94	100

§ 6. — RÉSISTANCES MÉCANIQUES DES MÉTAUX FERREUX.

23. Définitions. — On admet que les matériaux sont composés de molécules maintenues par des *forces intérieures* à des distances fixes les unes des autres tant que le matériau n'est soumis à aucune *action extérieure.*

Les *forces extérieures* agissant sur un corps solide le défigurent plus ou moins, et les molécules se trouvent rapprochées ou éloignées les unes des autres; si les forces extérieures sont faibles, les défigurations produites ne prendront qu'une valeur limitée, quel que soit le temps pendant lequel les forces agiront; elles cesseront d'exister dès que ces forces cesseront d'agir, et le corps reprendra sa figure primitive; on dira qu'il n'avait subi que des *défigurations élastiques.*

Si les forces extérieures augmentent d'intensité, les défigurations deviendront de plus en plus grandes, et il arrivera un moment où, si l'action des forces vient à cesser, la défiguration prise par le solide ne disparaîtra pas tout entière; on dira qu'il y a *défiguration permanente* et que la *limite d'élasticité* a été dépassée.

Les forces continuant à croître, les défigurations iront en s'accentuant jusqu'au moment où elles seront assez grandes pour que la *rupture* du corps se produise par séparation de ses molécules.

On a constaté par expérience que si, sous l'action d'une force dépassant la *limite d'élasticité*, une défiguration permanente a été produite, cette défiguration ne fera que s'accentuer avec le temps si la même force continue à agir, et jusqu'à amener la *rupture.* De là la nécessité de s'arranger de telle sorte que dans une construction les matériaux ne puissent, dans aucun cas, être soumis à des efforts dépassant ou même atteignant leur limite d'élasticité. C'est pourquoi on ne devra jamais leur faire supporter que des charges inférieures à cette limite; on se fixera à cet effet, pour chaque matériau, une *charge limite de sécurité* qu'on s'imposera de ne dépasser dans aucune des parties de la construction.

Le rapport entre la charge de rupture et la charge limite de sécurité est ce qu'on nomme le *coefficient de sécurité.* Il est variable suivant la nature des constructions, permanentes ou provisoires, suivant la manière dont les charges leur sont appliquées, suivant le degré de confiance qu'on a dans la qualité des matériaux employés, et dans les méthodes de calcul qu'on leur applique; c'est l'expérience acquise des constructions existantes qui permettra de fixer sa valeur de la manière la plus certaine.

Le matériau, par son *élasticité*, c'est-à-dire par le jeu des forces intérieures qui agissent entre ses différentes molécules, *résiste* à la défiguration; sa *résistance limite d'élasticité* et sa *résistance de rupture* sont respectivement égales à la charge limite d'élasticité et à la charge de rupture; de même que sa *résistance de sécurité* égale la charge limite de sécurité.

24. Résistance des métaux ferreux à l'extension. — *1° Fer.* On dit qu'un matériau subit un effort d'*extension* lorsque les forces extérieures agissant sur lui ont pour effet d'augmenter les distances de ses molécules; un effort d'extension agissant sur une barre ou sur un fil de métal dans le sens longitudinal a pour effet d'en produire l'*allongement*; le métal de la barre ou du fil ne prendra qu'un allongement limité et *proportionnel* à l'effort exercé tant que la *limite d'élasticité* ne sera pas dépassée ; si cette limite est dépassée, l'allongement augmentera plus rapidement que la charge ; et il arrivera même un instant où, la charge restant constante, l'allongement croîtra d'une manière continue comme si la substance qui compose la barre était tout à coup devenue très plastique ; ce *filage* de la matière sera terminé par la *rupture*. Au moment où l'allongement n'est plus proportionnel à la charge et où le filage commence, il se produit en un point de la barre un étranglement, une diminution de la section, qui ne fait ensuite que s'accentuer jusqu'à la rupture ; c'est ce qu'on nomme la *striction*.

L'existence d'une striction prononcée indique un métal qui s'allonge beaucoup avant de rompre, c'est-à-dire qui est très *ductile* ; un tel métal présentera, au point de vue des constructions, le grand avantage de prendre des défigurations permanentes importantes avant de rompre, on sera ainsi prévenu que la construction est en danger, avant qu'une catastrophe se produise.

Au contraire, un métal non ductile, sec et cassant, s'allonge peu et se strictionne peu avant de rompre ; la rupture arrive brusquement sans que rien l'ait fait prévoir ; c'est ce qui se produit par exemple pour la fonte et les aciers durs.

L'expérience a montré que l'*allongement* i d'une barre de longueur l pendant la période qui précède la limite d'élasticité, est proportionnel à la longueur de la barre, à l'effort longitudinal P qu'elle supporte, et inversement proportionnel à une certaine quantité E, dont la valeur est variable avec la matière qui compose la barre, et à la section ω de celle-ci ; ce qu'on exprime par la formule :

$$i = \frac{l\,P}{E\,\omega}$$

Le nombre E est d'autant plus grand que le métal est plus difficile à allonger, c'est-à-dire qu'il a une *élasticité* plus grande ; on l'appelle le *module d'élasticité* de ce métal, à l'extension.

Si on prend une barre de 1 mètre de long, et de 1 mètre carré de section, on trouve que E est égal alors à la charge qui produirait un allongement égal à la longueur de la barre, ce qui permet de l'exprimer en kilogrammes par mètre carré de section ; il est inutile de faire remarquer que cette manière de définir le module d'élasticité est purement conventionnelle, car il n'existe aucune substance propre à se prêter à l'expérience. Pour le fer, la valeur du *module d'élasticité* est de 20.000 kilogrammes par millimètre carré ; elle s'abaisse à 18.000 pour les tôles de qualité inférieure.

La *charge de rupture* à l'extension des fers du commerce variant de 30 à 36 kilogrammes par millimètre carré de section, la limite d'élasticité varie de 17 à 24 kilogrammes par millimètre carré ; on admet comme *résistance de sécurité* à l'extension les trois chiffres de 6, 8 ou 10 kilogrammes par millimètre carré, suivant la nature des constructions : on prend 6 kilogrammes pour les ouvrages importants qui doivent supporter des charges permanentes considérables et avoir une longue durée, tels que ponts, poitrails, grandes charpentes ; on prend 8 kilogrammes pour les travaux ordinaires des constructions courantes, où l'on recherche l'économie, et pour les pièces qui ne subissent que temporairement le maximum de charge, comme les planchers, les fermes de combles ; enfin on prend 10 kilogrammes pour les constructions légères et provisoires ou pour les pièces dans lesquelles le travail du métal se trouve soulagé par d'autres éléments de construction combinés avec lui, comme par exemple les solives de certains planchers hourdés pleins.

Une remarque simple permet de se rendre compte *à priori* des dimensions d'une barre de fer supportant un effort d'extension : une tige de fer de 1 mètre de long et de 1 millimètre carré de section pèse environ 8 grammes et peut supporter une charge de sécurité de 8 kilogrammes, c'est-à-dire égale à mille fois son propre poids ; il en résulte que si une barre doit supporter un effort d'extension égal à P kilogrammes, elle devra peser P grammes par mètre courant.

Dans les *fils de fer*, la *résistance de rupture* à l'extension est plus grande que dans les fers du commerce ; elle peut atteindre 80 kilogrammes par millimètre carré dans les fils de 1re qualité de Franche-Comté ; la galvanisation réduit un peu la résistance du fil de fer non recuit. On peut admettre en moyenne pour le fil de fer ordinaire du commerce une *résistance de sécurité* à l'extension de 10 à 12 kilogrammes par millimètre carré de section pour les fils employés isolément.

Lorsqu'une pièce devra résister à des efforts d'extension agissant d'une façon brusque et susceptible de mettre la pièce en vibration, on fera bien de majorer les dimensions trouvées de manière à doubler la section fournie par le calcul.

2° *Acier*. — Les *aciers doux* employés en construction ont une *résistance de rupture* à l'extension notablement supérieure à celle du fer, et qui varie de 37 kilogrammes pour l'acier extra-doux à 48 kilogrammes par millimètre carré pour l'acier doux ; leur *limite d'élasticité* varie de 26 kilogrammes à 31 kilogrammes par millimètre carré ; le *module d'élasticité* varie de 20.000 à 22.000 killogrammes par millimètre carré. On admet pour la *résistance de sécurité* 8 kg. 5, 11 kg. 5 et 14 kilogrammes par millimètre carré de section, correspondant aux chiffres de 6, 8 et 10 kilogrammes adoptés pour le fer ; on porte souvent même ces chiffres à 9, 12 à 15 kilogrammes.

Dans les *fils d'acier*, la *résistance de rupture* à l'extension varie de 60 à 250 kilogrammes par millimètre carré de section suivant la qualité du métal employé à les produire ; on pourra admettre une *résistance de sécurité* de 12 à 15 kilogrammes par millimètre carré pour les fils de qualité ordinaire employés isolément.

3° *Fonte*. — La fonte résiste mal à la traction ; elle rompt sans avoir pris de striction appréciable ; de plus, à cause des défauts que peuvent présenter les pièces fondues et des différences dans la qualité du métal, il n'y a aucune sécurité à lui faire supporter des efforts de ce genre.

La fonte *rompt* sous un *effort d'extension* qui varie de 10 à 12 kilogrammes par millimètre carré pour la fonte grise, et de 14 à 20 kilogrammes pour la fonte blanche, correspondant aux *limites d'élasticité* de 6 à 7 kilogrammes par millimètre carré ; son *module d'élasticité* varie de 8.000 à 15.000 kilogrammes par millimètre carré ; on peut admettre la valeur 10,000 pour les fontes ordinaires.

Il sera prudent, dans les pièces où accidentellement on sera conduit à faire subir à la fonte des efforts d'extension, de n'admettre comme *résistance de sécurité* de 1 que 2 kilogrammes par millimètre carré de section.

25. Résistance de métaux ferreux à la compression. — 1° *Fer*. Lorsqu'un corps est soumis à un effort de *compression*, c'est-à-dire à un effort qui a pour effet de rapprocher ses molécules et de lui faire subir un *raccourcissement*, on retrouve, avec beaucoup moins de netteté, des phénomènes analogues à ceux que nous avons exposés plus haut, à la condition toutefois qu'on opère sur une *pièce courte*, c'est-à-dire dont la longueur ne dépasse pas cinq fois la plus petite dimension transversale. Si l'on opère sur des *pièces longues*, comme des colonnes, des bielles de comble Polonceau, ou des barres de treillis, on les voit, à un moment donné, fléchir et se courber, bien avant d'être sur le point de rompre par compression : on dit alors qu'elles *flambent* ; le *flambage* met en jeu le phénomène de *flexion*.

La *rupture* d'une pièce courte soumise à un effort de compression se fait par *écrasement* ; la striction est ici remplacée par un *gonflement* latéral qui s'accentue jusqu'au moment de la rupture. Dans les matériaux ductiles, le gonflement est important, la rupture est indiquée par la production de crevasses latérales ; dans les corps plutôt fragiles comme la fonte, le gonflement est faible, la rupture se produit suivant des plans inclinés à 45° environ ; quand le bloc est cubique, il se forme six pyramides ayant pour bases les faces du cube et leur sommet au centre.

La *résistance de rupture* du fer à la compression est moindre que la résistance à la traction ; elle varie de 26 à 30 kilogrammes par millimètre carré. Mais cependant on admet en pratique pour le fer la même *résistance de sécurité* à la compression qu'à la traction ; on admet aussi, faute de données précises, que le *module d'élasticité* et la *limite d'élasticité* à la compression ont aussi les mêmes valeurs qu'à la traction, c'est-à-dire que le fer est un *matériau à résistances symétriques*.

2° *Aciers*. — Il en est de même pour les *aciers doux*, qui présentent cependant une *résistance de rupture* à la compression de 55 à 65 kilogrammes par millimètre carré de section, bien supérieure à leur résistance de rupture à l'extension. Les *aciers durs* présentent à la compression une *résistance de rupture* qui peut atteindre 120 kilogrammes par millimètre carré de section ; on pourra donc leur faire supporter en toute sécurité des efforts de compression de 15 à 20 kilogrammes par millimètre carré.

3° *Fonte*. — La fonte résiste beaucoup mieux à la compression qu'à l'extension ; la *limite de rupture* est de 60 à 80 kilogrammes par millimètre carré pour les fontes grises, et de 80 à 100 kilogrammes pour les fontes blanches ; ce qui conduit à admettre une *résistance de sécurité* variant de 6 à 12 kilogrammes par millimètre carré, pour tenir compte des défauts que présentent souvent les moulages.

4° *Résistance au flambage*. — Une pièce dont la longueur est grande par rapport à ses dimensions transversales, et qui subit une compression dans le sens de sa longueur, est dite *pièce aboutée* ou *chargée de bout*. Une telle pièce est susceptible de *flamber*, c'est-à-dire de se courber lorsque l'effort atteint une certaine valeur.

Si la pièce commence à prendre une flèche f sous un effort P, dans la section à laquelle répond cette flèche, il se produit alors un moment fléchissant dont la valeur est Pf, en raison duquel la flèche tend à augmenter davantage encore. Si la pièce est suffisamment résistante, il pourra s'établir à un moment donné une position d'équilibre ; sinon, la flèche augmentera jusqu'à ce que la pièce soit rompue par flexion et compression combinées ; il y aura *effondrement*. La charge sous laquelle la pièce sera rompue ainsi sera toujours très inférieure à celle qu'amènerait la rupture par écrasement d'une pièce de même section mais courte.

Nous avons vu qu'une pièce de section Ω, supportant un effort de compression P, on devrait toujours avoir :

$$\frac{P}{\Omega} \leq R.$$

Dans le cas d'une pièce longue, nous emploierons la même formule, mais en adoptant au lieu de la résistance de sécurité à la compression R, une valeur réduite R_f que nous nommerons la *résistance de sécurité au flambage*. Dans ces conditions, nous serons certains que la pièce ne flambera pas sous la charge, ou que si elle flambe, la fibre la plus fatiguée ne supportera pas un effort par unité de section, supérieur à la résistance R de sécurité à la compression. On calculera dans chaque cas la valeur à adopter pour la résistance de sécurité au flambage R_f par la formule :

$$R_f = \frac{R}{1 + k\,\frac{\Omega}{I}\,l^2}$$

dans laquelle R est la résistance de sécurité à la compression, l la longueur de la pièce entre ses deux abouts, Ω la section de la pièce, I le moment d'inertie minimum de cette section, pris par rapport à l'axe autour duquel est susceptible de se produire la flexion due au flambage.

Pour le fer et l'acier, on fait $k = 0{,}00008$; pour la fonte ou le bois, on prend $k = 0{,}0008$.

On vérifiera alors les dimensions transversales d'une pièce aboutée par la formule :

$$\frac{P}{\Omega}\left(1 + k\,\frac{\Omega}{I}\,l^2\right) \leqq R.$$

Cette formule s'applique au cas où la pièce est articulée à ses deux extrémités.

Si la pièce est encastrée à ses deux extrémités, on y remplacera k par $\frac{k}{4}$; si la pièce est encastrée à une extrémité et articulée à l'autre, on remplacera k par $\frac{k}{2}$; enfin si elle encastrée à une extrémité et libre à l'autre, on remplacera k par $2k$.

26. Résistance des métaux ferreux à la flexion. — Lorsqu'une pièce prismatique droite posée sur deux appuis est chargée, elle fléchit ; cette défiguration a pour effet de raccourcir les fibres supérieures et d'allonger les fibres inférieures ; les fibres intermédiaires se raccourcissent ou s'allongent d'autant moins qu'elles sont plus éloignées des faces supérieure et inférieure de la pièce, et l'une d'entre elles, située entre les deux groupes, garde sa longueur primitive ; on l'appelle la *fibre neutre*.

Il résulte de suite de ce fait qu'une partie de la pièce fléchie résiste à des efforts d'extension, qu'il sera plus avantageux de construire une pareille pièce en fer ou en acier doux, métaux à *résistances symétriques*, qu'en fonte qui résiste mal à la traction ; c'est la raison pour laquelle les planchers en fer ou en acier sont devenus d'un usage courant, tandis que ceux en fonte ont été abandonnés. La mécanique démontre qu'une pièce prismatique fléchie est soumise dans chacune de ses sections transversales à un *couple de flexion* qu'on appelle *moment fléchissant*, et à une *force* qu'on appelle *effort tranchant*. Ce dernier a pour effet de tendre à faire glisser chacune des sections transversales de la pièce sur la section voisine, parallèlement au plan de la section ; il produit donc le même effet que si la pièce était, dans chacune de ses sections, soumise à l'action d'une cisaille agissant avec plus ou moins d'énergie ; il tend à *cisailler* la pièce, dont les différentes sections résistent par conséquent au *cisaillement* en même temps qu'à la *flexion*. On démontre qu'à tout effort tranchant correspond un égal *glissement longitudinal* des fibres ;

le plus grand effort de glissement longitudinal se produit le long de la fibre neutre. On établit que si M est le *moment fléchissant* dans une section transversale de la pièce, l'*effort de traction* ou *de compression* développé par la flexion dans la fibre extérieure qui est la plus fatiguée, a pour valeur :

$$f = \frac{Mv}{I}.$$

v étant la *demi-hauteur* de la section considérée, et I son *moment d'inertie* par rapport à un axe tracé sur cette section et passant par son centre de gravité. La quantité $\frac{I}{v}$ se nomme le *module de résistance* de la pièce.

Il en résulte que si le moment fléchissant maximum auquel la pièce est soumise est connu, et si on veut que les fibres extrêmes ne supportent pas un effort de traction ou de compression supérieur à la résistance de sécurité R du métal, on devra avoir :

$$\frac{I}{v} > \frac{M}{R}$$

formule qui permettra, comme nous le verrons à propos des planchers, de déterminer la section à donner à la pièce.

On voit qu'une pièce fléchie pourra supporter un moment de flexion d'autant plus grand que son module de résistance sera plus grand ; or à section égale, ce dernier est d'autant plus grand que la pièce est plus haute, et que la matière qui la compose est reportée plus loin de sa fibre neutre. Le profil rectangulaire est donc préférable au profil carré ; le profil en U, ou mieux en double T, est encore supérieur au profil rectangulaire, et c'est en effet du jour où l'on a su laminer ces profils que les planchers en fer ont pris une si grande extension.

Dans les pièces posées sur deux appuis, on ne s'occupe pas ordinairement de vérifier la résistance de la pièce à l'effort tranchant, parce que généralement sa valeur la plus grande correspond aux sections d'appui pour lesquelles le moment de flexion est nul, et inversement, il est nul ou n'a qu'une faible valeur dans la section où le moment fléchissant est maximum ; mais il n'en est pas de même dans d'autre cas. On admet alors dans le calcul que la résistance au moment fléchissant est fournie par les ailes seules du fer, tandis que la résistance à l'effort tranchant est fournie par l'âme.

27. Résistance des métaux ferreux au cisaillement. — Nous venons de montrer que les pièces fléchies supportent des efforts de *cisaillement* ; mais il est d'autres pièces dans la construction qui ont à résister à ces mêmes efforts ; ce sont les *rivets* et les *boulons*. La loi du cisaillement est la même que celle de la traction, mais *le module d'élasticité transversale* est différent du *module d'élasticité longitudinale*, dont il est les quatre dixièmes.

Quant à la *résistance de sécurité* à admettre pour le métal résistant au cisaillement, elle est les $\frac{4}{5}$ de la résistance de sécurité à la traction pour le fer et l'acier doux ; pour les métaux durs, il serait prudent de ne prendre que les $\frac{2}{3}$ et même les $\frac{3}{5}$ de cette résistance.

28. Essais de résistance des métaux ferreux. — Le fer et l'acier sont ordinairement soumis à des essais de résistance par traction ; ces essais ont pour but non seulement de reconnaître que le métal présente une résistance mécanique suffisante à l'extension, mais encore, par la mesure de l'allongement et de la striction, de se rendre compte de sa ductilité.

On emploie à cet effet des barreaux d'épreuves découpés dans les barres ou dans les tôles, et que l'on rompt à l'aide de machines spéciales qui sont de deux genres : les machines à poids et à levier et les machines hydrauliques. Les barreaux d'épreuves sont cylindriques, et ont en général 0 m 020 de diamètre pour les barres épaisses ; ils sont rectangulaires, avec une largeur de 0 m 020 et une épaisseur égale à celle du fer expérimenté pour les barres minces et pour les tôles ; on y marque, avant l'expérience, deux points de repère distants de 0 m 200 pour pouvoir mesurer l'allongement.

Les cahiers des charges des diverses administrations, relatifs aux fournitures métalliques donnent généralement d'une manière très détaillée les dimensions des barreaux d'épreuve à employer pour les essais qu'ils prescrivent, et les conditions spéciales de prise de ces barreaux dans les fers, ainsi que les précautions à prendre pour les préparer.

CHAPITRE II

TRAVAIL DES MÉTAUX FERREUX

§ 1er. — LA FORGE

29. Les ouvriers de la forge. — Les ouvriers serruriers de la forge sont divisés en ouvriers de *grande* et de *petite forge*, comprenant dans chacune de ces deux catégories le *forgeron*, le *frappeur* et le *tireur de soufflet*.

30. La forge. — On nomme ainsi, d'une manière générale, la partie de l'atelier affectée au travail du fer à chaud ; mais on appelle aussi forge l'ensemble du fourneau qui sert à chauffer le métal, du soufflet et de l'enclume sur laquelle on le travaille.

Le local dans lequel est établie la forge doit être assez vaste pour permettre de tourner dans tous les sens les longues pièces de fer à travailler ; il doit être bien éclairé pour que le travail de l'ouvrier soit plus facile, celui-ci devant voir du premier coup pendant que le fer est rouge les marques qu'il a pu y faire. Ce local doit être élevé, afin que les gaz et la fumée qui s'échappent du foyer, et qui au lieu de sortir par la cheminée se répandent souvent dans l'atelier, ne puissent pas incommoder les hommes qui s'y trouvent.

1° *Forge fixe.* — La *forge proprement dite ou forge maréchale* est généralement appuyée contre un mur ; elle se compose d'une *paillasse* posée sur des jambages en briques ; celle-ci a $0^m 20$ environ d'épaisseur, et le dessus, qui est creusé d'une cavité revêtue de briques réfractaires formant foyer, se trouve à $0^m 60$ ou $0^m 70$ du sol ; l'ossature est formée d'une ceinture en fer qui en fait le tour et d'un certain nombre de carillons, le tout supportant un massif en plâtre et plâtras ou mieux en briques. Au fond et à l'arrière de la paillasse, est un petit mur en briques réfractaires de $0^m 11$, appelé *contre-feu*, au travers duquel passe la *tuyère* ; celle-ci débouche dans le foyer de façon que son bord inférieur soit élevé de quatre centimètres environ au-dessus de l'âtre, afin que le vent qui sort de la tuyère passe à deux ou trois centimètres au-dessus de la pièce à forger (fig. 17). Une *hotte* placée au-dessus de la paillasse reçoit les produits de la combustion ; elle est construite soit en pigeonnage de plâtre, soit en tôle, et suspendue au plafond par des tiges de fer, ou encore appuyée sur deux jambages en briques.

Le vent est fourni à la tuyère par un *soufflet* suspendu au plafond à côté de la hotte et que le frappeur manœuvre de la main gauche au moyen d'une chaîne, ou *branloire*; ce soufflet est ordinairement à *double vent*, c'est-à-dire qu'il est formé de trois flasques, dont deux sont mobiles; celle du milieu qui est fixe partage le soufflet en deux compartiments; celui du haut est un réservoir d'air, celui du bas un soufflet ordinaire, qui envoie l'air qu'il aspire dans le compartiment supérieur; des poids placés sur la face supérieure de celui-ci en font écouler l'air avec la pression voulue (fig. 18). Dans les installations importantes, il y a intérêt à remplacer le soufflet par un *ventilateur* qui peut fournir le vent à plusieurs feux à la fois.

Il est bon, dans un atelier, d'avoir deux forges, une grande et une petite, la première servant pour les pièces de fortes dimensions, l'autre pour les menus travaux; on peut les placer l'une à côté de l'autre, ou les adosser l'une à l'autre et leur donner une hotte commune; cette dernière disposition exige beaucoup de place.

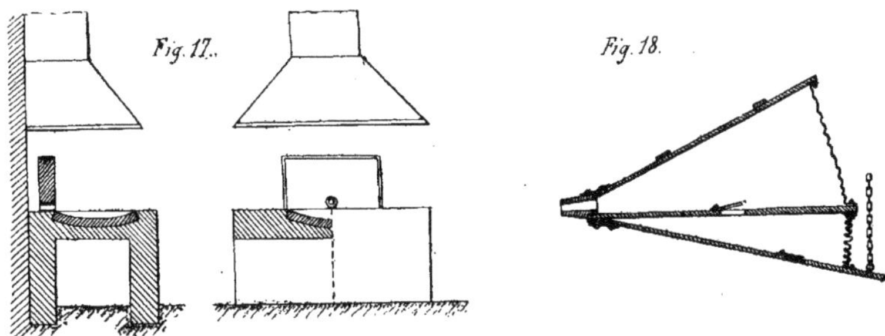
Fig. 17. Fig. 18.

L'espace compris au-dessous de la paillasse de la forge sert à placer le charbon; un petit réservoir en tôle, de forme parallélipipède, est installé devant et contre la forge; il est toujours tenu plein d'eau, qui sert à refroidir les outils lorsqu'ils se sont trop échauffés au contact du fer rouge. En outre, le forgeron dispose d'une *pelle*, d'un *tisonnier* pour attiser, soulever et écraser son feu, et d'une *manillette*, tige de fer à l'extrémité de laquelle est attachée une éponge qui sert à asperger le feu et à rafraîchir les pièces.

On construit quelquefois les forges destinées au travail des grosses pièces en plaçant la tuyère au centre et à la partie inférieure du foyer.

Au voisinage du feu de forge se trouve ordinairement placée une *chambrière*, chaîne fixée à la charpente de l'atelier et terminée à sa partie inférieure par un crochet, ou grue mobile à poulie roulante, pouvant occuper différentes positions; elle sert à supporter l'un des bouts des grosses pièces qui sont au feu ou sur l'enclume.

2° *Forges portatives.* — Beaucoup de travaux de serrurerie peuvent être faits au chantier, ce qui procure une grande économie de temps, et surtout de transports; aussi se sert-on beaucoup de forges portatives ou de campagne; ces forges, montées sur roues, sont facilement transportables; elles sont munies d'un soufflet à double vent. On les trouve toutes faites dans le commerce; telles sont celles que construit la maison Enfer et ses fils.

31. Législation relative aux forges. — *Art. 524 du Code civil.* — Les ustensiles nécessaires à l'exploitation des forges sont immeubles par destination.

Art. 674 du Code civil. — Celui qui veut construire cheminée, âtre, forge, four ou fourneau près d'un mur mitoyen, est obligé à laisser la distance prescrite par les règlements et usages particuliers sur ces objets, ou à faire les ouvrages prescrits par les mêmes règlements et usages pour éviter de nuire au voisin.

D'après la *Coutume de Paris*, celui qui veut faire construire forge, four ou fourneau près d'un mur mitoyen ou non, doit laisser un isolement de 0m 16, dit *tour de chat*, entre l'ouvrage qu'il élève et ce mur ; le *mur-dossier* de l'ouvrage doit avoir une épaisseur minima de 0m 32.

L'épaisseur indiquée pour le *contre-mur* n'est pas absolue, et si, par suite de circonstances particulières, elle est insuffisante, elle doit être augmentée. L'obligation à remplir est de faire les ouvrages nécessaires pour que le mur mitoyen soit efficacement protégé (Cassation, 7 nov. 1849).

Ordonnance de police du 1er septembre 1897 concernant les mesures préventives et les secours contre l'incendie dans la ville de Paris. — TITRE PREMIER. — DISPOSITIONS COMMUNES A TOUS LES FOYERS ET A LEURS CONDUITS DE FUMÉE. — *Article premier.* — Les cheminées ou appareils du chauffage, fixes ou mobiles, et tous les foyers quelconques, industriels ou autres, ainsi que leurs conduits de fumée, devront être établis de manière à éviter les dangers du feu, et à pouvoir être visités, nettoyés facilement et entretenus en bon état.

Les foyers et les conduits de fumée devront être construits de telle sorte que la chaleur produite ne puisse être la cause d'une incommodité grave de nature à altérer la santé des habitants de l'immeuble ou du voisinage.

TITRE II. — ÉTABLISSEMENT DES FOYERS FIXES OU MOBILES EN USAGE DANS LES HABITATIONS ET DANS L'INDUSTRIE. — *Article 2.* — Il est interdit d'adosser des foyers quelconques, fixes ou mobiles, cheminées, poêles, fourneaux, ainsi que des fours ou autres foyers industriels, à des pans de bois, ou à des cloisons contenant du bois.

On devra toujours laisser entre tout ouvrage de charpente ou de menuiserie et les appareils mobiles de chauffage ordinaire, un isolement d'au moins 0m 16 ; l'isolement sera porté à 0m 50 au moins pour lesdits appareils, s'ils ne sont pas pourvus d'une double enveloppe.

Les fours, fourneaux, et les foyers industriels devront avoir des isolements proportionnés à la chaleur produite, et suffisants pour éviter tout danger d'incendie.

TITRE III. — ÉTABLISSEMENT DES CONDUITS DE FUMÉE, FIXES OU MOBILES. — 1° *Conditions générales.* — *Article 6.* — Tout conduit de fumée montant, situé à l'intérieur d'une habitation, devra ne desservir qu'un seul foyer, à moins qu'il ne soit exclusivement affecté à un groupe de foyers industriels. En tout cas, il s'élèvera dans toute la hauteur du bâtiment et ne déviera jamais de la verticale de plus de 30°.

Exception est faite en ce qui concerne les conduits desservant des foyers à flamme renversée, visés par les articles 8 et 17, et les raccordements de foyers.

Il est formellement interdit de pratiquer des ouvertures dans un conduit de fumée traversant un étage pour y faire arriver de la fumée, des vapeurs ou des gaz, ou même de l'air.

La section transversale du conduit de fumée devra être proportionnée à l'importance du foyer qu'il dessert et être égale et régulière dans toute la hauteur.

Les épaisseurs des parois des conduits de fumée devront toujours être proportionnées à l'importance du foyer et suffisantes pour que la chaleur produite ne puisse les détériorer ou être la cause, soit d'un incendie, soit d'une incommodité grave et de nature à altérer la santé des habitants. Toute face intérieure des conduits de fumée devra être à une distance suffisante des bois de charpente et de menuiserie, et de toute autre matière combustible, pour éviter les dangers du feu.

Article 7. — Tous les conduits de fumée faisant partie de la construction devront être en briques, en briquettes ou en terre cuite de très bonne qualité et ayant subi une cuisson parfaite.

Les éléments qui les composent devront être liés entre eux et à la maçonnerie, de façon à s'opposer efficacement au passage de la fumée et des gaz. Les tuyaux employés pour constituer les conduits adossés aux murs devront se relier entre eux par de joints ou des emboîtements efficaces.

Il sera apporté des soins tout particuliers à la construction dans tous les points où les conduits de fumée changent de direction.

Article 8. — Les conduits de fumée à flamme renversée ne devront pas traverser des locaux habités autres que ceux où est établi le foyer qu'ils desservent. Ils seront pourvus de trappes de ramonage lutées avec le plus grand soin et permettant un nettoyage facile des diverses parties qui les composent. Ces trappes de ramonage devront être à l'intérieur de la location dans laquelle le foyer est établi.

Conduits de fumée placés a l'intérieur des habitations et desservant des foyers industriels. — *Article 16.* — Les conduits de fumée desservant des foyers industriels autres que des foyers ordinaires : fours, forges, moufles, générateurs de vapeur, calorifères, fourneaux de restaurateurs ou analogues, de rôtisseurs, de charcutiers, etc., fours de boulangers, de pâtissiers, établissements de bains, etc., devront être, autant que possible, à l'extérieur ; mais s'ils traversent des locaux habités ils ne devront être construits qu'en briques d'au moins 0^m10 d'épaisseur, et jamais en poterie.

Ils devront être établis, conformément aux articles 6, 7 et 8 de la présente ordonnance, et les parois, enduits compris, devront avoir au moins 0^m13 d'épaisseur.

Article 17. — Les conduits de fumée de ces foyers peuvent avoir des parcours inclinés ou horizontaux se raccordant avec le conduit principal, à la condition d'être en briques et de ne pas traverser des locaux habités.

A chaque changement de direction, il sera établi des trappes de ramonage facilement accessibles, lutées avec le plus grand soin et permettant un ramonage efficace de toutes leurs parties, depuis le foyer jusqu'à la partie supérieure de la cheminée.

Article 18. — Toute face intérieure de ces conduits devra être au moins à 0^m13 des bois de menuiserie, et à 0^m20 des bois de charpente. Le conduit en métal, qui raccorderait le foyer avec le conduit de fumée en maçonnerie, ne doit, dans aucun cas, sortir du local où est le foyer. Il doit être à 0^m25 au moins de tout bois de charpente et de menuiserie ou de toute autre matière combustible.

Ces conduits de fumée devront être toujours élevés à une hauteur suffisante ou disposés de telle sorte qu'il n'en résulte aucune incommodité ni aucun danger d'incendie pour le voisinage.

6° Conduits de fumée industriels, a l'extérieur et en dehors des habitations (grandes

CHEMINÉES D'USINES, etc.). — *Article 19.* — Ces conduits, lorsqu'ils seront placés à l'extérieur des habitations, seront pourvus de dispositions spéciales pour en faciliter le ramonage.

Article 20. — Ces cheminées ou conduits, lorsqu'ils seront installés à demeure et pour une durée de plus de trois mois, et lorsqu'ils correspondront à une consommation de plus de 25 kilogrammes de combustible par heure, devront être, sauf autorisation spéciale, élevés à une hauteur d'au moins 5^{m}00 au-dessus des souches de cheminées des habitations avoisinantes, dans un rayon de 50^{m}00.

La partie inférieure de ces conduits ou cheminées devra être pourvue de chicanes ou de toute autre disposition telle que la fumée, les flammèches ou les escarbilles ne puissent être un danger d'incendie ou d'incommodité grave pour le voisinage.

ENTRETIEN DES CONDUITS DE FUMÉE. — *Article 21.* — Les conduits de fumée, fixes ou mobiles, devront être entretenus en bon état et disposés de façon à être facilement sondés. Les doubles enveloppes, qui laissent un vide entre le conduit et l'enveloppe elle-même, sont formellement interdites lorsque, par cette disposition, elles s'opposent au bon entretien, à la visite et à la réparation desdits conduits. Tout conduit de fumée, brisé ou crevassé, doit être, de suite, réparé ou refait.

Après un feu de cheminée, le conduit de fumée où le feu se sera déclaré devra être visité dans tout son parcours par un architecte ou un constructeur, et sera, au besoin, réparé ou refait.

RAMONAGE. — *Article 22.* — Il est enjoint aux propriétaires et locataires de faire nettoyer ou ramoner les cheminées et tous foyers quelconques, ainsi que leurs conduits de fumée, assez fréquemment pour prévenir les dangers du feu.

Les grands fourneaux de restaurateurs, charcutiers et rôtisseurs, les fours de boulangers, pâtissiers ou autres foyers d'industries analogues, ainsi que leurs conduits de fumée, doivent être nettoyés et ramonés tous les mois au moins, à moins qu'il ne soit fait exclusivement usage de combustibles maigres, tels que le coke.

Article 23. — Il est défendu de faire usage du feu ou d'explosifs pour nettoyer les cheminées, les poêles, les conduits de fumée quels qu'ils soient.

Après chaque opération de ramonage, les trappes de ramonage seront lutées avec le plus grand soin.

TITRE VI. — FOURS, FORGES, FOURNEAUX, FOYERS D'USINE, FOURS DE BOULANGERS, DE PATISSIERS, DE FABRICANTS DE BISCUITS, ATELIERS DE CHARRONS, DE CARROSSIERS, DE MENUISIERS, etc. — *Article 26.* — La construction et l'exploitation de tous fours, forges, fourneaux ou foyers d'usine, des fours de boulangers, pâtissiers, fabricants de biscuits, des foyers ou forges servant aux ateliers de charrons, de carrossiers, de menuisiers, etc..., devront faire l'objet d'une déclaration préalable à la préfecture de police.

Les générateurs de vapeur sont soumis à la déclaration prescrite par décret du 30 avril 1888. Pour ce qui concerne les foyers industriels des établissements classés comme dangereux, insalubres ou incommodes, la déclaration se confondra avec la demande en autorisation.

Le sol, le plafond et les cloisons des locaux où seront construits les forges, fours, fourneaux ou foyers tombant sous l'application de la prescription inscrite au paragraphe 1er du présent article ne pourront être en planches ou légers bois de menuiserie. Dans ces locaux, les planchers seront hourdés et plafonnés en plâtre, les remplissages entre les poteaux en charpente de bois de la construction seront en maçonnerie, et le comble, s'il est en bois, devra être hourdé plein et plafonné, ne laissant apparentes que les grosses pièces de charpente. On devra y maintenir, pour les murs des foyers et pour les conduits de fumée, les isolements des bois et des matières combustibles, proportionnés à la chaleur produite, comme il est dit aux articles 2, 16, 17, 18 de la présente ordonnance.

Article 27. — Les forges, fixes ou mobiles, ne pourront être établies à proximité des murs mitoyens ou des cloisons et des murs séparatifs d'une location voisine qu'à la condition d'obtenir un isolement d'au moins 0m 34, ou de construire un contre-mur en matériaux réfractaires : ce contre-mur sera d'au moins 0m 34 d'épaisseur et d'une hauteur suffisante pour protéger les murs et cloisons contre toute dégradation, et pour éviter l'incommodité pouvant résulter de la chaleur.

Les forges devront être surmontées de hottes d'une largeur suffisante pour recueillir toutes les fumées, et ces hottes devront être pourvues d'un conduit de fumée.

Article 28. — Les charrons, carrossiers, menuisiers, ébénistes et autres ouvriers qui travaillent le bois et le fer dans le même local, sont tenus d'éloigner, le plus possible, les forges et les foyers quelconques de l'endroit où l'on travaille le bois, et de balayer tous les soirs l'atelier.

32. Outils du forgeron. — 1° *Enclume.* — L'*enclume* est une masse de fonte ou mieux, de fer, aciérée à sa partie supérieure, ou d'acier. Elle comprend trois parties principales : la *table*, partie plane de forme rectangulaire, sur laquelle on frappe le fer; le *corps*, partie massive du milieu qui permet de la fixer, à l'aide de chevilles de fer, sur un billot de bois ou *chabotte*, et les *bigornes*, ou extrémités, dont l'une est conique et l'autre en forme de pyramide, dite *bigorne carrée*. Sur le bord de la table, qui doit être placée à hauteur de la ceinture de l'homme, est percé un trou carré dans lequel se fixent divers outils (fig. 19). L'enclume pèse de 200 à 300 kilogrammes; on la place à une distance de 1m 20 à 1m 50 du feu de forge.

La bigorne est une petite enclume dont la table est peu développée, mais dont les cornes sont plus longues que celles de l'enclume ordinaire. Le *petit bigorneau* est une petite bigorne d'établi qui se pose sur l'étau à pied. Enfin, on trouve dans beaucoup d'ateliers une enclume nommée *pièce à refouler*, qui consiste en une masse de fonte enfouie au niveau du sol, et qui sert à refouler le fer à chaud.

2° *Marteaux.* — Le *marteau* est une masse de fer aciéré, ou mieux d'acier, fixée à l'extrémité d'un manche en bois; un marteau comprend deux parties : la *panne*, partie plane avec laquelle on frappe à plat, et la *tête*, extrémité opposée; le *manche* est fixé dans un trou ou œil placé bien exactement dans l'axe du marteau.

Les marteaux du forgeron sont de deux sortes : le *marteau à main*, pesant 1 k. 5 à 2 kilogrammes, et dont le manche a environ 0m 45 de long, est manœuvré d'une seule main par le forgeron; et le *marteau à devant*, manœuvré à deux mains et à la volée par le frappeur, et qui pèse de 6 à 12 kilogrammes; la longueur du manche est de 0m 70 à 0m 80. Ces marteaux ont la tête plane perpendiculaire à la direction du manche; la panne est droite ou debout, c'est-à-dire perpendiculaire ou parallèle à la direction du manche. Il faut par feu de forge trois marteaux à main et deux marteaux à devant (fig. 20 et 21).

3° *Tenailles.* — Les *tenailles* servent à saisir les pièces; la forme de leurs mâchoires est variable suivant la forme des pièces à tenir; il en est de droites et de croches, avec ou sans anneau pour le serrage des branches (fig. 22 et 23).

4° *Chasses.* — Ces outils servent à parer le fer, à unir sa surface, à aviver les angles rentrants; ils sont toujours emmanchés, et tenus par le forgeron, tandis que le frappeur ou l'aide frappe sur leur tête.

La *chasse carrée* (fig. 24) sert à préparer les surfaces planes, à former les angles rentrants; la *chasse à parer* (fig. 25), dont la panne est plus large, sert à finir le travail commencé par la précédente; la *chasse à biseau* sert à aviver les angles rentrants, à former des cannelures; la *chasse ronde* (fig. 26) sert à former les congés de raccord et les parties concaves; on lui donne le nom de *dégorgeoir* lorsque l'arrondi de sa panne est d'un faible rayon (fig. 27).

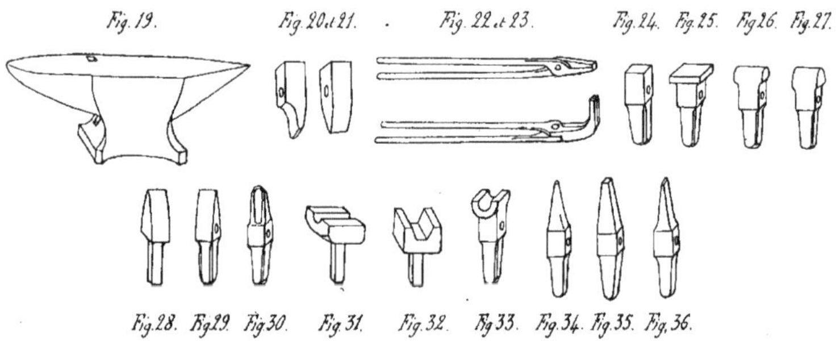

Fig. 19. Fig. 20 et 21. Fig. 22 et 23. Fig. 24. Fig. 25. Fig. 26. Fig. 27.

Fig. 28. Fig. 29. Fig. 30. Fig. 31. Fig. 32. Fig. 33. Fig. 34. Fig. 35. Fig. 36.

Il faut par feu de forge deux chasses carrées, une chasse à parer, une chasse à biseau, deux chasses rondes et deux dégorgeoirs.

5° *Tranches.* — Les *tranches* servent à couper le fer et à enlever aux pièces les excédents de matière. La *tranche fixe* ou *à queue*, dite aussi *tranchet* ou *ciseau d'enclume* (fig. 28), s'encastre dans le trou de l'enclume; les *tranches à manche* (fig. 29) présentent un tranchant aciéré de diverses largeurs; celui des tranches *à chaud* est plus aigu que celui des tranches *à froid*. La *gouge* (fig. 30) est une tranche à chaud à couteau courbe; elle sert à obtenir des refouillements. Il faut par feu de forge, une tranche à froid, cinq tranches à chaud et trois gouges.

6° *Étampes.* — Les *étampes* servent à faire prendre au fer diverses formes en creux ou en relief; elles sont à *queue* (fig. 31 et 32) et se fixent alors dans le trou de l'enclume, ou à *manche* (fig. 33), et alors elles servent souvent de *contre-étampes*.

Les *mandrins* servent à ménager les vides dans les pièces creuses ou évidées.

La *cloutière* ou *boulonnière* est une sorte de moule qui sert à former la tête des clous ou des petits boulons.

7° *Poinçons.* — Ils sont employés pour percer le fer à chaud; ils sont *ronds*, *carrés*, *méplats*, *ovales* (fig. 34, 35 et 36), suivant la forme du trou à obtenir; on emploie quelquefois un poinçon pointu pour ouvrir un trou, sans enlever de métal. Les poinçons sont des outils à manche;

le frappeur les enfonce en frappant sur leur tête, la pièce à percer étant placée au-dessus du trou d'enclume ou sur une matrice convenable; il y en a d'ordinaire six par feu de forge.

8° *Instruments de mesure.* — Pour se guider dans son travail et vérifier les dimensions des pièces qu'il forge, l'ouvrier se sert d'un *mètre* divisé en millimètres et du *pied à coulisse*; il emploie, en outre, les *compas d'épaisseur*, et lorsqu'il doit forger une série de pièces semblables, des *gabarits* découpés en tôle.

33. Travail de forge. — Dans le travail à chaud, l'ouvrier amène le métal à des températures qu'il évalue d'après la coloration prise par sa surface, et qui sont pour le fer :

Rouge naissant	525°	Orange foncé	1100°
Rouge sombre	750°	Orange clair	1200°
Cerise naissant	800°	Blanc	1300°
Cerise	900°	Blanc soudant	1400°
Cerise clair	1000°	Blanc éblouissant	1500°

L'acier atteint les mêmes colorations, mais à des températures un peu moins élevées. Pour ce métal, on définit les températures jusqu'à 400° par les colorations que prend, par suite de l'oxydation, la surface d'une lame bien décapée, quand on la chauffe à l'air.

Blanc	212°	Violet	282°
Jaune pâle	216°	Bleu clair	288°
» paille	232°	» foncé	292°
» doré	242°	» noir	316°
Brun	254°	Vert	332°
Brun teinté de pourpre	265°	Gris d'oxyde	400°
Pourpre	277°		

L'observation de ces colorations est surtout importante au point de vue de la trempe à faire subir au métal employé à la confection des outils.

Lorsqu'on chauffe le fer ou l'acier pour l'exécution du travail de forge, on dit qu'on *donne une chaude*; on chauffe, pour le travail ordinaire, entre le rouge cerise et le rouge blanc; lorsqu'on atteint le blanc, c'est la *chaude grasse*. Pour la soudure, on chauffe au blanc soudant; c'est la *chaude suante*, ainsi nommée parce que l'oxyde produit à la surface du fer prend la forme de gouttelettes, analogues à la sueur sur la peau.

Le feu de forge est ordinairement alimenté à la *houille grasse*, dite *maréchale*; elle ne doit pas renfermer de pyrites de fer. Le forgeron construit son feu en formant au-dessus du foyer une sorte de voûte avec du combustible pulvérisé et légèrement humecté; avant d'y mettre le fer, il détache de la voûte les parties les plus calcinées pour former le *fond du feu* sur lequel il place la pièce, de manière qu'elle soit un peu au-dessus de la tuyère. On chauffe graduellement le métal pour ne pas le brûler; il se forme, pendant ce temps, à la surface du fer, une croûte d'oxyde qui se détache au choc et constitue alors les *battitures*.

Quelquefois, pour avoir une température plus régulière, on remplace la houille par du coke; il faut alors disposer la tuyère un peu plus bas et la refroidir par un courant d'eau circulant dans une double enveloppe qui entoure le conduit de vent.

Lorsque la chaude est terminée, on retire la pièce du feu, on la frappe légèrement contre l'enclume, ou on la racle pour faire tomber les battitures, puis on la place sur l'enclume et le travail commence ; il est exécuté par un homme seul pour les petites pièces, et par deux hommes, le forgeron et le frappeur, pour les gros travaux ; il doit être rapidement conduit, car lorsque le fer est refroidi au rouge sombre, il s'écrouit si on continue le martelage. Une pièce exige quelquefois plusieurs chaudes successives pour être amenée à sa forme définitive.

Dans le travail, le forgeron tient la pièce de la main gauche à l'aide d'une tenaille ; après chaque coup donné par le frappeur, il en donne un pour régulariser la surface, avec son marteau à main, et en même temps pour indiquer au frappeur où doit porter son second coup ; on dit que ce dernier *frappe* et que le forgeron *rabat* ; le forgeur parle au frappeur par la façon dont il donne ses coups ; s'il rabat avec force, ou bien rapidement, le frappeur doit frapper ou plus fort, ou plus vite ; deux ou trois petits coups donnés sur l'enclume à côté de la pièce indiquent au frappeur qu'il doit cesser de frapper.

Quand une pièce est terminée, on nettoie les surfaces en trempant dans l'eau la chasse à parer avant de la placer sur la partie à parer ; sous le coup de marteau du frappeur, l'eau subitement vaporisée au contact du métal rouge détache et entraîne les crasses qui recouvraient sa surface.

Lorsqu'on craint la production d'un grain trop prononcé dans la pièce par suite du travail de forge, *on fait revenir le fer* en le trempant dans l'eau froide pour lui rendre sa ténacité.

§ 2. — FONDERIE

34. Fusion de la fonte. — Les fontes de moulage sont généralement obtenues, comme nous l'avons dit, par *deuxième fusion* ; cette opération s'exécute au *creuset* pour les pièces très délicates, au *cubilot* pour les pièces courantes, ou au *four à réverbère* pour les fontes pauvres en graphite qui doivent fournir de gros moulages.

35. Moulage de la fonte. — 1° *Confection des moules.* — Les moules sont faits de différentes manières ; dans le *moulage en sable vert ou maigre*, employé pour les pièces ordinaires, on se sert de sable de carrière ou d'un mélange de sable quartzeux et d'argile ; on y ajoute du sable ayant déjà servi et du poussier de houille ; avant la coulée, on saupoudre la surface du moule avec du poussier de charbon de bois ou avec de la fécule.

Pour les pièces de grandes dimensions, on emploie le *moulage au sable vert séché* ; c'est le même sable que le précédent, mais le moule est étuvé avant la coulée : on enduit sa surface avec un badigeon composé d'eau, d'argile fine et de poussier de charbon de bois.

Le *moulage en sable gras ou d'étuve* est employé pour les pièces compliquées ; le sable doit être argileux et liant, et on le mélange de poudre de briques réfractaires ; on augmente sa porosité en y ajoutant de la bouse de vache hachée ou du crottin de cheval ; on enduit les parois du moule d'un badigeon composé d'eau, d'argile et de poussière de coke ; on l'étuve douze heures environ.

Le *moulage en terre* s'emploie pour les pièces faites au *trousseau* ; la terre est un mélange de sable argileux, de sable brûlé et de crottin de cheval.

Le *moulage en coquille* donne des pièces à surface très dure ; on le fait dans des moules métalliques.

2° *Modèles.* — Les modèles se font en bois de peuplier, sapin, tilleul ou noyer. Nous avons déjà dit que le modeleur employait pour les construire, un *mètre au retrait* qui a 101 centimètres de long. Un bon modèle doit pouvoir se démouler facilement sans que le moule soit détérioré; il doit avoir de la *dépouille*, c'est-à-dire que les formes doivent présenter une certaine conicité, de manière que les parties situées au fond du moule aient des dimensions un peu moindres que les parties placées à l'orifice ; le tronc de cône est le type des pièces présentant de la dépouille. Pour les pièces compliquées, le modèle est souvent fait en plusieurs parties qu'on peut sortir séparément du moule.

Il faut donner aux parois des pièces des épaisseurs régulières afin que le refroidissement et la solidification de toutes les parties aient lieu simultanément ; il faut surtout éviter les pièces massives et principalement celles qui présenteraient des parties minces à côté de parties très épaisses, parce que le refroidissement des premières étant le plus rapide, elles prennent leur retrait avant que les parties épaisses soient solidifiées, et il en résulte des déformations, des soufflures et

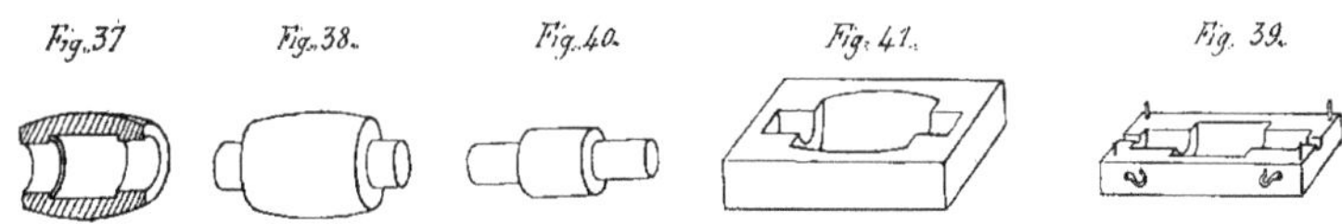

même des ruptures à la jonction des parties d'épaisseurs différentes. On peut donner aux pièces des angles saillants à vives arêtes, bien qu'il vaille mieux abattre ces angles par des chanfreins pour éviter les gerces ; mais il faut absolument éviter les angles vifs rentrants et les remplacer par des *congés* d'au moins 0m 005 de rayon.

Les *jets de coulée* par où le métal pénètre dans le moule se placent à la partie inférieure ; les *évents* par où sortent l'air et les gaz doivent être bien répartis pour que le métal se refroidisse également.

Les moules sont faits dans des *châssis* en bois ou en fonte ; les *noyaux* nécessaires pour les pièces creuses sont préparés d'avance. Supposons qu'ont ait à mouler la pièce figurée ci-dessous (fig. 37), on exécute d'abord le modèle en bois qui a la forme de l'objet, mais présente, en outre, deux *tenons à noyau* (fig. 38); le noyau est confectionné dans une *boîte à noyau* en deux pièces (fig. 39), à l'aide de sable spécial, et on l'étuve ; ce noyau porte deux prolongements ou *tenons* (fig. 40). On moule la pièce dans un premier châssis qui en fournit une demi-empreinte (fig. 41) ; on place par-dessus le second châssis dont on achève le remplissage ; on démoule en soulevant le châssis supérieur, et on met le noyau en place dans le châssis inférieur où il reste suspendu par ses deux tenons ; puis on replace le châssis supérieur, préalablement bien réparé.

Quand on sort les pièces du moule, on fait tomber le sable, on enlève les noyaux, on ébarbe, on coupe les jets et les évents à l'aide du bédane et du burin, on polit à la meule ; puis on recuit les pièces, et on les recouvre, s'il y a lieu, d'un enduit pour les préserver de la rouille. On emploie, à cet effet, l'huile de lin chaude mêlée de noir de fumée, ou le goudron chaud.

36. Défauts des fontes moulées. — Ces défauts, qui peuvent se produire pendant la coulée, sont plus ou moins importants.

Les *soufflures* sont des cavités intérieures, remplies d'air ou de gaz qui n'a pas pu se dégager; un grand nombre de soufflures doit faire rejeter une pièce; celles qui sont près de la surface sont souvent recouvertes d'une mince couche de métal qui s'enlève à l'ébarbage.

Les *piqûres* sont de petites soufflures très nombreuses.

Les *retirures* sont des arrachements résultant du retrait et qui se produisent généralement à la jonction de deux parties d'épaisseur inégale.

Les *dartres*, qui sont fréquentes dans les pièces coulées en sable vert, forment des rugosités à la surface des pièces; elles proviennent du sable qui s'est détaché du moule.

Les *bosses* sont de grosses saillies à la surface de la pièce; elles viennent de ce que le sable s'est enfoncé sous la poussée du métal liquide.

Les *gouttes froides* proviennent de ce que la fonte a été coulée trop froide et s'est solidifiée trop vite en entrant dans le moule; il en résulte des soufflures et des défauts de soudure; ce défaut, très grave, diminue la résistance d'une pièce et doit la faire rejeter.

Les *reprises* sont des défauts de soudures dus à une interruption dans la coulée; elles sont visibles à la surface des pièces et constituent un très grave défaut.

Les *crasses* se produisent à la partie supérieure des pièces et proviennent des impuretés de la fonte.

§ 3. — CHAUDRONNERIE

37. Dressage des fers ou tôles. — Avant tout autre travail, les barres ou les tôles sont dressées soit à la main, soit à la machine. Les pièces de faibles dimensions sont dressées au *tas*, qui est placé sur un billot de bois à hauteur de ceinture de l'ouvrier; celui-ci frappe la portion à redresser qui se trouve en porte à faux au-dessus du tas, et il se sert, à cet effet, d'un marteau de chaudronnier pesant de 6 à 8 kilogrammes.

Les tôles sont dressées sur le *marbre*, table de fonte bien dressée qui a 0^m 90 de long environ sur 0^m 40 de large; la tôle est supportée, pendant le travail, par des chevalets à rouleaux sur lesquels on la fait progressivement avancer; l'équipe comprend un chef et trois aides qui peuvent dresser environ 100 mètres carrés de tôle en dix heures.

Les pièces de grandes dimensions sont dressées à la presse; pour les tôles épaisses, on emploie également des machines spéciales.

38. Traçage. — Les dessins remis à l'ouvrier sont généralement tracés à échelle réduite et cotés en millimètres; il détermine, d'après ces dessins, les contours suivant lesquels devront être découpées les pièces, et la position des trous à poinçonner.

Il emploie, à cet effet, des *règles graduées* en acier, divisées en millimètres et de longueur variable, des *compas* pour reporter les longueurs, un *palmer* pour vérifier les épaisseurs des fers. Les lignes droites sont souvent tracées au *cordeau*; pour les parties courbes ou les pièces à contours compliqués, l'ouvrier emploie des *gabarits* en tôle mince ou en zinc, qu'il maintient sur la tôle à l'aide de *presses à vis* et dont il suit les contours avec la *pointe à tracer* (fig. 42); les gabarits s'emploient surtout lorsqu'il y a lieu de faire un assez grand nombre de pièces semblables. Dans le cas contraire, l'ouvrier trace directement les figures sur la tôle, en se servant d'*équerres simples* ou *à chapeau*, ou de *fausses équerres*. Les trous à percer sont indiqués par leur ligne d'axe, tracée au *cordeau* ou mieux au *trusquin* ; leur position est marquée par un coup de *pointeau* (fig. 43) au centre, et par quatre autres placés sur deux diamètres perpendiculaires et qui sont obtenus à l'aide du *pointeau à trois pointes* (fig. 44). Le *trusquin* est formé d'une tige implantée bien perpendiculairement dans une tablette qui forme son pied ; le long de la tige peut se déplacer et se fixer au moyen d'une vis de pression une douille qui supporte une pointe à tracer placée dans une direction perpendiculaire à la tige (fig. 45).

Les contours des pièces sont indiqués en donnant, sur la ligne très fine qu'a laissée la pointe à tracer, des coups de pointeau d'autant plus rapprochés que les contours sont plus irréguliers ; le *marteau* du traceur (fig. 46) ne pèse pas plus de 1 kilogramme. Le traçage se fait sur un *marbre*, table de fonte bien dressée, placée sur une charpente en bois ou sur un massif en maçonnerie à 0m 90 ou 1m 00 du sol ; les grands marbres destinés au traçage des pièces très lourdes sont placés au niveau du sol.

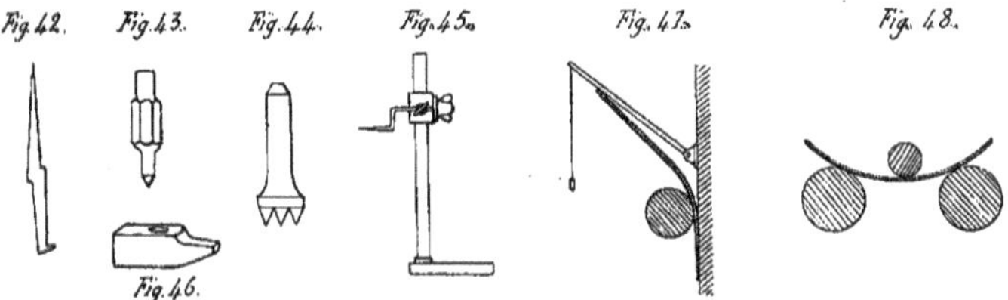

39. Découpage des tôles ou des barres. — Cette opération a pour but de donner aux fers les contours extérieurs déterminés par le traçage ; elle se fait à la main pour les petits fers et les tôles d'épaisseur inférieure à 0m 005 ; pour les pièces de dimensions plus élevées, elle se fait à la machine.

Les barres profilées se coupent à chaud ou à froid à la forge ; l'ajusteur rectifie ensuite la cassure afin qu'elle présente une tranche et des faces bien nettes, sans bavures ni surépaisseurs. Pour les pièces d'acier, on doit rafraîchir les bords à la raboteuse sur une épaisseur de 0m 002. On coupe encore, le plus souvent, les barres à l'aide de la *scie à métaux* dont la lame est en acier trempé et dont les dents sont rapprochées et n'ont pas de voie.

Pour les tôles fines de moins de 3/4 de millimètres d'épaisseur, on emploie la *cisaille à main* ; jusqu'à un millimètre on se sert de la *cisaille d'établi* qui a de 0m 40 à 1m 00 de longueur, et dont l'une des branches est fixée à l'établi ou à l'étau, tandis que l'ouvrier peut agir sur l'autre avec les deux mains, en pesant de tout son poids.

La *cisaille à levier*, dont il existe un certain nombre de modèles, permet de cisailler des tôles de 0m 005 d'épaisseur ; avec les *cisailles circulaires*, mues à bras ou mécaniquement, on peut couper des tôles de 0m 007 ; au delà de cette épaisseur, il faut avoir recours à des appareils plus puissants : *cisailles à excentrique* ou *à levier*, mues mécaniquement ; les lames en acier trempé de ces outils ont des formes variables, en rapport avec celles des barres à couper.

40. Poinçonnage. — Cette opération a pour but de percer à l'emporte-pièce les trous tracés sur les fers ; on l'effectue à l'aide de *poinçonneuses* de divers systèmes, mues à bras ou mécaniquement. Le *poinçon* ou *emporte-pièce* est mobile est légèrement conique ; il pénètre en poussant devant lui la *débouchure*, dans une *matrice* fixe d'un diamètre très légèrement supérieur au sien ; ces deux pièces sont en acier trempé dur.

Dans la *poinçonneuse à vis*, le poinçon est mis en mouvement par une vis dans la tête de laquelle sont engagés des leviers ; les ouvriers agissent sur ces leviers et peuvent ainsi percer des trous dont le diamètre atteint 0m 020 dans des fers de 0m 016 d'épaisseur ; l'opération est très lente.

Dans la *poinçonneuse au marteau*, le mouvement du poinçon est obtenu par un coup de marteau à devant frappé sur sa tête ; on peut ainsi plus rapidement percer des trous jusqu'à 0m 015 de diamètre sur 0m 010 d'épaisseur.

Les *poinçonneuses à levier à main* sont assez nombreuses, et généralement elles suffisent aux travaux ordinaires du bâtiment ; il en est de *portatives* dont on se sert couramment sur les chantiers.

Les *poinçonneuses mécaniques à levier* ou *à excentrique* ont une puissance de travail bien plus grande ; il en est qui permettent de percer des trous de 0m 035 de diamètre sur 0m 030 d'épaisseur.

41. Cintrage des tôles. — Le cintrage a pour but de transformer les barres rectilignes ou les tôles planes en pièces courbes. Le cintrage des tôles peut se faire le plus simplement, à l'aide d'un *rouleau* horizontal de 0m 100 à 0m 150 de diamètre, fixé près d'un mur et au-dessus duquel sont placés deux leviers parallèles dont l'articulation est le long du mur (fig. 47). La tôle portée au rouge est placée entre le rouleau et le mur, et en abaissant les leviers on arrive à lui donner peu à peu la courbure voulue, après des déplacements successifs ; le travail obtenu n'a pas ainsi une grande précision.

On obtient de meilleurs résultats avec la *machine à cintrer à trois rouleaux* ; deux d'entre eux ont un assez gros diamètre et sont à distance fixe l'un de l'autre ; ils tournent simultanément dans le même sens ; un troisième cylindre, plus petit, parallèle aux deux autres, peut en être plus au moins rapproché, suivant la courbure à obtenir ; les cylindres ont, suivant les cas, de 2 à 4 mètres de long (fig. 48).

L'opération se fait à froid en plusieurs passages, et le résultat n'est obtenu que progressivement. Le cintrage d'une tôle doit, autant que possible, être fait dans le même sens que celui où elle a passé au laminoir ; dans le sens perpendiculaire, on s'expose à des ruptures.

Des machines du même type, mais dont les cylindres sont plus courts et présentent des cannelures de forme convenable, servent à cintrer les barres profilées.

§ 4. — AJUSTAGE

42. L'ajustage. Outils d'ajusteurs. — L'ajustage a pour but de finir à froid, au moyen d'outils spéciaux, les pièces de métal qui doivent s'assembler et se juxtaposer.

Il se fait à la main ou à la machine ; dans les deux cas, l'ouvrier commence toujours par tracer ses pièces ; le travail qu'il leur fait subir ensuite consiste à dresser les surfaces, à y pratiquer des ouvertures de diverses formes, à tarauder certains trous, à fileter les parties qui doivent s'y placer, etc. Les outils qu'il emploie à cet effet doivent être classés de la manière suivante :

1° Outils de traçage et de mesure ; 2° l'établi et les étaux ; 3° outils servant à couper ou à entailler le métal et à dresser les surfaces ; 4° outils à percer ; 5° tarauds et filières ; 6° les tours

43. Outils de traçage et de mesure. — Pour tracer ses pièces, l'ajusteur les met sur le *marbre* et se sert du *trusquin* ; il vérifie les dimensions des pièces à l'aide du *pied à coulisse*, du *compas d'épaisseur*, et de *jauges* spécialement employées pour les pièces cylindriques pleines ou creuses. Il se sert également de *règles* en fer, en fonte ou en acier, de *compas*, d'*équerres*, de *fausses équerres* ; il trace les contours des pièces ou les axes de trous avec la *pointe à tracer* ; il marque les centres des trous par des coups de *pointeau*.

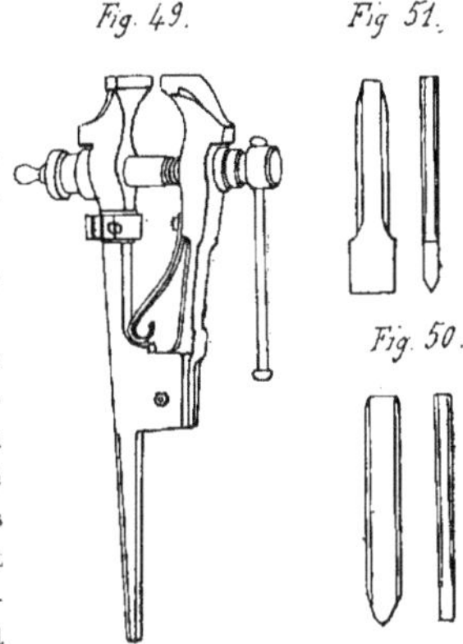

44. L'établi et les étaux. — L'*établi* est une forte table, solidement scellée contre un mur et supportée par de robustes pieds scellés dans le sol ; il doit pouvoir résister à des chocs très forts et ne pas en être ébranlé ; sa hauteur au-dessus du sol est d'environ 0 m 80. Sur la rive de l'établi, et à un mètre environ les uns des autres, se placent les *étaux* destinés à tenir les pièces pendant le travail.

Un *étau* est une sorte de presse formée de deux leviers articulés à leur extrémité inférieure par une forte charnière, et terminés à leur partie supérieure par deux *mâchoires* ou *mors* dont l'intérieur est aciéré et strié comme une lime pour empêcher le glissement des objets tenus entre ces mâchoires. L'une des mâchoires est fixe, et porte un fort écrou ; l'autre est mobile et peut être rapprochée de la première à l'aide d'une *vis* à filet carré passant dans l'œil de cette mâchoire, la tête de la vis est traversée par une forte *manivelle* en fer qui sert à la faire tourner et à exercer un effort énergique ; un *ressort* placé entre les deux branches de l'étau le force à s'ouvrir lorsqu'on desserre la vis. Le renflement qui porte l'œil dans lequel entre la vis se nomme *boîte de l'étau* (fig. 49). L'étau est fixé à l'établi par un *collier* ou *bride* qui lui permet de tourner autour de sa branche fixe comme axe ; celle-ci descend jusqu'au sol sur lequel on la fixe, ce qui assure la stabilité de l'étau.

Les *étaux à chaud* qui servent à façonner les pièces à chaud sont très robustes ; il en est qui pèsent jusqu'à 250 kilogrammes.

L'*étau à griffe* est un petit étau qui se fixe au bord de l'établi au moyen d'une patte à griffe et d'une vis de pression.

L'*étau à main*, sorte de petite pince à vis ayant la forme d'un étau, sert pour l'exécution des très petits ouvrages.

Dans certains étaux dits *parallèles*, la branche mobile s'écarte de l'autre parallèlement, au lieu de s'articuler à sa partie inférieure.

Aux étaux sont toujours adjointes des *mordaches* en bois ou en plomb que l'on place entre les mâchoires de l'étau quand on doit tenir une pièce délicate et qui pourrait être abîmée par la pression.

45. Outils servant à couper ou à entailler le métal et à dresser les surfaces. — Les outils pour le travail à la main sont le *bédane*, le *burin*, le *marteau* et les *limes*.

Le *bédane* (fig. 50) et le *burin* (fig. 51) sont des tiges d'acier méplat dont une extrémité présente un tranchant destiné à entamer la surface du métal ; le tranchant est dans le sens du grand côté de la section pour le burin, et dans le sens du petit côté pour le bédane ; ce dernier sert à faire les saignées, tandis que le burin permet de finir le travail et de régulariser les surfaces. Le *marteau à main* avec lequel l'ouvrier frappe sur la tête de l'outil, pèse de 1 à 2,5 kilogrammes. Le tranchant des outils doit présenter un angle de 50° pour le fer et la fonte, de 66° pour le bronze ; il doit attaquer le métal sous un angle de 3° à 4° pour le fer et la fonte, de 5° pour le bronze, de manière à former un copeau qui se moule sur l'outil et se rompe bien nettement. Le serrurier emploie encore le *ciseau à froid* pour couper les barres ; cet outil joue le même rôle que la tranche à froid du forgeron.

Les surfaces obtenues à l'aide du burin sont rugueuses ; on les polit à la *lime*. La lime est une barre d'acier trempé dont la surface est striée dans un seul sens, ou dans deux directions croisées ; la partie couverte d'aspérités s'appelle la *verge*, elle est munie d'une queue ou *soie* qui pénètre dans le *manche* en bois rond par lequel l'ouvrier la tient de la main droite ; il l'appuie avec la main gauche et la pousse sur la pièce dans le sens perpendiculaire aux stries de la surface.

Suivant que les stries sont plus ou moins profondes, on divise les limes en limes *dures*, ou *rudes*, *bâtardes*, *demi-douces*, *douces*, *extra-douces*.

Les *grosses limes* se vendent au poids ; on les appelle aussi *limes d'Allemagne*. Les *limes au paquet* sont moins grosses et se divisent en limes *plates* et limes *demi-rondes* à une ou deux au paquet. Les *limes à la douzaine* sont encore plus petites et servent à polir les ouvrages.

Au point de vue de leur forme, on distingue : la *lime plate à main* qui a la même largeur d'un bout à l'autre, la *lime plate pointue* effilée vers l'extrémité ; la *lime ronde cylindrique* et la *lime ronde pointue* ou *queue de rat* ; la *lime demi-ronde* ; la *lime feuille de sauge*, dont la section est en forme de lentille ; la *lime carrée* ou *carrelet* ; la *lime triangulaire* ou *tiers-point*. Enfin les *limes d'entrée*, *limes fendantes*, *faucillons*, etc., employées pour des usages spéciaux.

Les *grattoirs* qui servent également au dressage des surfaces sont formés d'une pièce d'acier recourbée à angle droit et terminée par un tranchant.

Lorsqu'on veut *roder* deux surfaces planes, on interpose entre les deux de l'émeri en poudre et de l'huile.

Le *polissage* se fait à l'aide de meules en bois enduites d'émeri, de pierre ponce, de colcotar ou rouge d'Angleterre, ou de potée d'étain, mélangés d'huile.

Dans les ateliers importants, on peut remplacer en grande partie le travail à la main par celui des machines-outils, *mortaiseuses*, *raboteuses*, *étaux-limeurs*, *fraiseuses*. Les *meules en grès* ou en *émeri* sont employées avec avantage pour remplacer les limes ; la *meule en grès* a ordinairement 2 mètres de diamètre lorsqu'elle est neuve et on lui donne une vitesse de rotation de 10 mètres environ à la circonférence ; les *meules d'émeri* n'ont jamais plus de 0^m80 de diamètre, et on leur imprime une vitesse de 25 mètres environ à la circonférence. Le travail exécuté à la meule en grès est moins rapide, mais il est plus fin, et il écrouit moins les pièces que le travail à la meule d'émeri. L'ouvrier appuie la pièce sur un support placé à hauteur du centre de la meule, et il la pousse contre celle-ci avec les mains, avec le genou et même avec l'aide d'un levier.

46. Outils à percer. — Le perçage s'opère au moyen de *mèches* mises en mouvement soit à la main, soit mécaniquement; elles sont de deux genres : la *mèche à langue d'aspic* (fig. 52), et la *mèche américaine* (fig. 53). La première, qui est méplate, présente une pointe très obtuse taillée en biseau; la seconde est cylindrique, terminée en cône, et elle présente un double tranchant disposé en hélice; elle permet de percer des trous bien droits et très réguliers dans des pièces épaisses. La mèche travaille par rotation sur elle-même en même temps qu'une pression convenable produit l'avancement progressif de l'outil dans le métal. La vitesse de l'outil à la circonférence ne doit pas dépasser 6 mètres par minute pour le fer et la fonte, 9 mètres pour le bronze, 4 m 80 pour l'acier; l'avancement de l'outil ne doit pas être supérieur à 0 m 0001 par tour; le perçage se fait à sec dans le bronze et la fonte; par le fer et l'acier, il faut lubréfier à l'huile

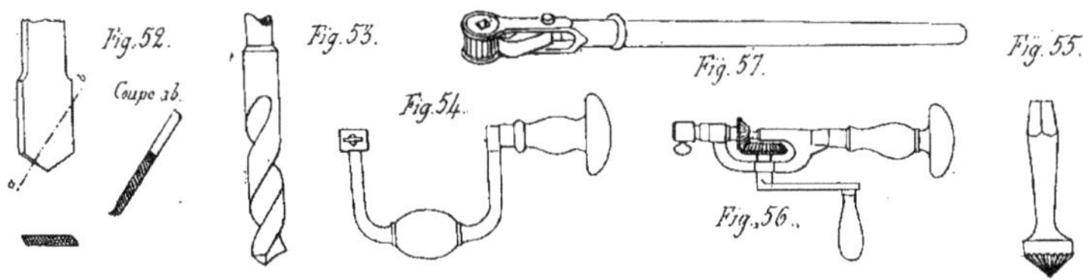

ou à l'eau de savon. Le double mouvement peut être obtenu de diverses manières à l'aide des machines suivantes :

Le *vilbrequin* (fig. 54) dans lequel le mouvement de rotation est donné à la main par l'ouvrier qui produit l'avancement de l'outil en l'appuyant avec sa poitrine contre la pièce à percer; il sert pour les trous de petit diamètre, ou pour l'ébarbage des trous de grand diamètre; dans ce dernier cas, on emploie une mèche à large tranchant ou une *fraise* (fig. 55). On donne aux vilbrequins diverses formes pour permettre de percer des trous dans des endroits peu accessibles (fig. 56).

Le *perçage à l'archet* est employé pour des trous de diamètre inférieur à 0 m 008; le mouvement de rotation est obtenu par le mouvement de va-et-vient de l'*archet* dont la corde, ordinairement métallique, est enroulée autour de la *boîte porte-forêt* en forme de tambour; la queue du forêt s'appuie sur une plaque de métal dite *conscience*, que l'ouvrier s'applique sur la poitrine.

Lorsque le mouvement des outils précédents n'est pas possible à obtenir, on se sert, pour faire tourner la mèche, du *levier à cliquet* (fig. 57).

Dès que le diamètre du trou à percer atteint 0 m 006 à 0m 008, il est nécessaire d'employer les *foreries portatives* : une forerie se compose d'un bâti en forme de C qui se fixe sur la pièce à percer ou sur l'établi par sa partie inférieure et qui porte à l'extrémité de sa branche supérieure qui peut être fixe ou mobile une vis de pression mue par un volant à main (fig. 58); on monte entre cette vis et la pièce à percer un vilbrequin portant la mèche et que l'ouvrier fait tourner avec la main droite, en même temps qu'il provoque la descente de l'outil en agissant sur la vis de pression avec la main gauche ; on remplace le vilbrequin par un levier à cliquet lorsque le diamètre du trou devient plus considérable.

Enfin on peut employer des *machines à percer* fixes ou portatives dans lesquelles le mouvement de rotation est donné à bras ou mécaniquement; le mouvement de descente de l'outil est obtenu soit à la main, soit mieux, automatiquement. On construit des perceuses portatives destinées à percer des trous dans les endroits les plus difficiles à atteindre, et auxquelles le mouvement est transmis par un arbre flexible.

Lorsqu'on perce des trous de grand diamètre, on emploie la *mèche à pointe de diamant* (fig. 59) ou la *mèche cylindrique* (fig. 60) dans laquelle le tranchant est horizontal ; un téton cylindrique que présente la mèche dans son axe permet de la guider dans son mouvement ;

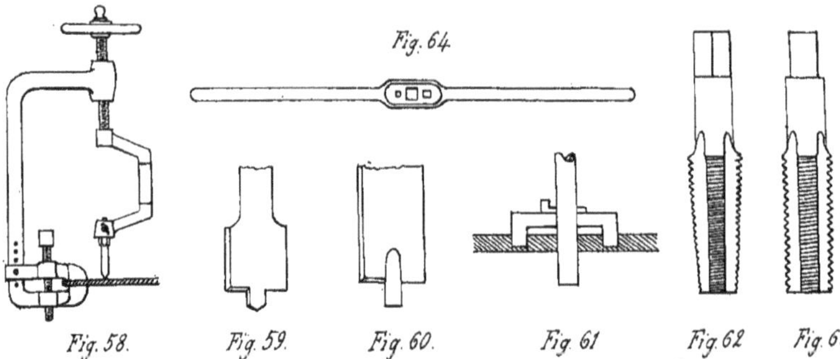

Fig. 58. Fig. 59. Fig. 60. Fig. 61 Fig. 62 Fig. 63

mais il est nécessaire de percer d'abord à cet effet un trou de petit diamètre dans lequel il puisse descendre. Dans le même ordre d'idées, pour percer des trous de grand diamètre dans les tôles, on emploie une lame en forme de C fixée sur un arbre par une clavette ; l'arbre passe dans un trou de diamètre convenable préalablement fixée dans la tôle (fig. 61) ; on économise ainsi le travail et on obtient une rondelle possible à utiliser.

On régularise les trous percés à la mèche dans des pièces épaisses, ou ceux qui doivent se correspondre dans plusieurs pièces superposées à l'aide d'*alésoirs* en acier trempé qui se manœuvrent comme les mèches ; ce sont des tiges tronconiques pourvues de cannelures longitudinales dont les bords forment tranchant ; ils présentent une tête carrée.

47. Tarauds et filières. — Le *taraudage* a pour but de former des filets de vis sur les tiges cylindriques des boulons ou des vis, et dans les écrous. On l'effectue dans le premier cas à l'aide de *filières*, et dans le second à l'aide de *tarauds*.

Les tarauds sont *cylindriques* ou *coniques* (fig. 62 ou 63) ; ils sont en acier trempé et portent une tête carrée qui permet de les faire tourner au moyen du *tourne-à-gauche* (fig. 64). Le taraud porte des filets de vis ; on y a tracé des rainures longitudinales afin de former des arêtes coupantes et de faciliter le dégagement des copeaux. Pour tarauder un écrou, on y perce d'abord un trou de diamètre inférieur à celui du filetage ; puis on le fixe entre les mâchoires de l'étau, et on y fait passer par des mouvements de rotation successifs et alternatifs un taraud qu'on manœuvre à l'aide d'un tourne-à-gauche. On commence l'opération avec un taraud conique, et on finit au taraud cylindrique.

La *filière* n'est autre chose qu'un écrou tarandé dans une planche d'acier fondu ; pour les diamètres un peu gros, la filière est composée de deux et même de trois *coussinets* logés dans une rainure d'un tourne-à-gauche spécial, et dont l'un est mobile au moyen d'une clavette commandée par une vis de rappel, ou au moyen d'une vis de rappel portée par l'un des bras du tourne-à-gauche, ce qui permet de tracer des filets de diamètres légèrement différents. Le taraudage peut être fait à l'aide d'une machine spéciale, ou sur le *tour* au moyen de *peignes*.

48. Tours. — Le *tour* est peut-être dans un atelier la plus importante de toutes les machines-outils, à cause de la grande variété des travaux qu'il permet d'exécuter. Le tour de petites dimensions est mû au pied par l'ouvrier, mais sa puissance est faible. De même l'outil peut être tenu à la main par l'ouvrier ; mais il est bien préférable, au point de vue de la précision du travail, de la faire porter par le *chariot porte-outil* d'un *tour parallèle*. Le tour se compose alors d'un *banc* ou plate-forme en fonte sur lequel sont montées les pièces de la machine ; d'une *poupée fixe*, formant support de l'arbre horizontal moteur du tour, et portant un *plateau* percé de trous sur lequel on fixe l'une des extrémités de la pièce à tourner, à l'aide de griffes ou de tocs ; d'une *poupée mobile* qui se déplace longitudinalement sur le banc de tour, et qui porte une pointe destinée à soutenir la seconde extrémité de la pièce. Celle-ci tourne ainsi autour d'un axe horizontal devant l'outil qui est porté par le *chariot* ; celui-ci est disposé de manière à permettre trois déplacements de l'outil, l'un par rotation autour d'un axe vertical, et deux autres par translation suivant deux directions respectivement parallèle et perpendiculaire à l'axe du tour.

On classe les tours d'après leur *hauteur de pointe*, c'est-à-dire d'après la distance existant entre le dessus du banc et l'axe de la pièce. On augmente cette hauteur en employant des *tours à banc coupé* ou des *tours à plateau à banc coupé*.

49. Outils divers de l'ouvrier-serrurier. — Outre les outils principaux dont il vient d'être question dans les articles précédents, le serrurier qui s'occupe des menus travaux du bâtiment dispose de *clous* et *de vis* de différentes dimensions tant à bois qu'à fer, rangés dans des boîtes, et des *tournevis à main* et *à fût* nécessaires pour les placer ; il a toute une série d'outils à bois, *bédanes*, *ciseaux*, *gouges*, *râpes*, *vrilles*, *tarières*, etc., qui lui servent lorsqu'il ferre des menuiseries.

L'*ouvrier de ville* qui va faire la pose des serrures et les réparations et menus travaux hors de l'atelier possède une *trousse* ou *sac* dans lequel il place tous les outils les plus indispensables : marteau, tenailles, outils à bois, vilebrequin, limes variées, mèches à fer, tournevis, scie à main, etc. ; il doit avoir en outre un assortiment de clous et de vis de dimensions différentes afin de n'être pas forcé à tout moment de revenir à l'atelier.

Le serrurier qui est appelé à chaque instant à ouvrir des serrures dont la clef a été égarée doit avoir un assortiment de *crochets* et de *passe-partout* lui permettant d'ouvrir les serrures crochetables.

§ 5. — MONTAGE

50. Montage à l'atelier. — Les différentes pièces qui doivent composer un ouvrage étant tracées, découpées, poinçonnées et ajustées, on fait à l'atelier le *montage provisoire* des différents éléments séparés; à cet effet, on réunit entre elles les pièces composant chaque élément au moyen de boulons de montage d'un diamètre plus faible que celui des trous, et qui sont pourvus de nombreuses rondelles afin qu'un même boulon puisse serrer des épaisseurs très différentes; on met le nombre de boulons strictement suffisant pour assurer la jonction des pièces. On vérifie alors le poinçonnage des trous; quelquefois, s'ils ne sont pas tout à fait en coïncidence dans les diverses pièces qui doivent se superposer, on se contente de les *brocher* en y enfonçant à coups de marteau une broche en acier qui ovalise les trous. C'est une très mauvaise pratique, et il est toujours préférable de corriger les défectuosités en alésant les trous; il faut l'interdire d'une manière absolue lorsqu'il s'agit de pièces en acier. Le montage provisoire permet de rectifier les erreurs qui auraient pu être commises au traçage. On procède alors au rivetage et au boulonnage des différentes parties constituant chacun des éléments.

Vient ensuite le montage provisoire de l'ouvrage complet; on le fait soit *à plat* sur le sol de l'atelier, soit en *élévation* si le montage à plat n'est pas suffisant. On vérifie rigoureusement toutes les dimensions, on rectifie tous les trous des rivets ou des boulons d'assemblage des éléments entre eux; on perce directement ceux pour lesquels le traçage n'a pu être fait parce qu'il n'aurait pas donné une précision suffisante. Avant de démonter l'ouvrage, on *repère* soigneusement toutes les pièces par des coups de pointeau, des lettres ou des chiffres, qui permettront de retrouver facilement la position de chacune d'elles.

51. Montage définitif. — Il ne diffère du montage provisoire que parce qu'il est poussé jusqu'à achèvement complet; on le fait d'abord avec des boulons provisoires de montage en nombre strictement suffisant; on remplit alors par des rivets ou par des boulons définitifs les trous libres; on enlève les boulons provisoires et on termine la pose des rivets ou des boulons. On doit s'arranger pour avoir le moins possible de rivets à poser sur place, leur rivetage étant alors généralement plus coûteux et moins bien fait qu'à l'atelier.

52. Engins de montage. — Le monteur emploie divers engins de levage : la *pince* ou levier, les *chevalets* qui servent à élever les pièces au-dessus du sol et à former des échafaudages légers; le *cric*, les *vérins* à vis ou hydrauliques, qui servent à soulever les pièces et à les maintenir; les *moufles* et les *palans*, la *chèvre*, les *treuils*; enfin dans les ateliers ou sur les chantiers importants, on emploie des *grues roulantes* montées sur des voies ferrées pour le levage des lourdes pièces.

Les *échafaudages* employés au montage des constructions métalliques servent de plancher pour porter les ouvriers et les appareils de levage, et souvent de soutien à l'ouvrage jusqu'au moment où le montage en est complet. Ils se présentent sous les formes les plus variées et avec une importance plus ou moins grande suivant la nature des ouvrages; ils doivent être étudiés et construits avec soin, de manière à présenter les plus sérieuses garanties de résistance et de stabilité.

DEUXIÈME PARTIE

CHARPENTE EN FER

CHAPITRE PREMIER

ASSEMBLAGE DES ÉLÉMENTS MÉTALLIQUES

§ Ier. — CLASSIFICATION DES ASSEMBLAGES MÉTALLIQUES

53. Définitions. — On donne en construction le nom d'*assemblages* aux divers moyens employés pour relier entre elles aux points où elles se rencontrent ou se croisent, les pièces qui constituent les éléments de la construction. L'assemblage de deux ou plusieurs pièces métalliques peut être réalisé d'un grand nombre de manières, suivant le nombre et la nature des pièces, suivant la façon dont elles se croisent ou se rencontrent, suivant aussi que l'assemblage doit être rigide ou flexible, et qu'il doit supporter des efforts d'extension, de compression, de cisaillement, de flexion.

Comme nous l'avons déjà fait remarquer, et comme il sera facile de le voir dans la suite de cette étude, les métaux ferreux se prêtent aux assemblages les plus variés, et dans les cas les plus difficiles. Il est toujours possible de pourvoir un assemblage métallique des résistances aux efforts de tous genres qu'il peut être appelé à supporter, et cela sans qu'il en résulte en général aucune complication dans les dispositions adoptées; par suite les assemblages métalliques ne constituent pas ordinairement des points faibles de la construction, et c'est par là surtout que le métal l'emporte sur le bois dans l'établissement des charpentes.

Les pièces métalliques employées en construction se présentent sous la forme de feuilles ou plaques, et sous celle de barres longues et dont les dimensions transversales sont faibles par rapport à leur longueur. Pour simplifier le discours, et afin de permettre l'établissement d'une classification rationnelle des assemblages, nous proposons les définitions suivantes : dans une barre nous nommerons *bouts* les extrémités de cette barre; les *flancs* seront les faces latérales les plus étendues en largeur, les *têtes* les faces latérales les moins larges. Dans les pièces résistant à la flexion, les flancs seront presque toujours dans des plans verticaux; dans une tôle, les flancs sont les larges faces, les tranches de la tôle pouvant être considérées comme bouts ou comme têtes; dans une cornière, les faces des ailes pourront être considérées soit comme flancs, soit comme têtes, suivant qu'elles seront verticales ou non ; mais la tranche de l'aile devra toujours être considérée comme tête.

54. Classification des assemblages. — Nous classerons les assemblages en deux grandes catégories : 1° *ceux qui ne nécessitent l'interposition d'aucun organe de jonction*, tels sont les soudures, les brasures, les assemblages au mastic de fonte ; les assemblages de tuyaux en fonte à emboîtement, ainsi que les assemblages à emboîtement simple de deux colonnes qui se prolongent d'un étage à un autre rentrent aussi dans cette catégorie ; 2° *les assemblages qui sont faits par l'intermédiaire d'organes de jonction*, clavettes, rivets ou boulons, ou pièces spéciales. Dans cette seconde catégorie, nous considérons successivement les diverses manières dont les barres assemblées sont placées les unes par rapport aux autres, et nous distinguerons les divers cas résumés dans le tableau suivant :

Barres dont les axes sont parallèles.	Assemblées flanc sur flanc.	
	» tête sur flanc.	
	Pièces jumelées.	
	Pièces en caisson.	
Assemblage de 2 barres placées bout à bout.	Les axes des barres sont en prolongement l'un de l'autre.	
	Les axes des barres ne sont pas en prolongement l'un de l'autre.	
Assemblage de 2 barres qui se rencontrent.	Les barres se rencontrent bout sur flanc.	Les deux barres s'arrêtent au point de rencontre.
		L'une seulement des barres s'arrête au point de rencontre.
		Les deux barres se prolongent de part et d'autre du point de rencontre.
	Les barres se rencontrent bout sur tête.	Les deux barres s'arrêtent au point de rencontre.
		L'une seulement des barres s'arrête au point de rencontre.
		Les deux barres se prolongent de part et d'autre du point de rencontre.
Assemblage de deux barres dont les directions se croisent, mais qui ne se rencontrent pas.	Les barres se croisent flanc sur flanc.	
	Les barres se croisent tête sur flanc.	
	Les barres se croisent tête sur tête.	
Assemblage de plusieurs barres concourantes.	Les axes de toutes les barres sont dans le même plan ou parallèles à un même plan.	Les flancs des barres sont parallèles.
		Les flancs des barres ne sont pas parallèles.
	Les axes des barres ne sont pas dans le même plan.	

§ 2. — ASSEMBLAGES NE NÉCESSITANT L'INTERPOSITION D'AUCUN ORGANE DE JONCTION

55. Soudures. — Pour relier entre elles deux pièces de fer on peut les souder en les chauffant au rouge blanc, puis rapprochant les extrémités et martelant à plat, puis de champ l'ensemble des deux pièces ; on procède de différentes manières à cette opération.

1° *Soudure en bout.* — On refoule les extrémités qui doivent venir en contact ; on y forme des stries à chaud, puis on applique les deux pièces l'une contre l'autre et on les martelle. On termine quelquefois les pièces par des parties convexes; la soudure est alors meilleure, parce qu'il reste moins de scorie interposée, mais elle demande plus de temps (fig. 65 et 66).

2° *Soudure croisée* ou *à chaude portée*; on l'appelle encore soudure par *amorce*; on refoule les extrémités des pièces de manière à leur donner une forme en biseau avec une inclinaison convenable pour favoriser l'expulsion de la scorie (fig. 67).

3° *Soudure en coins.* — Les deux pièces sont préparées de manière à présenter à leurs extrémités un double biseau; entre les deux pièces, on interpose deux coins de fer; le tout est porté au rouge blanc et martelé (fig. 68).

4° *Soudure par recouvrement.* — Les extrémités des deux barres sont simplement placées l'une sur l'autre et martelées (fig. 69).

5° *Soudure en gueule de loup.* — Elle est employée pour souder deux barres de qualités différentes ou pour souder le fer et l'acier. L'extrémité du fer de la meilleure qualité est terminée par un angle rentrant; celle de l'autre fer ou de l'acier est terminée en pointe qui pénètre dans l'angle rentrant (fig. 70).

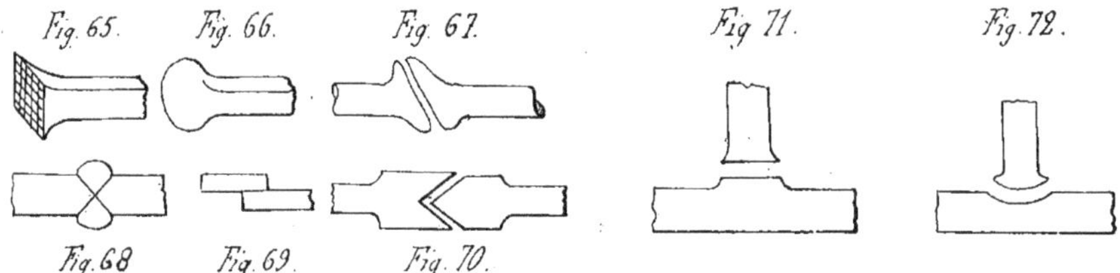

6° *Soudure par encolage.* — Elle est employée pour souder deux pièces à angle droit; on refoule alors l'extrémité de la pièce verticale (fig. 71) et on fait venir un renflement à la pièce horizontale à l'endroit où doit être faite la soudure; on peut strier les faces qui doivent être en contact. Mais il est préférable de renfler l'extrémité de la pièce verticale (fig. 72) et de creuser légèrement la face de contact de la pièce horizontale; la soudure commence alors par le centre et la scorie se trouve mieux expulsée.

7° *Lardons et rechargements.* — Lorsqu'une soudure est bien faite, les pièces assemblées doivent avoir conservé au voisinage du point où elle est faite, leurs dimensions primitives. Si la partie soudée se trouve amincie, on ouvre la pièce au milieu de son épaisseur, on ajoute en ce point un *lardon*; on chauffe au blanc et on martelle pour l'incorporer à la pièce.

Dans la soudure par encolage, on procède quelquefois à un *rechargement* pour former la surépaisseur de la pièce; cela consiste à souder au point convenable une certaine quantité de métal.

Nous ne signalerons que pour mémoire la *soudure électrique* obtenue en mettant à profit la chaleur de l'arc voltaïque, mais qui n'est pas encore appliquée couramment dans les travaux de construction.

56. Brasure. — Lorsque l'on veut réunir de petites pièces dont l'assemblage n'a pas besoin d'une grande résistance, et qu'il ne serait pas possible de les souder parce que la chaude et le martelage les déformeraient trop, on emploie la *brasure*. *Braser* deux pièces, c'est les réunir par soudure à l'aide d'un métal plus fusible. Pour procéder à cette opération, on commence par décaper les surfaces, pour en enlever l'oxyde et les matières étrangères; puis on les approche et on maintient les deux parties en contact à l'aide de fil de fer; on humecte la soudure, qui est ici du cuivre ou du laiton, et qui est réduite en petits copeaux, avec une pâte formée d'eau et de borax en poudre, et on applique ce mélange sur le joint. On porte la pièce ainsi préparée au feu de forge que l'on active doucement jusqu'à ce que la soudure fonde et coule dans le joint; on retire du feu, et après refroidissement, on enlève à la lime les bavures et les parties de soudure qui ont adhéré à la pièce en dehors du joint. Pour les grosses pièces, on entoure le joint, après sa préparation, d'un manchon de terre glaise; on met au feu en tournant doucement la pièce pour égaliser la chauffe, et l'on retire du feu au moment où l'on voit apparaître une flamme violette qui annonce la fusion de la soudure.

57. Assemblage au mastic de fonte. — Cet assemblage est peu employé dans les constructions; il sert à réunir entre elles des pièces de fonte qu'il a été nécessaire, au point de vue du travail de fonderie, de couler à part, mais qui doivent être ensuite réunies d'une manière définitive.

Fig. 73.

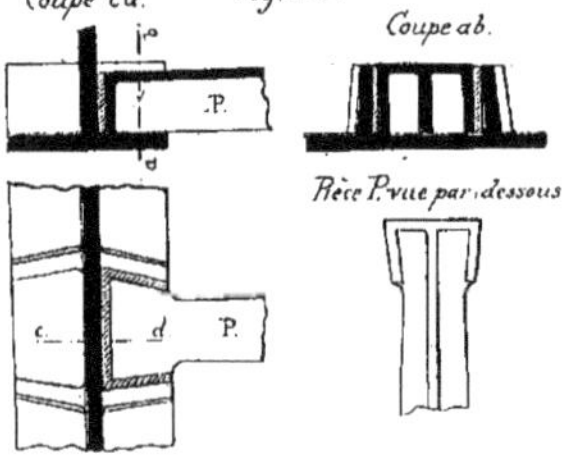

Le *mastic* est composé de limaille de fer ou de tournure de fonte non mouillée, de sel ammoniac et de soufre dans les proportions de :

20 kilogrammes de limaille.
1 » de sel ammoniac.
1 » de fleur de soufre.

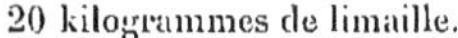

On mouille ce mélange au moment de l'employer; il fait prise au bout de deux à cinq jours, et devient tellement dur qu'il fait absolument corps avec les pièces, et qu'en essayant ensuite de défaire l'assemblage, ce qui n'est possible qu'en enlevant le mastic au burin, on risque de casser celles-ci.

Pour faire l'assemblage, on fait venir dans l'une des pièces une alvéole en queue d'hironde; l'autre pièce a son extrémité disposée de même en queue d'hironde de manière à occuper l'alvéole en laissant tout autour un vide d'environ 0 m 030 que l'on remplit de mastic (fig. 73).

§ 3. — ORGANES DE JONCTION

58. Les organes de jonction. — Les organes de jonction principaux sont les rivets, les boulons, les vis, les clavettes, les frettes, les goujons, les goupilles, enfin des pièces spéciales en fonte dont nous verrons plus loin l'application.

On emploie les *rivets* lorsqu'on veut rendre des pièces parfaitement solidaires, ces pièces ne devant jamais dans la suite être séparées; les *boulons* sont employés lorsqu'on veut obtenir des assemblages mobiles, ou lorsque, la pose des rivets étant très difficile, on préfère sacrifier un peu la solidité et la rigidité de l'assemblage pour faciliter le travail ; on emploie exclusivement les boulons pour l'assemblage des pièces de fonte qui ne pourraient supporter le martelage nécessaire à la pose des rivets. Les boulons servent encore à réaliser des assemblages présentant de la flexibilité, des articulations ; ils agissent alors comme *chevilles*.

Les *vis*, qui jouent le même rôle que les boulons, ne doivent être employées que dans des cas très particuliers pour l'assemblage des pièces importantes ; on s'en sert principalement pour les petits travaux et les menuiseries métalliques.

Les *clavettes* sont employées pour les chaînages, et quelquefois, mais rarement, pour les tirants de combles.

Les *goujons* et les *goupilles* s'emploient pour des assemblages peu résistants, et surtout comme pièces accessoires.

Les *frettes* servent à la réunion des pièces jumelées mais elles sont ordinairement combinées avec d'autres organes d'assemblage.

59. Rivets. — 1° *Formes et dimensions des rivets.* — Un *rivet* est une *tige* de fer rond, munie à l'une de ses extrémités d'une *tête* ; on le passe dans un trou percé d'avance à travers les

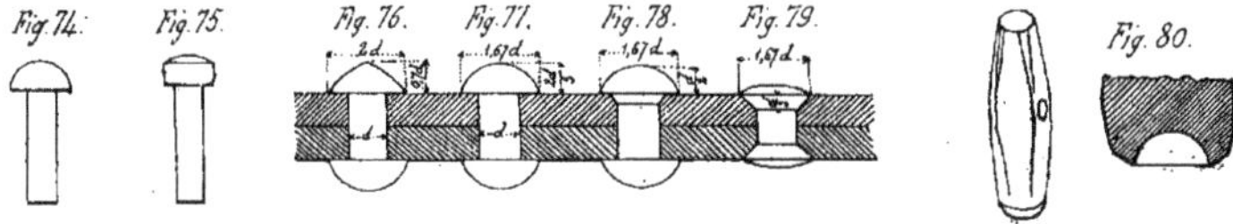

pièces à réunir, et on lui forme une seconde tête qu'on nomme *rivure* en aplatissant l'extrémité de la tige, de manière que les pièces à assembler soient serrées entre les deux têtes.

La première tête du rivet est formée à froid pour les diamètres inférieurs à 0 ^{m} 010 ; elle est formée à chaud dans les autres cas ; on l'obtient en refoulant l'une des extrémités de la barre dans une matrice de forme convenable ; on doit recuire les rivets au rouge et les refroidir lentement à l'abri du contact de l'air. Les rivets doivent être faits en acier très doux ne prenant pas la trempe, s'ils sont destinés à des travaux très soignés ; les rivets ordinaires sont en fer de bonne qualité.

On donne à la tête des rivets la forme en *goutte de suif*, c'est-à-dire en calotte sphérique, (fig. 74) ou la *forme cylindrique* (fig. 75). La rivure a la forme *conique* lorsqu'elle est faite à la main, au petit marteau (fig. 76) ; elle est en *goutte de suif* lorsqu'elle est faite à la bouterolle (fig. 77). On ajoute quelquefois aux rivets une petite fraisure qui augmente la solidité des têtes et à laquelle on donne une hauteur égale à $\frac{1}{8}$ du diamètre du rivet (fig. 78). Enfin lorsque dans certaines parties des ouvrages, les têtes des rivets pourraient être gênantes, on emploie les rivets à *tête fraisée* ou à *tête* et *rivure fraisées* (fig. 79) ; le trou percé dans la tôle du côté de la tête fraisée est alors évasé en tronc de cône sur les deux tiers de sa hauteur ; la tête du rivet est aplatie de manière à araser la surface de la tôle ; comme on le voit, ce genre de rivets ne peut s'appliquer qu'à des tôles assez épaisses ; les dimensions données ordinairement dans ces différents cas sont indiquées sur les figures.

La tige d'un rivet doit avoir une longueur égale à l'épaisseur des tôles à réunir, augmentée de la quantité voulue pour qu'on puisse former la seconde tête ; cette dernière quantité est égale à une fois et demie environ le diamètre de la tige par les rivure en goutte de suif ; elle est un peu moindre pour la rivure conique et n'est plus que les sept dixièmes de ce diamètre pour la rivure fraisée.

Les trous sont ordinairement poinçonnés, ce qui n'est possible que si le diamètre du trou est supérieur à une fois et demie l'épaisseur de la tôle ; s'il est plus petit, il faut le percer à la mèche. Mais, d'autre part, le poinçonnage écrouit le métal au pourtour du trou, et sur une épaisseur d'autant plus grande que la tôle est plus épaisse ; il en résulte une diminution plus ou moins considérable de la résistance de la rivure, ainsi que l'a montré M. Considère, Ingénieur en chef des Ponts et Chaussées. On pourra toujours remédier à cet inconvénient en recuisant les tôles, ou bien en alésant les trous de manière à enlever tout autour une bague de métal dont l'épaisseur doit être d'environ un cinquième de l'épaisseur de la tôle, mais au moins de 1 millimètre. La dépense supplémentaire qui en résulte est de 0 fr. 60 à 1 fr. par 100 kilogrammes d'ouvrage, mais la résistance de la rivure est augmentée de 25 à 50 °/₀. Il est avantageux de percer les trous à un diamètre trop faible et de procéder à cet alésage au moment du montage provisoire, puisqu'en même temps, on régularise l'ajustage des trous. Cette précaution est absolument indispensable dans le cas où les pièces sont en acier.

On emploie quelquefois pour régulariser les trous, lorsque ceux-ci sont peu différents, le procédé du *brochage*, qui consiste à enfoncer dans les trous des broches en acier dur d'un diamètre un peu supérieur ; cette opération, qui augmente l'écrouissage du métal, doit être absolument prohibée.

Il résulte de tout ce qui précède qu'on ne peut guère donner à un rivet, dans les conditions ordinaires, un diamètre inférieur à une fois et demie l'épaisseur de la tôle la plus forte de celles qu'il doit assembler ; et si les trous doivent être poinçonnés et alésés ensuite, on voit que le diamètre du rivet ne pourra guère être inférieur à deux fois l'épaisseur de la tôle ; d'autre part, on ne devra jamais donner à ce diamètre une valeur supérieure à trois fois l'épaisseur de la tôle ; il y a en effet danger d'écrasement du métal au contact entre les tôles et les rivets dès que le diamètre dépasse deux fois et demi l'épaisseur de la tôle.

Le diamètre doit encore être, dans une certaine mesure, proportionné à l'épaisseur totale des tôles qu'il doit réunir ; celle-ci, pour des rivets posés à la main, ne doit pas dépasser trois fois le diamètre du rivet, si celui-ci est inférieur à $0^{m}020$; avec des rivets plus gros, on peut serrer des épaisseurs atteignant jusqu'à quatre fois le diamètre du rivet, mais alors le travail est très difficile, et on ne peut jamais être sûr de sa bonne exécution ; souvent les têtes se détacheront au refroidissement. En posant les rivets à la machine, on peut assembler un grand nombre de tôles formant une épaisseur qui peut atteindre de $0^{m}120$ à $0^{m}150$, à la condition d'employer des rivets de gros diamètre.

La distance d'axe en axe des rivets est ordinairement de cinq à six fois le diamètre, mais elle peut exceptionnellement descendre à quatre fois, et même à trois fois le diamètre, bien que cela ne soit pas à recommander. On ne devrait pas donner aux rivets un écartement inférieur à trois fois le diamètre, plus 20 millimètres. On ne dépasse guère l'écartement de $0^{m}100$ à $0^{m}120$, parce qu'au delà de ces valeurs les tôles bâilleraient dans les intervalles, ce qui serait nuisible à leur résistance et à la conservation des ouvrages.

La pince du rivet, c'est-à-dire sa distance au bord de la tôle, ne doit pas être inférieur à trois fois l'épaisseur de la tôle ; on lui donne plus généralement une largeur égale à deux fois le diamètre du rivet, moins 4 millimètres. Nous donnons ci-dessous, d'après le *Traité de la Construction des ponts*, de M. Morandière, les diamètres et les écartements de rivets les plus ordinairement employés :

DIAMÈTRES des rivets en millimètres.	ÉPAISSEUR TOTALE à river en millimètres.	DISTANCE d'axe en axe des rivets en millimètres.
8	6 à 10	50 à 60
10	10 à 12	60 à 70
12	12 à 14	70 à 80
14	14 à 16	80 à 90
16	16 à 20	90 à 100
18	20 à 25	
20	25 à 35	
22	35 à 50	100 à 120
25	50 à 70	

2° *Essais des rivets.* — On les essaie *à froid* de la manière suivante : un bout de fer rond servant à leur fabrication et de 0 m 200 de longueur étant engagé de moitié de sa longueur dans un trou percé au préalable dans une bille de bois de chêne, doit pouvoir être infléchi à 45° puis redressé à froid, sans présenter ensuite de criques ni de détérioration d'aucune sorte. Avec l'acier très doux la barre peut supporter le pliage à bloc.

Une autre épreuve consiste à placer le rivet dans un moule et à frapper sa tête avec un marteau de 8 kilogrammes jusqu'à ce que son épaisseur soit réduite des deux tiers ; on peut encore caler latéralement la tête du rivet et la frapper jusqu'à ce qu'elle s'incline à 45°.

On constate la résistance d'une rivure en rivant deux tôles à chaud ; la seconde tête doit se former sans se fendiller, et les têtes ne doivent pas ensuite se détacher lorsqu'on soumet les tôles à des chocs autour de ces têtes.

3° *Pose des rivets.* — La rivure se fait le plus souvent *à chaud* ; on ne rive *à froid* que des tôles minces, en employant des rivets d'un diamètre inférieur à 0 m 012 ou 0 m 014.

La rivure à chaud peut se faire à la main ; on forme alors la seconde tête au petit marteau pesant de 1 à 1 kilog. 5 ; mais on l'exécute plus ordinairement à la *bouterolle*, pièce d'acier cylindrique ou tronconique qui présente à sa partie inférieure un creux de la forme exacte de la rivure à obtenir (fig. 80).

Les rivets sont chauffés autant que possible à l'abri de l'air, dans un feu de forge portatif ou dans un four spécial portatif qu'on amène sur le chantier au point où doit s'accomplir le travail ; ils doivent être portés au rouge orange, et la seconde tête doit être complètement formée avant que le fer ne soit revenu au noir. Lorsqu'un rivet doit serrer de très fortes épaisseurs, il ne faut chauffer qu'une partie de la longueur de la tige ; sans cela, le rivet casserait certainement par suite de la contraction due au refroidissement.

Lorsqu'on emploie les rivets en acier il ne faut pas les chauffer au-delà du rouge cerise, et la rivure doit se terminer au rouge sombre ; le serrage obtenu est alors plus énergique qu'avec des rivets en fer, et la rivure présente une résistance bien supérieure. Le travail à la main exige des ouvriers très exercés et très soigneux, et il est préférable de le faire à la machine. Pour pouvoir entrer facilement les rivets chauffés au rouge dans les trous, on est obligé de percer ceux-ci à un diamètre supérieur à celui des rivets d'environ un vingtième. Une équipe de riveurs comprend un *chef*, deux *aides*, l'un est l'*aide riveur*, l'autre le *teneur d'abatage*, enfin un *gamin* qui chauffe les rivets et les jette dans la direction voulue. Le rivet est ramassé par l'aide au moyen d'une pince à trois branches et placé dans le trou ; on le soutient au-dessous, pour qu'on puisse former la rivure, à l'aide d'un *levier d'abatage* en bois qui maintient la *contre-bouterolle*, et sur lequel le teneur d'abatage s'assied pour tenir coup ; on supprime même quelquefois la contre-bouterolle. Pour les rivets un peu gros, on remplace le levier d'abatage par un *turc*, sorte de vérin à vis dont la tête forme contre-bouterolle, et qui résiste mieux que le levier.

Le riveur et son aide saisissent alors leurs marteaux et écrasent à petits coups la tige du rivet, puis finissent de former la tête avec la *bouterolle* qui est tenue par le riveur, tandis que l'aide la frappe avec un marteau pesant de 4 à 6 kilogrammes ; lorsqu'ils forment la tête, le riveur et son aide donnent quelques coups de marteau sur les tôles au pourtour, pour assurer leur contact. La tête étant finie, on donne quelques coups sur la bouterolle en l'inclinant pour resserrer le fer sur les bords et couper les bavures : quelquefois on donne seulement quelques coups sur la bouterolle tenue verticalement, après avoir resserré les tôles par quelques coups de marteau.

Lorsque le rivet est de faible diamètre, le riveur forme à lui seul la tête et à cet effet, il tient la bouterolle de la main gauche et il la frappe de la main droite avec le marteau de chaudronnier ; pour bien former la tête, il incline successivement la bouterolle dans tous les sens.

Quand on rive des pièces légères, et qui sont faciles à manœuvrer, on laisse la contre-bouterolle fixe, et à cet effet on la fixe en terre, ou dans un billot, et on vient poser dessus le rivet après qu'on l'a introduit dans son logement ; elle résiste alors très bien au choc du marteau, et la rivure est plus serrée.

Lorsqu'un rivet est mal posé et que sa tête ne porte pas bien sur les bords, il est facile de le reconnaître ; si on frappe un rivet avec la panne d'un marteau, il rend un son clair si le rivet est bon ; le bruit est sourd et mat si le rivet est mal posé.

Une équipe de riveurs peut poser à l'heure de 20 à 40 rivets, suivant leurs dimensions ; dans le même temps, ils ne peuvent placer sur une surface verticale que les trois quarts des rivets qu'ils placeraient sur une surface horizontale. Dans ces conditions, le rivetage à la main est lent et coûteux ; de plus, la pose des rivets est très irrégulière ; c'est pourquoi, toutes les fois que la chose est possible, il est préférable de le faire à la machine, qui donne un travail bien plus régulier et plus rapide puisqu'une bonne *riveuse* peut poser de 75 à 180 rivets à l'heure.

De plus, la rivure à la machine présente une résistance qui peut être supérieure de un quart à celle de la rivure à la main ; les tôles sont amenées en contact d'une façon énergique au moment de la formation de la rivure, et le serrage est ainsi bien assuré ; le rivet, bien plus fortement refoulé par la machine qu'il ne peut l'être par le travail à la main, remplit très complètement le trou. Les riveuses sont fixes ou mobiles ; ces dernières sont seules employées sur les chantiers ; elles sont mues par la vapeur, par l'air comprimé, par l'eau sous pression, ou l'électricité ; les riveuses hydrauliques sont actuellement les plus employées ; nous ne les décrirons pas ici.

4° *Défauts des rivures.* — Ces défauts sont les suivants :

1° Un *défaut d'ajustage des tôles* qui fait que les trous ne sont pas exactement en regard l'un de l'autre dans les diverses tôles, de sorte qu'on est obligé d'employer un rivet de diamètre trop petit ; la tige est déviée et remplit mal les trous, et, par suite, se trouve dans de mauvaises conditions de résistance. Ce défaut ne se produira jamais si les trous ont été convenablement alésés.

2° *Le manque de contact des tôles* fait que pendant la confection de la rivure, il se produira un bourrelet entre elles, et que la rivure ne sera pas étanche ; ce n'est pas en général un grand inconvénient pour les constructions ordinaires.

3° *Si la tige du rivet est trop courte*, la rivure manquera d'épaisseur et sera mal formée ; les pièces seront peu serrées et le rivet résistera surtout au cisaillement.

4° *Si la tige du rivet est trop longue*, la tête se formera bien, mais si l'on opère à la bouterolle, il se produira tout autour une collerette qui se désagrégera plus ou moins sous les derniers coups de marteau, et qu'il faudra enlever au burin, ce qu'on appelle faire la *toilette* du rivet ; ce n'est pas un défaut grave, et il ne nuit pas à la solidité de la rivure.

5° *La rivure est excentrée par rapport à la tige* ; c'est ce qu'on nomme un *rivet gascon* ; ce défaut nuit au serrage et par suite à l'adhérence des pièces.

6° *Le rivet est posé trop froid* ; le serrage est alors insuffisant, et de plus, le métal de la rivure est écroui par suite du martelage ; un tel rivet se rompra souvent lorsqu'on posera les rivets voisins ; dans tous les cas, il se relâchera certainement au bout de peu de temps.

5° *Résistances mécaniques des rivets.* — Lorsqu'on pose un rivet à chaud, la tête est formée au moment où la température du métal est encore supérieure de plus de 300° à celle des tôles qui l'entourent ; par suite du refroidissement, le rivet exerce ensuite sur celles-ci une pression qui a pour effet de les amener en contact parfait, et de développer entre elles une adhérence considérable.

D'après des expériences faites lors de la construction du pont Britannia, la résistance au frottement de deux tôles reliées par des rivets a été trouvée égale à 5 ou 7 kilogrammes par millimètre carré de la section des rivets ; d'où il résulterait que la tension du métal des rivets peut varier de 15 à 20 kilogrammes par millimètre carré de section. En même temps, le rivet s'oppose au déplacement latéral des tôles les unes par rapport aux autres par sa résistance au cisaillement, résistance qui est les quatre cinquièmes de la résistance à l'extension du métal qui compose le rivet.

On voit que si un rivet est serré de manière à développer une adhérence considérable entre les tôles, sa tige supporte un effort de traction voisin de la limite d'élasticité du métal ou supérieur à cette limite et, par suite, elle ne pourra supporter longtemps un semblable effort sans se déformer ; d'autre part, cette adhérence est absolument incertaine et dépend en grande partie de la manière dont la rivure aura été faite ; c'est pourquoi on calcule les rivets comme résistant au cisaillement simple, sans tenir compte de l'adhérence, ce qui donne évidemment un supplément de sécurité.

Si d est le diamètre d'un rivet, R_c la résistance du métal au cisaillement, ce rivet pourra supporter dans chacune de ses sections un effort de cisaillement T donné par la formule :

$$T = \frac{\pi d^2}{4} \times R_c.$$

On doit autant que possible disposer les assemblages pour qu'un rivet n'ait jamais à résister à des efforts d'extension susceptibles d'agir dans la direction de son axe, sur les pièces qu'il réunit, et de s'ajouter à ceux qui se sont développés pendant la pose du rivet et qui déterminent le serrage. Si l'on se trouve amené à faire subir à un rivet un effort d'extension, il convient, d'après M. Résal, que les efforts par unité de section auxquels le rivet est soumis satisfassent à la relation suivante :

$$T + 1{,}6\,C \leqq \frac{4}{5}\,R$$

dans laquelle T est l'effort de cisaillement par unité de surface, C l'effort d'extension et R la résistance de sécurité admise pour le métal du rivet, également par unité de surface.

Lorsque des pièces sont assemblées par plusieurs rivets on admet que chacun d'eux prend une part égale de l'effort total à la condition toutefois qu'ils soient tous composés du même métal, et qu'ils aient tous le même diamètre.

Deux pièces étant réunies par un rivet, on désigne sous le nom de *sections de cisaillement* les sections du rivet qui devraient se cisailler pour que les deux pièces puissent être séparées l'une de l'autre par glissement parallèlement à leurs faces de contact. Chacune de ces sections résiste à un effort égal ; plus leur nombre est grand, plus le rivet produit d'effet utile.

Il faut tenir compte en outre de la résistance des tôles ; celles-ci, en admettant que les rivets soient suffisamment résistants, peuvent se rompre par arrachement ou écrasement des *intervalles*, c'est-à-dire des portions de métal restant entre les trous de rivets, ou par cisaillement des *pinces,* c'est-à-dire des parties de la tôle comprises entre les rivets et les bords de celle-ci ; enfin le métal peut s'écraser au contact des rivets avec les tranches des trous. Ce sont ces considérations qui ont amené à admettre certaines relations entre les diamètres des rivets, les épaisseurs des tôles, les distances d'axe en axe des rivets et leur distance au bord des tôles.

60. Boulons. — 1° *Formes et dimensions des boulons.* Un *boulon* se compose d'une tige cylindrique ou *corps*, terminée à l'une de ses extrémités par une *tête* soudée au corps, et filetée à son autre extrémité pour recevoir un *écrou* taraudé formant une seconde tête, qui peut, grâce au filetage, être rapprochée de la première pour serrer deux ou plusieurs pièces à réunir.

La tête peut présenter diverses formes : *carrée*, *à six pans*, *sphérique* ou en *goutte de suif*, *cylindrique*. Les écrous sont à *six pans* ou *carrés*.

Le *diamètre* du boulon est toujours le diamètre du corps ou de la partie lisse de la tige ; avec les filetages adoptés, on peut admettre que le noyau de la partie filetée a un diamètre égal aux 0,8 de celui de la partie lisse ; le filet est ordinairement triangulaire, et on n'emploie le filet carré que pour les boulons de grand diamètre. Les trous dans lesquels se placent les boulons ont généralement un diamètre un peu supérieur à celui de la tige, mais dans certains cas, on peut limiter le jeu au minimum de manière que la tige du boulon entre à frottement doux dans le trou, qui doit alors être percé très droit et bien alésé.

On doit faire les boulons en fer de première qualité, doux et nerveux ; la tête peut être obtenue par enroulement ou par refoulement : dans le premier cas, on soude par martelage à l'extrémité de la tige une rondelle de dimensions convenables ; dans le second, on opère comme on l'a vu pour la fabrication de la première tête des rivets, ce qui est de beaucoup préférable. Le filetage de la tige et le taraudage de l'écrou doivent être faits à froid et avec beaucoup de soin.

Lorsqu'on met les boulons en place, il faut les graisser sur toute leur longueur ou les peindre au minium; il est bon de graisser également les filets de l'écrou, pour faciliter le serrage. On doit éviter de se servir de clefs de trop grande longueur à l'aide desquelles il est possible d'exercer sur les écrous des efforts trop énergiques, susceptibles de développer dans la tige du boulon des efforts de traction supérieurs à la résistance de sécurité du métal et même d'amener la rupture de cette tige. La longueur d'une clef ne doit pas dépasser 12 fois le diamètre de la tige du boulon. Dans les assemblages soignés, on interpose toujours une *rondelle* entre l'écrou et la pièce sur laquelle il s'appuie; cette précaution est absolument indispensable lorsque l'écrou s'appuie sur du bois ou sur un métal moins résistant que le fer dont il est formé.

Lorsque la tête du boulon est sphérique ou cylindrique, comme il est impossible de la maintenir avec une clef pendant le serrage de l'écrou, on doit alors pourvoir la tige d'un *ergot* ou d'un *collet carré* qui l'empêche de tourner.

Lorsqu'un écrou est sujet à se desserrer par suite des chocs ou des vibrations auxquelles les pièces assemblées peuvent être soumises, on le pourvoit d'un *dispositif de sûreté*; le plus simple consiste dans l'adjonction d'un *contre-écrou* serré à bloc sur l'écrou; on emploie encore dans le même but une *clavette* qui traverse la tige du boulon au-dessus de l'écrou, si le boulon est de gros diamètre; pour les petits boulons, on remplace la clavette par une simple *goupille fendue*. Les dispositifs de sûreté, plus compliqués que ceux-ci, ne s'emploient généralement pas dans les constructions métalliques; on les réserve pour les organes de machines.

Quand des boulons réunissent des pièces susceptibles de pouvoir prendre des déplacements sous l'influence des changements de température, suivant une direction perpendiculaire à l'axe des boulons, il est bon d'ovaliser les trous dans le sens du mouvement pour éviter le cisaillement des boulons. Si les déplacements peuvent se produire dans le sens de l'axe des boulons, M. Résal conseille de faire le serrage en intercalant des rondelles élastiques Belleville entre les têtes et l'une des pièces; la valeur de l'effort maximum d'extension que peuvent supporter les boulons est alors déterminée d'avance d'après le modèle des rondelles employées.

D'une manière générale, si d est le diamètre de la tige d'un boulon, la tête aura comme hauteur $0,7\,d$; le cercle inscrit dans la section droite de la tête aura comme diamètre $1,7\,d$; l'écrou aura une hauteur ordinairement égale au diamètre de la tige; le diamètre du cercle inscrit dans sa section droite est de $1,7\,d$, de sorte que si l'écrou est hexagonal, le cercle circonscrit à sa base a comme diamètre $2d$. La rondelle a un diamètre égal à $2,4d$, et son épaisseur est d'environ $0,2\,d$.

Nous donnons ci-dessous le tableau des dimensions des principaux types de boulons ou d'écrous les plus employés en construction, et qui se trouvent dans le commerce.

2° *Boulons de divers types.* — Les boulons que nous venons d'étudier ne sont pas les seuls que l'on rencontre dans les constructions; dans certains cas, lorsque le boulon doit servir à *entretoiser* deux pièces, il n'a pas de tête, présente un filetage à ses deux extrémités et reçoit alors deux écrous; quelquefois même, on place deux écrous à chaque extrémité (fig. 95).

Les *boulons de scellement* destinés à fixer des pièces métalliques sur des maçonneries sont terminés à une extrémité par un filetage qui reçoit l'écrou, et à l'autre extrémité par une *queue*

Diamètre de la tige du boulon en millimètres.		8	9	10	12	15	18	20	22	23	25	28	30	35	40
Tête à 6 pans (fig. 81).	Largeur........ a	14	16	17.5	21	26	31	35	38	40	42	48.5	52	60.5	69
	Hauteur .... b	6	7	8	10	12	14	16	17	18	20	22	24	28	32
Tête carrée encastrée dans le fer (fig. 82).	Largeur........ a	14	15	16	20	24	28	32	34	36	40	44	48	56	64
	Hauteur .... b	5	6	6	7	9	11	12	13	14	15	17	18	21	24
Tête carrée non encastrée (fig. 83).	Largeur........ a	14	15	16	20	24	28	32	34	36	40	44	48	56	64
	Hauteur .... b	6	7	7	8	10	12	14	15	16	17	18	19	22	26
	Hauteur........ c	5	6	6	7	9	11	12	13	14	15	16	17	20	23
Tête cylindrique (fig. 84).	Diamètre....... a	14	15	16	20	24	28	32	34	36	40	44	48	56	64
	Hauteur .... b	6	7	7	8	11	13	15	16	17	18	21	23	26	30
	Hauteur........ c	5	6	6	7	9	11	12	13	14	15	17	18	21	24
Tête demi-sphérique (fig. 85).	Diamètre....... a	14	15	16	20	24	28	32	34	36	40	44	48	56	64
	Hauteur .... b	7	7.5	8	10	12	14	16	17	18	20	22	24	28	32
Tête goutte de suif sur fer (fig. 86).	Diamètre....... a	14	15	16	20	24	28	32	34	36	40	44	48	56	64
	Hauteur .... b	5	5	6	7	9	10	11	12	13	14	15	17	20	22
Tête fraisée (fig. 87).	Diamètre....... a	14	16	17	20	25	30	34	37	39	42	47	51	55	63
	Hauteur .... b	4	4	5	6	7	9	10	11	11	12	14	15	17	20
Tête fraisée goutte de suif collet carré sur fer (fig. 88).	Diamètre....... a	15	»	20	25	30	35	40	»	»	45	»	»	»	»
	Hauteur .... b	8	»	9	11	12	14	15	»	»	15	»	»	»	»
	Hauteur........ c	5	»	6	7	8	9	10	»	»	10	»	»	»	»
Tête à T (fig. 89).	Longeur .... a	18	20	22	26	33	40	44	48	50	55	62	66	77	87
	Largeur........ b	8	9	10	12	15	18	20	22	23	25	28	30	35	40
	Hauteur........ c	7	8	9	10	13	15	17	18	19	21	23	25	29	33
	Rayon .... r	5	6	7	8	10	12	14	15	16	17	19	20	23	26
Tête carrée reposant sur bois (fig. 90).	Largeur........ a	18	20	22	26	33	40	44	48	50	55	62	66	77	87
	Hauteur........ b	6	7	8	10	12	14	16	18	19	20	22	24	28	32
	Diamètre s.-tête d	9	10	11	13	16	19	21	23	24	26	30	32	37	42
Tête goutte de suif sur bois (fig. 91).	Diamètre ...... d	20	22	24	29	36	38	40	»	»	»	»	»	»	»
	Hauteur .... b	5	5	7	7	8	9	10	»	»	»	»	»	»	»
	Hauteur........ c	4	4	5	5	6	7	8	»	»	»	»	»	»	»
	Longeur d'ergot d	7	7	8	9	10	10	10	»	»	»	»	»	»	»
	Largeur d'ergot...	5	5	6	7	8	9	9	»	»	»	»	»	»	»
Tête fraisée goutte de suif collet carré sur bois (fig. 92).	Diamètre....... a	25	»	25	28	35	40	45	»	»	50	»	»	»	»
	Hauteur .... b	6	»	7	9	9	12	13	»	»	15	»	»	»	»
	Hauteur........ c	3	»	4	5	5	7	8	»	»	10	»	»	»	»
Écrou à 6 pans (fig. 93) et écrou carré sur fer.	Largeur........ a	14	16	17.5	21	26	31	35	38	40	42	48.5	52	60.5	69
	Hauteur forte...	12	14.5	15	18	22	27	30	33	34	37	42	45	52	60
	Hauteur ordin...	8	9	10	12	15	18	20	22	25	25	28	30	35	40
	Hauteur faible...	5	6	7	8	10	12	13	15	16	17	19	20	23	27
	Pas du filet.......	1.3	1.3	1.5	1.5	2	2	2	2.5	2.5	3	3	3	3.5	4
Rondelles (fig. 94).	Diamètre....... a	9	10	11	13	16	20	22	24	25	27	30	32	37	42
	p. fer Diamètre b	16	18	20	24	30	36	40	44	46	50	56	60	70	80
	p. fer Épaisseur c	2	2	2	3	3	4	4	4	5	5	6	7	7	8
	p. bois Diamètre b	20	22	24	29	36	43	48	53	56	60	67	72	84	96
	p. bois Épaisseur c	3	3	3	4	4	5	5	5	6	6	7	8	8	9
Goupilles.	Diamètre.........	3	3	3	3	4	4	5	5	5	5	6	6	7	8
	Longeur	30	30	30	30	40	40	55	55	55	55	60	60	75	80
Ergots.	Longueur	4	4	5	6	7	9	10	11	11	12	14	15	17	20
	Largeur..........	4	4	5	5	6	7	8	9	9	10	11	12	14	16

de carpe barbelée ; quelquefois, lorsque le scellement doit être fait au soufre ou au plomb, on se contente de donner à la partie de la tige du boulon qui doit entrer dans le scellement la forme d'un tronc de pyramide, avec barbelures sur les arêtes (fig. 96 et 97). La profondeur du scellement doit être dans tous les cas égale à cinq ou six fois le diamètre de la tige.

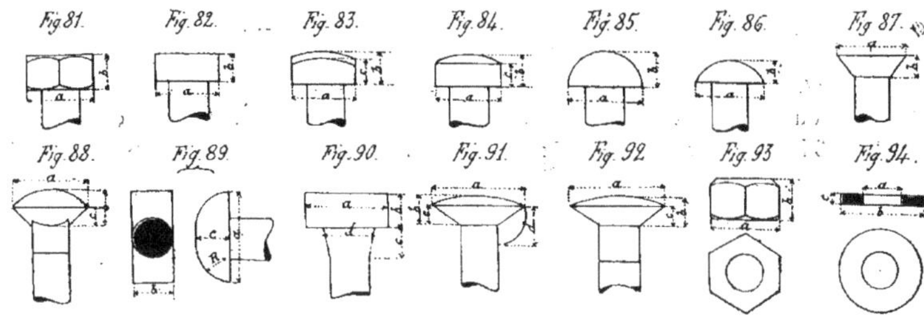

Les *boulons de fondation* jouent le même rôle, mais sont bien plus importants ; dans le *boulon à clavette* (fig. 99), la tige cylindrique du boulon est renflée à ses deux extrémités ; le diamètre du renflement est 1,25 *d*, en appelant *d* le diamètre de la tige ; l'une d'elles est filetée, l'autre est percée d'une mortaise dans laquelle passe une clavette à talons, dont la longueur est 1,20 *d*, et l'épaisseur 0,25 *d* ; cette clavette se passe à la partie inférieure par une ouverture

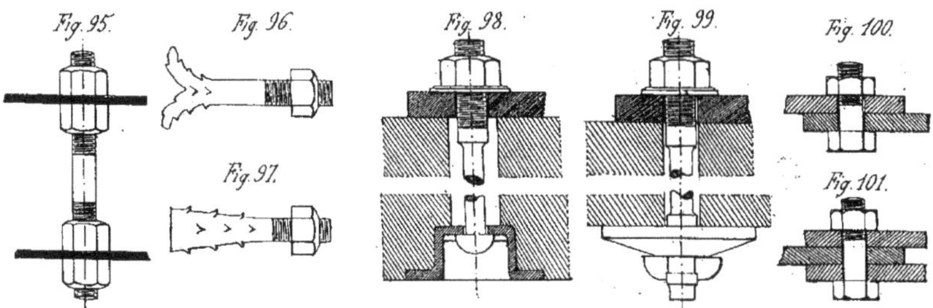

ménagée latéralement dans la maçonnerie ; une rondelle épaisse en fonte est interposée entre la clavette et la maçonnerie. La surface d'appui de cette rondelle devra être au moins égale à 30 fois la section du boulon dans le cas de la pierre de taille, et à 125 fois dans le cas de maçonnerie de petits matériaux, moellons ou briques ; l'épaisseur de la rondelle n'est jamais inférieure à 1,5 *d*. S'il n'est pas possible de pénétrer à la base des maçonneries pour placer la clavette, on emploie un boulon avec *tête à ancre* en forme de T ; cette tête est descendue dans le logement du boulon, auquel on a donné à cet effet la largeur nécessaire et à travers une ouverture rectangulaire percée dans la contre-plaque inférieure en fonte ; on la tourne ensuite de 90° pour l'y fixer dans des encoches disposées à cet effet (fig. 98).

3° *Résistance des boulons.* Un boulon d'assemblage peut avoir à résister à deux genres d'efforts : 1° des efforts tendant à séparer les pièces et agissant dans le sens de l'axe du boulon; celui-ci devra alors résister à la *traction*; 2° des efforts tendant à faire glisser les pièces l'une sur l'autre dans le sens perpendiculaire à l'axe du boulon; dans ce cas, le serrage de l'écrou doit développer entre les deux pièces un frottement capable d'équilibrer l'effort qui tend à produire le glissement et le boulon résiste encore à la traction; mais il peut arriver que le serrage n'étant pas suffisant, les pièces tendent à glisser l'une sur l'autre, et alors le boulon résistera au *cisaillement*. Dans le premier cas, on calculera la section du boulon en ne comptant que sur la résistance du noyau de la partie filetée, et en admettant que la résistance de sécurité du métal est de 3 kilogrammes par millimètre carré; si F est l'effort de traction auquel doit résister un boulon, on trouve ainsi que son diamètre exprimé en millimètres doit être :

$$d = 0,8\sqrt{F}$$

Il est bon, dans ce cas, d'employer un écrou plus haut qu'à l'ordinaire et dont la hauteur égale une fois et demie le diamètre de la tige.

Dans le second cas, si on calcule le boulon comme résistant au cisaillement, on pourra, en admettant une résistance de sécurité au cisaillement de 4 kilogrammes par millimètre carré, et en comptant que la section entière de la tige participe dans ce cas à la résistance, calculer le diamètre par la formule $d = 0,6\sqrt{F}$, en appelant F l'effort de glissement qui tend à séparer les pièces. Si le boulon résiste au cisaillement par deux sections, on portera dans la formule la moitié seulement de l'effort de glissement F.

Quand le calcul conduira à un diamètre de boulon supérieur à 0,030, on adoptera de préférence une disposition permettant d'employer un plus grand nombre de boulons de plus petit diamètre.

Lorsqu'un boulon assemble deux barres articulées et doit servir d'axe à l'articulation (fig. 100), il est bon de le calculer par la formule empirique :

$$d = 1,9\sqrt[n]{Le^2}$$

dans laquelle L est la largeur des barres, e leur épaisseur dans le sens parallèle à l'axe du boulon, supposée plus grande ou au moins égale à 0,4 L.

Si l'épaisseur e est plus petite que 0,4 L, on prendra toujours $d = L$.

Si les deux barres sont rondes et ont pour diamètre d', le diamètre du boulon sera $d = 1,6\,d'$.

Si l'articulation est faite comme l'indique la figure 101, le cisaillement pouvant avoir lieu suivant deux sections, L et e représenteront dans la même formule les dimensions transversales de l'une des deux barres latérales.

61. Vis. — Les *vis* agissent dans les assemblages de la même manière que les boulons, seulement c'est la pièce dans laquelle s'engage l'extrémité de leur tige qui joue le rôle d'écrou; cette pièce doit être seule taraudée; quant aux autres, elles doivent être percées d'un trou où la vis passe librement.

Les *vis à métaux* sont cylindriques dans toute leur longueur; le filet en est peu profond; la tête est *fraisée*, *plate* ou *ronde*, en *goutte de suif*; cette tête porte une fente qui sert à placer la vis au moyen du *tourne-vis*. Il faut toujours avoir soin de graisser fortement les vis au moment de la pose pour les empêcher de se rouiller et faciliter leur mouvement.

Dans le commerce, les dimensions des vis sont indiquées par deux chiffres : le premier indique le numéro de la jauge décimale auquel correspond leur diamètre (voir n° 22); le second indique leur longueur en millimètres.

Les *vis à bois* qui servent à fixer les ferrures sur les menuiseries présentent une partie cylindrique lisse ; la partie filetée est conique et pénètre dans le bois à la façon d'une vrille, en produisant un serrage énergique ; les filets sont assez distants et peu épais ; les vis doivent passer librement dans les trous des pièces métalliques ; les avant-trous percés dans le bois ne doivent pas être trop étroits, et la vis, bien graissée, doit s'y engager sans difficulté.

Les vis à bois de grandes dimensions ont la tête carrée ou hexagonale et se posent avec une clef, comme les écrous ; on les appelle *tirefonds*.

62. Clavettes. — Une *clavette* est un coin en fer en forme de tronc de prisme ; la partie la plus large se nomme la *tête*, l'autre le *bout* ; la différence d'épaisseur entre les deux extrémités constitue le *tirage* de la clavette et limite le chemin qu'on peut faire parcourir aux pièces qu'elle est destinée à serrer.

Les *clavettes de serrage* sont employées à l'assemblage des parties mobiles susceptibles de prendre du jeu, ou exceptionnellement lorsqu'il faut pouvoir régler la tension d'une barre ; elles sont méplates et ont leur tirage suivant la face de plus grande épaisseur.

Les *clavettes d'arrêt* sont employées pour les assemblages fixes et surtout pour les calages des poutres ou des fermes sur leurs appuis ; leur tirage est suivant la face de moindre épaisseur.

L'inclinaison d'une clavette varie de $\frac{1}{15}$ à $\frac{1}{20}$; on lui adjoint souvent une seconde clavette inclinée symétriquement et qu'on nomme *contre-clavette*.

§ 4. — ASSEMBLAGES DE BARRES DONT LES AXES SONT PARALLÈLES

63. Assemblages flanc sur flanc. — 1° *Assemblage de deux tôles*. Cet assemblage, dit à *recouvrement simple* (fig. 102), est obtenu au moyen de rivets placés suivant une seule file parallèlement au bord des tôles ou suivant plusieurs files parallèles ; dans ce second cas (fig. 103), les rivets des diverses files seront placés en *quinconce*, de manière à réduire la largeur du joint. Les dimensions à adopter sont données, d'après Fairbairn, par les formules suivantes dans lesquelles d est le diamètre d'un rivet, a la distance d'une file de rivets au bord de la tôle, b la distance d'axe en axe des rivets aussi bien dans une même file que dans deux files différentes, n le nombre de files ; l'épaisseur de la tôle la plus forte est e :

$$\frac{b}{e}=\frac{d}{e}+n\,\frac{\pi}{4}\left(\frac{d}{e}\right)^2$$

$$\frac{a}{e}=\frac{1}{2}\,\frac{d}{e}+\frac{3}{16}\pi\left(\frac{d}{e}\right)^2.$$

On fait à cette disposition le reproche que les tôles ne tirent pas, par suite des efforts qu'elles supportent, dans le prolongement l'une de l'autre ; il en résulte qu'elles ont tendance à se plier, ou que les têtes des rivets supportent des efforts d'arrachement qui peuvent les faire sauter; c'est pourquoi on préfère souvent une disposition différente dans laquelle les tôles sont placées bout à bout.

2° *Assemblages de cornières entre elles ou de tôles et de cornières.* Ces assemblages ont en général pour but de constituer au moyen de tôles et de cornières des pièces à section complexe en T, en Z, en U, en double T. Les figures 104 à 108 donnent les différents types de ces assemblages. Les rivets sont disposés en files parallèles aux axes des pièces; la ligne des centres

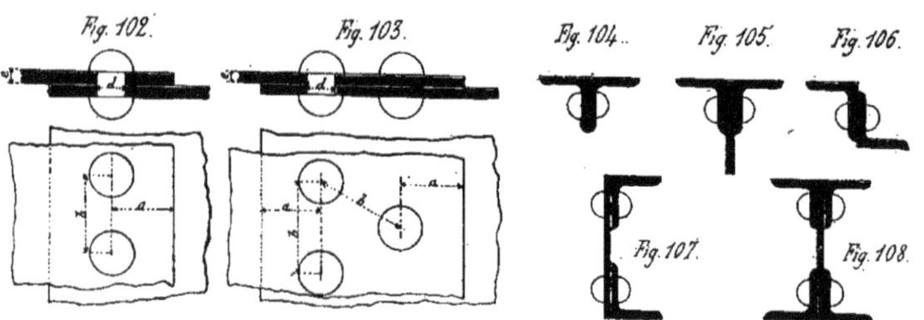

s'appelle *ligne de trusquinage*; elle se place ordinairement sur les cornières, à une distance du *talon* ou angle extérieur, déterminée à l'avance pour chaque modèle de cornières, d'après le tableau ci-dessous.

La distance d'axe en axe des rivets varie ordinairement de cinq à six fois leur diamètre; celui-ci est choisi d'après le modèle des cornières adoptées, en se conformant, autant que possible, aux indications du tableau, qui n'ont cependant rien d'absolu.

DIMENSIONS des ailes des cornières.	ÉPAISSEURS.	DISTANCE de la ligne de trusquinage au talon.	DIAMÈTRE des rivets.	DIMENSIONS des ailes des cornières.	ÉPAISSEURS.	DISTANCE de la ligne de trusquinage au talon.	DIAMÈTRE des rivets.
35 × 35	4 à 6	19	8 ou 10	70 × 70	7 à 11	38	18
40 × 40	5 à 7	22	10 ou 12	75 × 75	8 à 11	41	18 ou 20
45 × 45	5 à 7	25	12	80 × 80	8 à 12	45	20
50 × 50	5 à 7	27	14	90 × 90	8 à 14	50	20 ou 22
55 × 55	6 à 8	30	14 ou 16	100 × 100	9 à 16	55	22, 23, 25
60 × 60	6 à 9	33	16	110 × 110	11 à 16	60	25
65 × 65	7 à 9	35	16 ou 18				

Lorsqu'on est amené à employer des cornières plus larges que les précédentes, il est souvent nécessaire de les fixer à l'aide de deux rangs de rivets; suivant qu'on fait la rivure simple ou double, on adopte les dispositions suivantes :

DIMENSIONS des ailes des cornières.	ÉPAISSEURS.	RIVURE SIMPLE		RIVURE DOUBLE		
		Trusquinage.	Diamètre des rivets.	Trusquinage de la 1re ligne.	Trusquinage de la 2e ligne.	Diamètre des rivets.
120 × 120	11 à 16	66	25	38	88	18
125 × 125	11 à 17	69	25	38	93	18
140 × 140	11 à 20	78	25	45	105	20
150 × 150	11 à 22	85	25	50	110	22

L'épaisseur de l'âme en tôle des sections en U ou en double T varie de 5 à 20 millimètres, bien que les épaisseurs les plus souvent employées soient comprises entre 6 et 12 millimètres pour les poutres ordinaires ; il faut s'arranger autant que possible pour que cette épaisseur ne soit pas supérieure à celle des cornières.

64. Assemblages tête sur flanc. — 1° *Assemblage de tôles.* Si les deux tôles s'arrêtent au point de rencontre (fig. 109), c'est une cornière qui sert à faire la jonction ; elle est rivée sur chacune des deux tôles et on s'arrange pour que les rivets d'une file se chevauchent avec ceux de l'autre.

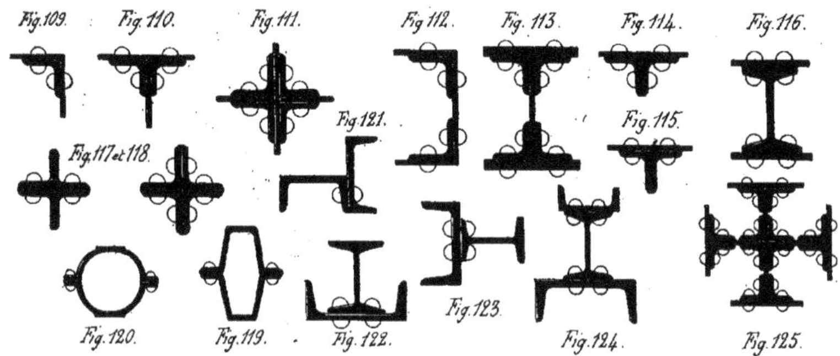

Si l'une seulement des tôles s'arrête au point de croisement (fig. 110), l'assemblage est fait au moyen de deux cornières ; on peut le considérer comme l'assemblage du T composé de la figure 105 avec une tôle qui lui forme une semelle. Si enfin les deux tôles se prolongent de part et d'autre du point de rencontre (fig. 111) on obtient un profil en croix, et l'assemblage est fait au moyen de quatre cornières ; une seule des deux tôles est continue et l'assemblage peut être considéré comme formé de cette tôle interposée entre deux profils en simple T.

Ces assemblages répétés sur les deux bords d'une même tôle donneront des profils en U et en double T avec tables (fig. 112 et 113).

2° *Assemblages de tôles et de fers profilés.* On peut encore former une section en T renforcée en assemblant deux cornières accolées ou un fer simple T sur une tôle (fig. 114 et 115). De même, on pourra renforcer un fer laminé double T en lui adjoignant deux tables en tôle (fig. 116); mais cette disposition n'est pas à recommander parce que les rivets ont alors une tête oblique, à cause de la forme des ailes du fer laminé, et sont dans de mauvaises conditions de résistance.

3° *Assemblages de fers profilés.* Pour constituer des poteaux verticaux, on assemble quelquefois l'un sur l'autre deux ou plusieurs fers laminés, soit de même section, soit de sections différentes, et on relie leurs faces de contact par des rivets (fig. 117 à 124). On peut, dans le même ordre d'idées, assembler de même des pièces composées de tôles et cornières (fig. 125).

65. Assemblage de pièces jumelées. — Les pièces jumelées sont employées presque exclusivement pour constituer des poitrails ou des poteaux verticaux ; en principe, leur assemblage

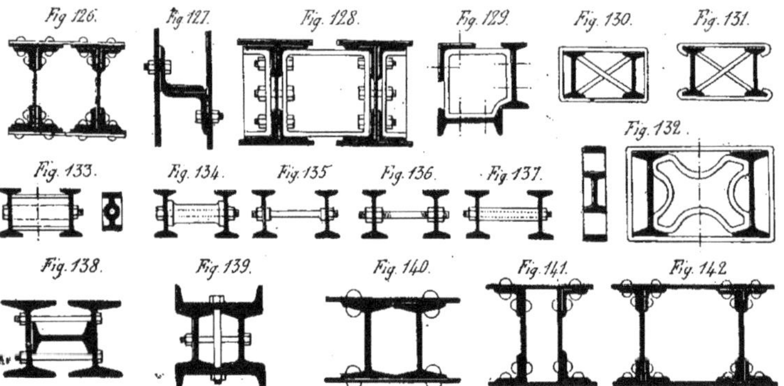

doit être fait de telle sorte qu'elles soient solidarisées de la manière la plus parfaite possible. On peut se servir à cet effet d'une seule série d'organes de jonction fixés d'une manière rigide aux deux pièces à la fois, à l'aide de rivets ou de boulons (fig. 126 à 129). Ou bien on emploiera deux séries d'organes : les uns destinés à empêcher les pièces de se rapprocher, les autres destinés à les empêcher de s'écarter ; les frettes, les fers plats coudés et les boulons d'entretoisement joueront ce dernier rôle, les croisillons en fer carré, les pièces spéciales en fonte, les embases des boulons, des doubles écrous, des bouts de tube en fer empêcheront le rapprochement des pièces (fig. 130 à 137). Enfin, l'une des pièces jumelées pourra elle-même jouer le dernier rôle (fig. 138 et 139).

66. Pièces en caisson. — Dans les pièces jumelées, les organes de jonction ne participent pas à la résistance ; ils ne font qu'assurer la position relative des pièces. Si on s'arrange pour qu'ils en fassent partie intégrante et participent à leur résistance on obtient les pièces en caisson ; tels seront deux fers double T laminés réunis par des semelles continues en tôle (fig. 140), ou encore mieux deux fers en U ou en double T formés de tôles et cornières et réunis par leurs tables (fig. 141 et 142) ; nous ferons remarquer que la disposition de la figure 142 n'est applicable qu'à une pièce d'une hauteur et d'une largeur suffisantes pour qu'un homme puisse s'y introduire, afin de porter coup lorsqu'on posera les rivets des deux files internes de chaque table.

§ 5. — ASSEMBLAGES DE PIÈCES BOUT A BOUT

67. Assemblages de pièces dont les axes sont en prolongement l'un de l'autre. — 1° *Assemblages à mi-fer.* Ce genre d'assemblage s'applique à des barres carrées ; on renfle les extrémités des barres, et on les assemble à plat joint (fig. 143) ou avec un embrèvement qui soulage les boulons (fig. 144) ; ces dispositions ont l'inconvénient de présenter de la dissymétrie

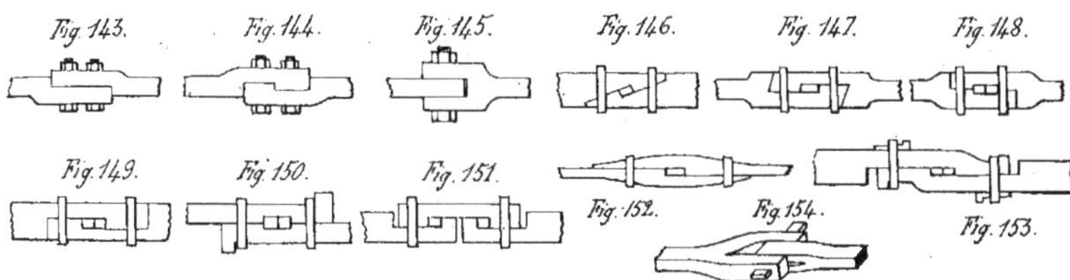

par rapport aux efforts de traction qui s'exercent sur les barres ; il est préférable de terminer l'une des barres par une fourche dans laquelle viendra s'assembler l'extrémité de l'autre barre (fig. 145).

2° *Assemblages par clavettes.* Ces assemblages, employés surtout pour la réunion des bouts des *chaînes* horizontales des bâtiments, ont en principe la disposition en *trait de Jupiter* (fig. 146 à 153) ; les plus employés (fig. 146) pour les fers carrés et (fig. 150 et 152) pour les fers méplats sont des assemblages rigides ; celui que représente la figure 154 et qui s'appelle l'*assemblage à charnière* peut prendre une certaine flexion, et il convient aux chaînages de constructions circulaires. L'emploi de deux clavettes en sens inverse permet de *faire bander les chaînes.*

3° *Assemblages par éclisses ou couvre-joints.* — Lorsque des pièces sont assemblées bout à bout, on les réunit de la manière la plus générale à l'aide d'*éclisses* ou de *couvre-joints.* Par exemple, pour joindre deux barres forgées, on emploiera des éclisses simples (fig. 155) ou des éclisses avec embrèvement (fig. 156) pour soulager les boulons ; on pourra encore employer l'assemblage à mi-fer et à éclisses (fig. 157).

Pour réunir deux tôles bout à bout, on emploiera un seul couvre-joint rivé (fig. 158) et on aura alors la *rivure à plat joint* ou bien on placera un couvre-joint de chaque côté des tôles (fig. 159 et 160) et on aura la *rivure à chaîne* ; ces rivures peuvent comporter sur chaque tôle une seule file de rivets ou plusieurs ; dans certains cas, les couvre-joints en tôle pourront être remplacés par des fers simple T (fig. 161). La section nette des couvre-joints doit être équivalente à celle de la tôle assemblée.

D'après Fairbairn, si on désigne par d le diamètre des rivets, par a la distance d'une file de rivets au bord de la tôle, et par b la distance d'axe en axe des rivets aussi bien dans une même file que dans deux files voisines, par n le nombre des files, par e l'épaisseur des tôles, on

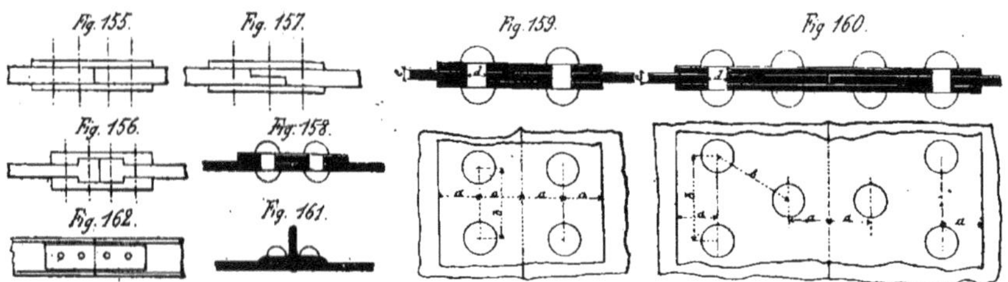

emploiera pour la rivure à plat-joint les mêmes formules que pour la rivure à recouvrement simple (voir plus haut, n° 63), et pour la rivure à chaîne les formules :

$$\frac{b}{e} = \frac{d}{e} + n\,\frac{\pi}{2}\left(\frac{d}{e}\right)^2$$

$$\frac{a}{e} = \frac{1}{2}\,\frac{d}{e} + \frac{3}{8}\,\pi\left(\frac{d}{e}\right)^2.$$

Pour assembler des barres profilées en prolongement l'une de l'autre, on les réunit par des éclisses boulonnées (fig. 162) dont la section doit être suffisante pour qu'elles équivalent à la section des fers assemblés.

Les poutres en tôles et cornières, lorsqu'elles sont de grandes dimensions, ne peuvent être exécutées que par tronçons que l'on réunit ensuite à l'aide de couvre-joints rivés ; sans entrer ici dans le détail des dispositions qu'il faut leur donner, et de leur calcul, nous indiquerons seulement que ces couvre-joints sont des tôles pour l'âme et les tables, et des cornières spéciales dites couvre-joints pour les cornières. Les dimensions des couvre-joints et les dispositions des rivures doivent être telles que la poutre présente au point où est fait l'assemblage la même résistance que dans sa partie courante.

La longueur des tronçons de poutres est limitée par celle des tôles du commerce qui servent à former l'âme et qui ont au maximum 6 mètres de long en dimensions courantes, et 8 mètres en dimensions exceptionnelles ; on peut cependant avoir des tôles de 10 ou 12 mètres de long, mais à des prix supérieurs aux prix courants ; d'autre part, le transport par chemin de fer de pièces trop longues est beaucoup plus coûteux que celui des pièces qui peuvent être chargées sur un wagon ordinaire, dont la longueur est de 6^{m}250.

4° *Assemblages articulés par boulons.* — Lorsque deux barres doivent être assemblées par une articulation, on dispose en *fourche* la tête de l'une des pièces et on élargit l'extrémité de l'autre de manière à pouvoir y pratiquer un *œil* pour passer le boulon d'assemblage (fig. 163). Pour éviter la façon d'une fourche, qui est un travail de forge assez difficile, on emploie la disposition de la figure 164; les deux extrémités des pièces présentent des têtes aplaties à œil, et on les relie par deux plaques de tôle, à l'aide de deux boulons.

Si une des barres est méplate et terminée en forme de fourche, L étant sa plus grande dimension transversale, e son épaisseur, les branches de la fourche auront comme largeur L et comme épaisseur $\frac{e}{2}$; on donnera au boulon d'articulation un diamètre $d = L$.

Si la barre est ronde et de diamètre d', les branches de la fourche auront la largeur d' et une épaisseur égale à $0{,}4\,d'$; le diamètre du boulon d'articulation sera encore égal à d'.

La tête des branches de fourche présentera dans le sens de l'axe de la barre une épaisseur de métal égale à $\frac{3}{4}$ L, et dans le sens perpendiculaire à l'axe, une épaisseur égale $\frac{3}{5}$ L, si la barre est méplate ; si elle est ronde, ces épaisseurs deviendront respectivement égales à $\frac{3}{4}\,d'$ et à $\frac{3}{5}\,d'$. La tête de la seconde barre engagée dans la fourche aura les mêmes dimensions en largeur que celles de la fourche, mais sera de même épaisseur que la barre.

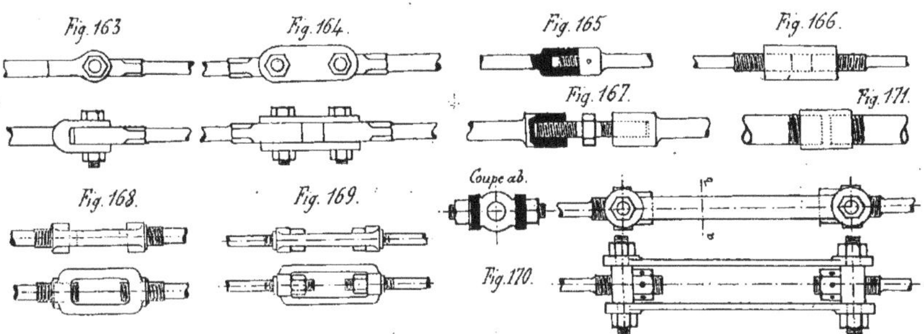

Si l'assemblage est fait à l'aide de plaques, celles-ci auront comme épaisseur et comme largeur les mêmes dimensions que les branches de la fourche précédente ; les deux barres seront terminées par des têtes semblables.

5° *Assemblages par vis; Lanternes.* On peut si les tiges sont rondes terminer l'une d'elles par un renflement percé suivant l'axe et taraudé, dans lequel l'extrémité filetée de l'autre tige viendra s'engager (fig. 165). Si on termine les deux tiges par des filets de vis en sens inverse, et qu'on fasse pénétrer ceux-ci dans un *manchon* convenablement taraudé, il deviendra possible de régler la tension de la barre en faisant tourner le manchon dans un sens ou dans l'autre (fig. 166).

Quelquefois au contraire on termine les extrémités des tiges par des renflements taraudés, entre lesquels on place une tige filetée formant deux vis en sens inverse (fig. 167). On peut remplacer le manchon fileté par une *lanterne* ou *moufle*; c'est un cadre rectangulaire en fer dont les petits côtés sont renforcés pour former les écrous dans lesquels se vissent, avec un filetage en sens inverse, les extrémités des deux barres (fig. 168); il faut remarquer qu'on fait venir les filet en saillie sur les barres, que l'on a refoulées préalablement à leur extrémité, et ceci afin de ne pas diminuer leur résistance; on donne à la partie filetée un diamètre égal à 1,25 d, le diamètre de la barre étant égal à d; les grands côtés de la lanterne doivent avoir une section totale au moins égale à la section de la barre; quant à ses petits côtés, ils ont les dimensions d'un écrou ordinaire en diamètre et leur épaisseur est égale à 1,5 d. Au lieu de se visser dans les petits côtés de la lanterne, les barres peuvent les traverser et y être fixées par des écrous intérieurs (fig. 169). Enfin la lanterne peut être formée seulement de deux plates-bandes reliées entre elles par deux traverses rectangulaires et épaisses qui y sont fixées par des tiges filetées et des écrous (fig. 170). Les extrémités filetées des barres passent dans ces traverses et sont retenues par des écrous intérieurs. Afin d'avoir besoin de donner peu de largeur aux lanternes, on serre les écrous à l'aide d'une broche qu'on engage successivement dans des trous disposés sur leurs faces, ou sur leur pourtour lorsqu'ils sont cylindriques.

Les tubes en fer étiré dont on se sert quelquefois en construction s'assemblent les uns aux autres à l'aide de *manchons à vis* (fig. 171); on peut aussi à l'aide de ces manchons régler la longueur des tubes, bien que le filetage n'en soit pas à filets contrariés. Les manchons ont la même épaisseur que les tubes, et on leur donne une longueur égale à 0^{m}040 + 0,4 d, le diamètre des tubes étant égal à d.

6° *Assemblages par brides perpendiculaires à l'axe des pièces.* S'il s'agit d'assembler deux barres, on peut refouler le métal en forme de plateau à l'extrémité de chacune d'elles, suivant une direction perpendiculaire à l'axe de la barre, de manière à constituer deux oreilles; il suffira d'assembler les deux plateaux l'un sur l'autre à l'aide de boulons (fig. 172). Lorsque les barres ont une forte section, on peut élargir les plateaux et obtenir l'assemblage par colliers (fig. 173).

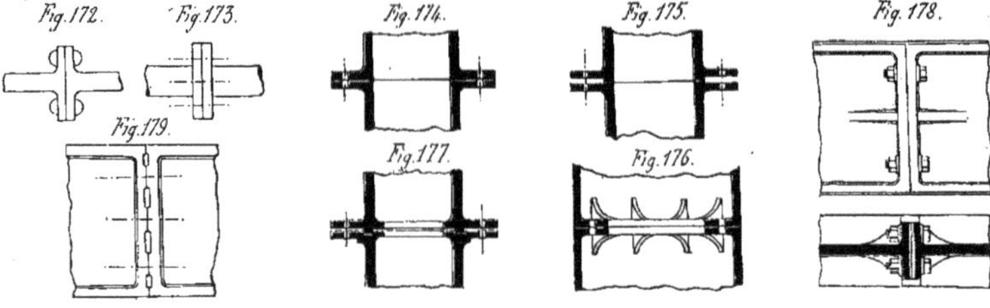

C'est d'après le même principe que l'on constitue l'*assemblage à brides* des tuyaux métalliques; dans les tuyaux en fonte (fig. 174), la bride est venue de fonte; dans les tuyaux en fer ou en cuivre, elle est rapportée à l'aide de collets ou brasée. Les brides peuvent être dressées sur toute leur surface comme dans l'exemple précédent, ou seulement sur une partie de cette surface, et alors le contact n'a lieu que par des *portées* (fig. 175). Dans certaines pièces, les brides extérieures pourraient être gênantes; on les place alors à l'intérieur (fig. 176); on les renforce quelquefois par l'adjonction de nervures qui empêchent leur flexion

Lorsqu'on craint que par suite des actions latérales qui s'exerceront sur les deux pièces, celles-ci risquent de se déplacer l'une par rapport à l'autre, on consolide l'assemblage en creusant une rainure dans l'une des brides, et faisant venir sur l'autre une saillie correspondante (fig. 177); les boulons n'ont ainsi à supporter aucun effort de cisaillement.

Lorsque des pièces en fonte ou en acier moulé ont une section transversale quelconque, on les assemble toujours l'une sur l'autre au moyen de brides venues de fonte et souvent renforcées par des nervures (fig. 178); les brides peuvent, comme dans l'exemple actuel, être dressées sur toute leur surface de contact, ou bien présenter seulement des portées ajustées (fig. 179).

68. Assemblages de pièces dont les axes ne sont pas en prolongement l'un de l'autre. — 1° *Assemblages par clavettes.* Nous avons vu au numéro précédent que l'assemblage à charnière (fig. 154) pouvait être employé dans ce cas, à la condition que l'angle des deux barres ne soit pas trop grand.

2° *Assemblages par éclisses ou couvre-joints.* Cet assemblage se prête au cas actuel, à la condition de donner aux éclisses une forme convenable pour leur permettre de s'appuyer sur les deux pièces; tel est l'assemblage de deux arbalétriers en fer double T au sommet d'une ferme (fig. 180). On peut encore employer dans ce cas des pièces en fonte présentant des joues, contre lesquelles viennent s'abouter les extrémités des pièces de bois, et qui sont pourvues de nervures de forme convenable qui embrassent les flancs de ces pièces, et entre lesquelles celles-ci sont boulonnées; ce genre d'assemblage est surtout employé dans les fermes mixtes dont les arbalétriers sont en bois (fig. 181).

3° *Assemblage par brides.* Le principe de l'assemblage par colliers ou par brides est encore applicable dans le cas où les axes des pièces ne sont pas en prolongement l'un de l'autre, mais alors il faudra donner à ces brides une inclinaison convenable sur l'axe de chacune des pièces.

§ 6. — ASSEMBLAGES DE DEUX BARRES QUI SE RENCONTRENT

69. Assemblages bout sur flanc, les deux pièces s'arrêtant au point de rencontre. — En principe, tous ces assemblages sont obtenus au moyen d'équerres dont les branches sont fixées par des rivets ou des boulons sur chacune des pièces. L'équerre peut être indépendante des pièces (fig. 182) ou faire corps avec elles (fig. 183 à 185) lorsqu'il s'agit de barres forgées; pour les fers profilés, l'équerre sera en général indépendante, comme on peut le voir pour l'assemblage de deux cornières (fig. 186) ou pour l'assemblage de deux fers en U (fig. 187); cependant pour les petites cornières qui n'ont à supporter que des efforts peu importants, on peut se contenter d'abattre une aile de l'une des cornières sur une certaine longueur et de couder l'autre aile à la forge pour former une patte, que l'on vient river ou simplement visser sur l'aile de la seconde cornière (fig. 188).

On obtient quelquefois le même résultat lorsqu'on emploie une cornière ou un fer de faibles dimensions en coudant simplement à la forge une barre de longueur suffisante.

70. Assemblages bout sur flanc, l'une des deux pièces seulement s'arrêtant au point de rencontre. — 1° *Assemblages par tenons.* L'assemblage de deux barres carrées ou méplates peut être fait à tenon et mortaise, à l'imitation des assemblages de bois; mais comme il est difficile d'obtenir une mortaise à angles vifs, on lui donnera la forme circulaire ; le tenon sera fixé dans la mortaise par une goupille (fig. 189). On peut rapporter le tenon en le vissant sur l'une des deux pièces (fig. 190). Pour ne pas trop affaiblir la pièce dans laquelle est pratiquée la mortaise, on emploie le tenon passant avec renfort (fig. 191). Enfin, on peut prolonger le tenon par une partie filetée sur laquelle sera vissé un écrou (fig. 192).

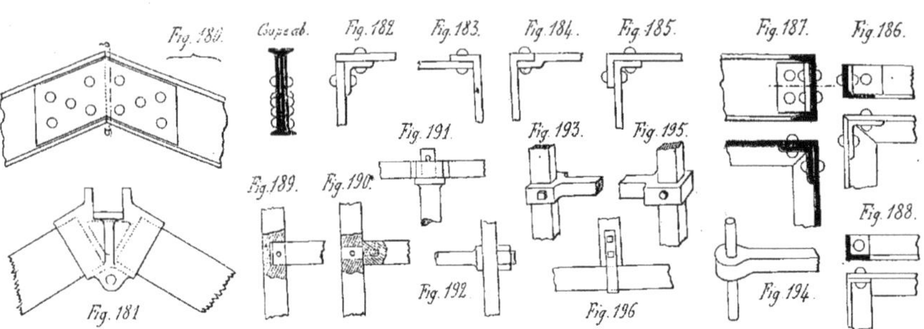

2° *Assemblages par enfourchement.* On obtient un assemblage plus rigide en terminant l'une des pièces par une fourche qui vient saisir l'autre pièce et qu'on y fixe par un boulon (fig. 193). Si l'on ferme la fourche, la rigidité sera encore mieux assurée (fig. 194) ; si l'on veut empêcher tout mouvement, il suffira d'une goupille pour maintenir les deux pièces (fig. 195) ; enfin le même résultat peut être obtenu à l'aide d'une bande de fer plat fixée par des boulons à la pièce qui devrait porter la fourche (fig. 196).

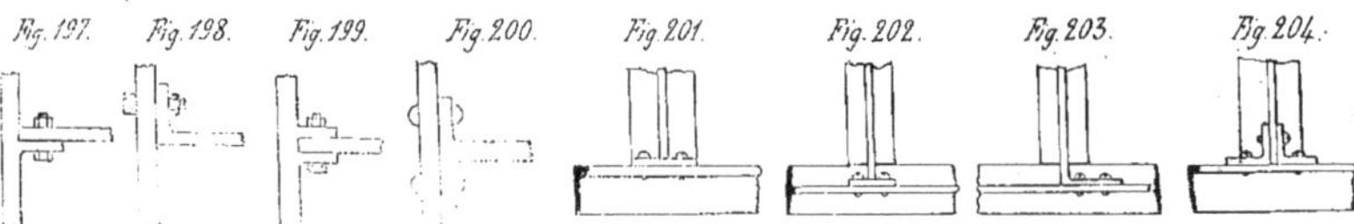

3° *Assemblages par équerres.* Comme dans le cas précédent, ce sont les assemblages par équerres qui sont les plus fréquemment employés. Dans les assemblages de barres forgées, les équerres font ordinairement corps avec l'une ou l'autre des barres (fig. 197 à 200).

Dans les assemblages de barres profilées, elles sont plus généralement indépendantes, excepté pour les barres de petites dimensions ; ainsi, pour assembler un fer simple T sur une cornière, on peut couper l'âme du fer et replier le patin en forme de patte (fig. 202) ; soit enlever le patin du fer T et placer, à tenon rivé à l'extrémité de l'âme, une petite platine formant équerres (fig. 202) ; soit enfin abattre le patin du fer et replier l'âme en forme de patte (fig. 203). L'assemblage sera toujours plus résistant s'il est fait au moyen de petites équerres (fig. 204).

Pour assembler des barres de grandes dimensions, fers en U ou en double T, on emploie toujours exclusivement des équerres en cornières; celles qui servent aux assemblages ordinaires des planchers se trouvent toutes préparées dans le commerce sous les formes suivantes :

1° Équerres ou cornières à ailes égales de 0 m 060 × 0 m 060 sur 0 m 007 et sur 0 m 060, 0 m 070, 0 m 080 et 0 m 090 de longueur; percées d'un trou sur chaque aile, pour boulons de 0 m 012 de diamètre; elles servent pour les fers de 0 m 080 à 0 m 100 de hauteur.

2° Équerres en cornières à ailes égales de 0 m 070 × 0 m 070 sur 0 m 008, et sur 0 m 100, 0 m 110, 0 m 120 et 0 m 130 de longueur; percées d'un trou sur une aile et de deux sur l'autre, pour boulons de 0 m 14 de diamètre; elles servent pour les fers de 0 m 110 à 0 m 130 de hauteur.

3° Équerres en cornières à ailes égales de 0 m 080 × 0 m 080 sur 0 m 009, et sur 0 m 140, 0 m 150, 0 m 160 et 0 m 180 de longueur; percées de deux trous sur chaque aile, pour boulons de 0 m 016 de diamètre; elles servent pour les fers de 0 m 140 à 0 m 200 de hauteur.

Les trous ont toujours un diamètre supérieur de 0 m 002 à celui des boulons ou des rivets.

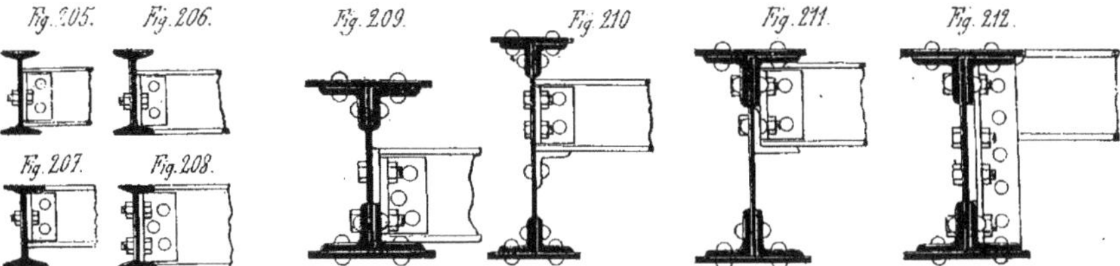

On fixe ordinairement les équerres sur les fers par des rivets ou par des boulons; lorsqu'on veut assembler d'avance les équerres à l'atelier pour faciliter le montage, on les fixe par des rivets à la pièce secondaire, en réservant les boulons pour l'assemblage sur la pièce principale. Nous donnons ici les divers cas dans lesquels peut se présenter l'assemblage de deux fers double T laminés (fig. 205 à 208); on voit que lorsque le dessus ou le dessous des tables des pièces assemblées doivent s'affleurer, il est nécessaire d'entailler l'aile de la pièce secondaire pour obtenir le contact des deux âmes.

Si le fer principal est composé de tôles et de cornières, l'assemblage sera fait par deux équerres; mais pour éviter d'entailler d'une manière compliquée l'âme et les ailes de la pièce secondaire, qui est dans les exemples ci-dessous un fer laminé, on rachète, lorsque c'est nécessaire, les saillies des cornières de la pièce principale sur son âme par des *fourrures*. Le fer laminé peut être posé sur les ailes inférieures de la pièce principale (fig. 209); s'il est placé vers le milieu de la hauteur de celle-ci, il est avantageux d'adopter la disposition indiquée par la figure 210, dans laquelle une équerre est placée horizontalement sous l'about du fer laminé, ce qui facilite beaucoup le montage; les boulons de l'assemblage sont soulagés et ne travaillent alors plus au cisaillement; au lieu de placer une équerre sous chaque pièce, on peut river une cornière dans toute la longueur de la pièce principale. Si le fer laminé est disposé à la partie supérieure de la pièce principale, on peut placer la cornière support de manière qu'elle forme elle-même fourrure par sa branche verticale, entre les âmes des deux pièces (fig. 211).

Si les ailes des deux fers doivent s'affleurer à la partie supérieure, il faudra entailler l'aile du fer laminé (fig. 212); sur cette même figure, nous montrons la disposition à adopter, si la charge transmise par le fer laminé est importante, pour avoir un plus grand nombre de rivets ou de boulons d'assemblage sur l'âme de la pièce principale; une fourrure d'épaisseur égale à celle de l'âme du fer laminé sera placée entre les deux cornières d'assemblage.

Si les deux pièces à assembler sont composées de tôles et de cornières, l'assemblage se fera encore d'une manière analogue, seulement on ajoutera au-dessous de la pièce secondaire une

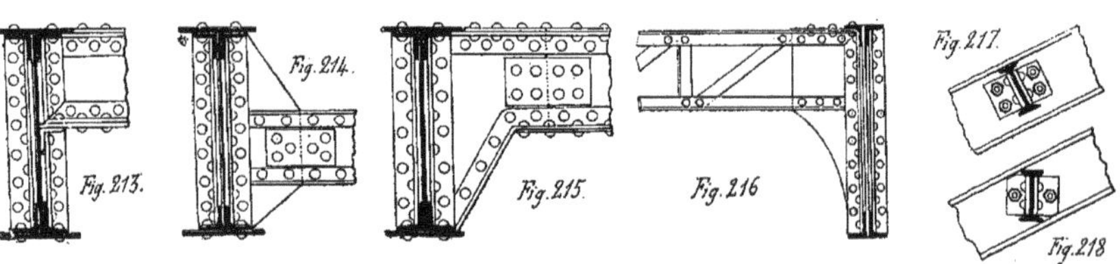

double cornière rivée sur l'âme de la pièce principale, en prolongement avec les cornières d'assemblage et formant un renfort; un autre renfort analogue sera placé de l'autre côté de la pièce principale et sur toute sa hauteur (fig. 213); ces renforts ont pour but de raidir l'âme de la pièce principale au droit de l'assemblage pour l'empêcher de se voiler sous l'influence de la charge qui lui est appliquée en ce point.

Lorsqu'on a besoin d'augmenter le nombre des rivets d'attache, on fixe à la pièce principale au moyen de deux cornières un fort gousset en tôle ayant toute la hauteur de la pièce entre cornières, et c'est sur lui qu'on attache la pièce secondaire au moyen de ses quatre cornières et de deux couvre-joints d'âme (fig. 214 et 215). La figure 216 montre la disposition très analogue adoptée dans le cas de pièces en treillis.

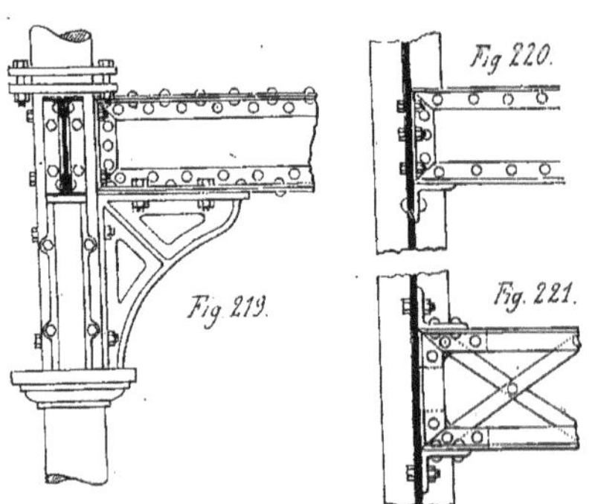

L'assemblage des fermes d'un comble sur les arbalétriers est de même genre que les précédents et se retrouve sous des formes identiques, lorsque la panne peut être placée de manière que son âme soit dans le plan normal à l'arbalétrier (fig. 217) et avec de légères modifications de détail lorsque la panne a son âme dans un plan vertical (fig. 218).

Nous pouvons encore ranger dans cette catégorie les assemblages de pièces horizontales sur des poteaux verticaux; si le poteau est en fonte et à section carrée, les équerres formeront un about plat à la poutre horizontale, qui s'appuiera par cet about sur le flanc du poteau, et qui sera supportée sous son extrémité par une *console* en fonte assez développée, venue de fonte avec le poteau ou boulonnée sur lui, la semelle inférieure de la poutre sera boulonnée sur la semelle supérieure de la console (fig. 219). Si le poteau est en fer, et à section double T par exemple, l'assemblage se fera d'une manière analogue, mais la console sera construite en fers assemblés; cette console sera supprimée et remplacée par une simple équerre si les pièces sont peu importantes (fig. 220). Enfin l'assemblage d'une pièce horizontale en treillis sur un poteau peut se faire à l'aide d'équerres rivées sur les ailes des cornières supérieures et inférieures de cette pièce (fig. 221), à la condition qu'elle ne serve que d'entretoise et ne supporte aucune charge tendant à la fléchir.

71. Assemblages bout sur flanc, les deux pièces se prolongeant de part et d'autre du point de rencontre. — 1° *Assemblages par tenons.* Dans le cas de barres de faibles dimensions transversales, on peut employer l'assemblage par *tenons*; celle des barres qui est continue est

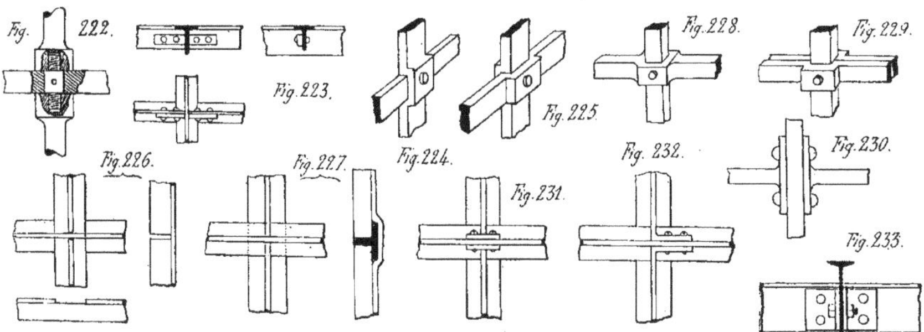

percée d'une mortaise, que traverse un goujon; celui-ci se visse à la fois dans les deux autres barres (fig. 222).

Une disposition du même genre peut servir à l'assemblage de deux fers à simple T; une mortaise, percée dans celui qui est continu, est traversée par un bout de fer méplat vissé sur les deux barres perpendiculaires à la première (fig. 223).

2° *Assemblages à mi-fer.* Pour réunir deux barres forgées, on coude l'une d'elles pour la faire passer sur l'autre (fig. 224) ou bien on les coude toutes deux (fig. 225); on les réunit par un boulon ou une goupille.

Dans le cas de deux fers à simple T, on peut adopter le même assemblage si ces fers ne sont pas soumis à de grands efforts; il faut alors en effet les entailler assez profondément en supprimant le patin de l'un et l'âme de l'autre (fig. 226). Cette disposition a été perfectionnée par M. Pantz; il n'entaille que l'un des fers dont la tête est contrecoudée et il passe l'autre fer au travers de l'ouverture ainsi formée (fig. 227).

3° *Assemblages à enfourchement.* On les emploie pour fixer les barreaux de grille sur leurs lisses; l'un des fers est entaillé de manière à laisser passer l'autre (fig. 228), qui y est fixé par un boulon ou par une goupille; ou bien l'une des pièces est faite de deux barres juxtaposées qui se coudent sur l'autre et qui sont fixées de même à la seconde pièce, qui passe entre les deux barres ; c'est l'assemblage à *embrasses* (fig. 229).

4° *Assemblages à équerres.* S'il s'agit de barres forgées, on fait venir deux retours d'équerres aux extrémités des barres qui se fixent bout à bout (fig. 230) ; on peut encore adopter toute autre disposition reproduisant symétriquement de part et d'autre de la barre continue les formes indiquées aux figures 197 à 199.

De même l'assemblage de deux fers à simple T pourra être obtenu à l'aide des dispositions indiquées par les figures 231 et 232, qui reproduisent de part et d'autre du fer qui reste continu les dispositions déjà indiquées par les figures 202 et 203.

Dans le cas des assemblages de fers à section en U ou en double T, les dispositions adoptées reproduiront symétriquement, par rapport à la pièce principale qui sera toujours continue, celles

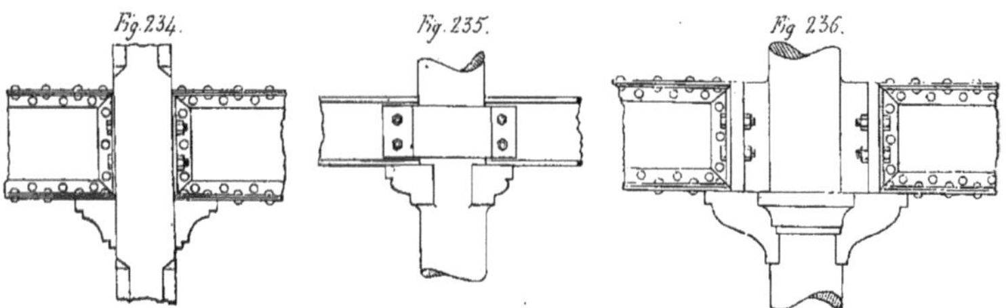

qui ont été étudiées au numéro précédent. Ainsi par exemple la figure 233 qui montre l'assemblage de deux fers laminés à double T peut être rapprochée de la figure 205.

Pour faire l'assemblage de poutres horizontales sur un poteau en fonte, si celui-ci est à section carrée, on boulonne les équerres qui forment les abouts des deux poutres sur les flancs du poteau ; des consoles les supportent pour soulager les boulons (fig. 234). Dans le cas d'une colonne cylindrique, on peut, à l'endroit de l'assemblage, faire venir une partie carrée pour permettre d'adopter la disposition précédente ; mais on peut encore en ce point faire venir à la colonne deux nervures verticales en T sur lesquelles on boulonnera les abouts des poutres (fig. 236). Si l'on veut une disposition plus simple, dans le cas où les poutres sont peu importantes, on se contentera de les relier par deux demi-colliers embrassant la colonne (fig. 235) et dont les extrémités seront boulonnées sur les poutres.

72. Assemblages bout sur tête, les deux pièces s'arrêtant au point de rencontre. — 1° *Assemblages par couvre-joints.* Lorsqu'on assemble dans ces conditions deux barres profilées, on peut les relier par des couvre-joints rivés ou boulonnés, en abattant, si c'est nécessaire, les portions d'ailes des fers qui empêcheraient d'appliquer les couvre-joints sur les âmes des pièces ; mais on peut aussi étendre les couvre-joints de manière à leur donner une forme plus régulière, et placer entre eux les fourrures nécessaires (fig. 237 et 238).

2° *Assemblages par équerres.* On peut encore faire l'assemblage de deux pièces bout sur tête en terminant l'about de l'une des pièces par une paire de cornières rivées sur son âme et qui viennent s'assembler sur la tête de l'autre pièce ; tels sont les assemblages représentés par les figures 239 à 241 ; la première représente l'assemblage d'une jambe de force de ferme Mansard sur l'entrait ; la seconde et la troisième, l'assemblage d'un arbalétrier de ferme sur un poteau ; on remarquera dans la dernière la forme de l'about de l'arbalétrier, fortement élargi, et la petite console sur laquelle il repose.

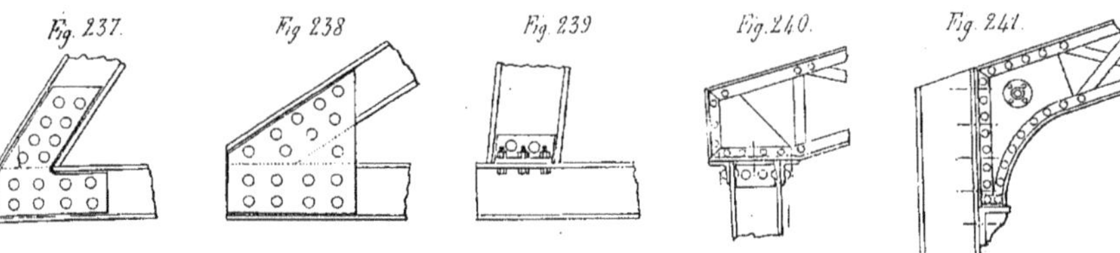

73. Assemblages bout sur tête, l'une des pièces seulement s'arrêtant au point de rencontre. — 1° *Assemblages articulés.* Lorsque l'assemblage doit être articulé, comme on le trouve dans les combles Polonceau, il peut être obtenu, soit à l'aide d'une fourche qui termine l'une des pièces et qui est boulonnée sur l'autre avec interposition de rondelles d'épaisseur convenable entre l'âme de la seconde pièce et les branches de la fourche, de manière que les branches

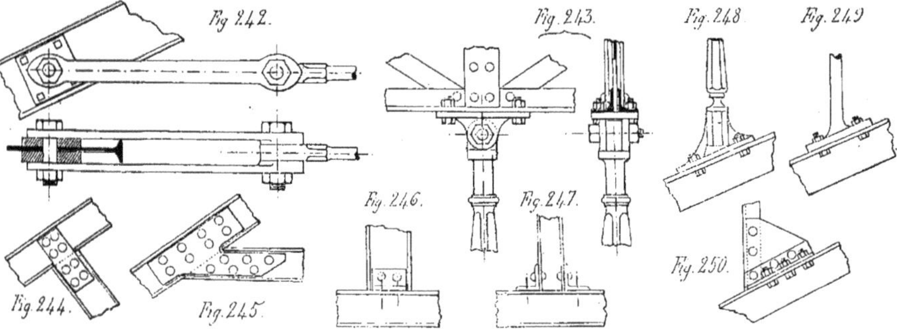

restent bien parallèles (fig. 242) ; soit à l'aide d'une fourche fixée sur la tête de la pièce continue et dans laquelle l'autre pièce est tenue par un boulon (fig. 243).

2° *Assemblages par couvre-joints.* Lorsque l'assemblage doit être fait entre deux pièces profilées dont les âmes sont dans le même plan, on les relie par des couvre-joints de forme convenable, en abattant les ailes de l'un des deux fers pour permettre leur placement (fig. 244 et 245).

3° *Assemblages par équerres.* Comme dans les assemblages analogues indiqués au numéro précédent, on peut terminer l'about de l'une des pièces par deux équerres qui viendront se fixer sur les ailes de l'autre pièce au moyen de boulons (fig. 246 et 247).

S'il s'agit d'assembler une barre forgée ou une pièce de fonte sur un fer laminé, on lui fait venir à l'extrémité un patin de largeur et d'inclinaison convenables que l'on fixe par des boulons sur les ailes du fer (fig. 248 et 249).

Enfin, on peut, dans certains cas, faire l'assemblage d'une barre de faibles dimensions sur une autre plus importante, à l'aide d'un gousset fixé à la première et qu'on attache par deux équerres sur les ailes de la seconde (fig. 250).

Nous terminerons ces exemples par l'assemblage d'un montant de grande poutre en treillis sur la membrure de la poutre ; le montant étant lui-même en treillis, est terminé par une partie à âme pleine formée de deux tôles longitudinales qui viennent s'assembler par des équerres sur la tôle d'âme de la membrure ; l'about du montant est terminé par des cornières qui sont rivées sur les ailes de la membrure (fig. 251).

74. Assemblages bout sur tête, les deux pièces se prolongeant de part et d'autre du point de rencontre. — 1° *Assemblages par couvre-joints.* Ces assemblages reproduisent, mais sur les deux côtés de la pièce qui reste continue, les dispositions déjà vues au numéro précédent.

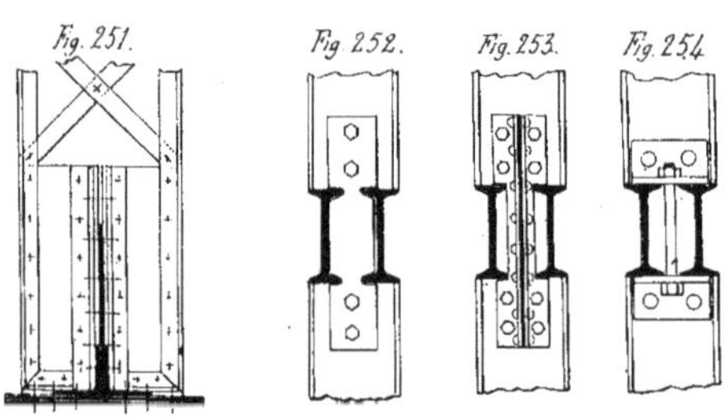

2° *Assemblages par tenons.* Ces assemblages sont employés dans les pans de fer, pour réunir les poteaux superposés de deux étages à travers une sablière formée de deux pièces jumelées ; on relie ces poteaux par deux plates-bandes en fer plat échancrées sur leurs bords pour permettre de ne pas entailler les ailes des sablières (fig. 252). Si les poteaux sont eux-mêmes formés de pièces jumelées, on remplace les plates-bandes en fer par un bout de fer double T larges ailes ou par un fer composé de tôles et de cornières, en entaillant les ailes de ce fer au passage des ailes des sablières (fig. 253).

3° *Assemblages par équerres.* Cet assemblage peut être également employé dans les pans de fer ; à l'extrémité de chaque poteau est fixée une double équerre ; des boulons passant dans l'intervalle des sablières relient ces équerres deux à deux (fig. 254).

§ 7. — ASSEMBLAGES DE DEUX BARRES QUI SE CROISENT SANS SE RENCONTRER

75. Assemblages flanc sur flanc. — Dans ces divers assemblages les pièces sont appliquées l'une contre l'autre, soit directement, soit avec interposition de fourrures, et rivées ou boulonnées ; tels sont les assemblages de barres de treillis entre elles (fig. 255 et 256) ; les assemblages de petits fers à vitrages sur les cornières formant pannes dans certains combles (fig. 257), avec deux variantes dans le cas où les faces des deux fers ne peuvent se trouver en contact (fig. 258 et 259) ; l'assemblage est alors fait au moyen de pièces intermédiaires, fer plat légèrement coudé, ou cornière fermée.

Si un fer à T doit être placé contre un poteau vertical, on l'y fixe par des boulons, que l'on soulage au moyen d'une équerre placée sous le fer (fig. 260).

Enfin lorsque deux pièces jumelées en moisent une troisième, l'assemblage est encore fait par des boulons, et on entaille les ailes des moises jusqu'à la profondeur nécessaire pour que les ailes de l'autre pièce s'appuient sur leurs âmes (fig. 261).

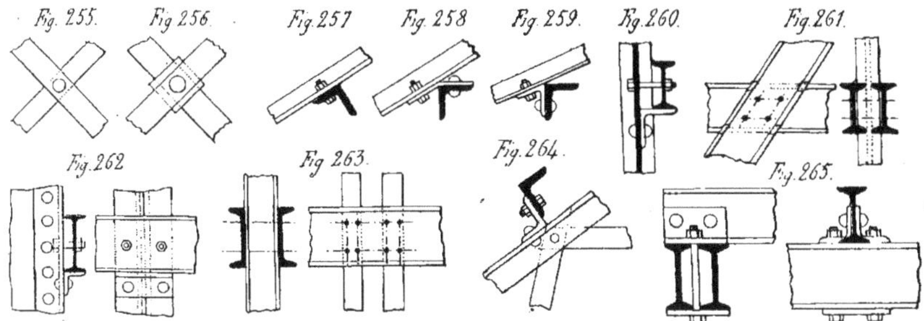

76. Assemblages tête sur flanc. — 1° *Assemblages directs.* Les pièces sont simplement appliquées l'une contre l'autre et boulonnées ; par exemple, un fer double T assemblé contre un poteau vertical (fig. 262) sera boulonné sur les ailes du fer et supporté par une petite équerre ; des sablières jumelées en fer à U seront assemblées sur le poteau en fers double T jumelés par des boulons traversant les ailes du poteau et les âmes des sablières (fig. 263).

2° *Assemblages par équerres.* L'assemblage peut être fait au moyen d'une équerre dans le cas, par exemple d'une cornière formant lattis d'un comble (fig. 264).

77. Assemblages tête sur tête. — 1° *Assemblages par équerres.* On les appliquera dans un assez grand nombre de cas ; par exemple pour l'assemblage des solives d'un plancher sur la sablière d'un pan de fer (fig. 265) ; les boulons qui traversent les cornières d'assemblage passent entre les deux fers de la sablière et se serrent sur une contre-plaque en tôle placée sous celle-ci ; on peut abattre les ailes des fers à plancher pour faciliter le placement des équerres.

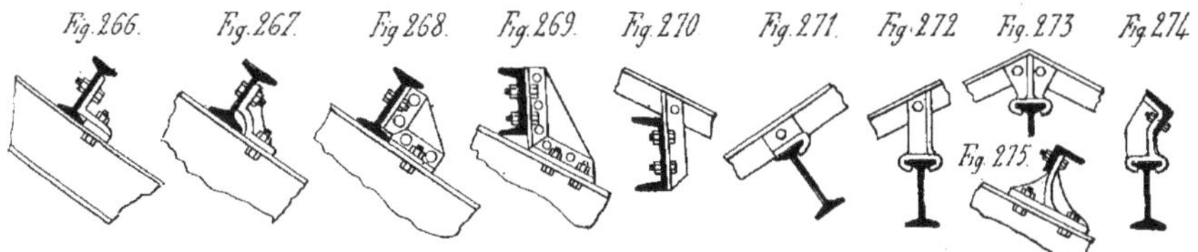

Les pannes en fer double T qui doivent être fixées sur les arbalétriers d'une ferme peuvent être assemblés au moyen d'une équerre, avec une fourrure (fig. 266) pour éviter d'entailler l'aile ; cette équerre peut être en fonte et faite à la demande du fer (fig. 267) ; enfin elle peut être remplacée par un gousset en tôle assemblé par deux cornières sur chacun des deux fers, si l'on veut un assemblage absolument rigide (fig. 268). Lorsque les faces de tête des deux fers n'ont pas la même inclinaison, l'assemblage peut être fait comme l'indiquent les figures 269 et 270.

2° *Assemblages par pièces spéciales en fonte.* Lorsque le nombre des assemblages semblables à faire est assez considérable, on peut avoir intérêt à créer des modèles spéciaux de pièces d'assemblage (fig. 271 à 275) qui permettent de simplifier beaucoup le montage ; on les exécute de préférence en fonte malléable.

§ 8. — ASSEMBLAGES DE PLUSIEURS PIÈCES CONCOURANTES

78. Assemblages de pièces dont les axes sont dans le même plan ou parallèles à un même plan. — 1° *Les flancs des pièces sont parallèles.* Si les pièces doivent être articulées, on leur forme à chacune une tête à œil ; on réunit par des boulons passant dans leurs œils toutes ces têtes qui ont la même épaisseur, entre deux plaques de tôle découpées à la demande (fig. 276). Si l'on doit assembler plusieurs barres profilées d'une manière rigide, on les rivera toutes sur un même *gousset* en tôle ou entre *deux goussets* ou *couvre-joints* semblables si la chose est possible (fig. 277 et 278).

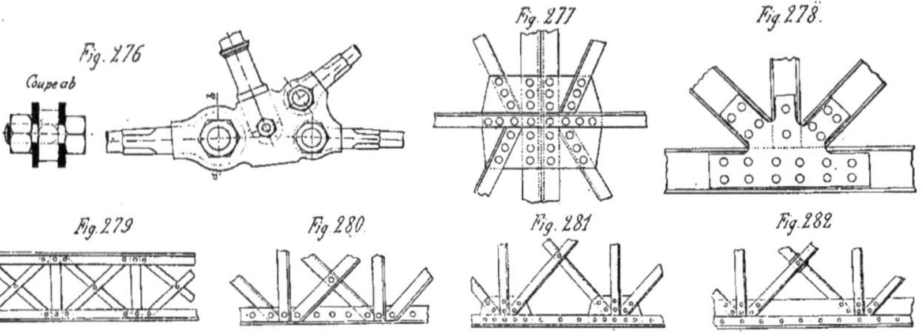

Dans ce même genre d'assemblages rentrent les attaches des barres de treillis d'une poutre sur ses membrures ; si les barres sont des fers plats, on peut simplement les faire passer entre les cornières des membrures et les y river (fig. 279). Si ce sont des fers profilés, on peut soit les river directement à plat sur les cornières si la membrure ne comporte pas de tôle d'âme (fig. 280), soit si cela ne permet pas de placer un nombre suffisant de rivets, faire usage de goussets en tôle rivés entre les cornières (fig. 281) ; si la membrure comporte une tôle d'âme, c'est sur elle que se fera la rivure des barres de treillis (fig. 282).

2° *Les flancs des pièces ne sont pas parallèles.* Nous ne donnerons que deux exemples de ce genre d'assemblage ; le premier (fig. 283) représente la jonction des entraits d'une croupe droite ; deux des entraits sont assemblés bout sur flanc à l'aide d'équerres ; quant aux autres ils sont assemblés de la même manière sur deux tôles coudées fixées sur les deux premiers dans les angles droits qu'ils forment. Le second est le point d'assemblage d'un montant d'une poutre en treillis et des barres diagonales de la poutre (fig. 284) ; le montant étant lui-même une pièce en treillis, est pourvu d'une portion d'âme pleine au droit de l'assemblage ; les barres de treillis passant à travers une ouverture percée dans cette âme, sont rivées sur deux bandes de tôle qui sont fixées à l'âme du montant par des couples de cornières verticales.

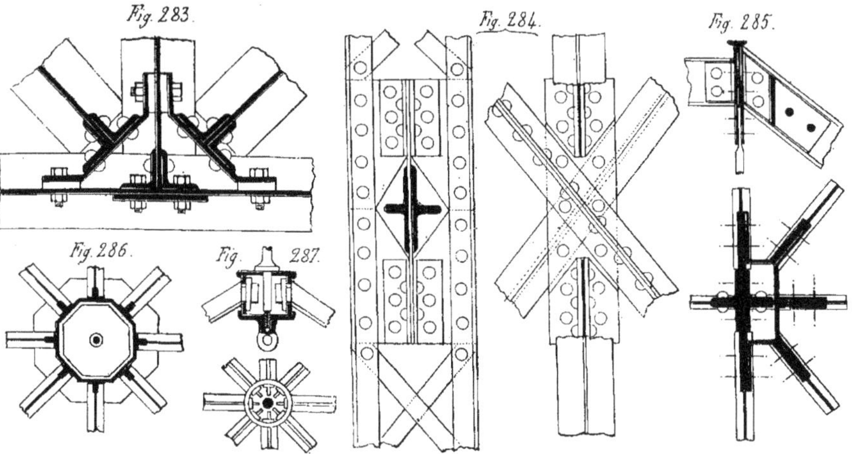

79. Assemblages de pièces dont les axes ne sont pas dans un même plan. — L'assemblage de ces pièces pourra se faire encore au moyen d'équerres ; prenons pour exemple l'assemblage des arbalétriers au sommet d'une croupe (fig. 285) ; trois des arbalétriers et le faîtage du comble s'assembleront à angle droit au moyen d'équerres dont deux devront être découpées biaises ; les deux autres arbalétriers viendront s'assembler dans l'angle des premiers au moyen de tôles coudées convenablement disposées.

Si le nombre des pièces qui viennent s'assembler au même point est assez grand, on a intérêt à les réunir toutes à l'aide d'équerres contre les parois d'une lanterne de forme polygonale ou circulaire (fig. 286). On peut encore, dans le cas d'un petit comble conique, se servir comme pièce d'assemblage d'un gobelet en fer plat épais dans la paroi duquel les différents fers seront assemblés à tenon et mortaise, et clavetés (fig. 287).

CHAPITRE II

PLANCHERS EN FER

§ 1er. — GÉNÉRALITÉS. CHARGES ET SURCHARGES DES PLANCHERS EN FER

80. Avantages et inconvénients des planchers en fer. — Un *plancher* est destiné à séparer dans le sens horizontal deux étages consécutifs d'une construction et à supporter d'une part l'aire horizontale formant le sol de l'étage supérieur, d'autre part le plafond de l'étage inférieur.

Un plancher se compose de pièces de charpente reposant par leurs extrémités sur les murs de la construction, et dont les dimensions transversales doivent être suffisantes pour qu'elles supportent sans fléchir d'une manière sensible, les charges et les surcharges qui leur sont imposées; elles doivent reporter les charges sur les murs sans exercer sur eux de poussées latérales. La construction des planchers en fer est, en principe, très analogue à celle des planchers en bois; seulement, grâce aux qualités spéciales des assemblages de fers, ils peuvent constituer des ensembles doués d'une solidarité bien plus effective. A cause de la grande résistance du fer sous un petit volume, ils ont, pour une même portée, une épaisseur moindre que celle des planchers en bois, ce qui permet d'augmenter le cube habitable d'une construction sans modifier sa hauteur. A cet avantage correspond un inconvénient assez grave : les planchers en fer sont plus sonores que les planchers en bois, et d'autant plus qu'ils sont plus minces.

Le principal avantage dû à la grande résistance du fer est de donner la possibilité de franchir, avec des planchers en fer, des portées considérables, que l'emploi du bois ne permettait d'atteindre qu'au prix de combinaisons délicates et coûteuses, ou même ne permettrait pas d'atteindre du tout.

En outre, les scellement des portées des solives ou des poutres en fer dans les murs se conservent indéfiniment si on a eu soin de les peindre convenablement ou de les entourer de mortier de ciment, tandis que les portées des pièces de bois, quelles que soient les précautions prises pour leur conservation, finissent toujours par pourrir. Le chaînage de la construction par les poutres ou les solives des planchers est beaucoup mieux assuré dans les planchers en fer que dans les planchers en bois; les ancrages fixés aux pièces de bois par des boulons peuvent en effet, lorsque les efforts qui agissent sur eux sont considérables, s'allonger notablement parce que le bois s'écrase au contact des boulons, surtout lorsqu'il commence à perdre de sa résistance par suite de la pourriture.

Enfin le fer est incombustible, et, par suite, on n'a plus à se préoccuper, dans la construction d'un plancher en fer, des chances d'incendie dues au voisinage des tuyaux de fumée ou des âtres de cheminées. Cependant, lors d'un incendie, les planchers en fer se comportent en général assez mal, à moins qu'on n'ait pris, dans leur construction, des précautions particulières ; dès que les flammes atteignent les solives, celles-ci se dilatent en longueur, et poussent sur les murs qu'elles tendent à renverser ; si les murs résistent, les solives se gondolent transversalement, se tordent, le plancher se désorganise et s'effondre ; et l'on a même souvent constaté qu'un plancher en fer résistait moins longtemps au feu qu'un plancher en bois, dont les solives ne brûlent que lentement, noyées qu'elles sont dans les hourdis, et conservent encore assez longtemps une résistance suffisante pour ne pas se rompre. Il est vrai d'un autre côté que les planchers en fer ne favorisent pas, comme ceux en bois, l'éclosion ou la propagation de l'incendie.

81. Sonorité des planchers en fer. Moyen de la combattre. — La sonorité des planchers en fer tient à leur peu d'épaisseur, et à l'état de tension considérable dans lequel se trouve le métal des pièces qui les composent.

Les moyens de la combattre sont les suivants : donner aux solives de plus fortes dimensions, de manière que le métal n'y travaille qu'à 2 ou 3 kilogrammes par millimètre carré ; rendre les pièces bien solidaires les unes des autres, et augmenter la masse des hourdis de manière que les vibrations se transmettent à une grande étendue de la surface, et à une grande quantité de matière, et par suite aient une amplitude moindre ; multiplier les remplissages en les séparant par des intervalles vides ; enfin interposer des corps mous, comme le bois par exemple, entre le hourdis supérieur et le parquet.

Lorsque des planchers supportent des moteurs ou des machines, il faut les isoler des murs voisins en les faisant porter sur des piliers reposant directement sur le sol, et interposer entre ces planchers et les piliers qui les portent des corps mauvais conducteurs du son, par exemple du caoutchouc, sous des épaisseurs de 0^m03 à 0^m10.

82. Charge propre et surcharges d'un plancher en fer. — 1° *Surcharges.* Les *surcharges* ou *charges utiles* sont celles que le plancher devra supporter : poids des personnes, des meubles, des marchandises, et elles dépendent de la destination de l'ouvrage ; on adopte ordinairement les chiffres suivants par mètre carré de plancher :

Greniers	40k
Chambres de l'étage sous-comble	75
Chambres ordinaires d'habitations / Petits salons	100
Pièce de réception. Salons ordinaires, bureaux, salles de travail	150 à 200k
Salles d'hôpital	200
Casernes	250
Grands salons. — Salles d'assemblées	300 à 350k
Salles de réunions importantes	420
Magasin pour marchandises encombrantes, mais légères	350 à 450k
— — lourdes	600 à 1200

Pour les salles de fêtes ou salons importants où l'on devra danser, il est bon d'adopter pour la surcharge une valeur importante, à cause des chocs rythmés qui en résultent et qui ont pour effet de mettre en vibration toutes les pièces du plancher et d'augmenter notablement leur fatigue.

On évalue la charge utile d'un plancher de magasin d'après la nature des marchandises auxquelles il est destiné, en se rendant compte dans chaque cas particulier de la manière dont elles seront placées : en tas, en sacs, en caisse, et de leur densité sous ces différents états.

2° *Charge propre d'un plancher. Le poids mort* ou *charge propre* d'un plancher se compose du poids des fers qui forment son ossature et du poids des hourdis, du parquet ou du carrelage.

Le poids de ces différents éléments du plancher est essentiellement variable; le poids des fers dépend de leur section qui est, comme nous le verrons, variable avec la *portée* des solives, c'est-à-dire avec la distance entre les murs sur lesquels elles s'appuient, et avec leur écartement ainsi qu'avec les charges que porte le plancher; le poids des hourdis dépend de leur nature et de l'épaisseur du plancher. Il semble donc qu'on ne puisse évaluer *a priori* ces diverses quantités; cependant, certaines d'entre elles ont des valeurs à peu près fixes, quelles que soient les dispositions adoptées; quant aux autres, il est toujours facile d'avoir leur valeur approximative en se basant sur les données suivantes :

Poids du parquet	sapin de 0,027	16k		par mètre carré
	— 0,034	20		—
	chêne de 0,027	24		—
	— 0,034	30		—
Carrelages ordinaires		65 à	100	—
Lambourdes chêne de 0,08 × 0,056 espacés de 0,50 d'axe axe		8		—
Solins en plâtre fixant les lambourdes		30		—
Plafond enduit en plâtre par centimètre d'épaisseur		15		—
Hourdis en plâtras et plâtre par centimètre d'épaisseur		14		—
Hourdis en moellons légers et plâtre par centimètre d'épaisseur		16		—
Hourdis en moellons légers et mortier par centimètre d'épaisseur		18		—
Hourdis en béton de liège par centimètre d'épaisseur		5		—
Hourdis en poteries et plâtre compris aire et plafond	0,10 d'épaisseur		135	—
	0,15 —		140	—
	0,20 —		150	—
Hourdis briques pleines de 0,055 d'épaisseur		100 à	115	—
— — 0,11 —		200 à	225	—
— — 0,22 —		400 à	450	—
Hourdis briques creuses de 0,055 —		70		—
— — 0,11 —		125		—
— — 0,17 —		185		—
— — 0,22 —		210		—
Hourdis en plâtre, système Paupy, de 0,85 d'épaisseur		70 à	80	—
— — 0,10 —		90 à	100	—
— — 0,17 —		150 à	175	—
Entretoises et fentons		6 à	8	—
Boulons d'entretoisement, compris écrous		4 à	6	—

Lorsqu'un plancher doit supporter des cloisons légères, on admet pour les poids de celles-ci les nombres suivants :

Cloison en carreaux de plâtre de 0,08, compris enduits		110k	par mètre carré.
— en briques creuses de 0,08	—	90	—
— — 0,12	—	145	—
— — 0,16	—	200	—
— en briques pleines sur champ	—	145	—
— — sur plat.	—	265	—

Le poids par mètre carré des solives d'un plancher peut être évalué approximativement par la formule :

$$p = 0{,}015\ Pl.$$

dans laquelle l est la portée en mètres, P le total de la charge utile et du poids propre du plancher, par mètre carré de plancher, abstraction faite du poids des solives ; cela suppose qu'on admet comme résistance de sécurité du fer 8 kilogrammes par millimètre carré ; on obtient toujours ainsi un poids supérieur au poids réel.

Si on admet seulement 6 kilogrammes pour cette résistance de sécurité, la formule devient :

$$p = 0{,}02\ Pl.$$

3° *Charge totale par mètre carré de plancher.* La charge totale par mètre carré de plancher est le total du poids mort et de la surcharge ; on doit l'évaluer dans chaque cas particulier, en se basant sur les données ci-dessus. Dans l'étude des avants-projets, il n'est pas toujours nécessaire de rechercher une très grande précision dans l'évaluation de cette charge ; aussi admet-on généralement alors un chiffre total approximatif. Pour les maisons d'habitation dont les planchers sont établis avec hourdis en plâtre et plâtras ou en matériaux légers, on peut accepter les chiffres suivants :

Chambres d'habitation sous comble	300 kil. par mètre carré
» des étages	350 »
Pièces de réception des 3e et 4e étages	400 »
» des 1er et 2e étages	450 »
Magasins ou boutiques à rez-de-chaussée	500 »

Pour les édifices publics, on peut se servir des chiffres suivants :

Bureaux. Salles ordinaires	450 kil. par mètre carré
Salles d'assemblées ordinaires	500 »
Salles pour grandes réunions	600 »

83. Législation relative aux planchers en fer. — *Art. 657 du Code civil.* Tout co-propriétaire peut faire bâtir contre un mur mitoyen et y faire placer des poutres ou solives dans toute l'épaisseur du mur, à $0^{m}054$ près, sans préjudice du droit qu'a le voisin de faire réduire à l'ébauchoir la partie jusqu'à la moitié du mur, dans le cas où il voudrait lui-même asseoir des poutres dans le même lieu ou y adosser une cheminée.

Cet article n'est pas applicable aux poutres en fer pour lesquelles la profondeur du scellement dans le mur ne peut dépasser la moitié de l'épaisseur de celui-ci.

D'ailleurs, l'ancienne *Coutume de Paris*, art. 208, ne permettait de placer des poutres que jusqu'à mi-épaisseur du mur et encore exigeait-elle de mettre sous la poutre des jambes, chaînes ou corbeaux. L'art. 207 de cette Coutume dit en effet qu'il n'est loisible à un voisin mettre ou faire mettre et asseoir les poutres de sa maison dans le mur mitoyen sans y faire faire et mettre jambes parpaignes ou chaînes et corbeaux suffisants de pierre de taille pour porter lesdites poutres.

Lorsque le co-propriétaire qui bâtit contre le mur mitoyen rencontre des ancres appartenant au voisin, si ces ancres sont encastrées dans la maçonnerie, elles restent où elles se trouvent, si elles sont saillantes, elles sont déposées et encastrées. Dans ce cas, les frais de déplacement des ancres, de coupement des chaînes et de nouvelle façon des œils sont à la charge de celui auquel les ancres appartiennent.

Les solives d'un plancher en fer peuvent être scellées dans le mur mitoyen, vu leur écartement et leur incorruptibilité.

Le poitrail qui ferme une baie de 2 mètres et plus de largeur ouverte dans un mur de face, et qui porte sur la jambe étrière, ne doit pas pénétrer dans le mur mitoyen. Rappelons ici que la jambe étrière forme la jonction du mur de face avec un mur mitoyen lorsque le mur de face est percé d'une baie de plus de 2 mètres de largeur à laquelle l'extrémité du mur mitoyen doit servir d'écoinçon ; elle doit être construite en pierre de taille par assises d'un seul morceau, évidé pour former l'écoinçon ; la pile doit avoir une épaisseur égale à celle du mur séparatif, et l'écoinçon doit y ajouter une saillie d'au moins $0^{m}11$ d'épaisseur ; les assises doivent être alternativement longues et courtes pour se lier avec la maçonnerie du mur mitoyen ; les longues doivent porter du parement de face à l'extrémité de la queue $1^{m}45$, et les courtes $1^{m}30$.

Si le mur mitoyen est en état de supporter le bâtiment déjà existant de l'un des co-propriétaires, mais insuffisant pour soutenir en même temps l'ouvrage nouveau que l'autre co-propriétaire veut y appuyer, ce dernier peut exiger la réparation ou la reconstruction du mur ; mais les frais seront à sa charge, à moins qu'il ne soit établi que le mur n'offre pas une solidité égale à celle des autres parties du bâtiment déjà existant.

Le co-propriétaire qui bâtit contre le mur mitoyen ne doit y faire pratiquer aucune reprise à mi-épaisseur. Lorsque, pour les besoins de sa construction, il est obligé d'y placer des chaînes en pierre, des dosserets, des corbeaux, ces chaînes, dosserets et corbeaux doivent former parpaing ; leur établissement est entièrement à la charge de celui qui bâtit, ainsi que les raccords à faire chez le voisin par suite des percements.

De même au moment de la construction d'un mur mitoyen chacun des co-propriétaires peut y incorporer les piles, dosserets, corbeaux et sommiers qu'il juge nécessaires pour sa construction, mais l'autre n'aura à payer que la moitié du cube de ces parties comptées comme maçonnerie semblable au reste du mur ; la dépense des surépaisseurs établies en certains points du mur par l'un des co-propriétaires sur son terrain et pour son usage n'incombe pas à l'autre.

Art. 662 du Code civil. L'un des voisins ne peut pratiquer dans le corps d'un mur mitoyen aucun enfoncement, ni y appliquer ou appuyer aucun ouvrage sans le consentement de l'autre, ou sans avoir, à son refus, fait régler par experts les moyens nécessaires pour que le nouvel ouvrage ne soit pas nuisible.

Il faut remarquer que l'interdiction faite à chaque voisin de toucher au mur mitoyen sans le consentement de l'autre implique également pour chacun l'obligation de faire connaître au co-propriétaire du mur les travaux projetés avant tout commencement d'exécution. Cependant l'obligation, en cas de refus du voisin, de faire régler par experts les moyens nécessaires pour que l'ouvrage pratiqué par l'un des voisins ne soit pas nuisible à l'autre n'a pas pour conséquence forcée la démolition dudit ouvrage s'il a été exécuté avant que l'expertise ait eu lieu.

§ 2. — PLANCHERS EN FER A SOLIVAGE SIMPLE SUR PLAN RECTANGULAIRE

84. Planchers en fers primitifs. — 1° *Planchers en fer plat de champ.* Les premiers planchers en fer construits sur une grande échelle et d'une façon pratique datent d'une grève de charpentiers en bois, de 1846. On trouve dans les maisons de cette époque quelques séries de planchers en fer composés de fer plat de champ, de $0^m 14$ de hauteur, $0^m 01$ d'épaisseur et environ $0^m 75$ d'écartement jusqu'à 5 et 6 mètres de portée. D'un fer à l'autre, tous les mètres, une sorte d'étrier en fer carré de $0^m 020$, appelé *entretoise*, supportait des *carillons* longitudinaux, de $0^m 011$, et le tout était hourdé plein, *avec soin*, en plâtre et plâtras (fig. 288).

Les fers employés étaient de très bonne qualité, ce qui explique comment, avec un hourdis soigné, ils ont formé d'excellents planchers à grande portée, et même pour des salons.

Les solives que l'on voulait chaîner étaient refendues en queue de carpe à leurs extrémités, ce qui les liait bien à la maçonnerie. Ce système était dû à M. Vaux.

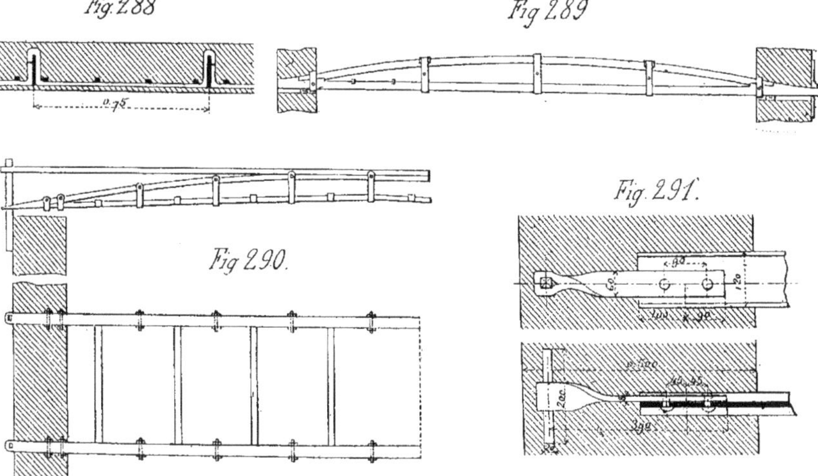

2° *Planchers à solives composées dites fermettes.* Ce système de solives, dû à M. Angot, a été également très usité à l'origine des planchers en fer ; il consistait à obtenir une grande résistance à la flexion, à l'aide d'une véritable *ferme*, composée d'un arc en fer carré ou méplat, d'un entrait de même fer, assemblés à leur extrémité par une sorte d'embrèvement et reliés entre eux par des brides verticales pour les empêcher de s'écarter l'une de l'autre, et par de petits potelets verticaux pour les empêcher de se rapprocher ; si les charges devaient être appliquées à la partie supérieure de la solive, on y établissait une pièce horizontale, parallèle à l'entrait, et qu'on reliait à l'ensemble. Ces solives étaient solidement ancrées dans les murs latéraux (fig. 289 et 290).

3° *Planchers en fonte.* On a employé, à l'origine, la fonte pour constituer de grosses solives à section double T, la semelle inférieure étant bien plus forte que la semelle supérieure, et recevant la retombée de voûtes en briques ; ce système a surtout été appliqué à des planchers d'usines.

85. Planchers en fers double T. — Nous avons montré que le profil double T était beaucoup plus avantageux au point de vue de la résistance à la flexion que le profil rectangulaire (voir n° 26) lorsque les solives sont posées de champ ou, comme disent les ouvriers, *sur leur raide.* On les dispose parallèlement les unes aux autres, en les appuyant par leurs extrémités sur deux des murs opposés de l'espace que doit recouvrir le plancher ; on choisit de préférence les deux murs les plus rapprochés, afin d'avoir la moindre portée possible, si ces murs présentent la stabilité voulue. On espace ordinairement les solives de 0m 75 à 0m 80 ; mais on peut les rapprocher jusqu'à 0m 50 et même moins, ou les écarter jusqu'à 1 mètre et même 1m 20. Il ne faut pas faire reposer un plancher sur un mur en briques de moins de 0m 22 d'épaisseur ; il ne faut pas davantage faire reposer des solives dans la partie d'un mur épais qui renferme de nombreux conduits de fumée en briques ou en wagons.

Lorsqu'on a adopté le sens dans lequel seront placées les solives, on détermine leur écartement *a priori* en restant dans les limites indiquées plus haut, et en s'arrangeant pour qu'elles soient également espacées, et qu'il reste entre les solives extrêmes et les murs parallèles à leur direction un intervalle égal à la moitié au plus de l'intervalle compris entre deux solives courantes, et qui ne soit pas inférieur à 0m 35 ; grâce à cette disposition, le plancher présente le long des murs une résistance suffisante pour porter les gros meubles, et il reste contre le mur un espace libre suffisant pour le passage des tuyaux adossés qu'on pourrait avoir à y faire monter dans la suite.

On n'a aucune précaution à prendre à l'emplacement des cheminées ; il suffit de placer les solives de manière à laisser libre les passages des conduits adossés et d'éviter de faire reposer les solives dans les parties de murs où sont placés des conduits de fumée rapprochés.

L'épaisseur d'un plancher en fer comprend deux parties : le parquet, les lambourdes et le plafond, dont l'épaisseur totale est 0m11 à 0m12, et les solives, dont la hauteur est variable. Pour les planchers d'habitations ordinaires, la hauteur des solives peut en général, comme nous le verrons, être prise égale aux 0m 03 de leur portée ; ce qui conduit à des épaisseurs de planchers de 0m 25 à 0m 30 pour les cas ordinaires ; pour les pièces de réception dont les dimensions sont plus considérables, les épaisseurs peuvent varier de 0m 30 à 0m 40 environ.

86. Les fers double T du commerce. — Les fers à double T du commerce se divisent en deux catégories, les *fers à ailes ordinaires* et les *fers à larges ailes.* A hauteur égale, les fers à larges ailes présentent une plus grande résistance à la flexion que les fers à ailes ordinaires, mais ils sont aussi plus pesants ; ils donnent cependant alors par kilogramme de métal une résistance supérieure ; d'un autre côté ils sont un peu plus chers. A égalité de résistance, un fer à ailes ordinaires devra être plus haut qu'un fer à larges ailes, mais il prendra sous les charges des flèches moins importantes. A poids égal et s'ils sont plus hauts, les fers ordinaires sont plus résistants que les fers à larges ailes ; mais d'autre part les assemblages obtenus avec ces derniers sont meilleurs, ce qui peut les faire préférer dans un certain nombre de cas.

Dans chacune de ces catégories de fers, les forges fabriquent des fers à âme mince, dits *minimum*, et d'autres à âme plus épaisse de quelques millimètres, dits *maximum*, obtenus en écartant davantage les cylindres du laminoir ; ces fers à âme épaisse sont moins économiques que les autres, mais ils trouvent cependant leur emploi dans certains cas, lorsqu'on a besoin d'une grande résistance et que la hauteur des fers est limitée ; les usines fabriquent sur commande toutes les épaisseurs intermédiaires, à la condition qu'on leur demande une quantité suffisante ; mais les marchands de fer n'ont ordinairement en magasin que les profils minimum et maximum indiqués dans les albums des forges.

Enfin on a créé des séries de fers double T, dits *profils normaux*, qui tiennent le milieu comme largeur d'ailes entre les deux types précédents, et dont les dimensions ont été établies pour fournir à égalité de hauteur et de poids le maximum de résistance à la flexion, tout en conservant à l'âme du fer une épaisseur convenable pour qu'elle ne risque pas de se voiler sous les charges ou de manquer de résistance à l'effort tranchant.

La plupart des forges fabriquent également en acier presque tous les profils qu'elles font en fer ; d'autres ont adopté spécialement les profils normaux et n'en fant pas d'autres.

Lorsqu'on fait une commande de fers, il est indispensable d'indiquer très exactement l'espèce de fer qu'on désire, sa hauteur, ses dimensions transversales, sa longueur et son poids par mètre courant et les forges dont il provient ; si une commande est assez importante, l'usine fournit les barres coupées de longueur sans augmentation de prix ; sans cela, on trouve dans le commerce les barres par longueurs variant de 0m 25 en 0m 25, jusqu'à 10 mètres ; cependant, certaines maisons fournissent des longueurs supérieures jusqu'à 12 mètres. Pour les longueurs jusqu'à 10 mètres, le prix est celui du tarif ou du cours ; pour les longueurs supérieures, le prix est majoré de 0 fr. 50 par 100 kilogrammes et par mètre ou fraction de mètre excédant 10 mètres.

De même, dans les devis descriptifs, on devra toujours indiquer très exactement la nature des fers, leur hauteur et leur poids par mètre courant.

Les forges, à moins d'avis contraire, livrent ordinairement les fers double T avec une flèche de 0m 01 par mètre ; on les place alors de manière que la concavité soit tournée vers le sol, de sorte que le poids du hourdis leur fait perdre, lorsque le plafond est terminé, une grande partie de cette flèche ; le plafond obtenu est légèrement cintré, ce qui lui donne meilleur aspect ; le plancher ne risque pas ensuite de se courber en dessous sous l'influence des surcharges. Le bombement de la partie supérieure du plancher est racheté par l'épaisseur de la maçonnerie qui recouvre les solives.

On ne doit pas employer de solives cintrées lorqu'elle doivent porter directement le plancher supérieur, ou encore si elles doivent poser directement sur trois points d'appui de niveau pour former deux travées consécutives, ou bien lorsqu'elles doivent former soffite ou linteau apparent et s'aligner avec d'autres lignes bien horizontales de la construction.

Nous donnons un tableau des fers double T fabriqués par les principales forges françaises ; nous avons choisi les modèles les plus économiques parmi les profils très nombreux et souvent fort peu différents les uns des autres qu'on trouve dans les albums de ces forges ; nous avons marqué d'une astérisque les profils qui s'exécutent également en acier ; leur poids est alors un peu supérieur à celui des fers ordinaires, d'environ 1/30 en moyenne.

DIMENSIONS DES FERS en millimètres.			1.000.000 $\frac{I}{V}$	CATÉGORIE des FERS.	POIDS par mètre courant en kilogramme.	FORGES D'OU ILS PROVIENNENT.
Hauteur du fer.	Largeur d'ailes.	Épaisseur de l'âme.				
80	40	4	19.6	A O	6	* Nord et Est.
»	41	4	21·6	»	6.50	Maubeuge.
»	55	3.5	26.8	L A	7.40	* Creusot.
»	55	3.5	28	»	7.50	* Maubeuge.
»	55	3.5	28.5	»	7.95	Vézin-Aulnoye.
»	55	4.5	31.5	»	9.40	* Nord et Est.
78	55.5	7	34.5	»	11.25	* Denain-Auzin.
»	52	6.75	35.6	»	11.65	* Nord et Est.
»	64	5.5	40.5	»	12.60	* Id.
»	68	9.5	44.7	»	15	* Id.
100	40	4	30.3	A O	7.30	Chatillon-Commentry.
»	41	5	31.6	»	8	Vézin-Aulnoye.
»	42	6	34.4	»	8.10	Montataire.
»	44	5	36.1	»	8.50	* Franche-Comté.
»	60	4	40.8	L A	9.40	Châtillon-Commentry.
»	60	4	41.5	»	9.50	* Creusot.
»	60	4	45.5	»	10	* Maubeuge.
»	60	5	49.4	»	11.65	* Nord et Est.
»	64	8	52.2	»	13	* Maubeuge.
98	53.5	7.5	55.4	»	14.40	* Nord et Est.
100	64	9	56	»	14.80	* Id.
98	69	6	62.5	»	15.60	* Id.
»	73	10	69.1	»	18.75	* Id.
120	45	5	41.8	A O	9	* Id.
»	44.5	5.5	43	»	9.31	* Denain-Anzin.
»	45	5	45.5	»	9.75	Maubeuge.
»	45	5.75	47.3	»	10	* Nord et Est.
»	45	5	54.1	»	11	Decazeville.
»	70	5	65.4	L A	12.20	Châtillon-Commentry.
»	70	5	67.3	»	13	* Creusot.
»	70	5	69.3	»	13.20	* Nord et Est.
»	70	5	74.3	»	14	* Maubeuge.
»	70	5.5	78.4	»	15	* Nord et Est.
»	70	7	80.5	»	16.20	* Dupont et Fould.
»	74	9	84	»	17.70	* Maubeuge,
»	70	6	92.1	»	18	* Franche-Comté.
119	79	6.25	98.8	»	19.50	* Nord et Est.
120	76	12	106.5	»	23.50	* Franche-Comté.
119	84	11.25	110.8	»	24.20	* Nord et Est.
140	47	5.5	61.6	A O	11.50	* Id.
»	47	6	64.9	»	11.75	Maubeuge.
»	49	6.5	67	»	12.60	* Denain-Anzin.
»	50	7	74.8	»	13.25	Montataire.
»	52	10.5	77.9	»	16.96	* Nord et Est.
»	55	12	91.2	»	18	Montataire.
»	80	6	101.4	L A	16.50	* Nord et Est.
138	58	8	116.1	»	18	* Id.
140	85	11	117.7	»	21.96	* Id.
»	80	7	130.6	»	22	* Franche-Comté.
138	89	7.25	138.1	»	23.45	* Nord et Est.
»	94	12.25	154.4	»	28.90	* Id.
160	48	6	76.8	A O	12.95	Châtillon-Commentry.
»	50	6	79.3	»	13.50	* Nord et Est.
»	48	6	84.7	»	14	Providence.
»	50	6.5	89	»	14.50	* Dupont et Fould.
»	55	8	91.5	»	16.50	Montataire
»	62.5	7.5	118.3	»	19.25	* Nord et Est.
»	80	6.5	132.9	L A	19.40	Châtillon-Commentry.
»	90	6.5	135	»	19.70	* Nord et Est.

DIMENSIONS DES FERS en millimètres.			$\frac{1.000.000\ I}{V}$	CATÉGORIE des FERS.	POIDS par mètre courant en kilogramme.	FORGES D'OU ILS PROVIENNENT.
Hauteur du fer.	Largeur d'ailes.	Épaisseur de l'âme.				
160	80	8	139.9	L A	21.90	* Denain-Anzin.
»	90	6.5	151.9	»	22	Creusot.
»	90	6.5	156	»	22.20	Vézin-Aulnoye.
»	94.5	11	175.2	»	27.70	Id.
158	100	8.25	190.9	»	28	* Nord et Est.
160	120	9	232.9	»	33	Châtillon-Commentry.
»	126	15	257.2	»	40.50	Id.
175	80	7	139.2	»	19.50	Vézin-Aulnoye.
»	80	7	144	»	19.70	Châtillon-Commentry.
»	90	6.75	158.4	»	21.55	* Nord et Est.
»	91	8	170.1	»	22.50	* Denain-Anzin.
»	90	7.5	177.9	»	24.40	* Nord et Est.
»	84	12	183.7	»	28	Vézin-Aulnoye.
»	96	13	195.6	»	29.72	* Denain-Anzin.
174	104	8.5	222.2	»	30.20	* Nord et Est.
»	109	13.5	247.5	»	36.90	* Id.
175	115	10	311.6	»	46	Maubeuge.
180	55	6.5	106.8	A O	15.40	Châtillon-Commentry.
»	55	7	118.3	»	17.50	* Dupont et Fould.
»	55	6.5	119.8	»	18	Providence.
»	55	7	127.3	»	18.50	Maubeuge.
»	55	8	128.9	»	18.70	Vézin-Aulnoye.
»	56	6.5	144.2	»	19	Decazeville.
178	66	8	160.3	»	23.15	* Nord et Est.
180	100	6.75	180.8	L A	22.50	* Id.
»	100	6.75	186.3	»	23.50	* Denain-Anzin.
»	100	7.25	196.6	»	25.25	* Nord et Est.
»	100	7	197.1	»	26.35	Châtillon-Commentry.
179	107	7	204.1	»	26.70	* Denain-Anzin.
180	100	7	217.9	»	27.10	Maubeuge.
»	101	8	232.1	»	29.70	* Denain-Anzin.
»	100	8.5	236.5	»	31.20	* Franche-Comté.
178	110	8.5	243.8	»	32	* Nord et Est.
180	105	12	244.9	»	33.90	Maubeuge.
»	106	13	257.9	»	36.50	* Denain-Anzin.
178	115	13.5	270.8	»	39	* Nord et Est.
200	60	6.5	140	A O	18.50	* Id.
»	64	7	170	»	19.80	Maubeuge.
»	66	7.5	183.3	»	23.80	Decazeville.
»	68	11	193.3	»	26	Maubeuge.
198	72	8.75	210.2	»	28.56	* Nord et Est.
200	90	7.5	216.7	L A	24.80	Châtillon-Commentry.
»	90	7	222.9	»	26	* Maubeuge.
»	100	7	223.6	»	26.14	Vézin-Aulnoye.
»	100	7	229.5	»	26.50	* Denain-Anzin.
»	110	7.5	250.3	»	29	Châtillon-Commentry.
»	100	7	250.7	»	29.50	Vézin-Aulnoye.
»	100	9	267.2	»	33.50	* Dupont et Fould.
»	100	10	291	»	35	* Franche-Comté.
»	110	8	308.3	»	36	Providence.
200	112	10	329.1	»	41	* Maubeuge.
198	115	14	334	»	43	* Nord et Est.
200	140	15	421.6	»	55	Maubeuge.
»	145	20	454.9	»	63	Id.
»	200	11	651.2	»	67.40	Châtillon-Commentry.
»	204	15	677.9	»	75	Id.
220	64	7	172.5	A O	21.30	Id.
»	65	7	177.1	»	21.50	* Nord et Est.
»	65	8	203.3	»	24	Vézin-Aulnoye.

DIMENSIONS DES FERS en millimètres.			$\frac{1.000.000}{\frac{1}{V}}$	CATÉGORIE des FERS.	POIDS par mètre courant en kilogramme.	FORGES D'OU ILS PROVIENNENT.
Hauteur du fer.	Largeur d'ailes.	Épaisseur de l'âme.				
220	66	7	211	A O	25	Decazeville.
»	71.4	8.5	261.9	»	30.20	* Nord et Est.
»	95	7.5	253.6	L A	27.60	Châtillon-Commentry.
»	110	7.5	274.6	»	29.50	* Nord et Est.
»	110	7.5	302	»	31.55	* Denain-Anzin.
»	110	8.25	310.2	»	33	* Nord et Est.
219	124	8.5	349.4	»	36	* Denain-Anzin.
218	120	9	368.4	»	39.50	* Nord et Est.
219	129	13.5	379.4	»	44.45	* Denain-Anzin.
220	115.5	13	388.1	»	45.60	Vézin-Aulnoye.
218	125	14	408	»	48.05	* Nord et Est.
»	94	13	414.9	»	49.32	* Id.
»	99	13	455.3	»	57.87	* Id.
235	95	9	298	»	31.90	Châtillon-Commentry.
»	95	10	311	»	34.50	Vézin-Aulnoye
»	95	10	324	»	35	* Maubeuge.
»	100	14	343	»	41	* Creusot.
»	100	15	357	»	43.50	Vézin-Aulnoye
»	100	15	370	»	44	* Maubeuge.
240	66	10	242	A O	28.50	Id.
»	72	16	299	»	39	Id.
»	115	8.5	370	L A	37.60	Creusot.
»	121	14.5	428	»	48.85	Id.
250	70	8.5	256	A O	28.5	Providence.
»	100	9	351	L A	35.50	Id.
»	110	8	396	»	37	* Maubeuge.
249	115	8	405	»	37.80	* Denain-Anzin.
250	118	9	423	»	40	Creuzot.
»	110	9	439	»	42	* Nord et Est.
»	120	8	480	»	43.20	Vézin-Aulnoye.
»	115	14	491	»	51.75	* Nord et Est.
248	123	10.5	551	»	52.75	* Id.
»	128	15.5	603	»	62.50	* Id.
250	203	15	903	»	88	* Maubeuge.
»	207	19	955	»	96	* id.
260	68	9	281	A O	30.50	Vézin-Aulnoye.
»	68	10	302	»	32.50	Maubeuge.
»	100	10	378	L A	40.50	Id.
»	120	9	422	»	42.35	Châtillon-Commentry.
»	117	9	486	»	43.30	Vézin-Aulnoye.
»	120	10	499	»	45.50	* Franche-Comté.
»	117	11	513	»	48.75	* Nord et Est.
»	130	9.5	573	»	51.5	Providence.
256	128.5	12	607	»	57.60	* Nord et Est.
»	133.5	17	660	»	67.60	* Id.
270	80	9	358	A O	35	Providence.
280	100	10	479	L A	42	Maubeuge.
»	105	15	545	»	53	Id.
»	108	17	585	»	60	Providence.
300	130	9.25	652	»	50.20	* Nord et Est.
»	138	10	686	»	54.50	Providence.
»	138	10	713	»	56	Id.
»	135	16	790	»	68	Vézin-Aulnoye.
»	148	20	863	»	80	Providence.
350	140	12	980	»	70	Maubeuge.
»	140	13	1021	»	72.50	Vézin-Aulnoye.
»	145	17	1091	»	84.50	Maubeuge.
»	152	12	1158	»	78	Providence.
400	140	14	1263	»	82	Vézin-Aulnoye.

DIMENSIONS DES FERS en millimètres.			1.000.090 $\frac{1}{V}$	CATÉGORIE des FERS.	POIDS par mètre courant en kilogramme.	FORGES D'OU ILS PROVIENNENT.
Hauteur du fer.	Largeur d'ailes.	Épaisseur de l'âme.				
400	145	19	1376	L A	98	Maubeuge.
»	145	20	1423	»	100	Vézin-Aulnoye.
406	152	13	1424	»	87	Providence.
»	159	20	1616	»	109	Id.
457	178	15	2039	»	111	Id.
»	185	22	2282	»	136	Id.
500	228	20	4064	»	195	Id.
»	238	30	4480	»	234	Id.
508	203	19	3007	»	150	Id.
»	209	25	3265	»	174	Id.
515	200	25	4179	»	210	Id.
»	210	35	4621	»	250	Id.
				»		

Nous donnons d'autre part le tableau des profils normaux double T, en acier, de la maison L. Gasne, à Paris.

DIMENSIONS DU PROFIL en millimètres.			1.000.000 $\frac{I}{V}$	POIDS par mètre courant en kilogramme	DIMENSIONS DU PROFIL en millimètres.			1.000.000 $\frac{I}{V}$	POIDS par mètre courant en kilogramme
Hauteur.	Largeur des ailes.	Épaisseur de l'âme.			Hauteur.	Largeur des ailes.	Épaisseur de l'âme.		
80	42	3.9	19.6	6	190	86	7.2	187	24
100	50	4.5	34.4	8.30	200	90	7.5	216	26.20
110	54	4.8	43.8	9.60	220	98	8.1	281	31
120	58	5.1	55.1	11.10	240	106	8.7	357	36.20
130	62	5.4	67.8	12.60	260	113	9.4	446	41.90
140	66	5.7	82.7	14.30	280	119	10.1	547	47.90
150	70	6	99	16	300	125	10.8	659	54.10
160	74	6.3	118	17.90	340	137	12.2	931	68
170	78	6.6	139	19.80	400	155	14.4	1472	92.30
180	82	6.9	162	21.90					

87. Portées des solives dans les murs. — On doit donner aux solives en fer une *portée* de $0^m 25$ à $0^m 30$ dans les murs qui les portent ; on les cale pour les mettre bien de niveau, au moyen de plaques de tôle sur l'arase en mortier préparée pour les recevoir ; on assure ainsi en même temps la répartition de la pression sur une plus grande surface de la maçonnerie qui compose le mur ; s'il existe un chaînage au niveau du plancher, on peut s'en servir pour poser les ailes inférieures des solives.

Le scellement des solives dans les murs doit être fait avec soin, une solive mal placée étant susceptible de résister dans de mauvaises conditions.

Quelle que soit la longueur de pénétration des solives dans les murs, on ne doit jamais considérer celles-ci comme encastrées, mais seulement comme appuyées par leurs extrémités. On peut, quelquefois, dans un mur en bonne maçonnerie, faire pénétrer la solive dans le mur jusqu'à quelques centimètres seulement du parement extérieur, et placer des cales l'une sous la solive près du parement intérieur, l'autre au-dessus, et vers le parement extérieur ; on constitue ainsi un encastrement plus ou moins complet qui soulage les fers et leur permet de prendre une moindre flèche sous les charges ; mais nous croyons très dangereux de tenir compte de cet encastrement dans le calcul.

Il n'est qu'un cas où il soit possible de tenir compte de l'encastrement, c'est lorsqu'il est réalisé par continuité, deux travées voisines étant recouvertes par des solives de même sens et d'une seule pièce dans les deux travées ; il se produit sur l'appui intermédiaire un encastrement effectif ; la résistance des solives n'en est le plus souvent pas augmentée, mais elles prennent des flèches moindres sous les charges qui leur sont appliquées.

Les solives d'un plancher, qui sont enfermées dans des hourdis maçonnés, ne subissent que des variations de température peu importantes, aussi on ne prend en général aucune précaution particulière au point de vue de la dilatation calorifique.

88. Ancrage des solives dans les murs. — Lorsque les murs de refend sont rares dans une construction, on peut se servir des solives pour entretoiser les murs opposés ; à cet effet, on ancre de distance en distance, par ses deux extrémités, une solive dans les murs qui la portent. Cet ancrage peut être fait au moyen d'une plate-bande boulonnée sur la solive, et terminée par un œil dans lequel on passe un fer carré de 0^{m} 200 à 0^{m} 300 de longueur (fig. 291).

Dans les murs en petits matériaux, il est bon de donner aux solives une portée égale à l'épaisseur totale du mur ; on perce alors l'âme du fer, vers son extrémité, d'un trou dans lequel on passe une barre de fer rond de 0^{m} 016 de diamètre et de 0^{m}200 environ de longueur, ce qui constitue un ancrage économique.

89. Emploi des fers Zorés et des vieux rails. — On se sert quelquefois, dans des cas particuliers, de fers zorés pour constituer les solives d'un plancher. Nous donnons ci-dessous le tableau de ceux que livrent les forges de Franche-Comté. On emploie encore quelquefois pour le même usage de vieux rails qu'on pose le patin en bas.

DIMENSIONS DU FER en millimètres.		$1.000.000 \frac{I}{V}$	POIDS par mètre courant en kilogrammes.
Hauteur du fer.	Largeur du patin.		
60	60	6.96	4.00
80	80	14.56	6.00
80	100	18.80	7.00
110	120	38.28	11.10
120	140	60.05	15.50
140	160	89.08	22.00
160	180	135.39	25.00
180	200	183.08	32.00
200	220	301.20	39.50

90. Entretoisement des solives. — Comme nous l'avons dit, les solives, pour résister à la flexion dans les meilleures conditions possibles doivent avoir leur âme bien verticale ; il faut donc s'opposer à leur déversement, non seulement sur leurs appuis, mais encore dans toute leur longueur, et, à cet effet, les entretoiser en un certain nombre de points ; de plus, les entretoises serviront en général à constituer, dans les intervalles compris entre deux solives et qu'on nomme *entrevous*, la paillasse destinée à supporter les hourdis. Il en résulte que la manière de faire l'entretoisement dépendra en partie de la nature des hourdis.

Lorsque l'on établit des planchers sans hourdis en posant simplement des planches sur les solives, dans le sens perpendiculaire, on peut obtenir l'entretoisement à l'aide de pièces de bois placées perpendiculairement aux solives, ayant toute la hauteur de celles-ci et découpées à leurs abouts de manière à s'emboîter exactement sur leurs flancs ; dans les dernières travées, les pièces de bois sont butées et scellées dans les murs. Les planches qui sont assemblées à rainure et languette sont fixées aux ailes des solives par de petits arrêts en fer légèrement coudés et vissés ou tirefonnés sur les planches (fig. 292).

Les pièces de bois d'entretoisement peuvent être assez rapprochées pour former lambourdes servant à la pose des planches du parquet, que l'on place alors dans le même sens que les solives. En espaçant les pièces d'entretoisement de 0m40 à 0m50 au plus les unes des autres, il sera possible de latter le dessous pour y accrocher un enduit de plafond.

On obtient plus simplement le même résultat, mais l'entretoisement est alors un peu moins bon, en se servant de lambourdes entaillées par dessous au passage des solives placées perpendiculairement à celles-ci et sur leurs ailes supérieures ; on les y fixe au moyen de petits arrêts en fer plat (fig. 293).

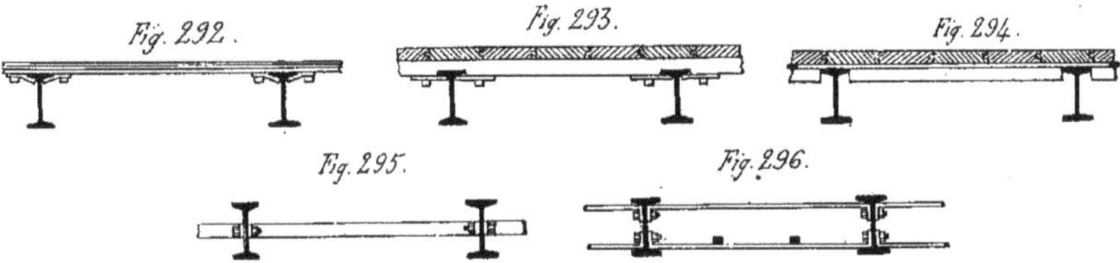

Un autre moyen d'obtenir, dans le même cas, l'entretoisement des solives, consiste à poser transversalement sur elles un fer simple T dont la nervure est entaillée au passage et sur lequel viennent reposer les planches du parquet qu'on y fixe par des vis (fig. 294).

On a essayé divers systèmes d'entretoisements à l'aide de bandes de fer plat retournées d'équerre à leurs extrémités, par lesquelles on les fixe sur l'âme des fers, soit au milieu de la hauteur, lorsque le hourdis doit être fait en voûtes de briques (fig. 295), soit en haut et en bas de l'âme pour former un entretoisement double si l'on fait un hourdis plein (fig. 296) ; ce dernier système présente l'inconvénient d'affaiblir la solive au voisinage des ailes, en des points où la diminution de section produit un abaissement notable de la résistance à la flexion ; enfin il offre une certaine complication, exige le percement de trous nombreux et l'emploi d'un nombre considérable de boulons.

Les deux procédés les plus répandus consistent dans l'emploi *d'entretoises à crochets* et dans celui de *boulons à quatre écrous*. Les *entretoises à crochets*, employées surtout lorsque le hourdis est fait en plâtras et plâtre, ont une grande analogie avec celles des planchers du système Vaux; elles s'accrochent à l'aile supérieure du fer, seulement leurs petites branches sont inclinées de manière à venir s'appuyer dans l'angle interne de l'aile inférieure de celui-ci. Elles se font en fer carré de 0m 014 à 0m 020 de côté, quelquefois même de 0m 025, si les entrevous sont très larges; on les coude et contre-coude à l'aide d'un petit appareil spécial.

La longueur de la barre nécessaire pour former une entretoise peut être prise égale à

$d + 3\,h$ pour les fers à ailes ordinaires
et $d + 3{,}4\,h$ pour les fers à larges ailes,

en appelant d l'espacement d'axe en axe des fers et h leur hauteur. On espace les entretoises qui sont placées par files perpendiculaires aux solives, de 0m 800 à 1 mètre les unes des autres, et on place sur elles, parallèlement aux solives, des *fentons* ou *côtes de vache* en fer carré de 0m 008 à 0m 012 ou 0m 014 que l'on espace de 0m 250 environ les uns des autres, pour former la paillasse des entrevous; les fentons sont scellés par leurs extrémités dans les murs sur une longueur de 0m 150 environ (fig. 297).

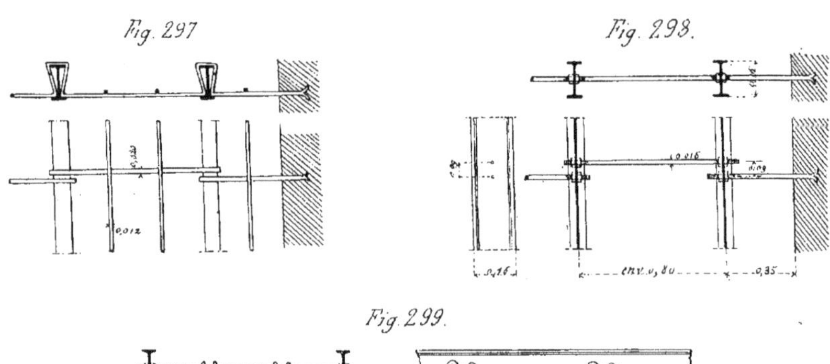

Les entretoises des demi-travées d'extrémité, entre les solives extrêmes et les murs, ne sont munies de crochets que par une extrémité; par l'autre bout, qui est droit, elles s'appuient sur le mur dans lequel elles présentent un scellement de 0m 100 à 0m 150 de profondeur; enfin, la dernière entretoise de chaque file ne doit pas être distante du mur de plus de 0m 400 à 0m 500.

Les entretoises coudées sont d'une pose facile, mais comme elles sont généralement exécutées avec peu de précision, il en résulte que leurs angles inférieurs ne s'appuient pas bien dans le bas des solives, et que celles-ci sont mal maintenues; d'ailleurs, les entretoises coudées ne forment pas suffisamment chaînage transversal, et elles ne relient pas bien le hourdis aux fers.

Les *boulons à quatre écrous* constituent actuellement le meilleur système d'entretoisement des solives ; ces boulons, qui ont de 0m 016 à 0m 018 ou 0m 020 de diamètre relient deux à deux les solives consécutives ; on peut les placer, soit au milieu de la hauteur, soit un peu au-dessous, vers le tiers de la hauteur ; les trous ont un diamètre un peu plus grand que celui des boulons ; ils doivent être percés avec une grande précision. Chacun d'eux comporte deux extrémités filetées qui reçoivent les doubles écrous entre lesquels sont pincées les âmes des fers, et à l'aide desquels on règle d'une manière précise les écartements ; ces boulons forment un chaînage transversal parfait.

Les boulons sont disposés par files espacées de 1m 000 à 1m 200 environ, et on les chevauche d'une travée à l'autre de 0m 080 à 0m 090 ; on ne laisse autant que possible que 0m 500 entre la dernière file de boulons et le mur voisin. Pour les entrevous d'extrémité, les boulons se fixent à scellement dans les murs sur 0m 100 à 0m 150 de profondeur (fig. 298).

Les boulons à quatre écrous s'emploient le plus souvent avec les hourdis pleins et lourds ; il est alors inutile d'y ajouter des fentons, le hourdis étant suffisamment bien maintenu entre les ailes des fers et traversé de distance en distance par les boulons. Lorsqu'on les applique à des hourdis en augets, on peut leur faire supporter des fentons coudés qui formeront alors la paillasse nécessaire (fig. 299).

Le prix de revient de ce système est sensiblement le même que celui du système à entretoises, mais les planchers obtenus sont certainement plus rigides ; enfin, ils résistent beaucoup mieux au feu, parce que les solives sont maintenues bien verticales et qu'elles ne peuvent pas aussi facilement se voiler et se tordre sous l'action des flammes.

91. Différents systèmes de hourdis des entrevous. — 1° *Hourdis en plâtre et plâtras.* Le remplissage des entrevous se fait dans la région de Paris, le plus souvent en *plâtre et plâtras* blancs et bien exempts de salpêtre et de bistre qui tacherait ensuite les plafonds ; on l'exécute habituellement en *augets* par raison d'économie, et parce qu'il en résulte une diminution du poids à faire porter aux solives. Ces avantages ne sont qu'apparents, car on est toujours obligé de remplir partiellement les augets pour sceller les lambourdes du parquet, et pour former leur chaînes en travers ; dans le cas d'un carrelage, leur vide est totalement comblé par l'exécution de la forme. Ce hourdis résiste mal aux incendies, parce qu'il ne protège pas suffisamment les fers contre l'action des flammes. Il est préférable, pour ces diverses raisons, d'employer le *hourdis plein*, dans lequel l'entrevous est complètement rempli de maçonnerie dans toute la hauteur des fers.

Si l'on remarque que dans un plancher fléchi les fibres supérieures se compriment en se raccourcissant, les fibres inférieures au contraire s'allongent, on comprend que toutes les fois qu'un hourdis est fait en auget, la maçonnerie, qui n'est pas extensible et ne présente à la traction aucune résistance sur laquelle on puisse compter, ne peut aider le fer d'aucune manière et ne fait que le charger.

Si au contraire les fers d'un plancher étant placés on vient à poser des panneaux bien étayés sous leur face inférieure et à *construire* dessus une bonne maçonnerie dans *toute l'épaisseur* du plancher ; si, de plus, on laisse durcir et sécher sur ses étais cette maçonnerie résistante, non seulement elle formera dalle et pourra se porter elle-même, mais encore toute la partie supérieure étant dans la portion comprimée du plancher résistera à la compression et aidera à la résistance du fer. Indépendamment de cela, ce hourdis bien fait et boulonné avec les fers les maintient dans une position verticale invariable, les empêche de se voiler et leur permet de travailler à leur maximum de résistance.

Poursuivant cette théorie en ses conséquences, si nous augmentons encore l'épaisseur du hourdis et si nous le portons par exemple au double de l'épaisseur des fers, ces derniers étant toujours à la partie basse du plancher, il en résultera cette fois que la maçonnerie seule travaillera à la compression, et le fer tout entier à la traction. On pourra supposer dans la masse une voûte en maçonnerie dont le fer sera le tirant, et dont alors la résistance peut être très grande. Mais pour obtenir tous ces avantages, nous insistons sur une maçonnerie irréprochable, de matériaux durs, et rangés dans le sens des voussoirs de la voûte idéale que nous avons supposée.

Enfin, tout constructeur a pu remarquer que tel plancher hourdé, faible et oscillant d'une façon inquiétante pendant la construction, est devenu d'une fixité remarquable après l'addition d'un blocage de 0m 08 à 0m 10 d'épaisseur et d'un enduit de Portland par-dessus. C'est ce qui a conduit à la conception des planchers en *ciment armé*.

M. *Denfer*, dans son traité de *Charpenterie métallique*, cite à l'appui de cette remarque l'exemple de planchers exécutés en fers de 0m 080 espacés de 1m 300 à 1m 350, avec boulons d'entretoises, espacés de 1m 100, hourdés en meulière et ciment romain, et qui supportent le roulage de brouettes chargées de matériaux ; il a construit lui-même, à la papeterie d'Essonnes, des planchers en fer de 0m 120, espacés de 1m 000 les uns des autres, pour des portées de 6m 000 environ ; les fers, boulonnés et empâtés dans un hourdis de 0m 120 à 0m 140 d'épaisseur, surmonté d'un enduit de Portland, supportent des surcharges de 200 à 250 kilogrammes par mètre carré. M. Denfer admet que dans le cas de l'emploi d'un hourdis plein ainsi exécuté, on peut, au point de vue du calcul des dimensions des solives, faire abstraction du poids du hourdis dans l'évaluation de la charge propre du plancher. Les hourdis pleins présentent encore l'avantage de bien protéger les fers en cas d'incendie, ce qui leur permet de conserver plus longtemps leur résistance.

Quand un plancher doit être constamment sec, on peut exécuter les hourdis en mortier de plâtre reliant des plâtras, des moellons légers, des déchets de meulières ou de briques, de la pierre ponce, dans les pays où il est possible de s'en procurer ; mais pour les planchers exposés à l'humidité, comme ceux des rez-de-chaussée qui sont directement au-dessus des caves, ou pour des planchers d'usines ou de magasins, il est préférable d'employer le *mortier de chaux hydraulique* ou le *mortier de ciment* à prise rapide qui permet de décintrer plus rapidement ; il est cependant bon de n'opérer le décintrement qu'au bout de huit jours ; pour les constructions très soignées, le ciment à prise lente donnera les meilleurs résultats ; on n'emploiera jamais les plâtras avec ces divers mortiers.

Lorsqu'on fera les hourdis autrement qu'en plâtre, et qu'il faudra ensuite plafonner le dessous du plancher, il faudra bien tenir compte du peu d'adhérence du plâtre au mortier de ciment ; on devra alors poser à sec sur le cintrage du plancher le premier rang de matériaux du hourdis et remplir incomplètement de mortier les joints latéraux ; lorsqu'on exécutera le plafond, on commencera par dégrader profondément ces joints par-dessous avant de jeter le plâtre de l'enduit (fig. 300).

On emploie rarement les *briques pleines* pour former les hourdis à cause de leur prix élevé. On peut cependant s'en servir avantageusement si on laisse les matériaux apparents au plafond ;

on doit alors employer un mortier de bonne qualité et placer les briques à plat de manière qu'elles forment plate-bande entre les ailes inférieures des fers (fig. 301), les joints étant convenablement croisés; il faut alors autant que possible que l'intervalle entre les solives soit multiple de la longueur d'une brique, avec fraction de moitié, en tenant compte de l'épaisseur des joints.

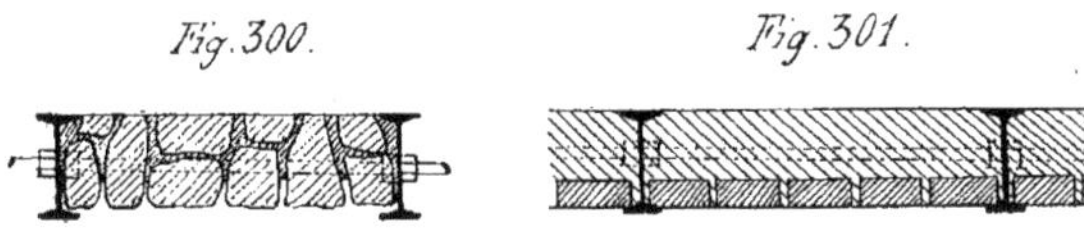
Fig. 300. Fig. 301.

Enfin on exécute aujourd'hui des hourdis excellents et légers avec du *béton de liège*, qui ne pèse que 5 kilogrammes par mètre carré, et par centimètre d'épaisseur; il est isolant au point de vue de la chaleur et du son, et incombustible; sous une épaisseur de 0m 10, il peut supporter jusqu'à 1.200 kilogrammes par mètre carré, les solives étant espacées de 0m 70.

2° *Hourdis en béton*. Ces hourdis sont peu employés en France; ils ont l'inconvénient d'être lourds, mais ils présentent une grande rigidité. Les fers ne sont pas entretoisés à la manière ordinaire, mais on les relie par des tôles légèrement cintrées ou par des tôles ondulées posées sur leurs ailes inférieures et qui forment alors le cintrage sur lequel on étend le béton. On peut employer avec avantage le *béton de mâchefer* qui présente une résistance suffisante, mais est plus léger que le béton ordinaire.

3° *Hourdis en matériaux légers*. On peut former le hourdis d'un plancher au moyen de *briques creuses* posées au mortier; on les dispose de manière qu'elles remplissent l'entrevous dans sa largeur, ce qui exige que celle-ci soit, y compris les joints, un multiple exact de la largeur d'une brique; il faut avoir soin de mouiller fortement les briques avant de les employer. Les briques peuvent former l'épaisseur totale du hourdis (fig. 302) ou seulement une partie de l'épaisseur (fig. 303); dans ce dernier cas, il faut que les briques soient de bonne qualité, avec des formes régulières, à arêtes bien vives. Le hourdis ainsi obtenu est peu sonore; il prend moins l'humidité que celui en plâtre et plâtras, et il peut comme lui recevoir l'enduit du plafond sans interposition de lattis.

Afin de donner plus de résistance à la plate-bande en briques qui forme le hourdis, on a imaginé de construire des pièces spéciales formant voussoirs, c'est le *système Cartaux* (fig. 304); ou encore des pièces s'enchevêtrant comme dans le *système Verdier* (fig. 305).

La maison *Muller, d'Ivry*, a établi un modèle *d'entrevous creux en terre cuite*, dits *briques plates-bandes*, formé de deux pièces jusqu'à 0m 80 de largeur; une troisième pièce, qui se place entre les deux autres et dont la largeur est variable, permet d'obtenir toutes les largeurs supérieures (fig. 306). Un autre modèle, dit *entrevous plafond*, est combiné pour des largeurs d'entrevous variables de 0m 50 à 0m 80 (fig. 307); dans les deux cas, le dessous des pièces est pourvu de stries qui servent à accrocher l'enduit du plafond. Ces modèles de pièces en terre cuite sont très légers, et cependant, grâce à la disposition de leurs nervures intérieures, ils présentent une grande résistance.

Dans le même ordre d'idées, *M. Laporte* a imaginé des entrevous creux à grands vides analogues aux précédents, et formés de trois pièces; celle du milieu a une largeur variable, pour permettre de construire les hourdis pour diverses largeurs d'entrevous (fig. 308).

On emploie encore divers modèles de grands *entrevous creux*, légèrement concaves, qui franchissent d'une seule pièce l'intervalle de deux solives et dont la face inférieure peut être striée pour recevoir un enduit de plafond, ou être décorée soit de reliefs, soit d'ornements polychromes: tels sont les entrevous du système *Perrière* (fig. 309).

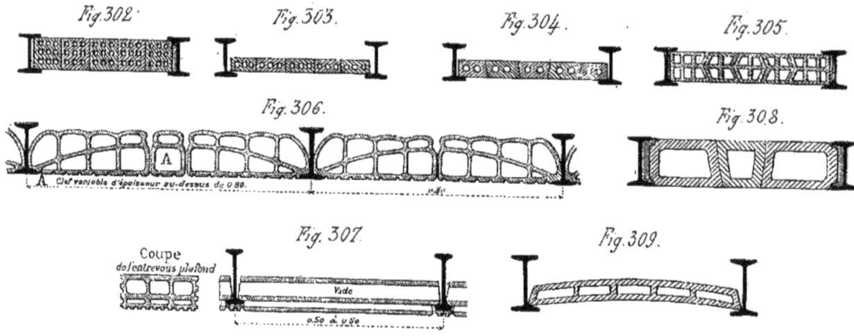

Fig. 302. Fig. 303. Fig. 304. Fig. 305. Fig. 306. Fig. 307. Fig. 308. Fig. 309.

Enfin, on peut encore se servir pour former les hourdis des *bardeaux en terre cuite*; si on les pose sur l'aile inférieure des fers, on remplit les entrevous par-dessus; on peut au contraire les poser sur les ailes supérieures des fers qui restent alors apparents (fig. 310). La face inférieure des bardeaux est, dans ce cas, décorée comme dans les entrevous Perrière.

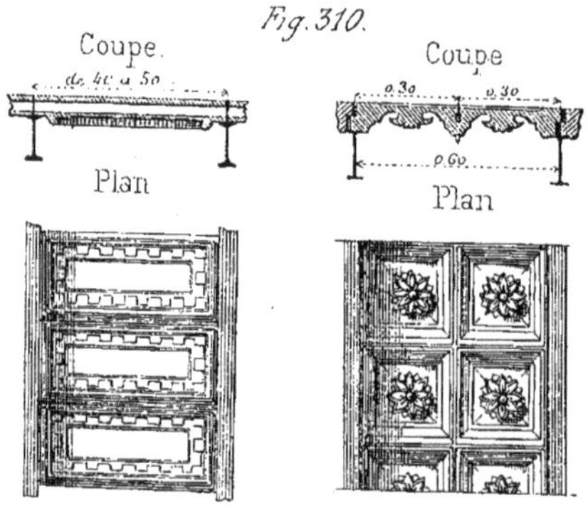

Fig. 310.

Dans cette même catégorie de hourdis creux, nous indiquons aussi l'emploi de *globes ou pots* qui ont été longtemps en usage à Paris; ces pots, de 0^m 12 à 0^m13 de diamètre sur 0^m 12 à 0^m 14 de hauteur, sont légèrement coniques, fermés par les deux bouts, et un peu aplatis sur les faces, qui sont striées pour permettre l'adhérence du plâtre ou du mortier avec lequel on remplit les intervalles existant entre les pots placés verticalement à côté les uns des autres, la grande base en haut.

On emploie encore des hourdis creux en *plâtre et plâtras* obtenus très simplement en créant des vides au moyen de *mandrins en bois* qu'on avance à mesure qu'on exécute le remplissage des entrevous. On obtient un résultat identique en construisant d'avance des *carreaux creux* en plâtre à grands vides, de largeur variable suivant les entrevous à remplir, en une ou deux pièces dans la largeur de l'entrevous (fig. 311). Parmi les modèles de carreaux en plâtre employés dans ces conditions, nous citerons les *panneaux hourdis Paupy*; pour les fers de peu de hauteur, ils ont de 0^m 085 à 0^m 100 d'épaisseur; leur largeur varie de 0^m 300 à 0^m 900 et par 5 centimètres. Pour les fers plus élevés on les surélève à l'aide d'une sorte de ponceau en plâtre, de manière que leur niveau supérieur arase le niveau supérieur des solives (fig. 312). On les pose au plâtre en coulant celui-ci entre les fers et les faces latérales des panneaux qui sont rainées à cet effet.

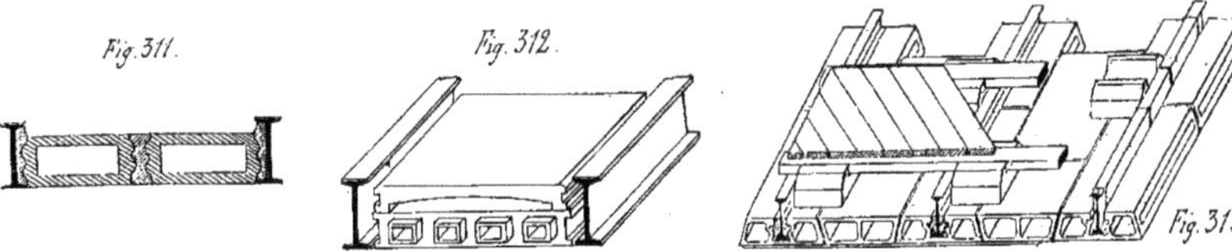
Fig. 311. Fig. 312. Fig. 313.

Les *hourdis ferrugineux Fournier* sont composés d'un mélange de mâchefer et de plâtre; ils sont creux et présentent de chaque côté une feuillure qui s'appuie sur les ailes inférieures des fers; leur face inférieure est ainsi placée en contrebas des fers, de sorte que ceux-ci sont forcément recouverts d'une épaisseur de plâtre d'au moins 0^m 030; ces hourdis sont exécutés aux épaisseurs de 0^m 090, 0^m 110 et 0^m 140 et pour des écartements réguliers de 0^m 500 à 0^m 800, les largeurs variant par cinq centimètres.

Le *hourdis François Ligny* est formé d'une série de poteries creuses de plâtre; elles portent des reliefs sur les parois latérales pour faciliter la liaison des poteries entre elles, et des feuillures à la partie inférieure, comme les hourdis Fournier.

Nous indiquerons enfin le hourdis *système Landry* en voussoirs creux de ciment ou de plâtre; il présente l'avantage de former une plate-bande bien fixée aux fers et de protéger ceux-ci contre l'action de la rouille. A cet effet, les voussoirs sont de deux sortes : les sommiers pour les parties latérales placées contre les fers et la clef qui ferme la plate-bande. Les sommiers sont doubles et comportent en leur milieu une échancrure assez large pour permettre le passage des ailes inférieures des fers qu'ils doivent envelopper; leur largeur est fixe, tandis que celle des voussoirs de clef est variable suivant la largeur des entrevous. On pose les sommiers en les retenant aux solives à l'aide de deux crochets d'attaches en fer et on fait le scellement définitif en coulant du mortier dans le vide de l'échancrure. La pose et le scellement du voussoir de clef s'opèrent ensuite très simplement avec un cintrage réduit au minimum (fig. 313); M. Landry a complété son système en combinant des supports ou coussinets spéciaux sur lesquels on fixe les lambourdes. Comme les ailes des fers sont cachées et protégées, le plafond se trouve appliqué sans discontinuité sur la surface des voussoirs, ce qui évite les inconvénients que présentent souvent les plafonds sous les solives en fer; enfin ces planchers sont peu sonores.

4° *Hourdis en matériaux cintrés.* — Il peut être avantageux, si l'on ne doit pas plafonner horizontalement le dessous d'un plancher, d'exécuter en *petites voûtes* de peu de flèche le remplissage des entrevous. Au point de vue de la résistance, cette disposition permet de diminuer le poids mort du hourdis, tout en conservant la maçonnerie à la partie supérieure des fers, dans la région comprimée où elle peut leur venir en aide. Ces voûtes peuvent être exécutées avec toutes sortes de matériaux, béton, moellons, meulières, briques, etc. On doit s'arranger pour que les boulons d'entretoisement soient compris dans l'épaisseur des voûtes; comme celles-ci exercent toujours une poussée horizontale sur les fers, et qu'il ne faut pas compter sur les boulons pour équilibrer cette poussée, on doit avoir soin de ne décintrer une travée que lorsqu'on en a maçonné deux ou trois autres à la suite et que la maçonnerie est bien durcie. De plus, on doit calculer d'avance l'écartement des solives pour avoir un nombre entier de voûtes entre les murs latéraux de la construction; la dernière voûte peut venir retomber directement sur le mur, sur un sommier ménagé dans la maçonnerie, ou bien encore sur un fer placé parallèlement au mur et à une distance convenable pour permettre d'exécuter le remplissage entre le mur et lui; l'intervalle doit être soigneusement rempli de bon mortier. Ce fer est relié par des boulons à scellement (fig. 314) au mur, qui doit présenter une stabilité suffisante pour contrebuter la poussée des voûtes.

Lorsqu'on fait le remplissage en briques, on peut former les sommiers des voûtes à l'aide de briques taillées ou mieux de pièces spéciales dites *sommiers*. Les briques s'emploient de manière à donner une voûte de 0m 11 si les charges que supporte le plancher sont importantes; mais dans le cas de charges ordinaires, on peut placer les briques à plat sur le cintre pour avoir une voûte de 0m 055, qui doit alors être comprise tout entière au-dessous des boulons d'entretoise ; on remonte ceux-ci en cas de besoin de la quantité nécessaire, ce qui a toujours dû être prévu d'avance. Les reins des voûtes jusqu'au niveau des ailes supérieures des fers, sont remplis de béton, de maçonnerie ordinaire ou de béton de mâchefer qui présente l'avantage de ne pas trop augmenter le poids mort.

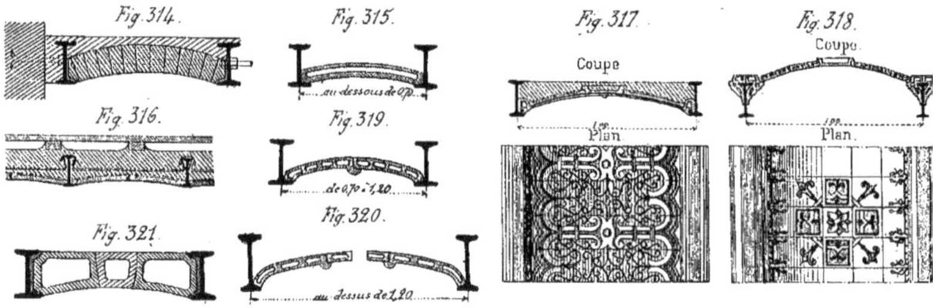

On remplace souvent les briques, pour les planchers peu chargés, par des *entrevous cintrés* en terre cuite formant le remplissage entre deux solives, soit d'une seule pièce et alors les entrevous cintrés ont 0m 40 à 0m 70 de longueur, 0m 20 à 0m 25 de largeur, et 0m 03 à 0m 05 d'épaisseur (fig. 315), soit en plusieurs pièces assemblées à rainure et languette ou à recouvrement (fig. 316, 317, 318, 319, 320), la maison *Muller* a combiné à cet effet des modèles que nous donnons ici, et dont le dessous peut être décoré pour former le plafond.

La figure 316 montre la possibilité d'employer des entretoises coudées pour soutenir le hourdis au-dessus des entrevous cintrés.

Lorsque l'écartement des solives n'est pas trop grand, et avec des charges faibles, on peut encore employer des voûtes en *briques creuses* à deux, trois ou six trous suivant les dimensions à obtenir en épaisseur; dans le cas où elles sont destinées à rester apparentes, ces briques doivent être bien formées et à arêtes bien vives; si l'on fait un enduit de plafond, les briques à neuf trous sont, comme prix, les plus avantageuses. Les sommiers sont formés de pièces spéciales, ou simplement d'un coin de mortier placé dans l'angle inférieur du fer et bien tassé, sur lequel on vient poser la première brique.

M. *Laporte* a combiné dans le même but des poteries spéciales à gros vides analogues à ses hourdis; l'entrevous est formé de trois pièces, deux sommiers de $0^{m}20$ à $0^{m}25$ de largeur, et une clef de largeur variable (fig. 321).

5° *Hourdis en béton armé.* On peut obtenir des hourdis très résistants et relativement légers, permettant d'écarter les solives plus qu'on ne le fait dans les hourdis ordinaires, si on les constitue par du *béton armé*. L'armature est formée soit d'un quadrillage en barres de fer rond dont la section totale est d'environ 1/100 de la section du béton, ce qui donne un poids de métal d'environ 80 kilogrammes par mètre carré et par centimètre d'épaisseur du béton, soit de feuilles de *métal déployé*; dans ce dernier cas, le poids du métal est d'environ 40 kilogrammes par mètre carré et par centimètre d'épaisseur du béton. Les dalles ainsi constituées sont posées par leurs bords soit sur les ailes supérieures des solives si elles doivent former le sol lui-même du plancher, soit sur les ailes inférieures des solives si elles doivent être recouvertes d'un parquet; leur épaisseur n'est jamais inférieure à $0^{m}06$; leur largeur est limitée par celle des feuilles de métal à $2^{m}44$, maximum de ce que livre l'industrie. On doit toujours placer les mailles du métal de telle manière que leur grande diagonale soit perpendiculaire à la direction des solives; le béton est étendu et pilonné par couches sur le cintrage, et le décintrement ne doit se faire qu'au bout de 12 ou 15 jours.

Le plafond peut être formé par un simple crépi en plâtre posé à la manière ordinaire sous la dalle de béton; ou encore, dans le cas où les dalles de béton sont posées sur les ailes supérieures des solives, on suspend aux ailes inférieures de celles-ci des feuilles de métal déployé pesant 1 kg. 900 par mètre carré sous lesquelles on projette du plâtre; celui-ci traverse les mailles et se fixe au métal par une série du bourrelets reliés entre eux, fournissant ainsi une dalle très résistante et bien continue; il reste entre les deux dalles un espace vide où l'air peut circuler. Ce hourdis est donc bien isolant, il résiste d'une façon remarquable à l'incendie.

6° *Dallages en verre.* Lorsqu'on veut éclairer un sous-sol, on fait en *dalles de verre* le remplissage des entrevous du plancher du rez-de-chaussée. Ces dalles sont carrées, leur largeur varie de $0^{m}03$ en $0^{m}03$ ou de $0^{m}04$ en $0^{m}04$, leur épaisseur de $0^{m}015$ à $0^{m}035$; elles sont pourvus sur leur face supérieure d'un quadrillage en creux destiné à les empêcher d'être trop glissantes; elles pèsent de 40 à 90 kilogr. par mètre carré. On les place dans des feuillures formées par de petits fers à simple T assemblés entre les solives, dans les intervalles desquelles ils constituent un grillage à mailles carrées; l'écartement des solives doit alors correspondre à un nombre exact de dalles; on donne à celles-ci $0^{m}24$ à $0^{m}30$ de côté lorsqu'elles doivent supporter de fortes charges ou des chocs, mais cette dimension peut être augmentée et portée dans certains cas jusqu'à $0^{m}60$ si les charges sont faibles, et si l'on emploie des dalles plus épaisses.

Celles-ci se posent dans les feuillures avec un jeu de 3 à 4 millimètres, à bain de mastic ordi-

naire, de mastic de fontainier ou de ciment Portland avec interposition de petites cales en bois pour donner au mastic ou au ciment le temps de durcir (fig. 322); on coule du brai ou de l'asphalte dans les joints lorsque les dalles sont à l'extérieur. On les pose encore quelquefois sur de petits cadres en bois d'épaisseur convenable placés au fond des feuillures, le joint étant ensuite rempli de mastic ou de ciment par-dessus (fig. 323). La face supérieure des dalles doit s'élever au-dessus du bord du châssis de toute l'épaisseur du relief, soit de 0m 003 à 0m 005.

On peut encore employer dans ce cas des dalles de *verre armé* de 15 à 35 millimètres d'épaisseur; on sait que le verre armé est formé de verre dans l'épaisseur duquel est noyé un treillis métallique; il présente une résistance considérable au feu.

Les *pavés en verre* qu'on emploie lorsque le plancher doit supporter le roulement des voitures, sont cubiques et ont 0m 15 d'arrête; ils pèsent 9 kilogrammes; on les pose de la même manière que les dalles.

92. Cintrage des planchers. Exécution des hourdis. — Le *cintrage* des planchers en fer s'exécute ordinairement de la manière suivante : on établit d'abord au moyen de boulins un

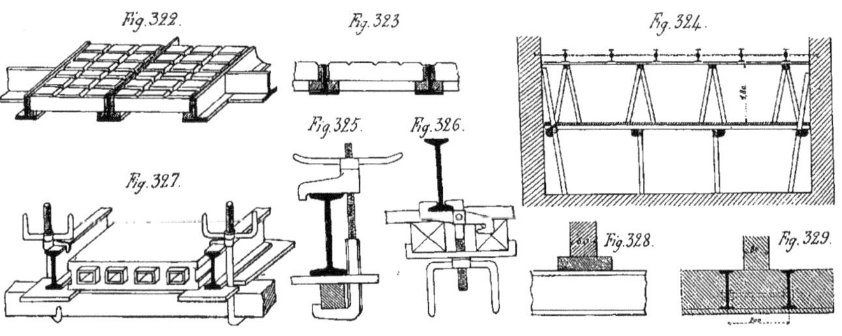
Fig. 322. Fig. 323. Fig. 324. Fig. 325. Fig. 326. Fig. 327. Fig. 328. Fig. 329.

plancher d'échafaud à 1m 80 environ au-dessous des fers; on le cale solidement sur le plancher inférieur; puis on place sous les solives et en travers les pièces jointives qui forment le cintrage, et on les soutient par des traverses que l'on cale sur le plancher d'échafaud au moyen d'étais obliques (fig. 324).

On raidit ainsi les solives par-dessous pendant la construction des entrevous, et lorsqu'on décintre après durcissement des maçonneries, celles-ci commencent à résister à la flexion en même temps que le fer; on ne devrait donc jamais décintrer trop tôt; le plancher d'échafaud sert ensuite à l'exécution du plafond.

Il arrive souvent, dans les planchers en fer, que les plafonds se fendent le long des ailes inférieures des fers, ce qui peut être dû à trois causes :

1° Un calage mal fait des solives qui permet le tassement local d'une ou plusieurs d'entre elles; 2° Le manque d'épaisseur de l'enduit sous les fers, inconvénient qu'il est facile d'éviter en donnant à l'ensemble du crépi et de l'enduit sous l'aile du fer une épaisseur d'au moins 3 centimètres si l'aile est étroite, et une épaisseur de 4 à 5 centimètres si elle est large;

3° Une trop grande largeur de l'aile du fer à laquelle l'enduit adhère mal ; si cette largeur dépasse $0^{m}070$ à $0^{m}080$, on met sous le fer, dans le sens de sa longueur, un fenton autour duquel est enroulé en spirale un fort fil de fer galvanisé, les spires ayant $0^{m}100$ de long environ.

En donnant à l'enduit une épaisseur suffisante, on évitera également la production sous les plafonds de bandes grises au-dessous de chacune des solives ; ces bandes sont dues aux condensations qui se produisent plus abondamment en ces points qu'en d'autres, par suite du refroidissement du métal, et qui y fixent les poussières.

Lorsque l'établissement du cintrage est difficile, et qu'on veut économiser le matériel, on suspend le cintrage aux solives elles-mêmes à l'aide de *boulons* ou de *serre-joints* qui supportent les traverses (fig. 325) ou du *crochet Perrière* (fig. 326) ; dans ce cas, le hourdis charge les solives à mesure de son exécution, et les fait fléchir, de sorte qu'après durcissement, la maçonnerie apportera aux fers une aide bien moins efficace. Il est facile d'obtenir un meilleur résultat en passant sous les solives et transversalement, au milieu de leur longueur, une longrine que l'on étaie à l'aide de quelques pièces de bois verticales ; on laisse ces étais jusqu'à ce que la maçonnerie du hourdis soit complètement durcie.

Lorsqu'on exécute le hourdis en voûtes, on se sert de panneaux de cintres de 1 à 2 mètres de longueur, formés de planches minces ou de voliges clouées sur des planches verticales découpées en arc de cercle à leur partie supérieure et placées tous les $0^{m}50$ à $0^{m}70$; on soutient ces panneaux d'une manière analogue à ce qu'on fait pour les cintrages ordinaires.

Nous donnons encore ici un système de cintrage très simple et réduit au minimum, employé pour les *panneaux hourdis Paupy* (fig. 327).

93. Disposition des planchers en fer au-dessous des cloisons légères. — On doit toujours s'arranger de telle sorte que le plancher d'un étage porte les cloisons légères de cet étage.

Si une cloison est dirigée transversalement aux solives, son poids se répartit sur les diverses solives qu'elle croise, et dont les dimensions doivent être en conséquence majorées ; on établit en travers sur les solives une semelle en bois ou en fer sur laquelle on monte la cloison (fig. 328).

Si la cloison est dirigée parallèlement aux solives, on peut intercaler entre les solives du plancher une solive supplémentaire chargée de porter la cloison ; on la formera d'un fer à larges ailes, si c'est nécessaire, et on lui donnera une hauteur égale à celle des autres solives du plancher ; mais cette disposition n'est pas à recommander, parce qu'une erreur dans la pose des solives ou dans le placement de la cloison amènera celle-ci à être en porte à faux par rapport à la solive spéciale qui doit la supporter, et à reposer sur le hourdis.

Il est préférable, en disposant les solives du plancher, d'en prévoir une placée sous la cloison, et de la former de deux fers jumelés, distants l'un de l'autre de $0^{m}200$; c'est ce qu'on appelle un *filet* ; on fait un hourdis entre ces deux fers, et on élève la cloison sur ce hourdis, qui présente une résistance suffisante pour la porter (fig. 329).

Il est mauvais de former ce filet de deux fers serrés par des brides ou des boulons, de manière que leurs ailes se touchent et dont on ne peut pas remplir l'intervalle ; les deux fers sont ainsi mal reliés, ils travaillent indépendamment l'un de l'autre, et il en résultera toujours une fente dans le plafond inférieur le long de ces fers.

94. Peinture des fers d'un plancher. — Comme nous l'avons dit précédemment, les mortiers de chaux et de ciment conservent les fers au contact desquels ils sont placés en empêchant la production de la rouille ; il ne faut donc pas peindre les fers quand le hourdis doit être confectionné avec ces mortiers, et d'autant plus que la chaux décomposant la peinture à l'huile, le résidu formé ne sert qu'à empêcher l'adhérence de la maçonnerie et du métal.

Lorsqu'on emploie le plâtre, qui altère le fer en présence de l'humidité, il est absolument nécessaire de peindre les fers à l'huile au *minium de plomb* ou au *minium de fer* ; ce dernier durcit moins que le minium de plomb. La peinture doit être faite à deux couches au moins trois ou quatre jours avant la pose, afin qu'elle soit assez dure à ce moment. Les parties des fers qui restent apparentes doivent être rebouchées au mastic de minium, puis elles recevront deux autres couches de peinture à l'huile.

95. Planchers enchevêtrés. — 1° *Disposition du plancher au droit d'une baie appareillée en plate-bande.* Lorsque les baies des murs sur lesquels s'appuient les solives d'un plancher sont fermées à leur partie haute par un linteau en fer, on peut faire porter les solives sur ce linteau ; il n'en est plus de même lorsque les baies sont clavées en plates-bandes en pierre de taille, et quel que soit le soin apporté à leur construction, on ne peut compter sur la fixité des divers claveaux ; de sorte que la moindre dénivellation pourra causer dans les planchers des fentes irréparables.

On forme alors une *enchevêtrure* : les deux solives placées à droite et à gauche de la baie s'appuient sur les murs ; on les nomme *solives d'enchevêtrure* ; on assemble sur elles une pièce transversale appelée *chevêtre* qui reçoit les solives intermédiaires nommées *solives boiteuses* ; il s'assemble sur les premières au moyen d'équerres, et les solives boiteuses s'assemblent de même sur lui. De la sorte, la charge du plancher est reportée sur les parties solides du mur formant les piédroits de la baie (fig. 330). On a soin d'araser les ailes inférieures de tous ces fers pour pouvoir faire le plafond.

Le chevêtre est au moins de même force que les solives ; quant à la solive d'enchevêtrure, elle doit être plus forte que les solives voisines, puisqu'elle supporte la même charge uniformément répartie, mais en outre une charge plus ou moins importante qui lui est transmise par le chevêtre. Celui-ci doit être placé à une distance suffisante du mur, pour qu'on puisse faire facilement le remplissage dans l'intervalle, soit à 0m 35 au moins. Pour conserver au chevêtre et aux solives d'enchevêtrure la même hauteur qu'aux autres solives du plancher, on peut être amené à les constituer par des fers à larges ailes.

Lorsqu'une baie est appareillée en arc, on peut faire porter les solives au-dessus ; mais il est cependant préférable dans la plupart des cas de ne pas le faire et d'employer une enchevêtrure.

2° *Disposition devant les tuyaux de fumée.* Bien qu'au point de vue des incendies on n'ait pas à se préoccuper de la position des solives par rapport aux cheminées ou aux tuyaux de fumée, on doit s'arranger, comme nous l'avons dit, pour que les fers ne reposent pas dans les murs aux endroits où ceux-ci sont affaiblis par le passage des tuyaux de fumée. On doit alors avoir recours à une *enchevêtrure* disposée de la même manière qu'au droit d'une baie ; à cet effet, on placera d'abord les solives d'enchevêtrure aux points où le mur présente la solidité voulue, et on divisera en parties égales l'intervalle compris entre elles (fig. 331).

Lorsque des tuyaux sont adossés à un mur sur lequel s'appuient les solives du plancher, il faut également ménager le passage de ces tuyaux à l'aide d'une enchevêtrure.

3° *Disposition pour l'éclairage des sous-sols.* Les sous-sols placés sous les boutiques du côté de la voie publique ont ordinairement besoin d'être bien éclairés parce qu'ils servent souvent de

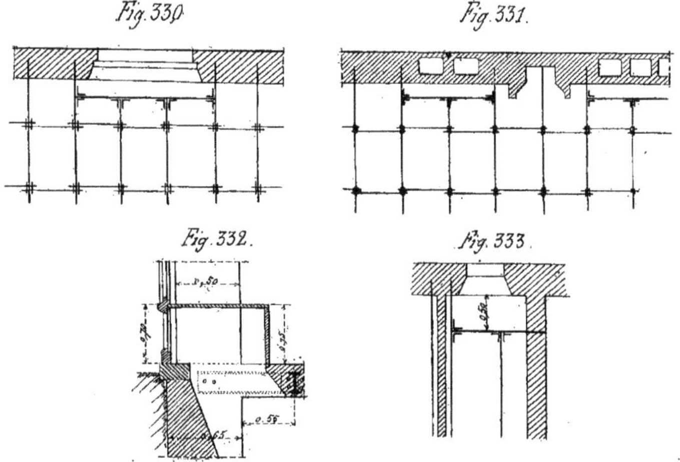

dépendances à ces boutiques. On y introduit le jour par de larges soupiraux aboutissant à des baies percées dans le soubassement des devantures ; pour donner à ces soupiraux la largeur suffisante, on place un chevêtre à 0m550 du mur, entre deux solives d'enchevêtrure plus ou moins écartées suivant la dimension en largeur attribuée au soupirail (fig. 332).

4° *Trémies à réserver pour les waters-closets.* En exécutant le plancher, il faut avoir soin de prévoir les installations des water-closets ; à l'endroit que devra occuper l'appareil avec son tuyau de chute, il faut ménager une *trémie* qui permette au plombier d'exécuter son travail sans avoir à toucher aux solives du plancher. On le fera simplement au moyen d'un chevêtre placé à 0m50 du mur (fig. 333).

5° *Trémies pour les monte-charges ou les escaliers.* Lorsqu'on doit réserver dans un plancher le passage d'un monte-charge ou d'un escalier, on encadre cet espace entre deux solives d'enchevêtrure, entre lesquelles on place deux chevêtres sur lesquels viendront s'assembler de part et d'autre les solives boiteuses comprises entre les solives d'enchevêtrure.

96. Calcul d'un plancher en fer à solivage parallèle. — 1° *Règle empirique.* Pour les planchers ordinaires de maisons d'habitation, on peut obtenir approximativement en centimètres la hauteur des fers à ailes ordinaires à employer, en multipliant par 3 la portée exprimée en mètres, et prenant le nombre pair immédiatement supérieur ; ceci suppose que l'écartement des solives est de 0^m 700 ; on force le nombre trouvé ou on réduit l'écartement à 0^m 650 pour les pièces de réception ordinaires.

Cette règle ne donne qu'une indication d'avant-projet, et ne dispense pas d'un calcul plus précis ; elle ne doit pas être appliquée, comme on le fait trop souvent, à des dispositions quelconques de planchers et à des écartements supérieurs à 0^m 700, pas plus qu'à des planchers fortement chargés, comme ceux des grands salons ou des salles de réunions.

On peut déduire de cette règle et de la pratique courante les résultats suivants qui s'appuient aux habitations ordinaires :

Pour des portées inférieures à 3^m 00 on prend des fers à ailes ordinaires de				0^m100
—	de 3^m00 à 3^m70	—	—	0 120
—	3 70 à 4 50	—	—	0 140
—	4 50 à 5 00	—	—	0 160
—	5 00 à 5 50	—	—	0 180
—	5 50 à 6 00	—	—	0 200
—	6 00 à 7 00	—	—	0 220
—	7 00 à 8 00	—	—	0 260

2° *Calcul d'une solive courante.* Nous avons dit au n° 26 qu'une pièce soumise à un moment de flexion M devait présenter un *module de résistance* $\frac{I}{v}$ donné par la formule :

$$\frac{I}{v} \geqslant \frac{M}{R}$$

si l'on voulait que l'effort élastique développé dans la fibre la plus fatiguée de la pièce ne dépasse pas la résistance de sécurité R du métal.

Nous renverrons pour l'étude des moments de flexion dans les différents cas qui peuvent se présenter aux ouvrages spéciaux, et nous donnerons seulement les résultats applicables aux cas pratiques les plus ordinaires.

Si un plancher de portée l, dont les solives sont écartées de d, supporte par mètre carré une charge totale Q, le moment fléchissant, maximum M, développé dans une solive, a pour valeur :

$$M = \frac{Qdl^2}{8}$$

il en résulte que cette solive doit avoir un module de résistance :

$$\frac{I}{v} \geqslant \frac{Qdl^2}{8R}$$

Afin de simplifier ce calcul, nous avons construit l'abaque de la figure 334, en supposant R = 6 kilog. par millimètre carré ; nous indiquerons tout à l'heure comment il faudra procéder si l'on admet une résistance de sécurité différente. Il permettra de résoudre les questions suivantes :

1re Question. Un plancher de portée $l = 4^m00$ doit supporter une charge totale Q = 500 kilogrammes par mètre carré ; les solives étant espacées de $d = 0^m70$, quel sera leur moment de résistance $\frac{I}{v}$.

Le calcul nous donne :

$$\frac{I}{v} \geqslant \frac{500 \times 0{,}70 \times 4^2}{8 \times 6 \times 10^6}$$

ou :

$$\frac{I}{v} \geqslant 0{,}000117.$$

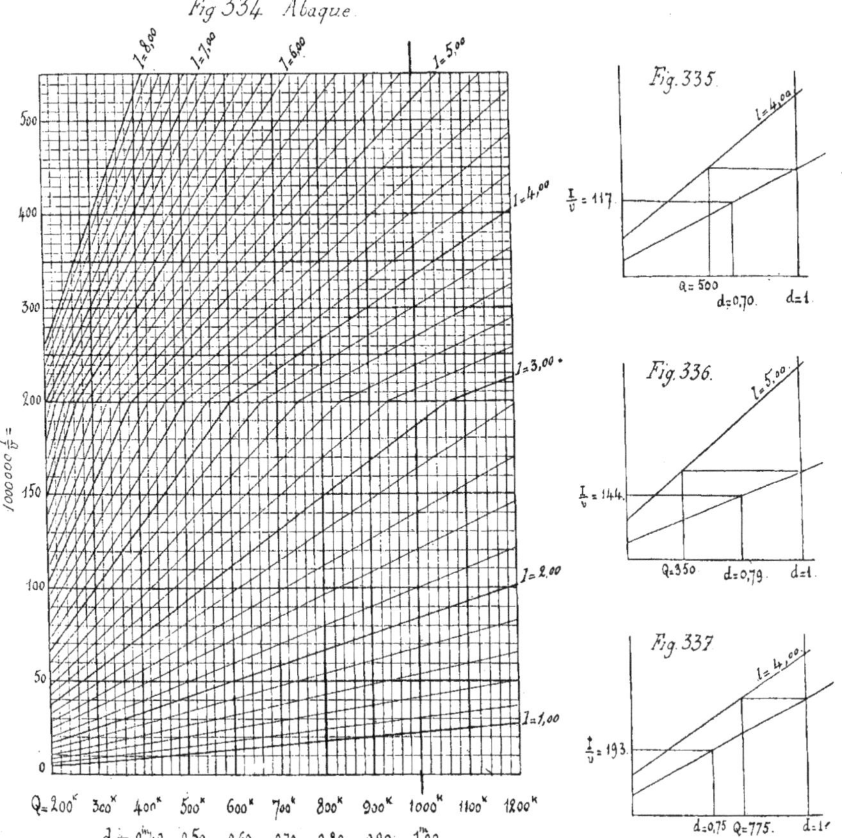

Pour employer l'abaque, prenons la droite, marquée $l = 4^m\,00$, et cherchons son intersection avec la verticale Q = 500 (fig. 335) ; par ce point, menons une horizontale jusqu'à la rencontre de la verticale $d = 1^m 00$; considérons la droite oblique qui passe par ce point de rencontre et prenons le point où elle coupe la verticale $d = 0^m 70$; l'ordonnée de ce point, reportée par une horizontale sur le côté gauche de l'abaque, nous donne $1000000 \frac{I}{v} = 117$; d'où $\frac{I}{v} = 0,000117$. En cherchant dans le tableau des fers du commerce, que nous avons dressé au n° 86, nous trouvons plusieurs fers à ailes ordinaires ou à larges ailes répondant à la question et entre lesquels, suivant les circonstances, nous pourrons faire un choix. Parmi les fers à ailes ordinaires, un fer de $0^m 160$ des Forges et Aciéries du Nord et de l'Est, pesant 10 kg. 25 par mètre et dont le module de résistance est de 0,0001183 ; un fer de $0^m 180$ de la maison Dupont et Fould, pesant 17 kg. 50 par mètre, et ayant un module de résistance égal à 0,0001183 également, est par conséquent plus économique.

Parmi les fers à larges ailes, nous trouvons un fer de $0^m 140$, pesant 21 kg. 96 par mètre courant, et qui provient des Forges et Aciéries du Nord et de l'Est ; son module de résistance est de 0,0001177 ; il est donc suffisant. Nous en trouvons un autre de même hauteur, pesant 22 kg. 00 par mètre et provenant des Forges de Franche-Comté ; son module de résistance est de 0,0001306 ; il est donc meilleur que le précédent, vu la différence de poids qui est insignifiante. Nous pouvons encore prendre un fer larges ailes de $0^m 160$ de Châtillon-Commentry, pesant 19 kg. 40 et pour lequel $\frac{I}{v} = 0,0001329$.

Si on admettait pour la résistance de sécurité $R = 8$ kilogrammes par millimètre carré, on devrait prendre les $\frac{3}{4}$ de la valeur fournie par le calcul ou par l'abaque pour le module de résistance $\frac{I}{v}$. Pour $R = 10$ kilogrammes on prendrait les $\frac{3}{5}$ de cette même valeur.

2e Question. Un plancher de portée $l = 5^m 00$ doit supporter une charge totale $Q = 350$ kilogrammes par mètre carré ; on veut le constituer avec des fers à ailes ordinaires de $0^m 180$ de hauteur, pesant 19 kg. 00 par mètre et provenant des Forges de Decazeville, dont le module de résistance est $\frac{I}{v} = 0,0001442$; quel écartement maximum pourra-t-on leur donner ?

Le calcul donne :

$$d \leqslant \frac{8R \times \frac{I}{v}}{Ql^2}$$

ou

$$d \leqslant \frac{8 \times 6000000 \times 0,0001442}{350 \times 5^2}$$

$$d \leqslant 0^m 79.$$

En employant l'abaque, nous prenons l'intersection de l'oblique $l = 5^m 00$ avec la verticale $Q = 350$ (fig. 336) ; nous menons l'horizontale qui passe par ce point jusqu'à sa rencontre avec la verticale $d = 1^m 00$; prenons l'oblique qui passe par ce point de rencontre, et cherchons son point d'intersection avec l'horizontale $\frac{I}{v} = 0,000144$; la verticale de ce dernier point descendue sur la base de l'abaque donne $d = 0^m 79$.

Si on admettait $R = 8$ kilogrammes par millimètre carré pour la résistance de sécurité, on multiplierait par $\frac{4}{3}$ la valeur trouvée pour l'écartement d des solives dans le calcul précédent; pour $R = 10$ kilogrammes, on multiplierait la distance trouvée par $\frac{5}{3}$.

Remarque. — Lorsqu'on possède sur le chantier un fer dont on ne connaît pas la provenance, et dont par suite on n'a pas le module de résistance, on peut obtenir celui-ci avec une approximation suffisante en faisant le produit de la hauteur du fer par sa largeur d'ailes, et par l'épaisseur d'une des ailes prise au quart de sa largeur; l'erreur commise est d'autant plus grande que l'âme du fer est plus épaisse.

3e Question. Un plancher dont la portée est $l = 4^m00$ est formé de fers double T à ailes ordinaires de 0^m200 de haut, espacés de 0^m75 d'axe en axe; leur module de résistance a pour valeur $\frac{I}{v} = 0{,}0001933$; ces fers, provenant des Forges de Maubeuge, pèsent 26 kilogrammes par mètre; quelle surcharge pourra-t-on faire supporter au plancher?

Le calcul donne pour la charge totale par mètre carré :

$$Q \leqslant \frac{8R \times \frac{I}{v}}{dl^2}$$

ou :

$$Q \leqslant \frac{8 \times 6000000 \times 0{,}0001933}{0{,}75 \times 4^2}$$

ou :

$$Q \leqslant 773 \text{ kg.}$$

Prenons sur l'abaque le point d'intersection de l'horizontale $\frac{I}{v} = 0{,}000193$ et de la verticale $d = 0^m75$ (fig. 337); menons par ce point une oblique jusqu'à sa rencontre avec la verticale $d = 1^m00$; prenons l'horizontale qui passe par ce point de rencontre et cherchons le point où elle coupe l'oblique $l = 4^m00$; la verticale de ce point descendue sur la base de l'abaque donne $Q = 775$ kilog. par mètre carré.

De cette charge totale il faut déduire la charge propre du plancher, pour avoir la surcharge utile. La charge propre par mètre carré se compose de :

Poids du fer $\frac{26}{0{,}75}$ ·	$34^k, 67$	
Poids du hourdis et du parquet	250, 00	
Total	284, 67,	soit 285 kg.

La surcharge utile pourra donc être de :

$$775 - 285 = 490 \text{ kilog. par mètre carré.}$$

Si la résistance de sécurité était de 8 kilogrammes par millimètre carré, il faudrait multiplier par $\frac{4}{3}$ la charge totale trouvée ; si on admettait 10 kilogrammes par la résistance de sécurité, on devrait multiplier la charge totale trouvée par $\frac{5}{3}$.

3° *Calcul d'une solive portant une cloison longitudinale.* Si une solive supporte une cloison longitudinale pesant P kilogrammes par mètre courant de la solive, on pourra appliquer les mêmes procédés de calcul qu'à une solive courante, seulement il faudra, dans la formule, remplacer la charge totale Q par mètre carré, par une charge Q′ égale à $Q + \frac{P}{d}$, d étant l'écartement d'axe en axe des solives courantes.

Si l'écartement des solives est peu différent de 0m 70, et si la cloison est construite en carreaux de plâtre ou en briques creuses, on peut, avec les hauteurs d'étages ordinaires des maisons d'habitation, se contenter de doubler la solive courante, ainsi que nous l'avons indiqué, sous une cloison légère ; mais dans des conditions différentes, et si la cloison devient plus importante, il faut vérifier par le calcul que l'on obtient ainsi une résistance suffisante.

4° *Calcul d'une solive portant une cloison transversale.* Dans ce cas, outre la charge uniformément répartie du plancher, la solive supporte en un point la charge due à la cloison ; si a est la distance comprise entre l'axe de la cloison et le mur le plus rapproché, P étant le poids de cette cloison par mètre courant, on pourra encore appliquer la formule de la solive courante, mais en y remplaçant la charge Q par une valeur Q″ donnée par la formule suivante que nous ne démontrerons pas :

$$Q'' = Q\left(1 + \frac{2Pa}{Ql^2d^2}\right)^2.$$

5° *Calcul d'un chevêtre.* Un chevêtre supportant un certain nombre de solives boiteuses qui viennent s'appuyer sur lui en des points également distants, on peut considérer comme uniformément répartie la charge qui lui est transmise par ces solives, bien qu'on commette ainsi une légère erreur par défaut. On fera bien, à cause des nombreux trous dont cette pièce est percée, de la calculer toujours avec une résistance de sécurité inférieure à celle qu'on admet pour les solives. Si n est le nombre des intervalles des solives compris entre les solives d'enchevêtrure, la longueur du chevêtre est égale à nd ; on pourra alors le calculer à l'aide de la formule de la solive courante, mais en y remplaçant la charge Q par une charge Q‴ donnée par la formule :

$$Q''' = Q \times \frac{n^2d}{2l}.$$

Le calcul n'a lieu d'être fait que si le chevêtre a une longueur considérable ; s'il ne porte qu'une ou deux solives boiteuses, il suffira, sans le calculer, de lui donner, comme on le fait ordinairement pour des raisons d'assemblage, les mêmes dimensions qu'aux solives d'enchevêtrure.

6° *Calcul d'une solive d'enchevêtrure.* Une solive d'enchevêtrure supporte, outre la charge uniformément répartie du plancher, la charge distincte qui lui est transmise par le chevêtre ; si celui-ci comporte n intervalles de solives, et s'il porte sur la solive d'enchevêtrure en un point distant de a de l'appui le plus rapproché, on pourra calculer encore la solive d'enchevêtrure par la formule de la solive courante, mais en y remplaçant la charge Q par la valeur Q^{IV} donnée par la formule :

$$Q^{IV} = Q\left(1 + \frac{an}{2l}\right)^2.$$

7° *Calcul de la flèche prise par une solive de plancher.* Une solive de plancher posée sur deux appuis et uniformément chargée prend sous les charges une *flèche* dont le maximum a lieu au milieu de la portée et a pour valeur :

$$f = \frac{5}{24}\frac{l^2R}{Eh}.$$

Dans cette formule, l est la portée de la solive, R l'effort moléculaire maximum développé dans la fibre la plus fatiguée, E le module d'élasticité du métal, h la hauteur de la solive ; en admettant pour le module d'élasticité du fer, 20×10^9, la formule devient :

$$f = \frac{l^2R}{96000h}$$

en exprimant R par rapport au millimètre carré.

Pour l'acier, le module d'élasticité a pour valeur 22×10^9, et alors la formule devient :

$$f = \frac{l^2R}{105600\ h}.$$

On peut remarquer alors que, toutes choses égales d'ailleurs, la flèche est directement proportionnelle au carré de la portée et à la force élastique développée dans la fibre la plus fatiguée ; elle est inversement proportionnelle à la hauteur de la solive et au module d'élasticité de la substance qui la compose.

On peut dire encore que la flèche est proportionnelle au rapport qui existe entre la force élastique développée dans la fibre la plus fatiguée et le module d'élasticité du métal ; il en résulte qu'avec les résistances de sécurité ordinairement admises, une solive en acier prendra une flèche plus grande qu'une solive en fer de même hauteur ; si par exemple on admet 6 kilogrammes par millimètre carré pour la résistance de sécurité du fer et 8 kg. 5 pour celle de l'acier, la flèche prise par la solive en acier sera les 1,28 de celle prise par la solive en fer ; pour que les deux solives prennent la même flèche, il faudra que l'acier ne supporte qu'un effort maximum de 6 kg. 6 par millimètre carré ; ou bien alors, il faudra que la hauteur de la solive en acier soit les 1,28 de celle de la solive en fer, conditions qui ne seront jamais satisfaites avec les solives laminées à section double T. Il sera donc nécessaire de tenir compte de l'augmentation de flèche due à l'emploi de l'acier, pour prévoir le cintre à donner aux solives.

Nous allons montrer comment on pourra faire l'application de ces formules : nous avons calculé précédemment que pour un plancher de 4 mètres de portée supportant par mètre carré une charge de 500 kilogrammes et les solives étant espacées de $0^m 70$, le module de résistance de celles-ci devrait être de 0,000117, si la résistance de sécurité du fer est de 6 kilogrammes par millimètre carré ; supposons qu'on construise ce plancher avec des fers de 0^m160 présentant un module de résistance de 0,0001183, l'effort moléculaire maximum développé dans le métal aura pour valeur par millimètre carré :

$$\frac{6 \times 117}{118,3} = 5 \text{ kg. } 93.$$

La flèche sera alors donnée par la formule :

$$f = \frac{4^2 \times 5,93}{96000 \times 0,160} = 0^m\,006.$$

Si nous voulions construire le plancher en solives d'acier à profil normal, nous devrions, en prenant 8 kg. 5 pour la résistance de sécurité du métal, donner à la solive un module de résistance de 0,0000823 ; nous choisirions donc une solive de 0^m140 de hauteur à profil normal (voir n° 86) ayant un module de résistance de 0,0000827.

L'effort moléculaire développé dans le métal aurait alors pour valeur :

$$\frac{8,5 \times 82,3}{82,7} = 8 \text{ kg. } 46.$$

La flèche serait, dans ces conditions, égale à :

$$f = \frac{4^2 \times 8,46}{105600 \times 0,140} = 0^m\,009$$

§ 3. — PLANCHERS AVEC POUTRAGES

97. Emploi des poutres. — Quand la portée des solives atteint 6 ou 7 mètres pour les planchers ordinaires, et souvent même une valeur moindre pour les planchers très chargés, il est avantageux d'abandonner le solivage parallèle et d'employer des *poutres* divisant la surface à couvrir par le plancher en *travées* de largeur moindre, et sur lesquelles on disposera des solivages parallèles.

Les poutres sont appuyées sur les trumeaux dont la résistance doit être alors suffisante, puisque toute la charge des planchers est reportée sur eux ; elles sont constituées par un fer laminé double T de grande hauteur, ou mieux, dans la majorité des cas, par une pièce à section double T en tôles et cornières ; leurs ailes doivent avoir assez de largeur pour reporter convenablement la charge sur les appuis.

Les poutres doivent être calculées avec plus de précision que les solives ordinaires, et en admettant une résistance de sécurité moindre, car ce sont des parties importantes de la construction ; il faut que dans le cas où un plancher serait surchargé au delà de sa résistance, ce soit le solivage qui prévienne, par les déformations qu'il prend alors, du danger que court la construction, avant que les poutres aient pu se trouver dans des conditions de fatigue exagérée.

Il ne faut jamais faire reposer une poutre sur un linteau ; si l'on se trouve obligé de le faire, il faut alors donner à celui-ci la rigidité la plus grande possible et prendre toutes les dispositions nécessaires pour remédier aux inconvénients que présente une telle solution.

98. Divers genres de poutres. — 1° *Poutres en fers laminés.* Comme nous l'avons dit, on peut employer comme poutre un fer laminé de grande hauteur; si on est ainsi conduit à un fer de trop grandes dimensions, on compose la poutre de deux *fers jumelés* entretoisés de mètre en mètre par des boulons à quatre écrous et placés à une distance de 0 m 30 à 0 m 50 l'un de l'autre, l'intervalle étant rempli de maçonnerie. Les deux fers sont ainsi rendus bien solidaires l'un de l'autre, en cas de surcharge inégales des deux travées; le système formé ne peut pas se voiler, et il se présente une largeur suffisante pour l'appui du solivage à sa partie supérieure.

On emploie quelquefois des poutres formées de trois fers jumelés, assemblés d'une manière analogue. Dans les deux cas, on a intérêt à écarter le plus possible les fers qui composent la poutre, parce qu'on diminue ainsi la portée des solives des travées et par suite leur section ; il peut en résulter une économie appréciable.

2° *Poutres en tôles et cornières.* Enfin, lorsque les poutres sont plus importantes, on ne trouve plus de profils laminés assez forts pour les constituer, ou bien ils sont trop pesants, et il y a économie à composer des poutres en tôles et cornières, bien qu'elles soient plus chères aux cent kilogrammes que les fers laminés. On les constitue d'une âme en tôle de 0 m 006 à 0 m 012 d'épaisseur, de quatre cornières, et de tables ou semelles plus ou moins larges et épaisses (voir n° 63) ; on évite cependant de donner aux tables une trop grande largeur, parce que dès que les semelles dépassent les cornières de plus de 0 m 060 à droite et à gauche, on est obligé, s'il y en a plusieurs, de les relier entre elles par des files de rivets supplémentaires, pour les empêcher de bâiller (fig. 338).

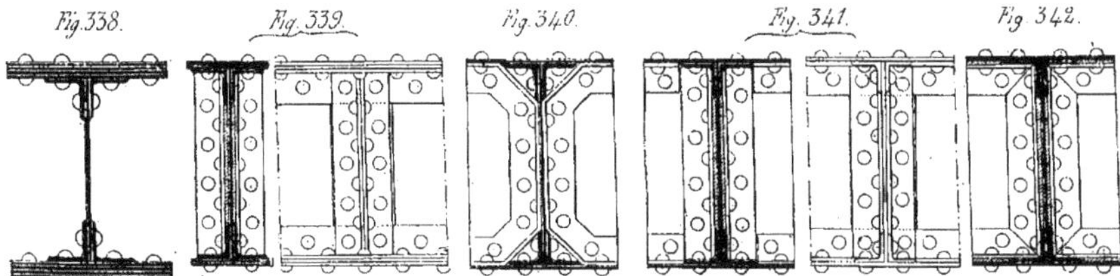

Quand les poutres sont un peu hautes, on les consolide de distance en distance, pour éviter leur voilement, par des *renforts* composés de fers simples T ou de doubles cornières, rivés sur l'âme avec interposition d'une fourrure pour racheter l'épaisseur des cornières de la poutre (fig. 339) ; dans le cas où les tables sont larges, on est obligé de placer une tôle entre les cornières de renfort, et de fixer cette tôle aux tables en coudant les cornières, ou plus simplement par des bouts de cornières (fig. 340, 341 et 342). On applique encore ces renforts aux points où les poutres reçoivent ou transmettent des efforts considérables, comme par exemple au-dessus de leurs appuis.

3° *Poutres jumelées en tôles et cornières.* Pour donner moins de hauteur aux poutres, ou si l'on est conduit à leur constituer des tables trop larges ou trop épaisses, on peut les former de *pièces jumelées*; cette disposition est encore avantageuse lorsque les colonnes ou les piliers qui supportent une poutre se prolongent à l'étage supérieur ; on les fait alors passer entre les deux pièces. Celles-ci doivent être reliées de place en place au moyen de plates-bandes en tôle fixées à leurs tables supérieures et inférieures par les rivets mêmes des poutres (voir fig. 126) ; ceci n'empêche pas de relier aussi leurs âmes par des boulons à quatre écrous, de 0 m 020 à 0m 025 de diamètre, ou lorsqu'elles sont plus importantes par des lames de tôle verticales fixées par des cornières sur leurs âmes ; on peut encore employer dans le même but les divers moyens que nous avons indiqué au n° 65. On augmente encore la solidarité des deux poutres en remplissant leur intervalle avec de bonne maçonnerie de meulières ou de briques et de ciments.

4° *Poutres en caisson.* Nous avons déjà défini ces poutres au n° 66 ; leur forme est rationnelle au point de vue de la résistance ; mais outre qu'elles offrent pour l'assemblage des solives des difficultés assez grandes, elles présentent encore l'inconvénient que leurs faces intérieures étant inaccessibles ne peuvent pas être entretenues de peinture ; elles sont, par suite, exposées à la destruction par la rouille. Partout où il y a des assemblages à faire avec d'autres pièces, il faut ménager des trous dans les âmes ou dans les tables pour pouvoir passer les boulons et les maintenir pendant le serrage, ce qui diminue la résistance de la poutre ; il vaut toujours mieux employer deux pièces jumelées qui ne présentent aucun de ces inconvénients.

5° *Poutres en treillis.* Lorsque les poutres d'une construction doivent rester apparentes, on les exécute souvent *en treillis*. Une poutre en treillis se compose de deux *membrures* formées chacune de deux cornières au moins, et le plus souvent, en outre, d'une tôle d'âme et de tables lorsque la poutre devient plus importante ; ces membrures sont reliées par des *barres de treillis* rivées sur elles par leurs extrémités. Nous avons montré au n° 78 des exemples de cet assemblage dans les cas les plus ordinaires. Au point de vue de leur forme générale, les poutres en treillis peuvent être classées en deux catégories : les *treillis simples* et les *treillis multiples*.

Les *treillis simples* sont de trois sortes : le *treillis en V* dans lequel les barres sont alternativement inclinées dans un sens et dans l'autre ; le *treillis en N* composé de barres verticales ou *montants* et de *barres obliques* formant dans la moitié gauche de la poutre des N, tandis que dans la moitié de droite, elles forment des N renversés ; les *treillis en N renversé* qui présente une disposition symétrique de la précédente, les N renversés se trouvant à gauche de l'axe, tandis que les N droits se trouvent à droite.

L'intervalle compris entre deux montants verticaux s'appelle un *panneau* ; dans le cas où la poutre ne présente pas un nombre pair de panneaux, celui du milieu doit avoir deux barres diagonales, une dans chacune des directions obliques. Le point où deux ou plusieurs barres se réunissent sur une membrure s'appelle un *nœud* ; c'est généralement au droit des nœuds que doivent être appliquées à une poutre les charges que lui transmettent les solives de plancher appuyées sur elle. On s'arrange autant que possible pour donner aux barres diagonales du treillis une inclinaison voisine de 45°, celle-ci étant la plus favorable parce qu'elle conduit pour ces barres aux dimensions transversales minima.

Pour éviter la production, dans les barres de treillis, d'efforts secondaires qui viennent augmenter notablement la fatigue de ces barres, il faut se conformer aux règles suivantes : les axes neutres des différentes barres doivent être le plus possible rapprochés du plan vertical médian de la poutre ; les axes des barres qui concourent en un nœud doivent s'y rencontrer en un même point qui constitue le nœud théorique ; enfin les attaches des barres de treillis sur l'âme de la membrure doivent être plutôt étroites et prolongées sur cette âme, les rivets étant placés en lignes parallèles aux axes des barres et peu écartées de ces axes.

Dans un *treillis simple*, un plan vertical mené entre deux nœuds ne rencontre jamais qu'une seule barre de treillis; un *treillis multiple* est celui dans lequel un plan vertical ainsi mené rencontre plus d'une barre; ce treillis peut être décomposé en autant de treillis simples qu'il y a de barres rencontrées. On peut considérer une poutre en treillis multiple comme formée par la superposition d'un certain nombre de poutres en treillis simples, entre lesquelles les charges seraient également partagées, les membrures de cette poutre supportant des efforts égaux aux sommes des efforts supportés par les membrures des poutres simples partielles.

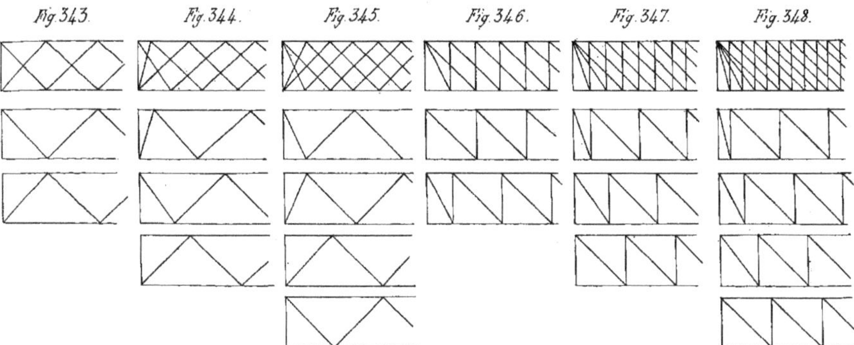
Fig. 343. Fig. 344. Fig. 345. Fig. 346. Fig. 347. Fig. 348.

Pour fixer les idées, nous donnons le treillis double en V (fig. 343), le treillis triple (fig. 344) et le treillis quadruple (fig. 345) avec les systèmes simples en lesquels on peut les décomposer; de même les treillis double, triple et quadruple en N droit (fig. 346, 347, 348).

Si on considère une poutre simple en V, on peut lui adjoindre des montants verticaux si les charges sont placées sur la semelle supérieure (fig. 349) pour reporter ces charges sur les nœuds inférieurs; si les charges sont placées sur la semelle inférieure, ce qui arrivera très rarement pour les planchers, les montants transmettront les charges aux nœuds supérieurs, ce seront de

Fig. 349. Fig. 350. Fig. 351.

véritables aiguilles pendantes (fig. 350). Si l'on ajoute ces mêmes montants à un système de treillis double en V, on obtiendra le *treillis à croix de Saint-André ou en X*, souvent employé à cause de la symétrie que présente la disposition des barres (fig. 351). Les montants ne jouent dans ce dernier que le rôle de renforts aux points d'application des charges, et ils servent surtout à solidariser les deux membrures, à s'opposer au voilement de la poutre et à rendre plus faciles les assemblages des pièces transversales qui viennent se fixer sur elle.

Dans une poutre en treillis, certaines barres sont soumises à des efforts d'extension, d'autres à des efforts de compression longitudinale ; les premières peuvent être constituées par des fers plats ; il en est de même des secondes lorsque les poutres ne supportent que des charges peu importantes et que les barres comprimées sont courtes ; dans le cas contraire, il est plus économique de constituer les barres comprimées par des fers présentant des sections plus en rapport avec les efforts auxquels elles doivent résister, par des cornières, des fers à simple T, des fers en U, suivant les cas. Il est même souvent préférable de faire toutes les barres aussi bien tirées que comprimées en fers de ces derniers types ; on obtient ainsi des poutres plus régulières d'aspect, et surtout plus rigides : de plus, les barres sont toutes capables de résister à des efforts de compression qui peuvent être à certains moments développés même dans des barres qui sont ordinairement soumises à des efforts d'extension, lorsque les charges occupent accidentellement des positions différentes de celles qu'on avait prévues dans le calcul.

On peut obtenir un effet décoratif plus satisfaisant qu'avec des treillis, lorsque les poutres ne sont pas trop importantes, en les construisant avec une *âme en tôle découpée* ; les dessins adoptés peuvent varier à l'infini, mais ils seront toujours disposés de telle sorte que les parties pleines de la tôle forment une sorte de treillis présentant une résistance suffisante.

99. Repos des poutres sur leurs appuis. — Les poutres reportent sur les murs, en leurs points d'appui, des charges considérables qui doivent être convenablement réparties sur les maçonneries pour n'en pas amener l'écrasement ou la disjonction dans le cas où elles sont composées de petits matériaux.

On établit alors dans le mur sur lequel doit reposer une poutre une pierre parpaing de 0 m 40 à 0 m 50 de hauteur d'assise, et d'une largeur suffisante pour répartir la pression sur une assez grande surface de la maçonnerie ordinaire du mur ; on fait reposer la poutre sur cette pierre par l'intermédiaire d'une plaque en tôle de 0 m 020 d'épaisseur ou en fonte de 0 m 030 au moins d'épaisseur. Si la plaque est en fonte et doit rester apparente sur le parement du mur, on la

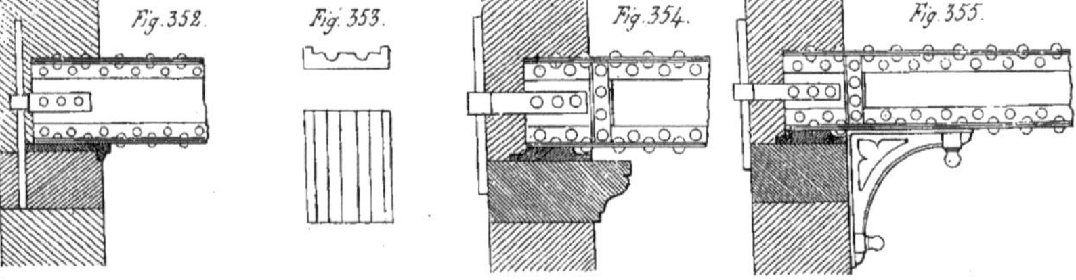

termine par une légère saillie moulurée (fig. 352). On fraise les rivets de la semelle inférieure de la poutre pour assurer son repos sur la plaque d'appui ; dans le cas où celle-ci est en fonte, il est plus simple de lui faire venir de fonte des rainures de forme convenable pour recevoir les têtes de rivets (fig. 353).

La plaque d'appui d'une poutre peut porter à droite et à gauche des nervures longitudinales pour maintenir latéralement celle-ci ; on la fixe sur le mur soit à l'aide de boulons de scellement, soit à l'aide d'une nervure transversale venue de fonte à l'extrémité située dans l'épaisseur du mur ; cette nervure est cependant une gêne au point de vue de la facilité du scellement, et il vaut mieux la supprimer. La pose d'une plaque d'appui doit être faite avec le plus grand soin ; on interpose souvent entre elle et la pierre sur laquelle elle est placée une plaque de plomb, ou un coulis de ciment pur pour assurer le contact.

Lorsqu'une poutre a une longue portée et peut être soumise à des vibrations, on a avantage à donner à la plaque d'appui une surépaisseur vers le milieu afin que la poutre ne puisse jamais appuyer sur l'arête de la maçonnerie qui risquerait alors d'être écrasée (fig. 354).

Enfin on adopte souvent au point de vue décoratif une disposition qui consiste à placer sous l'about de la poutre une console en pierre, en fonte ou en tôle et fers assemblés qui ne sert habituellement que d'ornement, à cause de la difficulté qu'il y aurait à lui donner les dimensions nécessaires, si elle est en pierre, et à la fixer convenablement au mur dans les autres cas, pour qu'elle puisse effectivement servir d'appui (fig. 354 et 355).

Les poutres de planchers ne sont pas ordinairement soumises à des variations importantes de température, aussi ne prend-on pas en général de dispositions particulières pour permettre leur dilatation.

Les murs de face qui reçoivent les abouts des poutres seraient mal reliés entre eux si l'on ne profitait de la présence de celles-ci pour constituer un *chaînage* énergique ; à cet effet, on fixe à l'extrémité de l'âme de la poutre, à l'aide de rivets ou de boulons, un fer plat formant collier et embrassant une ancre extérieure au mur et apparente (fig. 354 et 355) ou simplement une barre de fer carré ou rond de $0^{m}030$ à $0^{m}040$ de diamètre noyée dans la maçonnerie du mur et ayant 1 mètre de longueur environ (fig. 352).

Lorsqu'une poutre doit rester apparente, on interrompt le plus souvent les cornières près de l'extrémité et on les raccorde d'onglet avec une cornière verticale longeant le parement du mur et formant encadrement de l'about de la poutre (fig. 354 et 355).

Dans une poutre en treillis, on s'arrange ordinairement pour que le dernier panneau de treillis s'arrête au droit du mur, le panneau d'appui étant plus étroit que les autres, et constitué à âme pleine avec renforts en cas de besoin, de manière à présenter une grande résistance à l'effort tranchant.

Si une poutre repose sur une colonne ou un pilier métallique, comme cela arrive dans les constructions en pans de fer, l'about de la poutre est terminé par une double cornière verticale que l'on boulonne sur le flanc du pilier ; on la soutient en outre par une console plus ou moins importante, qui peut alors jouer effectivement le rôle d'appui, parce qu'il est possible de l'attacher au pilier d'une manière absolument rigide par un nombre suffisant de rivets ou de boulons placés sur sa semelle verticale.

100. Assemblage des solives sur les poutres. — 1° *Solives posées sur les poutres.* Dans le cas, où la poutre est formée d'un simple fer laminé, même à larges ailes, le peu de largeur que présente sa table supérieure oblige à former d'une seule pièce, si cela est possible, les solives correspondant à deux travées voisines, afin d'obtenir un meilleur repos sur la poutre ; on éclisse fortement les différents tronçons de solives les uns au bout des autres au droit des poutres s'il y a plus de deux travées. On s'arrange pour que les solives des différentes travées soient bien en ligne, ce qui permet, grâce à leur éclissage, d'obtenir un bon chaînage des murs latéraux du bâtiment ; on dispose les jonctions en les alternant de manière que de deux en deux les solives soient continues au-dessus d'une même poutre. On est alors conduit à adopter les mêmes fers pour toutes les travées, même si elles n'ont pas une largeur égale ; on dépense ainsi un peu plus de métal qu'il n'est nécessaire, mais on a l'avantage d'une pose simple et régulière, et par suite mieux faite et moins coûteuse.

On emploie la même disposition si les poutres sont formées de deux fers jumelés, mais alors le repos des solives est bien meilleur, puisqu'il se fait sur une plus large surface.

Lorsque les poutres sont en tôles et cornières, il faut s'arranger de telle sorte que les solives tombent dans l'intervalle des têtes de rivets de la semelle supérieure ; si cela n'est pas possible, il faut fraiser les têtes des rivets qui se trouveraient au droit d'une solive. Il en résulte une certaine complication dans le traçage des poutres, et il est préférable, dans ce cas, de mettre sur la poutre, dans son axe et entre les deux lignes de rivets, une barre de fer plat un peu plus épais que la tête des rivets, sur laquelle viennent s'appuyer les solives ; ce procédé sera surtout avantageux si un plafond doit être formé sous les solives ; l'enduit viendra alors s'arrêter au niveau des semelles supérieures de la poutre, qui resteront entièrement au-dessous.

Lorsqu'une poutre est construite en treillis, il faut prévoir d'avance la disposition des solives, de manière à les placer exactement au-dessus des nœuds du treillis.

2° *Planchers assemblés à poutres non apparentes.* Quand les poutres ne peuvent pas faire saillie sur le plafond, et doivent être comprises dans l'épaisseur du plancher, il faut éviter de leur donner trop de hauteur, et à cet effet on est conduit à augmenter le plus possible la largeur de leurs tables ; on assemble alors les solives à l'aide d'équerres sur l'âme des poutres, en les faisant reposer sur les ailes inférieures de celles-ci. On a soin, pour simplifier les assemblages, et ne pas avoir besoin de percer un trop grand nombre de trous dans l'âme de la poutre, de placer en prolongement les unes des autres les solives des différentes travées ; nous avons vu cet assemblage au n° 71, fig. 233.

Lorsque le plancher est fortement chargé ou que sa portée est grande, on est obligé de former les poutres par deux fers jumelés qu'il est bon, comme nous l'avons indiqué, d'écarter le plus possible l'un de l'autre, si la largeur des trumeaux d'appui le permet, afin d'avoir plus de facilité pour passer les boulons d'assemblage, et afin surtout de réduire la portée des solives qui viennent s'assembler sur chacun des deux fers ; cet écartement ne doit cependant pas dépasser celui des solives courantes, si l'on veut que le hourdis se tienne bien entre les poutres.

Il faut éviter d'employer dans ce cas des poutres formées de trois fers jumelés ; le fer intermédiaire qui ne comporte pas d'assemblages de solives ne supporte pas les mêmes charges que les autres et ne résiste pas bien solidairement avec eux, la liaison par les boulons d'entretoise, et même par les hourdis, n'étant pas suffisante pour qu'on soit assuré de la solidarité complète de l'ensemble.

3° *Planchers assemblés à poutres apparentes.* Dans certains cas, les poutres tout en étant partiellement logées dans l'épaisseur du plancher, peuvent être visibles par-dessous, en faisant une saillie réduite dont on profitera pour constituer des *soffites*.

L'assemblage des solives sur les poutres est alors réalisé comme nous l'avons montré au n° 70, fig. 207, et 210 à 215 ; suivant les dimensions des poutres et les charges que leur transmettent les solives, l'assemblage devra présenter plus ou moins de solidité, et on adoptera l'une des dispositions indiquées; le plus généralement, on s'arrangera pour que les ailes supérieures des solives soient arasées avec les semelles des poutres, ou soient très peu au-dessous, ces dernières étant alors un peu plus basses que le dessus des lambourdes du parquet.

101. Poutres apparentes formant soffites. — Les poutres en fer apparentes sont généralement un peu maigres d'aspect lorsqu'elles sont formées d'un fer isolé; souvent alors on les habillera pour obtenir le même aspect qu'avec les poutres en bois; on emploiera à cet effet deux pièces de bois moulurées placées de chaque côté de la poutre et qui y seront fixées par des boulons à tête et écrou noyés (fig. 356); cette manière de constituer le soffite ne convient qu'à des poutres de peu d'importance n'exigeant pas par leur hauteur des pièces de bois de grandes dimensions.

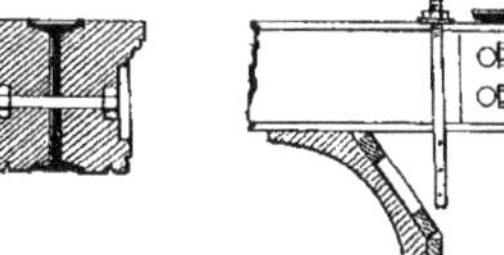

Fig. 356.

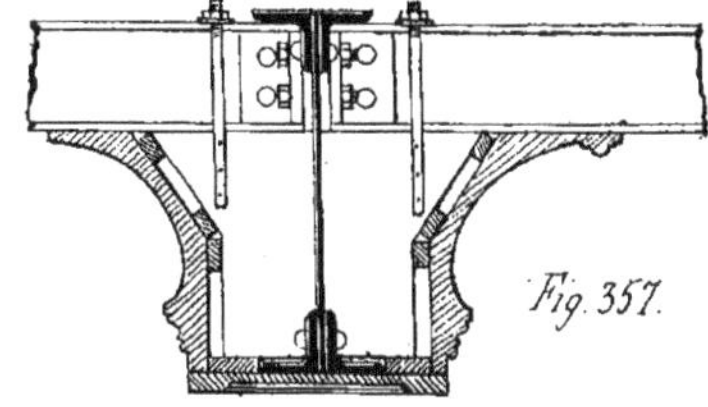

Fig. 357.

On peut, si les poutres sont plus importantes, y fixer de distance en distance des planches découpées présentant à peu près la forme de la section transversale du soffite à obtenir et sur lesquelles on vient clouer, avec interposition de tasseaux, des planches et des moulures longitudinales formant un coffrage qui entoure la poutre et qui la dissimule complètement en produisant l'aspect d'une poutre en bois (fig. 357).

Remarquons que cette manière de simuler des poutres en bois dans une construction en métal ne saurait être recommandée; la raison pour laquelle il est bon d'envelopper les pièces métalliques principales d'une construction, c'est qu'elles sont ainsi protégées contre l'incendie et contre les agents atmosphériques qui favorisent le développement de la rouille; il n'est donc pas rationnel d'envelopper de bois une poutre en fer.

On peut exécuter un soffite en maçonnerie autour des fers en les entourant de fils de fer pour obtenir une meilleure adhérence; on obtient encore le même résultat en rivant sur l'âme de petites bandes de tôle recourbées et en saillie appelées *ailes de mouches*; on enveloppe le tout de mortier de plâtre.

On réalisera des soffites moins lourds et meilleurs comme isolants au point de vue du feu, en les composant au moyen de pièces de *terre cuite* de forme appropriée, laissant un vide entre elles et les poutres, sur lesquelles elles seront fixées au moyen de vis de cuivre; ce système est fréquemment employé en Amérique où il a donné jusqu'ici de bons résultats.

Enfin on peut constituer ces enveloppes à l'aide du *métal déployé* et du *mortier de plâtre* ou du *mortier de ciment*; à cet effet, on forme avec des feuilles de métal déployé un coffrage entourant la poutre, et qui y est fixé au moyen de quelques tringles en fer ou en acier; à l'aide d'un tour de main particulier, on jette le mortier contre les parois de ce coffrage; il s'y accroche en formant une enveloppe continue qui laisse entre elle et la poutre un vide où l'air peut circuler; on donne extérieurement à l'enveloppe telle forme qu'on veut et on y pousse des moulures;

on peut y adapter une décoration plus ou moins riche, lorsqu'on emploie le ciment et grâce à son adhérence, en y incrustant des plaques de faïence ou de porcelaine décorée.

102. Planchers avec appuis intermédiaires. — 1° *Dispositions générales.* Dans les bâtiments industriels, où les charges supportées par les planchers sont souvent considérables, il est avantageux, si l'on ne veut pas être conduit à des poutres de grandes dimensions, de les soutenir en un ou plusieurs points de leur longueur par des *piliers* ou des *colonnes.*

La distance d'axe en axe des trumeaux, et par suite la position des piliers qu'on placera toujours sur le même axe qu'eux, seront déterminées par différentes conditions ; on devra souvent en particulier se ménager la possibilité de se servir de ces piliers pour supporter des arbres de transmission ; comme ceux-ci exigent des supports environ tous les 4 mètres, telle devra donc être à peu près, dans ce cas, la distance d'axe en axe des trumeaux.

Cette distance et la largeur totale du bâtiment étant données, on s'arrangera pour que les files de piliers ou de colonnes soient autant que possible également espacées. On pourra alors se demander dans quel sens il sera le plus avantageux de placer les poutres, soit parallèlement aux façades du bâtiment, soit perpendiculairement ; on se rendra compte du nombre de poutres nécessaires dans chaque cas, et de leurs portées ; on remarquera que comme les solives sont les pièces les plus nombreuses, il importe de les placer dans le sens qui leur donne la moindre portée, et pour lequel les solives des diverses travées sont égales entre elles ou très peu différentes. Il est des cas où l'étude du plancher devra être faite de deux manières possibles si on ne voit pas *a priori* quelle est la solution à adopter.

2° *Entretoisement des têtes des piliers.* Les piliers en maçonnerie ont généralement des dimensions transversales qui leur assurent une stabilité suffisante ; il n'en est pas de même des colonnes ou piliers métalliques dont les dimensions transversales sont faibles et il faut relier leurs têtes dans le sens perpendiculaire aux poutres. Dans le cas où les solives reposent simplement sur la semelle supérieure des poutres, la liaison se fait au moyen de filets en fers double T, qui établissent en même temps le chaînage du bâtiment dans le sens perpendiculaire aux poutres, et qui sont assemblés sur celles-ci à l'aide d'équerres et de boulons ; les fers qui les composent, tout en étant moins importants en général que les poutres, ont cependant la même hauteur et le même écartement, si comme on le fait ordinairement alors les poutres sont jumelées. Il en résulte que le plafond est divisé en caissons réguliers qui sont un élément important de décoration ; souvent même, lorsqu'on ne tient pas absolument à l'économie, on donne aux filets d'entretoisement les mêmes dimensions qu'aux poutres, afin d'avoir plus de symétrie dans l'ossature apparente du plancher (fig. 358) ; on supprime les solives qui tomberaient au droit des colonnes.

Lorsque les solives sont assemblées sur les âmes des poutres, certaines d'entre elles servent elles-mêmes à l'entretoisement des poutres d'une colonne à l'autre ; on a soin, en étudiant la disposition des solives, d'en placer une au droit de chaque colonne (fig. 359). On pourra doubler même cette solive pour en faire un filet, dans le cas particulier où, comme cela peut arriver quelquefois, elle aura à supporter une cloison à l'étage supérieur ; on donnera la même hauteur à ce filet qu'aux poutres, et le même écartement, si l'on veut constituer un plafond à caissons, et on répartira les solives dans les intervalles.

Les poutres peuvent être interrompues au-dessus des colonnes ou des piliers, et seulement éclissées entre elles, ou bien, au contraire, être continues et d'une seule pièce dans toute leur longueur, ce qui permet, dans le cas où les poutres ont plus de deux travées, de pouvoir réduire un peu leurs dimensions transversales si dans le calcul on tient compte de leur continuité.

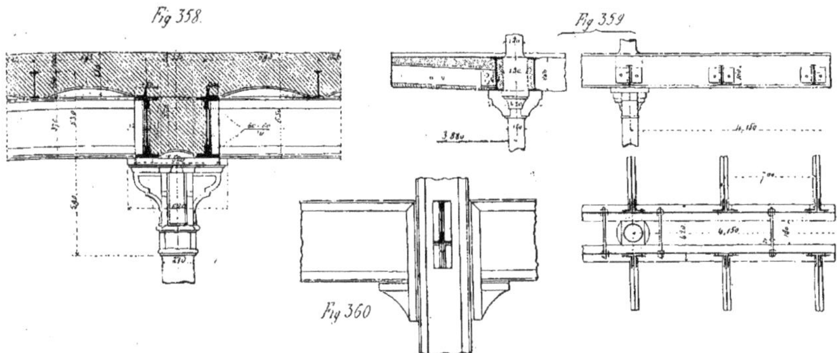

Le repos des poutres sur les piliers en maçonnerie se fera toujours par l'intermédiaire de plaques de fonte analogues à celles qu'on emploie pour les appuis sur les murs.

Lorsque les piliers sont en fer ou en acier, les poutres sont interrompues au droit de ces piliers par suite de la manière même dont se fait l'assemblage, et surtout lorsque ceux-ci sont prolongés à l'étage supérieur. L'entretoisement des piliers est obtenu par des poutres spéciales placées dans le sens perpendiculaire aux poutres du plancher, et assemblées sur eux (fig. 360).

103. Planchers avec deux systèmes de poutres. — Quand la portée des poutres dépasse 12 mètres ou même pour une portée moindre, si les surcharges du plancher sont très considérables, il devient avantageux d'employer deux systèmes de poutres perpendiculaires les unes aux autres : 1° des poutres principales de grande hauteur franchissant la plus petite largeur du bâtiment et espacées de 6 à 10 mètres ; 2° des poutres secondaires perpendiculaires aux premières et espacées de 4 à 5 mètres, qui supportent à leur tour le solivage.

Les poutres du second système seront assemblées entre les premières de manière que les tables supérieures soient à peu près arasées ; de même les solives seront ordinairement assemblées entre les poutres du second système, et dans les mêmes conditions, de manière à réduire le plus possible l'espace occupé en hauteur par l'ensemble du plancher ; les grandes poutres seront en général très hautes et exécutées en treillis.

104. Planchers de silos de moulins. — Dans les moulins, on conserve le blé en l'étalant par couches de 1 mètre environ d'épaisseur sur les planchers de vastes bâtiments ; mais on emploie aussi fréquemment aujourd'hui les *silos*. Ce sont des constructions dans lesquelles, entre des murs épais, le blé est entassé sur une grande hauteur de 10, 12 ou 15 mètres, de telle sorte que le plancher qui supporte une aussi forte charge doit être très résistant.

Le bâtiment est divisé par des séparations verticales en un certain nombre de cases dont chacune constitue un *silo*. A la partie supérieure est un étage dans lequel sont placés les transporteurs qui déversent le blé dans les divers silos par des trappes convenablement disposées au-dessus de chacun d'eux. A la partie inférieure du bâtiment et sous les silos se trouvent un ou deux étages pour la manutention du blé qui en est extrait.

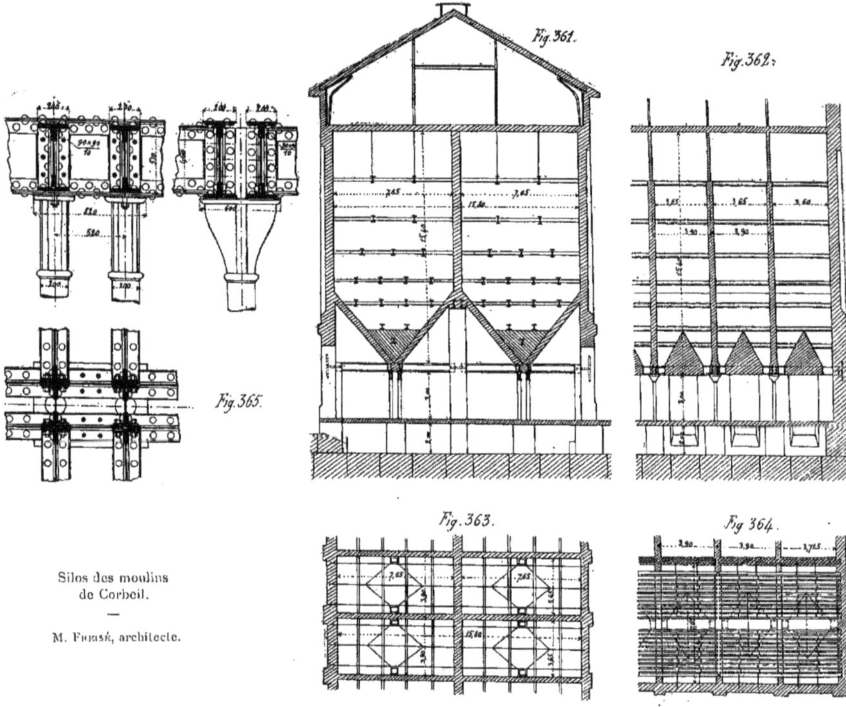

Silos des moulins de Corbeil.

—

M. Friesé, architecte.

La base du silo doit être disposée de manière qu'il puisse se vider par la chute naturelle du grain à travers les trappes inférieures, sans qu'on ait besoin d'y pénétrer avec des lumières, ce qui pourrait amener de graves accidents, les folles poussières formant avec l'air un mélange détonant. A cet effet, la partie inférieure du silo a deux de ses faces disposées en plans inclinés; elle est partagée en son milieu et dans une direction perpendiculaire à celle de ces faces par une murette en maçonnerie en forme de prisme triangulaire qui divise la masse du grain pour le faire descendre vers les trappes, placées au nombre de deux pour chaque silo, contre les parois de séparation des deux silos voisins. Les angles des faces des pyramides quadrangulaires ainsi formées sont bien arrondis, et inclinés environ à 45°.

Les parois verticales des silos sont montées sur de fortes poutres soutenues par des piles en maçonnerie ou des colonnes en fonte; elles sont en briques de 0m 22, avec de place en place un mur de 0m 50 formant isolément contre l'incendie et présentant plus de résistance; on les entretoise par des fers à double T allant de l'une à l'autre et placés à diverses hauteurs. Les parois inclinées de la base sont formées d'un plancher de fortes solives double T, entretoisées par des boulons à quatre écrous, avec hourdis plein en meulière et ciment.

Le prisme inférieur de maçonnerie dont il a été parlé plus haut est supporté par une forte poutre et par les faces inclinées de la base du silo. Nous donnons (fig. 361, 362, 363 et 364) les plans et coupes des silos construits par M. Friesé pour les moulins de Corbeil, et (fig. 365) les détails du repos des poutres inférieures sur les colonnes en fonte qui les supportent.

105. Planchers de galeries en porte-à-faux. — Lorsqu'on veut établir un pareil plancher, on le supporte par des *consoles* en fer laminé, ou plutôt en tôles et cornières. si la galerie est large, ces consoles étant solidement encastrées dans le mur que longe la galerie. On voit que ce mur doit alors présenter des dimensions suffisantes pour fournir un encastrement assez résistant. On relie les abouts de toutes les consoles par une *poutre de rive*, et on établit entre le mur et cette poutre de petites solives pour supporter le hourdis.

Il est avantageux, dans bien des cas, de constituer le plancher d'une telle galerie en prolongeant à travers le mur les solives du plancher du bâtiment auquel elle est adjacente, si ces solives sont placées perpendiculairement à la direction de la galerie; on constitue ainsi l'encastrement par continuité au-dessus du mur, et on soulage d'autre part les solives du plancher; il est bon, même dans ce cas, de relier encore par une poutre de rive les abouts en porte-à-faux des diverses solives.

106. Calcul d'une poutre de plancher. — 1° *Formules empiriques.* Une poutre posée sur deux appuis ayant pour portée libre entre murs L, on lui donnera une hauteur qui peut être obtenue par la formule :

$$h = 0^{m}20 + 0{,}05\text{L}$$

dans laquelle L est exprimé en mètres; cette formule convient à une poutre simple, et donne plutôt des hauteurs un peu fortes; souvent on prend simplement la hauteur égale à une fraction variant de $\frac{1}{10^e}$ à $\frac{1}{15^e}$ de la portée entre murs.

Pour les poutres jumelées, on pourra employer la formule :

$$h = 0{,}14 + 0{,}03\text{L};$$

mais on pourra simplement prendre pour cette hauteur $\frac{1}{15^e}$ à $\frac{1}{20^e}$ de la portée.

Les plaques d'appui auront une longueur donnée par la formule :

$$\lambda = 0{,}30 + 0{,}01\ \text{L}.$$

On leur donnera une épaisseur égale au dixième de leur longueur ; quant à leur largeur, on la prendra une fois et demie plus grande que la largeur des semelles de la poutre.

Cette dernière doit être au moins égale à la largeur des deux cornières de la membrure augmentée de l'épaisseur de l'âme ; mais elle pourra être beaucoup plus grande, à la condition cependant que les tables ne débordent pas trop les cornières, surtout si elles sont peu épaisses, car elles pourraient alors avoir tendance à se voiler.

La portée de la poutre à introduire dans le calcul est L′ égale à la distance d'axe en axe des plaques d'appui. On a donc :

$$L' = L + \lambda.$$

La distance des axes de deux travées adjacentes du plancher étant l, et Q étant la charge totale par mètre carré de plancher, on considère qu'une poutre supporte, du fait du plancher, une charge totale :

$$P = QL'l.$$

On peut, comme première approximation, évaluer le poids p par mètre courant de la poutre, y compris les équerres et assemblages, à :

$$p = \frac{0{,}0005\ PL'}{h}$$

2° *Calcul d'une poutre à âme pleine posée sur deux appuis.* — A) Calcul de la section de la poutre. — La poutre supporte une charge uniformément répartie formée de la charge totale du plancher, et du poids qu'elle pèse elle-même, soit au total :

$$P + pL'.$$

Le moment fléchissant, maximum dû à ces charges, a pour valeur :

$$M = (P + pL')\ \frac{L'}{8},$$

L′ désignant alors la distance comprise entre les milieux des plaques d'appui.

La poutre doit présenter un module de résistance :

$$\frac{I}{v} = \frac{M}{R}$$

On admettra R = 6 kilogrammes par millimètre carré pour des travaux soignés, dans lesquels on veut éviter que la flèche prise par les poutres soit trop forte, et pour les raisons données plus haut.

Si la poutre doit être formée d'un fer laminé, on cherchera celui-ci dans la table des fers, comme on l'a fait pour une solive du plancher. Si elle doit être composée de tôles et de cornières, la difficulté consiste à obtenir une section présentant le module de résistance voulu ; on peut y arriver de diverses manières : tout d'abord, on peut calculer la section ω d'une membrure, comprenant deux cornières, le bout d'âme compris entre elles, et les semelles à l'aide de la formule approximative suivante :

$$\omega = \frac{M \times k}{Rh}.$$

h est la hauteur de la poutre prise en dehors des cornières, abstraction faite des tables ; k est un coefficient empirique que l'on peut calculer en fonction de la hauteur h par la formule :

$$k = \frac{9 + 7h}{6 + 10h}.$$

Cette section étant obtenue, on admet une certaine épaisseur d'âme, un modèle donné de cornières, et on calcule la section que fournissent deux cornières et le bout d'âme compris entre elles ; on y ajoute, sous forme de tables, la section nécessaire pour obtenir la section totale ω calculée, ou une valeur un peu plus grande ; puis on vérifie par la formule exacte que la poutre formée présente le module de résistance cherché $\frac{I}{v}$, ou un module un peu plus grand ; dans le cas où ce résultat n'est pas obtenu avec l'approximation convenable, on modifie légèrement l'épaisseur des tables jusqu'à ce qu'on ait trouvé la valeur désirée ; dans ces derniers calculs, on se donnera la hauteur de la poutre entre tables, et on ne la fera plus varier ensuite dans les divers tâtonnements ; il importe peu en effet, en général, que la poutre ait quelques millimètres en plus ou en moins de hauteur totale.

Bien qu'il ne présente aucune difficulté, ce calcul est cependant un peu long, et en particulier en ce qui concerne la recherche de la valeur exacte du module de résistance et les tâtonnements dont nous venons de parler.

La formule exacte qui sert à calculer le module de résistance $\frac{I}{v}$ est la suivante ; h étant la hauteur entre tables, l_1 la longueur de la branche de cornière parallèle à l'âme, l_2 la longueur de l'autre branche, e_c l'épaisseur des cornières, e_a l'épaisseur de l'âme, l_t la largeur d'une table, e_t son épaisseur, on a :

$$\frac{I}{v} = \frac{h^3(2l_2 + e_a) + [(h + 2e_t)^3 - h^3]l_t - 2e_c(h - 2l_1)^3 - 2(l_2 - e_c)(h - 2e_c)^3}{6(h + 2e_t)}.$$

On peut simplifier ces recherches et ces calculs si l'on dispose de tables établies d'avance donnant le moment d'inertie I d'une tôle d'âme de hauteur donnée, de quatre cornières placées à une distance donnée, et de deux tôles de tables égales placées à la même distance ; on calculera alors le moment d'inertie I en additionnant les valeurs données par ces tableaux, et on le divisera par v qui est la demi-hauteur de la poutre, soit $\frac{h}{2} + e_t$.

Nous donnons ici ces tableaux pour les hauteurs de $0^m 20$ à $2^m 30$, qui comprennent ainsi celles des poutres qu'on aura ordinairement à employer dans la construction des planchers ; ces hauteurs vont de $0^m 05$ en $0^m 05$; pour les hauteurs intermédiaires, on pourra, sans erreur sensible, faire l'interpolation en admettant que le moment d'inertie varie proportionnellement à la hauteur, ce qui n'est pas exact ; de même, nous n'indiquons que les valeurs correspondant à certaines épaisseurs de semelles, et aux épaisseurs extrêmes des cornières de chaque modèle, et on pourra admettre aussi que l'augmentation du moment d'inertie est proportionnelle à l'augmentation d'épaisseur.

Pour les tôles d'âme, le moment d'inertie est rigoureusement proportionnel à l'épaisseur, mais il n'augmente pas proportionnellement à la hauteur, bien qu'on puisse encore admettre cette proportionnalité sans erreur sensible pour des valeurs intercalées entre celles du tableau.

L'effort tranchant maximum auquel la poutre doit résister se produit au-dessus de l'appui, et il a pour valeur :

$$T = \frac{P + pL'}{2}.$$

On vérifie que l'âme est suffisante à elle seule pour résister à cet effort ; si e_a est son épaisseur, h sa hauteur, sa section est égale à $e_a \times h$, et on doit avoir :

$$\frac{T}{e_a \times h} \leqslant \frac{4}{5} R.$$

La rivure des cornières sur l'âme et sur les semelles sera vérifiée par la formule :

$$c \leqslant \frac{2}{5} R\pi d^2 \frac{h}{T},$$

dans laquelle c est la distance d'axe en axe de deux rivets, d le diamètre de ceux-ci, h la hauteur de la poutre entre tables, T l'effort tranchant maximum.

B) Répartition des semelles d'une poutre. — On peut gagner un certain poids sur une poutre qui comporte plusieurs tôles de semelles en limitant les longueurs de ces différentes tôles, de manière à proportionner l'importance des semelles aux variations du moment fléchissant ; pour éviter que la poutre, qui a alors en son milieu plus de hauteur qu'aux extrémités, ne paraisse présenter une flèche désagréable à l'œil, on est obligé de lui donner, en la construisant, une flèche supérieure à l'épaisseur supplémentaire qu'elle a en son milieu, ce qui complique un peu le traçage des tôles et des divers assemblages des solives sur la poutre ; dans le cas où ces dernières doivent reposer directement sur la semelle supérieure, il faut alors les caler pour tenir compte de la dénivellation de cette semelle ; enfin la poutre ainsi obtenue prend sous les charges une flèche plus grande que si les semelles régnaient sans interruption d'un bout à l'autre. Pour ces diverses raisons, nous pensons qu'il n'y aura pas, en général, intérêt pour une poutre de plancher à adopter cette disposition, à moins que cette poutre ne se répète un grand nombre de fois dans la construction ; même dans ce cas, l'économie réalisée sur le poids de métal risquera d'être compensée dans certaines circonstances, par les difficultés d'exécution.

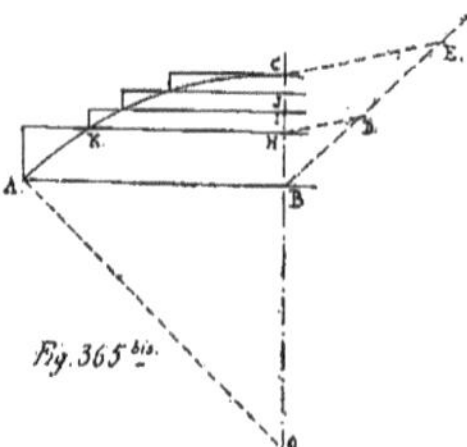

Fig. 365 bis.

On peut effectuer cette répartition des semelles de la manière suivante, dans le cas d'une poutre uniformément chargée : traçons une droite AB égale à la demi-portée de la poutre ; menons par l'extrémité A une droite à 45° jusqu'à sa rencontre en O avec la verticale du point B (fig. 365 *bis*) ; traçons du point O comme centre l'arc de cercle AC ; il diffère très peu de la demi-parabole qui représenterait les mo-

Tableau donnant $I \times 10^8$ *pour les âmes et les semelles en tôle.*

Hauteur entre semelles.	Ame de 0m010 d'épaisseur.	SEMELLES DE 0m100 DE LARGEUR ET D'ÉPAISSEUR ÉGALE A										
		0,006	0,008	0,010	0,012	0,014	0,016	0,020	0,025	0,030	0,035	0,040
0m200	667	1.273	1.731	2.207	2.699	3.210	3.739	4.853	6.354	7.980	9.736	11.626
0,250	1.302	1.966	2.663	3.382	4.121	4.883	5.667	7.303	9.479	11.805	14.286	16.926
0,300	2.250	2.809	3.795	4.807	5.843	6.906	7.995	10.253	13.224	16.380	19.711	23.227
0,350	3.573	3.802	5.127	6.482	7.865	9.279	10.723	13.703	17.604	21.705	26.011	30.527
0,400	5.333	4.945	6.659	8.407	10.187	12.002	13.851	17.653	22.604	27.780	33.186	38.827
0,450	7.594	6.238	8.391	10.582	12.809	15.075	17.379	22.103	28.229	34.605	41.236	48.126
0,500	10.417	7.681	10.323	13.007	15.731	18.498	21.307	27.053	34.479	42.180	50.161	58.427
0,550	13.866	9.274	12.455	15.682	18.953	22.271	25.635	32.503	41.354	50.505	59.961	69.727
0,600	18.000	11.017	14.787	18 607	22.475	26.394	30.363	38.453	48.854	59.580	70.636	82.027
0,650	22.885	12 910	17.319	21.782	26.297	30.867	35.491	44.903	56.979	69.405	82.186	95.326
0,700	28.583	14.953	20.051	25.207	30.419	35.690	41.019	51.853	65.729	79.980	94.611	109.626
0,750	35.156	17.146	22.983	28.882	34.841	40.863	46.947	59.303	75.104	91.305	107.911	124.926
0,800	42.667	19.489	26.115	32.807	39.563	46.386	53.275	67.253	85.104	103.380	122.086	141.226
0,850	51.177	21.982	29.447	36.982	44.585	52.259	60.003	75.703	95.729	116.205	137.136	158.526
0,900	60.750	24.625	32.979	41.407	49.907	58.482	67.131	84.653	106.979	129.780	153.061	176.826
0,950	71.448	27.418	36.711	46.082	55.529	65.055	74.659	91.103	118.854	144.105	169.861	196.126
1,000	83.333	»	40.643	51.007	61.451	71.978	82.587	104.053	131.354	159.180	187.536	216.426
1,050	96.469	»	44.775	56.182	67.673	79.251	90.915	114.503	144.479	175.005	206.086	237.726
1,100	110.917	»	49.107	60.607	74.195	86.874	99.643	125.453	158.229	191.580	225.511	260.026
1,150	126.740	»	53.639	67.282	81.017	94.847	108.771	136.903	172.604	208.905	245.811	283.326
1,200	144.000	»	58.371	73.207	88.139	103.170	118.299	148.853	187.604	226.980	266.986	307.627
1,250	162.760	»	63.303	79.382	95.561	111.843	128.227	161.303	203.229	245.805	289.036	332.927
1,300	183.083	»	68.435	85.807	103.283	120.866	138.555	174.253	219.479	265.380	311.961	359.227
1,350	205.031	»	73.767	92.482	111.305	130.239	149.283	187.703	236.354	285.705	335.761	386.527
1,400	228.667	»	79.209	99.407	119.627	139.962	160.411	201.653	253.854	306.780	360.436	414.827
1,450	254.052	»	85.031	106.587	128.249	150.035	171.939	216.103	271.979	328.605	385.986	444.127
1,500	281.250	»	90.963	114.007	137.171	160.458	183.867	231.053	290.729	351.180	412.411	474.427
1,550	310.323	»	97.095	121.682	146.393	171.231	196.195	246.503	310.104	374.505	439.711	505.727
1,600	341.333	»	103.427	129.607	155.915	182.354	208.923	262.453	330.104	398.580	467.886	538.027
1,650	374.344	»	109.959	137.782	165.737	193.827	222.051	278.903	350.729	423.405	496.936	571.327
1,700	409.416	»	116.691	146.207	175.859	205.650	235.579	295.853	371.979	448.980	526.861	605.627
1,750	446.614	»	123.623	154.882	186.281	217.823	249.507	313.303	393.854	475.305	557.661	640.927
1,800	486.000	»	130.755	163.807	197.003	230.346	263.835	331.253	416.354	502.380	589.336	677.227
1,850	527.635	»	138.087	172.982	208.025	243.219	278.563	349.703	439.479	530.205	621.886	714.527
1,900	571.583	»	145.619	182.407	219.347	256.442	293.691	368.653	463.229	558.780	655.311	752.827
1,950	617.906	»	153.351	192.082	230.969	270.015	309.219	388.103	487.604	588.105	689.611	792.127
2,000	666.667	»	161.283	202.007	242.891	283.938	325.147	408.053	512.604	618.180	724.786	832.427
2,100	771.750	»	177.747	222.607	267.635	312.834	358.203	449.453	564.479	680.580	797.761	916.027
2,200	887.330	»	195.011	244.207	293.579	343.130	392.859	492.853	618.854	745.980	874.236	1003.627
2,300	1013.946	»	213.075	266.807	320.723	374.826	429.115	538.253	675.729	814.380	954.211	1005.227

Tableau donnant $I \times 10^8$ pour quatre cornières à branches égales.

Cornières égales. Largeur des branches.	Cornières égales. Épaisseur	HAUTEUR DES POUTRES ENTRE SEMELLES 0,200	0,250	0,300	0,350	0,400	0,450	0,500	0,550	0,600	0,650
40	5	1.188	1,943	2.886	4.016	5,333	6,838	»	»	»	»
	6	1.395	2.280	3,399	4.733	6,290	8.069	»	»	»	»
50	5	1.439	2.372	3.542	4.949	6.594	8.476	10,597	12,954	»	»
	7	1.938	3.207	4,801	6.721	8,966	11.537	14.433	17.655	»	»
60	6	1,968	3,272	4,917	6,905	9,235	11.906	14.920	18.275	21.973	26,013
	9	2,799	4,681	7,063	9.945	13,326	17,206	21,586	26.466	31,844	37,723
70	8	2,867	4,812	7,284	10,284	13.813	17,869	22,453	27,566	33.206	39 371
	11	3,748	6.330	9,622	13,624	18.334	23,753	29,885	30,724	44.273	52,531
80	8	3.483	5,360	8.447	11.540	15,542	20,152	25,370	31.196	37,630	44,672
	12	4,475	7.605	11,623	16,529	22,323	29,005	36,576	45.034	54,380	64,614
90	9	3.860	6,528	9,966	14.173	19,149	24,896	31,412	38,697	46,751	55,575
	14	5.553	9,499	14,607	20,877	28,309	36,903	46,650	57,577	69,657	82,899
100	9	4.190	7.084	10,838	15,481	20,923	27,255	34,447	42,498	51,408	61,178
	12	5,337	9.087	12,964	19,969	27,402	35,364	44,753	55,270	66,916	79,689
	16	6,695	11,504	17,785	25,538	35,762	45,460	57,620	71,270	86,383	102,968

Cornières égales. Largeur des branches	Cornières égales. Épaisseur	HAUTEUR DES POUTRES ENTRE SEMELLES 0,700	0,750	0,800	0,850	0,900	0,950	1,000	1,050	1,100	1,150
70	8	46,071	53,295	61,047	69,327	78,136	87.472	»	»	»	»
	11	61,499	71,476	81,563	92.660	104,465	116,981	»	»	»	»
80	8	52,322	60,580	69,446	78,920	89,002	99,691	110,989	122,895	135,409	148,531
	12	75,736	87,746	100.644	114,430	129,404	144,666	161,116	178,454	196,681	215,705
90	9	65,169	75,532	86.665	98,567	111.239	124,680	138.890	153,871	169,620	186,139
	14	97.303	112,869	129,597	147,487	166,530	186,753	208.129	230,667	254,367	279,229
100	9	71,808	83,297	95,645	108,853	122,921	137,848	153,635	170,281	187,786	206,151
	12	93,590	108,619	124,777	142,062	160,475	180,017	200,686	222,483	254,408	269,462
	16	124,025	140,554	164,555	184,027	207,073	233,389	260,278	288,630	318,472	349,777
110	12	»	»	»	»	»	»	219,890	243,881	269,120	295,606
	16	»	»	»	»	»	»	285,758	317,037	349,949	384,492
120	12	»	»	»	»	»	»	238,719	264,880	292,408	321,305
	16	»	»	»	»	»	»	310,738	344,904	380,862	418,612

Cornières égales.		HAUTEUR DES POUTRES ENTRE SEMELLES									
Largeur des branches.	Épaisseur	1,200	1,250	1,300	1,350	1,400	1,450	1,500	1,550	1,600	1,650
80	10	199.652	217.317	235.732	254.897	274.812	295.477	316.892	339.057	361.972	385.637
	12	235.707	256.087	278.465	301.431	372.893	400.995	430.419	460.265	491.432	523.622
90	10	224.423	244.358	265.143	286.778	309.263	332.598	356.783	381.818	407.703	434.438
	14	305.251	332.440	300.788	390.298	420.970	452.804	485.800	519.958	555.278	591.760
100	10	248.785	270.070	294.105	318.190	343.225	369.210	396.145	424.030	452.865	482.650
	16	382.554	416.803	452.524	489.717	528.382	568.519	610.128	653.209	697.762	743.787
110	12	323.341	352.324	382.555	414.033	446.761	480.736	515.959	552.429	590.148	629.115
	16	420.667	458.475	497.914	538.985	581.689	626.024	671.992	719.591	768.822	819.686
120	12	351.569	383.202	416.202	450.571	486.307	523.412	561.884	601.725	642.933	685.509
	16	458.153	499.487	542.613	587.531	634.240	682.742	733.036	785.122	838.999	894.669
Cornières égales.		HAUTEUR DES POUTRES ENTRE SEMELLES									
Largeur des branches.	Épaisseur	1,700	1,750	1,800	1,850	1,900	1,950	2,000	2,100	2,200	2,300
90	10	462.023	490.458	519.743	549.878	580.863	612.698	645.383	713.303	784.623	859.343
	14	629.404	668.210	708.178	749.308	791.600	835.054	879.670	972.388	1.069.754	1.171.768
100	10	513.385	545.070	577.705	611.290	645.825	681.310	717.745	793.465	872.985	956.305
	16	791.284	840.253	890.694	942.607	995.992	1.050.849	1.107.178	1.224.251	1.347.213	1.476.063
110	12	669.330	710.793	753.504	707.463	842.670	889.425	936.827	1.035.977	1.140.419	1.249.253
	16	872.181	926.308	982.068	1.039.459	1.098.482	1.159.438	1.221.425	1.350.895	1.486.895	1.629.421
120	12	729.454	774.766	821.447	869.495	918.912	969.606	1.021.849	1.130.258	1.244.130	1.363.492
	16	952.431	1.011.385	1.072.431	1.135.268	1.199.898	1.266.320	1.334.534	1.476.337	1.625.309	1.781.448

ments fléchissants. Menons par le point B une oblique quelconque, sur laquelle nous portons ensuite à telle échelle que nous voudrons la longueur B D qui représente le module de résistance d'une poutre formée d'une âme et de quatre cornières, et la longueur B E qui représente le module de résistance de la poutre complète ; joignons le point E au point C ; menons ensuite par le point D une parallèle à la droite E C ; cette parallèle rencontre en H la verticale du point B. Supposons maintenant que la poutre ait des tables formées de trois tôles égales ; nous partageons l'intervalle C H en trois parties égales. Menons des horizontales par les points C et H et par les points de division ; le point K où l'horizontale du point H rencontre le cercle nous indique la longueur H K à donner à la première tôle depuis l'axe de la poutre ; de même les points où les horizontales suivantes rencontrent le cercle donnent les longueurs des tôles successives ; on ajoutera aux longueurs ainsi trouvées une longueur égale à trois fois au moins l'intervalle d'axe en axe des rivets qui fixent les tables aux cornières.

Cette méthode fournit les longueurs des tôles avec un léger excès qui ne dépasse pas au maximum les $0^{m}015$ de la longueur de la poutre.

C) Calcul d'un joint de poutre. Nous avons dit que les tôles du commerce avaient des longueurs maxima de 6 à 8 mètres ; on devra donc, lorsqu'une poutre sera de longueur supérieure à celles-ci, la constituer de deux ou plusieurs tronçons que l'on réunira par des couvre-joints ; l'âme, les cornières et les semelles auront leurs couvre-joints particuliers, mais qui seront disposés vis-à-vis les uns des autres. On ne placera pas ordinairement en face l'un de l'autre les joints des deux cornières, pour éviter d'avoir des couvre-joints trop épais. De même les semelles en tôle auront leurs joints en des points différents; si on les plaçait tous au même point, le couvre-joint devrait avoir une section égale à la section totale des semelles qu'il remplace, ce qui conduirait à des épaisseurs trop considérables ; de plus, l'effort transmis par le couvre-joint ne serait plus dans le prolongement des efforts transmis par les semelles de la poutre, et une partie de ces efforts serait prise par l'âme et les cornières, qui supporteraient alors une fatigue supplémentaire ; on disposera donc les joints de semelle en escalier ou on les croisera. On s'arrangera de telle sorte que deux joints des différentes parties de la poutre, âme, cornières ou tables ne soient pas dans une même section ; le joint sera calculé de manière que la poutre présente en ce point la même résistance que dans sa partie courante.

Le couvre-joint d'âme sera formé de deux tôles d'égale épaisseur ; sa section nette devra être au moins égale à la section Ω de l'âme ; il sera fixé à chacun des tronçons de la poutre par des rivets de section ω en nombre n tel l'on ait la relation :

$$n\,\omega \geqslant \frac{5}{8}\,\Omega.$$

Pour les couvre-joints de cornières, si nous appelons Ω la section d'une cornière, Ωj celle d'un des couvre-joints, n_v le nombre des rivets placés sur la branche verticale de ce couvre-joint entre les deux joints de cornières, m_v le nombre des rivets placés sur cette branche verticale entre un joint de cornière et l'extrémité du couvre-joint, m_h le nombre des rivets placés sur la branche horizontale du couvre-joint dans le même intervalle que les m_v rivets précédents ω étant la section d'un rivet, nous aurons à satisfaire aux relations suivantes :

$$\omega\, n_v \geqslant \frac{5}{2}\,(\Omega - \Omega j)$$

$$\omega\, m_v \geqslant \frac{5}{4}\,(\Omega - \Omega j)$$

$$\omega\, m_h \geqslant \frac{5}{2}\,(2\,\Omega j - \Omega)$$

Quant au nombre des rivets placés sur la branche horizontale entre les deux joints de cornières, il sera quelconque, mais inférieur à n_v. Si l'on veut utiliser le mieux possible la rivure et employer les couvre-joints de poids minimum, on prendra $\Omega j = \frac{2}{3}\,\Omega$; et il en résultera :

$$\omega\, n_v \geqslant \frac{5}{6}\,\Omega. \qquad \omega\, m_h \geqslant \frac{5}{12}\,\Omega. \qquad m_v = m_h.$$

Le joint de semelles peut être exécuté en escalier ; en appelant Ω la section nette de la plus forte semelle, Ωj la section nette du couvre-joint, ω la section d'un rivet, n le nombre de rivets compris sur le couvre-joint entre deux joints, m le nombre de rivets compris entre un joint extrême et l'extrémité du couvre-joint, on prendra :

$$\Omega j \geqslant \Omega$$
$$n\,\omega \geqslant \frac{5}{4}\,\Omega$$
$$m\,\omega \geqslant \frac{5}{4}\,\Omega.$$

Si les semelles de la poutre sont larges, on pourra placer des contre-couvre-joints sur le bord interne des semelles, le long des cornières ; si $\Omega' j$ est la section nette totale des deux couvre-joints, et n' le nombre des rivets qui les fixent aux semelles entre un joint extrême et l'extrémité du couvre-joint, on devra avoir :

$$\Omega j + \Omega' j \geqslant \Omega$$
$$\omega\,(n + n') \geqslant \frac{5}{4}\,\Omega$$
$$\omega\,m \geqslant \frac{5}{4}\,\Omega.$$

Lorsqu'on emploiera les joints croisés, si on conserve les mêmes notations, il faudra prendre :

$$\Omega j \geqslant \frac{3}{2}\,\Omega$$
$$n\,\omega \geqslant \frac{5}{4}\,\Omega$$
$$m\,\omega \geqslant \frac{5}{8}\,\Omega.$$

Si en outre, on adopte la disposition avec contre-couvre-joints, on devra avoir :

$$\Omega j + \Omega' j \geqslant \frac{3}{2}\,\Omega$$
$$\omega\,(n + n') \geqslant \frac{5}{4}\,\Omega$$
$$m\,\omega \geqslant \frac{5}{8}\,\Omega.$$

On s'arrangera toujours pour le croisement des joints de telle sorte que les surfaces en contact des semelles appartenant aux deux tronçons différents de la poutre soient les plus grandes possibles.

3° *Exemple de calcul d'une poutre à âme pleine.* Soit à calculer une poutre de plancher dont la portée entre murs est $L = 11^{m}50$, la distance d'axe en axe de deux travées voisines étant $l = 4^{m}50$ et la charge totale du plancher par mètre carré $Q = 600$ kilogrammes.

La hauteur de la poutre est donnée par la formule :

$$h = 0{,}20 \times 0{,}05\,L;$$

d'où :

$$h = 0,20 + 0,05 \times 11,50 = 0^{m}775.$$

Nous prendrons $0^{m}800$.

La longueur d'une plaque d'appui sera :

$$\lambda = 0,30 + 0,01\ L,$$

ou :

$$\lambda = 0,30 + 0,01 \times 11,50 = 0,415, \text{ soit } 0,420.$$

La portée effective L′ a donc pour valeur $L' = L + \lambda$,

ou :

$$L' = 11,50 + 0,42 = 11^{m}920.$$

Le poids total de plancher porté par une poutre est :

$$P = QL'l,$$

ou :

$$P = 600 \times 11,92 \times 4,50 = 32184^{k}, \text{ soit } 32\ 200^{k}.$$

Le poids du mètre courant de poutre a pour valeur approchée :

$$p = \frac{0,0005 \times P \times L'}{h}$$

ou :

$$p = \frac{0,0005 \times 32200 \times 11,920}{0,800} = 240^{k}.$$

Le moment fléchissant maximum est :

$$M = (P + pL')\frac{L'}{8},$$

ou :

$$M = (32,200 + 240 \times 11,920) \times \frac{11,920}{8} = 52\ 240.$$

Il en résulte que la poutre doit présenter un module de résistance :

$$\frac{I}{v} = \frac{M}{R}$$

ou :

$$\frac{I}{v} = \frac{52240}{6 \times 10^{6}} = 0,008707.$$

La section d'une membrure sera donnée par la formule :

$$\omega = \frac{M\,k}{R\,h},$$

dans laquelle :

$$K = \frac{9 + 7h}{6 + 10h}.$$

Nous avons :

$$K = \frac{9 + 7 \times 0,800}{6 + 10 \times 0,800} = 1,043$$

et

$$\omega = \frac{52\,240 \times 1,043}{0,800 \times 6 \times 10^6} = 0^{m2}\,011\,352.$$

Nous composons cette section de la manière suivante :

2 cornières de $\frac{0,100 \times 0,100}{0,012}$	$0^{m2}004512$
Ame de 0,010 sur 0,100....................	$0^{m2}001000$
Table de 0,020 sur 0,300	$0^{m2}006000$
Total.......	$0^{m2}011512$

valeur un peu supérieure à celle que donnait la formule. Au moyen des tableaux précédents, nous calculerons le moment d'inertie, puis le module de résistance de la poutre.

Le moment d'inertie a pour valeur :

Pour l'âme de 0,800 sur 0,010	0,00042667
Pour les cornières de $\frac{0,100 \times 0,100}{0,12}$	0,00124477
Pour les 2 tables de 0,300 sur 0,020	0,00201759
Total : I =	0,00369203

$$\text{Ce qui donne } \frac{I}{n} = \frac{0,00369202}{0,420} = 0,008790$$

valeur un peu supérieure à la valeur nécessaire qui a été calculée.

Le poids par mètre de la poutre ainsi obtenue est le suivant :

Ame 0,800 sur 0,010.........................	$62^k,320$
2 tables 0,300 sur 0,020....................	93, 480
4 cornières $\frac{0,100 \times 0,100}{0,012}$	70, 400
Total.............	$226^k, 200$

L'évaluation des sections et des poids peut être faite d'une manière rapide au moyen des tableaux ci-dessous :

Poids des fers plats ou tôles de 0^m100 de largeur.

ÉPAISSEURS en millimètres.	6	8	10	12	14	16	18	20	25	30	35	40
Poids en kilogr...	4, 667	6, 224	7, 780	9, 336	10, 892	12, 448	14, 004	15, 560	19, 450	23, 340	27, 230	31, 120

Poids et sections des cornières à branches égales.

Dimensions en millimètres. Largeur d'ailes.	Épaisseur.	Sections en millimètres carrés.	Poids par mètre en kilog.
40	5	375	2,93
	6	444	3,46
50	5	475	3,70
	6	564	4,40
	7	651	5,08
60	6	684	5,34
	7	791	6,17
	8	896	6,99
	9	999	7,80
70	8	1.056	8,24
	9	1.179	9,20
	10	1.300	10,14
	11	1.419	11,10
80	8	1.216	9,50

Dimensions en millimètres. Largeur d'ailes.	Épaisseur.	Sections en millimètres carrés.	Poids par mètre en kilog.
80	9	1.359	10,60
	10	1.500	11,70
	11	1.639	12,80
	12	1.776	13,85
90	9	1.539	12,00
	10	1.700	13,26
	11	1.859	14,50
	12	2.016	15,72
	13	2.171	16,93
	14	2.324	18,13
100	9	1.719	13,40
	10	1.900	14,82
	11	2.079	16,22
	12	2.256	17,60
	13	2.431	19,00

Dimensions en millimètres. Largeur d'ailes.	Épaisseur.	Sections en millimètres carrés.	Poids par mètre en kilog.
100	14	2.604	20,30
	15	2.775	21,65
	16	2.944	23,00
110	12	2.496	19,50
	13	2.691	21,00
	14	2.884	22,50
	15	3.075	24,00
	16	3.264	25,50
120	12	2.736	21,40
	13	2.951	23,00
	14	3.164	24,70
	15	3.375	26,30
	16	3.584	28,00

La vérification relative à l'effort tranchant dont la valeur est :

$$\frac{P + pL'}{2} = \frac{32\,200 + 240 \times 11,92}{2} = 17\,530^k,$$

donne :

$$\frac{T}{e_a \times h} = \frac{17\,530}{0,010 \times 0,800} = 2\,191\,000^k \text{ par mètre carré,}$$

chiffre inférieur à :

$$\frac{4}{5} R \text{ ou } \frac{4}{5} \times 6\,000\,000 = 4\,800\,000 \text{ kilog.}$$

Si la rivure est faite avec des rivets de 0^m022 de diamètre, nous avons pour leur écartement d'axe en axe :

$$c < \frac{2}{5} R \pi d^2 \frac{h}{T}$$

ou :

$$c < \frac{2}{5} \times 6\,000\,000 \times 3,1416 \times 0,\overline{022}^2 \times \frac{0,800}{17\,530}$$

qui donne :

$$c < 0^m166.$$

Nous pourrons donc espacer les rivets de 0^m120 d'axe en axe.

4° *Calcul d'une poutre en treillis.* Dans une poutre en treillis à semelles parallèles, les membrures seules résistent au moment de flexion, tandis que les barres de treillis résistent à l'effort tranchant.

L'effort de traction développé par la flexion dans la membrure inférieure et l'effort de compression développé dans la membrure supérieure sont égaux dans chacune des sections et ont pour valeur maxima :

$$F = \frac{M}{h'},$$

M étant le moment fléchissant maximum, et h' la distance des centres de gravité des membrures, Si ω est la section d'une de celles-ci, on devra avoir :

$$\omega \geqslant \frac{F}{R} \quad \text{ou} \quad \omega \geqslant \frac{M}{h'R}.$$

Si h est la hauteur de la poutre entre semelles, on pourra admettre pour h' les valeurs suivantes qui permettront de déterminer une première valeur approximative de la section ω :

Si les membrures sont formées seulement de deux cornières sans âme, ni tables,

$$h' = h\left(\frac{h + 0,5}{h + 0,6}\right)$$

si les membrures comportent une table en tôle, mais pas d'âme,

$$h' = h\left(\frac{h + 0,7}{h + 0,8}\right)$$

enfin si les membrures comportent une tôle d'âme et une table,

$$h' = h\left(\frac{h + 0,1}{h + 0,2}\right),$$

On cherchera le centre de gravité de la membrure constituée avec la section calculée ainsi ; on en déduira la véritable hauteur h' ; puis on vérifiera que la section satisfait à l'inégalité.

$$\omega \geqslant \frac{M}{h'R}.$$

Si on coupe une poutre en treillis simple par un plan vertical dans un panneau quelconque, ce plan rencontre une barre de treillis ; construisons un triangle rectangle ayant un côté horizontal, l'autre vertical et égal à l'effort tranchant dans le panneau considéré, représenté à une échelle donnée, si nous menons son hypoténuse parallèlement à la barre de treillis, la longueur de cette hypoténuse, mesurée à la même échelle que l'effort tranchant, nous donnera la valeur de l'effort de traction ou de compression supporté par la barre.

On peut dire encore que si une barre fait l'angle α avec la verticale, l'effort développé dans cette barre a pour valeur :

$$F = \frac{T}{\sin \alpha}.$$

L'effort tranchant est maximum sur l'appui ; sa valeur en ce point est égale à la moitié de la charge totale supportée par la poutre, soit : $\frac{P + pL'}{2} = T$.

Si la poutre comporte n panneaux, l'effort tranchant T_m dans le panneau de rang m, est donné par la formule :

$$T_m = T\left(\frac{n - 2m + 1}{n}\right).$$

Dans une poutre à semelles parallèles, uniformément chargée, on reconnaîtra si une barre de treillis est soumise à une traction ou à une compression, en appliquant les règles suivantes :

Si on ne considère que les panneaux à gauche de l'axe d'une poutre en V, les barres parallèles à la branche gauche du V sont tirées, les barres parallèles à la branche droite sont comprimées.

Dans une poutre en N, les montants verticaux sont comprimés, tandis que les barres diagonales sont tendues.

Dans une poutre en N renversé, les montants sont tirés, et les barres diagonales sont comprimées.

Dans les poutres en V, les deux barres qui se rencontrent sur l'axe de la poutre sont toutes deux tirées si leur point de rencontre est sur la semelle inférieure ; elles sont au contraire comprimées si ce point est sur la semelle supérieure.

Si une poutre en N a un nombre impair de panneaux on met deux barres diagonales dans le panneau milieu ; le calcul indique que ces barres ne supportent aucun effort lorsque les charges réparties sur la poutre sont parfaitement symétriques ; mais comme il peut arriver que cette symétrie soit rompue, il en résultera que ces barres supporteront alors des efforts généralement peu importants.

L'effort tranchant étant maximum sur l'appui, on donne en ce point à la poutre une grande résistance en la composant au-dessus de la plaque d'appui, d'une âme en tôle pleine, avec renforts verticaux entre les membrures, et on vérifie la section de cette âme, de la même manière que dans une poutre à âme pleine.

L'effort tranchant va en diminuant de l'appui au milieu de la poutre, de sorte que d'un panneau à l'autre, les barres de treillis devraient avoir des dimensions différentes ; pour ne pas multiplier le nombre des échantillons des fers à employer, et éviter la complication qui en résulterait dans la construction de la poutre, on divise les panneaux par séries dans chacune desquelles on garde aux barres la même section.

Dans une poutre en V avec montants ou avec aiguilles pendantes, on calcule la section de ces pièces en raison de la charge verticale qu'elles transmettent aux nœuds au droit desquels elles sont placées.

Pour calculer les dimensions des barres d'une poutre à treillis multiples, on la décompose en treillis simples, et on calcule chaque barre dans le système simple auquel elle appartient.

Dans une poutre à croix de Saint-André, les montants, ainsi que nous l'avons dit, ne supportent aucun effort, de sorte que leurs dimensions s'établissent non pas par le calcul, mais en considération des assemblages auxquels ils pourront servir ; ils est bon cependant de leur donner la section nécessaire pour qu'ils puissent résister à l'effort tranchant et de les calculer comme barres comprimées.

Si F est l'effort de traction exercée sur une barre, sa section nette (c'est-à-dire déduction faite des trous de rivets) Ω, se calculera par la formule :

$$\Omega \geqslant \frac{F}{R}$$

Si une barre est comprimée et si elle supporte un effort longitudinal P, on calcule sa section Ω par la formule :

$$\frac{P}{\Omega}\left(1 + 0{,}00008 \frac{\Omega}{I} l^2\right) \leqslant R,$$

dans laquelle I est le moment d'inertie minimum de la section de la barre pris par rapport à l'axe autour duquel peut se produire la flexion due au flambage et l étant la longueur libre de la barre entre ses points d'attache sur les membrures s'il s'agit d'un treillis simple, et la longueur comprise entre un point d'attache sur une membrure et le point de rencontre le plus voisin avec la barre de l'un des autres systèmes, dans le cas d'un treillis multiple ; il en résulte dans ce dernier cas que la longueur à considérer n'est que la moitié, le tiers ou le quart de la longueur de la barre entre ses points d'attache sur les membrures, suivant que le treillis est double, triple ou quadruple.

Dans le cas où le voilement des barres d'un treillis simple tendrait à se produire dans le plan vertical médian de la poutre, on pourrait, dans le calcul, remplacer l par $\frac{l}{2}$ si le treillis est simple, et par $\frac{l}{\sqrt{2}}$ s'il est multiple.

L'emploi de cette formule conduit à des tâtonnements assez longs lorsqu'on n'a pas une certaine habitude de ce genre de calculs ; nous proposerons la méthode suivante : soit P l'effort que doit supporter une barre de treillis comprimée ; calculons la section de cette barre en partant d'une résistance de sécurité de 5 kilogrammes par millimètre carré, par la formule :

$$\Omega_1 = \frac{P}{5 \times 10^5}.$$

Cherchons un fer qui ait cette section ou une section un peu plus forte parmi les cornières d'abord ; si nous n'en trouvons pas, nous composerons une section simple T avec deux cornières accolées, ou nous prendrons un fer simple T laminé, ou encore un fer en U laminé ; le tableau que nous donnons ci-dessous simplifiera beaucoup cette recherche dans le cas des cornières et des sections qu'on peut composer de cornières.

Cela fait, nous calculerons la résistance de sécurité au flambage R'_f de la section choisie ; par la formule :

$$R'_f = \frac{6 \times 10^6}{1 + 0{,}00008 \frac{\Omega}{I} l^2}$$

Si R_f est plus grand que 5 kilogrammes par millimètre carré, mais peu différent, la section est acceptable ; sinon, au moyen de cette valeur R'_f, nous calculerons une nouvelle section Ω_2 par la formule :

$$\Omega_2 = \frac{P}{R'_f}.$$

Nous chercherons la résistance de sécurité au flambage R''_f de cette nouvelle section et nous la comparerons à la précédente ; nous tirerons de cette comparaison les mêmes conclusions que plus haut pour adopter la section calculée ou pour en chercher une nouvelle valeur.

Exemple. — Une barre de treillis de $1^m 50$ de longueur subit un effort de compression de 8.000 kilogrammes, calculer sa section.

En admettant R = 5 kilogrammes par millimètre carré, la section serait égale à :

$$\Omega_1 = \frac{8000}{5 \times 10^6} = 0^{m^2},001600.$$

Nous pouvons prendre une cornière à branches égales de $0^m085 \times 0^m085 \times 0^m010$ dont la section est exactement de $0^{m^2}001600$ et pour laquelle

$$0,00008 \frac{\Omega}{I} = 0,119.$$

Sa résistance de sécurité au flambage est :

$$R'_f = \frac{6 \times 10^6}{1 + 0,119 \times 1,500^2} = 4 \text{ kg. } 72 \text{ par millimètre carré.}$$

La section considérée étant trop faible, calculons sa nouvelle valeur :

$$\Omega_2 = \frac{P}{R'_f} = \frac{8000}{4,72 \times 10^6} = 0^{m^2}001695.$$

Une cornière de $0,090 \times 0,090 \times 0,010$ nous donne

$$\Omega_2 = 0^{m^2}001700 \text{ et } 0,00008 \frac{\Omega}{I} = 0,105.$$

Sa résistance de sécurité au flambage est :

$$R''_f = \frac{6 \times 10^6}{1 + 0,105 \times 1,500^2} = 4 \text{ kg. } 85 \text{ par millimètre carré.}$$

C'est donc cette cornière que nous adopterons pour constituer la barre de treillis.

Si une barre supporte un effort longitudinal F, elle devra être fixée à chacune des membrures par un nombre de rivets suffisant pour que leur résistance équilibre cet effort ; s'il y a n rivets de diamètre d, résistant à simple section, on devra avoir :

$$\frac{n\pi d^2}{5} R \geqslant F,$$

et pour R = 6 kilog. par millimètre carré :

$$1,2\, n\pi d^2 \geqslant F.$$

Dans le cas où l'on ne pourra pas placer, dans l'espace dont on dispose sur la membrure, le

Cornières à branches égales.

Dimensions des cornières — Largeur	Dimensions des cornières — Épaisseur	Sections en millimètres	Distance de l'axe passant par le centre de gravité au talon de la cornière	Moment d'inertie $I \times 10^{12}$	Valeur de $0{,}00008 \frac{\Omega}{I}$
35	4	264	0m0102	30 230	0,698
	6	384	0,0109	41 966	0,732
40	5	375	0,0118	55 615	0,539
	7	511	0,0125	72 737	0,562
45	5	425	0,0131	80 738	0,421
	7	581	0,0138	106 304	0,437
50	5	175	0,0143	112 503	0,338
	7	651	0,0151	148 951	0,350
55	6	624	0,0160	177 398	0,281
	8	816	0,0167	224 888	0,290
60	6	684	0,0172	233 298	0,235
	8	896	0,0179	296 824	0,241
	9	999	0,0183	326 569	0,245
65	7	861	0,0188	342 295	0,201
	9	1 089	0,0195	421 634	0,207
70	7	931	0,0201	432 191	0,172
	9	1 179	0,0208	533 852	0,177
	11	1 419	0,0215	627 437	0,181
75	8	1 136	0,0217	601 816	0,151
	10	1 400	0,0224	724 780	0,155
	11	1 529	0,0228	782 792	0,156
80	8	1 216	0,0230	737 298	0,132
	10	1 500	0,0237	889 418	0,135
	12	1 776	0,0244	1 031 714	0,138
85	8	1 296	0,0242	891 818	0,116
	10	1 600	0,0249	1 078 324	0,119
	12	1 896	0,0256	1 253 065	0,121
	13	2 041	0,0260	1 335 317	0,122
90	8	1 376	0,0255	1 066 756	0,103
	10	1 700	0,0262	1 291 981	0,105
90	12	2 016	0m0269	1 502 405	0,107
	13	2 171	0,0273	1 603 471	0,108
100	9	1 719	0,0283	1 643 436	0,084
	11	2 079	0,0290	1 952 287	0,085
	13	2 431	0,0298	2 243 722	0,087
	15	2 775	0,0305	2 518 755	0,088
	16	2 944	0,0308	2 650 492	0,089
110	11	2 299	0,0316	2 635 449	0,070
	13	2 691	0,0323	3 035 912	0,071
	15	3 075	0,0330	3 415 675	0,072
120	11	2 519	0,0341	3 462 109	0,058
	13	2 951	0,0348	3 996 290	0,059
	15	3 375	0,0355	4 504 781	0,060
	16	3 584	0,0359	4 749 927	0,060
125	11	2 629	0,0353	3 933 891	0,053
	13	3 081	0,0360	4 544 627	0,054
	15	3 525	0,0368	5 127 271	0,055
	17	3 961	0,0375	5 683 345	0,056
140	11	2 959	0,0391	5 601 757	0,042
	13	3 471	0,0398	6 485 470	0,043
	15	3 975	0,0405	7 334 555	0,043
	17	4 471	0,0412	8 172 644	0,044
	19	4 959	0,0420	8 927 587	0,044
	20	5 200	0,0423	9 305 641	0,045
150	11	3 179	0,0416	6 943 151	0,037
	13	3 731	0,0423	8 049 489	0,037
	15	4 275	0,0430	9 111 367	0,038
	17	4 811	0,0438	10 133 263	0,038
	19	5 339	0,0445	11 118 865	0,038
	21	5 859	0,0452	12 065 011	0,039
	22	6 116	0,0456	12 524 644	0,039

nombre de rivets nécessaires, on s'arrangera pour en faire travailler à double section un certain nombre, ce à quoi on arrivera par l'adjonction d'une fourchette, susceptible de présenter diverses dispositions (fig. 366 et 367), et qui devra être fixée par un nombre égal de rivets à la barre et à la membrure.

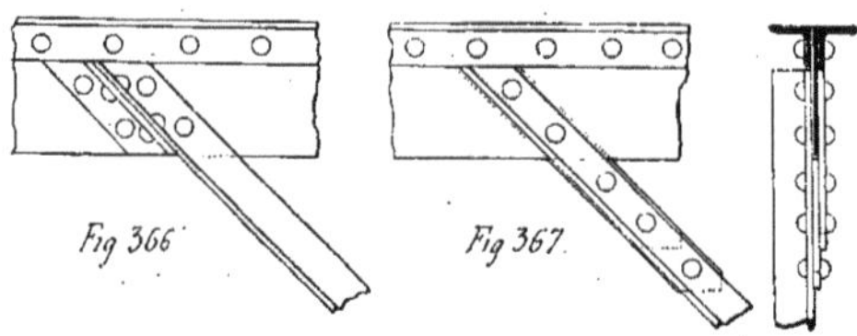

Fig 366 Fig 367

5° *Calcul d'une poutre jumelée.* Lorsqu'on veut calculer les dimensions d'une poutre jumelée, on applique à chacune des pièces qui la composent la moitié seulement de la charge totale du plancher, et on fait le calcul comme il vient d'être indiqué.

6° *Calcul d'une poutre continue reposant sur des appuis intermédiaires.* Quand une poutre repose sur des appuis intermédiaires et qu'elle n'est pas interrompue au droit des appuis, on doit la calculer comme poutre continue à plusieurs travées.

Si la poutre a deux travées de longueur l_1 et l_2, et si p est la charge uniformément répartie par mètre courant de poutre, le moment fléchissant maximum se produit sur l'appui intermédiaire et il a pour valeur absolue :

$$M = \frac{p\,(l_1^3 + l_2^3)}{8\,(l_1 + l^2)}.$$

L'effort tranchant est maximum sur ce même appui, et sa valeur est :

$$T = -\left(\frac{M}{l_1} + \frac{1}{2}pl_1\right) \quad \text{à gauche de cet appui,}$$

et :

$$T' = \frac{M}{l_2} + \frac{1}{2}pl_2 \quad \text{à droite.}$$

Il en résulte que la charge totale sur cet appui a pour valeur :

$$X = \frac{1}{2}p\,(l_1 + l_2) + \frac{M}{l_1} + \frac{M}{l^2}.$$

Si les deux travées sont égales, ces valeurs deviennent :

$$M = \frac{pl_1^2}{8} \qquad -T' = T = \frac{5}{8}pl_1. \qquad X = \frac{5}{4}pl_1.$$

On voit que le moment de flexion maximum est alors le même que si la poutre était coupée au-dessus de son appui intermédiaire, mais l'effort tranchant maximum est plus grand. Il faut remarquer que dans le cas de la poutre discontinue, l'appui intermédiaire ne supporterait qu'une charge égale à pl_1; dans le cas de la poutre continue, les appuis extrêmes sont soulagés chacun de $\frac{1}{8}pl_1$.

Si la poutre a trois travées, les deux travées extrêmes ayant même longueur l_1, la travée du milieu ayant la longueur l_2, les moments fléchissant sur les deux appuis intermédiaires sont égaux et ont pour valeur absolue :

$$M = \frac{p\,(l_1^3 + l_2^3)}{8l_1 + 12l_2}.$$

Sur l'appui intermédiaire de gauche, l'effort tranchant a pour valeur :

$$T = -\left(\frac{M}{l_1} + \frac{1}{2}\, pl_1\right) \qquad \text{à gauche de l'appui,}$$

$$T' = \frac{1}{2}\, pl_2 \qquad \text{à droite de l'appui.}$$

La charge totale sur cet appui est alors égale à :

$$X = \frac{1}{2}\, p\,(l_1 + l_2) + \frac{M}{l_1}.$$

Si les trois travées deviennent égales, on a :

$$M = \frac{pl_1^2}{10} \qquad T = -\frac{6}{10}\, pl_1 \qquad T' = \frac{1}{2}\, pl_1 \qquad X = \frac{11}{10}\, pl_1.$$

La valeur du moment de flexion est moindre que si la poutre était discontinue, mais la charge sur l'appui est un peu supérieure à ce qu'elle serait dans ce cas.

Nous ne pousserons pas plus loin cette étude, les renseignements que nous venons de donner étant parfaitement suffisants dans la majorité des applications.

7° *Calcul d'une poutre en console.* Si une poutre en console supporte une charge P uniformément répartie sur sa longueur l, son moment fléchissant maximum se produit dans la section d'encastrement, et il a pour valeur :

$$M = \frac{Pl}{2}.$$

L'effort tranchant maximum se produit dans la même section ; il est égal à la charge totale P.

Si la poutre est en treillis, on l'étudiera par la méthode que nous donnerons plus loin à propos des appentis (voir n° 195-1°-F).

8° *Calcul de la flèche prise par une poutre.* Une poutre posée sur deux appuis, ayant une portée l et une hauteur h constante prendra au milieu de sa portée une flèche donnée par la formule :

$$f = \frac{5}{24}\, \frac{Rl^2}{Eh},$$

R étant l'effort moléculaire développé dans la fibre la plus fatiguée, et E le module d'élasticité du métal auquel on attribuera les valeurs suivantes :

	FER	ACIER
Poutres à âme pleine à semelles continues	20×10^9	22×10^9
— à semelles réparties	18×10^9	20×10^9
Poutres en treillis rivés	16×10^9	18×10^9

Dans le cas d'une poutre ou console, la flèche à l'extrémité a pour valeur :

$$f = \frac{Rl^2}{2Eh}.$$

9° *Calcul de l'attache d'une solive sur une poutre.* Nous avons dit qu'une solive s'attachait sur une poutre au moyen de deux équerres en cornières rivées ou boulonnées d'une part sur la poutre, d'autre part sur la solive. S'il y a n rivets ou boulons de diamètre d fixant les équerres sur la solive, et que celle-ci reporte sur la poutre une charge P, on devra avoir :

$$2{,}4\ n\pi d^2 \geqslant \mathrm{P}.$$

Si les équerres sont attachées à la poutre chacune par n', rivets ou boulons de même diamètre d, on devra avoir aussi :

$$2{,}4 n'\pi d^2 \geqslant \mathrm{P},$$

ce qui montre qu'il suffira de prendre $n' = n$.

Dans ces formules, la résistance de sécurité du fer à la traction est prise égale à 6 kilogrammes par millimètre carré, et on admet que la résistance de sécurité au cisaillement en est les $\frac{4}{5}$.

§ 4. — PLANCHERS SUR PLAN NON RECTANGULAIRE

107. Planchers sur plan trapèze. — Quand les murs qui limitent la surface à couvrir ne sont pas perpendiculaires entre eux, on est obligé d'adopter des dispositions particulières pour la pose des solives. On peut les placer parallèlement les unes aux autres, et perpendi-

Fig. 368.

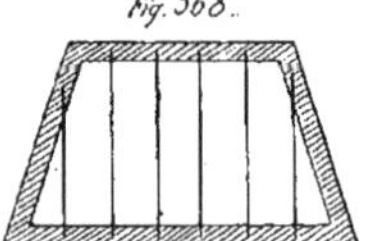

Fig. 369.

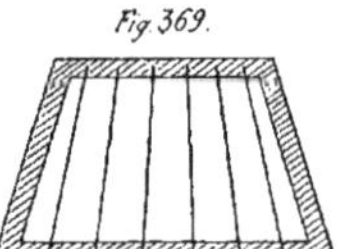

Fig. 370.

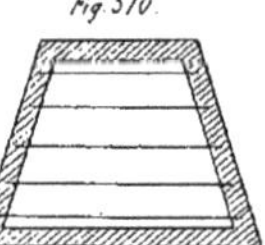

culairement aux murs principaux de la construction ; dans les parties biaises, il y aura alors des solives plus courtes s'appuyant sur un mur de face et sur un des murs latéraux (fig. 368). On peut encore disposer les solives en éventail en les appuyant sur les murs parallèles (fig. 369), ou encore si la largeur du bâtiment le permet, les disposer parallèlement à ces murs, en les appuyant sur les deux autres (fig. 370).

Dans la disposition des solives en éventail, le placement des entretoises est rendu assez difficile, car elles doivent avoir des longueurs différentes d'un bout à l'autre du bâtiment; si on emploie des boulons à quatre écrous, on est obligé de les couder un peu à leurs extrémités pour que celles-ci soient perpendiculaires aux solives.

Lorsqu'on a des chevêtres à placer dans de pareils planchers, les assemblages en sont biais ; on les fait au moyen d'équerres plus ou moins ouvertes, préparées à la demande.

108. Planchers sur plan polygonal ou circulaire. — On peut employer deux solutions différentes : si les solives doivent être recouvertes en dessous par un plafond plat, on établit, suivant un diamètre du polygone ou du cercle, sur deux points d'appui solides, une poutre sur laquelle viennent s'assembler des solives disposées perpendiculairement à sa direction ; dans le cas d'une salle plus grande, on pourrait établir deux poutres parallèles avec solivages disposés entre elles (fig. 371 et 372).

Si la pièce est de grandes dimensions et doit présenter un plafond décoré, il est préférable de donner à celui-ci un léger cintre et de le former de poutres rayonnantes partant de points également distants de la circonférence ou des angles du polygone, et venant se réunir sur une ceinture en fer plat placée au centre. Ces poutres auront la forme d'arcs ; comme alors elles exerceront une poussée sur leurs appuis, on les chaînera très énergiquement à leur pied. Entre

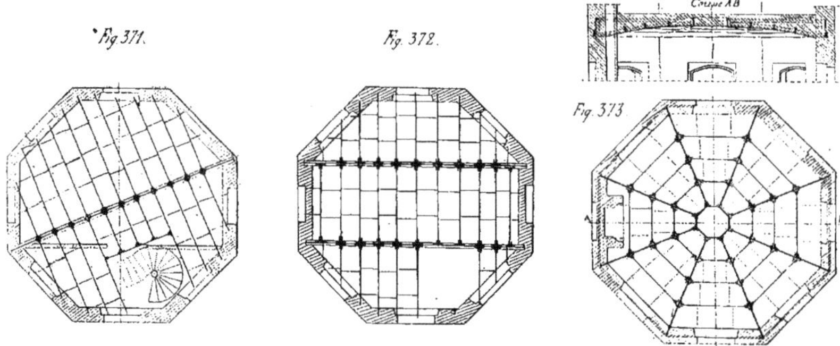

Fig 371. Fig. 372. Fig. 373

ces poutres, on assemblera des solives transversales dont tous les assemblages se trouveront être biais (fig. 373). On peut, dans certains cas, supprimer le solivage et faire un hourdis en briques creuses entre les poutres, en lui donnant la forme de portions de voûtes cylindriques dont les naissances sont sur les murs.

§ 5. — PLANCHERS MIXTES EN FER ET BOIS.

109. Solivages mixtes en fer et bois. — On peut faire des planchers économiques de la manière suivante : on dispose des solives en fer au-devant des cheminées s'il y en a et des filets sous les cloisons légères ; dans les intervalles, on place seulement quelques solives en fer qu'on appuie sur les trumeaux, et on leur fait jouer le rôle des poutres par rapport à de petits solivages en bois qu'on dispose entre elles et perpendiculairement à leur direction. Les solives en bois s'appuient sur les ailes inférieures des fers, et elles peuvent avoir la même hauteur qu'eux ; elles forment ainsi l'entretoisement des solives en fer ; ces dernières seront choisies à larges ailes. On relie de distance en distance les solives en bois de deux travées voisines par de petites plates-bandes à talon fixées sur chacune d'elles par deux tirefonds ; celles qui s'assemblent aux solives en fer extrêmes, y sont reliées par des plates-bandes à boulons, traversant l'âme du fer et fixées aux solives en bois par des tirefonds (fig. 374 et 375).

Dans le même ordre d'idées, on peut, pour des planchers de grande portée, constituer les poutres en fer, placer entre elles des solives en fer un peu importantes, espacées de 2 à 3 mètres; celles-ci jouent le rôle de poutres pour des solivages en bois disposés entre elles parallèlement aux poutres principales. Ce système peut être particulièrement avantageux s'il s'agit de construire des planchers non hourdés pour des magasins par exemple, car il suffira alors de clouer le parquet sur les solives en bois.

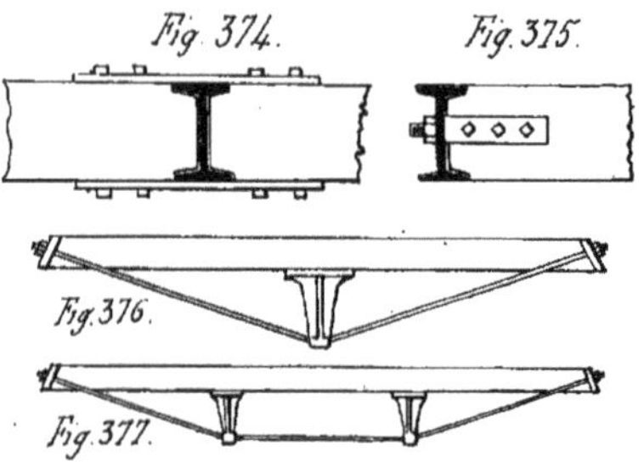

110. Poutres en bois et fer. — On a quelquefois constitué des poutres d'un fer double T à ailes ordinaires, enfermé entre les deux parties d'une poutre en bois sciée obliquement, ces deux parties étant rapprochées et boulonnées sur le fer de manière à constituer une section trapèze, la grande base à la partie inférieure : cette forme est favorable à l'assemblage des solives en bois; les boulons de 0^m022 à 0^m025 doivent être espacés de 0^m50 à 0^m60; on arrive ainsi à franchir des portées de 7 à 8 mètres.

Il est préférable, étant donnée la facilité qu'on a aujourd'hui de se procurer des fers de grande hauteur, de constituer la poutre par deux fers jumelés convenables ou par un fer unique de hauteur supérieure, et de faire reposer les solives en bois sur les ailes inférieures des fers.

Lorsqu'il s'agit de consolider une poutre en bois existante, on l'arme de plates-bandes en tôle boulonnées sur ses faces latérales; pour que le fer prenne une plus grande part de la charge, il faut, avant de boulonner les plates-bandes, raidir fortement la poutre en bois par un étai placé au milieu, de manière à lui faire perdre la flèche qu'elle avait prise sous les charges, et même à lui donner une flèche en sens inverse.

S'il est possible d'atteindre facilement les faces supérieures et inférieures de la poutre en bois, il sera préférable d'assembler les plates-bandes en fer sur ces faces; on constituera ainsi une poutre hétérogène à semelles en fer et à âme en bois.

Enfin, on remplacera avantageusement les plates-bandes verticales par des fers en U ou mieux par des fers double T à ailes ordinaires de grande hauteur; on placera ceux-ci en entaillant leurs ailes dans la poutre en bois à laquelle on les fixera par un nombre suffisant de boulons. Les faces des fers seront peintes au minium, et on interposera entre elles et la poutre du mastic de minium un peu épais, dont l'excédent refluera à l'extérieur par suite du serrage des boulons.

111. Poutres armées en bois. — On peut armer une poutre, d'après le système Polonceau, à l'aide d'une *bielle* placée verticalement en son milieu et dont l'extrémité inférieure est reliée aux deux bouts de la poutre par des *sous-tendeurs* en fer rond (fig. 376). Si on donne à ces tirants des dimensions convenables, on réalise au milieu de la poutre un appui intermédiaire qui la transforme en une poutre continue à deux travées égales; le moment de flexion maximum est alors quatre fois moins grand que dans le cas où la poutre n'était pas armée ; mais en revanche, les sous-tendeurs développent par leur action une compression longitudinale dans toutes les sections de la poutre. On peut de même soutenir la poutre en deux de ses points, de manière à la transformer en poutre à trois travées égales (fig. 377).

§ 6. — LINTEAUX ET POITRAILS

112. Linteaux en fers carrés. — Lorsqu'une baie n'est pas cintrée en arc, on soutient la maçonnerie qui la ferme à sa partie supérieure par un *linteau* en fer carré ; on emploie à cet effet, pour les petites ouvertures de 0 m 50 à 0 m 80, deux barres en fer carré de 0 m 030 à 0 m 040, auxquelles on donne de chaque côté sur les piédroits une portée de 0 m 200 environ ; on les dispose de manière à ne pas gêner plus tard le placement des menuiseries et on les recouvre de l'enduit des maçonneries.

De même, on dispose des linteaux en fer carré pour recevoir les wagons ou les briques qui doivent former les tuyaux de fumée d'une cheminée ou d'un poêle ; on les nomme alors *sommiers*.

Quand une baie est formée à sa partie supérieure par une plate-bande appareillée en pierre ou par une voûte de faible flèche, on loge une barre de fer carré au fond de la feuillure de la baie, dans une entaille spéciale destinée à la recevoir ; elle facilite la pose des voussoirs, et elle forme linteau pour les soutenir. Quelquefois, on élargit ses extrémités de manière à les sceller dans les sommiers de la plate-bande, dont elle équilibre alors la poussée.

113. Linteaux en fers double T. — Dans les murs en petits matériaux on construit en fers double T les linteaux des baies ; on met deux fers dans les murs de moins de 0 m 50 d'épaisseur, et trois dans les murs plus épais ; on les relie par trois boulons à quatre écrous de 0 m 016 de diamètre, placés au milieu de la hauteur ; on donne aux linteaux une largeur totale inférieure de 0 m 05 à 0 m 06 à l'épaisseur de mur, afin de permettre de les recouvrir d'enduit.

On emploie des fers de 0 m 080 de hauteur pour des baies de largeur inférieure à 1 mètre, des fers de 0 m 100 pour les largeurs de 1 m 00 à 1 m 40, des fers de 0 m 120 et plus pour les largeurs supérieures, si le linteau ne porte pas plancher ; on les fait reposer par des portées d'au moins 0 m 250 sur les piédroits de la baie. On les hourde en maçonnerie de meulières ou de briques et au mortier de ciment.

Les linteaux de portes ont leurs deux fers placés au même niveau ; il faut seulement faire attention, en les posant, de se réserver la possibilité de fixer ensuite les bâtis et contre-bâtis en menuiserie de la baie. Pour les linteaux de fenêtres, il est indispensable que la barre arrière, qui se trouve à l'intérieur du bâtiment, soit plus élevée que l'autre de 0 m 05 à 0 m 07, de manière à ne pas gêner l'ébrasement de la croisée ; il faudra toujours faire une coupe verticale de la baie pour déterminer la forme du linteau.

Dans la charpente en bois, les linteaux en bois étant les premières pièces qui se détériorent, on ne leur fait pas supporter les solives des planchers, ce qui conduit à employer des chevêtres ; dans la charpente en fer, il est d'usage, au contraire, de faire poser les solives sur les murs, même à l'endroit des linteaux, qui sont calculés en conséquence comme des poutres jumelées.

114. Linteaux en fer apparents. — Lorsque les linteaux en fer double T doivent rester apparents, on peut les orner en donnant à l'écrou extérieur des boulons d'entretoisement une forme plus soignée qu'à l'ordinaire, et en y ajoutant une rondelle en fonte plus ou moins saillante, ou bien encore visser une rosace en fonte sur l'extrémité de la tige du boulon.

Au point de vue de l'aspect, on peut se trouver obligé de donner au fer apparent une hauteur supérieure à celle qui est nécessaire pour supporter les charges qui sont reportées sur le linteau. Le fer intérieur sera alors calculé pour supporter à lui seul la charge du plancher, le fer apparent qui pourra être plus haut ne supportant que le mur d'allège ; les boulons d'entretoisement devront être placés à hauteur du milieu de ce dernier fer, et régulièrement disposés.

Quelquefois, comme le fer du linteau est un peu en recul sur les sommiers en pierre qui le supportent, on rapporte en avant, pour boucher le vide une pièce en fonte moulurée qu'on y fixe à l'aide des boulons d'entretoise suffisamment prolongés.

Dans certains cas, on peut placer le linteau assez en recul par rapport aux piédroits de la baie, pour que ses portées y soient noyées, la partie du fer placée au-dessus du vide restant seule visible ; il est alors nécessaire au point de vue de l'aspect, d'établir au-dessous des portées, des consoles en pierre ou en fonte bien encastrées dans les piedroits, et qui semblent supporter le linteau ; il faut cependant s'arranger pour qu'il ne porte pas sur ces consoles, en laissant entre leur dessus et sa semelle inférieure un faible espace.

Il peut être avantageux, pour des baies importantes, de composer les linteaux apparents en tôles et cornières, mais de même que pour les poitrails, la forme en caisson n'est pas à recommander.

115. Filets. — Les *filets* sont des linteaux de grandes dimensions formés de deux fers double T et servant à supporter à la partie inférieure une partie des murs intérieurs d'une construction dont le rez-de-chaussée comporte des boutiques et ne doit présenter que les piles en maçonnerie strictement nécessaires ; on les appelle aussi quelquefois *poitrails de refend.*

On les forme ordinairement de deux fers à ailes ordinaires qu'on écarte le plus possible pour se réserver la possibilité d'y faire passer des tuyaux de fumée nécessaires au service du rez-de-chaussée ou même du sous-sol. On les fait reposer sur des sommiers en pierre de taille par l'intermédiaire de plaques en fonte de $0^m 030$ d'épaisseur ou en forte tôle, placées à $0^m 030$ environ en arrière de l'arête des sommiers pour éviter l'épaufrement de la pierre, et qu'on pose à bain de ciment.

L'écartement des fers est maintenu par des boulons à quatre écrous de $0^m 020$ à $0^m 022$ de diamètre ou mieux encore par des frettes de $0^m 060$ sur $0^m 011$ ou sur $0^m 015$ posées à chaud, et des croix de Saint-André en fer carré de $0^m 020$ à $0^m 025$ ou encore des pièces de fonte de même forme exécutées d'une seule pièce ; ces pièces, ainsi que les frettes, se placent tous les mètres. Après la mise en place des filets, on les hourde en meulières ou en briques et mortier de ciment. On élève ensuite au-dessus une maçonnerie très soignée de briques et ciment sur une certaine hauteur pour retrouver une arase bien horizontale capable de recevoir les maçonneries supérieures (fig. 378).

Quand deux filets en prolongement reposent sur une pile de faibles dimensions, il est bon de les faire d'une seule pièce ; si la pile est plus large, on donne à chacun d'eux une portée de $0^m 30$ à $0^m 40$, sur la pile, et on les réunit par des plates-bandes qui y sont fixées par les boulons à quatre écrous. On emploie quelquefois une autre disposition qui consiste à terminer chaque filet par un chaînage en V aboutissant à une ancre commune en fer rond (fig. 379) ; on réunit de même trois filets snr une même pile. La maçonnerie se trouve ainsi fortement coupée par ces ouvrages, précisément en un point où elle est très chargée ; de sorte que cette disposition n'est pas à recommander.

Lorsqu'un filet devient plus important on peut le constituer par des fers à larges ailes, ou par des fers composés en tôles et cornières, comme nous allons le voir pour les poitrails.

116. Poitrails. — 1° *Poitrails en fers double T laminés.* On donne le nom de *poitrails* aux filets placés sous les murs de face des bâtiments. Quand un poitrail est placé au-dessus d'une baie de peu de largeur, ou qu'il est peu chargé, on n'a pas besoin de le soutenir en des points intermédiaires ; on le traite alors absolument comme un filet. Les solives du plancher ne s'appuient ordinairement que sur l'un des deux fers du poitrail, mais on admet cependant en général, bien que cela ne soit pas absolument vrai, que la charge est partagée par les deux fers, à cause de leur liaison intime par les entretoisements et par le hourdis maçonné placés entre eux. D'un autre côté, la charge provenant du plancher n'est qu'une fraction des charges qui agissent sur le poitrail, de sorte que si l'un des fers fatigue en réalité plus que l'autre, ce sera ordinairement d'une quantité assez faible.

Lorsqu'un poitrail est soutenu en des points intermédiaires, par des *colonnes en fonte*, celles-ci présentent un chapiteau assez élargi pour assurer l'appui des deux fers ; on interpose

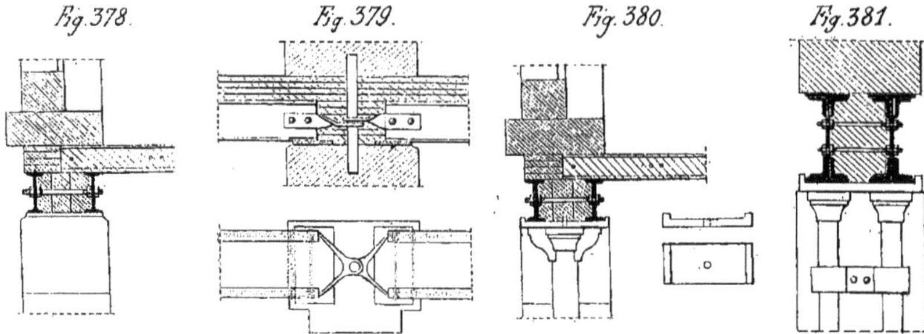

Fig. 378. Fig. 379. Fig. 380. Fig. 381.

alors entre le poitrail et ce chapiteau une plate-bande épaisse en fer forgé à bords relevés, que l'on relie à la colonne par un goujon venu de fonte qui s'engage dans un trou percé dans la plaque (fig. 380).

On ne peut pas donner aux poitrails une trop grande portée entre deux piles en maçonnerie, afin de ne pas nuire à la stabilité de la construction ; on dépasse rarement neuf mètres pour cette portée.

2° *Poitrails en tôles et cornières.* Quand un portail est fortement chargé et que les fers laminés de 0m 260 à 0m 300 de hauteur ne suffisent plus à le former, on le constitue de poutres jumelées en tôles et cornières. Il est alors généralement possible de donner aux poutres une assez grande hauteur, mais on est limité dans leurs dimensions en largeur par l'épaisseur du mur ; il faut s'arranger pour qu'il puisse rester entre les tables des deux fers un intervalle de

0ᵐ 10 au moins, permettant d'exécuter le hourdis intérieur, et pour que la largeur totale du poitrail soit inférieure de quelques centimètres à l'épaisseur du mur.

Il est bon d'entretoiser les poutres par deux rangs de boulons à quatre écrous ayant de 0ᵐ 020 à 0ᵐ 022 de diamètre, et même par des plates-bandes rivées aux tables.

On peut faire reposer un pareil poitrail en ses points d'appui intermédiaires sur une colonne unique, comme dans le cas précédent, mais il est bien préférable d'employer des *colonnes jumelées* dont le chapiteau est peu développé ; on fait encore reposer la poutre sur ces chapiteaux par l'intermédiaire d'une plate-bande en fer forgé fixée à chacune des colonnes par un goujon ; les colonnes sont solidarisées au moyen de brides boulonnées en fer forgé qui les relient en deux points au moins de leur hauteur (fig. 381).

3° *Poitrails en caisson.* La forme en caisson ne convient pas aux poitrails parce que, le vide intérieur ne pouvant être rempli de maçonnerie, la rouille est susceptible d'attaquer les âmes des fers par leur face interne, de sorte qu'au bout de quelques années, le poitrail aura perdu une partie de sa résistance ; en outre, en l'absence de hourdis, toute la charge porte sur les tôles d'âme, qui, n'étant pas bien soutenues latéralement, peuvent se voiler ; et enfin, en cas d'incendie, ces tôles minces et isolées seront rapidement échauffées et perdront vite toute résistance, ce qui pourra amener l'effondrement rapide de la construction.

117. Calcul d'un poitrail. — L'évaluation de la charge que supporte un poitrail doit être faite dans chaque cas particulier, d'après la disposition des baies percées dans le mur qu'il supporte. On ne doit compter comme chargeant le poitrail qu'une partie du mur et des planchers supporte ce mur, celle qui viendrait à s'effondrer si le poitrail était supprimé ; si on opérait en considérant comme charge du poitrail la totalité du mur placé au-dessus de lui, on arriverait à des dimensions beaucoup plus fortes que celles qu'on adopte dans la pratique, et que l'usage a prouvé être suffisantes.

Considérons d'abord un poitrail supportant un mur plein, on peut remarquer que les matériaux de ce mur étant montés par assises horizontales, la partie du mur qui s'effondrerait dans le cas où on enlèverait le poitrail, serait limitée par une courbe se rapprochant d'une ogive, de forme variable suivant la nature des matériaux, la partie restante du mur formant alors une sorte de voûte en encorbellement (fig. 382) dont les piédroits seraient les portées du poitrail sur le mur.

Si le poitrail est soutenu en son milieu par une colonne, nous pouvons faire le même raisonnement sur ses deux moitiés, qui ne supporteront plus chacune que la portion de mur placée au-dessus, et limitée par une ogive, de sorte que la charge sera très réduite, en même temps que la portée sera diminuée (fig. 382).

Lorsque le mur supporté par le poitrail est percé de baies, la disposition de celles-ci peut modifier notablement les charges à appliquer au poitrail. Ainsi, par exemple, si le mur comporte deux baies dans la largeur, le trumeau intermédiaire étant placé dans l'axe du poitrail, on devra considérer que celui-ci porte en son milieu la totalité de la charge du mur situé au-dessus de lui et des planchers qui s'y appuient, charge qui est reportée sur le trumeau (fig. 383). Si on vient soutenir le poitrail en son milieu par une colonne, la charge se trouve alors fortement réduite, puisqu'elle ne comporte plus que les portions ogivales du mur situées au-dessus de chacune des travées (fig. 383) et les charges correspondantes des planchers.

Si au lieu de mettre la colonne sous le trumeau on la plaçait sous une des baies, la portée libre du poitrail serait diminuée, mais il porterait encore, dans ce cas, la totalité de la charge du trumeau ; ce serait donc une fort mauvaise disposition.

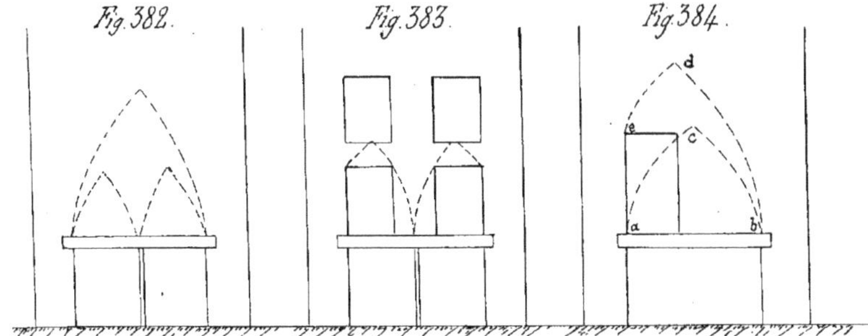

Si dans un mur plein, supporté par un poitrail, on vient à percer une baie, on modifie absolument les conditions de charge du poitrail, et il peut devenir insuffisant ; en effet, dans le mur plein, la portion de charge reportée sur le poitrail est limitée par une courbe en ogive *a b c* (fig. 384) ; une fois la baie percée, c'est la charge limitée par une autre courbe *b d e a* supérieure à la première qu'il faudra considérer.

On voit par ces exemples qu'il faut, chaque fois qu'on étudie un poitrail, commencer par tracer le *calepin* du mur qu'il doit supporter, c'est-à-dire dessiner en élévation ce mur avec toutes ses baies, en indiquant les charges qui viennent s'y appliquer ; on évaluera ensuite sur ce dessin l'importance des charges reportées sur le poitrail, en tenant compte des remarques qui viennent d'être faites. Les charges qui agissent sur le poitrail étant ainsi déterminées, on le calculera comme une poutre jumelée.

CHAPITRE III

COLONNES ET PILIERS MÉTALLIQUES — PANS DE FER

§ 1er. — COLONNES EN FONTE.

118. Colonnes pleines en fonte. — 1° *Colonnes du commerce.* Ces colonnes sont cylindriques, et présentent une légère diminution de diamètre à la partie supérieure; on les trouve toutes faites dans le commerce sous trois types différents dont les diamètres varient de 0m 020 en 0m 020 et les longueurs de 0m 050 en 0m 050 à partir de 2 mètres dans les dimensions les plus usuelles; le diamètre supérieur est diminué de 0m 010 pour chaque hauteur d'étage.

Dans le premier type de colonnes, qui est le plus simple, la *base* est ordinairement carrée et un peu évasée; le *chapiteau* se termine par un tailloir carré soutenu par une moulure qui le raccorde au *fût* de la colonne (fig. 385).

Dans le second type (fig. 386), le chapiteau comporte deux consoles et le tailloir en est circulaire ou carré; ces colonnes conviennent particulièrement pour supporter des filets ou des

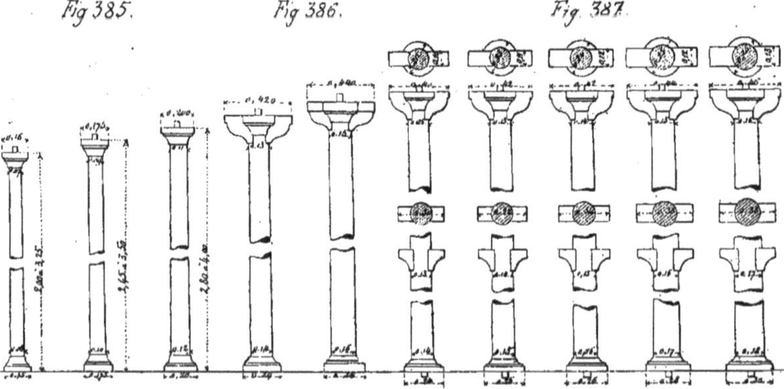

poutres jumelées; on les fait pour des hauteurs variant de 3m 00 à 4m 50. Enfin celles du troisième type, dites *colonnes à étages*, ne s'exécutent que sur commande, faite un mois d'avance (fig. 387); elles ont deux étages de hauteur et comportent des consoles intermédiaires vers leur milieu; elles servent particulièrement lorsqu'on établit des boutiques surmontées d'un entresol, les poutres du plancher de celui-ci reposant alors sur les consoles.

Nous donnons ci-dessous les poids approximatifs des colonnes pleines en fonte, chapiteau et base non compris; il faut ajouter environ 40 kilogrammes pour le chapiteau et la base dans les colonnes ordinaires, 60 kilogrammes pour les colonnes avec consoles, et 80 kilogrammes pour les colonnes à étages.

Diamètre	0.080	0.100	0.120	0.140	0.150	0.160	0.170	0.180	0.200
Poids par mètre courant	36k	57k	82k	111k	127k	145k	164k	183k	226k

Dans toutes ces colonnes, il y a toujours à chaque extrémité un *goujon* en fer, qui est pris dans la fonte au moment de la coulée, et qui sert à bien placer les colonnes sur leur dé de fondation et à maintenir à leur partie supérieure l'assemblage avec les pièces qu'elles supportent.

Fig. 388.

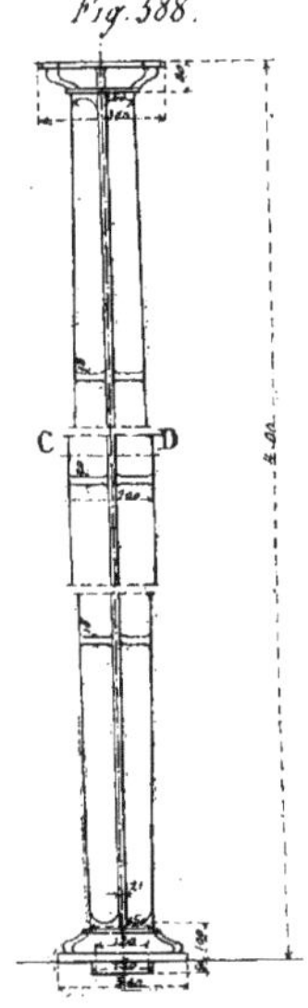

Coupe CD.

Les colonnes pleines sont lourdes; elles sont souvent coulées en fonte de qualité inférieure dans des moules horizontaux, alors qu'il serait bien préférable de les couler debout; il en résulte qu'elles peuvent présenter des soufflures importantes, principalement aux points de raccord des consoles où le métal offre plus d'épaisseur et où le refroidissement est par suite peu régulier; on ne sait donc jamais absolument sur quelle sécurité on peut compter.

2° *Colonnes sur modèles.* On exécute sur modèles les colonnes dont les dimensions ou les formes spéciales ne répondent pas aux types courants; mais dès que ces colonnes sont un peu importantes, et que leur diamètre dépasse 0m 08 à 0m 100, il est plus avantageux, puisqu'on fait les frais d'un modèle spécial, de l'étudier en vue de la production d'une colonne creuse.

3° *Colonnes à section non circulaire.* On donne quelquefois aux colonnes une section différente du cercle, et en particulier la section polygonale ou la section en croix; cette dernière est, à égalité de poids, plus résistante que la section circulaire pleine, mais cependant inférieure à la section circulaire creuse.

La figure 388 montre la forme d'une colonne à section en croix; les nervures sont légèrement renflées au milieu, et pour les empêcher de se voiler, on les a reliées de place en place par de petites nervures horizontales; le chapiteau et la base ont été faits creux, pour éviter les soufflures qui risqueraient de se produire dans des pièces aussi épaisses.

119. Colonnes creuses en fonte. — Ces colonnes sont plus résistantes à égalité de poids que les colonnes pleines, et bien qu'elles coûtent plus cher aux 100 kilogrammes, elles sont dans la plupart des cas plus avantageuses; on les trouve avec toutes les formes appropriées aux diverses applications. Lorsqu'on en a à faire un certain nombre d'identiques, les frais de modèle deviennent peu importants. Dans ces colonnes, le métal est toujours de meilleure qualité, parce qu'il est fondu sous une faible épaisseur; celle-ci est variable avec les dimensions des colonnes et les charges qu'elles doivent supporter; elle ne dépasse jamais 0m 030 à 0m 035, mais elle ne descend jamais non plus au-dessous de 0m 015, excepté pour des pièces de faibles dimensions; on peut prendre cette épaisseur égale à 1/8 ou à 1/10 du diamètre.

Les colonnes creuses ne se trouvent pas toutes faites dans le commerce; il faut les commander un mois d'avance, ce temps étant nécessaire pour la fabrication et le transport; et même ce délai n'est pas toujours suffisant si les pièces doivent être exécutées en grand nombre avec un nombre restreint de modèles. Ces colonnes devraient toujours être coulées debout; mais la plupart du temps, on les coule horizontalement, de sorte qu'il n'est pas rare de rencontrer de telles colonnes qui présentent des épaisseurs variables, parce que le noyau n'a pas été bien placé dans le moule, ou qu'il s'est arqué sous son propre poids; c'est encore une raison pour forcer les épaisseurs.

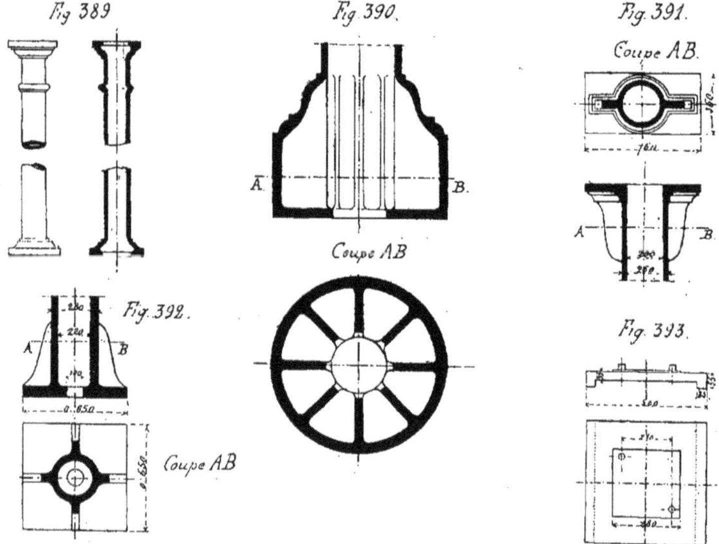

Lorsqu'on établit le modèle d'une colonne creuse, on doit réserver dans le chapiteau et dans la base les trous nécessaires au passage du noyau (fig. 389); il faut avoir soin, quelle que soit la forme du chapiteau ou des consoles qui lui sont adjointes, de conserver en tous les points des épaisseurs aussi régulières que possible, en évitant surtout les changements brusques qui amèneraient la production de soufflures dans les parties les plus épaisses; il faut éviter les angles vifs rentrants, et les raccorder par des congés suffisants.

Les parties évasées, comme les bases et les chapiteaux, doivent être renforcées par des nervures intérieures convenablement disposées (fig. 390). La tablette d'un chapiteau a généralement une épaisseur supérieure de 0^m010 à celle de la colonne ; si elle est large, on la soutient par des consoles de même épaisseur que l'on raccorde à la tablette par des moulures obtenues le plus souvent en contreprofilant les moulures du chapiteau (fig. 391).

La tablette de base se fait aussi plus épaisse que le reste de la colonne ; on lui donne une largeur suffisante pour qu'elle reporte la charge sur une surface assez grande de maçonnerie, et il peut être encore utile de la relier au fût de la colonne par des nervures qui l'empêchent de fléchir (fig. 392).

Dans certains cas, on se contente de terminer la colonne par une base peu développée que l'on fait reposer sur une plaque épaisse de fondation ; celle-ci présente en son milieu une portée ajustée sur laquelle vient reposer la base de la colonne, avec interposition d'un ou de deux goujons pour obtenir une mise en place plus facile ; la plaque porte sur deux de ses côtés seulement des nervures, ce qui permet de faire par-dessous un bourrage soigné au mortier de ciment (fig. 393).

Le fait de remplir une colonne creuse avec du plâtre ou mieux du mortier de ciment de Portland augmente notablement la résistance en s'opposant à tout commencement de déformation ; nous citerons à l'appui l'exemple d'une colonne creuse de 6 mètres de hauteur qui soutenait le milieu d'un poitrail fortement chargé, et qui rondissait d'une manière inquiétante ; l'architecte eut l'idée d'étayer, d'enlever la colonne, de la remplir intérieurement de plâtre, puis de la remettre en place, où depuis elle s'est bien comportée.

Il est préférable de remplacer le plâtre par le mortier de Portland qui durcit davantage, et qui protège l'intérieur de la colonne contre la rouille ; la seule précaution à prendre est de le gâcher avec très peu d'eau, et de le pilonner énergiquement.

120. Pose des colonnes. — La fondation d'une colonne est ordinairement formée d'un massif en maçonnerie terminé à sa partie supérieure par un libage en pierre de taille ; on pose la base de la colonne sur cette pierre, avec interposition d'une plaque de forte tôle ; on peut même supprimer la pierre de taille et placer sur les maçonneries en petits matériaux une plaque de fonte épaisse posée au mortier de ciment et sur laquelle viendra s'appuyer la base de la colonne ; les deux surfaces de contact devront être parfaitement dressées ; la plaque présentera une mortaise pour recevoir le goujon qui termine la colonne, si celle-ci est pleine.

Dans certains cas, la colonne supportant un poitrail ne sera placée qu'après la pose de celui-ci, qui sera provisoirement étayé ; on sera alors obligé de laisser le jeu nécessaire à la pose de la colonne, puis de caler celle-ci à l'aide de coins enfoncés sur le pourtour de la base. On devra alors former avec de la terre glaise un petit bourrelet tout autour de celle-ci, et y couler du *régule*, alliage de plomb et d'antimoine qui viendra noyer les cales, et remplir le vide compris entre la base de la colonne et la fondation ; on évitera le refroidissement trop rapide du régule en chauffant préalablement la base de la colonne à l'aide de charbons placés tout autour,

Nous avons déjà dit que les poutres reposant sur le chapiteau d'une colonne s'y appuient ordinairement par l'intermédiaire d'une plate-bande à talons en fer qui est percée d'un trou en son milieu pour recevoir le goujon de la colonne (fig. 394). Dans les colonnes fondues sur modèles, et qui sont destinées à supporter des pièces jumelées, on peut supprimer la plate-bande en fer, et donner au fût un prolongement carré de 0m 040 à 0m 050 au moins au-dessus du chapiteau ; ce prolongement forme scellement dans le hourdis compris entre les deux fers (fig. 395).

121. Formes des chapiteaux des colonnes en fonte. — Le chapiteau des colonnes en fonte présente, comme nous l'avons dit, une tablette supérieure assez large pour supporter les poutres qui viennent s'y appuyer et qui est reliée au fût par des consoles ; si la tablette est carrée, il y aura quatre consoles symétriquement disposées (fig. 396) ; on remarquera dans ce

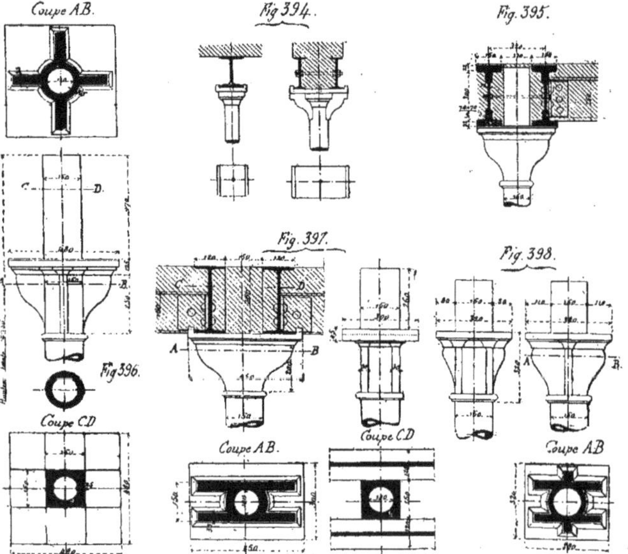

exemple que le prolongement carré du fût au-dessus du chapiteau est assez développé, le plancher que doit supporter cette colonne étant très épais ; des portées dressées sont réservées sur le dessus de la tablette pour former les repos des poutres.

Lorsque la colonne est fortement chargée, il est avantageux de la pourvoir de chaque côté d'une paire de consoles (fig. 397) destinées à reporter la charge sur le fût, et qui présentent une grande résistance, avec une hauteur et des formes bien proportionnées ; cette disposition qui a été appliquée pour la première fois par M. Denfer à la papeterie d'Essonnes s'est fort répandue depuis.

Si la tablette supérieure déborde beaucoup les faces des consoles, et risque d'être chargée sur la partie en saillie, on peut la soutenir au moyen d'une petite console additionnelle perpendiculaire aux premières, mais moins développée (fig. 398).

Lorsqu'une colonne supporte un plancher dont les poutres forment soffites, et qui sont disposés en compartiments, elle doit présenter des consoles identiques sur ses quatre faces ; il en résulte alors une disposition de chapiteau à huit consoles dont nous donnons un modèle (fig. 399) étudié par M. Denfer pour certaines des colonnes de l'École Centrale.

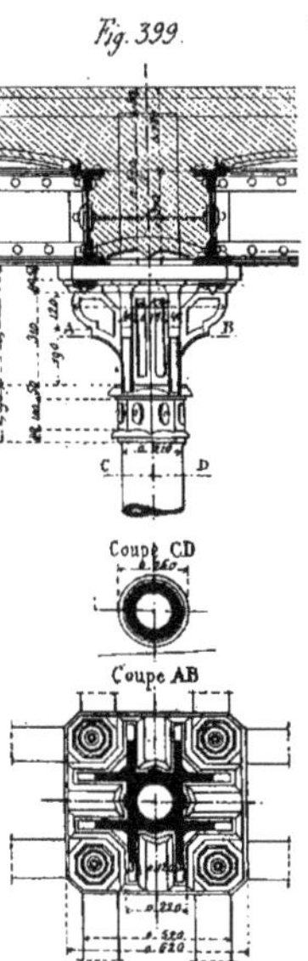

122. Colonnes jumelées. — Nous avons déjà vu qu'on avait intérêt au point de vue de la stabilité à soutenir par des colonnes jumelées un poitrail lourdement chargé par un mur épais. Les colonnes sont fondues séparément, mais on dresse leurs extrémités sur le tour, de manière qu'elles présentent exactement la même longueur ; on les fait reposer sur une même plaque de fondation suffisamment large et épaisse ; de même, à leur partie supérieure, on relie les deux chapiteaux par une forte plate-bande en fer forgé, sur laquelle s'appuiera le poitrail ; enfin on solidarise les deux colonnes d'une manière plus complète encore en les reliant tous les mètres environ par des brides en fer forgé de 0m 090 sur 0m 016 (voir fig. 381).

123. Colonnes superposées. — Quand des colonnes doivent être superposées aux différents étages d'une construction, il faut observer dans les dispositions qu'on adoptera les deux principes suivants : 1° les charges de la colonne supérieure doivent être directement transmises par elle à la colonne inférieure, sans aucun intermédiaire ; 2° on ne doit faire porter aux consoles de chaque étage que la charge provenant du plancher de cet étage.

Il serait très mauvais de faire reposer la base de la colonne supérieure sur la semelle de la poutre qui porte sur la colonne inférieure ; l'âme de la poutre n'aura pas en général été établie pour supporter la charge qui lui serait ainsi appliquée ; elle sera alors susceptible de se voiler sous la charge ; il en résultera dans ce cas un tassement de la construction et peut-être même un effondrement si la poutre vient à céder complètement. Il serait de même dangereux de reporter les charges d'un étage sur les consoles de l'étage inférieur, celles-ci ne présentant pas ordinairement, avec les dimensions qu'on leur donne, une résistance suffisante. Il en résulte que les fûts des colonnes superposées doivent être placés absolument en prolongement l'un de l'autre, la base de la colonne supérieure s'appuyant sans aucun intermédiaire snr la tête de la colonne inférieure ; à cet effet, les deux surfaces de contact seront parfaitement dressées.

Dans le cas des colonnes pleines, la colonne supérieure peut être terminée à sa base par une partie carrée sur une longueur presque égale à l'épaisseur du plancher qu'elle traverse ; une petite mortaise qu'elle porte vient entrer sur le goujon de tête de la colonne inférieure, ou bien au contraire, c'est la colonne inférieure qui porte un prolongement carré ayant une longueur un peu moindre que l'épaisseur du plancher et sur lequel vient se placer la base de la colonne supérieure . On peut consolider l'assemblage en pourvoyant de brides les extrémités en contact, et les reliant par des boulons (fig. 400).

Lorsque les colonnes sont creuses, on peut disposer l'assemblage d'une manière analogue, mais alors il faut placer deux goujons sur la tête de la colonne inférieure, un de chaque côté de l'ouverture du vide intérieur, et faire venir à la base de l'autre colonne deux petites oreilles qui viennent s'engager sur eux (fig. 401).

On préfère quelquefois faire l'assemblage à emboîtement; à cet effet, on termine la base de la colonne supérieure par une petite saillie cylindrique de diamètre égal à l'ouverture du vide de la colonne inférieure, et qui vient y pénétrer sur $0^{m}020$ environ de longueur (fig. 402).

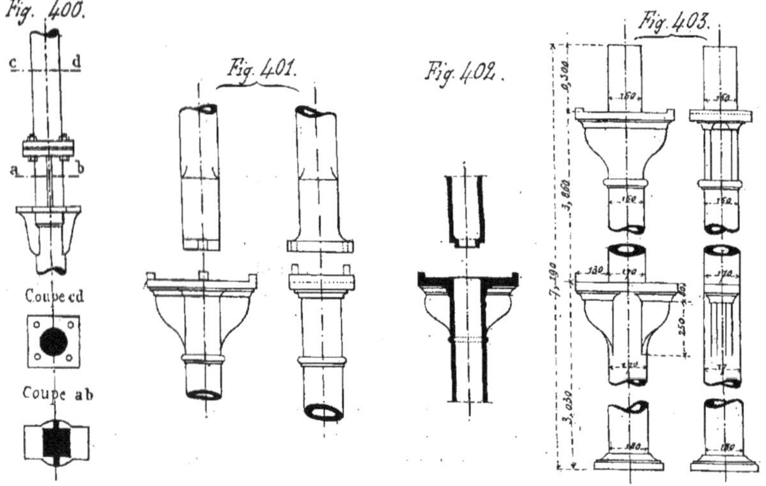

Enfin on peut encore pourvoir la colonne inférieure d'un prolongement carré, comme dans le cas des colonnes pleines, et faire l'assemblage au sommet de ce prolongement soit par les moyens précédents, soit avec brides et boulons; on donne à la partie carrée une longueur un peu inférieure à l'épaisseur du plancher, de manière que le joint soit caché et que la base de la colonne supérieure soit maintenue dans le dallage ou dans le parquet.

On fait quelquefois des colonnes creuses de deux étages de hauteur; analogues comme dispositions aux colonnes pleines à étage (fig. 403); le moulage en est assez délicat, à cause de la grande longueur du noyau; celui-ci peut fléchir et donner lieu à des épaisseurs inégales; ces colonnes devraient toujours être coulées debout, pour éviter ce défaut; mais peu d'usines peuvent exécuter ce travail.

124. Colonnes en fonte pour charpentes en bois. — Les colonnes en fonte employées à supporter des poutres en bois présentent ordinairement de larges consoles destinées à remplacer les contrefiches obliques qui, dans le cas de poteaux en bois relieraient ces poteaux aux poutres pour assurer l'invariabilité des angles. Ces consoles peuvent être venues de fonte sous la colonne, comme dans l'exemple représenté par la figure 404 ; on remarquera que la charpente repose sur le chapiteau de la colonne par l'intermédiaire d'une sous-poutre en bois ; les consoles sont évidées et

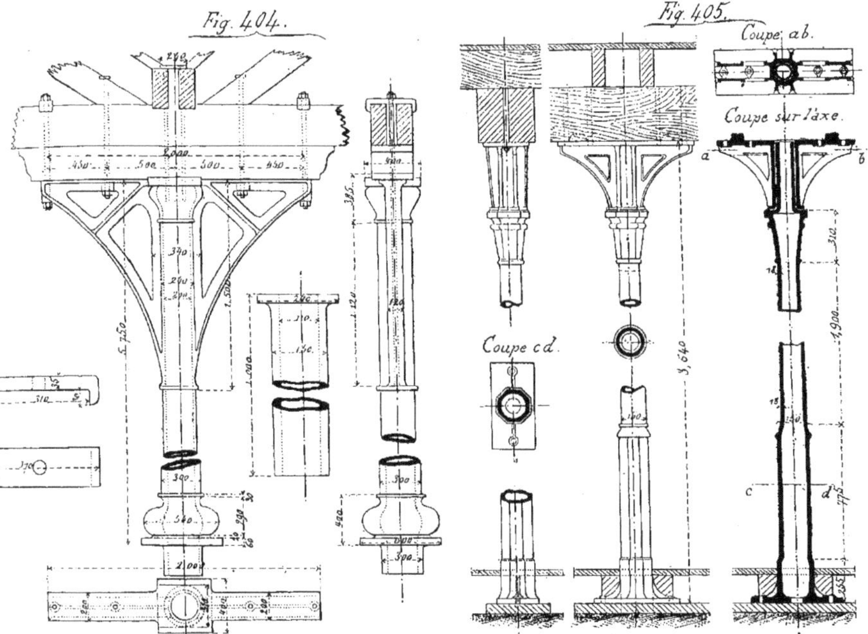

présentent sur leur pourtour une partie en forme de T, avec élargissements nécessaires pour le passage de quatre boulons qui fixent la charpente sur la colonne.

Dans cet exemple, la colonne sert de tuyau de descente des eaux du chéneau placé au-dessus ; à cet effet, une tubulure spéciale amène l'eau dans la colonne, dont le fût se prolonge en contre-bas de la base pour correspondre à un drainage d'écoulement. Il est indispensable dans le cas où on utilise ainsi une colonne creuse comme descente des eaux pluviales, de la doubler intérieurement d'un tuyau de plomb d'un diamètre inférieur au vide, si l'on veut éviter les effets de la gelée ; la congélation de l'eau est susceptible d'amener la rupture de la colonne, si cette précaution n'a pas été prise.

Dans certains cas, les consoles peuvent être rapportées sur la colonne ; elles font alors corps avec un tube alésé intérieurement, dans lequel pénètre un prolongement cylindrique convenablement tourné, venu de fonte au-dessus du chapiteau (fig. 405). Ou bien, elles sont fondues avec une partie cylindrique formant prolongement du fût de la colonne, et terminée à sa partie inférieure par une bride que l'on fixe par des boulons sur une bride venue de fonte au sommet du chapiteau de la colonne (fig. 406).

Lorsque les colonnes qui supportent une charpente en bois doivent se prolonger sur plusieurs étages, il est indispensable d'observer les règles que nous avons indiquées dans le cas des colonnes superposées ; jamais la colonne d'un étage ne doit reposer sur la poutre de l'étage inférieur ; cette disposition serait encore bien plus mauvaise dans le cas d'une poutre en bois que dans celui d'une poutre en métal.

On emploie quelquefois alors la disposition suivante : sur le chapiteau de la colonne, qui présente

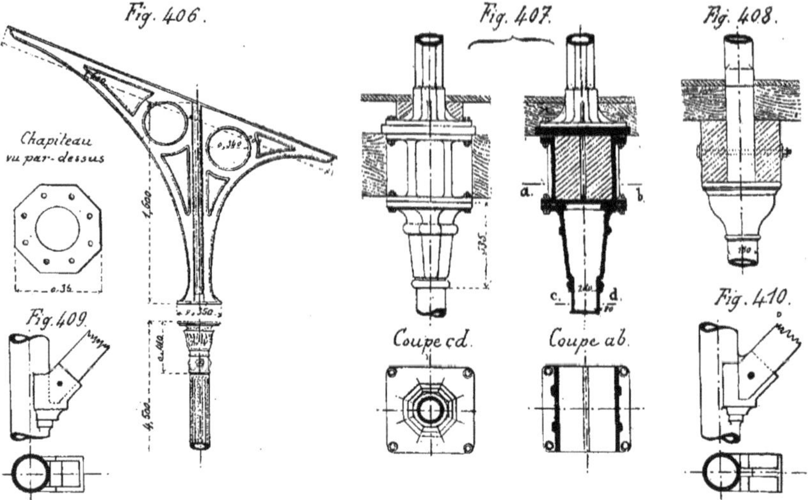

une assez grande largeur pour bien supporter la poutre, on boulonne une selle en fonte formée d'une tablette horizontale et de deux joues latérales entre lesquelles passe la poutre ; on recouvre le tout par une plaque de fonte épaisse qu'on boulonne aux nervures supérieures de la pièce précédente et sur laquelle vient poser la base de la colonne de l'étage supérieur (fig. 407).

Il est plus simple et moins coûteux d'employer les colonnes à double console dont nous avons donné des modèles précédemment, ce qui conduit à la disposition de la figure 408.

Quand une colonne en fonte doit recevoir en divers points de sa hauteur les assemblages de plusieurs pièces de charpente en bois, on lui fait venir de fonte en ces points des alvéoles de forme convenable dans lesquelles s'engagent les abouts des pièces de bois, qu'on y maintient au moyen d'un boulon traversant les joues en fonte de ces alvéoles (fig. 409). Cette disposition convient surtout aux pièces soumises à la compression ; le serrage du boulon n'est pas possible en effet sans risquer de faire rompre les joues des alvéoles. Si une pièce doit résister à l'extension il est préférable de ne conserver qu'une seule nervure contre laquelle on vient placer à droite et à gauche les deux moitiés de la pièce de bois si elle est jumelée, ou sur laquelle on vient emboîter cette pièce dans le cas contraire ; le serrage du boulon est alors facile, quelle que soit l'épaisseur de la pièce de bois (fig. 410).

Nous donnons (fig. 411) une colonne étudiée par M. Denfer pour supporter une charpente de sheds aux ateliers Decauville aîné à Corbeil ; les alvéoles destinées à recevoir les extrémités des contrefiches des fermes des sheeds et les extrémités inférieures des contreventements transversaux sont formées par quatre paires de nervures qui accompagnent le fût dans une partie de sa hauteur, et par une tablette horizontale soutenue en dessous par d'autres nervures formant consoles ; de même les entraits moisés des fermes sont portés par une tablette horizontale supérieure sous laquelle viennent s'appuyer les extrémités supérieures des contreventements.

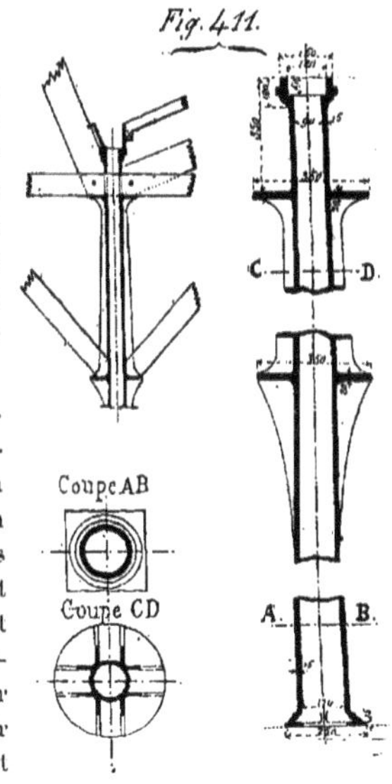

125. Colonnes à section carrée ou rectangulaire. —

Lorsque des colonnes sont destinées à recevoir sur leur hauteur les abouts d'un certain nombre de pièces de charpente en bois ou en fer, il devient avantageux de les faire à section carrée ; on forme des chanfreins sur les angles, et on les arrête à 0 m 200 environ de la base et des points où doivent se faire des assemblages (fig. 412) ; si les colonnes se relient avec des maçonneries, on les pourvoit sur leurs faces latérales de nervures dont l'écartement est réglé d'après l'épaisseur de ces maçonneries (fig. 413). Les alvéoles destinées à recevoir les abouts des pièces de charpente en bois s'établissent comme dans le cas des colonnes rondes (fig. 414 et 415).

S'il s'agit d'assembler sur la colonne des pièces métalliques, on lui fait venir aux points voulus des nervures de forme convenable sur lesquelles on boulonne les abouts des pièces

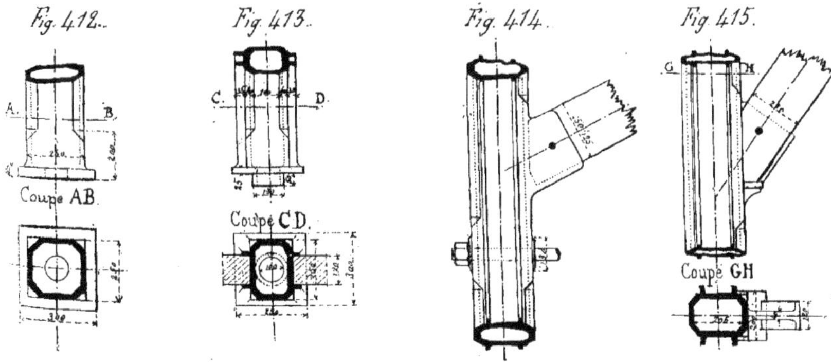

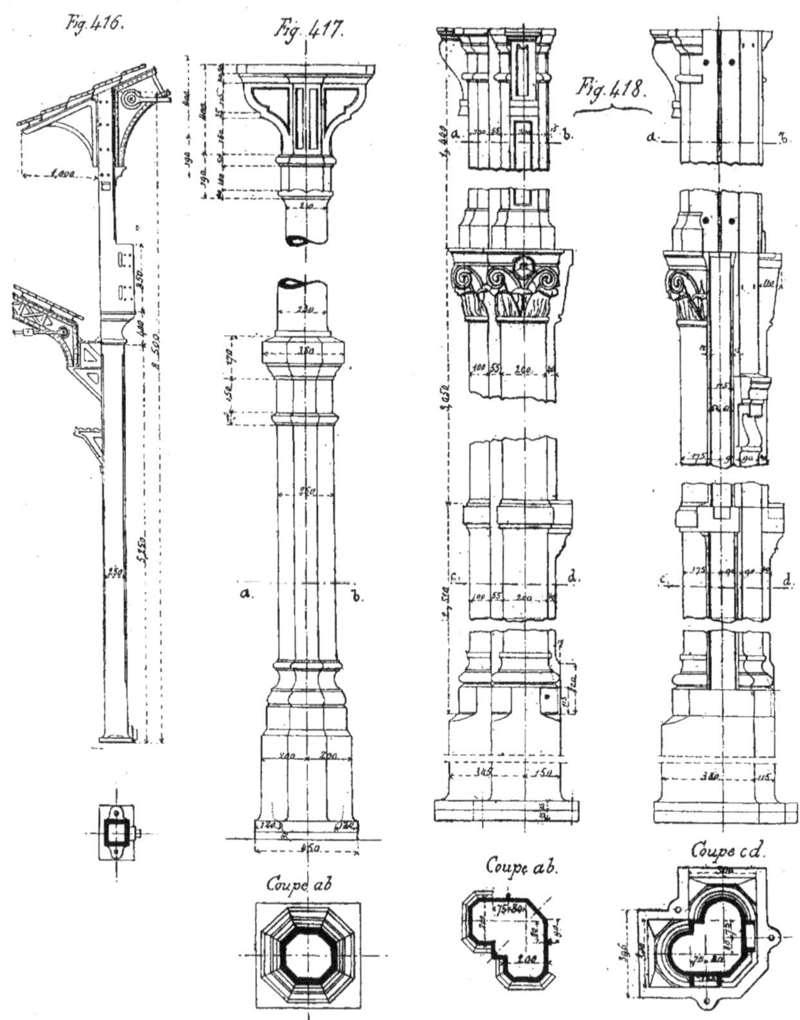
Fig. 416.
Fig. 417.
Fig. 418.
Coupe ab
Coupe ab.
Coupe cd.

ou entre lesquelles on fixe les âmes de ces pièces; de plus on soutient toujours celles-ci par des consoles pour empêcher le cisaillement des boulons. Nous donnons comme exemple une colonne carrée, établie pour supporter à sa partie supérieure le comble d'un atelier, en même temps que dans sa hauteur, elle reçoit la retombée d'un comble moins élevé; elle supporte en outre les poutres du chemin de roulement d'un pont roulant et une console venue de fonte qui reçoit le palier d'un arbre de transmission (fig. 416).

Une solution fréquemment employée consiste à faire la colonne cylindrique dans toute sa partie inférieure où elle ne reçoit pas d'assemblages ; le fût cylindrique se termine par un chapiteau au-dessus duquel il se prolonge par une partie carrée de hauteur suffisante pour recevoir les divers assemblages.

126. Colonnes ornées. — La fonte, par ses facultés de moulage, se prête à une ornementation qui peut être obtenue assez économiquement ; ainsi, les colonnes destinées à des bâtiments comportant une certaine décoration pourront, si elles sont assez hautes, reposer sur un piédestal mouluré, venu de fonte avec la colonne (fig. 417) ; les consoles du chapiteau seront ornées de moulures, leurs faces latérales seront accusées par des tables renfoncées suivant les contours de leur profil ; le fût de la colonne pourra dans certains cas présenter des cannelures sur tout ou partie de sa hauteur.

Dans les colonnes pour halles et marchés, qui offrent des types très étudiés de colonnes ornées, le fût est ordinairement à section carrée ou rectangulaire ; les faces sont revêtues de pilastres ou de colonnes demi engagées à chapiteaux plus ou moins décorés ; ces colonnes ont une base moulurée qui repose sur un soubassement ordinairement assez développé ; elles présentent des nervures verticales lorsqu'elles doivent se raccorder avec des remplissages en maçonnerie. Des portées et des consoles sont ménagées aux différents points de la hauteur où doivent se faire des assemblages avec les pièces de la charpente (fig. 418).

127. Calcul des colonnes en fonte. — 1° *Calcul du diamètre d'une colonne.* Nous avons déjà donné la formule qui sert à calculer une pièce longue soumise à un effort de compression longitudinale ; dans le cas des colonnes en fonte, dont les bases sont élargies et plates, on admet qu'il y a un demi-encastrement aux deux extrémités ; P étant la charge supportée par la colonne en appelant l sa longueur, d son diamètre, dans le cas où la section est circulaire et pleine, la formule devient :

$$\frac{P}{0{,}7854d^2}\left(1 + 0{,}0064\frac{l^2}{d^2}\right) \leqslant R.$$

R est la résistance de sécurité de la fonte à la compression ; nous lui donnerons la valeur de 8 kilogrammes par millimètre carré de section, pour tenir compte des défauts que peuvent présenter les moulages de fonte, et aussi de ce fait que, le plus souvent, les charges ne seront pas appliquées rigoureusement suivant l'axe de la colonne ; on peut cependant, lorsqu'on ne tient pas à une sécurité aussi grande, adopter le chiffre de 12 kilogrammes.

Dans le cas d'une section carrée, d étant son côté, la formule devient :

$$\frac{P}{d^2}\left(1 + 0{,}0048\ \frac{l^2}{d^2}\right) \leqslant R.$$

Pour la section en croix, d étant la largeur de la section, et en admettant que l'épaisseur e des nervures soit le dixième de cette largeur, on a la formule :

$$\frac{P}{0,19d^2}\left(1 + 0,0094\,\frac{l^2}{d^2}\right) \leqslant R.$$

Pour les colonnes creuses, si l'épaisseur du métal est le dixième du diamètre d, ou de la largeur d de la section, on aura :

Pour la section circulaire... $\frac{P}{0,2827\,d^2}\left(1 + 0,0039\,\frac{l^2}{d^2}\right) \leqslant R.$

Pour la section carrée...... $\frac{P}{0,36\,d^2}\left(1 + 0,00293\,\frac{d^2}{l^2}\right) \leqslant R.$

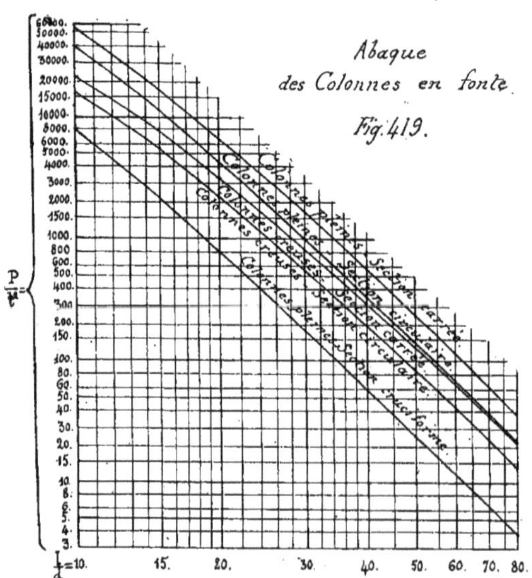

Dans ces formules, l est la longueur de la colonne entre ses deux extrémités lorsqu'elle n'a qu'un étage ; pour les colonnes à étages, l est la longueur de l'étage le plus élevé.

L'emploi de ces formules est assez pénible lorsque l'on recherche les dimensions à donner à une colonne, et il exige quelques tâtonnements assez longs ; pour les éviter, nous avons dressé l'abaque ci-contre (fig. 419) qui traduit ces formules. Il permet de résoudre les deux problèmes relatifs aux colonnes en fonte. Dans ces calculs on fait ordinairement abstraction du poids de la colonne elle-même, qui est négligeable à côté des charges qu'elle supporte.

1er Problème. Une colonne en fonte de longueur $l = 4$ mètres doit supporter une charge P, de 30.000 kilogrammes ; calculer son diamètre sachant qu'elle doit être à section circulaire creuse

Calculons d'abord : $\frac{P}{l^2} = \frac{3000}{16} = 1875$.

Prenons sur le côté gauche de l'abaque le point marqué 1875 entre 1500 et 2000 ; menons l'horizontale de ce point jusqu'à sa rencontre avec la courbe marquée « *colonnes creuses, section circulaire* » ; descendons la verticale du point de rencontre jusqu'à la base de l'abaque, nous trouverons : $\frac{l}{d} = 21$; d'où $d = \frac{l}{21} = \frac{4}{21} = 0^m190$.

Tel est le diamètre à donner à la colonne ; son épaisseur sera de 0^m019.

L'abaque a été dressé en admettant une résistance de sécurité $R = 8$ kilogrammes par millimètre carré ; si on adoptait une résistance de sécurité différente, 12 kilogrammes par exemple, il suffirait de prendre les $\frac{8}{12}$ du rapport $\frac{P}{l^2}$, ce qui donnerait : $\frac{1875 \times 8}{12} = 1250$; en opérant ensuite comme précédemment, on trouverait : $\frac{l}{d} = 23$; d'où : $d = \frac{l}{23} = \frac{4}{23} = 0^m175$.

2e Problème. Une colonne en fonte à section circulaire pleine a 0^m16 de diamètre et 3^m50 de longueur ; quelle charge pourra-t-on lui faire supporter ?

Calculons d'abord : $\frac{l}{d} = \frac{3,50}{0,16} = 21,\dot{8}$.

Prenons sur la base de l'abaque la valeur $\frac{l}{d} = 21,8$ soit presque 22 ; menons la verticale de ce point jusqu'à sa rencontre avec la courbe « *colonnes pleines, section circulaire* » ; puis menons l'horizontale de ce point de rencontre jusqu'au bord gauche de l'abaque, nous trouvons : $\frac{P}{l^2} = 3200$.

Il en résulte : $P = 3200 \times l^2 = 3200 \times 3,50^2 = 39.200$ kilogrammes.

C'est la charge que pourra supporter la colonne. Si on admet une résistance de sécurité de 12 kilogrammes par millimètre carré au lieu de 8, il faudra multiplier le nombre trouvé par le rapport $\frac{12}{8}$, ce qui donnera : $39200 \times \frac{12}{8} = 58.800$ kilogrammes.

Le poids par mètre courant d'une colonne de ces divers modèle sera évalué d'après les données suivantes :

Colonne pleine, section circulaire	....	$p = 5800\ d^2$
— — carrée	....	$p = 7400\ d^2$
— — cruciforme	....	$p = 1400\ d^2$
Colonne creuse, section circulaire (épaisseur $\frac{1}{10}\ d$)	...	$p = 2100\ d^2$
— — carrée	....	$p = 2650\ d^2$.

2° *Calcul des consoles du chapiteau.* On détermine la charge reportée sur chaque console par les poutres qui s'y appuient ; soit Q cette charge, qui se trouve appliquée à une distance δ de la section d'attache de la console sur le fût de la colonne.

Cette section d'attache est alors soumise à un moment de flexion ayant pour valeur Q δ et l'on doit avoir :

$$\frac{Q\delta}{\frac{I}{v}} \leqslant R,$$

$\frac{I}{v}$ étant le module de résistance de la section, R la résistance de sécurité de la fonte à l'extension, que l'on peut prendre égale à 1 ou 2 kilogrammes par millimètre carré. Si h est la hauteur de la console, e son épaisseur, on aura :

$$\frac{I}{v} = \frac{eh^2}{6},$$

et la formule deviendra :

$$\frac{6\,Q\delta}{eh^2} \leqslant R$$

La section est en outre soumise à un effort tranchant égal à Q et l'on doit encore, surtout si la console est courte, vérifier l'inégalité :

$$\frac{Q}{e\,h} \leqslant R'.$$

R' étant la résistance de sécurité de la fonte au cisaillement, à laquelle on peut attribuer la valeur de 0 k. 30 par millimètre carré ; cette valeur est très faible, mais en l'adoptant, on tient compte des soufflures que risquent de présenter les fontes du commerce.

3° *Calcul de la base d'une colonne.* Il suffit de vérifier que la pression par unité de surface transmise par la base de la colonne à la plaque d'appui n'est pas supérieure à la résistance de sécurité de la fonte à la compression, c'est-à-dire à 8, 10 ou 12 kilogrammes par millimètre carré suivant la sécurité à obtenir.

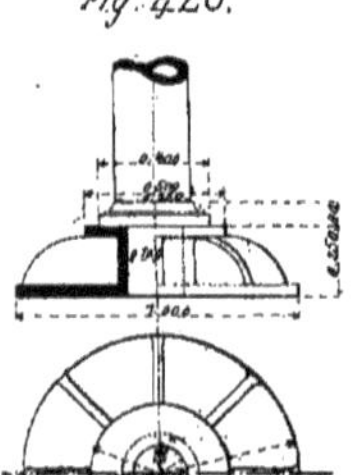

Fig. 420.

D'autre part, la pression par unité de surface transmise par la base de la colonne à la pierre de taille sur laquelle elle est posée, lorsqu'il n'y a pas de plaque d'appui, ou la pression transmise par cette plaque aux maçonneries ne doivent pas être supérieures aux résistances de sécurité de ces matériaux.

Lorsque la charge supportée par la colonne est très considérable, on peut être amené à donner à la plaque d'appui des dimensions telles qu'il soit nécessaire de la consolider par des nervures pour qu'elle puisse transmettre convenablement la pression sur toute son étendue, sans subir de flexion ; telle est la disposition qu'a adoptée M. Denfer pour les colonnes de la Halle de Corbeil, qui transmettent à leur fondation une charge de 167 tonnes (fig. 420).

§ 2. — POTEAUX EN FER ET EN ACIER

128. Colonnes rondes en fer.— Les colonnes en fer sont constituées par du fer rond du commerce qu'il suffit de couper de longueur; elles ne sont applicables qu'à de faible charges, parce qu'elles deviennent très lourdes et très coûteuses dès que le diamètre grandit; il est indispensable de les munir d'un chapiteau rapporté en fonte pour permettre de faire les assemblages des pièces de charpente que supportent ces colonnes, et d'une base en fonte pour obtenir une surface d'appui assez large sur leur fondation. La jonction du fût avec le chapiteau et la base se fait par des parties tournées et alésées, ce qui augmente notablement le prix de ces colonnes (fig. 421, 422 et 423).

On n'emploie les colonnes en fer creux que pour de petits ouvrages, tels que les marquises; si on

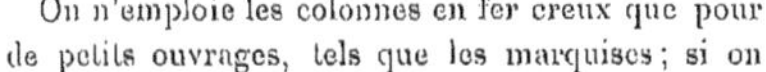

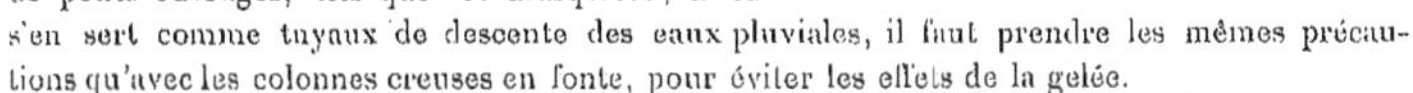

s'en sert comme tuyaux de descente des eaux pluviales, il faut prendre les mêmes précautions qu'avec les colonnes creuses en fonte, pour éviter les effets de la gelée.

129. Poteaux en fer profilés. — L'emploi des fers profilés pour former des poteaux verticaux est plus avantageux en général que celui de la fonte; il permet des assemblages simples et faciles dans la majorité des cas; en outre le fer ne présente pas, comme la fonte, des défauts susceptibles de réduire sa résistance; enfin il peut supporter aussi bien les efforts d'extension que ceux de compression, ce qui permet aux poteaux de résister aux efforts latéraux qui peuvent tendre à les fléchir.

On pourra employer tous les profils de fers laminés, pour constituer des poteaux aussi résistants qu'on le voudra; il suffira de donner à la section le plus possible de symétrie, afin que la résistance au voilement soit à peu près égale dans tous les sens, et de proportionner convenablement cette section à la hauteur du poteau et à la charge qu'il doit supporter; enfin, à section équivalente, le poteau le plus résistant sera celui dont la section présentera le plus grand moment d'inertie dans tous les sens, c'est-à-dire dont la matière sera rejetée le plus loin possible du centre; en outre, le poteau devra toujours être composé en vue des assemblages des pièces qu'il est destiné à supporter.

Les rails qu'on trouve à très bas prix peuvent servir soit isolés, soit réunis par leurs patins à former des poteaux résistants; les fers Zorès accolés par leurs patins donnent un résultat analogue; on peut renforcer la section en interposant une tôle entre les patins de ces fers. Il est possible encore de combiner ces profils avec d'autres, cornières, fers à boudins, à U ou à double T, pour obtenir des sections plus importantes.

En Amérique, des profils spéciaux ont été laminés, pour permettre de former des colonnes de divers diamètres; tels sont les fers Phénix dont le profil est celui d'un U à âme cintrée; on les réunit au nombre de quatre ou de six par des rivets qui traversent les ailes adjacentes, et ils forment alors une pièce circulaire, creuse, pourvue de nervures extérieures, et dont la résistance à la compression aussi bien qu'à la flexion transversale est considérable; ces sections peuvent encore être renforcées par l'adjonction de tôles entre les ailes des fers formant les nervures (fig. 424 et 425).

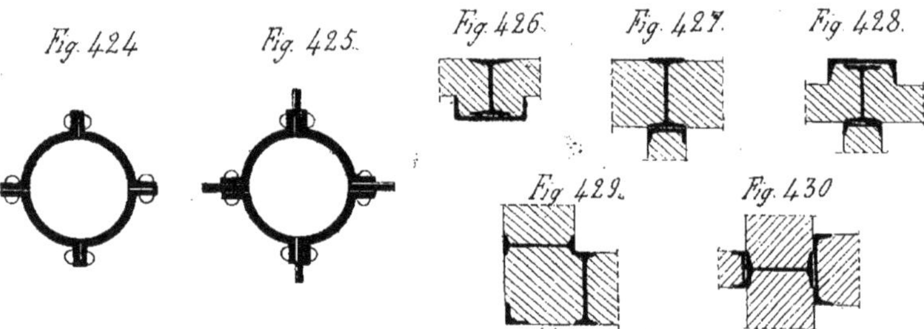

Les poteaux ainsi constitués sont affranchis d'équerre en haut et en bas; ils doivent être complétés par l'adjonction d'une base en fonte et d'un chapiteau présentant les formes convenables pour permettre les assemblages des pièces de charpente; c'est une complication en raison de laquelle, à part des cas spéciaux, ces poteaux sont peu employés.

On leur préfère, à cause des facilités d'assemblages qu'ils présentent, ceux que l'on obtient à l'aide des fers en U ou en double T. On emploie surtout les profils à larges ailes qui fournissent une section présentant dans les deux sens perpendiculaires des résistances au voilement comparables entre elles.

Lorsque les poteaux ont une grande hauteur, il est préférable de jumeler ces fers que l'on entretoise alors par les moyens indiqués à propos des filets et poitrails; il est possible, dans ces conditions, de constituer une section présentant la même résistance dans deux sens perpendiculaire; on complète l'entretoisement des fers en hourdant l'intervalle en bonne maçonnerie de briques et mortier de Portland qui vient elle-même concourir à la résistance, et qui protège de la rouille les parties internes des fers, dont l'accès serait difficile s'il fallait les entretenir de peinture.

On peut obtenir une section plus résistante en entretoisant les deux fers par un fer à double T à larges ailes, dont l'âme est placée dans un plan perpendiculaire à celui des âmes des deux autres; ceux-ci sont reliés par des boulons qui maintiennent entre leurs tiges le fer intérieur, ou mieux encore, ils sont rivés sur ses ailes dans toute leur hauteur.

Dans les pans de fer, les poteaux ont les dimensions suffisantes pour que les maçonneries viennent s'appuyer entre les ailes des fers; il est toujours possible de donner à la section de ces poteaux la composition convenable, ainsi que le montrent les figures 426 à 430.

130. Poteaux en tôles et cornières. — Dans les constructions d'une certaine importance, il est souvent avantageux de composer les poteaux en tôles et cornières, ce qui permet de disposer leur section en vue des assemblages avec les charpentes, et le plus économiquement possible. Le plus ordinairement, on donne à ces poteaux la section double T, et on les compose d'une âme en tôle de 0m008 à 0m015 d'épaisseur, et de quatre cornières; il est avantageux d'employer des cornières à branches inégales, en se servant des longues branches pour former les ailes du double T. Si la charge est plus importante, on ajoute des tables en tôle auxquelles on donne une largeur aussi grande que possible, mais ne dépassant pas la largeur de l'âme; elles doivent être assez épaisses pour ne pas se voiler; on peut même les renforcer sur leurs bords extérieurs par des cornières (fig. 431); on peut encore augmenter la section d'un poteau sans changer ses dimensions transversales en ajoutant à l'âme des tôles supplémentaires.

Fig. 431.

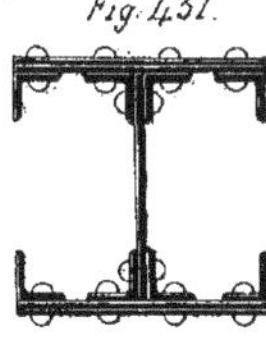

Fig. 432.

Il peut être utile de former les poteaux de pièces jumelées lorsqu'ils doivent recevoir des charpentes elles-mêmes jumelées ; on les constitue alors par deux fers composés à section double T que l'on relie entre eux soit à l'aide de bandes de tôle rivées de distance en distance sur leurs semelles, soit à l'aide d'un fer composé à profil double T placé entre les deux autres, avec son âme perpendiculaire aux leurs, comme nous l'avons vu dans le cas des poteaux jumelés en fers double T laminés.

Enfin on peut former des poteaux en caissons, en reliant deux profils en U par des tables communes en tôle; on retrouve ici les mêmes inconvénients que dans les poitrails ou dans les poutres en caissons, au point de vue des assemblages et de la protection contre la rouille des parties intérieures des pièces. On peut remédier à ce dernier inconvénient en remplissant les poteaux en caisson de mortier de Portland gâché avec la quantité d'eau strictement suffisante pour en assurer la prise, et bien pilonné. Il sera cependant toujours préférable de ne pas employer la disposition en caisson, au moins avec des pièces à âme pleine.

Il peut être utile de donner à des poteaux la section en croix s'ils doivent recevoir dans deux sens perpendiculaires les assemblages de pièces de charpente; cette section peut être obtenue simplement au moyen de deux fers à simple T, ou de quatre cornières à branches égales, auxquelles on adjoindra des tôles interposées si la section est plus importante ; pour des piliers fortement chargés, ces tôles seront assez développées pour recevoir sur leur bord extérieur deux cornières et même des plates-bandes (fig. 432).

131. Poteaux en treillis. — Lorsque des poteaux sont peu chargés et qu'on est cependant amené à leur donner des dimensions transversales un peu grandes, il est possible, dans le cas de la section double T, de remplacer l'âme pleine par un treillis reliant les membrures; celles-ci seront considérées comme résistant seules à l'effort de compression, les barres de treillis n'ayant pour effet que de les rendre bien solidaires et de maintenir leur écartement; dans les parties où le poteau reçoit les assemblages des pièces de la charpente, on lui donne une âme pleine. Les poteaux en treillis peuvent être formés de deux pièces jumelées, dont les membrures sont alors reliées par des plates-bandes horizontales en tôle placées de distance en distance, ou par des barres de treillis à croix de Saint-André qui augmentent beaucoup la résistance du poteau au voilement (fig. 433). On arrive ainsi à constituer une véritable pièce en caisson qui ne présente pas les inconvénients des caissons à âme pleine.

Pour obtenir une plus grande résistance, on peut être amené à relier les membrures des deux pièces par des plates-bandes continues en tôle ; le caisson formé n'aura plus que deux

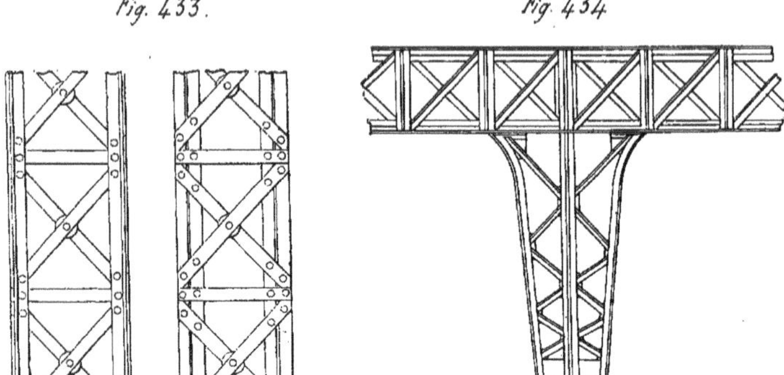
Fig. 433. Fig. 434

côtés à claire-voie. On donne quelquefois aux poteaux des pans hourdés la section carrée, et on les constitue par quatre cornières égales formant les angles, et que l'on relie sur trois faces par des tôles pleines, la quatrième face étant en treillis ; c'est par là que se fait ensuite le remplissage en maçonnerie du poteau.

Enfin on construit quelquefois des piliers à section variable, dont les dimensions transversales vont en croissant de la base au sommet, de telle sorte qu'ils comprennent ainsi les consoles de raccord avec la charpente. On s'arrange alors de manière que la largeur du pilier à sa partie haute corresponde exactement à celle des panneaux de treillis de la charpente qu'il supporte, et on le constitue par des membrures en cornières et des barres de treillis en croix de Saint-André ; en outre, deux barres verticales à section simple T et qui comprennent entre elles le treillis, prolongent le montant de la poutre situé dans l'axe du poteau (fig. 434).

Si un pareil poteau doit recevoir des pièces de charpente dans deux sens perpendiculaires, on lui donnera la section en croix, et il présentera alors quatre membrures extérieures reliées deux à deux par des barres de treillis, qui seront comprises entre quatre cornières verticales placées suivant l'axe du poteau.

132. Base des poteaux en fer. — On se contente quelquefois, dans le cas de poteaux peu importants, d'encastrer leur pied dans le massif en béton qui forme leur fondation. Nous ferons remarquer à ce propos qu'il est toujours mauvais d'enterrer dans le sol, où elle reste exposée à l'action continue de l'humidité, la base d'un poteau en fer ; si on adopte cette disposition, il sera bon d'entourer le pied du poteau d'un massif de béton dépassant légèrement le niveau du sol. Il sera toujours préférable de faire reposer les bases des piliers en fer sur un massif en maçonnerie arasé à $0^{m}50$ environ au-dessus du sol.

Lorsque le poteau est formé d'un fer double T on affranchit celui-ci bien d'équerre à son extrémité, et on l'assemble, au moyen de deux bouts de cornières, sur une tôle de $0^{m}010$ à $0^{m}015$

d'épaisseur; les têtes des rivets sous la tôle sont fraisées. Celle-ci est fixée au massif en maçonnerie par deux boulons à scellement (fig. 435). On formera d'une manière analogue la base d'un poteau jumelé en fers double T ou à U (fig. 436 et 437). On peut, dans certains cas, remplacer

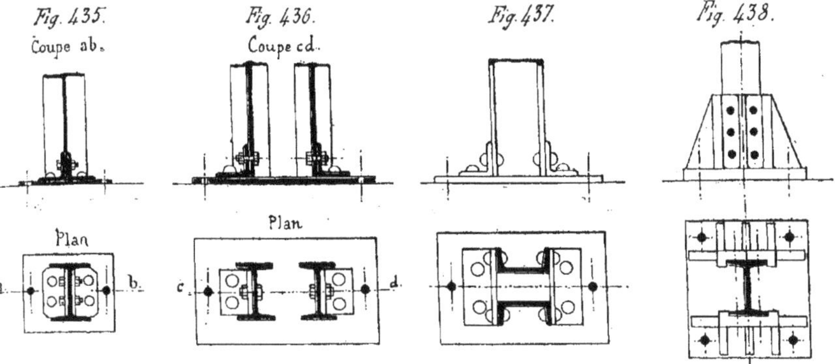

la semelle en tôle par une plaque de fonte présentant des nervures sur lesquelles seront boulonnés les pieds des fers (fig. 438).

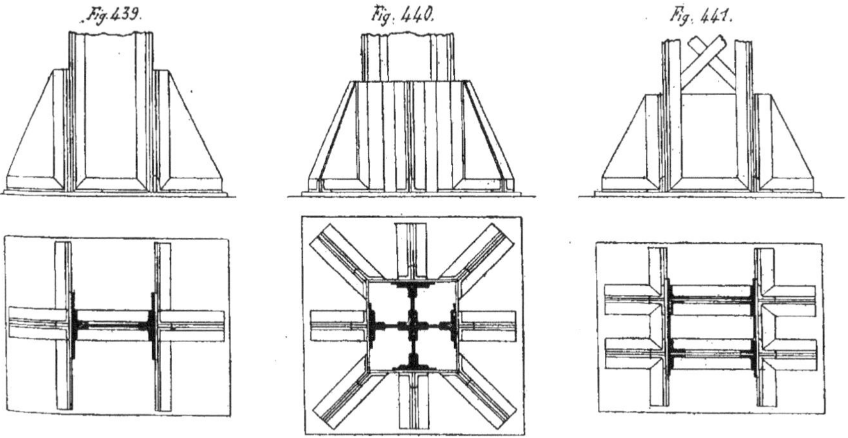

Lorsqu'un poteau est plus important, la semelle en tôle a une épaisseur plus considérable, et elle peut être formée de deux tôles superposées; on l'assemble au pied du poteau par l'intermédiaire de cornières et de goussets en tôle qui permettent de répartir la charge sur une plus grande surface (fig. 439, 440 et 441). Les boulons de scellement sont alors remplacés par des boulons de fondation qui traversent le massif en maçonnerie, particulièrement lorsque la construction doit être exposée à l'action du vent.

On emploie des dispositions plus complexes lorsque les poteaux doivent transmettre à leur fondation des charges très considérables; non seulement alors, on pourvoit leur pied d'une semelle en tôle très épaisse, mais on assure encore mieux la répartition de la pression sur la maçonnerie en interposant entre celle-ci et la semelle en tôle une forte plaque de fonte de $0^{m}050$ au moins d'épaisseur.

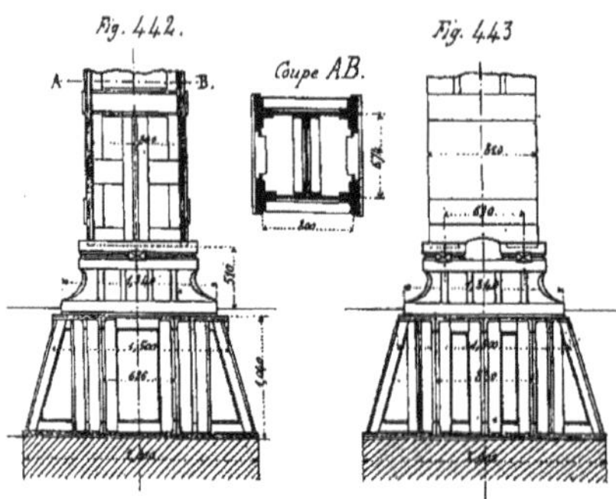

Nous donnerons encore l'exemple du pied d'un poteau en fers jumelés supportant une charge de 800 tonnes, établi dans les magasins Dufayel par M. de Rives, architecte. Les deux pièces jumelées à section double T ont leurs plates-bandes réunies par de forts goussets à la partie inférieure; chacune d'elles pose sur un sabot en acier fondu dans lequel elle est légèrement encastrée. Un socle en acier fondu placé au-dessous supporte ces deux sabots par l'intermédiaire de quatre clavettes doubles en acier formant coins de réglage; ce socle est lui-même supporté par un pylone en tôles et cornières d'acier de 1 mètre de hauteur pourvu en haut et en bas de semelles épaisses en tôle, et qui repose sur le massif de maçonnerie; on a noyé entièrement le pylone dans un béton qui empêche le voilement des tôles et les protège contre la rouille (fig. 442 et 443).

On peut quelquefois rapporter à la base d'un pilier un piédestal en fonte qui joue alors un rôle purement décoratif, et que l'on constitue de pièces réunies les unes aux autres par des nervures et des boulons.

133. Jonction de poteaux superposés. — Un des grands avantages de l'emploi du fer pour former des poteaux, c'est qu'on peut assembler d'une manière rigide les poteaux des divers étages en prolongement les uns des autres, de telle manière que chaque file verticale constitue une pièce unique. On assure ainsi à la construction une rigidité et une stabilité beaucoup plus grandes que dans le cas des colonnes en fonte, qui sont simplement juxtaposées les unes aux autres; la construction métallique peut, de ce fait, acquérir une stabilité propre qui lui permet de se passer du secours des murs en maçonnerie, ceux-ci pouvant alors être réduits au rôle de simples remplissages.

On assemble les poteaux superposés les uns aux autres à l'aide de couvre-joints, comme on le fait pour les tronçons d'une poutre; les dimensions des fers du commerce permettent le plus souvent de constituer d'une seule pièce des tronçons de poteaux correspondant à deux étages successifs au moins; on s'arrange alors pour que les divers poteaux aient leurs joints alternés, les poteaux de rang pair ayant leurs joints aux étages pairs par exemple, les poteaux de rang impair, les leurs aux étages impairs. Les âmes des poteaux superposés doivent avoir même épaisseur et être placées exactement en prolongement les unes des autres; il en est de même des cornières qui constituent les membrures des fers; les variations de section d'un étage à l'autre sont obtenues par l'addition de semelles sur ces membrures.

134. Calcul d'un poteau en fer ou en acier. — Les dimensions transversales d'un poteau en fer ou en acier se calculeront par la formule :

$$\frac{P}{\Omega}\left(1 + k\frac{\Omega}{I}l^2\right) \leqslant R,$$

dans laquelle P est la charge verticale appliquée au poteau, Ω sa section, I le moment d'inertie minimum de cette section par rapport à un axe passant par son centre de gravité, l la longueur du poteau, R la résistance de sécurité du métal qu'on pourra prendre égale à 6 kilogrammes par millimètres carré pour le fer et à 9 kilogrammes pour l'acier.

Si le poteau est articulé librement à ses deux extrémités, on fait $k = 0,00008$; si le poteau a une base plate et supporte une charpente de plancher, on peut le considérer comme demi-encastré aux deux extrémités et prendre $k = 0,00004$; si la base est de plus ancrée sur le massif de maçonnerie et que l'assemblage au sommet du poteau soit très rigide, on pourra le considérer comme encastré à ses deux extrémités et admettre $k = 0,00002$; il sera cependant plus prudent de ne pas le faire ; en effet, les charges qui peuvent agir sur les diverses travées d'un plancher n'étant pas à tout instant symétriquement disposés il peut en résulter que les deux tronçons de poutres assemblés sur le poteau ne fléchissent pas également et par suite que son encastrement ne puisse plus être considéré comme parfait.

Pour un poteau supportant une ferme de comble, on pourra en général admettre la valeur $k = 0,00004$; mais il faudra remarquer qu'aux efforts moléculaires développés dans le pilier par les charges verticales, s'ajouteront ceux qui sont dus au moment de flexion produit par l'action du vent sur la ferme.

Si un poteau est encastré à son pied et libre à son sommet, par exemple s'il supporte soit un appentis double soit une retombée de ferme, par l'intermédiaire d'un appui à roulement, on doit prendre $k = 0,00032$; il faut, de plus, comme dans le cas précédent, tenir compte des efforts dus à l'action du vent.

Pour les colonnes en fer rond plein ou creux ou en fer carré, nous avons dressé un abaque analogue à celui des colonnes en fonte, en admettant une résistance de sécurité de 6 kilogrammes par millimètre carré (fig. 444). Nous n'insisterons pas sur son emploi et nous renverrons aux explications données à propos de l'abaque des colonnes en fonte ; nous ferons remarquer que, pour les colonnes en fer creux rond, les résultats fournis ne sont qu'approchés ; les courbes ont été établies pour traduire les formules suivantes :

Pour la section circulaire pleine :

$$\frac{P}{0,7854d^2}\left(1 + 0,00064\frac{l^2}{d^2}\right) \leqslant R.$$

Pour la section carrée :

$$\frac{P}{d^2}\left(1 + 0,00048\frac{l^2}{d^2}\right) \leqslant R.$$

Pour la section circulaire creuse :

$$\frac{P}{\Omega}\left(1 + 0{,}00033\,\frac{l^2}{d^2}\right) \leqslant R.$$

Dans cette dernière, nous avons attribué à la section Ω la valeur moyenne, $0{,}10\,d^2$.

La résistance de sécurité au flambage d'un poteau vertical de longueur l et de section Ω est donnée par la formule :

$$R_f = \frac{R}{1 + k\,\frac{\Omega}{I}\,l^2},$$

et lorsqu'on connaît cette valeur de R_f, la section Ω du poteau doit satisfaire à l'inégalité :

$$\frac{P}{\Omega} \leqslant R_f.$$

Comme il faut connaître la section Ω pour calculer R_f, on voit que, sauf pour les sections

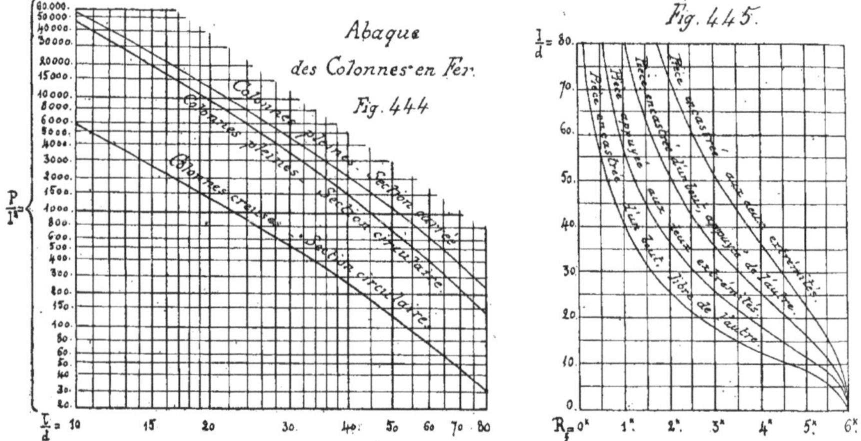

modulées, le problème ne peut être résolu que par tâtonnements successifs pour lesquels nous proposons d'employer la manière suivante :

Si les dimensions transversales du poteau ne sont pas données, nous calculerons d'abord une section d'essai en admettant $R = 6$ kilogrammes par millimètre carré pour la résistance de sécurité à la compression du métal, si c'est du fer, et 9 kilogrammes, si c'est de l'acier ; nous composerons cette section suivant les données du projet et les conditions spéciales qu'elle doit remplir ; elle aura pour sa plus petite dimension transversale une certaine largeur d.

Nous formerons le rapport $\frac{l}{d}$, et, au moyen de l'abaque spécial de la figure 445, nous chercherons la résistance au flambage qui correspond à ce rapport. Cet abaque a été dressé en admettant la formule approximative :

$$R_f = \frac{R}{1 + 0{,}0015 \left(\frac{l}{d}\right)^2}$$

qui correspond aux pièces simplement appuyées à leurs deux extrémités ; pour les pièces qui présentent un encastrement d'un bout, un appui de l'autre, on prend $\frac{l\sqrt{2}}{2}$ au lieu de l ; c'est le cas des poteaux. Pour les pièces encastrées aux deux extrémités, on prend $\frac{l}{2}$ au lieu de l ; enfin pour les pièces encastrées à une extrémité et libres à l'autre, on prend $2l$ au lieu de l : cet abaque a été établi en admettant $R = 6$ kilogrammes par millimètre carré pour la résistance de sécurité du fer à la compression ; si on admet pour l'acier $R = 9$ kilogrammes par millimètre carré, on sait qu'il suffira, dans le cas des supports en acier, de multiplier par $\frac{3}{2}$ les valeurs données par l'abaque.

Si les dimensions transversales du poteau sont imposées par les autres données du projet, nous formerons de suite le rapport $\frac{l}{d}$ et nous en déduirons de même, à l'aide de l'abaque, la valeur correspondante de R_f. Au moyen de la valeur R'_f ainsi obtenue, nous calculerons une section Ω_1, différente de la première, en employant la formule :

$$\Omega_1 = \frac{P}{R'_f}.$$

Nous chercherons, au moyen de la formule exacte cette fois, la valeur correspondante de la résistance de sécurité au flambage d'une telle section ; nous trouverons une nouvelle valeur R''_f.

Si R''_f est très peu différent de R'_f et lui est supérieur, la section établie est acceptable ; si R''_f est très voisin de R'_f, mais lui est inférieur, la section est un peu faible, mais il suffira de calculer une nouvelle valeur Ω_2 de cette section par la formule :

$$\Omega_2 = \frac{P}{R''_f}.$$

Enfin si R''_f diffère notablement de R'_f, nous calculerons de même la nouvelle valeur Ω_2 et nous chercherons la valeur correspondante R'''_f, toujours au moyen de la formule exacte ; nous comparerons cette valeur à R''_f et nous tirerons de cette comparaison des conclusions analogues aux précédentes pour accepter la valeur Ω_2 ou pour la modifier.

Pour fixer les dimensions à donner aux barres de treillis qui relient les membrures d'un poteau, on peut employer la méthode de M. Keelhoff ; elle consiste à déterminer la valeur maxima de l'effort tranchant auquel serait soumis le poteau s'il commençait à fléchir sous l'action de la charge verticale ; cette valeur se calcule par la formule :

$$T = \frac{2\pi P l \times k}{d},$$

dans laquelle P est la charge verticale agissant sur le poteau, l sa longueur, d sa largeur dans le sens parallèle au treillis considéré, k le coefficient de la formule de la résistance de sécurité au flambage.

Les treillis sont généralement exécutés en fer plat, et on donne aux panneaux une longueur comprise entre une et deux fois leur largeur. Si α est l'angle que fait une barre oblique avec la membrure, on voit que l'effort développé dans cette barre a pour valeur :

$$F = \frac{T}{\sin \alpha}.$$

Comme les fers plats résistent mal à la compression, on arme chaque panneau de deux diagonales, et on compte que l'une ou l'autre de ces pièces, suivant le sens de la courbure que le poteau tendrait à prendre, agira seule par sa résistance à l'extension ; quant aux barres perpendiculaires aux membrures, on peut être amené à les former de cornières pour qu'elles puissent résister à la compression, si leur longueur est grande et si l'effort tranchant devient considérable.

1er EXEMPLE. — Un poteau métallique en fer à section double T doit supporter une charge P = 40.000 kilogrammes ; sa longueur est de 4 mètres. Calculer sa section.

Admettons d'abord R = 6 kilogrammes par millimètre carré, puisque les dimensions transversales ne sont pas données ; nous aurons :

$$\Omega' = \frac{40000}{6 \times 10^6} = 0^{m2},006666.$$

Nous composerons cette section d'une âme de 0 m 008 d'épaisseur et de quatre cornières de 0 m 080 × 0 m 080 × 0 m 008 ; nous lui donnerons 0 m 250 extérieurement entre cornières ; la section obtenue est de 0m2,006864. Comme sa largeur est de 0 m 168, il en résulte :

$$\frac{l}{d} = \frac{4,000}{0,168} = 23.$$

L'abaque (fig. 445) nous donne pour $\frac{l}{d} = 23$, $R'_r = 4^k 3$ par millimètre carré.

Calculons la section du poteau en partant de cette résistance :

$$\Omega_1 = \frac{40000}{4,3 \times 10^6} = 0^{m2},009303.$$

Nous formerons cette section, en lui gardant la même hauteur entre cornières qu'à la précédente, de :

1 âme de 0,250 sur 0,009	=	0m2,002250
4 cornières de 0,100 × 0,100 × 0,0095	=	0m2,007238
Total		0m2,009488

Le moment d'inertie de cette section est I = 0,000014788917. Il en résulte :

$$R''_r = \frac{6 \times 10^6}{1 + 0,00004 \times \frac{0,009488}{0,000014788917} \times 16} = 4^k 25 \text{ par millimètre carré.}$$

La section établie est un peu différente de la section calculée Ω, et elle nous donne pour la résistance par millimètre carré :

$$\frac{40000}{9488} = 4^k22,$$

valeur inférieure à la résistance de sécurité au flambage ; cette section est donc admissible.

2e EXEMPLE. Un poteau métallique en fer de 5 mètres de hauteur supporte une charge de 60.000 kilogrammes ; on veut lui donner une section en caisson carré de 0^m250 de largeur, avec deux faces pleines et deux faces en treillis. Quelle doit être sa section ?

Formons le rapport :

$$\frac{l}{d} = \frac{5,000}{0,250} = 20.$$

Pour cette valeur, l'abaque de la figure 445 nous donne $R'_f = 4$ kg. 6 par millimètre carré ; il en résulte une section :

$$\Omega_1 = \frac{P}{R'_f} = \frac{60000}{4,6 \times 10^6} = 0^{m2}013044.$$

Nous la composerons de :

4 cornières de 0,070 × 0,070 × 0,010......	0^{m2},005200
2 tables de 0,250 sur 0,016................	0^{m2},008000
Total.......	0^{m2},013200

Le moment d'inertie minimum, pris par rapport à l'axe parallèle aux faces en treillis, a pour valeur I = 0,000100070000. Il en résulte :

$$R''_f = \frac{6 \times 10^6}{1 + 0,00004 + \frac{0,013200}{0,000100070000} \times 25} = 5^k\,30 \text{ par millimètre carré.}$$

La section établie est donc trop forte, et nous allons la modifier en gardant les mêmes cornières, mais en donnant aux tables une épaisseur moindre ; la nouvelle section Ω_2 aura pour valeur :

$$\Omega_2 = \frac{P}{R''_f} = \frac{60000}{5,3 \times 10^6} = 0^{m2},011321.$$

Nous la composerons de :

4 cornières 0,070 × 0,070 × 0,010..........	0^{m2},005200
2 tables de 0,250 sur 0,0125...............	0^{m2},006250
Total........	0^{m2},011450

Le moment d'inertie minimum de cette section est I = 0,000090955426, et il en résulte :

$$R'''_f = \frac{6 \times 10^6}{1 + 0,00004 \times \frac{0,011450}{0,000090955426} \times 25} = 5^k\,33 \text{ par millimètre carré.}$$

La section établie en dernier lieu est donc acceptable ; elle donne :

$$\frac{P}{\Omega_2} = \frac{60000}{0,011450} = 5^k 24 \text{ par millimètre carré,}$$

valeur inférieure à la résistance de sécurité au flambage.

Pour calculer les dimensions des barres du treillis, nous aurons :

$$T = \frac{Pl \times 2\pi \times k}{d}$$

$$\text{ou : } \quad T = \frac{60000 \times 5 \times 2 \times 3,1416 \times 0,00004}{0,250} = 302 \text{ kilogrammes.}$$

Cet effort se partage entre les treillis des deux faces du poteau, ce qui donne pour chacun d'eux 151 kilogrammes. Si nous composons ce treillis de barres de fer plat de $0^m 040$ sur $0^m 006$, et si nous employons des rivets de $0^m 018$ de diamètre pour les fixer aux cornières, la section nette sera de :

$$(0,040 - 0,018) \times 0,006 = 0^{m2} 000132,$$

donnant par millimètre carré un effort de compression de :

$$\frac{151}{132} = 1^k 15.$$

Le moment d'inertie minimum de cette section nette est de :

$$\frac{0,006^3 \times 0,022}{12} = 0,000000000396.$$

La résistance de sécurité du flambage d'une barre dont la longueur entre axes des rivets est de $0^m 160$ a pour valeur :

$$R_f = \frac{6 \times 10^6}{1 + 0,00008 \times \frac{0,000132}{0,000000000396} \times 0,160^2} = 3^k 57 \text{ par millimètre carré.}$$

Les dimensions du treillis sont donc largement suffisantes.

§ 3. — PANS DE FER

135. Généralités. — Un *pan de fer* est une charpente métallique destinée à remplacer un mur ; on lui donne ce nom quelle que soit la matière employée à sa construction, fonte, fer ou acier. Un pan de fer se compose essentiellement de *piliers* verticaux reliés entre eux par des pièces horizontales ou *sablières*.

Les pans de fer présentent sur les murs en maçonnerie les avantages suivants : ils permettent, à cause de leur faible épaisseur, d'augmenter la superficie habitable de la construction ; ils, donnent les moyens de reporter les charges sur les points d'appui les plus stables, de couvrir des vides étendus au-dessus desquels on ne pourrait pas établir de cintres en maçonnerie sans dépenses considérables. Les constructions en pans de fer, grâce à la solidarité très complète qu'on peut donner à toutes leurs parties, résistent mieux que la maçonnerie aux secousses des tremblements de terre et aux trépidations produites par le roulement des voitures. Leur légèreté permet de les employer toutes les fois que le sol est mauvais; enfin ils peuvent être préparés à l'avance et montés avec une grande rapidité.

La différence qui existe entre un pan de fer et un mur, c'est que si on donne au mur une épaisseur suffisante, il possède une stabilité propre dont peuvent bénéficier les ouvrages voisins, tandis qu'un pan de fer n'a par lui-même qu'une stabilité insignifiante, étant donné son peu d'épaisseur, et qu'il ne devient stable que grâce aux liaisons qu'on établit entre lui et les parties adjacentes de la construction; ces liaisons du pan doivent être disposées de manière à assurer la fixité du plan vertical. Il faut cependant remarquer qu'une fois ces liaisons bien faites, la construction en pans de fer aura, grâce aux facultés d'assemblage du métal, une stabilité supérieure à celle d'une construction ordinaire avec murs en maçonnerie.

En outre, pour qu'un pan de fer puisse remplacer un mur, il faut que ses différentes pièces présentent la résistance suffisante pour supporter les charges qui leur incombent et qu'il soit indéfigurable. Pour satisfaire à cette dernière condition, il est nécessaire de *contreventer* le pan de fer, c'est-à-dire de rendre indéfigurables les angles des sablières et des poteaux verticaux.

Faute de ce contreventement, le pan de fer ne pourrait présenter une rigidité suffisante, à moins qu'il ne soit maintenu entre des constructions parfaitement stables et que son rôle se réduise à celui de simple remplissage ne portant que lui-même; c'est le cas des grands vitrages de larges baies percées dans des murs épais en maçonnerie, ou établies dans un pan de fer qui est bien contreventé par lui-même.

136. Contreventement des pans de fer. — Dans les pans de bois, le contreventement est obtenu au moyen de liens ou contrefiches qui relient les poteaux aux sablières horizontales. Dans les pans de fer, ces contrefiches sont le plus souvent remplacées par des *consoles* rapportées entre les poteaux et la semelle inférieure de chacune des sablières du pan, ou faisant corps avec le poteau. On assure d'autre part la fixité du pan dans le plan vertical, en reliant de la même manière les poteaux aux pièces telles que les poutres des planchers qui viennent s'assembler sur eux. Ces consoles sont plus ou moins développées; on les fait en fonte, ou en tôles et cornières, et on les fixe par des boulons ou par des rivets aux poteaux, aux sablières et aux poutres.

Dans certains cas, on donne aux sablières une forme en arc qui dispense de l'emploi de consoles, leurs abouts ayant alors une hauteur suffisante pour fournir un assemblage bien rigide avec les poteaux; il est nécessaire, dans ce cas, que les arcs n'exercent pas de poussées sur les poteaux, ce qu'on obtiendra en leur donnant à la clef la même section qu'aux poutres droites qu'ils remplacent (fig. 446).

Si un bâtiment construit en pans de fer comporte plusieurs étages, on devra contreventer de la même manière les pans à tous les étages, de telle sorte que chacun de ceux-ci ait sa stabilité propre.

La disposition de contreventement la plus économique et la plus efficace consiste dans l'emploi de barres diagonales établies en croix de Saint-André dans les panneaux rectangulaire formés par les poteaux et les sablières (fig. 447) ; malheureusement, il est difficile et souvent même impossible de l'employer lorsqu'il faut réserver des ouvertures de baies dans ces panneaux.

Enfin, dans les pans de fer des maisons d'habitation, ou dans certains pans hourdés de bâtiments industriels, le contreventement est assuré par le remplissage seul ; celui-ci doit être alors exécuté avec le plus grand soin, en bonnes briques de forme régulière, hourdées au mortier de chaux hydraulique, avec joints bien pleins; les joints verticaux entre les briques et les fers doivent être entièrement remplis de mortier.

Les contreventements d'un bâtiment construit en pans de fer devront être d'autant plus développés et plus soignés que les planchers qu'il comporte seront moins rigides et hourdés d'une

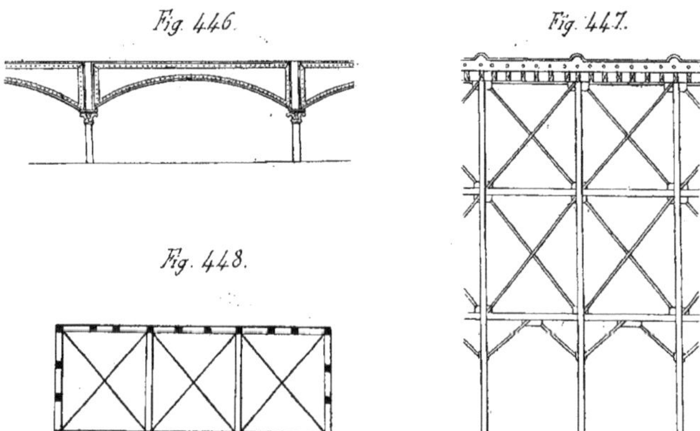

Fig. 446. Fig. 447. Fig. 448.

manière légère et insuffisante; au contraire, des planchers très rigides formeront de grandes dalles indéfigurables, qui joueront par rapport aux parois le même rôle que les fonds d'une boîte par rapport à ses côtés, pour en assurer la stabilité.

Dans le cas où les planchers ne peuvent pas être considérés comme indéfigurables, il est toujours facile de leur adjoindre un chaînage ou un contreventement horizontal dans leur plan ; ce contreventement sera formé de chaînes diagonales ou croix de Saint-André tendues dans les panneaux horizontaux formés par les sablières des pans de fer opposés du bâtiment et par certaines poutres du plancher qu'on fixera d'une manière rigide à ces deux pans de fer (fig. 448).

137. Pans de fer de remplissage. — Un tel pan de fer sera établi pour fermer une grande baie dans un mur en maçonnerie très résistant ou dans un pan de plus grande importance bien contreventé ; il n'aura pas besoin de contreventement et sera composé de piliers verticaux et de sablières horizontales divisant la baie en compartiments dont la disposition dépendra des besoins intérieurs de la construction. Ces pièces devront permettre l'assemblage des petits fers recevant les vitres.

Lorsqu'un pan de remplissage est de grandes dimensions, il faut disposer son ossature principale pour qu'elle puisse résister à l'action du vent ; c'est le cas des rideaux vitrés qui ferment à leur partie haute les pignons des grandes halles des gares de chemins de fer ; ces rideaux doivent en outre être supportés à leur partie inférieure par une poutre de dimensions suffisantes pour ne nécessiter qu'un petit nombre de points d'appuis intermédiaires.

La poutre inférieure, les sablières et les montants verticaux sont alors disposés et calculés non seulement pour supporter la charge du pan de fer, mais aussi de manière à présenter une rigidité aussi grande que possible, pour résister à l'effort du vent sur la surface totale des vitrages ; on leur donnera ordinairement une section en croix.

138. Pans de fer non hourdés. — Ces pans de fer forment les façades des *hangars* ; ils constituent les supports des planchers, remplaçant des murs de refend dans les bâtiments industriels. Leur emploi présente sur celui de la maçonnerie l'avantage de permettre des ouvertures beaucoup plus larges, et surtout de laisser des espaces utiles plus étendus ; ils ont sur les pans de bois la supériorité due aux qualités résistantes du métal, qui permettent d'écarter autant qu'on le veut les points d'appui et d'augmenter en même temps la hauteur des piliers ; en outre, ils sont incombustibles, et leur durée est plus longue que celle des ouvrages en bois.

Ainsi que nous l'avons dit, ces pans de fer doivent non seulement être bien contreventés dans leur plan, mais encore être reliés d'une manière rigide aux planchers ou aux charpentes qui viennent s'appuyer sur eux, ainsi qu'aux autres pans de fer de la construction, qui leur sont adjacents.

Fig. 449.

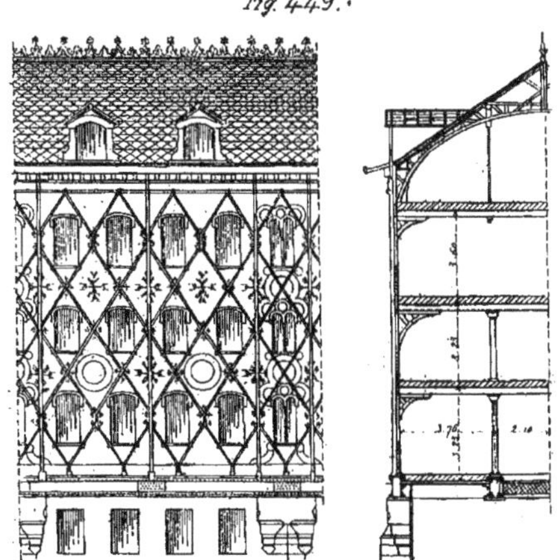

Dans le cas d'un bâtiment à étages, l'emploi du fer pour constituer les supports verticaux est plus favorable que celui de la fonte ; il permet en effet de réaliser dans toute la hauteur du bâtiment la continuité des poteaux, et d'augmenter ainsi très notablement la stabilité des pans.

139. Pans de fer hourdés. — 1° *Pans comportant un contreventement métallique.* Les pans de fer hourdés sont quelquefois pourvus d'un contreventement métallique, plus ou moins développé, qui pourra être formé par un système de chaînages en croix de Saint-André, établis entre les poteaux verticaux, comme à l'usine de Noisiel (M. Saulnier, architecte) ; l'arrangement en a été étudié de manière que les bâtis fixes des baies soient tenus par les fers des chaînages

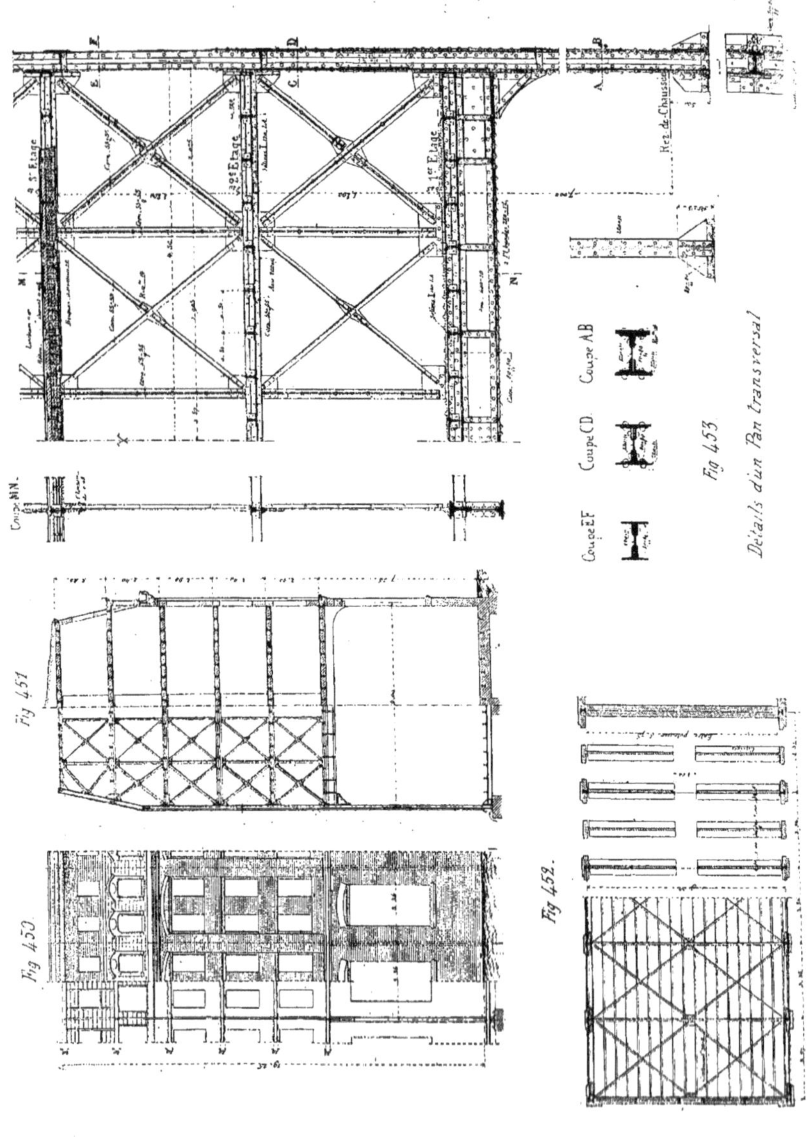

Fig 450

Fig 451

Fig 452.

Fig 453

Détails d'un Pan transversal

et logés dans les losanges qu'ils laissent entre eux (fig. 449). Le remplissage est fait en briques; les fers restant visibles, on a combiné à l'aide de ces briques de diverses couleurs un dessin qui en accompagne les lignes. L'inconvénient des contreventements obliques est d'exiger la taille d'un grand nombre de briques et par suite d'augmenter la difficulté de construction des remplissages.

Nous donnerons encore comme exemple de l'emploi de contreventements diagonaux les pans de fer transversaux du pavillon de dépôt des livres à la nouvelle Sorbonne, construits par la maison Moisant, Laurent et Savey. Chacun des pans de refend est supporté par une grande poutre reposant sur les poteaux des pans de façade, avec consoles pour former le contreventement de l'assemblage; dans les étages supérieurs, sont établis à chaque étage, entre les sablières, des montants verticaux et des contreventements diagonaux. Les planchers sont de même pourvus de chaînages diagonaux qui en assurent la rigidité, précaution nécessaire, étant donné que les pans de façade ne sont contreventés que par le remplissage en briques (fig. 450, 451, 452, 453).

2° *Pans de fer sans contreventement métallique.* Nous avons dit qu'un pan de fer pouvait être dépourvu de contreventement métallique s'il est appuyé sur des constructions très stables, si les planchers qu'il supporte sont très rigides et enfin si son remplissage est fait avec beaucoup de soin, en bonne maçonnerie de briques.

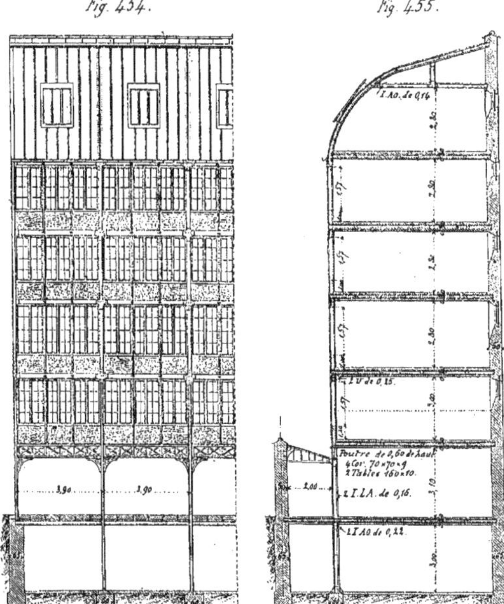

Tel est le pan de fer de façade d'un bâtiment à usage de magasin, établi par M. Denfer, et dont nous donnons l'élévation et la coupe (fig. 454 et 455). Les poteaux sont continus dans toute la hauteur du bâtiment et ils sont même recourbés pour former les pièces principales du comble cintré qui surmonte le bâtiment. La sablière inférieure qui supporte tout le pan est en treillis, les autres sont en fers double T jumelés; le contreventement est peu développé et constitué seulement par les consoles qui relient les sablières inférieures aux poteaux et par les éclisses d'assemblage des autres sablières avec ceux-ci; mais la construction se trouve encaissée entre d'autres bâtiments très stables.

Nous donnerons encore comme exemples les pans de fer de certains bâtiments industriels, hangars à marchandises des chemins de fer ou halles d'usines; les pièces qui composent ces pans doivent présenter une grande rigidité afin de pouvoir résister aux actions horizontales, par elles-mêmes et par leurs assemblages.

3° *Pans de fer des maisons d'habitation.* Ces pans de fer ont été dès l'origine établis à l'imitation des pans de bois; ils présentent sur eux l'avantage d'être incombustibles et d'occuper encore moins de place; enfin ils ont une durée plus considérable. Malheureusement, on a été amené, dans bien des cas, et par raison d'économie, à réduire outre mesure les dimensions des fers, en même temps qu'on supprimait tous les contreventements, et qu'on ne pouvait plus même compter, pour suppléer à leur absence, sur la rigidité d'assemblages fort peu soignés, ni sur la résistance des hourdis trop grossièrement faits. Ainsi par exemple, dans un pan de fer du système Grand (fig. 456), les poteaux sont formés de fers double T à ailes ordinaires de $0^{m}120$ employés isolément; il en est de même des huisseries des baies; celles-ci sont limitées à leur partie supérieure par une traverse de même fer formant linteau et posée à plat. Les fers verticaux sont reliés entre eux dans chaque trumeau par deux boulons horizontaux de $0^{m}016$ de diamètre destinés à les empêcher de se voiler; l'écartement de ces fers ne doit pas être supérieur à $1^{m}500$, le poteau cornier, lorsqu'il y en a un, à la jonction de deux pans de fer, se compose de deux fers double T, un dans chaque pan, se touchant par une rive, et disposés chacun comme une huisserie du pan correspondant; une cornière de $0^{m}070 \times 0^{m}070 \times 0^{m}009$ forme l'angle du poteau et elle est reliée aux deux fers par des brides en fer plat boulonnées (fig. 457).

Tous ces fers montent d'un soubassement en maçonnerie appelée *parpaing*, sur lesquels ils reposent par l'intermédiaire d'une sablière basse en fer plat, de $0^{m}130$ sur $0^{m}009$ ou en fer à U de $0^{m}120$, sur laquelle ils sont fixés par des équerres boulonnées; cette sablière est fixée à la maçonnerie par des boulons de scellement : le poteau cornier monte de fond; les autres et les huisseries sont interrompus au droit de chaque plancher, et arrêtés à la sablière haute de l'étage; celle-ci est formée de deux fers jumelés de $0^{m}120$ ou mieux de $0^{m}140$, espacés de telle sorte que la distance entre les bords externes de leurs ailes soit de $0^{m}120$, c'est-à-dire égale à l'épaisseur du pan.

La tête du poteau inférieur est coupée bien d'équerre; on l'assemble au pied du poteau qui lui est superposé au moyen d'une plate-bande boulonnée qui passe entre les deux fers de la sablière et est chantournée au passage; il est préférable de faire l'assemblage à l'aide d'une plate-bande double échancrée sur ses bords pour laisser passer les ailes des fers de la sablière (fig. 458). On le fait encore quelquefois au moyen d'équerres fixées aux extrémités des poteaux et reliées entre elles par des boulons qui passent entre les deux fers de la sablière (fig. 459).

Les solives du plancher de chaque étage reposent sur la sablière à laquelle elles sont cramponnées au moyen d'une plate-bande chantournée (fig. 460); ou bien on rive à l'extrémité de chaque solive une double équerre et on traverse la branche horizontale de chaque équerre par un boulon qui passe entre les deux fers de la sablière et va se serrer sur une plaque inférieure en tôle (fig. 461). Il est bon de terminer à leur partie supérieure les allèges des fenêtres par des fers en U ou en double T de $0^{m}120$, posés à plat, et sur lesquels on assemblera les appuis.

Tous les assemblages des linteaux et des pièces d'appui avec les poteaux sont faits au moyen d'équerres et de boulons; il en est de même de l'assemblage des sablières sur les poteaux corniers. Mais comme on le voit, un tel pan de fer n'a qu'une stabilité insuffisante, et il est nécessaire de le fixer fortement à tous les planchers et à tous les murs en maçonnerie qu'il rencontre;

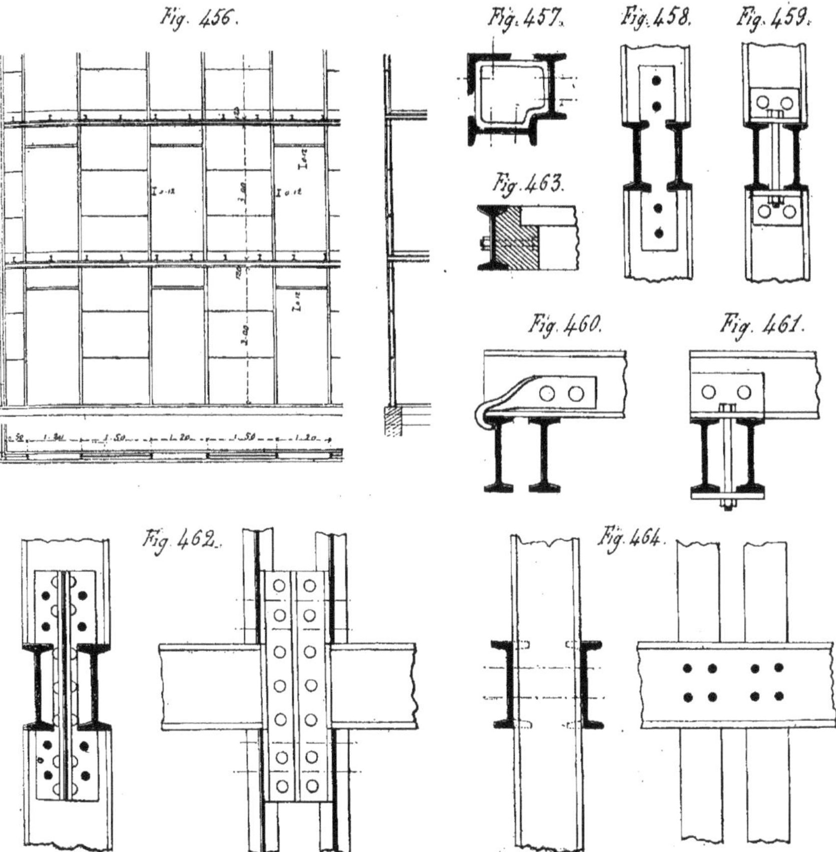

enfin le hourdis doit être fait soigneusement en bonnes briques de choix bien cuites et bien entières, employées au mortier de chaux hydraulique, avec joints bien pleins; on doit avoir la précaution d'entailler les briques au passage des boulons d'entretoisement, et de bourrer fortement de mortier les vides compris entre les briques et les fers. On ne devra jamais employer les hourdis creux en plâtre et plâtras, qui ne présentent aucune résistance, à moins que le pan de fer ne soit parfaitement contreventé et rigide par lui-même.

On a reconnu que, pour obtenir des pans de fer bien résistants, il est nécessaire de former les poteaux des étages de fer jumelés ou au moins d'un fer à larges ailes, et de faire l'entretoisement avec des boulons de 0m016, à quatre écrous; l'assemblage de deux poteaux jumelés se fait alors soit à l'aide de plates-bandes entaillées, soit mieux, au moyen d'un bout de fer à double T formé d'une âme en tôle et de quatre cornières, et qu'on entaille au passage dans la sablière; on peut le remplacer par un bout de fer double T à larges ailes (fig. 462).

On a quelquefois employé, pour assembler les poteaux aux sablières, des sabots ou boîtes en fonte de forme convenablement étudiée.

Lorsqu'on établit un pan de fer, il faut se rendre compte des dimensions à donner aux huisseries des baies pour placer convenablement les montants en fer double T, sur lesquels les bâtis seront ensuite assemblés par des boulons (fig. 463).

Pour les pans de fer, dont la hauteur doit atteindre quatre ou cinq étages, il faut porter l'épaisseur à 0m140 ou même 0m160; on sera conduit, dans le dernier cas, à employer des briques de modèle spécial pour faire le hourdis.

Il est avantageux, au point de vue de la stabilité d'un pan de fer, de faire monter de fond les poteaux qui traversent alors les sablières; l'assemblage se fait dans ce cas comme l'indique la figure 464; il sera nécessaire, pour que les sablières ne fassent pas saillie sur les faces du pan, de les loger dans l'épaisseur des planchers, dont les solives seront assemblées sur elles par des équerres. Cette dernière disposition est d'ailleurs à recommander d'une manière générale, quel que soit le système adopté pour les poteaux; elle donne en effet une excellente liaison entre le pan de fer et les planchers.

Dans le cas d'un pan de fer extérieur à poteaux continus, on placera un des fers de la sablière à l'intérieur, on interrompra l'autre au droit des poteaux, afin qu'il ne fasse pas saillie à l'extérieur, et on l'assemblera au poteau par une éclisse en tôle ou par des équerres; la sablière intérieure sur laquelle sera fait l'assemblage des solives du plancher devra dans ce cas présenter à elle seule la résistance nécessaire pour supporter ce plancher.

La liaison d'un pan de fer de refend avec les murs adjacents se fait par l'intermédiaire des sablières de chaque étage, qu'on fait pénétrer dans les murs, où on les engage de 0m250 à 0m300 au moins, et où on les scelle comme des solives de planchers ou des poitrails. Il faut avoir soin que les murs auxquels on relie un pan de fer soient construits en maçonnerie tassant très peu, parce que les pans métalliques n'ont pas de tassement sensible.

L'emploi des pans de fer dans les habitations s'est peu répandu jusqu'à ce jour; cela tient aux raisons suivantes : la pratique a montré que pour les maisons de 15 à 20 mètres de hauteur, les murs en briques de 0m 22 bien construits présentaient une solidité suffisante; ces murs n'occupent en épaisseur que quelques centimètres de plus qu'un pan de fer bien établi, et ils coûtent moins cher et ne présentent pas les mêmes sujétions d'emploi.

Il peut cependant être avantageux d'employer les pans de fer lorsqu'on tient à économiser l'espace, lorsqu'ils sont destinés, dans des constructions importantes, à remplacer des murs épais, et surtout lorsque les constructions sont susceptibles d'être faites entièrement en pans de fer et que leurs planchers doivent supporter des charges très considérables; enfin lorsqu'on doit franchir de grandes distances sans points d'appui intermédiaires.

L'art. 3 de l'arrêté du préfet de la Seine du 25 novembre 1897, permet l'adossement des conduits de fumée aux pans de fer, à la condition de maintenir un renformis de 0m 05, en plâtre, non compris l'épaisseur du conduit entre les pans de fer et les conduits de fumée.

Les pans de fer se prêtent à toutes les formes en plan, même à la forme circulaire souvent appliquée aux cages d'escaliers; les montants verticaux sont placés dans ce cas en tenant compte des ouvertures des baies à ménager; ils sont reliés à chaque étage par des sablières cintrées à la demande et formées de deux fers jumelés; le reste de la construction se fait comme pour les pans ordinaires. A cause de leur forme circulaire ou polygonale en plan, ces pans présentent par eux-mêmes une grande stabilité, même avec des dimensions réduites et de faibles épaisseurs, et leur emploi est alors véritablement économique.

140. Décoration des pans de fer. — La décoration des pans de fer employés en façade peut être obtenue de différentes manières; la plus rationnelle consiste à accuser les pièces principales de l'ossature en donnant à chacune d'elles les formes et l'ornementation appropriées au rôle qu'elle joue dans la construction; les remplissages seront traités en panneaux décorés dans lesquels la tôle découpée, la terre cuite, la faïence, la porcelaine pourront tenir une place considérable.

Si l'on désire obtenir une décoration plus importante, on pourra constituer le pan métallique d'une ossature très simple établie seulement pour fournir la résistance, et on l'enveloppera, sur toutes ses faces vues, d'un ensemble de pièces décoratives en métal ou en terre cuite, ou même de maçonneries plus ou moins épaisses, qui masqueront à peu près complètement l'ossature; on pourra même arriver, comme on l'a fait dans un certain nombre de grandes maisons américaines, à donner aux façades l'aspect extérieur d'une construction entièrement en pierre de taille; sans discuter au point de vue architectural la valeur d'un pareil procédé; nous ferons seulement remarquer que, dans ces conditions, l'épaisseur des parois extérieures de la construction se trouve considérablement augmentée, et qu'on perd le bénéfice de l'un des avantages du pan de fer, celui d'économiser la place.

141. Palées métalliques. — Une *palée* métallique est un pan de fer destiné à former appui intermédiaire pour un pont ou à supporter, concurremment avec un certain nombre d'autres pans semblables, la plate-forme d'un appontement ou d'une jetée.

Une palée peut se composer d'un certain nombre de *pieux* métalliques enfoncés dans le sol bien parallèlement les uns aux autres, et dans un même plan vertical; les pieux sont réunis à la partie supérieure par une *sablière* ou chapiteau sur laquelle repose la plate-forme de l'ouvrage que supporte la palée; on les relie, en outre, par une autre sablière à la partie basse, et pour faire le *contreventement* du pan, on établit dans les rectangles formés par les pieux et les deux sablières des tirants diagonaux en croix de Saint-André. Les pieux sont en fer, s'ils sont battus au mouton; ils peuvent être en fonte s'ils sont à vis; dans tous les cas, ils doivent comporter les nervures, oreilles et saillies nécessaires pour faire les assemblages des pièces de contreventement.

Lorsque la palée métallique repose sur des fondations en maçonnerie, elle est ordinairement formée de deux ou plusieurs *arbalétriers* reliés entre eux par des *entretoises* horizontales et par des *contreventements* en croix de Saint-André; les arbalétriers sont parallèles ou légèrement inclinés l'un sur l'autre, et, dans ce dernier cas, on les fait converger vers un même point situé sur l'axe de la palée; le plus souvent, une palée ne comporte que deux arbalétriers, à moins que la largeur ne soit grande, ou que la disposition de l'ouvrage supérieur ne nécessite des points d'appui intermédiaires.

On voit qu'une palée ainsi établie n'a par elle-même qu'une stabilité insuffisante, puisqu'elle n'est pas, comme la palée, formée de pieux, encastrée à sa base dans le sol; elle ne deviendra stable que par sa liaison avec l'ouvrage qu'elle est destinée à supporter.

142. Piles métalliques. Beffrois. — Une *pile* métallique est une construction stable par elle-même, formée de deux ou plusieurs palées reliées entre elles par des entretoises et des barres de contreventement.

Sous sa forme la plus simple, une pile comporte quatre arbalétriers verticaux ou légèrement inclinés, et, dans ce dernier cas, concourants; ses quatre faces forment quatre pans verticaux ou peu inclinés, constitués chacun comme une palée. Il faut, en outre, assurer le contreventement de la pile dans le plan horizontal, en ajoutant à chaque étage d'entretoises horizontales formant cadre des barres diagonales en croix de Saint-André.

Pour supporter des ouvrages de grande importance, il peut être nécessaire de constituer la pile de trois palées parallèles, reliées entre elles de la même manière. Il faut remarquer qu'il n'est pas économique d'augmenter le nombre des palées qui composent une pile, parce qu'il devient alors très difficile de déterminer, même approximativement, la répartition des efforts dans les barres d'un système aussi complexe, et qu'on est, dans ces conditions, obligé de les proportionner très largement pour éviter tout mécompte.

Un *beffroi* est une pile destinée à supporter un réservoir élevé; comme celui-ci sera le plus souvent cylindrique, on donnera au beffroi la forme polygonale en plan. Il sera alors constitué par six ou huit arbalétriers en fer ou en fonte, reliés entre eux dans les plans verticaux par des entretoises et des tirants, en croix de Saint-André; dans les plans horizontaux des cadres polygonaux formés par les entretoises, on établit des tirants allant du centre aux différents sommets du polygone, qui est ainsi décomposé en triangles indéformables. Les dernières traverses horizontales à la partie supérieure forment une couronne circulaire sur laquelle vient s'appuyer la base du réservoir.

CHAPITRE IV

LES COMBLES MÉTALLIQUES

§ 1er. — GÉNÉRALITÉS. — CHARGES ET SURCHARGES DES COMBLES MÉTALLIQUES

143. Généralités sur les combles. — La *couverture* d'un édifice a pour rôle de le préserver des intempéries, principalement de la pluie, de recueillir les eaux tombées du ciel et de les amener jusqu'au sol sans dommage pour la construction. Le *comble* est l'ensemble des dispositions adoptées pour supporter la couverture.

La figure extérieure d'un comble varie beaucoup suivant la nature de la couverture, chaque genre de couverture exigeant une pente différente, suivant que le comble est destiné ou non à contenir un étage habitable ou simplement un grenier, ou à former seulement la paroi supérieure de l'espace couvert, suivant la disposition en plan de la surface à couvrir, enfin suivant l'importance plus ou moins grande qu'on voudra donner au comble en élévation. Aux belles époques de l'architecture, les artistes ont compris toute l'importance des combles, non seulement au point de vue de la conservation des monuments, mais encore à celui de leur beauté et de leur caractère architectural; c'est le comble qui détermine en effet la partie la plus accentuée de la silhouette d'un édifice, qui le profile sur le ciel et frappe de loin les regards; ce n'est pas un accessoire de la construction, c'en est un élément essentiel.

Pour que les eaux puissent s'écouler à la partie supérieure d'un comble, il faut disposer celle-ci suivant les surfaces inclinées dans une ou plusieurs directions, et qui constituent des *versants*, ou *égouts* ou *rampants*. Un comble qui n'a qu'un seul égout s'appelle *appentis*. Mais le plus souvent un comble présente deux versants inclinés en sens contraire, qui s'appuient par leur partie basse sur les murs de l'édifice à couvrir et qui se rejoignent à leur partie supérieure, suivant la *ligne de faîte*; celle-ci est ordinairement parallèle à la plus grande dimension de l'édifice si celui-ci est construit sur plan rectangulaire; l'espace ainsi couvert s'appelle une *travée*.

Lorsque les deux versants se prolongent jusqu'aux murs latéraux qui sont alors terminés par des parties triangulaires en élévation, on donne à ces murs le nom de *pignons*. Si les murs latéraux s'arrêtent à la même hauteur que les murs de face, la toiture se termine par deux versants latéraux nommés *pans de croupe* et qui s'appuient sur les murs latéraux, tandis que les versants qui s'appuient sur les murs de façade s'appellent *longs pans*; l'ensemble de la toiture à chaque extrémité de la construction s'appelle alors une *croupe*; les lignes de rencontre des longs pans avec les pans de croupe sont nommées *arêtiers de croupe*.

Dans bien des bâtiments, les égouts sont arrêtés à leur partie inférieure à l'aplomb du mur qui les supporte; celui-ci est surmonté d'un *chéneau* dans lequel se rassemblent les eaux du toit;

dans d'autres cas, les égouts du toit dépassent les murs de façade formant ce qu'on nomme des *égouts en queue de vache*.

Lorsqu'un bâtiment présente un retour d'équerre, les longs pans des deux toitures se coupent suivant une ligne extérieure qu'on nomme un *arêtier* et suivant une ligne intérieure qui s'appelle une *noue* et qui forme une sorte de gouttière où se déverseront les eaux des deux pans voisins.

Les versants plans d'un comble peuvent être remplacés par des surfaces courbes, et on obtient alors sur plan rectangulaire un *comble cylindrique*.

Si un bâtiment est construit sur plan polygonal, son comble aura la forme de pyramide, si les pans sont plans; s'ils sont courbes, le comble formera un *dôme*; dans le cas d'un bâtiment sur plan circulaire ou elliptique, le comble sera terminé par une surface courbe continue formant une *coupole*.

Les combles métalliques sont préférables aux combles en bois, toutes les fois que l'espace à couvrir présente de grandes dimensions; lorsque la portée d'un comble atteint de 15 à 20 mètres, l'exécution des charpentes en bois exige l'emploi de pièces de fort équarrissage et des dispositions compliquées coûteuses et encombrantes par suite de la nécessité où l'on se trouve de soutenir en des points nombreux les arbalétriers des fermes; pour des portées supérieures, l'établissement des combles en bois n'est plus possible que si l'on dispose de points d'appui intermédiaires. Au contraire, l'emploi du fer et de l'acier permet d'atteindre les portées les plus grandes, supérieures à 100 mètres, sans points d'appui intermédiaires, au moyen de charpentes qui présentent des dispositions assez simples, grâce à la possibilité de faire résister les arbalétriers des fermes à la flexion, qui donnent le maximum d'espace disponible, et qui, avec l'apparence de la légèreté, possèdent une résistance et une stabilité supérieures à celles des charpentes en bois; elles ont en outre l'avantage de mieux résister aux incendies, parce qu'elles ne sont pas combustibles par elles-mêmes.

144. Classification des combles. — Nous classerons d'abord les combles en deux catégories, d'après la forme de l'espace à couvrir en plan : 1° les combles couvrant un *espace rectangulaire* ou *annulaire*; 2° les combles couvrant un *espace polygonal* ou *courbe*.

Dans la première catégorie, nous distinguerons deux cas, suivant que le comble est formé *d'une seule travée*, les égouts s'appuyant sur les parois de la construction, ou qu'il est composé de *plusieurs travées* parallèles dont les égouts s'appuient sur des files de supports intermédiaires. Enfin dans ces différents cas, chacune des travées du comble pourra être à *un seul versant*, à *deux versants symétriques* ou à *deux versants dissymétriques*. Nous résumerons cette classification dans le tableau suivant :

<table>
<tr><td rowspan="7">Combles couvrant un espace rectangulaire ou annulaire en plan.</td><td rowspan="3">L'espace est couvert par une seule travée.</td><td>Combles à un seul versant ou appentis.</td></tr>
<tr><td>Combles à deux versants symétriques.</td></tr>
<tr><td>Combles à deux versants dissymétriques ou sheds.</td></tr>
<tr><td rowspan="4">L'espace est couvert par plusieurs travées parallèles.</td><td>Combles à un seul versant.</td></tr>
<tr><td>Combles à un seul versant prolongeant un comble à deux versants symétriques.</td></tr>
<tr><td>Combles à deux versants symétriques.</td></tr>
<tr><td>Combles à deux versants dissymétriques ou sheds.</td></tr>
<tr><td colspan="3">Combles couvrant un espace polygonal ou courbe en plan.</td></tr>
</table>

145. Pente des toitures. — Les égouts d'une toiture ont une pente variable avec la nature des matériaux employés pour former la couverture. Cette pente a pour but de faciliter et d'accélérer l'écoulement des eaux tombées sur la toiture, et dans le cas de l'emploi de certains matériaux poreux de couverture, de faire égoutter rapidement ces matériaux pour qu'ils sèchent plus vite, qu'ils ne puissent pas s'imprégner d'eau et qu'ils ne risquent pas d'être ensuite atteints par la gelée; grâce à une pente suffisante, les poussières et les graines des végétaux ne peuvent pas s'accumuler sur les couvertures, qui se maintiennent ainsi en constant état de propreté. On voit que cette pente devra varier suivant les climats ; dans les pays où les pluies sont rares et violentes, elle pourra être faible; dans ceux où les pluies sont fréquentes, mais douces, elle devra être plus forte. La pente des toitures est en outre limitée par la considération de la dépense qu'elle entraîne pour les combles; les combles à forte pente présentent une plus grande surface d'égouts, et par suite, de couverture et de charpentes; cette pente est encore variable suivant la nature des matériaux employés, en raison de leur mode de fixation sur la charpente.

Ainsi les métaux, zinc, cuivre, plomb, tôle, peuvent être placés avec une faible pente parce que l'eau ne les pénètre pas; la tuile et l'ardoise, qui sont poreuses, doivent avoir une pente plus forte pour que l'eau ne puisse pas, en séjournant à leur surface, arriver à les pénétrer; d'un autre côté, elles sont alors moins sensibles à l'action du vent qui, dans le cas d'une pente faible, tendrait à les soulever ; mais pour les tuiles plates, par exemple, la pente ne peut pas non plus être trop raide parce que les crochets d'attache ne seraient plus suffisants pour retenir ces tuiles au lattis. Les matériaux ligneux devront avoir une forte pente, et grâce à leur mode d'attache on pourra les placer sur des plans presque verticaux.

Nous donnons plus loin, d'après le traité de la *Couverture des édifices* de *M. Denfer*, le tableau des pentes à adopter pour les divers genres de couvertures, en même temps que de leurs poids par mètre carré d'égout.

146. Hauteur des combles. — Comme on le voit, la hauteur d'un comble dépendra de la nature de la couverture et de la pente qu'on lui donnera ; l'architecte aura donc, en général, une marge assez grande pour l'établissement de la silhouette de sa construction. Cette hauteur sera différente suivant qu'on devra établir dans le comble soit un étage habitable, soit un grenier, ou qu'il devra seulement recouvrir un hangar ou un bâtiment industriel.

A Paris, la hauteur des maisons est déterminée par le règlement du 23 juillet 1884, qui a fixé en même temps le périmètre dans lequel doit être renfermé le profil du comble et la hauteur des étages qu'il peut contenir (voir plus loin, n° 148).

147. Charges propres et surcharges des combles. — 1° *Charges propres.* La *charge propre* ou *poids mort* d'un comble comprend trois parties : le poids des matériaux de couverture, le poids des lattis, voligeages, chevrons, qui forment les surfaces continues sur lesquelles sont posés ces matériaux ; enfin le poids de la charpente qui supporte le tout.

Nous avons donné dans le tableau du n° 145 le poids des matériaux de couverture. Les lattis, voligeages, chevrons, ont des dimensions variables suivant la nature de la couverture, et les dispositions adoptées. Quant à la charpente, comme ses dimensions dépendent des éléments précédents et des surcharges, et en outre de la portée du comble et de l'ensemble des dispositions des différentes parties qui la composent, il est assez difficile de déterminer son poids ; c'est pourquoi, dans l'étude des projets, on se donne *à priori* et par comparaison avec des construc-

DÉSIGNATION DES MATÉRIAUX	PENTE MINIMA		PENTE MAXIMA		POIDS par mètre carré de l'égout.
	en degrés.	par mètre de projection horizontale.	en degrés.	par mètre de projection horizontale.	
Ardoises clouées	40	0,83	90	verticale	20 à 30
— avec crochets	30	0,58	90	—	
— anglaises	35	0,70	90	—	30 à 35
Pierres taillées	30	0,58	90	—	variable
Enduit de ciment	3	0,05	90	—	—
— d'asphalte	4	0,07	60	1,75	—
Tuiles plates de Bourgogne grand moule	40	0,84	60	1,75	90
— — de Bourgogne petit moule	45	1,00	60	1,75	88
— du pays	45	1,00	60	1,75	88
— creuses	27	0,50	60	1,75	100
— flamandes	27	0,50	60	1,75	100
— — maçonnées	»	»	»	—	136
Tuiles mécaniques Courtois	37	0,75	60	1,75	45
— Josson, grand moule	31	0,60	60	1,75	51
— Josson, petit moule	37	0,75	60	1,75	40
— Gilardoni	20	0,36	60	1,75	40
— Muller	20	0,36	60	1,75	45
— Royaux	27	0,50	60	1,75	35
— Boulet	37	0,75	60	1,75	32
— Muller à écailles	45	1,00	60	1,75	41
— Muller fer de lance	45	1,00	60	1,75	32
Tuiles Suisses dites de montagne	37	0,75	60	1,75	40
Verre double avec joints	10	0,17	90	verticale	5 à 6
— sans joints	4	0,07	90	—	
Verres à reliefs	»	»	»	—	16
Glaces brutes	»	»	»	—	25
Zinc à ressauts	5	0,09	90	—	10
— agrafé	10	0,18	90	—	
— cannelé	20	0,36	90	—	7.5
Plomb sans joints	5	0,09	60	1,75	35
— avec joints	10	0,18	60	1,75	
Cuivre	10	0,18	90	verticale	10
Tôle galvanisée	9	0,16	90	—	10 à 12
Ardoises métalliques	17	0,30	90	—	10
Bardeaux de chêne	45	1,00	90	—	44
— de sapin	»	»	»	—	22
Chaumes et roseaux	60	1,73	80	5,70	20
Papier goudronné	40	0,84	90	verticale	5 à 15
Carton goudronné	40	0,84	90	—	
Feutre goudronné	40	0,84	90	—	

tions existantes un poids par mètre carré d'égout; on vérifie ensuite que le poids réel de la charpente projetée n'est pas supérieur au chiffre pris comme point de départ des calculs.

Le poids des pannes peut être évalué par mètre carré d'égout au moyen de la formule :

$$p = 0{,}02\ Pl,$$

dans laquelle l est la portée d'une panne entre appuis, et P l'ensemble du poids de la couverture et des surcharges par mètre carré d'égout. Quant au poids de la charpente qui supporte les pannes on peut le considérer comme égal à 1,5 L kilogrammes par mètre carré d'égout, L étant la portée du comble entre appuis.

On peut admettre comme moyennes les chiffres suivants pour le poids total de la couverture, de ses soutiens et de la charpente par mètre carré d'égout :

Couverture	en tuiles plates	140	kilogrammes
—	en tuiles creuses	150	—
—	en tuiles mécaniques	90	—
—	en ardoises	75	—
—	en zinc n° 14	50	—
—	en plomb	85	—
—	en tôle galvanisée	35	—
—	en verre double	40	—
—	en verre à reliefs	50	—

Pour les autres genres de couvertures, on choisira des chiffres par comparaison avec les précédents.

Dans le cas où on exécutera un hourdis ou un plafonnage entre les chevrons, on devra ajouter au poids donné par le tableau précédent le poids des hourdis évalué en moyenne à 14 kilogrammes par mètre carré et par centimètre d'épaisseur, s'ils sont en plâtras et plâtre, à 16 kilogrammes s'ils sont en moellons légers et plâtre, et à 18 kilogrammes s'ils sont en moellons légers et mortier.

2° *Surcharges.* Les surcharges que peut avoir à supporter un comble sont de trois sortes : le vent, la neige et le poids des ouvriers et des matériaux, en cas de réparations.

Un vent dont la vitesse est V exprimée en mètres par seconde exerce sur un mètre carré de surface qu'il frappe normalement une pression donnée par la formule approximative :

$$P = 0{,}125\ v^2.$$

Si le vent frappe obliquement une surface plane sous un certain angle α, la pression qu'il développe normalement sur cette surface aura alors pour valeur :

$$P' = 0{,}125\ v^2 \operatorname{Cos}^2 \alpha.$$

On pourra la construire graphiquement de la manière suivante : soit AB le plan sur lequel s'exerce cette action du vent ; menons la perpendiculaire au point C à la droite AB, portons sur cette droite une longueur CD représentant à une certaine échelle la valeur de $P = 0{,}125\ v^2$;

abaissons du point D une perpendiculaire DE sur la direction du vent, que l'on considère en général comme inclinée à 10° sur l'horizontale ; abaissons ensuite du point E la perpendiculaire EF sur CD ; la longueur CF représente la pression normale $P' = 0{,}125\ v^2 \operatorname{Cos}^2 \alpha$ exercée par le vent par mètre carré sur le plan AB (fig. 465).

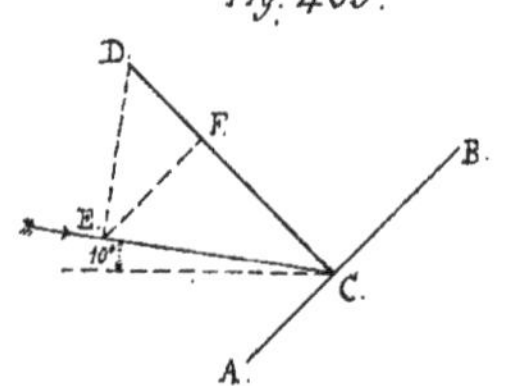

La valeur à admettre pour la vitesse v est variable suivant les régions et les conditions dans lesquelles sont placés les bâtiments ; nous donnons ci-dessous le tableau des vitesses correspondant aux divers vents, et les pressions qui en résultent par mètre carré de surface frappée normalement.

DÉSIGNATION DES VENTS	Vitesse par seconde en mètres.	Pression par mètre carré frappé normalement.
Brise légère	2m00	0k50
Vent frais ou brise	4, 00	2, 00
Vent bon frais	7, 50	7, 05
Vent grand frais	11, 00	15, 15
Vent très fort	15, 00	28, 15
Vent impétueux	20, 00	50, 00
Tempête	24, 00	72, 00
Tempête violente	30, 00	112, 50
Ouragan	36, 00	162, 00
Grand ouragan	45, 00	253, 15

Dans nos régions, pour des bâtiments construits dans les villes et assez abrités, on peut admettre avec toute sécurité une pression normale variant de 30 à 50 kilogrammes par mètre carré ; en cas d'ouragan, la pression du vent peut atteindre pendant quelques instants une valeur plus grande ; à ce moment, les efforts moléculaires développés dans les pièces de la charpente seront très supérieurs à la résistance de sécurité, mais il n'y aura à cela aucun inconvénient si la charpente a été bien établie.

La neige a une densité égale au dixième de celle de l'eau ; on peut donc évaluer la surcharge qu'elle produit par mètre carré de surface couverte d'après l'épaisseur sous laquelle elle est susceptible de s'accumuler ; dans nos régions, et dans les villes, il est rare que cette épaisseur dépasse 0m 30.

Il faut remarquer que la neige ne peut tenir sur les toitures à forte pente, sur lesquelles au contraire l'action du vent est considérable ; elle s'accumule sur les toits à pente légère, sur lesquels le vent agit très peu ; d'autre part, elle est ordinairement balayée et dispersée par un vent violent. C'est pourquoi on admet le plus généralement dans nos régions une surcharge verticale totale de 40 à 50 kilogrammes par mètre carré d'égout pour tenir compte à la fois de la neige et du vent.

Dans des pays où les chutes de neige sont abondantes, et qui sont exposés aux ouragans, la neige chassée par le vent sur les toitures peut s'accumuler sous une grande épaisseur en certains points, dans les noues en particulier, ou même sur un seul des deux versants d'un comble, ce qui est une condition très défavorable à la stabilité des charpentes ; il sera alors nécessaire, dans chaque cas particulier, de se rendre compte très exactement de l'importance des surcharges à admettre.

Il ne serait pas logique d'ajouter aux deux précédentes la surcharge due aux ouvriers et aux matériaux parce qu'au moment d'une chute de neige ou d'un ouragan les ouvriers quitteront le travail.

148. Législation relative aux combles. — *Code civil, art. 681*. Tout propriétaire doit établir des toits de manière que les eaux pluviales s'écoulent sur son terrain ou sur la voie publique ; il ne peut les faire verser sur le fonds de son voisin.

Arrêt de la Cour de cassation du 20 juin 1859. Lorsque le co-propriétaire qui bâtit contre le mur mitoyen couvre son bâtiment de telle sorte que la pente du toit soit dirigée vers ce mur, il doit établir tout au long un chéneau avec revêtement de hauteur suffisante pour que l'eau ne puisse causer ni inconvénients, ni détériorations.

Ce chéneau doit être établi sur le terrain dont il reçoit les eaux ; et ne doit pas être placé sur le mur mitoyen, ni en saillie sur l'héritage voisin.

Ordonnance de police du 30 novembre 1831. Article 1er. Le propriétaire des maisons bordant la voie publique et dont les eaux pluviales des toits y tombent directement seront tenus de faire établir des chéneaux et des gouttières sous l'égout de ces toits afin d'en recevoir les eaux, qui seront conduites jusqu'au niveau du pavé de la rue au moyen de tuyaux de descente appliqués le long des murs de face, avec 0m 16 au plus de saillie.

Les gouttières ne pourront être qu'en cuivre, zinc ou tôle étamée et soutenues par des corbeaux en fer.

Décret du 26 juillet 1884 sur la hauteur des maisons, les combles et les lucarnes dans la ville de Paris. (Les décrets antérieurs sont rapportés.) — 1° TITRE Ier : DE LA HAUTEUR DES BATIMENTS. — 1re SECTION : DE LA HAUTEUR DES BATIMENTS BORDANT LES VOIES PUBLIQUES. — ARTICLE PREMIER. — La hauteur des bâtiments bordant les voies publiques dans la ville de Paris est déterminée par la largeur légale de ces voies publiques pour les bâtiments alignés, et par la largeur effective pour les bâtiments retranchables. Cette hauteur, mesurée du trottoir ou du revers pavé au pied de la façade du bâtiment, et prise au point le plus élevé du sol, ne peut excéder, y compris les entablements, attiques et toutes les constructions à plomb des murs de face, savoir : 12 mètres pour les voies publiques au-dessous de 7m80 de largeur ; 15 mètres pour les voies publiques de 7m80 à 9m74 de largeur ; 18 mètres pour les voies publiques de 9m74 à 20 mètres de largeur ; 20 mètres pour les voies publiques (places, carrefours, rues, quais, boulevards, etc.) de 20 mètres de largeur et au-dessus.

Le mode de mesurage indiqué au § 2 du présent article ne sera applicable pour les constructions en bordure des voies en pente que pour les bâtiments dont la longueur n'excède pas 30 mètres ; au delà de cette longueur, les bâtiments seront abaissés suivant la déclivité du sol. Si le constructeur établit plusieurs maisons distinctes, la hauteur sera mesurée séparément pour chacune de ces maisons, suivant les règles énoncées ci-dessus.

ART. 2. — Les bâtiments dont les façades seront construites, partie à l'alignement, partie en arrière de l'alignement, soit par suite du retrait à n'importe quel niveau d'une partie du mur de face, soit à fruit ou de toute autre manière, devront être renfermés dans le même périmètre que les bâtiments construits entièrement à l'alignement.

ART. 3. — Tout bâtiment situé à l'angle de voies publiques d'inégale largeur peut être élevé sur les voies les plus étroites jusqu'à la hauteur fixée pour la plus large, sans que toutefois la longueur de la partie de la façade ainsi élevée sur les voies les plus étroites puisse excéder deux fois et demie la largeur légale de ces voies. Cette disposition ne peut être invoquée que pour les bâtiments construits à l'alignement déterminé par ces voies publiques. Si ces voies communiquant entre elles sont placées à des niveaux différents, la cote qui servira à déterminer la hauteur de la construction sera la moyenne des cotes prises au point le plus élevé sur chaque voie, à la condition qu'en aucun point la hauteur réelle de la façade ne dépasse de plus de 2 mètres la hauteur légale.

ART. 4. — Pour les bâtiments autres que ceux dont il est parlé en l'article précédent et qui occupent tout l'espace compris entre des voies d'inégales largeurs ou de niveaux différents, chacune des façades ne peut dépasser la hauteur fixée en raison de la largeur ou du niveau de la voie publique sur laquelle elle est située. Toutefois, lorsque la plus grande distance entre les deux façades d'un même bâtiment n'excède pas 15 mètres, la façade bordant la voie publique la moins large ou du niveau le plus bas peut être élevée à la hauteur fixée pour la voie la plus large ou du niveau le plus élevé.

2e SECTION : DE LA HAUTEUR DES BATIMENTS NE BORDANT PAS LES VOIES PUBLIQUES. — ART. 5. — Les bâtiments dont toute la façade est établie en retrait des voies publiques pourront être élevés, soit à la hauteur de 15 mètres, soit à celle de 18 mètres, soit à celle de 20 mètres, mesurée du pied de la construction, à la condition que le retrait sur l'alignement, ajouté à la largeur de la voie, donnera au moins une largeur de 7m 80 dans le premier cas, de 9m 74 dans le second cas, et de 20 mètres dans le troisième cas. Les bâtiments situés en retrait de l'alignement dans les voies publiques de 20 mètres ne pourront pas être élevés à une hauteur supérieure à 20 mètres.

ART. 6. — Les hauteurs des bâtiments établis en bordure des voies privées, des passages, impasses, cités et autres espaces intérieurs, seront déterminées d'après la largeur de ces voies ou espaces, conformément aux règles fixées à l'article 1er pour les bâtiments en bordure des voies publiques.

3e SECTION : DU NOMBRE ET DE LA HAUTEUR DES ÉTAGES. — ART. 7. — Dans les bâtiments, de quelque nature qu'ils soient, il ne pourra, en aucun cas, être toléré plus de sept étages au-dessus du rez-de-chaussée, entresol compris, tant dans la hauteur du mur de face que dans celle du comble, telles que ces hauteurs sont déterminées par les articles 1, 9, 10 et 11.

ART. 8. — Dans les bâtiments, de quelque nature qu'ils soient, la hauteur du rez-de-chaussée ne pourra jamais être inférieure à 2m 80 mesurés sous plafond. La hauteur des sous-sols et des autres étages ne devra pas être inférieure à 2m 60 mesurés sous plafond. Pour les étages dans les combles, cette hauteur de 2m 60 s'applique à la partie la plus élevée du rampant.

2e TITRE II : DES COMBLES AU-DESSUS DES FAÇADES. — ART. 9. — Pour les bâtiments construits en bordure des voies publiques, le profil du comble, tant sur les façades que sur les ailes, ne peut dépasser un arc de cercle dont le rayon sera égal à la moitié de la largeur légale ou effective de la voie publique, ainsi qu'il est dit à l'article 1er, sans toutefois que ce rayon puisse être jamais supérieur à 8m 50. Si la largeur de la voie est inférieure à 10 mètres, le constructeur aura cependant droit à un rayon minimum de 5 mètres. Quelles que soient la forme et la hauteur du comble, toutes les saillies qu'il pourrait présenter devront être renfermées dans l'arc de cercle considéré comme un gabarit dont on ne devra pas sortir. Le point de départ de l'arc de cercle sera placé à plomb de l'alignement des murs de face et le centre à la hauteur légale du bâtiment, telle qu'elle est déterminée par l'article 1er.

Art. 10. — Les dispositions de l'art. 9, sauf en ce qui concerne la détermination du rayon du comble, sont applicables : 1° aux bâtiments construits en retrait des voies publiques, ainsi qu'il est dit à l'article 5 ; 2° aux bâtiments situés en bordure des voies privées, des passages, impasses, cités et autres espaces intérieurs.

Dans ces cas, le rayon du comble sera calculé d'après la longueur moyenne de l'espace libre au droit de la façade du bâtiment, et égal à la moitié de cette largeur dans les conditions déterminées par l'article 9. Toutefois, les cages d'escaliers pratiquées sur les cours pourront sortir du périmètre indiqué ci-dessus, de manière à pouvoir s'élever jusqu'au plafond du dernier étage desservi par lesdits escaliers.

Art. 11. — Pour les constructions situées à l'angle des voies publiques d'inégales largeurs, dont il est parlé à l'article 3, le comble pour le bâtiment en façade sur la voie publique la plus large sera déterminé d'après les bases indiquées à l'article 9 et pourra être retourné avec les mêmes dimensions sur toute la partie du bâtiment en façade sur la voie la plus étroite, dans les limites déterminées par l'article 3.

Art. 12. — Les murs de dossier et les tuyaux de cheminée ne pourront percer la ligne rampante du comble qu'à 1m 50, mesurés horizontalement du parement extérieur du mur de face à sa base, ni s'élever à plus de 0m 60 au-dessus de la hauteur légale du sommet du comble.

Art. 13. — La face extérieure des lucarnes et œils-de-bœuf peut être placée à l'aplomb du parement extérieur du mur de face donnant sur la voie publique, mais jamais en saillie. Le couronnement des lucarnes et œils-de-bœuf établis soit en premier, soit en second rang, ne pourra faire saillie de plus de 0m 50 sur le périmètre légal, mesurés suivant le rayon dudit périmètre. L'ensemble produit par les largeurs cumulées des faces des lucarnes du bâtiment ne pourra excéder les deux tiers de la longueur de face de ce bâtiment.

Art. 14. — Les constructeurs qui n'élèvent pas les façades de leurs bâtiments à toute la hauteur permise jouiront de la faculté d'établir les autres parties de leurs bâtiments suivant leur convenance, sans pouvoir, toutefois, sortir du périmètre légal, tel qu'il est déterminé tant pour les façades que pour les combles, par les dispositions des 1re et 2e sections du titre Ier et du titre II.

Art. 15. — Les dispositions du présent titre sont applicables à tous les bâtiments situés ou non en bordure des voies publiques.

3° Titre III. — Des cours et courettes. — Art. 16. — Dans les bâtiments, de quelque nature qu'ils soient, dont la hauteur ne dépasserait pas 18 mètres, les cours sur lesquelles prendront jour et air les pièces pouvant servir à l'habitation n'auront pas moins de 30 mètres de surface, avec une largeur moyenne qui ne pourra être inférieure à 5 mètres.

Art. 17. — Dans les bâtiments élevés sur la voie publique à une hauteur supérieure à 18 mètres, mais dont les ailes ne dépasseraient pas cette hauteur, les cours devront avoir une surface minima de 40 mètres, avec une largeur moyenne qui ne pourra être inférieure à 5 mètres. Lorsque les ailes de ces bâtiments auront également une hauteur supérieure à 18 mètres, les cours n'auront pas moins de 60 mètres de surface, avec une largeur moyenne qui ne pourra être inférieure à 6 mètres.

Art. 18. — La cour de 40 mètres ne sera pas exigée pour les constructions établies sur des terrains prenant façade sur plusieurs voies et d'une dimension telle qu'il ne puisse y être élevé qu'un corps de bâtiment occupant tout l'espace compris entre ces voies.

Art. 19. — Toute courette qui servira à éclairer et aérer des cuisines devra avoir au moins 9 mètres de surface, et la largeur moyenne ne pourra être inférieure à 1^{m}80.

Art. 20. — Toute courette sur laquelle seront exclusivement éclairés et aérés des cabinets d'aisances, vestibules ou couloirs, devra avoir au moins 4 mètres de surface avec une largeur qui ne pourra en aucun point être moindre de 1^{m}60.

Art. 21. — Au dernier étage des corps de logis, on pourra tolérer que des pièces servant à l'habitation prennent jour et air sur les courettes, à la condition que lesdites courettes aient une surface de 5 mètres au moins.

Art. 22. — Il est interdit d'établir des combles vitrés dans les cours ou courettes, au-dessus des parties sur lesquelles sont aérés et éclairés, soit des pièces pouvant servir à l'habitation, soit des cuisines, soit des cabinets d'aisances, à moins qu'ils ne soient munis d'un châssis ventilateur à faces verticales dont le vide aura au moins le tiers de la surface de la cour ou courette et 0^{m}40 au minimum de hauteur, et qu'il ne soit établi, à la partie inférieure des orifices prenant l'air dans les sous-sols ou caves et ayant au moins 0^{m}80 de surface. Le châssis ventilateur ne sera pas exigé pour les cours et courettes sur lesquelles ne seront aérés ni éclairés, soit des pièces pouvant servir à l'habitation, soit des cuisines, soit des cabinets d'aisances ; mais les courettes dont la partie inférieure ne sera pas en communication avec l'extérieur devront être ventilées.

Art. 23. — Lorsque plusieurs propriétaires auront pris, par acte notarié, l'engagement envers la ville de Paris de maintenir à perpétuité leurs cours communes, et que ces cours auront ensemble une fois et demie la surface réglementaire, les propriétaires pourront être autorisés à élever leurs constructions à la hauteur correspondant à ladite surface réglementaire. En cas de réunion de plusieurs cours, la hauteur des clôtures ne pourra excéder 5 mètres.

Art. 24. — Dans aucun cas, les surfaces des courettes ne pourront être réunies pour former soit une courette, soit une cour d'une dimension réglementaire.

Art. 25. — Toutes les mesures des cours et courettes sont prises dans œuvre.

Titre IV : Dispositions diverses. — Art. 26. — Les dispositions qui précèdent ne sont pas applicables aux édifices publics. L'administration pourra, pour les constructions privées ayant un caractère monumental ou pour des besoins d'art, de science ou d'industrie, autoriser des modifications aux dispositions relatives à la hauteur des bâtiments, après avis du Conseil général des bâtiments civils et avec l'approbation du ministre de l'intérieur.

Arrêté de Préfet de Police de novembre 1883, concernant la sécurité des habitants. — A l'avenir, le faîtage des constructions devra présenter un chemin plat d'au moins 0^{m}70 de largeur et parfaitement praticable tant pour les ouvriers en cas de réparations, que pour les sapeurs-pompiers, habitants ou sauveteurs en cas d'incendie. Ce chemin sera bordé, d'un côté, d'une lisse en fer placée à $0^{m}80$ de hauteur ; il sera installé, en outre le long du chéneau un garde-corps fixe en fer, avec montants et traverses, dont les intervalles seront grillagés fortement pour arrêter la chute des sapeurs-pompiers, des ouvriers ou des matériaux. La hauteur de ce garde-corps ne pourra être moindre de $0^{m}80$; il pourra être formé d'ornements ajourés, mais toujours être pourvu à son sommet d'une lisse à main-courante.

Au long des murs mitoyens et de ceux de refend perpendiculaires aux façades sur rues, cours et jardins, il devra être scellé des échelons en fer formant escaliers, avec support et main-courante ; le tout indépendant et sans point d'appui sur le comble. Il sera prévu une sortie facile sur le comble, soit par une lucarne, soit par une trappe dans le comble même, de manière à permettre d'atteindre aisément les échelons en fer des murs mitoyens et de refend.

Cet arrêté prescrit encore l'établissement de deux escaliers aboutissant tous deux aux étages supérieurs, et donnant une double issue sur le comble, en cas d'incendie. Dans le cas où il serait impossible d'établir un second escalier, il y sera suppléé au moyen d'échelons en fer placés sur toute la hauteur de la façade sur cour.

Cet arrêté a été jusqu'à présent peu mis en pratique à cause des inconvénients que présentent un certain nombre de ses prescriptions ; les chemins de circulation sur le comble et les échelons au long des murs offrent en effet, aux cambrioleurs des moyens d'accès faciles dans les étages d'une habitation.

§ 2. — LES SOUTIENS DE LA COUVERTURE

149. Voligeages. — La surface continue qui reçoit la couverture est constituée par un *voligeage* ou par un *lattis* porté par des pièces dirigées suivant le rampant du comble, qu'on nomme *chevrons* ; ceux-ci sont eux-mêmes fixés sur les *pannes*, pièces parallèles à la ligne de faîte du toit, et qui jouent, par rapport à la couverture, le rôle des solives d'un plancher.

Le *voligeage* se compose de planches appelées *voliges*, placées les unes à côté des autres et fixées sur les *chevrons* comme les frises de plancher sont fixées sur les lambourdes. Les chevrons sont placés dans le sens de la pente et espacés de $0^{m}400$ à $0^{m}700$ d'axe en axe ; les voliges sont par suite placées horizontalement et parallèles à la ligne de faîte du toit ; on leur donne de $0^{m}011$ à $0^{m}018$ d'épaisseur, et on les fait en peuplier, mais mieux en sapin ; elles sont simplement clouées sur les chevrons, si ceux-ci sont en bois ; si les chevrons sont en fer, il suffit de fixer par des vis les diverses voliges aux ailes des fers à simple T, dont ils sont ordinairement formés.

Quand le voligeage doit rester apparent par-dessous, on supprime quelquefois les chevrons, et on établit le voligeage sur les pannes suffisamment rapprochées à cet effet ; avec des frises de $0^{m}018$ à $0^{m}020$ d'épaisseur, on peut espacer les pannes de 1^{m} à $1^{m}50$; en employant des frises de $0^{m}025$, on peut porter l'espacement des pannes à 2 mètres.

On fait quelquefois le voligeage en deux couches clouées l'une sur l'autre ; la première, visible par-dessous, est posée à point de Hongrie, les frises étant assemblées à rainures et languettes ; la seconde est clouée par-dessus et ses frises sont placées perpendiculairement aux pannes.

Enfin, dans les combles hourdés, les intervalles entre les pannes, ou les chevrons en fer qui sont alors espacés de $1^{m}000$ à $1^{m}250$ sont remplis de maçonnerie ; sur l'aire ainsi formée, on scelle des lambourdes de 0m 04 sur 0m 08 posées à plat, et placées dans le sens du rampant, par-dessus lesquelles est cloué le voligeage. Quelquefois, les chevrons formés d'un fer simple T sont placés seulement à 0m 40 ou 0m 50 l'un de l'autre et leurs intervalles sont garnis de bardeaux en terre cuite formant sans enduit le plafond inférieur; sur leur face supérieure, on scelle les lambourdes placées à 45°, sur lesquelles on cloue les voliges disposées horizontalement.

Dans certains combles couvrant des locaux chauffés, où la température doit rester sensiblement constante, pour obtenir un meilleur isolement, on forme un hourdis creux, épais, ou un double hourdis en bardeaux, qui emprisonne ainsi un matelas d'air; l'un des hourdis s'appuie sur les ailes supérieures des pannes en fer double T, ou bien sur les chevrons qui reposent sur ces pannes; l'autre hourdis est porté par les ailes inférieures de celles-ci, ou par de petits fers simple T parallèles aux chevrons et maintenus sur les ailes inférieures des pannes.

On devra peindre préalablement avec soin les pièces de la charpente comprises entre les deux hourdis, afin d'éviter qu'elles soient attaquées par la rouille; elles seront ensuite, en effet, soustraites à toute surveillance et à tout entretien; ou bien encore il faudra s'arranger de telle sorte qu'elles soient complètement enveloppées dans les hourdis maçonnés au mortier de chaux hydraulique ou de ciment, qui assureront leur conservation.

150. Lattis. — Un *lattis* se forme à l'aide de *lattes* en bois de chêne ou de châtaignier de 0m 04 sur 0m 01, ou de *liteaux* en sapin de sciage, auxquels on donne 0m 027 sur 0m 027 si les chevrons sont écartés de 0m 35 à 0m 50, et 0m 034 sur 0m 027 pour des écartements plus grands; on les cloue sur les chevrons en bois. On peut établir un lattis par-dessus un voligeage, ou même sur l'aire supérieure d'un comble hourdé.

Dans les combles métalliques non voligés, on emploie les lattis en fer formés de fentons, de petits fer plats sur champ, de petites cornières ou de petits fers à simple T. Ces fers sont vissés sur les chevrons, ou boulonnés, avec interposition de mastic de minium ou de céruse entre les faces en contact des fers.

Dans les combles hourdés, il est possible de former un lattis à l'aide de solins en plâtre qui donnent à l'aire supérieure du hourdis une forme de crémaillère, aux arêtes de laquelle on accroche les tuiles.

151. Chevrons. — Les *chevrons* sont des pièces disposées suivant le rampant du comble et sur lesquelles se fixent les voligeages et les lattis; on les fait en bois ou en métal; ils sont eux-mêmes fixés aux pannes.

1° *Chevrons en bois.* Lorsque les chevrons sont en bois, la manière la plus simple de les fixer sur une panne en métal consiste à faire sur leur face inférieure une entaille qui permet de les accrocher à l'aile de la panne; on peut consolider l'assemblage par l'adjonction de pattes en fer plat fixées aux chevrons par des tire-fonds (fig. 466). On évitera de faire l'entaille en employant des pattes légèrement coudées (fig. 467).

Un autre moyen consiste à fixer à la panne au moyen de boulons une fourrure en bois sur laquelle on pourra clouer les chevrons, comme on le ferait sur une panne en bois (fig. 468 et 469).

2° *Chevrons en fer.* Les chevrons métalliques seront le plus souvent formés de petits fers à simple T placés la table horizontale en haut. Pour les fixer à la panne, on se servira d'une équerre en cornière dont la disposition sera différente suivant que la panne sera un fer double T, un fer en U ou une cornière, et suivant aussi la disposition donnée à cette panne (fig. 470, 471, 472 et 473). On peut encore entailler l'âme du chevron et le faire reposer alors

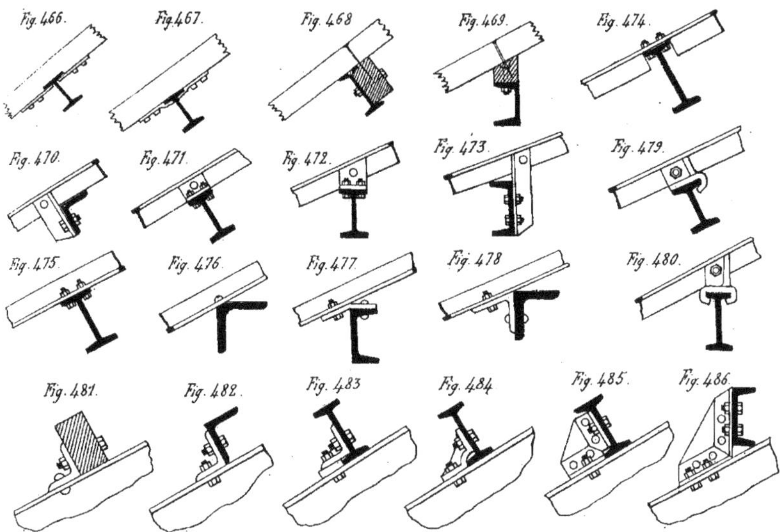

par sa table sur l'aile de la panne, à laquelle on le fixe par des vis (fig. 474).

Si les fers sont placés avec leur table horizontale en dessous, on les fixe directement sur l'aile de la panne à l'aide de vis ou de boulons, soit à plat (fig. 475), soit sur un méplat qu'on a fait venir au bord de la panne, à l'endroit où elle est rencontrée par le chevron (fig. 476), soit enfin à l'aide d'une patte en fer plat, ou même d'une équerre fermée (fig. 477 et 478). Enfin on peut faire usage, pour cet assemblage, de pièces spéciales en fonte malléable (fig. 479 et 480).

152. Pannes. — Les *pannes* d'un comble sont à la couverture ce que les solives d'un plancher sont au parquet ; elles la soutiennent, soit qu'on cloue directement sur elles le voligeage si elles sont peu espacées, soit qu'on interpose entre elles et le voligeage ou le lattis des pièces secondaires qui sont les chevrons. La panne supérieure d'un comble s'appelle *faîtage* ou *panne faîtière* ; elle est commune aux deux versants. La panne inférieure de chaque versant porte le nom de *sablière*.

Les pannes des combles, dans les bâtiments de petites dimensions, qui présentent des murs de refend assez rapprochés et parallèles aux murs pignons, peuvent être supportées directement par ces murs; lorsque ceux-ci viennent à manquer, ou sont trop espacés, on les remplace par des pans verticaux de charpente appelés *fermes*, destinés à soutenir les pannes en divers points de leur longueur, et qui jouent le même rôle que les poutres des planchers.

Une ferme se compose essentiellement de deux pièces obliques placées suivant les rampants du comble, et nommées *arbalétriers*; elles sont reliées à leur pied par une pièce horizontale, l'*entrait* ou *tirant*; celui-ci est rattaché au sommet de la ferme par un *poinçon* placé verticalement.

Comme les pannes résistent à des efforts de flexion, on leur donne, lorsqu'elles sont en bois, la section rectangulaire, et lorsqu'elles sont en métal, on choisit un profil à double T, en U, en Z, si leur portée est grande ou si elles sont fortement chargées, et un profil à simple T ou seulement une cornière si leur portée est faible ou si elles supportent des charges peu considérables. Puisque les pannes sont soumises à des efforts verticaux, on doit, comme on le fait pour les solives de planchers, disposer les pièces de manière que leur résistance à la flexion soit la plus grande possible; on obtiendra ce résultat en plaçant verticalement l'âme des fers, ou la plus grande dimension transversale des pannes en bois. Pour des raisons d'assemblage, il n'est pas toujours possible d'employer cette disposition, et on se trouve conduit à placer l'âme des fers perpendiculairement à la pente du rampant du comble, bien que cette position soit moins favorable à la résistance; on dit alors que les pannes sont *déversées*.

La portée des pannes, c'est-à-dire l'écartement des fermes, varie en général de 3 à 15 mètres et plus; leur espacement d'axe en axe est de 1^{m}25 à 1^{m}30 si l'on doit faire le voligeage directement sur les pannes; si l'on emploie comme couverture des tôles ondulées, on écarte les

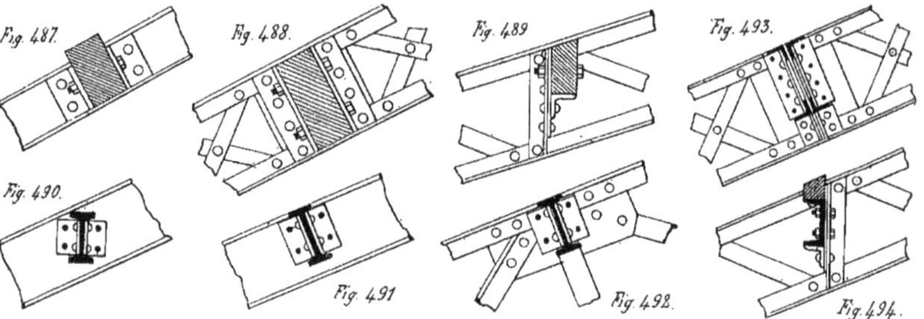

pannes à la demande des feuilles de tôle; enfin, si l'on fait un chevronnage, les pannes seront espacées de 1^{m}50 à 2^{m}50 et même 3 mètres et plus. Dans les combles hourdés, au contraire, on rapproche les pannes à 0^{m}80, 1 mètre ou 1^{m}25 les unes des autres.

Les pannes peuvent être posées sur les têtes des *arbalétriers* des fermes, ou assemblées entre les âmes de ces arbalétriers. Dans le premier cas, on réunit la panne à l'arbalétrier par une équerre en cornière ou par une pièce spéciale formant *chantignole*, à laquelle la panne sera fixée par un tirefond si elle est en bois, par un boulon si elle est en métal (fig. 481, 482, 483, 484, 485 et 486).

Lorsque l'on assemble les pannes sur l'âme des arbalétriers, on emploie en général l'assemblage à équerres; si la panne est en bois, les équerres sont rivées sur l'arbalétrier et boulonnées sur la panne (fig. 487). Dans le cas d'un arbalétrier en treillis, on réserve une portion d'âme pleine à l'endroit de l'assemblage (fig. 488), ou bien on fait celui-ci sur un montant du treillis, renforcé par une tôle, et on soutient la panne par une petite équerre (fig. 489).

L'assemblage des pannes métalliques sur les arbalétriers à âme pleine est toujours obtenu au moyen d'équerres aussi bien dans le cas où la panne est verticale (fig. 490) que dans celui où elle est déversée (fig. 491). Si l'arbalétrier est en treillis, on fait l'assemblage soit sur l'un des goussets du treillis, avec interposition de fourrures convenables si la panne est peu importante (fig. 492), soit sur une partie d'âme pleine qu'on a réservée dans l'arbalétrier si la panne est de grande hauteur (fig. 493), soit enfin sur un des montants verticaux du treillis, renforcé par une tôle, et la panne étant supportée par une équerre (fig. 494).

Comme nous le verrons plus loin, il est indispensable de permettre aux pannes de se dilater librement entre les fermes ; on y arrive facilement en ovalisant dans le sens parallèle à l'axe des pannes les trous des boulons qui les fixent à leurs cornières d'assemblage sur les arbalétriers.

§ 3. — DU CONTREVENTEMENT. EFFETS DE LA TEMPÉRATURE SUR LES COMBLES MÉTALLIQUES. DÉTAILS DE CONSTRUCTION DE CES COMBLES

153. Du contreventement des combles métalliques. — Une ferme étant, comme nous l'avons dit, un pan de charpente, ne présente par elle-même aucune stabilité transversale ; il est nécessaire de la relier aux murs pignons du bâtiment, s'il y en a, ou aux autres fermes pour assurer sa stabilité et empêcher le *hiement* ou *roulement* de la construction, c'est-à-dire la défiguration qui résulterait du déversement de toutes les fermes si elles venaient à quitter le plan vertical dans lequel elles ont été établies, en tournant autour de la ligne de leurs appuis. La résistance des différentes pièces qui composent une ferme est calculée pour la position verticale de celle-ci, mais deviendrait insuffisante si la ferme venait à se déverser. Les organes de jonction des fermes entre elles ou avec les murs forment le *contreventement* ; son étude doit être faite avec soin, et il doit être assuré au fur et à mesure de la construction et du levage des fermes, si l'on veut éviter de graves accidents.

Lorsqu'un comble est établi entre deux murs pignons assez rapprochés, ou qu'il existe dans la longueur du comble un ou plusieurs murs de refend bien résistants, on peut se dispenser de l'emploi de pièces spéciales de contreventement ; il suffit d'encastrer et même d'ancrer dans les murs les extrémités des pannes qui viennent s'y appuyer. Dans certains cas, un seul mur pignon peut suffire ; mais cependant si le comble a des dimensions importantes et si les fermes sont un peu écartées, il sera préférable de leur adjoindre un contreventement transversal ; la nécessité s'en imposera absolument si les fermes reposent sur des piliers ou des colonnes. Les combles hourdés n'ont pas besoin de contreventement, lorsqu'ils reposent sur des murs résistants. Quand un comble est terminé aux deux extrémités par des croupes, celles-ci assurent le contreventement si le comble est de faible longueur, mais il est cependant encore nécessaire d'employer des pièces spéciales de contreventement lorsque le comble est de grande longueur, s'il présente des fermes de grande portée ou fortement écartées, et surtout si elles reposent sur colonnes ou piliers isolés. Le contreventement devient absolument indispensable si le comble est terminé par des fermes de tête. Dans les cas où les pannes d'un comble sont assemblées sur les âmes des arbalétriers, on compte quelquefois sur la rigidité de ces assemblages pour assurer le contreventement des fermes ; cette disposition présente une sécurité tout à fait insuffisante dans les combles de grandes portées, et surtout quand les pannes ont peu de hauteur ; elle devient très dangereuse pour les combles reposant sur piliers isolés.

Dans les combles en bois, le contreventement est obtenu au moyen de *liens* ou *contrefiches* placés entre le *poinçon* de chaque ferme et le *faîtage* ; l'ensemble de ces pièces constitue la *ferme sous faîte*. Dans les combles métalliques, il est rare que le poinçon se prête à cette disposition ; il est en effet le plus souvent formé d'une tige de fer rond ou d'un fer plat sur lesquels il est impossible d'assembler convenablement une contrefiche ; on peut obtenir le même résultat en reliant alors le pied du poinçon de l'une des fermes au sommet de chacune des fermes voisines par des tirants en fer rond ou en fer plat, destinés à ne résister jamais qu'à des efforts de traction ; dans la croix de Saint-André formée ainsi dans chaque travée entre les deux fermes, il n'y aura jamais qu'une des deux barres en tension. Dans le cas où les entraits ne présentent pas une rigidité transversale suffisante, il est nécessaire de relier en outre les pieds des poinçons par une barre horizontale.

Le plus ordinairement, le contreventement sera réalisé dans les plans des égouts ; à cet effet, on disposera des tirants en fer rond, carré ou plat, qui constitueront les diagonales des rectangles formés par les arbalétriers et les pannes de chacun des versants. Suivant l'importance du comble, et suivant aussi l'écartement des pannes, on pourra établir ces barres de contreventement dans tous les rectangles, ou seulement de deux en deux pannes ou de trois en trois, afin d'éviter que les barres soient trop inclinées. On peut, dans certains cas, n'établir le contreventement que dans les rectangles de la partie inférieure de chaque versant ; et même, si les fermes sont rapprochées et peu importantes, on peut disposer les barres de contreventement de deux en deux fermes, du sommet de l'une au pied de l'autre dans chaque versant.

Enfin, dans le cas des charpentes sur colonnes de faible portée, le contreventement est souvent obtenu au moyen de pièces spéciales appelées *sablières* disposées horizontalement entre les fermes au faîtage, et entre les têtes des colonnes ; on donne à ces sablières une grande hauteur, de telle sorte que leurs assemblages avec les arbalétriers et les colonnes présentent une rigidité suffisante et soient capables de résister efficacement aux efforts qui s'y développeraient si les fermes tendaient à se déverser transversalement. Dans les combles de grandes dimensions, on trouve ordinairement ces contreventements concurremment avec les contreventements par tirants dans les plans des deux versants des combles.

154. Effets de la température sur les combles métalliques. — Les combles sont la partie de la construction la plus exposée aux variations de température ; aussi, tandis que pour les planchers et pour les pans de fer on ne se préoccupe pas, le plus ordinairement, de la dilatation calorifique, il devient important d'en étudier les effets sur les combles. Dans nos climats, les températures extrêmes varient de 15° au-dessous de zéro à 35° au-dessus, soit un écart de 50° ; si le montage des charpentes a été fait à une température intermédiaire, nous pourrons admettre, pour fixer les idées, qu'elles seront susceptibles de supporter des élévations ou des abaissements de température de 25° au maximum.

Lorsqu'une ferme métallique est soumise à un abaissement de température de 25°, toutes les pièces qui la composent tendent à se raccourcir proportionnellement à leurs longueurs respectives; si, par suite de dispositions spéciales, les pieds des arbalétriers de la ferme peuvent se déplacer librement sur leurs appuis, celle-ci gardera une figure semblable à sa figure primitive, et les efforts développés dans chacune des pièces qui la composent ne seront nullement modifiés. Si au contraire la ferme est fixée invariablement à ses appuis, ses conditions de résistance vont être absolument changées.

Supposons d'abord les appuis constitués par des murs en maçonnerie : l'entrait de la ferme et ses arbalétriers vont tendre à se raccourcir sous l'influence de l'abaissement de température, de sorte que la portée de la ferme tendra à diminuer, et qu'elle tirera sur les murs pour les rapprocher; si les murs sont très résistants et inébranlables, la tension de l'entrait se trouvera augmentée de la tension développée par le raccourcissement calorifique. Or cette dernière atteindra dans les conditions actuelles une valeur de 6 kilog. 1 par millimètre carré si l'entrait est en fer, et une valeur de 6 kilog. 8, s'il est en acier ; de sorte que si l'entrait en fer a été calculé en admettant une résistance de sécurité de 6 kilogrammes par millimètre carré, les efforts moléculaires développés à ce moment dans cette pièce seront sensiblement doubles des efforts calculés, et s'approcheront de la limite d'élasticité. Le danger sera d'autant plus grand que le comble pourra se trouver en même temps surchargé au maximum par une épaisse couche de neige.

Dans le cas d'une élévation de température, ce serait la compression des arbalétriers qui serait augmentée ; on voit quel est dans les deux cas le danger auquel on s'exposerait en fixant invariablement les appuis d'une ferme. On est cependant obligé de le faire pour les fermes en arc sans tirant; aussi, dans ce cas, doit-on tenir compte dans le calcul des efforts moléculaires développés dans les pièces de la ferme par les variations de température, et les ajouter à ceux qui résultent des charges et surcharges.

Si une ferme est invariablement fixée à ses appuis, ceux-ci étant constitués par des colonnes ou des piliers métalliques, lorsqu'elle subira un abaissement de température, le raccourcissement de son entrait aura pour effet de tendre à rapprocher les têtes des colonnes et de développer dans celles-ci, si elles sont encastrées à leur base, des efforts de flexion d'autant plus importants qu'elles seront plus hautes.

Dans la pratique, le plus ordinairement, une ferme reposant sur des murs n'y est pas invariablement fixée ; pour les fermes importantes, on assure la liberté complète des mouvements dus aux variations de température en montant sur rouleaux l'un des appuis de la ferme, tandis que l'autre est fixé invariablement ; pour les fermes moins importantes, les pieds peuvent glisser sur les plaques d'appui, de sorte que la contraction ou l'extension dues aux variations de température ne sont pas absolument libres, mais ne trouvent cependant comme obstacle que la résistance due au frottement entre les pieds des arbalétriers et les appuis ; il en résulte encore une augmentation, mais beaucoup moindre que dans le cas étudié précédemment, des efforts moléculaires développés dans les pièces de la ferme.

Supposons en effet que la charge d'une demi-ferme reportée sur l'appui soit de 10.000 kilogrammes, nous admettrons que la résistance due au frottement soit de 4.000 kilogrammes, pour tenir compte du mauvais état probable des surfaces métalliques frottantes. Supposons que le tirant de la ferme supporte normalement un effort de traction de 16.000 kilogrammes, on devra calculer sa section pour résister à l'effort total de $10000 + 4000 = 20000$ kilogrammes; elle sera donc les $\frac{5}{4}$ de celle qui aurait été calculée sans tenir compte des variations de température; si l'on veut que dans aucun cas les efforts moléculaires développés dans le tirant ne dépassent 8 kilogrammes par millimètre carré par exemple, il faudra, dans le calcul de l'entrait, tenir compte de l'effort supplémentaire dû aux variations de température en n'admettant comme résistance de sécurité que les $\frac{4}{5}$ de 8 kilogrammes, ou 6 kilog. 4 par millimètre carré.

Examinons maintenant l'influence des variations de température sur la stabilité transversale des fermes lorsqu'elles sont ancrées sur des murs; si la température s'abaisse, les pannes se raccourcissent, et comme les pieds des fermes ne peuvent se déplacer sur leurs appuis dans le sens transversal, il en résulte que deux fermes voisines ont tendance à se rapprocher l'une de l'autre dans leur partie supérieure, si les pannes y sont fixées invariablement, et alors leurs différentes pièces ne sont plus contenues dans des plans verticaux.

Les arbalétriers subissent de ce fait un gauchissement, précisément dans leur partie inférieure, qui est déjà en général la plus fatiguée par les efforts dus aux charges et aux surcharges; il se développe alors dans ces pièces des efforts de flexion transversale, en même temps que leurs conditions de résistance aux charges verticales deviennent moins bonnes par suite de leur déversement. Si le comble comporte un certain nombre de travées, les effets produits se totaliseront de l'une à l'autre, de sorte que les fermes extrêmes pourront se trouver dans des conditions de stabilité si précaires, que la moindre augmentation de surcharge provoquera leur effondrement. Il est donc absolument indispensable de prendre les dispositions nécessaires pour que la dilatation ou le raccourcissement des pannes, par suite des variations de température, puissent se produire sans déranger la verticalité du plan des fermes.

Dans les combles sur colonnes, le raccourcissement des pannes et des sablières aura pour effet de rapprocher les fermes parallèlement les unes aux autres, en inclinant transversalement les axes des colonnes, dans lesquelles se développeront alors des moments de flexion d'autant plus importants qu'elles seront plus voisines des extrémités de la construction.

155. Repos des fermes sur leurs appuis. — 1° *Les appuis sont des murs.* Lorsqu'une ferme repose sur des murs, on termine ses arbalétriers par des semelles horizontales de largeur suffisante pour transmettre aux maçonneries la pression due à la charge du comble. Chacune de ces semelles sera formée soit des cornières et tôles qui constituent la membrure inférieure de l'arbalétrier, et que l'on retourne horizontalement (fig. 495) soit de cornières rapportées si l'arbalétrier est formé d'un fer laminé à section double T (fig. 496) ; dans ce dernier cas, on constitue souvent les appuis d'une ferme par des sabots en fonte faits à la demande du profil des fers (fig. 497).

Quand une ferme reporte de fortes charges sur ses appuis, il est bon, comme on le fait pour les poutres de planchers, d'interposer une plaque d'appui en tôle épaisse ou en fonte entre le pied de l'arbalétrier et les maçonneries. Enfin, dans certains cas, on peut adjoindre à l'extrémité de l'arbalétrier une console qui s'appuie sur le mur suffisamment élargi à cet effet (fig. 498).

Dans tous les cas, on boulonnera les pieds de la ferme sur les murs, mais en ovalisant les trous de boulons de manière à permettre à la ferme de se dilater ou de se contracter longitudinalement.

Si une ferme doit être fixée contre un mur, qui s'élève à un niveau supérieur, on l'appuie sur

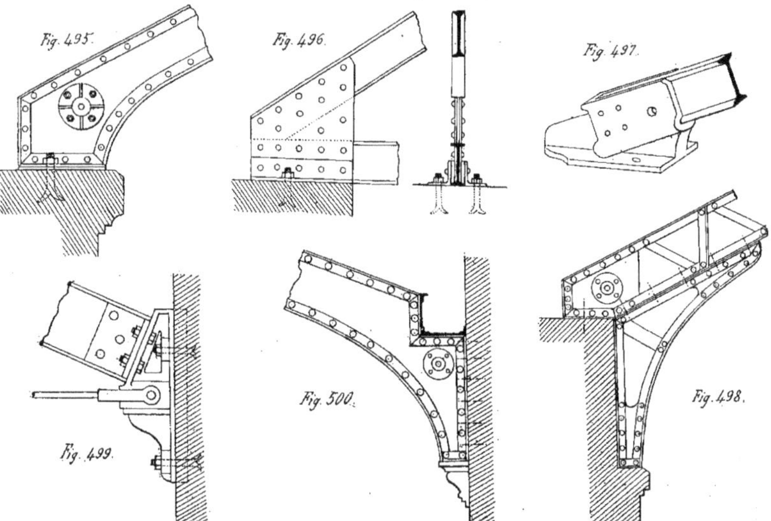

une console en tôles et cornières ou en fonte solidement ancrée le long du mur (fig. 499); cette console peut être formée par le prolongement de l'arbalétrier, à la membrure inférieure duquel on donne alors la courbure convenable, tandis que sa membrure supérieure est retournée verticalement pour former la semelle d'appui de la console sur le mur (fig. 500). On établit encore quelquefois dans le mur, ou simplement le long de sa face interne un poteau métallique sur lequel vient reposer la ferme; cette solution est la seule à recommander dans le cas où le mur est mitoyen.

2° *Les appuis sont des colonnes ou des poteaux métalliques.* Dans ce cas, l'assemblage d'une ferme sur les poteaux devra être fait de manière à assurer la stabilité dans son plan, du pan vertical formé par la ferme et par ses supports ; on emploiera à cet effet des consoles en fonte ou en tôles et cornières assemblées par leur semelle verticale au moyens de boulons, le long du poteau ou de la colonne, et présentant une semelle inclinée sur laquelle l'arbalétrier sera fixé par des rivets ou des boulons (fig. 501). Les consoles peuvent être constituées par le prolongement de l'arbalétrier, comme nous l'avons déjà dit, et faire corps avec lui (fig. 502); chaque console peut au contraire faire corps avec le poteau dont elle n'est qu'un élargissement à la partie supérieure (fig. 503); enfin le poteau peut être lui-même d'une seule pièce avec l'arbalétrier, ce qui conduit à des fermes du type de Dion ou à des fermes en arc.

On se contente quelquefois, pour des fermes de faible portée, de faire reposer les arbalétriers sur les abouts des poteaux, que l'on termine alors par une table horizontale (fig. 504); cette

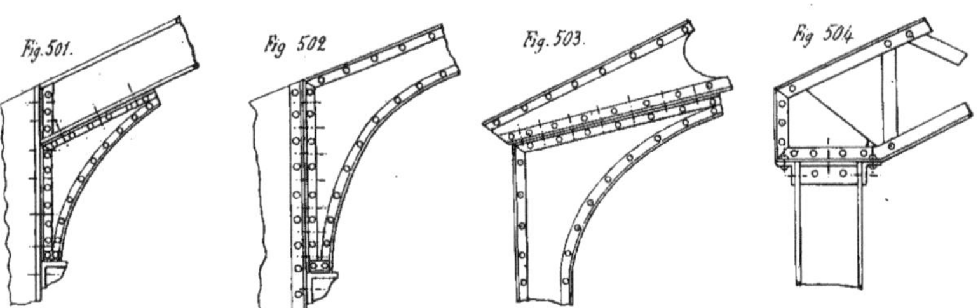

disposition n'est acceptable que si la construction est peu exposée par ses faces latérales à l'action du vent, dans le cas, par exemple, où elle est comprise entre deux murs plus élevés ou encore si elle s'appuie d'un côté contre un mur bien résistant.

3° *Les appuis sont des poutres disposées perpendiculairement aux fermes.* C'est ce qui se rencontre dans le cas où, pour ménager une baie de très grande largeur, il est nécessaire de soutenir l'about d'une ferme sur une poutre, ou encore, lorsqu'on couvre un espace donné par des travées de fermes supportées par des poutres. On prend alors des dispositions très analogues à celles de l'appui sur un mur.

156. Accès et circulation sur les combles. — Il est nécessaire de prévoir, lorsqu'on établit un comble, des moyens d'accès et de circulation qui permettent les visites et les réparations de la couverture et le ramonage des cheminées, il faut à cet effet qu'un dernier étage de l'escalier aboutisse au comble par une porte ou une trappe, d'où partira un *chemin* horizontal ou une *rampe* inclinée pourvue de marches et de mains courantes. Des chemins semblables devront suivre le faîtage, longer les souches de cheminées, qui seront elles-mêmes garnies d'*échelles en fer*, et conduire aux chéneaux qui peuvent servir aussi de chemins de service; sur les pans de couverture à pente trop raide, on établit des *échelles en fer* galvanisé dont les montants peuvent être formés de cornières de 0m 060 sur 0m 060 sur 0m 006, espacées de 0m 400 à 0m 500, avec barreaux en fer rond à embase de 0m 025 de diamètre espacés de 0m 270 environ; on fixe les montants au rampant du comble par des supports en fer rond de 0m 030 de diamètre, boulonnés sur les chevrons.

Dans les couvertures en tuiles mécaniques, on constitue les marches des escaliers de circulation par des tuiles spéciales en terre cuite ou en fonte occupant chacune la largeur de deux tuiles et dont la surface forme marche et contremarche; leurs rives sont disposées pour se relier avec les tuiles voisines : le chemin de faîtage est également formé de tuiles spéciales. On peut circuler sur les couvertures en zinc dont la pente est inférieure à 0m 30 par mètre; si la pente est plus forte, il faut disposer des marches en bois recouvertes de zinc, ou encore des marches en zinc fondu avec face supérieure striée que l'on fixe aux chevrons.

Les *mains courantes* qui accompagnent les escaliers ou les chemins des combles se font en fer rond galvanisé de 0m 020 à 0m 025 de diamètre ; les montants, de même diamètre, sont espacés de 1 mètre à 1m 500 l'un de l'autre ; ils ont 0m 900 de hauteur au-dessus du chemin ou de la rampe, et on les relie au milieu de leur hauteur par une lisse en fer de même diamètre ; on peut simplement faire ces garde-fous en fil de fer galvanisé de 0m 003 à 0m 005, tendu sur des montants de forme convenable. Ceux des chemins inférieurs des égouts peuvent être garnis de grillages en fil de fer formant arrêt et protection en cas de chute d'un ouvrier.

En outre, on dispose sur les toitures des *crochets d'échelles* en fer galvanisé, qu'on exécute en fer rond de 0m 020 à 0m 025 de diamètre, et qu'on fixe sur les chevrons, au moyen de deux

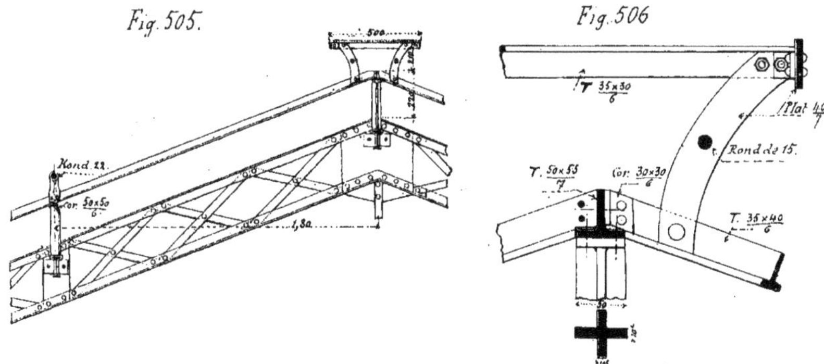

boulons de 0m 014, par l'extrémité aplatie de l'une des branches ; celle-ci porte en outre un talon qu'on enfonce dans le bois. Ces crochets s'établissent en lignes espacées de 1m 500 à 2 mètres et à des distances de 3 à 4 mètres dans chaque ligne ; le plus souvent, on les répartit en quinconces.

Pour les toitures vitrées, il faut prévoir des chemins de circulation et des supports d'échelles à proximité de toutes les surfaces vitrées ; les chemins sont supportés de distance en distance par de petites cornières fixées aux chevrons du vitrage ; ils se construisent simplement en fers plats formant les lisses longitudinales, et reliés par de petits fers simple T formant des traverses assez rapprochées pour qu'on puisse y marcher (fig. 505 et 506). Les supports d'échelles sont des barres de fer rond de 0m 020 à 0m 025 de diamètre établies dans le sens perpendiculaire aux chevrons, généralement au-dessus des pannes ; on les soutient de distance en distance au moyen de petits supports en fonte fixés aux chevrons ; on met au moins deux de ces barres sur chaque pan vitré, de manière qu'il soit possible d'y appuyer les deux bouts d'une échelle en cas de réparations. On peut même prévoir une échelle métallique mobile appuyée sur les deux barres au-dessus de chaque pan de vitrage.

La facilité de circulation sur les toitures présente des inconvénients sérieux dans les villes où les bâtiments sont contigus; elle rend nécessaire l'emploi de précautions spéciales pour la fermeture des locaux des étages sous combles.

Lorsque les parties vitrées d'un comble sont dominées par des endroits habités, il est bon de les garantir par des *grillages* qu'on exécute en panneaux facilement maniables et qu'on soutient sur de petits supports à fourches fixés aux chevrons; on place ces grillages à 0m 150 ou 0m 200 au-dessus des vitrages.

Lorsqu'on vitre un comble en glaces coulées ou en verre strié, il est bon également de protéger les locaux couverts de la chute des morceaux en cas de bris, par un grillage à mailles larges placé intérieurement au-dessous des vitres, et dont les bords sont noyés dans le mastic; on emploie le plus souvent le grillage Rodes en cuivre, à mailles de 0m 030 à 0m 040.

On peut se dispenser d'établir ces grillages de protection si l'on emploie le *verre armé*. C'est, comme on le sait, du verre dont l'épaisseur varie dans ce cas de 7 à 10 millimètres et dans l'intérieur duquel est emprisonné un treillis métallique qui lui donne une grande résistance à la flexion; en cas de rupture, les fragments de verre, retenus par le treillis, ne peuvent tomber ou tout au moins ceux qui tombent sont si petits qu'ils ne peuvent causer de blessures.

157. Lanterneaux. — Les combles des hangars industriels sont le plus souvent surmontés d'un *lanterneau* destiné à en assurer la ventilation. Ce lanterneau est formé d'un petit comble placé en surélévation au-dessus du comble principal et comportant en général deux pans de couverture parallèles à ceux de ce comble. Ces pans sont soutenus par des supports verticaux en fonte ou en fer, à la partie supérieure desquels sont assemblées les pannes du lanterneau.

Si les fermes du comble sont assez rapprochées, on place les supports au droit de chacune d'elles; le plus souvent, afin que les pannes du lanterneau soient de moindres dimensions, on les soutient en des points intermédiaires aux fermes, en assemblant alors les supports sur les pannes du comble principal. Il sera nécessaire, lorsque le lanterneau prendra une certaine importance, de le contreventer dans le plan de chacune des fermes, de manière à rendre invariables les angles que forment les supports verticaux avec les arbalétriers de celles-ci.

158. Faux plafonds lumineux. — Dans les halls des grands magasins, des administrations, des musées, on éclaire souvent les salles par le plafond; mais en même temps il faut garantir les locaux contre le froid et contre les rayons directs du soleil. Pour obtenir ce résultat, on vitre la partie du comble placée au-dessus du local considéré, et on établit au-dessous, soit au niveau des entraits soit un peu plus bas, un plafond vitré qui, garni de verres dépolis, tamise la lumière et masque les pièces de la charpente supérieure, dont l'aspect serait généralement peu agréable. L'air confiné compris entre les deux surfaces vitrées constitue un excellent isolant contre le froid extérieur.

L'ossature du plafond vitré est formée de petits fers à simple T dans les feuillures desquels sont placées les vitres; des fers de plus gros échantillon forment les cadres principaux de l'ossature. Celle-ci peut être supportée directement par les entraits des fermes si le plafond vitré est dans leur plan; dans le cas contraire, les pièces principales sont accrochées aux pannes du comble par des aiguilles pendantes. Dans l'intervalle compris entre la toiture et le plafond vitré, il faut prévoir des échelles ou des escaliers et des chemins bordés de mains courantes qui permettent d'y circuler facilement pour effectuer les visites, les nettoyages et les réparations; il faut également prendre les précautions nécessaires pour récolter les eaux provenant des fuites de la toiture ou des condensations qui se déposent sur ses vitres, ce qui conduit souvent à établir un chéneau intérieur.

§ 4. — COMBLES A UNE SEULE TRAVÉE ET A UN SEUL VERSANT OU APPENTIS.

159. Classification des appentis. — Les combles à un seul versant sont ordinairement adossés à un mur ou à une construction plus élevée ; ils se divisent en deux grandes catégories : 1° ceux qui reposent sur deux fils d'appui ; 2° ceux qui sont suspendus en porte à faux. Dans la première, nous distinguerons différents genres d'appentis d'après la constitution de la charpente qui supporte la couverture et suivant qu'elle comporte ou non un tirant. Ce caractère distinctif est en effet fort important ; nous verrons, à propos du calcul des fermes, qu'un appentis sans tirant exerce une poussée horizontale sur ses appuis inférieurs ; au contraire, par suite de la présence d'un tirant qui équilibre la poussée, il ne fait plus que poser sur ces appuis, qui ne développent alors que des réactions verticales, et n'ont plus besoin d'avoir des dimensions aussi importantes que dans le premier cas. Dans la seconde catégorie, nous considérerons deux classes bien distinctes : les appentis suspendus par des haubans, et les appentis suspendus portés sur des consoles ; les *auvents et marquises* que nous étudierons au chapitre des petites constructions métalliques sont ordinairement établis sur l'un ou l'autre de ces deux types. Voici le tableau résumant cette classification :

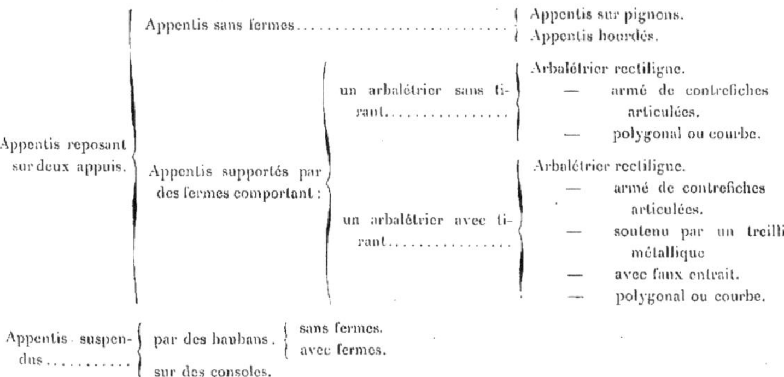

- Appentis reposant sur deux appuis.
  - Appentis sans fermes
    - Appentis sur pignons.
    - Appentis hourdés.
  - Appentis supportés par des fermes comportant :
    - un arbalétrier sans tirant
      - Arbalétrier rectiligne.
      - — armé de contrefiches articulées.
      - — polygonal ou courbe.
    - un arbalétrier avec tirant
      - Arbalétrier rectiligne.
      - — armé de contrefiches articulées.
      - — soutenu par un treillis métallique
      - — avec faux entrait.
      - — polygonal ou courbe.
- Appentis suspendus
  - par des haubans
    - sans fermes.
    - avec fermes.
  - sur des consoles.

160. Appentis sans fermes reposant sur deux appuis. — 1° *Appentis sur pignons.* Un appentis de petite portée, s'il est compris entre des murs pignons dont la distance est inférieure à 4 ou 5 mètres, se compose de chevrons posés sur des pannes qu'on appuie sur les murs pignons comme les solives d'un plancher ; la panne supérieure est ancrée le long du mur contre lequel est adossé l'appentis, et qu'on nomme *mur d'ados* ; la *sablière*, qui est la panne inférieure, est portée par le *mur de face* parallèle au mur d'ados ; il est bon d'ancrer dans les murs pignons les deux extrémités de cette sablière.

Lorsque la portée de l'appentis ne dépasse pas 2 ou 3 mètres, les pannes intermédiaires disparaissent ; on voit qu'alors les murs pignons peuvent être enlevés, la sablière étant fixée sur le mur de face de l'appentis ou sur une file de colonnes remplaçant ce mur. Les chevrons peuvent être formés de petits fers à vitrages ou de fer à simple T si le comble est vitré ; dans ce dernier cas, on peut même atteindre des portées de 7 mètres en employant de petits rails, sans pannes intermédiaires ; l'espacement des chevrons ne devra pas alors dépasser 0m 42 si l'on emploie les verres ordinaires du commerce. Si la construction est faite en tuiles, les chevrons en fer simple T recevront le lattis formé de petites cornières ou de petits fers simple T ; les chevrons seront assemblés à équerres sur la panne supérieure et sur la sablière. Si la couverture est posée sur voligeage, les chevrons pourront être plus espacés que dans les cas précédents et constitués par de petits fers à double T de 0m 08 à ailes ordinaires ou à larges ailes, sur les ailes supérieures desquels on fixera les voliges ; on pourra, dans ce cas, supprimer la panne supérieure et se contenter d'appuyer les extrémités des chevrons dans le mur d'ados. Comme un appentis tend toujours à glisser dans le sens de la pente, on devra alors ancrer solidement dans ce mur d'ados les extrémités d'un certain nombre de chevrons. On peut, dans le cas où l'appentis présente un mur de face, supprimer également la sablière et faire reposer directement les chevrons sur ce mur, à la condition de les entretoiser entre eux en ce point par des boulons à quatre écrous.

Lorsque le mur de face est remplacé par des colonnes, la sablière devient plus importante, car non seulement elle supporte les chevrons, mais elle doit encore entretoiser les têtes des colonnes et servir à les contreventer dans le plan de face ; il sera nécessaire de relier les colonnes d'une façon bien rigide aux chevrons placés directement au-dessus ; ceux-ci seront ancrés dans le mur d'ados, de sorte que les colonnes seront ainsi contreventées dans le sens perpendiculaire à ce mur.

2° *Appentis hourdés sans fermes.* Lorsqu'on a besoin de hourder un appentis, on peut le former d'un pan de fer incliné constitué par des fers double T placés entre le mur d'ados et le mur de face, espacés de 1 mètre à 1m 25, et reliés entre eux par des boulons à quatre écrous, entre lesquels on exécute un hourdis maçonné comme on le fait pour les planchers. Les fers seront appuyés, comme dans le cas précédent, sur les deux murs ou sur le mur d'ados et sur une sablière fixée sur le mur de face ou portée par des colonnes ou des piliers métalliques ; on prendra encore les mêmes précautions pour contreventer le comble et empêcher son glissement.

Lorsqu'on veut obtenir un étage habitable sous comble, on dispose l'appentis à la *Mansard*, en brisant le versant, qui comprend alors une partie inférieure à pente raide, presque verticale, qu'on nomme le *bris*, et une partie supérieure très plate qui est le *terrasson*. Les deux rampants sont constitués par des chevrons en fer double T qui peuvent être des fers à ailes ordinaires de 0m 080, dont les écartements sont déterminés par la largeur des lucarnes et par la position des souches de cheminées ; ils sont entretoisés par des boulons à quatre écrous ; les fers du bris s'appuient à leur partie inférieure sur une sablière à laquelle ils sont assemblés par des équerres, et à leur partie supérieure sur une panne qu'on nomme *sablière de bris* qui repose sur les murs pignons et à laquelle ils sont assemblés de même ; quant aux fers du terrasson, ils sont assemblés à leur pied sur la sablière de bris, et à leur partie supérieure sur une sablière ancrée contre le mur d'ados, ou simplement dans ce mur, auquel un certain nombre d'entre eux doivent être alors solidement ancrés. Les autres détails de construction sont identiques à ceux que nous donnons plus loin pour les combles hourdés sans fermes à deux versants (voir n° 165) dont un semblable appentis constitue une moitié.

161. Appentis reposant sur deux appuis avec arbalétriers sans tirants. — 1° *Arbalétriers rectilignes.* Lorsque la portée d'un appentis devient assez grande pour que les chevrons aient besoin d'être soutenus en des points intermédiaires, et qu'on ne dispose pas de murs de refend assez rapprochés pour y appuyer les pannes, il faut supporter celles-ci par des *arbalétriers* placés suivant le rampant du comble. Ces arbalétriers pourront être formés d'un fer double T laminé ou d'une poutre en treillis ; ils s'appuieront à leur partie supérieure sur le mur d'ados, dans lequel ils seront ancrés, et à leur partie inférieure sur le mur de face ou sur des colonnes ou des piliers métalliques.

Dans le cas de l'appui sur un mur, on fixera sur l'arbalétrier, en interposant les fourrures convenables, deux équerres en cornières dont les ailes inférieures formeront la face d'appui ; on pourra employer au même usage un sabot en fonte fait à la demande et dans lequel l'about du fer sera boulonné.

Lorsque l'appui se fera sur un pilier métallique, ce sera ordinairement par l'intermédiaire d'une console ; la sablière reliera entre elles les têtes des piliers. Elle pourra former la face interne du chéneau, ou quelquefois elle sera très développée en hauteur, et elle lui servira de support ; on pourra interposer de même une console entre l'arbalétrier et le mur d'ados.

Les pannes seront assemblées soit entre les arbalétriers, soit au-dessus ; si le comble doit être hourdé, on pourra rapprocher les pannes à 1 mètre les unes des autres, les relier par des boulons à quatre écrous, et faire le hourdis entre elles. Le versant du comble sera alors assimilable à un plancher dont les pannes seraient les solives, et dont les arbalétriers seraient les poutres.

Nous donnerons comme exemple la galerie d'arrivée de la gare d'Orléans à Paris (fig. 507 et 508) ; l'appentis est supporté par des colonnes en fonte placées à 10 mètres d'axe en axe ; sur les chapiteaux évasés en forme de double console reposent des sablières à âme ajourée. Les arbalétriers principaux sont appuyés sur les colonnes par l'intermédiaire de consoles fixées à la sablière ; des arbalétriers secondaires, assemblés sur ces sablières dans les intervalles des colonnes, forment avec les pannes une division en caissons réguliers. Le chéneau est porté par des consoles adossées à la sablière sur laquelle il repose par sa partie postérieure ; sa face arrière forme une seconde sablière superposée à la première et sur laquelle vient se terminer la couverture (fig. 509). Le chéneau en tôle n'est pas étanche ; il reçoit une garniture en bois et plâtre recouverte en plomb ; les colonnes servent de descentes pour les eaux. L'arbalétrier est scellé dans le mur d'ados à sa partie supérieure, et supporté en outre par une console (fig. 510).

2° *Arbalétriers armés de contrefiches articulées.* On peut, si la portée est supérieure à 5 mètres, afin de n'avoir pas besoin de donner aux arbalétriers une section trop considérable les constituer par des poutres armées genre Polonceau, l'armature étant formée d'une bielle appuyée par une de ses extrémités au milieu de la longueur de la pièce, et dont l'autre extrémité est reliée par des tirants en fer rond aux abouts de l'arbalétrier. On peut atteindre ainsi une portée de 10 mètres ; mais il faut que les murs sur lesquels s'appuie l'appentis présentent une grande stabilité, principalement le mur d'ados, auquel les arbalétriers sont

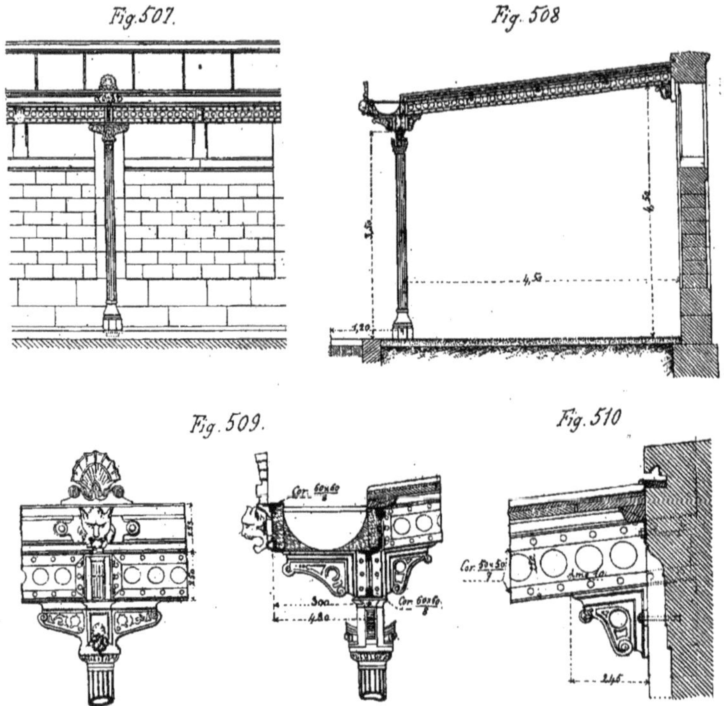
Fig. 507. Fig. 508 Fig. 509. Fig. 510

ancrés à leur partie supérieure ; aussi cette disposition est-elle rarement employée sans tirant.

3° *Arbalétriers polygonaux ou courbes.* On emploie des arbalétriers brisés ou courbes dans la construction des serres adossées ; nous renverrons, pour les détails de leur établissement, au chapitre qui traite de ce genre de construction.

162. Appentis reposant sur deux appuis avec arbalétriers et tirants. — 1° *Arbalétriers rectilignes.* Lorsque la portée d'un appentis devient un peu grande, il est préférable, s'il n'est pas supporté par un mur de face très résistant, de pourvoir les arbalétriers d'un tirant qui relie leur pied au mur d'ados. Ce tirant est ancré par son extrémité dans ce mur ; il peut être formé d'un simple fer rond assemblé par une fourche au pied de l'arbalétrier, et pourvu d'un écrou pour le réglage de la tension (fig. 511); si, comme cela arrive quelquefois, on a besoin d'établir un grenier au-dessus de l'entrait, on le formera d'un fer double T présentant les dimensions suffisantes pour servir de poutre au plancher, et en recevoir les solives.

2° *Arbalétriers armés de contrefiches articulées.* Dans ce cas, le tirant sera attaché, comme nous le verrons dans les combles à deux versants, au pied de la contrefiche; il est nécessaire alors que ce tirant et le sous-tendeur inférieur de l'arbalétrier soient en prolongement l'un de l'autre; ce système est rarement employé.

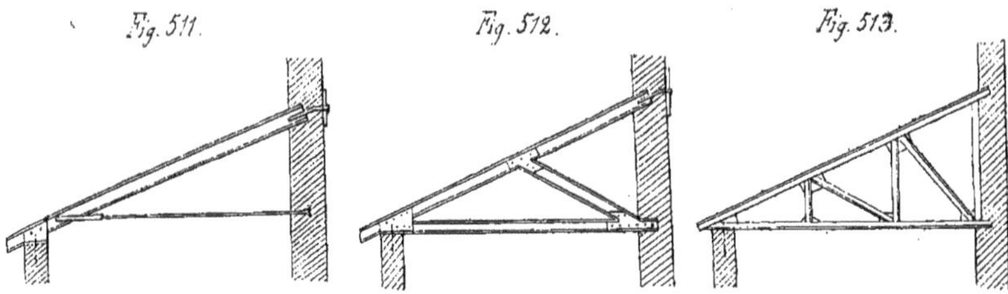

3° *Arbalétriers soutenus par un treillis métallique.* Si l'on veut réduire la section des arbalétriers, il faut les soutenir en un ou plusieurs points de leur longueur, et s'il est possible au droit des pannes; on y arrivera à l'aide de contrefiches et de tirants assemblés d'une manière rigide par des boulons ou des rivets, entre eux et sur l'arbalétrier. Si l'on n'emploie qu'une contrefiche, elle ira s'assembler à l'extrémité du tirant contre le mur d'ados (fig. 512). Si le tirant porte plancher, ou s'il est un peu long, on le supportera alors par une aiguille pendante descendant du point d'attache de la contrefiche sur l'arbalétrier. Si on emploie plusieurs contrefiches on obtiendra une demi-ferme du type anglais soit à contrefiches obliques (fig. 513), soit à contrefiches verticales formant une véritable poutre en treillis, qui permettra de franchir des portées assez grandes avec des fers de dimensions restreintes. En ayant soin de relier par une contrefiche placée le long du mur d'ados les extrémités de l'arbalétrier et du tirant appuyées sur ce mur, on soulagera complètement celui-ci de toute action oblique, et il n'aura plus à développer qu'une réaction verticale, comme s'il supportait une poutre de plancher.

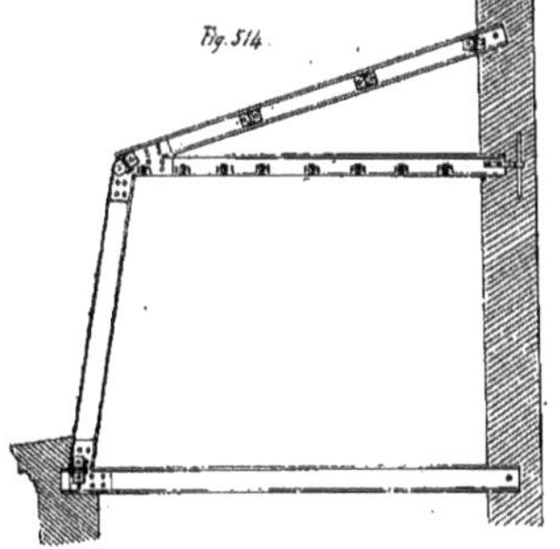

4° *Arbalétriers avec faux entrait.* Ce type d'appentis n'est employé que sous la forme de comble à la Mansard; le comble du terrasson est alors formé de fermes d'appentis dont le tirant supporte généralement un faux plancher; ces fermes sont soutenus à leur extrémité par une jambe de force assemblée au tirant de la ferme supérieure d'une part et d'autre part à l'entrait inférieur, formant ainsi avec ces deux entraits un trapèze qui constitue la ferme de bris (fig. 514). La panne ou sablière de bris est assemblée à l'angle du terrasson et du bris; elle reçoit les extrémités supérieures des chevrons de bris, qui s'assemblent à leur partie inférieure dans une sablière basse en fer en U ou en double T; on s'arrange ordinairement pour que les faces extérieures des jambes de force et des chevrons de bris soient dans le même plan. Les pannes du terrasson sont assemblées sur les arbalétriers; une panne supérieure, placée contre le mur d'ados, reçoit les abouts des chevrons.

5° *Arbalétriers polygonaux ou courbes*. La ferme constitue alors la moitié d'une ferme en arc à deux versants; elle exerce une poussée horizontale sur le mur d'ados qui doit présenter une grande résistance au renversement si l'on veut que l'appui qu'il fournit à l'arbalétrier soit absolument fixe; ce genre d'appentis est ordinairement peu employé.

163. Appentis suspendus. — 1° *Appentis sans fermes suspendus par des haubans.* — Le type le plus simple, employé pour les petits auvents de moins de 1m50 de portée, se compose d'une *cornière solin* scellée dans le mur d'ados et d'une *sablière inférieure*, entre lesquelles sont assemblés des chevrons en fer simple T; tous les deux mètres environ, l'un d'entre eux porte une plaque rivée à laquelle s'attache un *tirant* ou *hauban* en fer rond scellé dans le mur (fig. 515); un tel auvent n'a pas ordinairement de chéneau : une disposition analogue, mais avec chéneau placé contre le mur d'ados et qu'on nomme *auvent relevé*, comporte une sablière formant lambrequin à la partie haute de l'appentis, la face du chéneau formant la sablière basse; celui-ci est supporté par de petites consoles; les chevrons sont assemblés entre ces deux pièces, et de deux en deux mètres environ, ils sont reliés au mur d'ados par un hauban en fer rond (fig. 516). Au droit de chacun des chevrons haubannés, la face du chéneau est butée par un prolongement de ce chevron, scellé dans le mur, et qui a pour but d'empêcher la déformation du chéneau.

2° *Appentis avec fermes, suspendus par des haubans.* Lorsqu'un appentis suspendu est de portée un peu grande, atteignant 2 à 3 mètres, il faut supporter les chevrons par une panne intermédiaire; on constitue alors de distance en distance de petites fermes que l'on compose d'un arbalétrier se scellant dans le mur par une de ses extrémités et supporté à son autre extrémité par un hauban. Sous cet arbalétrier qui est formé de deux cornières rivées à la partie inférieure d'un fer plat, on assemble une cornière solin à la partie haute, et une panne intermédiaire au milieu de la longueur; à la partie inférieure, on fixe une cornière coudée qui supporte le chéneau. Les fers à vitrage ont leur semelle affleurée avec celles des cornières de l'arbalétrier qui forme lui-même ainsi chevron (fig. 517).

On peut également placer le chéneau le long du mur d'ados, et alors les arbalétriers, constitués de la même manière que ci-dessus, s'appuient par leur pied sur l'une des faces du chéneau qui forme ainsi sablière, et qui est butée, en ce point, par une pièce scellée dans le mur (fig. 518); cette pièce peut être simplement le prolongement du fer plat de l'arbalétrier. Si la portée devient plus grande et atteint 4 mètres, l'arbalétrier doit avoir la section double T, ce qu'on obtient en ajoutant deux cornières supérieures au fer simple T composé qui le constituait dans le cas précédent; les pannes sont assemblées par-dessous, ou mieux alors entre les arbalétriers; dans ce dernier cas, les fers à vitrage y sont suspendus à l'aide de petites équerres (fig. 519).

3° *Appentis sur consoles.* Ce système est très employé pour la construction des marquises; des consoles formées d'un treillis plus ou moins complexe, ou de pièces à âme en tôle ajourée,

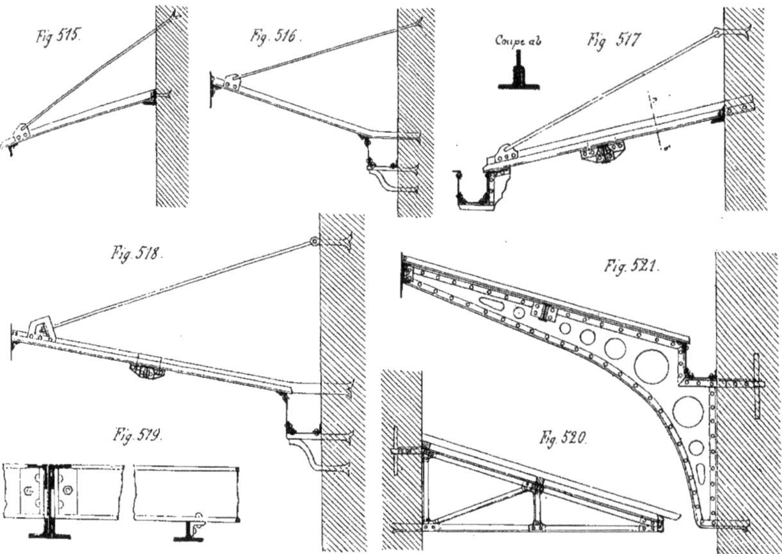

sont placées tous les deux ou trois mètres; elles sont solidement scellées dans le mur d'ados, et bien ancrées à leur partie supérieure; elles constituent les fermes; des pannes assemblées sur la semelle supérieure ou entre les membrures supérieures de ces consoles, au moyen d'équerres en cornières, supportent les chevrons; la panne supérieure peut former cornière solin; la sablière inférieure, généralement plus développée que les autres pannes, supporte le chéneau, la gouttière ou simplement un lambrequin orné (fig. 520).

On peut encore, dans ce cas, employer la disposition en auvent relevé; le chéneau est placé contre le mur, et les consoles sont évidées pour le laisser passer; sa face externe forme sablière pour recevoir les abouts des chevrons, qui reposent sur des pannes intermédiaires et, à leur autre extrémité, sur une sablière supportant un lambrequin orné (fig. 521).

Nous reverrons des applications de ces diverses constructions au chapitre des petites constructions en fer, à propos des auvents et marquises.

§ 5. — COMBLES A UNE SEULE TRAVÉE A DEUX VERSANTS SYMÉTRIQUES

164. Classification des combles à deux versants symétriques. — Tout d'abord, nous les diviserons en deux catégories : les combles sans fermes, et les combles supportés par des fermes; dans la seconde, nous formerons deux groupes principaux ayant pour caractère distinctif la présence ou l'absence d'un *tirant* reliant les pieds des arbalétriers. Nous verrons, à propos du calcul des fermes métalliques, que les arbalétriers d'une ferme sans tirant exercent sur leurs appuis des poussées horizontales; il en résulte la nécessité de rendre ces appuis suffisamment rigides et de les solidariser avec les arbalétriers, afin que l'ensemble formé puisse se maintenir sans déformations; si on équilibre la poussée en reliant par un tirant les pieds de la ferme, celle-ci ne fait plus que poser sur ses appuis, qui n'ont alors besoin de développer que des réactions verticales ou peu obliques.

Dans le premier de ces deux groupes, comprenant les fermes pourvues d'un tirant, nous distinguerons des subdivisions en nous basant sur la forme des arbalétriers et sur le mode de liaison des pièces accessoires, contrefiches et aiguilles, qui les soutiennent et les relient au tirant.

Dans le second groupe, qui comprend les fermes sans tirant, nous formerons les subdivisions d'après la forme des arbalétriers et la manière dont leur poussée est équilibrée.

Nous résumerons cette classification dans le tableau de la page suivante.

165. Combles sans fermes. — 1° *Combles constitués par la couverture.* Lorsqu'on emploie la couverture en tôle ondulée, il est possible, dans certains cas, grâce à la rigidité que donnent aux feuilles de tôle les ondulations, de se passer de supports pour la couverture. A cet effet, les tôles sont cintrées dans le sens de la longueur des ondulations et reliées bout à bout par des rivets; on les fait reposer aux extrémités sur des murs ou sur des sablières portées par des poteaux et on annule la poussée horizontale de l'arc ainsi formé au moyen de tirants qui relient de place en place les plaques d'appui.

On a construit de cette manière, avec des tôles épaisses et à grandes ondulations, des combles dont la portée atteint 30 et même 35 mètres. Nous donnons (fig. 522) une disposition de l'appui des feuilles sur un mur.

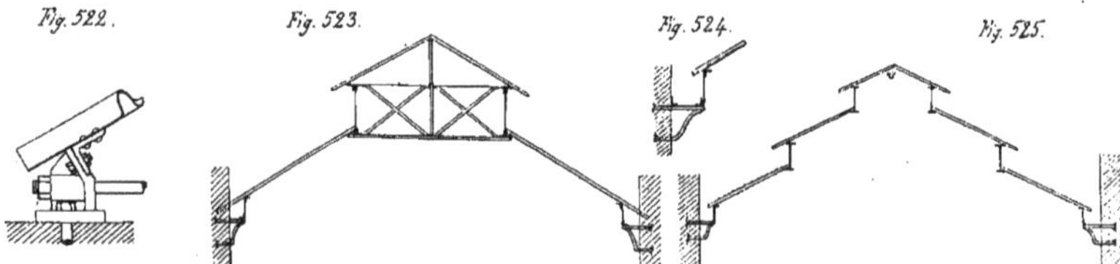
Fig. 522. Fig. 523. Fig. 524. Fig. 525.

2° *Combles sur murs pignons.* Lorsqu'un bâtiment présente des murs pignons et des refends dont la distance ne dépasse pas 4 à 5 mètres, on dispose entre ces murs des pannes de section convenable pour supporter la couverture, comme on le ferait pour les solives d'un plancher; il est bon d'ancrer dans les murs pignons les extrémités du faîtage et des sablières. Si la portée du comble est inférieure à 4 mètres, les pannes se réduisent à ces trois dernières pièces seulement.

Lorsque l'écartement des murs pignons est plus considérable, les pannes deviennent de véri-

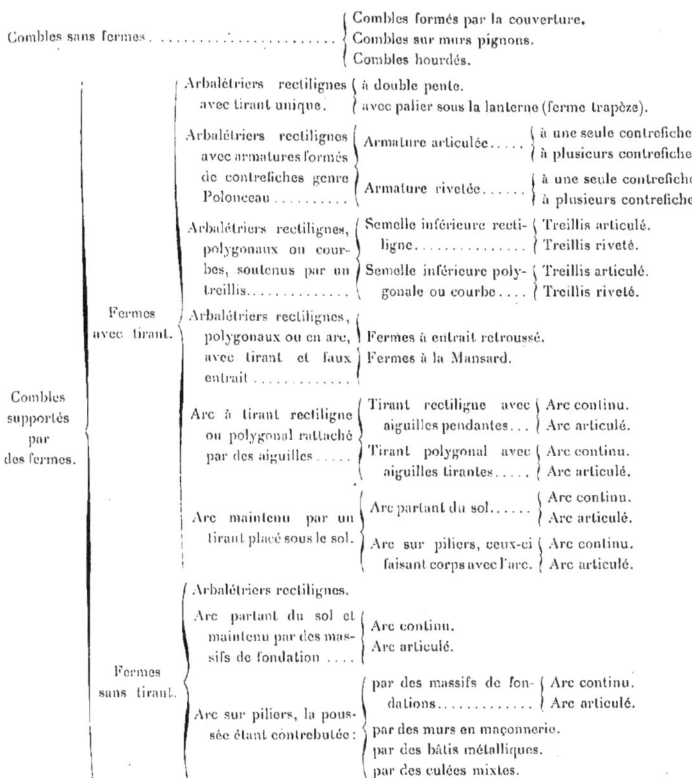

- Combles sans fermes
  - Combles formés par la couverture.
  - Combles sur murs pignons.
  - Combles hourdés.
- Combles supportés par des fermes.
  - Fermes avec tirant.
    - Arbalétriers rectilignes avec tirant unique.
      - à double pente.
      - avec palier sous la lanterne (ferme trapèze).
    - Arbalétriers rectilignes avec armatures formés de contrefiches genre Polonceau
      - Armature articulée
        - à une seule contrefiche.
        - à plusieurs contrefiches.
      - Armature rivetée
        - à une seule contrefiche.
        - à plusieurs contrefiches.
    - Arbalétriers rectilignes, polygonaux ou courbes, soutenus par un treillis
      - Semelle inférieure rectiligne
        - Treillis articulé.
        - Treillis riveté.
      - Semelle inférieure polygonale ou courbe
        - Treillis articulé.
        - Treillis riveté.
    - Arbalétriers rectilignes, polygonaux ou en arc, avec tirant et faux entrait
      - Fermes à entrait retroussé.
      - Fermes à la Mansard.
    - Arc à tirant rectiligne ou polygonal rattaché par des aiguilles
      - Tirant rectiligne avec aiguilles pendantes
        - Arc continu.
        - Arc articulé.
      - Tirant polygonal avec aiguilles tirantes
        - Arc continu.
        - Arc articulé.
    - Arc maintenu par un tirant placé sous le sol.
      - Arc partant du sol
        - Arc continu.
        - Arc articulé.
      - Arc sur piliers, ceux-ci faisant corps avec l'arc.
        - Arc continu.
        - Arc articulé.
  - Fermes sans tirant.
    - Arbalétriers rectilignes.
    - Arc partant du sol et maintenu par des massifs de fondation
      - Arc continu.
      - Arc articulé.
    - Arc sur piliers, la poussée étant contrebutée :
      - par des massifs de fondations
        - Arc continu.
        - Arc articulé.
      - par des murs en maçonnerie.
      - par des bâtis métalliques.
      - par des culées mixtes.

tables poutres; si l'on a besoin d'éclairer et d'aérer le bâtiment par la partie supérieure du comble, on pourra alors adopter la solution suivante : deux poutres longitudinales assez élevées et en treillis sont placées parallèlement à la plus grande dimension du bâtiment et elles reposent sur les murs pignons; elles forment les parois verticales du lanterneau, dont la couverture vitrée sera supportée par des chevrons reposant à leur partie supérieure sur une panne faîtière soutenue de place en place par des potelets verticaux; ceux-ci reposent sur les pièces d'entretoisement en treillis des poutres principales; les chevrons du lanterneau s'appuient à leur pied sur les semelles supérieures de ces poutres (fig. 523). Les égouts de la toiture sont supportés par des chevrons qui reposent à leur partie supérieure sur les ailes inférieures des poutres principales, et à leur pied, sur les murs eux-mêmes, et alors les chéneaux sont suspendus au-dessous des égouts et établis sur de petites consoles en fer. Si les chéneaux doivent être extérieurs, on les supporte de même, mais leur paroi intérieure forme une sablière sur laquelle reposent les pieds des chevrons (fig. 524).

Lorsque la portée entre murs devient trop grande pour permettre d'établir les chevrons sans soutiens intermédiaires, on peut obtenir un résultat analogue en employant un plus grand nombre de poutres (fig. 525).

Enfin, on peut encore, dans ce dernier cas, constituer les pans métalliques supportant chaque égout par des arbalétriers distants de 4 à 5 mètres, entre lesquels seront assemblées des pannes en nombre convenable pour offrir aux chevrons des points d'appui intermédiaires; ces arbalétriers seront appuyés à leur partie haute sur les semelles inférieures des poutres longitudinales; à leur pied, ils seront appuyés sur les murs, ou sur des sablières formant les faces internes des chéneaux.

3° *Combles hourdés sans fermes.* Le principe de la construction de ces combles consiste dans la constitution des égouts par des pans de fer inclinés formés de fers double T placés suivant la pente du toit et entretoisés par des boulons à quatre écrous; entre ces fers, on exécute un hourdis en maçonnerie, comme on le fait pour les planchers. Les fers sont appuyés à leur partie supérieure sur un faîtage en fer double T auquel ils sont assemblés par des équerres; ils sont de même assemblés à leur partie inférieure sur une sablière formée d'un fer double T ou d'un fer en U posé à plat sur le mur, ou simplement d'un fer plat. Comme on peut s'en rendre compte, un pareil comble est mal contreventé, si les deux pans de la toiture ne sont pas entretoisés par des murs de refend ou au moins par des cloisons bien construites; on prend en outre la précaution de prolonger quelques-uns des fers pour les relier aux solives du plancher inférieur.

Ce genre de construction est applicable avec avantage lorsque le comble est terminé par des croupes; dans ce cas, en effet, l'ensemble des quatre pans de la toiture forme une sorte de boîte bien rigide qui repose sur les murs du bâtiment à couvrir; on forme les arêtiers de croupe par des fers double T placés entre le faîtage et la sablière, et les fers qui constituent l'ossature des pans viennent s'assembler sur eux à équerres.

L'emploi de ces combles permet, dans les toitures à la Mansard, d'utiliser le maximum d'espace habitable; leur prix n'est pas sensiblement supérieur à celui des charpentes en bois. Un comble à la Mansard est composé de versants brisés, formés chacun, comme nous l'avons déjà dit, de deux parties : la partie inférieure, dont la pente est très raide, se nomme le *bris*; la partie supérieure, généralement très plate, s'appelle le *terrasson*. Lorsqu'on établit ces combles en bois, surtout lorsqu'ils sont terminés aux extrémités par des croupes, l'encombrement des pièces de la charpente réduit beaucoup l'espace utilisable. Dans le système que nous indiquons ici, cet inconvénient disparaît; nous en donnerons deux exemples :

Le premier est le comble construit par M. Denfer pour le bâtiment de la direction de la filature de Corbeil; la sablière inférieure est en fer plat de $0^{m}090$ sur $0^{m}007$; les arêtiers et le faîtage, ainsi que la sablière de bris, sont en fer double T, à ailes ordinaires de $0^{m}120$; les fers des rampants sont à double T, à ailes ordinaires de $0^{m}080$, entretoisés par des boulons à quatre écrous (fig. 526 et 527). Comme on peut le voir, les écartements de ces derniers fers sont irréguliers ; on les détermine d'après la largeur des vides à ménager pour les lucarnes et pour les souches de cheminées.

Fig 526.

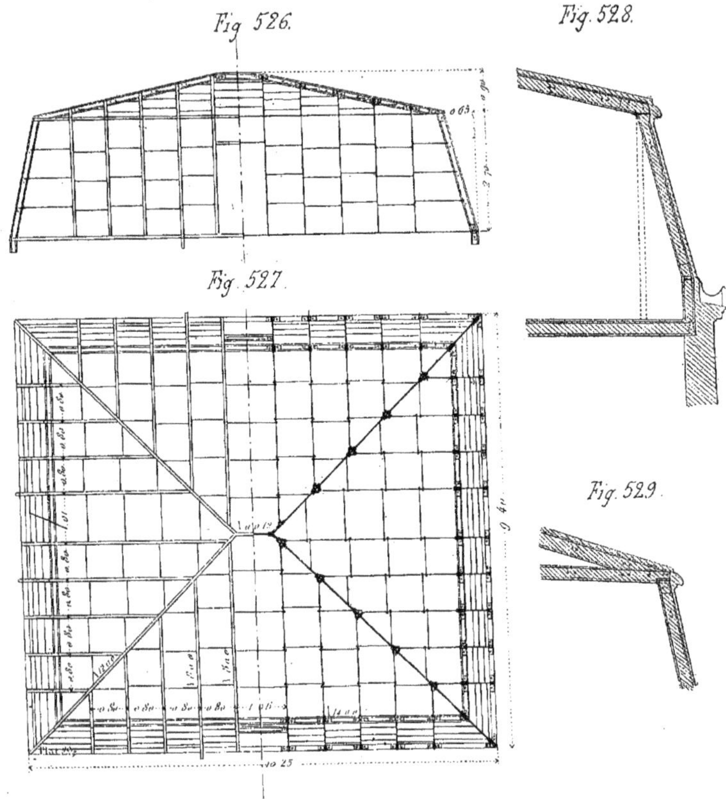

Fig. 527.

Fig. 528.

Fig. 529.

Nous donnons dans la fig. 528 une coupe à plus grande échelle montrant la sablière de bris posée à plat, et l'assemblage des chevrons du terrasson sur cette sablière : ces chevrons sont taillés de manière que l'encoche faite dans leur table inférieure vienne buter contre l'aile de la sablière ; on évite ainsi que les boulons d'assemblage tendent à être cisaillés. On voit également que certains fers sont prolongés au-dessous de la sablière inférieure, de sorte qu'ils vont s'assembler aux fers de plancher; on évite ainsi que la poussée des bris qui est légèrement oblique s'exerce sur la crête du mur.

Lorsqu'on dispose des locaux dans les combles, on peut faire l'enduit sur la face interne du terrasson et du bris, ou encore on établit, pour équarrir la pièce, une cloison légère verticale partant de l'angle supérieur du bris. On ajoute souvent un plafond horizontal partant de ce

Fig. 530.

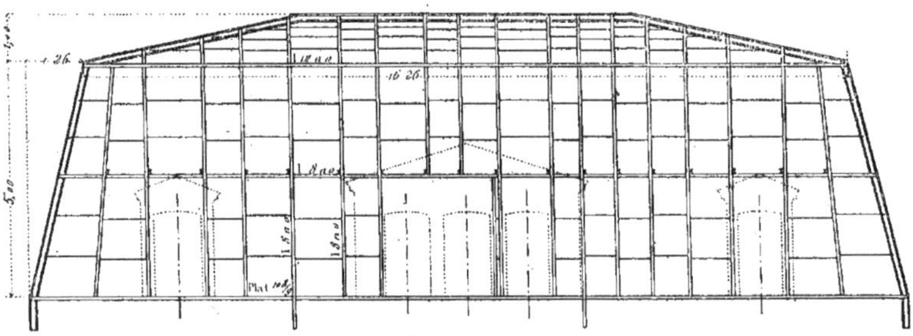

Fig. 531.

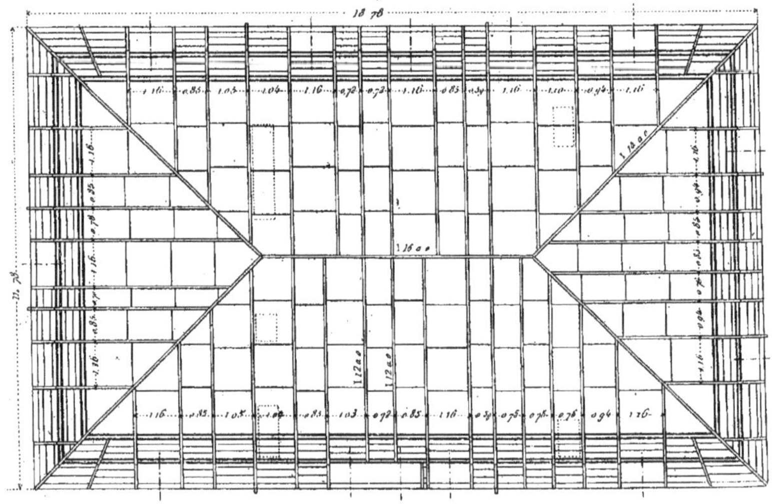

même point et qu'on établit au moyen d'un faux plancher dont les solives très légères sont appuyées sur les sablières de bris (fig. 529). Cette disposition présente en outre l'avantage de bien entretoiser ces sablières et de donner au comble beaucoup plus de rigidité.

Le deuxième exemple est le comble du château de Malabry, construit aussi par M. Denfer pour permettre d'y installer deux étages de locaux (fig. 530 et 531). La sablière de bris est en fer double T à ailes ordinaires de 0m 120, posé à plat; la sablière inférieure, en fer plat de 0m 108 sur 0m 009; les arêtiers sont en fers à ailes ordinaires de 0m 140 ; le faîtage en fers de 0m 160 ; les fers des rampants sont des doubles T à ailes ordinaires de 0m 080 pour le bris, et des fers de 0m 120 pour le terrasson, parce qu'ils résistent à la flexion sur une portée assez grande. Le plancher intermédiaire est formé de fers double T à ailes ordinaires de 0m 140 posés sur une lisse horizontale en fers de 0m 080 placés à plat et assemblés entre les chevrons de bris à équerres et boulons. Afin de ne pas fatiguer cette lisse, on a juxtaposé les fers du plancher aux chevrons, auxquels ils sont boulonnés; il en résulte en même temps un entretoisement complet de la construction. La charpente ainsi obtenue est assez peu rigide tant que les hourdis ne sont pas exécutés, et il est nécessaire de l'étayer au moyen de boulins jusqu'à ce que la maçonnerie soit bien durcie. Nous donnons à plus grande échelle la coupe de ce comble et les détails d'assemblage (fig. 532).

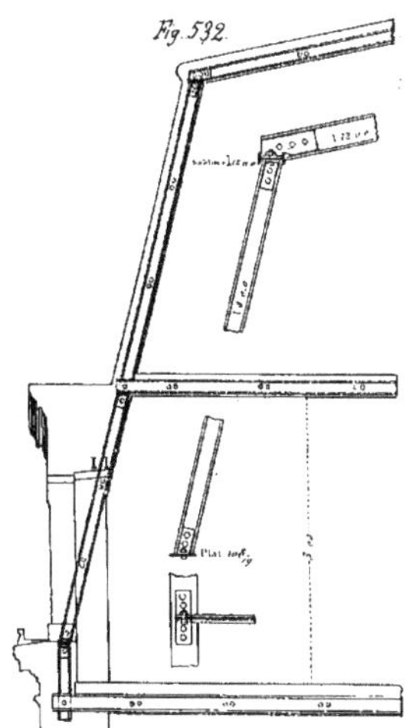
Fig. 532.

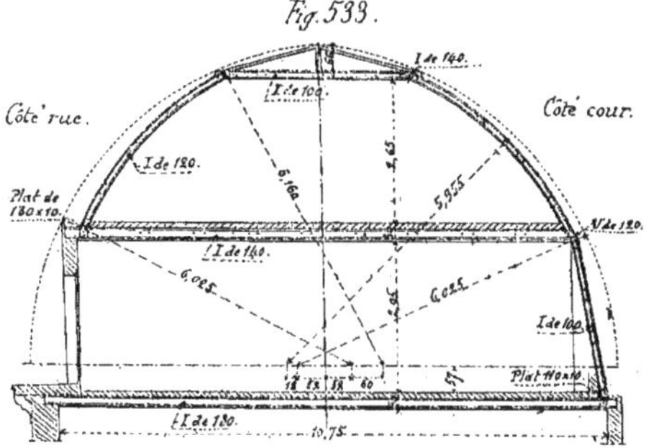

Fig. 533.

Dans les villes, la hauteur des maisons est souvent limitée par un règlement, et le profil du comble doit être inscrit dans un gabarit déterminé; on est alors amené à employer les combles Mansard, et, pour utiliser autant que possible l'espace autorisé, on les termine par des surfaces cylindriques; dans ce cas encore, les combles peuvent être construits d'après le même système; mais en employant des chevrons cintrés, nous donnons comme exemple un comble ainsi établi pour une maison de Paris (fig. 533).

165. Fermes à deux versants symétriques avec arbalétriers rectilignes et tirant unique. — 1° *Ferme simple à deux versants.* Une *ferme* se compose de deux arbalétriers assemblés l'un à l'autre au sommet de la ferme et reliés à leur pied par un tirant; il n'y a plus de poinçon comme dans les fermes en bois; celui-ci est le plus souvent remplacé par une simple aiguille pendante en fer rond ou en fer plat, qui soutient le tirant en son milieu pour l'empêcher de fléchir sous son propre poids (fig. 534). Jusqu'à 12 ou 14 mètres de portée, on peut former les arbalétriers de fers double T laminés du commerce; pour des portées plus grandes atteignant 20 et 25 mètres, il est préférable d'employer des pièces composées en tôles et cornières; on fait généralement les arbalétriers en treillis, lorsque leur hauteur devient un peu grande, les pièces à âme pleine ayant alors un aspect trop lourd.

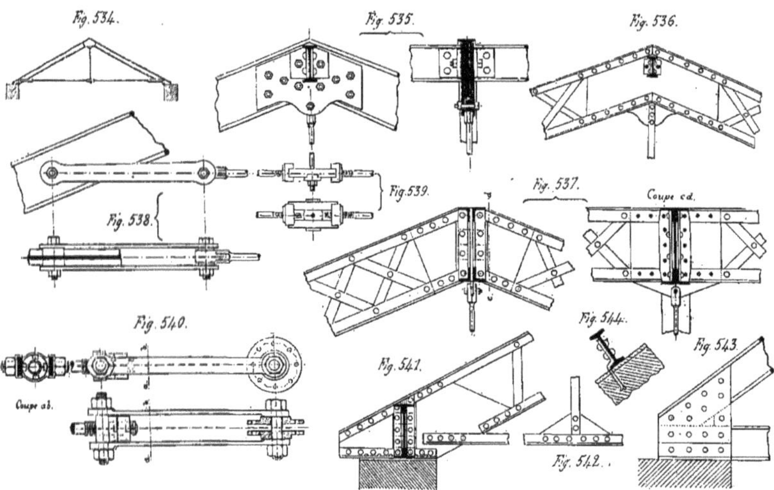

L'assemblage des arbalétriers au sommet de la ferme est fait, dans le cas des fers laminés, au moyen d'éclisses en tôle, découpées à la forme convenable, et auxquelles on attache aussi le poinçon (fig. 535); lorsque les arbalétriers sont en treillis, on les réunit par un grand gousset en tôle qui leur forme à chacun une portion d'âme pleine (fig. 536); ou bien on les termine par des couples de cornières verticales formant leurs abouts, et qu'on réunit par des boulons; une tôle interposée entre les deux arbalétriers reçoit alors l'assemblage du poinçon et celui des sablières supérieures qui entretoisent les fermes à leur sommet et servent au contreventement (fig. 537).

Le tirant, lorsqu'il ne doit pas porter plancher, est généralement constitué par un fer rond, qui s'assemble aux pieds des arbalétriers au moyen de fourches (fig. 538); il est en deux parties reliées en leur milieu par une lanterne de serrage permettant de régler exactement l'écartement des pieds de la ferme au moment du montage (fig. 539). Quelquefois, le tirant est fait d'une seule pièce, et le réglage se fait par les extrémités qui sont filetées et traversent librement les douilles des fourches, dans lesquelles elles sont retenues par des écrous (fig. 540).

Dans certains cas, on préfère former le tirant de deux cornières jumelées reliées entre elles de place en place par des rivets, avec interposition d'une petite fourrure en tôle; on obtient ainsi une pièce qui résiste mieux à la flexion qu'un fer rond, et sur laquelle on peut, en cas de réparations, poser sans inconvénients un échafaudage léger. Si la portée de la ferme est un peu grande, on peut soutenir ce tirant non seulement en son milieu mais encore en deux autres points intermédiaires par des aiguilles pendantes attachées aux arbalétriers par leur extrémité supérieure. L'assemblage du tirant sur les arbalétriers se fait alors par rivure directe des cornières sur un gousset en tôle qui prolonge l'âme des arbalétriers (fig. 541); l'écartement des cornières est égal à l'épaisseur de ce gousset, sur toute la longueur de l'entrait, ce qui fixe également la même épaisseur pour les goussets d'assemblage des aiguilles pendantes sur le tirant; celles-ci se font alors en fer plat (fig. 542).

Lorsque le tirant doit en outre porter un plancher, dont il constitue alors une poutre, on le forme d'un fer double T qu'on assemble sur chaque arbalétrier au moyen d'éclisses en tôle découpée (fig. 543); l'aiguille pendante doit avoir des dimensions plus grandes que dans les cas précédents, puisqu'elle porte plus de la moitié de la charge du plancher; on peut être amené à la former d'un fer double T qu'on assemble au tirant par des éclisses en tôle. Dans les bâtiments industriels, on emploie quelquefois les entraits en fer double T pour pouvoir y accrocher des transmissions, et même, dans certains cas, des appareils de levage; il faut alors prévoir d'avance la position des points d'attache de ces appareils, et établir les dimensions des pièces de la ferme en tenant compte des charges qu'ils devront supporter. Une solution avantageuse dans ces circonstances est celle qui consiste à jumeler les fermes, dont les pièces sont réunies et maintenues à écartement constant par des boulons à quatre écrous.

Il est parfois nécessaire, dans les bâtiments industriels, de hourder les rampants des combles; chacun d'eux est alors traité comme un plancher dont les arbalétriers forment les poutres, et dont les pannes sont les solives; ces dernières sont espacées de 1 mètre à $1^{m}20$ et reliées tous les mètres par des boulons à quatre écrous; elles sont assemblées entre les arbalétriers, ou par-dessus, si les fermes sont jumelées; dans ce dernier cas, on exécute un hourdis entre les deux pièces qui forment les arbalétriers; l'assemblage des pannes sur ces derniers est fait au moyen des fers plats coudés rivés sur les pannes, et scellés dans le hourdis des arbalétriers (fig. 544).

2° *Ferme trapèze.* Lorsqu'un comble doit porter un lanterneau sur toute sa longueur, on peut tronquer le sommet du triangle, et donner à chaque ferme la forme d'un trapèze dont la base inférieure est le tirant, et la base supérieure une pièce horizontale résistant à la compression et assemblée sur les deux arbalétriers obliques; aux sommets supérieurs du trapèze s'élèvent les supports du lanterneau, et c'est de ces mêmes points qu'on fait descendre deux aiguilles pendantes pour soutenir le tirant (fig. 545). Il est facile de comprendre qu'une pareille ferme n'est pas indéfigurable par elle-même comme une ferme triangulaire, et qu'elle ne le deviendra pratiquement que si les assemblages supérieurs présentent une grande rigidité; il sera avantageux, à cet effet, dans le cas d'une ferme de grande portée, d'interposer entre les deux pièces, en ces points, des doubles consoles auxquelles on accrochera les aiguilles pendantes, et qui serviront en outre au contreventement transversal des fermes (fig. 546).

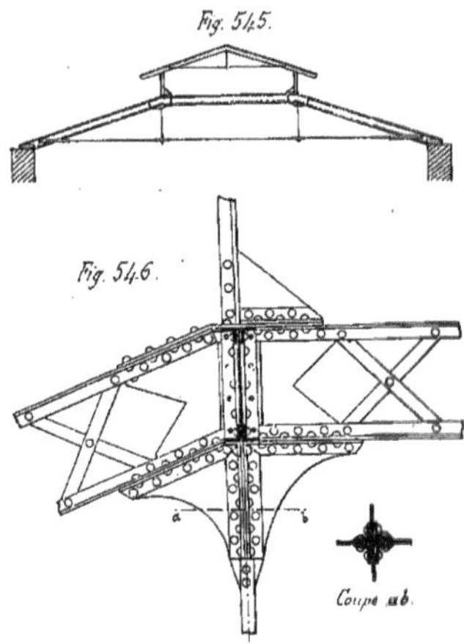

Le lanterneau sera constitué par un petit comble à deux versants, et sa largeur sera en général peu différente du tiers de la portée du comble; il sera supporté par des fermettes dont l'arrangement et la construction dépendront de leur portée et de l'espacement des fermes du comble.

Les fermes trapèzes s'emploient dans les mêmes conditions de portée que les précédentes, et les autres détails de leur construction sont identiques à ceux que nous avons donnés précédemment.

166. Fermes avec tirants et contrefiches genre Polonceau à armature articulée. — 1° *Fermes à une seule contrefiche.* Dans les fermes précédentes, les arbalétriers qui supportent sur divers points de leur longueur un certain nombre de pannes sont soumis à un effort de flexion en même temps qu'à une compression longitudinale; il en résulte qu'on est conduit à leur donner une section transversale importante dès que la portée devient un peu grande. On a été alors amené à leur appliquer la disposition qu'avait imaginée *Polonceau* pour raidir un arbalétrier en bois, et qui consiste à armer chacun d'eux en son milieu d'une *contrefiche* ou *bielle* perpendiculaire ; celle-ci soulage l'arbalétrier au point de vue de la flexion en le divisant en deux travées égales; son pied est relié aux extrémités de l'arbalétrier par des tirants ou *sous-tendeurs.* On pourrait réunir les pieds des deux arbalétriers par un tirant horizontal comme dans les fermes précédentes, mais cette disposition serait peu favorable au point de vue des assemblages, aussi a-t-on l'habitude de remonter le tirant pour l'attacher au pied des bielles (fig. 547). L'assemblage au pied de la ferme est alors identique à celui des fermes précédentes. Ces fermes ne sont ordinairement employées que pour des portées supérieures à 15 mètres au-dessous desquelles elles ne sont pas économiques; jusqu'à 20 mètres, on peut prendre des arbalétriers à âme pleine, mais pour des portées plus grandes on les fait plus généralement en treillis, et on atteint ainsi des portées de 30 et même de 40 mètres. On peut disposer les sous-tendeurs de pied des arbalétriers et le tirant de telle sorte qu'ils soient en prolongement et forment une ligne horizontale, mais il est préférable de relever un peu le tirant et de s'arranger de telle sorte que les sous-tendeurs inférieurs fassent un angle d'environ 5° avec l'horizontale.

Les sous-tendeurs sont en fer rond avec têtes à œil; ils sont assemblés à fourche sur l'arbalétrier à l'une de leurs extrémités; à l'autre, leurs têtes à œil sont réunies avec celle du tirant et avec le pied de la bielle, entre deux plaques de tôle, au moyen de boulons (fig. 548) ; cette figure s'applique au cas où la bielle est en fonte. Si on la forme d'un fer à section cruciforme, la disposition à donner au pied de la bielle est un peu différente (fig. 549).

Les bielles sont ordinairement en fonte, leur section courante est en croix, avec renflement au milieu de la longueur; les parties voisines des extrémités sont cylindriques et moulurées; enfin les têtes sont aplaties pour permettre l'assemblage d'une part au point de concours des sous-tendeurs et du tirant, d'autre part sur l'arbalétrier. Ce dernier assemblage se fait soit à

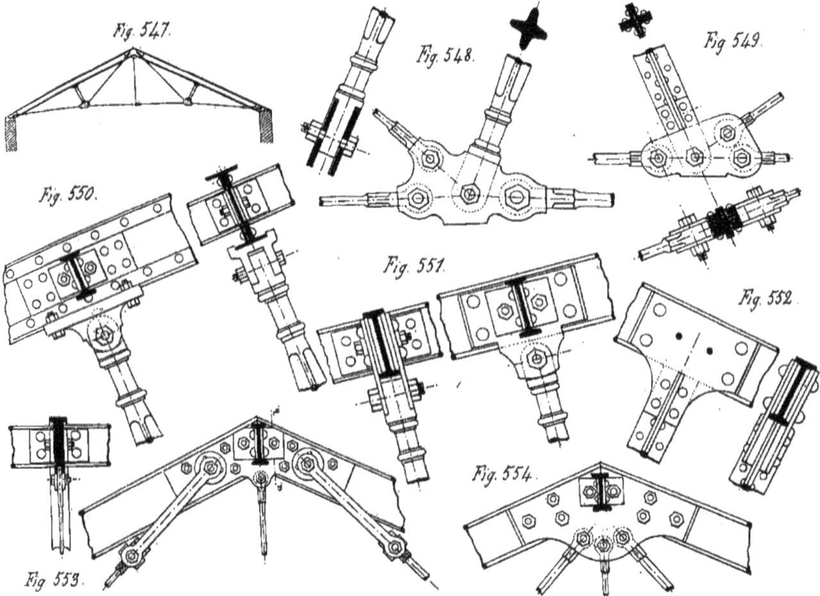

l'aide d'une sellette boulonnée sur l'arbalétrier (fig. 550), soit entre deux grandes éclisses en tôle qui embrassent l'âme de l'arbalétrier, avec interposition de fourrures (fig. 551). Lorsque la bielle est en fer et à section cruciforme, l'assemblage sur l'arbalétrier est obtenu par deux éclisses en tôle fendues pour laisser passer les ailes du fer en croix (fig. 552).

Au sommet de la ferme, les deux arbalétriers sont réunis par de grandes éclisses en tôle; les fourches des sous-tendeurs peuvent alors s'attacher sur chacun des arbalétriers (fig. 553); ou bien les sous-tendeurs sont simplement terminés par des têtes à œil qui sont prises entre les éclisses d'assemblage des arbalétriers (fig. 554); cette dernière disposition est un peu plus simple, mais elle n'a pas à recommander pour des fermes importantes, parce qu'elle ne permet pas de régler après montage la tension des sous-tendeurs supérieurs. Quand les arbalétriers sont en treillis, on les réunit par un gousset en tôle qui forme à chacun d'eux une portion d'âme pleine à la partie supérieure, et sur lequel s'attachent de chaque côté les fourches des sous-tendeurs supérieurs (fig. 555).

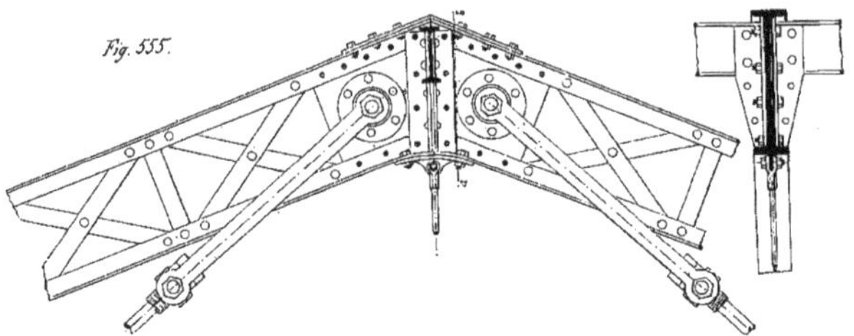
Fig. 555.

Le tirant de ferme comporte toujours une lanterne de serrage; il est soutenu en son milieu par une petite aiguille pendante qui l'empêche de fléchir, et qui est accrochée à la partie supérieure de la ferme soit aux pièces d'assemblage des arbalétriers, soit à une petite pièce spéciale rapportée et boulonnée sur eux.

Les fermes du type Polonceau présentent le grave inconvénient de manquer de rigidité transversale; leurs assemblages sont en grande partie constitués par des pièces de forge, dont la confection exige de la part des ouvriers la plus grande attention et dont il est difficile de vérifier la qualité. Pour empêcher le déversement des poutres armées qui forment les arbalétriers, on réunit souvent d'une ferme à l'autre les assemblages des pieds des bielles par des boulons d'entretoisement; mais, dans les combles importants, il faut en outre assurer le contreventement dans les plans des rampants.

2° *Fermes à trois contrefiches.* A partir de 30 mètres de portée, il est avantageux de soutenir les arbalétriers en un plus grand nombre de points, et on est ainsi amené à les armer

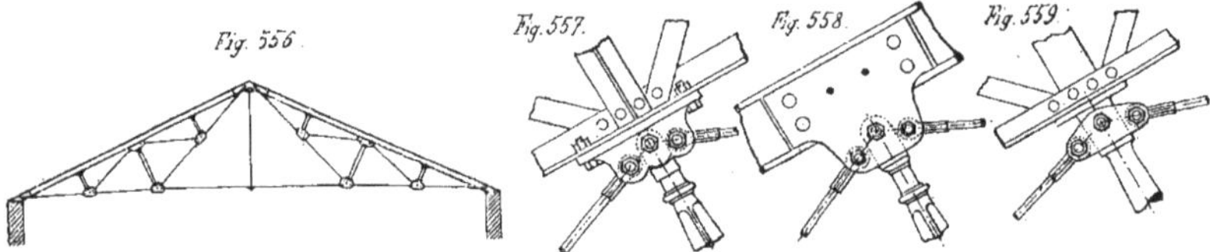
Fig. 556. Fig. 557. Fig. 558. Fig. 559.

de trois bielles, qui les partagent en quatre travées égales (fig. 556); on peut atteindre avec ces fermes à des portées de 50 mètres et plus. Les détails d'assemblages sont les mêmes que ceux de la ferme à une seule bielle; le seul qui présente une disposition différente est celui de la grande bielle sur l'arbalétrier; comme deux sous-tendeurs se fixent en ce même point, on réalise cet assemblage au moyen d'une sellette en fonte présentant deux joues qui embrassent l'extrémité aplatie de la bielle et les têtes à œils des deux sous-tendeurs (fig. 557); ou bien deux grandes éclisses en tôle embrassent l'âme de l'arbalétrier, avec adjonction des fourrures convenables, et les têtes à œil sont prises entre ces éclisses (fig. 558). On peut encore terminer la bielle par une semelle de forme convenable qui s'appuie sur la membrure de l'arbalétrier; l'extrémité de la bielle est à section méplate et on y assemble par un boulon deux éclisses en tôle entre lesquelles sont prises les têtes à œil des sous-tendeurs (fig. 559). Un exemple remarquable de ces fermes se trouve à la gare des chemins de fer d'Orléans à Paris.

167. Fermes avec tirant et contrefiches genre Polonceau à armature rivée. — 1° *Fermes à une seule contrefiche.* Nous avons dit que les fermes de ce type à armature articulée présentent peu de rigidité transversale, et qu'en outre l'emploi de pièces de forge pour constituer leurs articulations peut avoir quelques inconvénients; c'est pourquoi ayant à établir les combles de la gare Saint-Lazare à Paris, Flachat eut l'idée de construire des fermes Polonceau à armatures rivetées. Toutes les pièces sont alors composées en tôles et cornières; on donne aux contre-fiches la section en croix ou la section double T qui se prête mieux aux assemblages, les tirants et sous-tendeurs ont la section à simple T ou à double T suivant leur importance; tous les assemblages sont obtenus au moyen d'éclisses en tôle rivées sur les âmes des pièces, ou de grands goussets; on peut atteindre ainsi à des portées de 50 mètres.

2° *Fermes à trois contrefiches.* Lorsque la portée dépasse 40 mètres, il est cependant préférable d'employer trois contrefiches par arbalétrier, ce qui conduit à des pièces moins massives; c'est d'après ce système qu'ont été construites, par la maison Moisant, les fermes de la gare de Marseille, et celles de la nouvelle gare des chemins de fer de Paris-Lyon-Méditerranée, à Paris.

168. Fermes avec arbalétriers rectilignes, polygonaux ou courbes soutenus par un treillis, la semelle inférieure étant rectiligne. — 1° *Treillis articulé.* Dans toutes les fermes précédemment étudiées, les arbalétriers ne sont pas soutenus dans leur longueur, ou ne le sont qu'en un petit nombre de points intermédiaires, et on est par suite amené à leur donner des dimensions considérables dès que la portée est un peu grande; de plus, les fermes ainsi obtenues par arc-boutement des deux arbalétriers manquent de rigidité transversale, les arbalétriers et l'entrait n'étant reliés que par des articulations.

Les fermes dont nous allons nous occuper sont établies sur un principe différent; elles constituent de véritables poutres en treillis à hauteur variable dont les arbalétriers forment la membrure supérieure comprimée, et l'entrait la membrure inférieure tirée, ces deux membrures étant reliées par des contrefiches et des barres qui jouent le rôle d'aiguilles ou de sous-tendeurs et qui forment les treillis. Dans ces conditions, on peut soutenir les arbalétriers en un assez grand nombre de points de leur longueur; souvent même, les points d'appui intermédiaires ainsi obtenus seront placés au droit de chacune des pannes, de sorte que les divers tronçons de l'arbalétrier ne subiront plus que des efforts de compression.

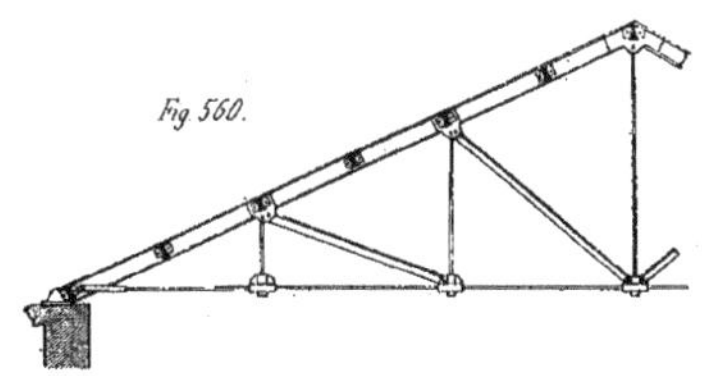
Fig 560.

Pour tracer la ferme, on commence par placer les pannes; au droit de chacune ou de deux en deux, on établit une aiguille verticale, dont le pied placé sur l'entrait est relié au sommet de l'aiguille voisine la plus rapprochée du pied de la ferme (fig. 560) par une contrefiche qui n'est alors pas normale à l'arbalétrier. On constitue l'arbalétrier par un fer à simple T ou par deux cornières, ou même par un fer double T; les contrefiches sont formées de même par un simple T, ou par deux cornières ou par un fer en croix ; quant aux tirants et aux aiguilles, on les fait en fer rond.

Les assemblages sont établis d'après les mêmes principes que ceux de la ferme Polonceau, et obtenus au moyen de fourches aux extrémités de l'entrait attachées sur l'arbalétrier, et de doubles éclisses pour les autres assemblages de barres entre elles. On peut encore remplacer les éclisses par des pièces spéciales en fonte pour les assemblages des contrefiches avec les aiguilles et les entraits; c'est ce qui a été fait sur l'exemple représenté par la figure 560.

Ces fermes se construisent rarement avec treillis articulé, car alors elles présentent une partie des inconvénients des fermes Polonceau, en particulier le manque de rigidité transversale, et la sujétion des pièces de forge.

2° *Treillis rivetés.* On obtient, en conservant la même disposition générale pour les barres, des fermes qui présentent une plus grande rigidité transversale et sont plus faciles à construire, puisqu'elles n'exigent plus de pièces de forge, si on remplace les articulations par des assemblages par rivets.

Les arbalétriers seront encore formés par des fers à simple T, des doubles cornières, des fers à double T, et même pour des fermes importantes, on pourra les constituer d'une section en simple T composée de tôles et cornières, ou d'une section double T composée ou en treillis; les contrefiches seront des cornières, des fers à simple T, des fers en croix, et rarement des fers en U ou des double T; les tirants et les aiguilles ou sous-tendeurs seront en fer plat, mais mieux en cornières ou en fer simple T, ou même en double T, si l'on veut donner à la ferme plus de rigidité transversale.

Les contrefiches peuvent, dans ces fermes auxquelles on donne souvent le nom de *fermes*

Fig. 561 Fig. 562. Fig. 563 Fig. 564.

anglaises, être disposées de trois manières par rapport à l'arbalétrier : 1° Les contrefiches sont obliques avec aiguilles verticales (fig. 561), alors ces contre-fiches ne sont pas parallèles entre elles. 2° Les contrefiches sont verticales, et les aiguilles deviennent des sous-tendeurs obliques (fig. 562); ceux-ci ne sont pas parallèles entre eux. 3° Les contrefiches sont normales à l'arbalétrier (fig. 563); la ferme ainsi obtenue est quelquefois appelée *ferme belge*.

Quelle que soit la disposition adoptée, la compression subie par l'arbalétrier et la tension de l'entrait dans leur partie la plus fatiguée ne changent pas; les contrefiches étant des pièces comprimées, il y a intérêt, au point de vue économique, à adopter la disposition dans laquelle elles sont les moins longues et subissent les moindres efforts ; à ce point de vue, les deux derniers systèmes sont à peu près équivalents, et tous deux sont supérieurs au premier; seulement d'un autre côté, ils conduisent à des sous-tendeurs un peu plus longs et qui supportent des efforts un peu plus grands.

Les deux premiers systèmes, qu'on pourrait appeler, par analogie avec les poutres en treillis, fermes à treillis en N droite et en N renversée, peuvent fournir, par leur juxtaposition, une ferme à treillis en croix de Saint-André (fig. 564) avec barres verticales.

Enfin on pourrait adopter toute disposition rappelant les poutres en treillis multiple en V ou en N. Des dispositions identiques s'appliquent aux cas où les arbalétriers, au lieu d'être rectilignes, seraient polygonaux ou courbes.

Les assemblages des barres de treillis sur les arbalétriers et sur les entraits se font très simplement au moyen de goussets ou d'éclisses suivant la manière dont sont constituées les barres ; le plus souvent, les arbalétriers et l'entrait sont formés de deux fers jumelés, cornières ou fers à U et alors on emploie les goussets ; s'ils sont en fers simple T ou double T, on emploie les éclisses. Chaque barre est fixée sur les goussets ou les éclisses par le nombre de rivets répondant à l'effort qu'elle doit supporter.

Pour les portées de 8 à 10 mètres, on n'emploie qu'une contrefiche par arbalétrier ; on supprime en général alors l'aiguille correspondant au milieu de cette pièce, et on obtient une ferme dont la figure rappelle celle des fermes en bois, et que l'on compose surtout en fer double T (fig. 565) ; sous cette forme, on l'emploie pour les combles d'habitation ; comme l'entrait est en fer double T, on peut lui donner les dimensions suffisantes pour qu'il forme poutre supportant le solivage léger d'un plancher de grenier.

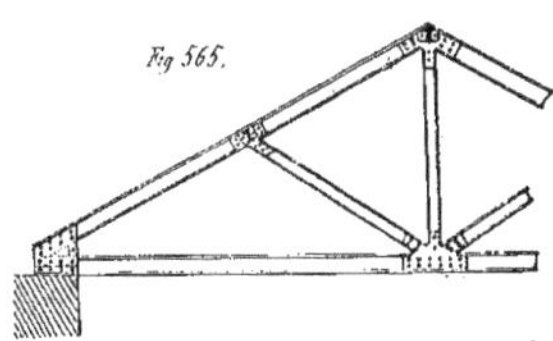
Fig 565.

Pour des portées de 12 à 15 mètres, on emploiera deux contrefiches pour arbalétrier ; pour les portées de 16 à 20 mètres, on en mettra trois ; il n'y a cependant là rien d'absolu, le nombre des contrefiches ne dépendant que du nombre de points de l'arbalétrier qu'il faut soutenir, c'est-à-dire du nombre et de l'écartement des pannes.

169. Fermes avec arbalétriers rectilignes, polygonaux ou courbes soutenus par un treillis, la semelle inférieure étant polygonale ou courbe. — 1° *Treillis articulé.* Dans les fermes précédentes, l'entrait était horizontal ; il arrive souvent qu'on a besoin pour satisfaire à

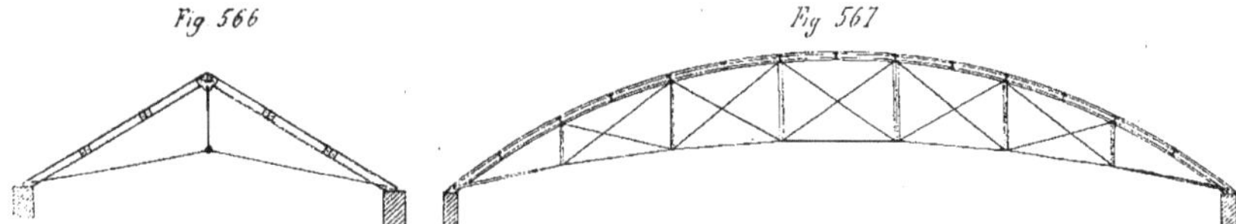
Fig 566 — Fig 567

une condition d'aspect, de donner à cet entrait une forme brisée polygonale ou courbe, de manière à le relever dans sa partie médiane et à dégager le dessous de la ferme. Celle-ci prend alors la figure générale d'un arc, mais elle se comporte cependant d'une manière différente parce qu'on prend soin de ne pas la fixer d'une manière rigide sur ses appuis afin qu'il ne puisse pas se développer de poussées horizontales, et on la calcule comme une pièce simplement appuyée à ses deux extrémités, et ne recevant de ses appuis que des réactions verticales.

Tout ce que nous avons dit de la disposition et de la construction des treillis dans les fermes de même espèce à entrait horizontal s'applique à celles-ci sans aucune modification. Le tirant peut être simplement brisé, et alors si la ferme est de faible portée, on n'y mettra pas de contre-fiches et on aura une ferme dont les deux portions de tirant et l'aiguille qui les relie au sommet de la ferme seront en fer rond, avec attaches articulées (fig. 566).

On construit le plus ordinairement les fermes de cette catégorie avec arbalétriers et tirants polygonaux ou courbes en leur donnant la forme en croissant ou en bow-string; le treillis est alors formé de montants verticaux reliés par des croix de Saint-André (fig. 567); les assemblages sont des articulations analogues à celles d'une ferme Polonceau; ce type de fermes permet d'atteindre des portées de 50 à 60 mètres et plus, et il a été surtout employé dans la construction de certaines gares anglaises (gares de Cannon Street et de Charing Cross à Londres, gare de New-Street à Birmingham).

2° *Treillis riveté.* Le plus ordinairement, les fermes à entrait polygonal ou courbe se construisent avec treillis riveté; elles se présentent sous diverses figures, les entraits étant soit brisés (fig. 568), soit courbes (fig. 569) et les arbalétriers restant rectilignes; on peut les exécuter comme nous l'indiquons ici en treillis simple, mais souvent aussi on adopte la disposition avec montants verticaux et croix de Saint-André (fig. 570); enfin on peut encore employer des fermes en croissant, mais en faisant tous les assemblages au moyen de goussets ou d'éclisses rivetés.

Fig. 568. Fig. 569 Fig. 570. Fig. 571.

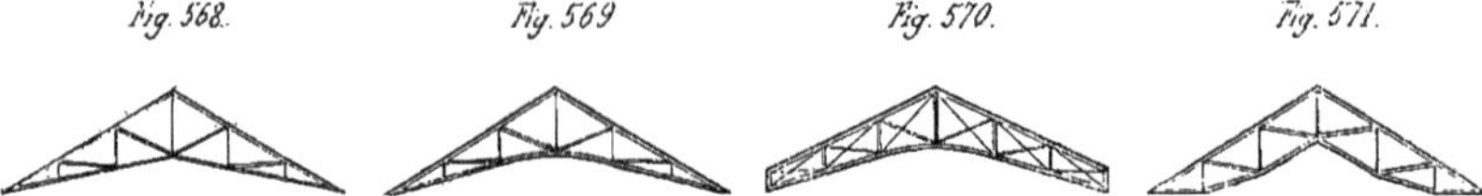

Dans les fermes à arbalétriers rectilignes et à entrait horizontal ou peu relevé, les divers tronçons de l'arbalétrier et de l'entrait sont soumis à des efforts différents, et comme on est obligé de donner à ces pièces la même section dans toute leur longueur, il en résulte que le métal n'y est pas utilisé de la manière la plus économique; en outre, les contrefiches situées vers le milieu de la ferme, et qui sont les plus longues sont aussi celles qui supportent les efforts de compression les plus considérables, de sorte qu'elles ont des sections très supérieures à celles des autres. On peut obtenir une ferme dans laquelle tous les tronçons d'arbalétriers et de tirant supportent, lorsque les charges sont symétriques, des efforts sensiblement égaux, en donnant au tirant une forme parabolique au-dessous de chaque arbalétrier (fig. 571); il en résulte aussi dans ce cas que les efforts développés dans les contrefiches sont moindres que dans le cas de l'entrait rectiligne; ils sont égaux ou peu différents les uns des autres, les efforts les plus grands étant développés dans les contrefiches les plus courtes; enfin celles-ci sont moins longues que dans les fermes des modèles précédents. Malheureusement, cette forme est peu agréable d'aspect; la brisure de la courbe au milieu de la portée ne satisfait pas l'œil, habitué à rencontrer plutôt en ce point une ligne continue qui indique mieux la jonction des deux demi-fermes et leur solidarisation.

170. Fermes à arbalétriers rectilignes, polygonaux ou en arc avec tirant et faux entrait. — 1° *Fermes à entrait retroussé.* Si dans un comble formé seulement de deux arbalétriers et d'un tirant horizontal, on établit entre les milieux des arbalétriers une pièce horizontale appelée *faux entrait* (fig. 572), cette pièce s'opposera à la flexion des arbalétriers en produisant un point d'appui en leurs milieux ; elle résistera donc à des efforts de compression, contrairement à un entrait ou tirant qui supporte toujours des efforts de traction ; le faux entrait devra donc avoir une section capable de résister à de tels efforts. Il sera avantageusement formé de deux fers jumelés, ce qui permettra de faire passer entre ces deux fers l'aiguille pendante qui soutient le tirant.

Dans certains cas, la partie du comble situé au-dessus du faux entrait sera hourdée, et celui-ci servira de poutre pour porter un petit solivage entre lequel sera fait un hourdis de plafond; le volume d'air ainsi compris dans la partie supérieure du comble formera un isolant excellent si le bâtiment doit être protégé contre les brusques changements de température. Si le comble est assez élevé, on pourra établir un étage entre le faux entrait et le tirant que l'on constituera alors d'un fer double T de section suffisante pour pouvoir porter plancher ; le faux entrait, comme dans le cas précédent, portera un plafond ou encore un plancher de grenier.

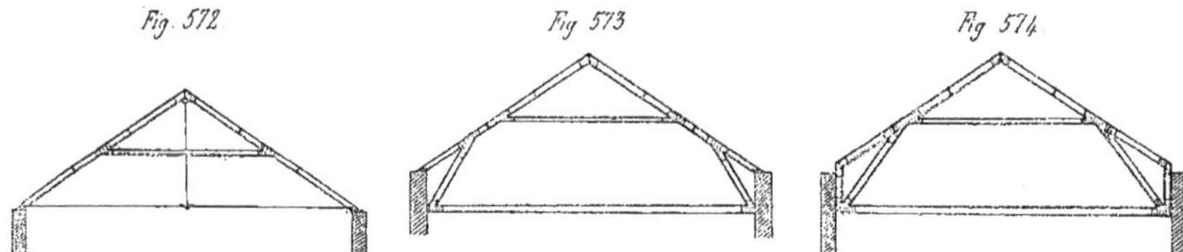

Dans ce dernier cas, il est préférable d'employer une disposition permettant d'avoir à l'étage un espace disponible plus considérable ; à cet effet, on surélève le comble en faisant reposer les arbalétriers sur des contrefiches ou jambes de force qui viennent s'y assembler un peu au-dessous du faux entrait, et dont le pied est fixé sur l'entrait ; l'arbalétrier est prolongé jusqu'au mur sur lequel son about vient reposer (fig. 573).

Il faut remarquer que la ferme se trouve en quelque sorte partagée en deux autres : une ferme supérieure triangulaire et indéfigurable, et une ferme inférieure trapèze, et défigurable par conséquent; dans le cas où les charges resteront verticales ou symétriques, il n'y aura aucune tendance à la défiguration ; mais si les charges ne sont plus symétriques, et si elles deviennent obliques, le trapèze tendra à se défigurer; il en sera empêché par la rigidité de l'assemblage du faux entrait sur l'arbalétrier, et par la résistance de ce dernier à la flexion, et surtout, grâce au triangle formé par la jambe de force, le mur, et le tronçon d'arbalétrier qui vient s'y appuyer. Nous ferons cependant observer que cette disposition est vicieuse parce que la ferme repose sur quatre points d'appui qui sont les deux abouts d'arbalétriers et les deux contrefiches, et qu'il est fort difficile de se rendre compte de la manière dont les charges se répartiront entre eux ; un calage un peu serré des abouts des arbalétriers sur les murs, ou un léger abaissement des appuis de l'entrait inférieur suffiront en effet pour que la ferme ne repose plus que sur les abouts des arbalétriers, ce qui mettra ceux-ci dans des conditions de résistance très fâcheuses.

Il est bien préférable de réunir l'about de l'arbalétrier au pied de la contre-fiche par une pièce verticale, ce qui permet de constituer un triangle bien plus rigide que dans le cas précédent, et de n'avoir plus que deux points d'appui sur lesquels se porte la charge d'une ferme ; enfin, il est bon de rapprocher la tête de la jambe de force de l'extrémité du faux entrait de manière à réunir en un même point ces deux pièces sur l'arbalétrier par de grandes éclisses qui assurent une rigidité suffisante à l'assemblage (fig. 574).

2° *Fermes à la Mansard.* Nous avons déjà parlé des combles à la Mansard ou combles brisés à propos des appentis (nos 160 et 162) et des combles hourdés sans fermes (n° 165). Si dans la ferme à entrait retroussé précédente, nous supprimons la portion inférieure de l'arbalétrier située au-dessous du faux entrait, et la pièce verticale qui la relie à l'entrait, nous obtiendrons une ferme à la Mansard : cette ferme peut être considérée comme formée de deux autres, la ferme inférieure trapèze ou *bris* et la ferme supérieure triangulaire ou *terrasson* ; cette dernière, si la portée du comble est grande, peut elle-même comporter des contrefiches. La ferme inférieure, comme nous l'avons fait remarquer dans les exemples précédents, n'est pas indéfigurable par elle-même ; elle ne le devient que grâce à la rigidité des assemblages des jambes de force sur les entraits. Nous avons déjà donné à propos des appentis, un type de ferme Mansard construite entièrement en fers double T.

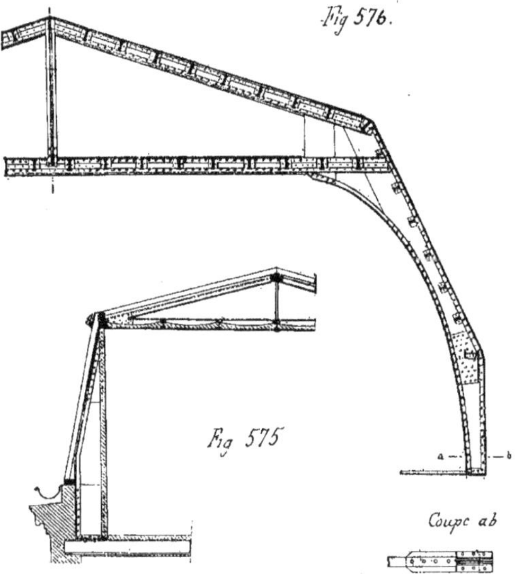

Au lieu de former la jambe de force d'un fer double T laminé, on peut lui donner une figure différente en la composant de tôles et cornières ; ainsi dans l'exemple de la figure 575, sa face intérieure est verticale, sa face extérieure oblique a la pente du bris ; un fer en U vient reposer sur les têtes des jambes de force ; il supporte au-dessus de chacune d'elles les fermes de terrasson et longitudinalement une pièce de bois assemblée sur lui et qui constitue la sablière de brisis : tous les chevrons sont en bois.

Nous donnerons encore un exemple de ferme à la Mansard, c'est celle qui a été appliquée par M. Denfer aux combles de l'École Centrale (fig. 576) ; les pièces de cette ferme sont construites en tôles et cornières ; la jambe de force est terminée à sa partie supérieure en forme de grande console sur laquelle viennent s'assembler l'arbalétrier et l'entrait du terrasson ; l'entrait inférieur est un simple fer plat posé sur le hourdis du plancher, dont les poutres sont disposées dans le sens perpendiculaire, et ne pouvaient par suite servir d'entraits aux fermes; il faut remarquer encore, dans cet exemple, la disposition assez peu employée en général des pannes horizontales du bris.

171. Généralités sur les fermes en arc. — Les fermes en arc sont caractérisées par ce fait que les arbalétriers ont, quelle que soit la forme de leurs semelles, une fibre neutre qui n'est pas rectiligne, et qu'en outre leurs appuis sont disposés de manière à exercer sur les pieds des fermes des poussées horizontales ayant pour effet d'empêcher leur écartement sous l'action des charges. Ce résultat peut être obtenu de différentes manières : 1° en reliant par un tirant les pieds de la ferme; 2° en ancrant d'une manière rigide les pieds des arcs sur leurs appuis, auxquels on donne alors une stabilité suffisante.

Les fermes en arc s'exécutent sous différentes formes : l'arbalétrier peut présenter une semelle supérieure ou extrados rectiligne ou courbe; dans ce dernier cas, on peut donner à l'arc une hauteur constante, l'intrados étant parallèle à l'extrados sur toute la longueur de l'arc, ou, au contraire, le faire à hauteur variable.

L'arc pourra être construit en fer laminé double T si la hauteur doit être constante; mais cette disposition n'est possible que pour des portées inférieures à 25 ou 30 mètres; pour des portées supérieures, il y a intérêt à donner à l'arc une hauteur variable et à le construire en treillis. Dans le cas où les charges sont symétriques, la forme la plus avantageuse à donner à la fibre moyenne est celle d'une parabole à axe vertical, parce qu'alors les différentes sections de l'arc ne supportent que des efforts de compression, les moments de flexion devenant rigoureusement nuls. Il ne serait cependant pas prudent de s'en tenir pour l'arc aux dimensions ainsi obtenues, la disposition des charges étant susceptibles de varier et il est toujours nécessaire de refaire le calcul dans le cas où les surcharges sont dissymétriques, ce qui constitue généralement pour un arc le cas le plus défavorable.

L'arc peut être continu, c'est-à-dire formé d'une seule pièce dans toute sa longueur, ou discontinu, et alors il est composé de deux demi-arcs arc-boutés l'un contre l'autre au sommet de la ferme et articulés en ce point par une *rotule* ou *charnière*; cette rotule est un cylindre de fonte, de fer ou d'acier, logé entre deux coussinets portés respectivement par les deux demi-fermes à leur extrémité. Quant aux pieds de la ferme, leur disposition est également variable; chaque demi-arc peut être encastré sur son appui, ou simplement appuyé par l'intermédiaire d'une rotule analogue à celle dont nous venons de parler.

Dans le cas où la ferme est articulée et repose sur deux rotules, on l'appelle *ferme à trois rotules*; alors que dans les arcs continus, les calculs relatifs à la stabilité de l'arc, et en particulier la recherche de la poussée ne peuvent se faire qu'en tenant compte des défigurations élastiques, l'arc à trois rotules peut être étudié par la statique pure, ce qui permet une plus grande sécurité dans les résultats; en outre, les variations de température ne modifient pas sensiblement les efforts moléculaires développés dans un arc à trois rotules, et on peut se dispenser de s'en occuper, tandis qu'il est nécessaire de tenir compte dans le calcul des arcs continus des changements de figure dus à la température, et des modifications souvent importantes qui en résultent dans l'équilibre général des arcs. La même remarque s'applique à une dénivellation des appuis due à un tassement ou à un défaut de calage; elle pourra avoir une importance considérable dans le cas d'un arc continu, elle n'en aura presque pas dans celui d'un arc à trois rotules. C'est ce qui explique la faveur dont jouissent actuellement les arcs articulés, et l'emploi fréquent qui en est fait pour les fermes à grande portée, bien qu'ils conduisent en général à un poids de métal un peu supérieur à celui des arcs continus.

Les fermes articulées manquent de stabilité transversale par elles-mêmes, et l'expérience a montré que l'opération du levage pouvait souvent donner lieu à de graves accidents; aussi on tend à adopter une disposition de fermes couplées dont l'ensemble forme un système très stable par lui-même, capable de bien résister aux actions transversales.

172. Fermes en arc avec tirant rectiligne et aiguilles pendantes. — Lorsque les arcs sont pourvus d'un tirant, ils n'exercent plus de poussée horizontale sur leurs appuis; ceux-ci n'ayant à développer alors que des réactions verticales ont besoin d'avoir des dimensions transversales beaucoup moins considérables. Les fermes en arc avec tirant rectiligne et aiguilles pendantes destinées à supporter le tirant pour l'empêcher de fléchir, s'exécutent sous différentes formes : l'arbalétrier peut présenter une semelle supérieure ou extrados rectiligne ou courbe; dans ce dernier cas, on peut lui donner une hauteur constante, l'intrados et l'extrados étant parallèles sur toute la longueur de l'arc, ou au contraire, une hauteur variable. Comme dans ces fermes, la poussée due aux charges et surcharges est équilibrée par la résistance du tirant à la traction, on peut s'arranger de telle manière que les variations de température n'aient aucune influence sur les valeurs des efforts moléculaires développés dans l'arc, en permettant à l'un des pieds de la ferme de se déplacer librement sur son appui, comme on le fait dans les fermes dont nous avons parlé précédemment.

Les fermes peuvent être continues ou articulées; on préfère en général les premières pour les portées peu considérables, parce que la construction et le levage en sont plus simples et qu'elles présentent une plus grande stabilité transversale.

Fig. 577. Fig. 578. Fig. 579.

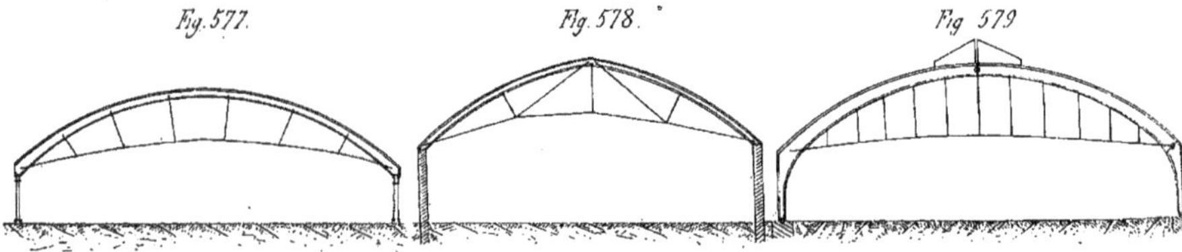

173. Fermes en arc avec tirant polygonal et aiguilles tirantes. — Dans ce système, une ferme se compose d'un arc métallique dont les pieds sont réunis par un tirant polygonal relié à l'arc par plusieurs aiguilles obliques. Les fermes peuvent être continues, comme celles de la gare de Queen Street à Glasgow (fig. 577), et celles de la gare de Milan (fig. 578); on remarquera les dispositions différentes des aiguilles dans ces deux exemples. Elles peuvent être articulées comme les fermes de la gare de Silésie à Berlin (fig. 579); celles-ci présentent en outre des dispositions spéciales que nous allons indiquer. Une ferme est composée de deux parties : l'une comprend une demi-ferme et son piédroit, qui sont solidaires et dont le pied repose sur une rotule; l'autre partie est formée d'une demi-ferme indépendante de son piédroit, sur lequel elle repose par l'intermédiaire d'une rotule placée au point d'attache du tirant : le piédroit repose à sa base sur une rotule ; enfin, les deux demi-fermes sont articulées au sommet. Le pilier indépendant a pour objet de faciliter les mouvements d'expansion et de contraction de la ferme dus aux variations de température ; les fermes sont couplées, à $1^{m}25$ de distance l'une de l'autre dans chaque groupe.

174. Fermes en arc avec tirant placé sous le sol. — 1° *L'arc partant du sol.* Une ferme est composée d'un arc dont les pieds reposent sans intermédiaire de piliers ou de murs, sur leur massif de fondation ; ils sont reliés par un tirant placé sous le sol ; le type de ce genre de construction est la halle de la gare de Saint-Pancrace à Londres (fig. 580) ; les fermes sont continues et encastrées sur leurs appuis ; elles sont composées d'une poutre tubulaire en treillis. Les tirants forment en même temps les poutres du plancher de la halle, au-dessous de laquelle est disposé un étage souterrain.

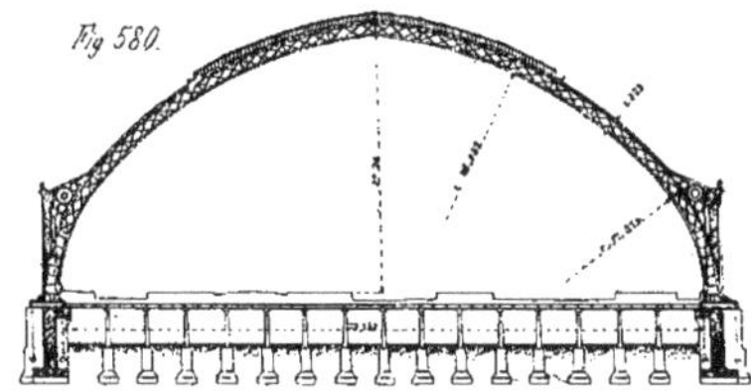
Fig 580.

Les fermes peuvent être articulées au sommet, leurs pieds reposant alors sur des rotules ; les tirants relient les sommiers inférieurs de celles-ci ; leur présence permet de réduire notablement les dimensions des piles en maçonnerie qui supportent les fermes et qui n'ont alors à résister qu'à des actions verticales.

2° *L'arc est porté par des piliers qui font corps avec lui.* Dans les fermes de ce système, l'arc est prolongé jusqu'au sol par les piliers qui le supportent et qui font corps avec lui ; les arcs de cette forme ont été employés pour la première fois par M. de Dion à l'Exposition universelle de 1878. Ils peuvent être continus et encastrés à leur pied sur les massifs de fondation, ou encore reposer sur ces massifs par l'intermédiaire de rotules. Si les arcs sont articulés, comme ceux du palais des Arts Libéraux à l'Exposition universelle de 1889, il est préférable de les coupler ; dans cet exemple (fig. 581), chaque ferme est composée de deux arcs jumelés placés à $0^{m}45$ l'un de l'autre ; les rotules du sommet et des pieds des fermes sont communes aux deux arcs ; nous donnons (fig. 582) le détail d'une rotule de pied, montrant la disposition de l'assemblage du tirant dans le sommier inférieur de la rotule ; on a

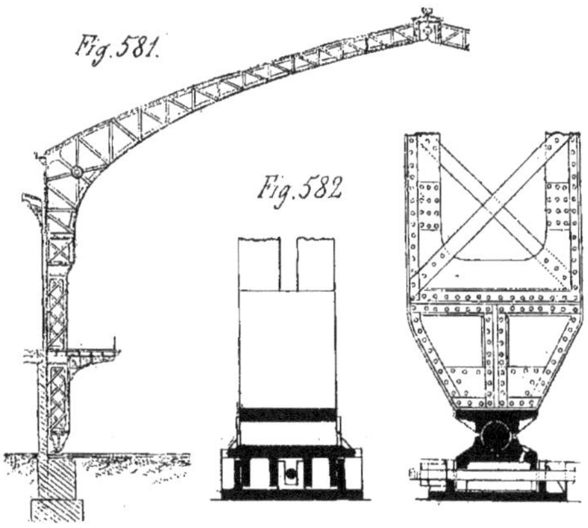
Fig. 581.
Fig. 582

fait reposer le pied de chaque pilier sur une boîte à sable en fonte, dans laquelle on peut introduire du sable par des orifices ménagés dans le coussinet de la rotule, et fermés par des bouchons à vis ; de sorte qu'il est possible en cas de tassement des fondations, de régler le niveau des articulations d'une manière précise. On remarquera dans ces fermes que le pilier a une largeur moindre que l'arc auquel il est raccordé par une sorte de console du côté de l'intrados ; il est préférable de conserver à la semelle inférieure de l'arc une forme continue depuis le sommet jusqu'au pied des piliers.

175. Fermes avec arbalétriers rectilignes sans tirant. — Ce genre de comble ne peut s'établir qu'entre deux murs capables de résister à une forte poussée et de faire en quelque sorte fonction de culées ; les arbalétriers de la ferme seront arc-boutés et solidement assemblés à leur sommet ; à leur pied, ils seront ancrés dans les murs ou supportés par des consoles. Il est facile de voir qu'un pareil système n'est indéfigurable que grâce à la rigidité des assemblages des arbalétriers entre eux et dans les murs ; il ne saurait donc s'appliquer qu'à des combles de faible portée, et l'emploi n'en est pas à recommander.

176. Fermes en arc partant du sol, et sans tirant. — Dans ces fermes, la poussée est équilibrée par la résistance au renversement des massifs de maçonnerie sur lesquels les fermes sont appuyées et qui forment culées ; les arcs peuvent être continus, comme dans les combles des gares anglaises de Saint-Enoch à Glasgow, et de Manchester ; la figure de la ferme rappelle alors exactement celle de la gare de Saint-Pancrace dont nous avons parlé plus haut ; seulement, il n'y a pas de tirant, les pieds de la ferme étant solidement ancrés sur les maçonneries des culées.

Fig. 583.

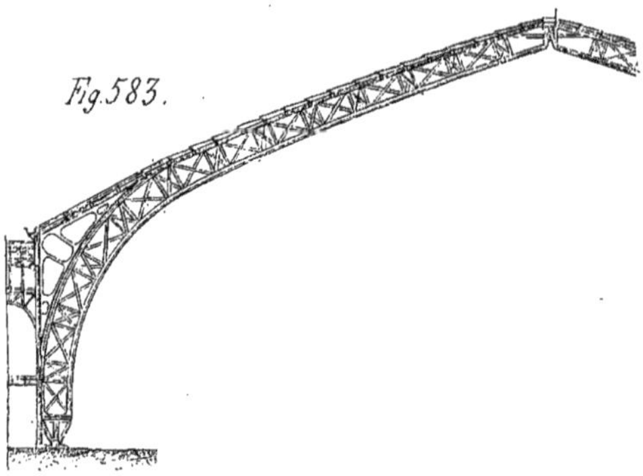

Les arcs peuvent être articulés, comme ceux de la galerie des Machines à l'Exposition universelle de 1889 (fig. 583), dont les fermes sont à trois rotules, ou ceux de la nouvelle gare de Francfort-sur-le-Mein, dont les fermes, articulées au sommet, reposent d'un côté sur une rotule, et de l'autre sur un sommier fixe sans articulation.

Dans ces arcs sans tirants, il n'est pas possible de prendre, comme dans le cas des fermes avec tirant, des dispositions ayant pour but de laisser la dilatation se faire librement ; les variations de température auront alors pour effet de modifier d'une manière souvent notable la grandeur des efforts moléculaires auxquels sont soumises les différentes parties de l'arc ; un abaissement ou une élévation de température ont en effet pour conséquence une diminution ou un accroissement de la poussée, et on voit qu'il en résultera également une modification des conditions d'équilibre des culées. Il sera donc nécessaire de se rendre compte, aussi exactement que possible, de l'importance des variations de température que pourront subir les fermes, et d'étudier l'influence qu'elles auront sur leurs conditions de stabilité.

177. Fermes en arc sans tirant sur piliers. — Ces fermes, employées pour la première fois par M. de Dion à l'Exposition universelle de 1878, sont aujourd'hui très répandues; elles ne comportent pas de tirant, et la poussée y est équilibrée par des massifs de fondation,

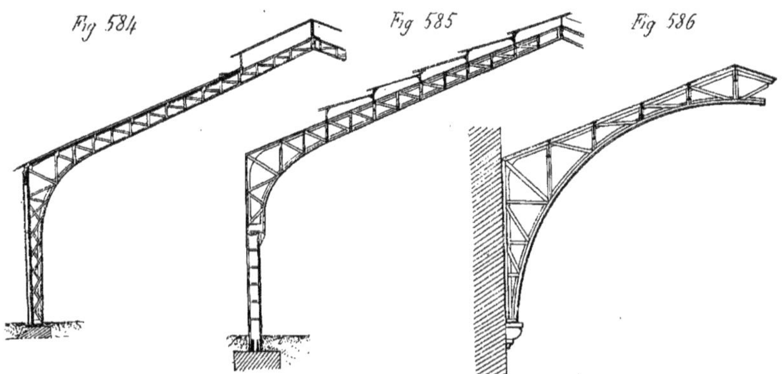

l'arc étant continu comme à la galerie annexe des Machines de l'Exposition universelle de 1878 (fig. 584) et à la gare de Calais (fig. 585); il peut également être articulé.

La poussée peut encore être équilibrée par des murs en maçonnerie entre lesquels sont

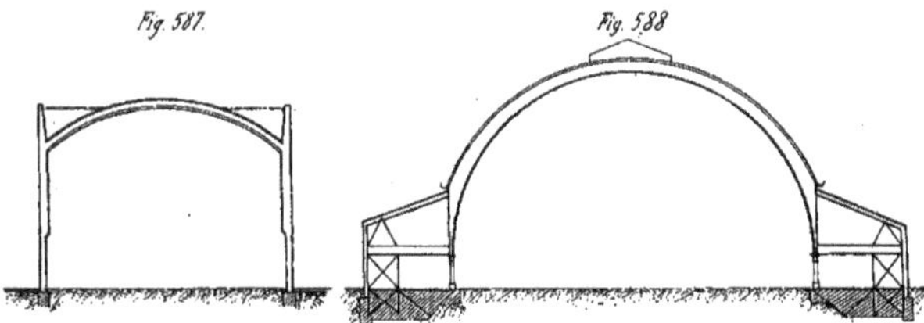

établies les fermes (fig. 586); si la portée des arcs devient un peu grande, la poussée prend des valeurs importantes, et les murs ont besoin de présenter une grande stabilité ; on peut les renforcer au droit de chaque ferme par des contreforts convenablement étudiés.

Dans d'autre cas, les arcs s'appuient sur des piliers contrebutés par un bâti métallique; telles étaient les fermes en arc du Palais de l'Industrie construit à Paris pour l'Exposition universelle de 1855.

Dans les fermes de la galerie des Machines de l'Exposition universelle de 1867 (fig. 587), le principe était encore différent; la poussée des arcs était combattue à la base des piliers par leur liaison avec les fondations, et au sommet par des tirants en fer rond placés au-dessus de la toiture et reliant entre eux les prolongements des piliers; par suite, cette poussée n'exerçait plus sur les piliers qu'un effort de flexion, et on leur avait donné la forme de solides d'égale résistance.

Enfin on peut encore équilibrer la poussée des arcs par des culées mixtes, comme on l'a fait à l'Olympia National Agricultural Hall à Kensington (fig. 588) ; les pieds des fermes reposent sur deux files de colonnes en fonte destinées à supporter la pression verticale due aux charges; la poussée est reportée, dans les travées latérales, sur des bâtis-culées établis le long des parois extérieures de l'édifice; ces bâtis ont une partie horizontale en retour d'équerre noyée dans le massif de fondation en béton et l'effort leur est transmis par une poutre en treillis inclinée logée sous le toit en appentis des travées latérales, et par les poutres horizontales qui supportent le plancher du 1er étage. Les colonnes sont articulées à leurs deux extrémités, ce qui leur permet de prendre un léger mouvement d'oscillation.

§ 6. — COMBLES A PLUSIEURS TRAVÉES PARALLÈLES, COUVRANT UN ESPACE RECTANGULAIRE EN PLAN

178. Les diverses travées sont couvertes par des appentis. — Nous pouvons considérer plusieurs cas, résumés dans le tableau suivant :

1° Appentis posés sur deux appuis.
2° Appentis, l'un posé, l'autre suspendu.
3° Deux appentis suspendus. { Placés du même côté de la file des supports. / Placés de part et d'autres de la file des supports.

1° *Les appentis sont posés sur deux appuis.* — Deux combinaisons sont possibles : ou bien les rampants seront en prolongement l'un de l'autre, et alors il n'y aura qu'un chéneau

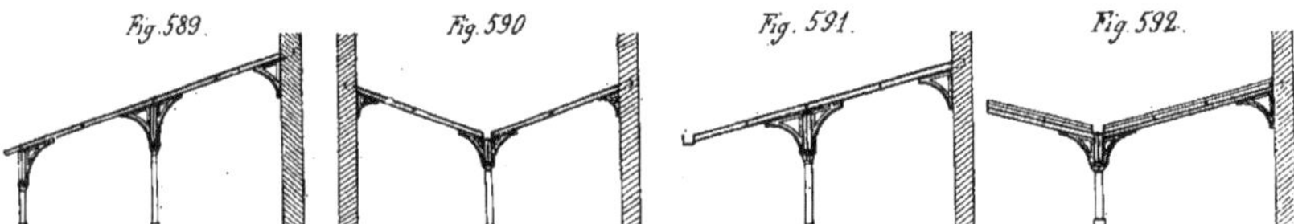

commun à la partie inférieure (fig. 589) ; ou bien les deux rampants auront des pentes inverses et le chéneau commun sera placé entre les deux appentis, sur la ligne intermédiaire d'appuis (fig. 590). Le plus ordinairement, les appentis partiels seront du modèle le plus simple, composés seulement d'un arbalétrier sans tirant ; les deux arbalétriers sont dans le premier cas d'une seule pièce. La file des supports intermédiaires sera généralement composée de colonnes ou de piliers métalliques, qui supporteront les arbalétriers par l'intermédiaire de consoles convenablement disposées, et suffisamment larges pour assurer le contreventement de la ferme dans son plan. Le chéneau formera lui-même poutre, ou sera supporté par une sablière reliant entre elles les têtes des supports au-dessus desquels il sera placé; les autres files de supports, si elles sont constituées de poteaux ou colonnes métalliques dans le cas où il n'y aura pas de murs d'ados, devront de même être entretoisées par des sablières.

2° *Les appentis sont l'un posé, l'autre suspendu.* — Dans ce cas, encore deux dispositions sont possibles : dans la première, les deux rampants sont dans le même plan (fig. 591), et alors le chéneau est porté à l'extrémité de l'appentis suspendu ; dans la seconde, les deux rampants ont des pentes inverses, de sorte que le chéneau, compris entre eux, est placé au-dessus de la file de supports qui sépare les deux appentis (fig. 592); c'est l'appentis avec auvent relevé.

On voit que, comme dans les cas précédents, ce sera encore ici la file des poteaux intermédiaires qui supportera la majeure partie des charges des deux appentis. La seconde disposition présente l'avantage d'un placement facile des tuyaux de descente des eaux, soit contre les poteaux, soit à leur intérieur s'ils sont creux.

3° *Les appentis sont tous deux suspendus.* — Si les appentis doivent se trouver du même côté de la file de supports ou du mur contre lequel ils sont appuyés, on doit alors leur donner des

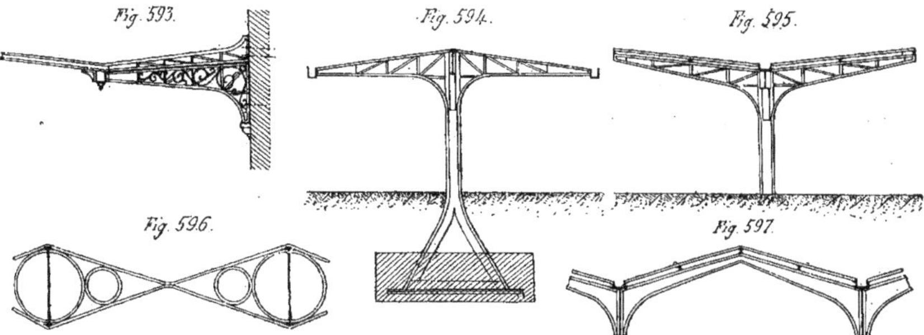
Fig. 593. Fig. 594. Fig. 595. Fig. 596. Fig. 597.

pentes inverses et placer le chéneau au point bas commun (fig. 593); cette disposition constitue la marquise avec auvent relevé; elle se place ordinairement contre un mur très résistant auquel elle est solidement ancrée. L'appentis placé contre le mur est soutenu par des arbalétriers formant de robustes consoles, et qui se prolongent au delà du chéneau pour former les arbalétriers de l'auvent; le chéneau est suspendu au-dessous.

Lorsque les deux appentis doivent se trouver de part et d'autre de la file des supports, on obtient la disposition dite en parapluie; les deux auvents peuvent rejeter leurs eaux de côté différent, et il faut alors deux chéneaux (fig. 594) ou bien au contraire leurs pentes convergeront vers un chéneau commun placé au-dessus de la file des supports; cette dernière disposition sera la plus commode au point de vue du placement des tuyaux de descente des eaux (fig. 595).

Comme les deux auvents ont la même portée, les charges verticales sont symétriquement disposées, et les poteaux n'ont aucune tendance à la flexion tant que l'action du vent n'intervient pas; mais si le vent vient frapper l'un des auvents, il tend à produire la flexion des poteaux et le renversement de tout le système. Il est donc nécessaire de donner à ces poteaux une base évasée et de les ancrer dans un massif de maçonnerie suffisamment large et assez profondément enfoui dans le sol pour assurer la stabilité de l'ensemble.

Nous remarquerons que d'une manière générale, on pourrait, dans la plupart de ces appentis, remplacer les files de supports par des poutres de hauteur et de résistance convenables posées sur des appuis placés aux extrémités de la longueur de l'espace à couvrir.

Considérons l'auvent en parapluie de la figure 594; supposons-le supporté par une haute poutre; puis plaçons parallèlement, et de manière que les chéneaux viennent se confondre, un certain nombre d'auvents semblables, nous aurons un moyen de couvrir un bâtiment de grande largeur en laissant absolument libre de tous supports verticaux la surface à couvrir (fig. 596). Ce principe a été appliqué au comble de la gare de la Citadelle à Carlile. Entre de grandes poutres parallèles sont suspendus des appentis dont les chéneaux sont communs, dans l'intervalle des poutres; la jonction de ces appentis au-dessous des chéneaux n'a pas besoin d'offrir une grande résistance, puisque les appentis accrochés à chacune des poutres s'équilibrent.

Si nous considérons maintenant l'auvent en parapluie de la figure 595, nous pourrons, en opérant de même, former la couverture d'un bâtiment, dans laquelle les chéneaux seront placés sur les poutres (fig. 597), les différents appentis venant s'arc-bouter dans les intervalles de celles-ci.

179. Appentis combinés avec des fermes à deux versants symétriques. — Il y a deux cas à considérer, suivant que les appentis sont suspendus ou posés sur deux appuis.

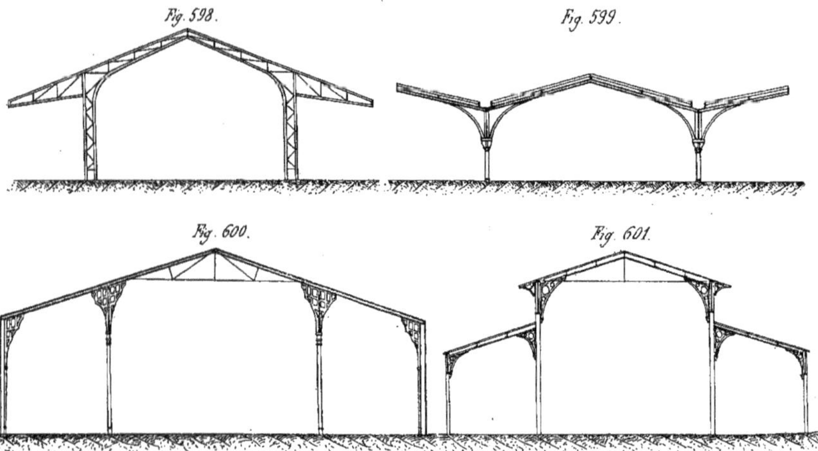
Fig. 598. Fig. 599. Fig. 600. Fig. 601.

1° *Appentis suspendus.* — Un appentis en porte à faux est souvent annexé à un comble de hangar qu'il prolonge au delà des poteaux de rive pour protéger les façades ou créer une travée extérieure pour des manutentions qui doivent se faire à couvert. Les auvents ainsi établis son supportés par des arbalétriers en console qui prolongent les arbalétriers de la ferme ou par des consoles en treillis fixées soit aux poteaux, soit aux sablières de rive (fig. 598). Dans cet exemple, le rampant de l'auvent prolonge celui du comble principal; mais on peut aussi lui donner une pente inverse, de manière à avoir un chéneau au droit de chacune des files de poteaux supportant le comble (fig. 599); cette disposition a été adoptée pour les abris doubles des gares de chemins de fer.

2° *Appentis posés sur deux appuis.* — Nous aurons à considérer deux cas, suivant que les fermes du comble à deux versants sont elles-mêmes posées sur appuis, ou qu'elles sont supportées par des poutres.

Dans le premier cas, les appentis peuvent avoir leurs rampants en prolongement de ceux du comble principal; alors les arbalétriers sont continus au-dessus des trois travées ainsi formées, et les poteaux intermédiaires sont pourvus de larges consoles destinées à assurer le contreventement de l'ensemble dans le plan des fermes; tel est le comble de la halle du chemin de fer du Nord à Paris (fig. 600). Les chéneaux sont rejetés au long des murs qui limitent la construction.

Les appentis peuvent, tout en ayant leurs rampants parallèles à ceux du grand comble, ne pas se trouver placés exactement en prolongement, mais au contraire un peu plus bas que lui

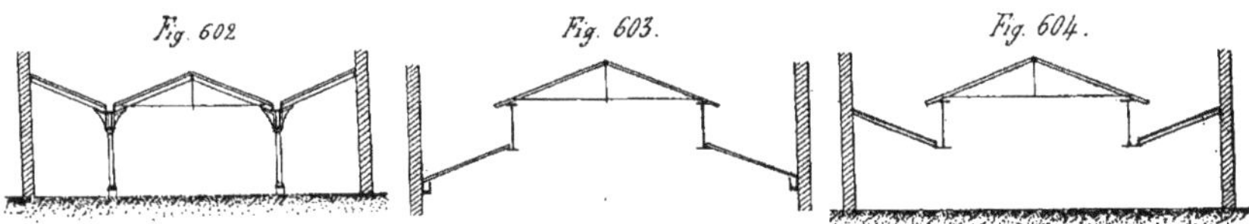
Fig. 602. Fig. 603. Fig. 604.

(fig. 601). Cette disposition est très fréquemment employée pour des halles d'ateliers; les eaux du grand comble peuvent être recueillies dans des chéneaux, mais le plus souvent on se contentera de les écouler sur les appentis, en terminant les égouts du grand comble par des parties en queue de vache; ce sont alors les appentis qui comporteront des chéneaux.

On peut encore donner aux rampants des appentis une pente inverse de celle des rampants du grand comble, de manière que les chéneaux soient placés aux points bas communs de ces rampants, au-dessus des files de supports intermédiaires (fig. 602).

Si les fermes du grand comble sont supportées par des poutres, sur les ailes supérieures desquelles elles sont fixées, on appuiera les appentis sur les ailes inférieures des poutres, et on pourra adopter deux dispositions différentes : dans la première, les rampants des appentis étant parallèles à ceux du grand comble (fig. 603), toutes les eaux du comble seront rejetées vers les files de supports extérieurs; dans la seconde, les rampants des appentis ayant des pentes inverses de celles des rampants du grand comble (fig. 604), les eaux seront rejetées dans des chéneaux communs supportés par les poutres.

180. Combles à plusieurs travées couvertes par des fermes à deux versants symétriques. — Nous considérerons deux cas, suivant que les supports intermédiaires sont des murs ou des files de poteaux ou que ce sont des poutres :

1° *Les supports intermédiaires sont des murs ou des poteaux.* — Dans ce cas, les différents combles partiels sont placés parallèlement les uns aux autres, avec des chéneaux communs supportés par les files de supports (fig. 605), si tous les combles sont de même importance et de même hauteur ; c'est ce qui se rencontre fréquemment dans les halles des établissements industriels. Les appuis intermédiaires sont généralement des colonnes en fonte ou des poteaux métalliques ; chacun

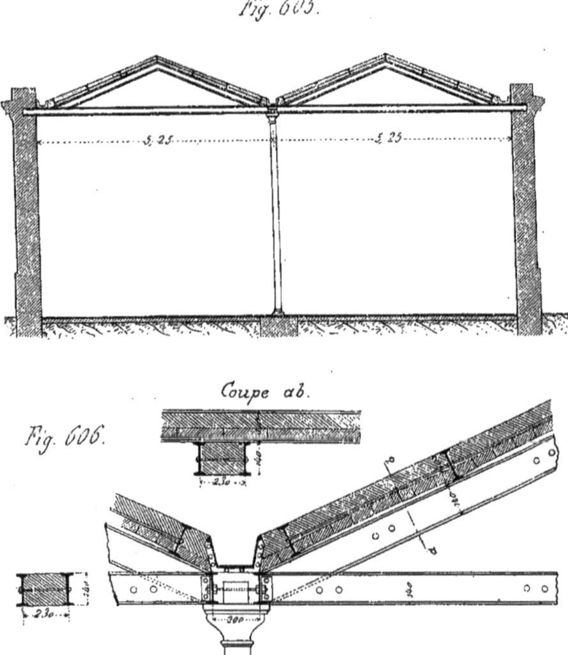

Fig. 605.

Fig. 606.

des poteaux intermédiaires recevant à la fois l'assemblage des pieds de deux fermes présente une disposition symétrique, des sablières assemblées d'une ferme à l'autre entre les têtes des poteaux les entretoisent et supportent le chéneau, à moins qu'on ne leur donne la forme en caisson, et qu'on ne construise le chéneau à l'intérieur. Dans l'exemple de la figure 605, les supports sont des colonnes en fonte ; leurs têtes sont entretoisées par des fers jumelés dont l'intervalle est hourdé, qui supportent le chéneau et sur lesquels s'assemblent les entraits des fermes (fig. 606). Celles-ci sont triangulaires, formées de deux arbalétriers et d'un entrait en fers double T jumelés ; le comble est hourdé.

La figure 607 montre la tête d'un poteau en fer avec sablière portant le chéneau ; la figure 608 donne la disposition de chéneau construit dans la sablière en caisson.

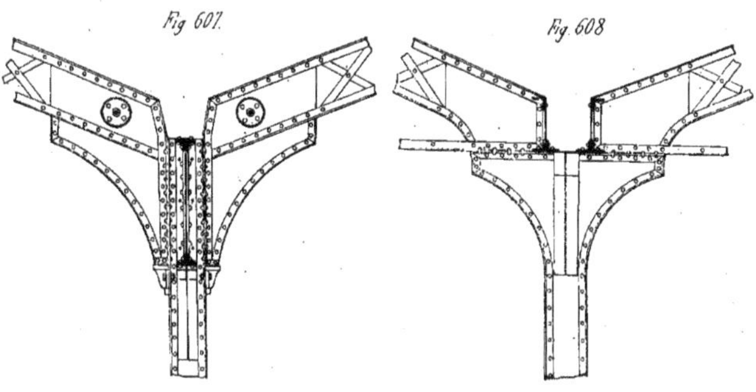

Fig 607. Fig 608

Il arrive souvent que les différentes travées n'ont pas même largeur ; les combles qui les couvrent n'ont pas alors non plus la même hauteur, ni la même importance ; on emploiera par exemple la disposition qui consiste à avoir un grand comble au centre, avec un comble plus petit de chaque côté (fig. 609), les chéneaux restant cependant communs ; on pourra donner plus d'importance au bâtiment central, en augmentant sa hauteur, alors il présentera deux chéneaux, et chacun des petits combles latéraux en présentera deux également (fig. 610). Les poteaux intermédiaires comporteront alors, aux points où viennent s'y assembler les arbalétriers des petits combles, des consoles de formes et de dimensions convenables.

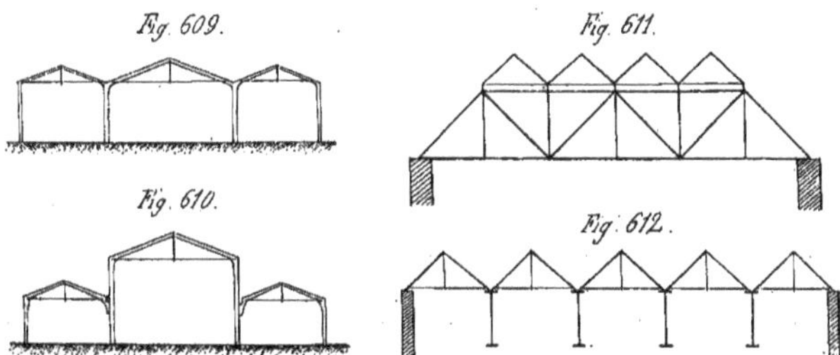

Fig. 609. Fig. 610. Fig. 611. Fig. 612.

2° *Les supports intermédiaires sont des poutres.* — Ce système présente l'avantage de ne pas encombrer la surface à couvrir par des poteaux dont la présence peut être gênante. Les poutres doivent être disposées de préférence dans le sens de la plus petite dimension du bâtiment ; les chéneaux des combles peuvent être placés transversalement aux poutres (fig. 611), ou au contraire ils peuvent être supportés par elle dans toute leur longueur (fig. 612). Les fermes employées seront ordinairement du modèle le plus simple ; les tuyaux de descente des eaux seront placés aux extrémités de chacun des divers chéneaux.

§ 7. — COMBLES A DEUX VERSANTS DISSYMÉTRIQUES

181. Généralités sur les combles à deux versants dissymétriques. — Les combles à deux versants dissymétriques, appelés aussi *sheds* en Angleterre, et combles *Raikem* en Belgique, présentent deux versants de pentes inégales. Leur emploi pour la couverture des ateliers présente l'avantage d'assurer un éclairage régulier et abondant ; on a l'habitude, en effet, de ne vitrer que le rampant le plus raide, que l'on oriente au nord, de telle sorte qu'il ne reçoit que de la lumière diffuse, et jamais les rayons directs du soleil. On voit que ces combles s'appliqueraient encore très bien si l'on recherchait, au contraire, une exposition en plein midi, pour des serres ou pour des magnaneries, par exemple ; il suffirait d'orienter au midi le rampant vitré.

L'inclinaison du rampant vitré sur l'horizontale varie de 70° à 80° ; on arrive rarement à redresser ce rampant suivant la verticale ; l'autre rampant a une pente variable suivant la nature de la couverture ; on s'arrange quelquefois de telle sorte que l'angle au sommet du shed soit de 90°, ce qui facilite les assemblages.

La portée d'un shed ne peut pas être trop considérable, sans que l'éclairage devienne insuffisant, et qu'il faille donner au rampant vitré une grande hauteur ; aussi cette portée varie ordinairement de 3 à 12 mètres.

Les sheds sont généralement disposés sur plusieurs travées parallèles et il est très rare de rencontrer une travée unique couverte par ce genre de comble ; l'aspect que présente alors le profil de la construction leur a fait donner le nom *de combles en dents de scie*. Les différentes travées sont séparées par des files de supports, colonnes en fonte, ou piliers métalliques, sur lesquelles sont placées les chéneaux ; ceux-ci doivent être assez larges pour former des chemins de circulation servant aux ouvriers en cas de réparations, ou pour le nettoyage des vitres du rampant ; il faut y prévoir l'amoncellement de la neige, qui est favorisé par la forme même du comble.

Au point de vue de l'étude que nous allons en faire, nous distinguerons les sheds en deux catégories :

1° Sheds sans fermes ;

2° Sheds avec fermes.

Parmi ces derniers, nous ferons trois groupes : dans le premier groupe, les fermes sont portées directement sur les têtes des colonnes ou des piliers ; dans le second groupe, les fermes sont supportées par des poutres, les chéneaux étant placés sur les poutres ; dans le troisième, les fermes sont portées par des poutres, mais les chéneaux sont perpendiculaires à celles-ci.

Dans chacun de ces groupes, les arbalétriers des fermes seront soutenus de différentes manières, et nous aurons en résumé le tableau suivant :

Sheds sans fermes.			
Sheds avec fermes.	Les supports intermédiaires sont des files de colonnes.	Arbalétriers avec tirant unique.	
		— armé d'une contrefiche genre Polonceau.	Armature articulée. Armature rivetée.
		— soutenu par un treillis riveté.	
	Les supports intermédiaires sont des poutres.	Les chéneaux sont placés sur les poutres.	
		Les chéneaux sont perpendiculaires aux poutres.	

182. Sheds sans fermes. — Lorsque les files de supports sont peu espacées, et que l'écartement des supports dans chaque file n'est pas trop grand, on peut établir les sheds sans fermes, en faisant reposer les chevrons supportant la couverture et les fers à vitrages du rampant vitré directement sur les chéneaux. Ceux-ci sont en fonte ou en tôles et cornières; dans le premier cas, les files de supports portant ces chéneaux étant espacées de 3 mètres au plus, on les écartera dans chaque file de 3 à 6 mètres, les chéneaux formant poutre sur cette longueur et leurs dimensions devant être établies en conséquence; s'ils sont en tôles et cornières, l'écartement des colonnes de chaque file pourra être plus considérable.

Les fers du rampant plein sont à section en croix; ils sont réunis à leur partie inférieure par une cornière qui vient s'appuyer sur une nervure longitudinale convenablement disposée sur le bord du chéneau (fig. 613); ces fers portent à leur partie supérieure une encoche dans laquelle s'engage l'aile d'un fer à simple T horizontal; c'est sur ce fer que s'assemblent les extrémités supérieures des fers à vitrage du rampant vitré (fig. 614); leurs extrémités inférieures sont rivées sur une cornière qui s'appuie sur une nervure longitudinale du chéneau (fig. 613).

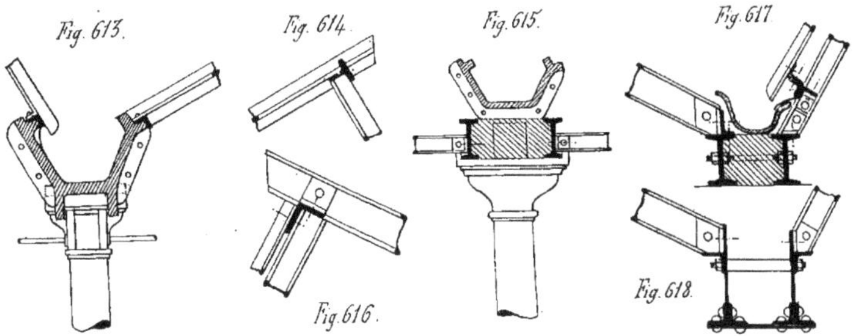

Les condensations intérieures sont recueillies dans les rigoles formées par les nervures du chéneau, et écoulées par de petits trous percés de distance en distance.

Les colonnes de chaque file sont reliées par les portions de chéneau qui s'assemblent sur leurs têtes; on entretoise entre elles les files voisines au moyen de boulons de chaînage ou mieux de fers à double T qui peuvent servir en même temps à supporter des transmissions.

On peut encore supporter le chéneau sur un filet en fers double T au lieu de lui faire former poutre (fig. 615), ce qui permet d'écarter davantage les colonnes dans chaque file.

Si la portée des différentes travées varie de 3 à 4 mètres, il vaut mieux faire les chevrons en fers double T qu'on écarte de 0^m 80 à 1^m 50 sur le rampant le plus incliné, et auxquels on peut donner un écartement double sur le rampant vitré, on les relie dans chaque pan par des boulons à quatre écrous. L'assemblage à la partie supérieure se fait à l'aide d'une cornière longitudinale (fig. 616) sur laquelle on fixe les fers à vitrages. Les assemblages à la partie inférieure sont également obtenus au moyen d'équerres (fig. 617). On voit qu'il est facile alors de hourder le rampant non vitré entre les fers à double T.

Si le chéneau est en tôles et cornières, il n'y aura de changés que les assemblages des pieds des chevrons sur lui (fig. 618). Il est bon de contrebuter la poussée des rampants sur le chéneau par des entretoises formées d'un bout de tube coupé exactement de longueur et maintenu par un boulon. On peut appliquer le même système à l'entretoisement des colonnes des diverses files si la portée des sheds est faible.

183. Sheds avec fermes posées sur les têtes des colonnes. — Les fermes de sheds sont, le plus ordinairement, construites en fers double T du commerce, et rarement on compose leurs arbalétriers de pièces à treillis. Pour des portée de 3 à 6 mètres, il ne sera pas nécessaire de soutenir les arbalétriers en des points intermédiaires (fig. 619), et la ferme ne comportera qu'un

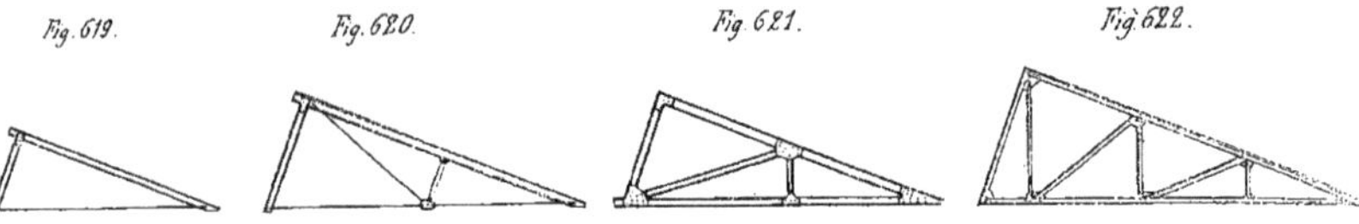

Fig. 619. Fig. 620. Fig. 621. Fig. 622.

tirant en fer rond ou en fer double T si l'on doit y accrocher des transmissions ; on pourra y adjoindre une ou deux aiguilles pendantes. Au delà de 6 mètres de portée, il faut soutenir l'arbalétrier du rampant plein en son milieu par une contrefiche qui sera articulée, et alors cet arbalétrier sera armé à la Polonceau (fig. 620), ou bien la contrefiche sera en fer double T, ainsi que l'entrait et les sous-tendeurs reliant les extrémités de l'arbalétrier au pied de la contrefiche, et tous les assemblages seront faits par éclisses rivées.

La ferme pourra encore ne comporter qu'une contrefiche partant du pied du rampant vitré pour aboutir au milieu de l'arbalétrier de l'autre rampant, avec aiguille pendante soutenant l'entrait (fig. 621) ; enfin, les arbalétriers des deux rampants étant soutenus en un ou plusieurs points, la ferme comportera plusieurs contrefiches (fig. 622), et rentrera dans le système de fermes anglaises.

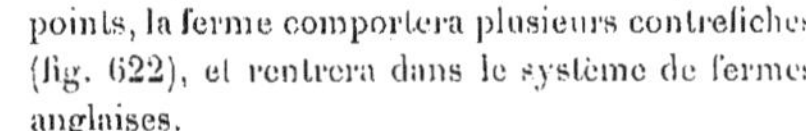

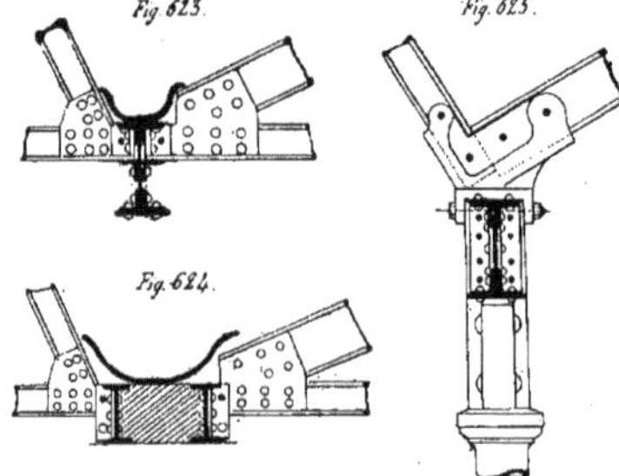

Fig. 623. Fig. 625. Fig. 624.

Les assemblages sont tout à fait analogues à ceux des fermes de même genre à deux versants symétriques. Les chéneaux sont, comme dans les sheds sans fermes, supportés par des sablières formées d'un fer double T (fig. 623), ou de deux fers jumelés (fig. 624) qui relient entre elles les têtes des colonnes d'une même file, et alors les pieds des fermes sont assemblés sur ces sablières au droit des colonnes ; ou bien encore les pieds des arbalétriers de deux travées voisines viennent reposer dans un sabot commun en fonte, placé sur la tête de la colonne à laquelle il est assemblé, et sur lequel le chéneau est appuyé (fig. 625) ; les têtes des colonnes d'une même file sont encore, dans ce cas, reliées par des sablières.

Lorsque le rampant plein doit être hourdé, on rapproche les pannes à $0^{m}80$ ou 1 mètre les unes des autres, et on les entretoise par des boulons à quatre écrous. On prolonge souvent un peu le rampant plein au-dessus du rampant vitré, de manière à former un petit auvent qui abrite celui-ci ; cette disposition est surtout à recommander quand le rampant vitré comporte des châssis ouvrants.

184. Sheds avec fermes supportées par des poutres. — 1° *Les chéneaux sont placés sur les poutres.* Lorsque les intervalles des supports dans chaque file deviennent trop considérables, et conduisent à des pannes de grande section, et par suite à des fermes importantes, il plus avantageux de se servir des sablières placées entre les colonnes d'une même file et au-dessus desquelles sont placés les chéneaux, pour supporter, dans les intervalles des colonnes, une ou deux fermes intermédiaires. Ces fermes s'assemblent sur les sablières, comme nous l'avons vu plus haut (fig. 624), ou bien leurs sabots de pied s'assemblent sur la semelle supérieure de celles-ci.

Remarquons qu'en plaçant les sablières transversalement à l'espace à couvrir, et en leur donnant des dimensions convenables, il serait, dans certains cas, possible de supprimer complètement les supports intermédiaires.

2° *Les chéneaux sont perpendiculaires aux poutres.* — Dans le cas où les files de supports doivent être très espacées et où la portée des sheds deviendrait trop grande, on peut encore réunir les supports de deux files voisines par des poutres entre lesquelles on assemblera les sablières supportant les chéneaux des différents sheds de faible portée, celle-ci étant un sous-multiple de l'écartement des files de supports. De même que dans le cas précédent, il est possible, si les dimensions de l'espace à couvrir ne sont pas trop considérables, de supprimer tous les supports intermédiaires.

185. Transformation en shed d'un comble à deux versants symétriques. — On peut faire cette transformation d'une manière très simple, si l'orientation du comble le permet ; on découvre complètement l'un des deux versants, et on adjoint à chaque ferme et du côté découvert un triangle formé de deux arbalétriers, l'un prolongeant l'arbalétrier du pan resté couvert, l'autre formant l'arbalétrier du pan vitré ; sur le premier, on assemble les pannes nécessaires pour prolonger la couverture (fig. 626).

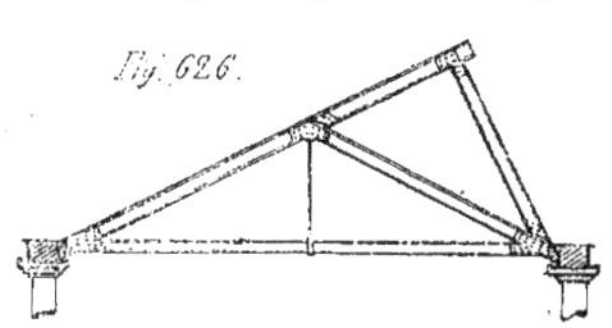
Fig. 626.

§ 8. — COMBLES COUVRANT UN ESPACE POLYGONAL OU COURBE EN PLAN

186. Des croupes dans les combles en fer. — La construction d'une croupe dans un comble en fer se fait d'après les mêmes principes que dans les combles en bois ; on établit une dernière *ferme de long pan* à laquelle on termine le faîtage ; deux *demi-fermes d'arêtiers* viennent s'assembler sur la ferme de long pan ; si la portée du comble est trop grande pour que les pannes du pan de croupe restent sans soutiens, on établit sous ce pan une *demi-ferme de croupe* qui est placée dans le même plan vertical que le faîtage.

L'assemblage des arbalétriers au sommet de la croupe s'obtient de deux manières différentes : on peut faire usage d'une boîte d'assemblage en fonte dans laquelle viennent s'encastrer les extrémités des arbalétriers de long pan, du faîtage et de l'arbalétrier de la demi-ferme de croupe; pour ne pas compliquer les dispositions de cette boîte et les difficultés d'assemblage, on dispose des pièces horizontales appelées *goussets*, assemblées entre les arbalétriers des fermes précédentes, et sur lesquelles on fixe les abouts des arbalétriers d'arêtiers (fig. 627).

La seconde disposition consiste à faire tous les assemblages au moyen d'équerres en cornières et de tôles coudées à la demande; on assemble encore le faîtage et l'arbalétrier de la demi-

Fig 627. Fig. 628. Fig 629.

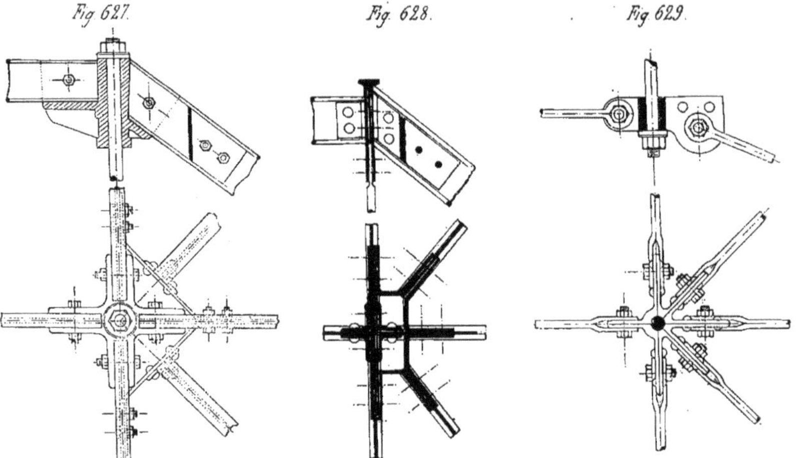

ferme de croupe sur la ferme de long pan à l'aide d'équerres en cornières; on emploie des tôles coudées remplaçant les goussets du cas précédent pour relier les arbalétriers d'arêtiers aux autres (fig. 628).

Les tirants des fermes, s'ils sont en fer rond, seront terminés par des têtes à œil, et celles-ci seront toutes maintenues par des boulons entre deux plaques d'assemblage en tôle, si les tirants sont horizontaux; il sera nécessaire de relier le point d'attache des tirants des deux croupes d'un même bâtiment par un tirant longitudinal parallèle au faîtage, afin de contre-buter les poussées de ces croupes. Si les tirants des fermes ne sont pas horizontaux, on terminera les tirants par des fourches qui viendront s'assembler sur des brides d'une pièce spéciale en tôles coudées (fig. 629). Si les tirants des fermes sont en fer double T, on les réunira par des équerres en cornières et des tôles coudées, comme on l'a fait pour les arbalétriers.

187. Combles sur plan polygonal. — Le principe de l'établissement de ces combles est le suivant : à chaque angle du polygone, on fait aboutir une demi-ferme qui vient s'appuyer et s'assembler à sa partie supérieure sur les parois latérales d'une ceinture polygonale au moyen d'équerres en cornières; cette ceinture est construite en tôles et cornières et renforcée au droit des assemblages par des tôles ou des cornières, de manière qu'elle présente une grande rigidité.

Si le nombre des fermes est peu considérable, on peut employer une disposition d'assemblage au sommet des fermes analogue à ce que nous avons vu pour les croupes; mais outre la complication et les difficultés qui en résultent, l'aspect est alors peu satisfaisant; de plus, ces combles sont souvent surmontés d'une lanterne, et il est alors tout indiqué de la faire supporter par la ceinture supérieure d'assemblage des arbalétriers.

Si les fermes possèdent des tirants, on assemble ceux-ci au milieu par des procédés analogues à ceux que nous venons d'indiquer dans le cas des croupes. Si les fermes n'ont pas de tirants, on contrebute leurs poussées en reliant leurs pieds par des sablières formant une ceinture continue très rigide résistant à la traction, ou par des pièces spéciales constituant cette ceinture. Les pannes rectilignes assemblées aux arbalétriers forment elles-mêmes, à différentes hauteurs, des ceintures polygonales qui entretoisent convenablement toutes les fermes entre elles et les rendent solidaires, de sorte qu'un tel comble présente une grande stabilité; il est cependant bon de compléter le contreventement par des barres obliques allant d'une ferme à l'autre dans le plan du rampant.

Si les arbalétriers des fermes sont rectilignes, le comble est pyramidal; si les arbalétriers sont courbes, le comble forme une rotonde ou un dôme.

188. Combles sur plan circulaire ou elliptique. — Leur construction est basée sur les mêmes principes, seulement les ceintures et les pannes ont la forme circulaire ou elliptique en plan; suivant que les arbalétriers sont rectilignes ou courbes, on obtient une rotonde tronconique ou une coupole. Nous insisterons de nouveau sur ce fait que, grâce à l'emploi des ceintures inférieures qui contrebutent complètement la poussée des fermes, ces combles n'exercent sur leurs supports que des efforts verticaux.

§ 9. — COMBLES MIXTES EN BOIS ET FER

189. Fermes en bois avec tirant et aiguilles en fer. — Nous avons déjà vu précédemment que dans un grand nombre de cas, les fermes d'un comble étant construites en fer, les pannes et surtout les chevrons se font en bois; mais ce n'est pas là ce que nous appelons des combles mixtes : nous désignerons ainsi des combles dont les fermes sont construites en partie en bois et en partie en fer.

Il est tout naturel de penser à remplacer, dans une ferme en bois, toutes les pièces qui ne subissent que des efforts de traction par des barres de fer rond, de fer plat, ou par des cornières; ainsi tout d'abord, les poinçons ou aiguilles, puis les entraits lorsqu'ils ne portent pas plancher. On peut alors conserver seulement les extrémités de l'entrait et du poinçon pour y faire les assemblages des arbalétriers (fig. 630) et y fixer les barres de fer rond, qu'on emploiera le plus généralement dans ce cas, à l'aide de fourches d'assemblage boulonnées sur les pièces de bois; cette disposition donne en outre la faculté de régler très exactement la tension de l'entrait et celle des aiguilles, ces pièces étant filetées à leurs extrémités et maintenues dans les fourches d'assemblage par des écrous. On peut remplacer les bouts d'entrait et de poinçon qu'on avait conservés pour faire les assemblages des arbalétriers, par des pièces spéciales en fonte ou en fer qui reçoivent les abouts des arbalétriers et dans lesquelles les assemblages des barres de fer rond se font plus facilement et avec plus de sécurité. Si le nombre des fermes à construire sur le même modèle est assez grand, on a avantage à employer la fonte; nous donnons ici (fig. 631 et 632) deux modèles de sabot d'appui en fonte ; le premier exige pour l'assemblage de l'entrait l'emploi d'une fourche, le second permet de s'en passer. Les figures 633 et 634 montrent deux modèles qu'on peut adopter pour la pièce d'assemblage des arbalétriers au sommet de la ferme.

Il est facile également de construire en tôle et cornières les sabots de pied d'arbalétrier, et nous aurons encore deux modèles suivant que l'assemblage du tirant se fera sans fourche ou avec fourche (fig. 635 et 636).

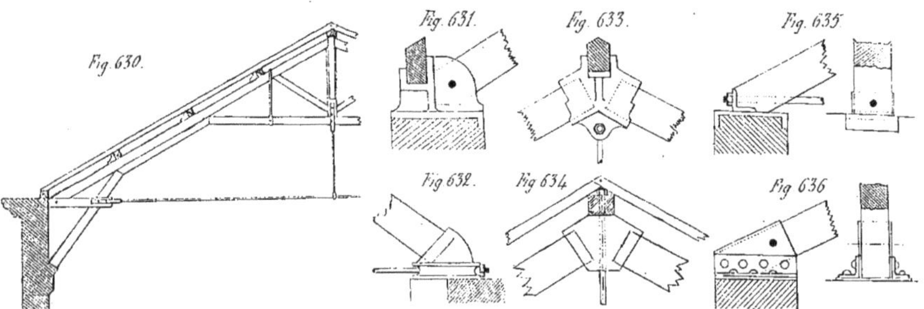

190. Fermes en bois avec assemblages métalliques. — Nous avons dit que dans les charpentes en bois, les assemblages sont toujours des points faibles parce qu'on ne peut les faire qu'en entaillant plus ou moins fortement les pièces à assembler ; que, de plus, ces assemblages ne peuvent pas résister à tous les genres d'efforts. On a eu l'idée de réunir entre elles les différentes parties d'une charpente en bois par des assemblages à éclisses, au moyen de couvre-joints en tôle fixés sur les pièces de bois par un nombre suffisant de boulons ; de cette manière, on supprime tout travail de confection des tenons et des mortaises ; les bois sont simplement coupés de longueur, assemblés à plat, puis reliés par les éclisses boulonnées ; il est seulement nécessaire de donner à tous les bois la même épaisseur dans le sens perpendiculaire au plan de la ferme.

Comme on le voit, ces assemblages peuvent être pourvus d'une résistance et d'une rigidité considérables, et ils se prêtent avec la plus grande facilité à une foule de combinaisons ; ils permettent également, si on le juge à propos, de remplacer par des barres de fer rond les pièces qui ne supportent que des efforts de traction, comme nous l'avons vu plus haut.

191. Fermes mixtes genre Polonceau. — Les fermes Polonceau ont d'abord été construites en bois et fer, et c'est seulement dans la suite que cette élégante solution a été étendue aux fermes entièrement métalliques. Les arbalétriers en bois étaient armés au moyen d'une contrefiche également en bois placée perpendiculairement à l'arbalétrier et dont l'autre extrémité était reliée à celles de l'arbalétrier par des sous-tendeurs en fer rond pourvus d'écrous permettant de régler leur tension. Chacun des arbalétriers présentant ainsi par lui-même une rigidité suffisante, si on arc-boute ces deux pièces en les reliant à leur pied par un tirant, pour les empêcher de pousser sur les murs, on aura constitué une ferme Polonceau (fig. 637) ; on obtient un meilleur aspect en attachant le tirant aux pieds des deux contrefiches.

On a perfectionné la construction de ces fermes en remplaçant la contrefiche en bois par une bielle en fonte, puis en attachant les sous-tendeurs à l'arbalétrier, non plus par de simples écrous noyés dans le bois, mais par l'intermédiaire de fourches ; on a également donné à leur assemblage à l'extrémité de la bielle une forme plus étudiée ; enfin on a pourvu de sabots en fonte les pieds des arbalétriers, et on les a arc-boutés à leur partie supérieure dans une pièce spéciale également en fonte (fig. 638) ; les fermes ainsi établies s'appliquent à des portées de 16 à 20 mètres. Pour les portées comprises entre 20 et 30 mètres, il est nécessaire d'armer l'arbalétrier de trois bielles (fig. 639).

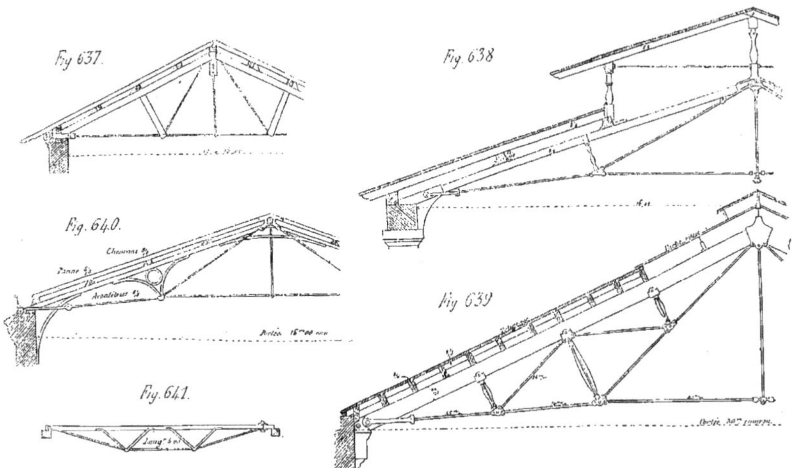

Dans le même ordre d'idées, M. Baudrit a établi des combles légers pour ateliers ou installations provisoires ; l'arbalétrier en bois est armé par une pièce en forme de double console placée en son milieu, et qui lui fournit trois points d'appui ; de plus, des pièces courbes placées entre les deux arbalétriers au sommet de la ferme, et entre les murs et les pieds des arbalétriers, fournissent à chacun de ceux-ci deux autres points d'appui (fig. 640). Les pannes de 4 mètres de longueur, ont la forme de poutres armées avec quatre points d'appui intermédiaires qui leur sont fournis par des pièces en V que maintiennent les sous-tendeurs (fig. 641) ; elles sont en bois de $0^m 08$ sur $0^m 08$. On atteint avec ces fermes des portées de 15 mètres en constituant les arbalétriers en bois de $0^m 08$ à $0^m 10$ d'équarissage.

192. Fermes mixtes en arc. — Le bois résistant bien à la compression se prête à la constitution des arcs ; M. Pombla a donc imaginé de construire des combles légers en formant les fermes de madriers courbés et maintenus dans cette position par des entraits en fer rond fixés par des écrous sur plate-bandes aux extrémités des madriers ; lorsque la portée est faible, on espace les fermes de 2 mètres à 2^m50 et on les relie par des planches longitudinales jointives sur lesquelles on place une couverture légère.

Si la portée est plus grande, on écarte davantage les fermes, et on les relie par des lambourdes auxquelles on donne une hauteur variable afin de relever la toiture vers le faîtage, pour éviter les fuites d'eau en ce point (fig. 642) ; ces fermes permettent ainsi d'atteindre des portées de

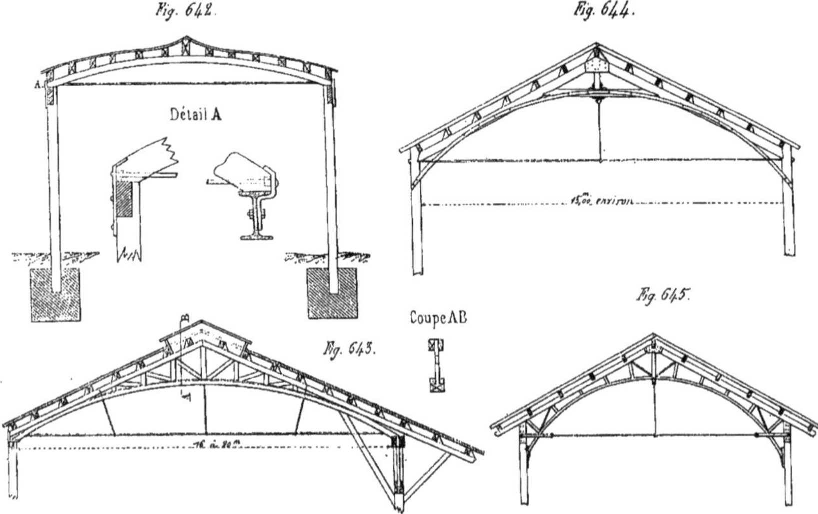

12 mètres, avec des couvertures légères. Au delà et jusqu'à 20 mètres, la forme du comble est différente ; il comprend encore une pièce courbe bandée par un entrait en fer rond, mais cette pièce est doublée par deux arbalétriers auxquels elle est reliée par une série de potelets et de liens (fig. 643) : l'entrait est soutenu par des aiguilles pendantes. On peut alors espacer les fermes de 4^m50 à 6 mètres.

M. Baudrit a étudié des fermes mixtes dans lesquelles les arbalétriers rectilignes en bois sont reliés vers leur quart supérieur par un faux entrait ; un arc formé de deux cercles en fer plat est boulonné sur ces pièces qu'il relie aux poteaux supportant la ferme ; celle-ci comporte un entrait en fer rond (fig. 644).

Dans un autre modèle, les arbalétriers en bois sont reliés à un arc inférieur en cornières par un treillis léger ; la ferme comporte également un entrait en fer rond (fig. 645).

§ 10. — CALCUL DES COMBLES MÉTALLIQUES

193. Calcul des chevrons. — 1° *Chevrons en bois.* Si on appelle a et b les deux dimensions de la section transversale d'un chevron, l l'écartement des pannes en plan, e l'écartement des chevrons d'axe en axe, P la charge par mètre carré couvert, cette charge comprenant le poids des chevrons, le poids de la couverture et les surcharges, on emploiera la formule :

$$Pl^2e = \frac{4}{3}\,ab^2R,$$

R étant la résistance de sécurité du bois que l'on peut prendre égale à 50 kilogrammes par centimètre carré.

Pour simplifier le calcul, on peut attribuer à P la valeur de la charge totale du comble par mètre carré couvert, y compris le poids de la charpente, et attribuer alors à R, par compensation, une valeur de 60 kilogrammes par centimètre carré ; la formule devient alors :

$$Pl^2e = 800000\,ab^2,$$

qui donne pour les différents équarrissages usuels de chevrons :

Équarrissages . .	0,08×0,08	0,08×0,10	0,08×0,12	0,08×0,14	0,10×0,10	0,10×0,12	0,10×0,14
Formule : $Pl^2e=$	410	640	920	1250	800	1150	1570

On peut calculer soit l'équarrissage des chevrons connaissant leur écartement, soit au contraire l'écartement à donner à des chevrons d'un équarrissage déterminé.

2° *Chevrons en fer.* Les chevrons en fer sont formés soit de cornières, soit de fers à simple ou à double T ; ces derniers sont les plus avantageux dans le cas de charges un peu élevées. Le module de résistance d'un chevron étant $\frac{I}{v}$, sera donné par la formule :

$$\frac{I}{v} = \frac{Pl^2e}{8R},$$

dans laquelle R est la résistance de sécurité du fer, les autres lettres ayant la même signification que dans le cas précédent.

On pourra prendre approximativement :

$$1000000\,\frac{I}{v} = 0,015\,Pl^2e \quad \text{pour le fer,}$$

$$1000000\,\frac{I}{v} = 0,010\,Pl^2e \quad \text{pour l'acier.}$$

Nous donnons ci-dessous les tableaux des modules de résistance des cornières et des fers à simple T qu'on pourra employer comme chevrons.

Cornières à branches égales posées avec une aile verticale.

Largeur d'aile.	Épaisseur	$1000000 \frac{1}{v}$	Poids par mètre.
35	4	0, 8	2k 06
	6	1, 2	3, 00
40	5	1, 4	2, 93
	7	1, 9	3, 98
45	5	1, 8	3, 32
	7	2, 4	4, 53
50	5	2, 2	3, 70
	7	3, 0	5, 08
55	6	3, 2	4, 85
	8	4, 1	6, 37
60	6	3, 8	5, 34
	8	4, 9	6, 99
	9	5, 5	7, 80
65	7	5, 2	6, 7
	9	6, 5	8, 5
70	7	6, 1	7, 25
	9	7, 6	9, 20
	11	9, 1	11, 10
75	8	7, 9	8, 85

Largeur d'aile.	Épaisseur	$1000000 \frac{1}{v}$	Poids par mètre.
75	10	9, 7	10k 90
	11	10, 5	11, 90
80	8	9, 0	9, 50
	10	11, 1	11, 70
	12	13, 0	13, 85
85	8	10, 3	10, 10
	10	12, 6	12, 50
	12	14, 8	14, 80
	13	15, 8	15, 90
90	8	11, 6	10, 75
	10	14, 1	13, 25
	12	16, 7	15, 70
	13	17, 9	16, 90
100	9	16, 0	13, 40
	11	19, 3	16, 20
	13	22, 3	19, 00
	15	25, 3	21, 60
	16	26, 7	23, 00
110	11	23, 5	17, 90
	13	27, 3	21, 00
	15	31, 0	24, 00

Largeur d'aile.	Épaisseur	$1000000 \frac{1}{v}$	Poids par mètre.
120	11	28, 3	19k 60
	13	32, 8	23, 00
	15	37, 3	26, 30
	16	39, 5	28, 00
125	11	30, 7	20, 50
	13	35, 8	24, 00
	15	40, 7	27, 50
	17	45, 5	30, 90
140	11	38, 9	23, 10
	13	45, 3	27, 10
	15	51, 6	31, 00
	17	57, 9	34, 90
	19	63, 8	38, 70
	20	66, 7	40, 60
150	11	44, 8	24, 80
	13	52, 3	29, 10
	15	59, 6	33, 40
	17	66, 7	37, 50
	19	73, 8	41, 60
	21	80, 6	45, 70
	22	84, 0	47, 70

Cornières à branches inégales posées la grande aile verticale.

Largeur des ailes.		Épaisseur.	$1000000 \frac{1}{v}$	Poids par mètre.	Largeur des ailes.		Épaisseur.	$1000000 \frac{1}{v}$	Poids par mètre.	Largeur des ailes.		Épaisseur.	$1000000 \frac{1}{v}$	Poids par mètre.
35	18	4	1, 2	1k 65	80	50	7	10, 3	6k 60	127	76	13	47, 0	19, 50
35	20	6	1, 5	2, 24	76	63	10	13, 6	10, 20	120	80	15	49, 0	22, 00
40	18	5	1, 6	2, 02	90	70	9	16, 0	10, 00	120	90	15	50, 0	23, 00
40	20	7	2, 2	2, 83	83	76	10	16, 7	11, 90	140	70	11	54, 0	20, 50
54	40	6	4, 0	4, 04	89	76	10	19, 0	12, 40	140	80	14	61, 0	22, 00
54	40	7	4, 5	4, 66	102	51	11	24, 0	12, 00	150	70	14	63, 0	21, 00
50	45	7	4, 5	4, 80	102	76	11	26, 0	14, 00	140	114	15	70, 0	28, 00
55	45	7	4, 6	5, 50	100	80	12, 5	26, 0	15, 00	152	63	15	74, 0	24, 00
70	35	5	5, 5	3, 85	110	65	11	28, 0	13, 00	177	76	13	91, 0	25, 00
80	50	5	8, 0	5, 00	100	65	13	30, 0	15, 80	200	110	15	134, 0	34, 00
63	50	10	9, 0	8, 00	120	80	13, 5	43, 0	19, 00	205	115	20	225, 0	46, 00

Fers à simple T, l'âme placée verticalement.

Hauteur d'âme.	Largeur de table.	Épaisseur.	$1000000\,\frac{I}{v}$	Poids par mètre.	Hauteur d'âme.	Largeur de table.	Épaisseur.	$1000000\,\frac{I}{v}$	Poids par mètre.	Hauteur de l'âme.	Largeur de table.	Épaisseur.	$1000000\,\frac{I}{v}$	Poids par mètre.
15	15	3	0, 16	0k 60	30	30	6	1, 30	2k 25	65	55	10	9, 80	9k 30
17	20	4	0, 28	1, 10	35	30	5	1, 44	2, 10	70	65	8, 5	11, 42	8, 30
20	17	3	0, 29	0, 85	40	35	4, 5	1, 83	2, 44	80	75	10	16, 27	11, 30
17	23	4	0, 30	1, 20	40	30	6	2, 21	2, 75	85	75	11	19, 50	13, 00
17	26	5	0, 35	1, 40	40	35	6, 5	2, 66	3, 35	75	125	13	20. 00	19, 00
25	20	3, 5	0, 51	1, 13	45	40	6, 5	3. 18	3, 85	89	75	11	21, 10	15, 00
25	20	4	0, 58	1, 20	50	45	7	4, 22	5, 00	81	125	14	26, 00	21, 30
30	25	3, 5	0. 76	1, 35	55	50	7	5, 10	5, 20	90	170	13	26, 00	24, 50
26	24	5	0, 78	1. 70	60	55	8	7, 00	6, 60	100	150	13	31, 00	23, 15
30	25	5	1, 01	1, 60	60	100	10	9, 22	12, 10	160	135	20	116, 00	37, 00

Fers à vitrages.

Hauteur.	Largeur.	$1000000\,\frac{I}{v}$	Poids par mètre.	Hauteur.	Largeur.	$1000000\,\frac{I}{v}$	Poids par mètre.
27	18	0, 51	1k 20	45	24	2, 20	3k 20
33	22	1, 00	1, 85	52	24	3, 15	3, 60
38	22	1, 45	2, 30				

Fers à vitrages en croix.

Hauteur.	Largeur.	$1000000\,\frac{I}{v}$	Poids par mètre.
51	35	2, 20	4k 20
60	35	3, 60	6, 30

194. Calcul des pannes. — 1° *Pannes en bois.* Les pannes d'un comble sont des pièces qui résistent à la flexion, mais elles sont ordinairement *déversées*, c'est-à-dire que l'axe principal de leur section n'est pas placé dans la direction des efforts qui produisent la flexion. Sans en donner la démonstration, nous indiquerons ici le moyen de trouver l'équarrissage à donner à une panne déversée.

Soit P la charge du comble par mètre carré d'égout, cette charge comprenant le poids propre des pannes, celui des chevrons, celui de la couverture et des surcharges; on pourra sans inconvénient attribuer à P la valeur de la charge totale du comble, y compris le poids de la charpente par mètre carré d'égout; soit l la distance entre deux fermes voisines, c'est-à-dire la portée de la panne, e étant l'espacement des pannes suivant le rampant. Le moment de flexion maximum supporté par une panne a pour valeur :

$$M = \frac{Pl^2e}{8}.$$

La panne en bois la plus économique sera celle dont la section sera un rectangle ayant l'une de ses diagonales verticale (fig. 646) ; soient a et b les deux dimensions du rectangle, d la longueur de sa demi-diagonale ; si R est la résistance de sécurité du bois, on aura la relation :

$$\frac{6\,M}{R} = abd.$$

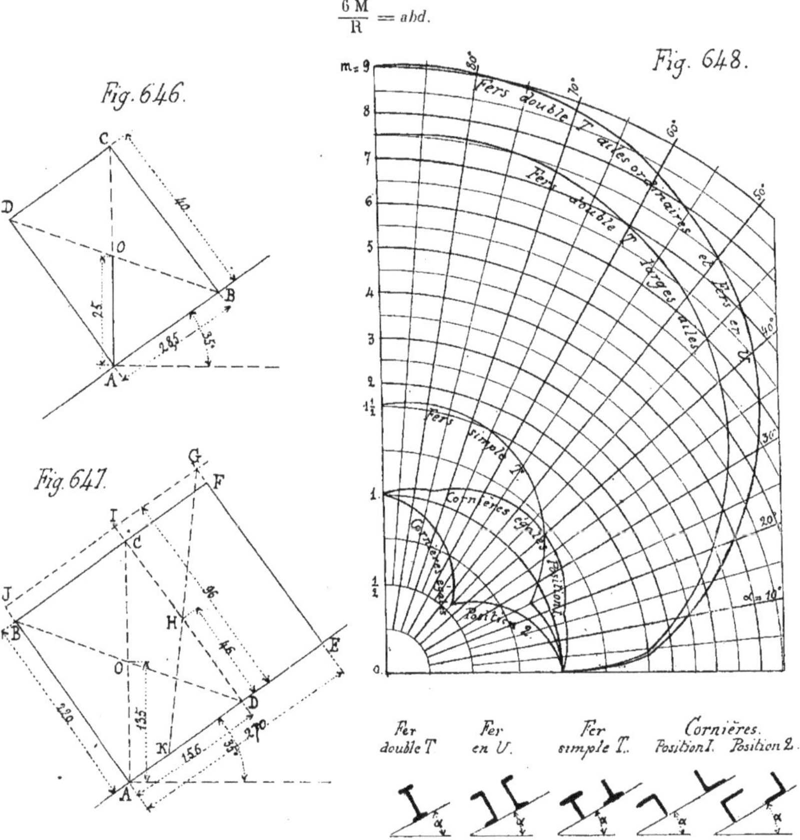

Pour trouver les dimensions de ce rectangle, on tracera *a priori* un rectangle d'essai ABCD ayant sa diagonale verticale, et dont on mesurera exactement les dimensions a' et b' et la demi-diagonale d' ; on fera le produit $a'b'd'$. Posons pour simplifier :

$$\frac{6\,M}{R} = K, \qquad a'b'd' = K'.$$

On aura alors :

$$b = b' \sqrt[3]{\frac{K}{K'}}.$$

On ne pourra employer la panne en bois présentant cet équarrissage que si le rapport des dimensions transversales de sa section n'est pas supérieur à 2,5 environ, c'est-à-dire si la pente du comble est comprise entre $\frac{2}{5}$ et 2,5, ce qui correspond à des angles variant de 20° à 70° environ.

Si on ne tient pas à adopter la panne d'équarrissage minimum, et que la hauteur de la section soit imposée, on opère de la manière suivante : on construit comme dans le cas précédent un rectangle d'essai ABCD ayant sa diagonale verticale, et pour hauteur b ; on mesure sa largeur a' et sa demi-diagonale d' ; on fait le produit $a'bd'$ (fig. 647). On porte sur le côté DC une longueur DH représentant à une échelle arbitraire ce produit; on joint le point H au point K situé au tiers de AD à partir du point A. On porte ensuite sur le côté DC une longueur DI représentant à l'échelle précédente le quotient $\frac{6\,M}{R}$; on mène par le point I une parallèle IJ à la base AD du rectangle ; elle coupe la droite HK au point G ; la parallèle menée par ce point au côté CD du rectangle d'essai donne en ABEF le rectangle d'équarrissage cherché, ayant pour largeur a = AE.

Applications numériques. — Soit M = 800 le moment de flexion maximum auquel une panne est soumise, la pente du comble étant de 35°. S'il s'agit d'obtenir la panne d'équarrissage minimum, je construis à une échelle quelconque le rectangle d'essai pour lequel $a' = 0{,}285$ $b' = 0{,}40$ $d' = 0{,}25$; je forme le produit :

$$a'b'd' = K' = 0{,}285 \times 0{,}40 \times 0{,}25 = 0{,}0285.$$

D'autre part, en admettant R = 50 kilogrammes par centimètre carré pour la résistance de sécurité du bois, j'ai :

$$\frac{6\,M}{R} = K = \frac{6 \times 800}{50 \times 10^4} = 0{,}0096.$$

Il en résulte :

$$b = b' \sqrt[3]{\frac{K}{K'}} = 0{,}40 \times \sqrt[3]{\frac{0{,}0096}{0{,}0285}} = 0^{m}\,28.$$

d'où par suite :

$$a = 0^{m}20.$$

Si au contraire la hauteur de la panne est imposée et doit être de $0^{m}\,22$ par exemple, je trace toujours un rectangle d'essai, mais en lui donnant une hauteur de $0^{m}\,22$, à une échelle quelconque ; j'ai alors $a' = 0{,}156$ et $d' = 0{,}135$; il en résulte :

$$a'b'd' = 0{,}156 \times 0{,}22 \times 0{,}135 = 0{,}0046332 ;$$

d'autre part, j'ai calculé précédemment $\frac{6\,M}{R} = 0{,}0096$. Je porte sur CD la longueur DH égale à 46, puis la longueur DI égale à 96 à la même échelle; je joins le point H au point K, tiers de AD, et je mène par le point I la droite IJ parallèle à AD; ces deux droites se coupent au point G, par lequel je trace la parallèle EF à AB; la largeur *a* à attribuer à la panne est AE = $0^m 270$.

2° *Pannes en fer*. Si les pannes d'un comble ne sont pas déversées, on les calcule comme des pièces posées sur deux appuis, par la méthode indiquée à propos des solives de planchers. Lorsque ces pannes sont déversées, on les calcule encore par la même méthode, mais on majore la valeur du moment fléchissant trouvé en la multipliant par un coefficient *m* dont les valeurs sont données d'une manière approchée par l'abaque de la fig. 648, que nous avons construit à cet effet, et dont nous allons indiquer l'emploi. Il a été établi pour les fers à simple et à double T, pour les fers en U et pour les cornières à branches égales. Comme on peut le voir par la simple inspection de l'abaque, les fers à larges ailes sont préférables, pour constituer des pannes déversées, aux fers à ailes ordinaires; de même, lorsqu'on emploiera les cornières, il sera plus avantageux de les placer dans la position 2; enfin, en ce qui concerne les fers à simple T, l'abaque ne s'applique qu'à ceux dont la hauteur d'âme est au moins égale à la largeur de table.

Soit à calculer la panne déversée à section double T à larges ailes d'un comble dont les égouts sont inclinés à 45° sur l'horizontale; en conservant les mêmes notations que dans le cas des pannes en bois, le moment fléchissant maximum a pour valeur :

$$M = \frac{Pl^2e}{8}.$$

Prenons sur l'abaque le point d'intersection de la droite oblique marquée 45° avec la courbe des fers double T à larges ailes; par ce point passe un arc de cercle qui aboutit sur le côté gauche de l'abaque à la graduation $m = 6$; tel est le coefficient par lequel nous devons multiplier le moment fléchissant M.

Le module de résistance du fer à adopter aura alors pour valeur :

$$\frac{I}{v} = \frac{Mm}{R} = \frac{6M}{R},$$

R étant la résistance de sécurité du fer.

Il est facile, à la simple inspection de l'abaque, de se rendre compte de l'erreur que l'on commettrait si, comme l'indiquent certains auteurs, on calculait le module de résistance de la panne par la formule ordinaire :

$$\frac{I}{v} = \frac{M}{R}.$$

L'attache d'une panne sur un arbalétrier se calcule comme celle d'une solive sur une poutre de plancher.

195. Calcul d'une ferme. — 1° *Recherche des tensions des barres composant la ferme.* Dans l'étude d'une ferme de comble, on doit d'abord établir les valeurs des charges propres et des surcharges par mètre carré d'égout, en se basant sur les indications données au n° 147. Ces charges sont reportées sur les fermes par les pannes; celles-ci étant espacées de *e*, l'espacement des fermes étant E, et P étant la charge totale par mètre carré d'égout comprenant les surcharges, le poids de la couverture et des chevrons, celui des pannes, et celui de la charpente, on admet que chaque panne transmet à la ferme la charge $E \times e \times P$, comme si elle était coupée au droit de l'arbalétrier. La panne faîtière est considérée comme reportant cette même charge par moitié sur chacun des arbalétriers : quant à la sablière qui repose sur le mur de la construction, elle reçoit seulement la moitié de la charge d'une panne, mais elle la reporte immédiatement sur le mur, de sorte qu'on n'a pas à en tenir compte dans le calcul de la ferme.

On recherche ensuite, en supposant que les arbalétriers sont coupés au droit de chacun des nœuds de la charpente, quelles charges ils transmettent à ces nœuds. Deux cas peuvent se présenter : dans le premier, les arbalétriers sont soutenus par des contrefiches au-dessous de chaque panne ; à chacune de celles-ci correspond alors un nœud de l'arbalétrier, et à ce nœud est transmise la charge d'une panne. Dans le second cas, chaque tronçon d'arbalétrier compris entre deux nœuds supporte sur sa longueur une ou plusieurs pannes ; les charges transmises à chaque nœud se calculeront comme dans le cas d'une poutre posée sur deux appuis.

Il faut ensuite trouver la valeur des réactions exercées par les supports de la ferme ; dans le cas d'une ferme symétrique et symétriquement chargée, qui est le plus usuel, les deux réactions sont égales entre elles et égales chacune à la moitié de la somme des charges agissant sur les différents nœuds de la ferme. Si la ferme est dissymétrique, ou supporte des charges dissymétriques, on calcule les réactions de ses appuis en la considérant dans son ensemble comme une poutre posée sur deux appuis.

Ces préliminaires établis, nous allons examiner la méthode de recherche des tensions des barres dans les cas les plus importants où le calcul peut être fait d'une manière simple et élémentaire.

A. Ferme triangulaire. — La ferme la plus simple est formée de deux arbalétriers et d'un tirant ; pour exposer la méthode de calcul à lui appliquer, et afin de fixer les idées, nous prendrons un exemple numérique. Un comble de 16 mètres de portée couvert en zinc est supporté par des fermes espacées de 6 mètres ; la pente des rampants est de 35°.

Nous admettons pour le poids total de la couverture et de la charpente 50 kilogrammes et pour la surcharge 40 kilogrammes par mètre carré d'égout, soit au total 90 kilogrammes par mètre carré d'égout.

La longueur de l'arbalétrier, mesurée sur l'épure (fig. 649) étant de 9^m75, la charge d'un rampant est de :

$$90 \times 9{,}75 \times 6 = 5165 \text{ kilog.}$$

Puisqu'il y a trois pannes par égout, la charge d'une panne est de $\frac{5165}{4} = 1291$ kilogrammes soit en nombre rond 1300 kilogrammes, le faîtage porte également 1300 kilogrammes, la sablière inférieure reporte sur le mur une charge moitié moindre, soit de 650 kilogrammes.

Dans ces conditions, l'arbalétrier reporte sur chacune de ses extrémités une charge égale à la moitié de la charge totale qui lui est transmise par les trois pannes placées sur sa longueur, soit $\frac{3}{2} \times 1300 = 1950$ kilog. Il reporte à son pied cette charge sur le mur ; à son sommet, le nœud supérieur de la ferme reçoit alors, de chaque arbalétrier, une charge de $1950 + \frac{1300}{2} = 2600$ kg.

La réaction d'un appui de la ferme est égale à la moitié de l'ensemble des charges supportées par les deux arbalétriers, soit à $1300 \times 3 + \frac{1300}{2} = 4550$ kilog.

Le nœud d'appui est donc soumis à deux forces verticales de sens contraire, l'une de 4550 kilogrammes, l'autre de 1950 kilogrammes, soit une force verticale de 2600 kilogrammes égale à la différence de ces deux forces, et dirigée de bas en haut. Cette force est équilibrée par les tensions des barres qui aboutissent au nœud; nous obtiendrons donc ces tensions en décomposant, suivant la règle du parallélogramme, la force verticale en deux autres, l'une parallèle à l'arbalétrier, l'autre parallèle au tirant. A cet effet, nous construirons un triangle (fig. 650)

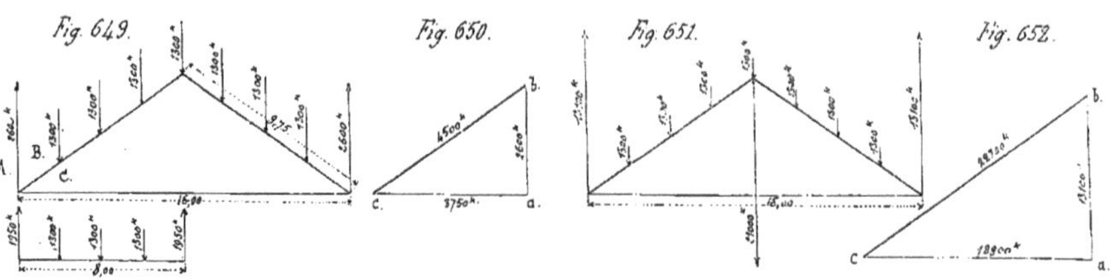

ayant ses trois côtés parallèles aux trois forces considérées; nous placerons sur l'épure, dans les espaces qui séparent les barres de la ferme ou les forces, des lettres majuscules; la barre ou la force qui sépare deux espaces sera désignée par les deux lettres correspondant à ces deux espaces. Dans le triangle des forces, que nous appellerons aussi un dynamique, chaque force sera désignée par les deux mêmes lettres, mais minuscules, que la force ou la barre correspondante de l'épure.

Nous tracerons d'abord le côté vertical *ab* du triangle, en lui donnant, à une échelle quelconque, une longueur représentant 2600 kilogrammes et en plaçant le point *a* en bas, le point *b* en haut, la droite *ab* ayant ainsi le même sens que la force AB de l'épure. Nous tracerons ensuite le côté *bc* parallèle à l'arbalétrier BC, puis le côté CA parallèle à l'entrait; le premier, mesuré à l'échelle des forces, représente 4500 kilogrammes, le second 3750 kilogrammes.

Pour connaître le sens dans lequel sont appliquées ces forces, nous suivons le contour du dynamique en partant du point *a*, dans le sens *abca*; nous suivons ainsi *ab* dans le sens de la force AB, et de même nous aurons en *bc* et en *ca* le sens des tensions des deux barres; le sens de l'action *bc*, exercée par l'arbalétrier sur le nœud, prouve que cette barre pousse sur le nœud, donc cette barre est *comprimée*. Le sens de l'action *ca*, exercée par le tirant sur le nœud, montre que cette barre tire sur le nœud (d'où son nom); elle est donc *tirée*. Nous représenterons par un trait plus gros les barres comprimées et les tensions de ces barres. A cause de la symétrie de la ferme et des charges, il est inutile de refaire la construction pour l'autre demi-ferme.

En outre, l'arbalétrier est soumis à la flexion; le moment de flexion se calcule comme si les forces verticales étaient appliquées à une poutre horizontale qui serait la projection de l'arbalétrier sur l'entrait. Ainsi, dans le cas actuel, ce moment est maximum au milieu de l'arbalétrier, et il a pour valeur :

$$1950 \times \frac{8}{2} - 1300 \times \frac{8}{4} = 5200$$

Si la portée de la ferme est un peu grande, il sera nécessaire de supporter l'entrait en son milieu par une aiguille pendante qui portera alors les $\frac{5}{8}$ du poids de cet entrait. Il en résultera que le moment de flexion que subit cette pièce sous l'action de son propre poids sera quatre fois moindre que dans le cas où elle ne serait pas soutenue en son milieu.

Considérons maintenant le même comble, mais dont l'entrait devra supporter un plancher chargé à raison de 350 kilogrammes par mètre carré (fig, 651). Il sera ici absolument indispensable de supporter l'entrait en son milieu par une aiguille pendante, qui reportera au sommet du comble les $\frac{5}{8}$ de la charge totale du plancher, soit :

$$\frac{5}{8} \times 350 \times 6 \times 16 = \frac{5}{8} \times 33600 = 21000 \text{ kilog.}$$

Les autres charges agissant sur la ferme étant les mêmes que dans le cas précédent, la réaction de l'appui sera égale à :

$$4550 + \frac{33600}{2} = 21350 \text{ kilog.}$$

La charge reportée par l'arbalétrier sur cet appui est de 1950 kilogrammes, comme dans l'exemple précédent, et, d'autre part, la charge reportée par l'entrait est les $\frac{3}{16}$ de la charge totale de l'entrait, soit :

$$\frac{3}{16} \times 33600 = 6300 \text{ kilog.}$$

L'ensemble de ces deux forces est de 8250 kilogrammes, de sorte que le nœud d'appui de la ferme est soumis à une réaction verticale de 21350 kilogrammes dirigée de bas en haut, et à une force verticale de 8250 kilogrammes dirigée de haut en bas, soit à une force égale à 13100 kilogrammes, différence des deux précédentes, et dirigée de bas en haut.

L'épure (fig. 652), faite comme dans le cas précédent, nous donne pour l'arbalétrier une compression de 22700 kilogrammes et pour l'entrait une traction de 18900 kilogrammes ; l'aiguille pendante subit une traction de 21000 kilogrammes ; enfin l'arbalétrier est soumis, comme dans la ferme étudiée plus haut, à un moment fléchissant de 5200 kilogrammètres. Quant à l'entrait, il supporte un moment de flexion dont la valeur est :

$$\frac{33600}{2} \times \frac{8}{8} = 16800.$$

B. Ferme en treillis. — Considérons une ferme dont l'arbalétrier est soutenu par un treillis; que celui-ci soit articulé ou riveté, le calcul se fera de la même manière. S'il y a un nœud d'arbalétrier au-dessous de chaque panne, la charge sur chacun de ces nœuds sera précisément la charge d'une panne ; sinon, on opérera pour avoir la charge reportée sur chaque nœud, comme nous l'avons fait dans le premier exemple.

Supposons calculées les charges qui sont appliquées à chacun des nœuds ; la réaction de l'appui aura pour valeur la demi-somme des charges précédentes, si celles-ci sont symétriques.

Pour faire l'épure des forces, nous commencerons par mettre une lettre dans chacun des espaces sur l'épure de la ferme (fig. 653), puis en prenant successivement les nœuds nous chercherons les tensions des barres qui y aboutissent. A cet effet, nous remarquerons que les forces appliquées à un nœud de treillis et les tensions des barres qui y aboutissent se font équilibre, et que par suite ces forces et ces tensions forment un polygone fermé si nous les composons entre elles; nous saurons construire ce polygone des forces si elles sont toutes données en direction et que les grandeurs de deux seulement d'entre elles soient inconnues. Nous commencerons par le nœud d'appui et nous prendrons ensuite les autres dans l'ordre convenable pour satisfaire à la remarque précédente (fig. 654).

Afin de faire avec plus de facilité la construction des divers polygones, nous conviendrons d'opérer comme nous allons le faire pour le nœud n° 2. Ce nœud est à la jonction des quatre espaces B, C, H, G; la tension du tronçon GB d'arbalétrier et la force verticale BC sont

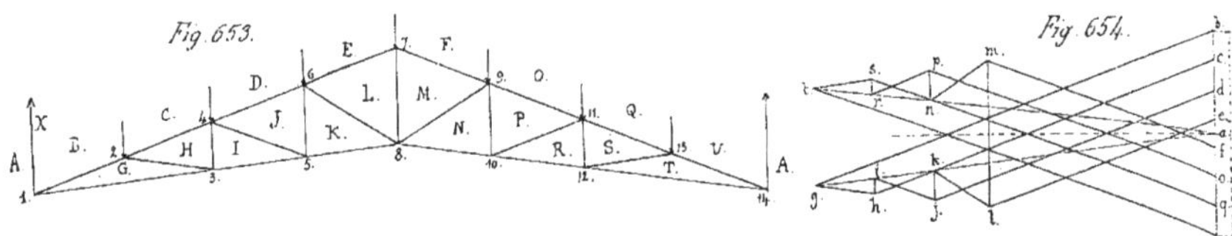
Fig. 653. Fig. 654.

connues; il reste à déterminer les tensions des barres CH et HG. Pour cela, nous menons sur le polygone des forces les droites *ch* et *gh* respectivement parallèles aux barres CH et GH. Pour connaître le sens des efforts exercés dans les barres, nous devons parcourir le polygone des forces dans le sens *bchgb* amorcé par la force verticale connue *bc*. Nous en concluons que l'arbalétrier est comprimé dans ses deux tronçons et que la contrefiche GH est aussi comprimée. Nous remarquerons que la force *Lg* doit être parcourue dans le sens *bg* quand il s'agit du nœud n° 1, et au contraire dans le sens *gb* quand nous passons au nœud n° 2; il en sera de même pour toutes les autres barres. Nous pourrons donc dire d'une manière générale que si une barre est parcourue dans un sens par la tension à laquelle elle est soumise lorsqu'il s'agit d'un nœud placé à l'une de ses extrémités elle doit être parcourue dans le sens inverse pour le nœud de sa seconde extrémité.

Nous passerons ensuite successivement aux autres nœuds :

Nœuds	3,	polygone	*aghia*
—	4,	—	*cdjihc*
—	5,	—	*aijka*
—	6,	—	*delkjd*
—	7,	—	*efmle.*

et nous opérerons de même pour la demi-ferme de droite; nous terminerons par le nœud d'appui n° 14, dont le polygone des forces devra se fermer convenablement si l'épure est exacte.

Il est inutile de continuer la construction pour la demi-ferme de droite, si les charges sont symétriquement réparties, les tensions des barres se retrouvant alors les mêmes que celles déjà obtenues.

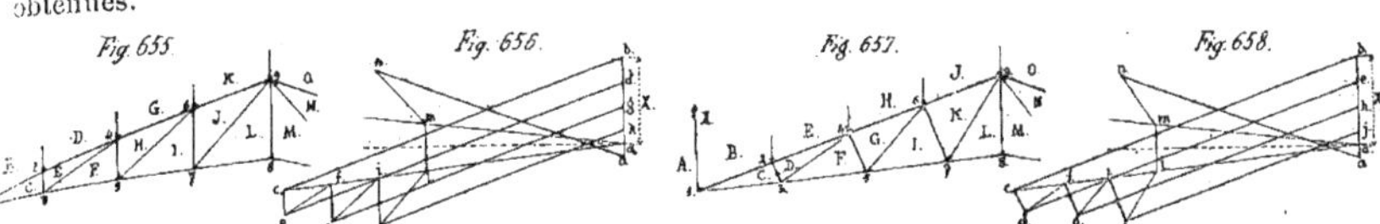
Fig. 655. Fig. 656. Fig. 657. Fig. 658.

Nous donnons, sans les expliquer, puisqu'elles s'exécuteront par la même méthode, les épures de deux autres fermes en treillis (fig. 655 et 656, 657 et 658).

Si une ferme est construite en treillis double (fig. 659) on la décomposera en deux systèmes de treillis simples (fig. 660 et 661), et on supposera que chacune des fermes ainsi constituées supporte la moitié des charges totales. On fera ensuite pour chacune des barres communes aux deux systèmes simples, la somme des tensions subies dans les deux cas. On voit qu'alors les barres verticales supporteront dans l'un des systèmes une compression et dans l'autre une traction, de sorte qu'au total leur tension sera la différence des deux précédentes, et de même sens que la plus grande des deux.

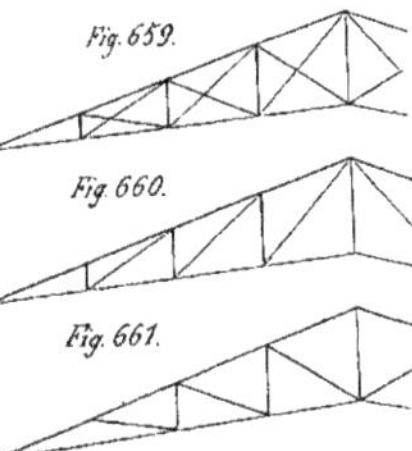
Fig. 659. Fig. 660. Fig. 661.

C. Ferme Polonceau. — L'épure de la ferme Polonceau à une seule bielle par arbalétrier se fera par les mêmes moyens ; aussi nous la donnerons sans l'expliquer (fig. 662 et 663).

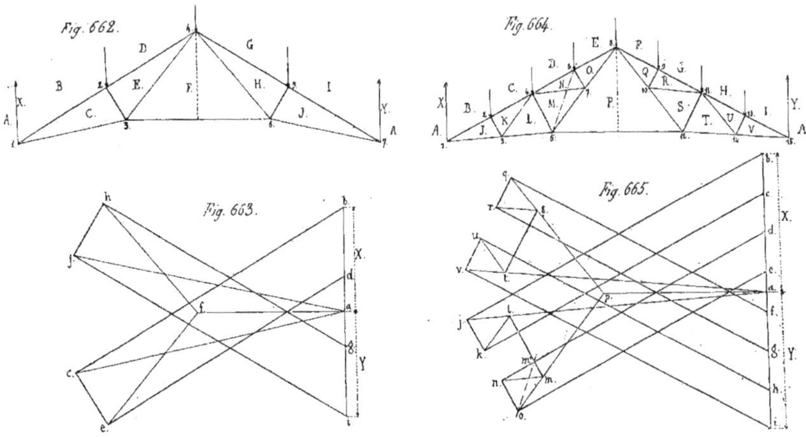
Fig. 662. Fig. 663. Fig. 664. Fig. 665.

Si la ferme est à trois bielles par arbalétrier, l'épure des forces présente une difficulté particulière que nous allons exposer. L'épure de la ferme (fig. 664) étant faite comme à l'ordinaire, les charges réparties sur les nœuds, et les réactions calculées, nous construirons l'épure des forces (fig. 665), qui donnera :

Pour le nœud 1, le triangle *a b j a*
» 2, le polygone *b c k j b*
» 3, — *a j k l a*.

Au nœud 4 aboutissent quatre barres, et les tensions de trois d'entre elles sont inconnues ; il semble donc que la construction ne peut être continuée. Mais il est possible cependant de déterminer la tension de l'une des barres par une autre méthode et de continuer l'épure. Nous devrions construire maintenant : pour le nœud 4, le polygone *almpa*, puis pour le nœud 5, le polygone *cdnmlkc* ; pour le nœud 6, le polygone *deond* ; enfin, pour le nœud 7, le polygone *mnopm*. Le côté *lm* coupe le côté *dn* au point *m'*, et il résulte d'une propriété que nous ne démontrerons pas ici que la droite *m'o* est parallèle à la droite qui joint, sur l'épure de la ferme, le nœud 4 au nœud 6 ; la position du point *o* est donc déterminée et par suite on sait tracer l'épure entière.

Si l'arbalétrier est symétriquement chargé, les côtes *jk* et *no* sont en prolongement l'un de l'autre, ce qui donne un autre moyen de terminer la figure. Il résulte alors de cette symétrie des charges que les compressions des petites contrefiches sont égales entre elles et égales chacune à la moitié de la compression de la grande contrefiche ; que la différence entre les tensions des barres OP et MP d'une part, AJ et AL d'autre part, est la même et a pour valeur la tension des barres MN et KL ; enfin les compressions des divers tronçons de l'arbalétrier croissent en progression arithmétique de la base au sommet. Il ne sera, dans ce cas, utile de faire l'épure des forces que pour une demi-ferme.

D. Ferme avec faux entrait. — Nous prendrons comme exemple une ferme de comble à la Mansard. Une telle ferme peut être considérée comme formée d'une ferme haute triangulaire et d'une ferme basse trapèze, le faux entrait étant une barre commune à ces deux fermes. L'étude de la ferme haute se fera comme nous l'avons vu précédemment, ce qui permettra de déterminer l'effort de traction auquel est soumis le faux entrait, dans la ferme haute.

La ferme basse trapèze reçoit à chacun de ses nœuds supérieurs une charge égale à la moitié de la charge totale de la ferme haute, augmentée de la charge que supporte la panne de brisis dans la ferme basse. La réaction de l'appui est alors égale à la charge d'un des nœuds supérieurs. Au nœud d'appui (fig. 666) correspond sur l'épure des forces (fig. 667) le triangle *abca* ; la jambe de force BC est comprimée ; l'entrait CA est tiré. Au nœud supérieur correspond le triangle *bdcb*, qui se confond avec le précédent ; mais comme nous devons cette fois suivre ses côtés dans le sens amorcé par la force *bd*, la jambe de force BC est encore comprimée, et il en est de même du faux entrait. Ce dernier supporte donc en réalité une tension égale à la différence de la compression qu'il subit dans la ferme basse, et de la traction qu'il subit dans la ferme haute.

E. Ferme en arc. — Nous n'indiquerons ici que la méthode de calcul applicable à une ferme dont l'arc sera à trois rotules. Dans le cas où l'arc sera continu, encastré ou non sur ses appuis, on pourra lui conserver les dimensions calculées par la même méthode, à la condition de lui donner une section constante.

Dans le calcul d'un arc, il faut tenir compte du cas où l'une des moitiés seulement de la ferme supporte la surcharge, et qui peut être plus défavorable que celui où la surcharge est symétrique. Afin de simplifier les calculs, nous supposerons que les charges agissant sur chaque égout sont uniformément réparties suivant l'horizontale; cette répartition est moins favorable que dans la réalité, puisqu'elle suppose le sommet de la ferme plus chargé qu'il ne l'est, et les reins, au contraire, moins chargés. Nous ferons ensuite l'épure en supposant une charge uniformément répartie de 1 kilogramme par mètre courant de la portée de la ferme sur la demi-ferme de gauche seulement.

Dans ces conditions, les réactions des appuis sont déterminées; l'une est dirigée suivant la droite qui joint l'appui de droite à la charnière du sommet de la ferme, l'autre passe par la rotule d'appui de gauche et rencontre la première sur la résultante des forces appliquées à la ferme; or, cette résultante est verticale, et elle passe au milieu de la demi-portée de gauche de la ferme (fig. 668). Si entre les deux réactions AR et BR nous intercalons une verticale MN ayant comme longueur la demi-portée de la ferme, les deux droites RM et RN sont les deux réactions des appuis, à la même échelle; sur l'épure, 1 mètre et 1 kilogramme sont représentés alors par la même longueur. La courbe des pressions se compose, pour la demi-ferme de droite, de la réaction de l'appui de droite, et pour la demi-ferme de gauche, d'une parabole tangente à cette droite à la rotule supérieure, et tangente à la rotule d'appui de gauche à la réaction de cet appui; il est facile de la tracer. La poussée sera donnée en grandeur par l'horizontale RP, menée dans le triangle MNR des forces.

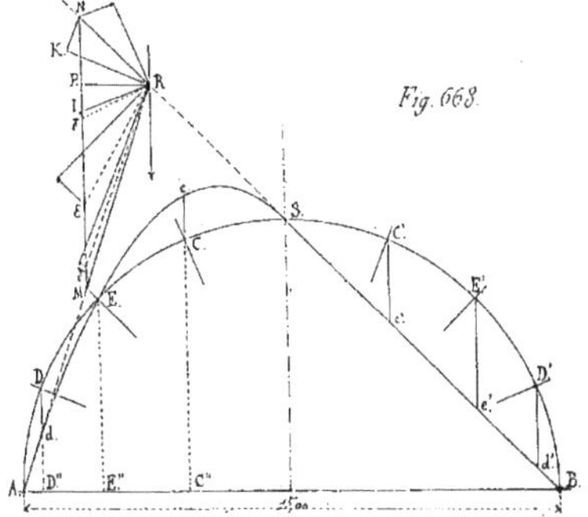

Fig. 668.

Si nous considérons alors une section quelconque de l'arc, au point C par exemple, cette section est soumise à un moment de flexion dont la valeur s'obtiendra en multipliant la distance Cc, comptée sur la verticale du point C, entre la fibre neutre de l'arc et la courbe des pressions par la poussée. La section est en outre soumise à un effort de compression longitudinale et à un effort tranchant dirigé normalement à la fibre neutre. Pour obtenir ces deux forces, prenons sur le côté MN du triangle des forces à partir du point M une longueur Mγ égale à la distance AC'' de l'appui de gauche à la verticale du point C; la ligne γR représente la résultante des forces agissant à gauche de la section C sur cette section; si nous décomposons cette force γR en deux autres, l'une normale au point C à la fibre neutre, l'autre tangente, la première, γI, sera l'effort tranchant; la seconde, IR, la compression longitudinale.

Le moment fléchissant est positif quand la courbe des pressions est au-dessus de la fibre neutre, négatif dans le cas contraire; l'effort tranchant est positif lorsqu'il est dirigé de l'intérieur de la fibre neutre à l'extérieur; ainsi l'effort tranchant dans la section C est positif.

Si nous considérons une section C' placée dans la demi-ferme de droite, son moment fléchissant est négatif et égal à la longueur C'c', multipliée par la poussée ; la compression longitudinale et l'effort tranchant s'obtiendront en décomposant la force NR en deux autres, l'une NK suivant la direction normale à la fibre neutre en C', et l'autre KR suivant la direction tangentielle ; l'effort tranchant en C' sera négatif.

Le comble étudié ayant par exemple 15 mètres de portée, et les fermes étant à 6 mètres les unes des autres, nous admettons que, par mètre carré d'égout, la charge est de 50 kilogrammes et la surcharge de 40 kilogrammes. La longueur de la fibre neutre développée, mesurée sur l'épure, est de 23m56 ; il en résulte que la charge totale supportée par une demi-ferme est de :

$$50 \times \frac{23,56}{2} \times 6 = 3534 \text{ kilog.},$$

soit, par mètre courant de la portée : $\frac{3534}{7,50} = 470$ kilogrammes.

La surcharge supportée par une demi-ferme est de :

$$40 \times \frac{23,56}{2} \times 6 = 2827 \text{ kilog.},$$

soit, par mètre courant de la portée : $\frac{2827}{7,50} = 378$ kilogrammes ; soit 380 kilogrammes.

Pour avoir les efforts produits dans chaque section par la charge de 470 kilogrammes par mètre, il suffira de multiplier par 470 les efforts produits dans le cas d'une charge de 1 kilogramme par mètre ; de même, pour avoir les efforts produits par la surcharge de 380 kilogrammes, on multipliera par 380 les efforts obtenus avec la charge de 1 kilogramme.

Il y a lieu de faire alors trois hypothèses et de chercher dans les trois cas les valeurs des efforts appliqués aux diverses sections du demi-arc de gauche, au moins pour les sections les plus fatiguées : 1° la surcharge étant appliquée à la demi-ferme de gauche seule ; 2° la surcharge étant appliquée à la demi-ferme de droite seule ; 3° la surcharge étant appliquée à la ferme entière, on résumera les calculs dans le tableau de la page suivante :

Dans le cas actuel, la section la plus fatiguée est la section D pour laquelle le moment fléchissant est de 5604, la compression longitudinale de 6631 kilogrammes. La vérification relative à l'effort tranchant devra être faite dans la section d'appui A dans laquelle il atteint 3230 kilogrammes.

F. Appentis. — Dans un appentis suspendu, l'arbalétrier étant posé d'un côté sur le mur, et de l'autre soutenu par un hauban (fig. 669), on peut admettre qu'il reporte sur chacune de ses extrémités la moitié de la charge totale qu'il supporte. Si on décompose en deux forces, l'une suivant le hauban, l'autre suivant l'arbalétrier, la force verticale appliquée à leur nœud d'attache, on aura d'une part la traction du hauban, de l'autre la compression de l'arbalétrier ; ce dernier sera en même temps fléchi, et le moment fléchissant se calculera comme nous l'avons vu pour un arbalétrier de ferme.

Dans un appentis en console, l'arbalétrier sera tiré, l'entrait, au contraire, comprimé ; l'épure des forces se fera comme dans le cas d'une ferme en treillis, en commençant par le

SECTIONS	NATURE des efforts. — (Poussée pour la charge de 1k sur la demi-ferme de gauche 1k 900).	EFFORTS pour une charge de 1k par mètre courant.		EFFORTS pour une charge propre de 470k par mètre courant.		EFFORTS pour une surcharge de 380k par mètre courant.		1re HYPOTHÈSE Demi-ferme de gauche surchargée $c+d+e$	2e HYPOTHÈSE Demi-ferme de droite surchargée $c+d+f$	3e HYPOTHÈSE La ferme entière surchargée $c+d+e+f$
		Demi-ferme de gauche chargée a	Demi-ferme de droite chargée b	Demi-ferme de gauche chargée $c = 470\,a$	Demi-ferme de droite chargée $d = 470\,b$	Demi-ferme de gauche chargée $c = 380\,a$	Demi-ferme de droite chargée $f = 380\,b$			
A	Moment fléchissant...	0	0	0	0	0	0	0	0	0
	Compression longitudinale..........	5,600	1,900	2632	893	2128	722	5653	4247	6375
	Effort tranchant.....	−1,900	−1,900	−893	−893	−722	−722	−2508	−2508	−3230
D	Moment fléchissant...	−2,280	−4,313	−1072	−2027	−866	−1639	−3965	−4738	−5604
	Compression longitudinale............	5,350	2,450	2515	1152	2033	931	5700	4598	6631
	Effort tranchant.....	0,230	−1,050	108	−491	87	−399	−299	−785	−698
E	Moment fléchissant...	0	−5,852	0	−2750	0	−2224	−2750	−4974	−4974
	Compression longitudinale............	3,700	2,650	1739	1246	1406	1007	4391	3992	5398
	Effort tranchant.....	1,070	0	503	0	407	0	910	503	910
C	Moment fléchissant...	2,375	−4,313	1116	−2027	903	1639	−8	−2550	−1647
	Compression longitudinale............	2,100	2,450	987	1152	798	931	2937	3070	3868
	Effort tranchant.....	0,200	1,050	94	491	76	399	664	987	1063
S	Moment fléchissant...	0	0	0	0	0	0	0	0	0
	Compression longitudinale............	1,900	1,900	893	893	722	722	2508	2508	3230
	Effort tranchant.....	−1,900	+1,900	−893	893	−722	722	−722	722	0

nœud le plus éloigné du mur; nous en donnerons, sans l'expliquer, un exemple (fig. 670 et 671).

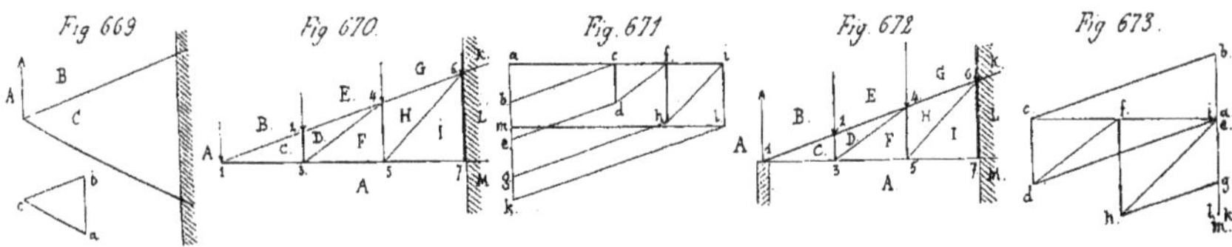

Un appentis posé sur deux appuis peut être considéré comme la moitié d'une ferme dans laquelle l'arbalétrier et l'entrait seraient coupés sur l'axe et appuyés contre le mur d'ados; cette demi-ferme constituant un système indéfigurable, les charges que supporte l'arbalétrier sont reportés sur chacun des deux appuis, d'où résultent des réactions verticales. L'épure, une fois ces deux réactions calculées, se fera comme dans le cas d'une ferme à deux versants, en commençant par le nœud d'appui du mur de face ; nous en donnons, sans l'expliquer davantage, un exemple dans les fig. 672 et 673.

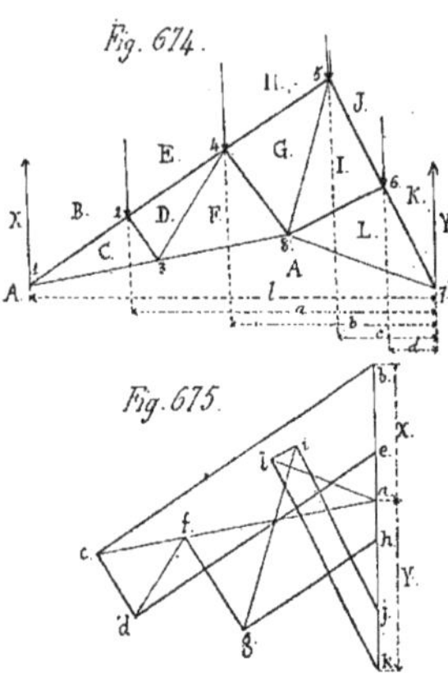

G. Sheds. — Pour faire l'épure des forces d'un shed, il faut d'abord déterminer les valeurs des réactions des appuis; dans l'exemple de la fig. 674, la réaction de gauche aura pour valeur, avec les notations indiquées sur la figure :

$$R_g = \frac{Pa + Pb + \frac{P}{2}c + \frac{p}{2}c + pd}{l}.$$

P représente la charge d'une panne de l'égout de gauche, p la charge d'une panne de l'égout de droite; la réaction de droite aura pour valeur :

$$R_d = 2P + \frac{P}{2} + \frac{p}{2} + p - Rg.$$

Ce calcul effectué, l'épure se fera d'après la méthode indiquée précédemment pour les fermes symétriques (fig. 675), en commençant par l'un des nœuds d'appui.

2° *Calcul des sections des barres d'une ferme.* A. Barres tirées. — Si une barre supporte un effort de traction N, sa section Ω se calculera par la formule :

$$\Omega \geqslant \frac{N}{R},$$

R étant la résistance de sécurité admise par le métal. On aura ainsi la section nette de la barre, déduction faite des trous de rivets ou de boulons nécessaires à son assemblage sur les autres barres de la ferme. On adoptera une résistance de sécurité de 8 kilogrammes par millimètre carré pour le fer, et de 11 kilog. 5 pour l'acier ; il sera bon cependant d'abaisser cette valeur à 6 kilogrammes pour le fer, lorsque les pièces seront forgées, comme le sont les tirants des fermes Polonceau articulées.

B. Pièces comprimées. — Les dimensions d'une pièce comprimée se calculent par la formule déjà connue (voir n° 106 — 4° ; n° 127 — 1° et n° 134) :

$$R \geqslant \frac{N}{\Omega}\left(1 + k\frac{\Omega}{I}l^2\right)$$

dans laquelle R est la résistance de sécurité, Ω la section de la pièce, I son moment d'inertie minimum. On adoptera les valeurs suivantes :

Bois :	R = 50 kilog. par centimètre carré	$k = 0{,}0008$
Fonte :	R = 8 à 10 kilog. par millimètre carré	$k = 0{,}0008$
Fer :	R = 8 kilog. par millimètre carré	$k = 0{,}00008$
Acier :	R = 11 kilog. 5 par millimètre carré	$k = 0{,}00008$

Pour la longueur l à employer dans la formule, on se conformera aux indications données au n° 106 — 4° à propos du calcul des barres de treillis, et au n° 134 pour le calcul des piliers métalliques.

Dans le calcul d'un arbalétrier, si celui-ci est soutenu au-dessous de chaque panne, on devra considérer le flambage comme susceptible de se produire dans le plan de l'égout; on prendra dans ce cas pour l la distance de deux pannes si celles-ci sont seulement posées sur l'arbalétrier, parce qu'alors un nœud ne peut pas être regardé comme constituant un encastrement; si les pannes sont assemblées sur les flancs de l'arbalétrier, on prendra $\frac{l}{\sqrt{2}}$ à la place de l; on admettra ainsi que l'assemblage des pannes produit un demi-encastrement.

Si un arbalétrier n'est pas soutenu au-dessous de chaque panne, on considérera que le flambage se produit dans le plan de la ferme, où il est déjà amorcé par la flexion de l'arbalétrier due aux charges verticales, et on prendra pour l la distance entre deux nœuds, ceux-ci ne pouvant pas être regardés comme produisant un encastrement; à cause des dimensions transversales auxquelles on sera ainsi conduit pour l'arbalétrier, qui se trouve en outre soutenu transversalement par les pannes assemblées sur lui, il sera ordinairement inutile de vérifier la condition du flambage entre deux pannes dans le plan de l'égout.

C. Pièces tirées et fléchies. — Si une pièce est soumise à la fois à un moment de flexion M et à un effort de traction N, on calculera ses dimensions par la formule :

$$R \geqslant \frac{M}{\frac{I}{v}} + \frac{N}{\Omega}$$

dans laquelle R est la résistance de sécurité, Ω la section de la pièce, et $\frac{I}{v}$ son module de résistance à la flexion.

I. *Pièces en bois.* — En rappelant a et b les dimensions de la section transversale, nous avons :

$$\Omega = ab \qquad \frac{I}{v} = \frac{ab^2}{6}.$$

En portant ces valeurs dans la formule, elle devient :

$$R \geqslant \frac{6M}{ab^2} + \frac{N}{ab}.$$

On en tire :

$$a \geqslant \frac{6M}{b^2R} + \frac{N}{bR},$$

qui permet de calculer la largeur a de la pièce lorsqu'on se donne sa hauteur b.

Si nous posons $\frac{b}{a} = m$, la formule prend la forme :

$$R \geqslant \frac{6Mm}{b^3} + \frac{Nm}{b^2}.$$

Nous avons établi pour calculer alors la valeur de b l'abaque de la fig. 676 dont nous allons indiquer l'usage sur un exemple numérique : soit à calculer les dimensions d'une pièce soumise à un moment fléchissant $M = 3000$ et à un effort de traction $N = 14000$ kilogrammes.

Fig. 676.

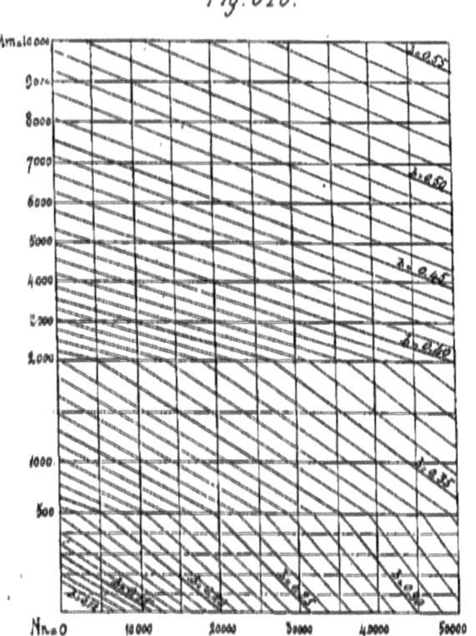

Nous nous donnons la valeur de m qu'il sera bon de choisir entre 1,5 et 2,5, soit $m = 1,5$; nous calculons :

$$Mm = 3000 \times 1,5 = 4500$$
et
$$Nm = 14000 \times 1,5 = 21000.$$

Nous suivons sur l'abaque l'horizontale $Mm = 4500$ et la verticale $Nm = 21000$; elles se coupent entre les deux obliques $b = 0,41$ et $b = 0,42$; nous donnons donc à la pièce une hauteur b, de 0^m42; sa largeur sera :

$$a = \frac{b}{m} = \frac{0,42}{1,5} = 0^m 28.$$

L'abaque a été établi en admettant $R = 50$ kilogrammes par centimètre carré pour la résistance de sécurité du bois.

II. *Pièces en fer et en acier.* — Si la pièce doit être constituée par un fer laminé double T, nous commençons par admettre pour la valeur approximative du module de résistance :

$$\frac{I}{v} = \frac{\Omega h}{4},$$

dans laquelle h est la hauteur du fer que nous prendrons égale à $\frac{1}{25}$ de la portée l.

La formule devient alors :

$$R \geqslant \frac{M}{I : v} + \frac{0,01\, Nl}{I : v};$$

d'où :

$$\frac{I}{v} \geqslant \frac{M + 0,01\, Nl}{R}.$$

Nous calculerons ainsi la valeur du module de résistance $\frac{I}{v}$ du fer, et nous chercherons parmi les fers dont la hauteur est voisine de $\frac{1}{25}$ de la portée et dont le module de résistance est un peu supérieur à la valeur trouvée; il pourra donc y avoir plusieurs arbalétriers; on vérifiera ensuite la formule exacte en y portant les valeurs de $\frac{I}{v}$ et de Ω du fer trouvé; on remarquera que si p est le poids par mètre courant du fer, la section Ω est égale à $\frac{p}{7800}$; la formule devient alors :

$$R \geqslant \frac{M}{I:v} + \frac{N \times 7800}{p}.$$

Si le fer choisi ne convient pas, et donne pour le second membre de l'inégalité une valeur trop forte, on en choisit un autre de même hauteur ou de hauteur un peu plus grande et de poids supérieur, présentant surtout un module de résistance plus grand.

Pour fixer les idées, supposons un entrait de ferme soumis à un moment de flexion $M = 1800$ sur une portée de 5 mètres, et à un effort de traction $N = 7000$ kilogrammes ; nous aurons :

$$\frac{I}{v} \geqslant \frac{1800 + 0{,}01 \times 5 \times 7000}{8 \times 10^6} = 0{,}000269.$$

Dans le tableau des fers double T du commerce, nous trouvons un fer de 0,220 des Forges et Aciéries du Nord et de l'Est, pesant 29 kilog. 5 par mètre et ayant pour module de résistance $\frac{I}{v} = 0{,}0002746$. Portons ces valeurs dans la formule de vérification ; elle donne :

$$\frac{1800}{0{,}0002746} + \frac{7800 \times 7000}{29{,}5} = 6560000 + 1850000 = 8410000,$$

valeur supérieure à la résistance de sécurité de 8 kilogrammes par millimètre carré que nous avons admise. Nous trouverons alors dans le même tableau un fer de $0^{m}220$ de Denain Anzin, pesant 31 kilog. 55 par mètre, et pour lequel $\frac{I}{v} = 0{,}000302$. La formule de vérification nous donne, en y portant ces valeurs :

$$\frac{1800}{0{,}000302} + \frac{7800 \times 7000}{31{,}55} = 5960000 + 1730000 = 7690000 < 8 \times 10^6.$$

Ce fer est donc dans de bonnes conditions de résistance.

Si la pièce doit être un fer composite à âme pleine, en appelant ω la section d'une membrure et h la hauteur entre tables, nous aurons approximativement :

$$R \geqslant \frac{1{,}2\,M}{\omega h} + \frac{N}{2\,\omega};$$

d'où :

$$\omega \geqslant \frac{1{,}2\,M}{Rh} + \frac{N}{2\,R}.$$

Cette formule nous permettra, en nous donnant la hauteur de la pièce, de calculer la section de la membrure, que nous composerons d'un morceau d'âme, de deux cornières et de tables, s'il y a lieu. Cela fait, nous calculerons la section exacte, et le module de résistance de la pièce, et nous porterons ces valeurs dans la formule :

$$R \geqslant \frac{M}{I:v} + \frac{N}{\Omega}.$$

Dans le cas où celle-ci ne serait pas satisfaite, les modifications à apporter à la section se feront, comme d'ailleurs la majeure partie de ce calcul, d'après les méthodes indiquées pour le calcul des poutres composites en fer (n° 106).

Si la pièce doit être en treillis, on calculera la section ω d'une de ses membrures par la formule :

$$R \geqslant \frac{M}{h'\omega} + \frac{N}{2\omega},$$

dans laquelle h' est la distance entre les centres de gravité des deux membrures. Pour un premier essai, on fera $h' = 0,9\,h$ et on aura la formule approximative :

$$\omega \geqslant \frac{M}{0,9hR} + \frac{N}{2R}.$$

On formera la membrure de section ω, on cherchera son centre de gravité ; on aura par suite la vraie valeur de h', et on verra si la valeur de ω calculée vérifie la formule exacte.

On calculera les barres de treillis en raison de l'effort tranchant dû aux charges qui produisent la flexion, comme on le fait pour les poutres de planchers.

D. Pièces comprimées et fléchies. — Les dimensions d'une pièce soumise à un moment fléchissant M et à un effort de compression longitudinale N, se calculeront par la formule :

$$R \geqslant \frac{M}{I : v} + \frac{N}{\Omega}\left(1 + k\frac{\Omega}{I}\,l^2\right).$$

Nous adopterons pour le coefficient k et pour la longueur l à appliquer dans la formule les mêmes valeurs que dans le cas d'une pièce simplement comprimée.

I. *Pièces en bois.* — La formule peut s'écrire en appelant a et b les dimensions transversales de la pièce :

$$R \geqslant \frac{6M}{ab^2} + \frac{N}{ab}\left(1 + k\frac{\Omega}{I}\,l^2\right);$$

d'où nous tirons :

$$a \geqslant \frac{6M}{b^2R} + \frac{N}{bR} + \frac{kN\Omega l^2}{bRI}.$$

Le second membre de cette inégalité comprend les deux termes $\left[\frac{6M}{b^2R} + \frac{N}{bR}\right]$ qui représentent la largeur a' d'une pièce soumise au moment fléchissant M et à l'effort de traction N, largeur que nous avons appris à calculer précédemment à l'aide de l'abaque, fig. 676 ; il faudra y ajouter une largeur supplémentaire a'', représentée par le terme $\frac{kN\Omega l^2}{bRI}$, qui, en y faisant $k = 0,0008$ et $R = 500000$, devient égale à $\frac{0,0000000192\,Nl^2}{b^3}$; ou en évaluant b, et la largeur a'' en centimètres, et arrondissant les chiffres donne :

$$a'' = \frac{0,02\,Nl^2}{b^3}.$$

II. *Pièces en fer ou en acier.* — Si la pièce doit être en fer laminé double T, nous lui donnerons une hauteur égale à environ $\frac{1}{25}$ de la portée l; la formule devient dans ce cas, en admettant encore que $\frac{I}{v} = \frac{\Omega h}{4}$:

$$R \geqslant \frac{M}{I : v} + \frac{0,014\,Nl}{I : v}.$$

d'où :

$$\frac{I}{v} \geqslant \frac{M + 0,014\,Nl}{R}.$$

Nous calculerons la valeur du module de résistance; nous choisirons un fer ayant une hauteur voisine de $\frac{1}{25}$ de la portée et ayant un module de résistance supérieur à la valeur trouvée, puis nous vérifierons la formule exacte mise sous la forme :

$$R \geqslant \frac{M}{I : v} + \frac{N}{p}\left(7800 + \frac{0,00016\,pl^2}{h \times (I : v)}\right),$$

dans laquelle p est encore le poids du fer par mètre courant. Dans le cas où cette formule ne serait pas vérifiée, nous choisirions un autre fer de hauteur égale ou un peu plus grande, dont le module de résistance et le poids soient un peu supérieurs aux précédents, et nous referions la vérification, comme nous l'avons vu dans le cas des pièces tirées et fléchies.

Lorsque la pièce doit être constituée par un fer composite, à âme pleine, on peut admettre que sa hauteur est environ $\frac{1}{15}$ de sa portée l; si ω est la section d'une membrure, nous aurons alors approximativement :

$$R \geqslant \frac{1,2\,M}{\omega h} + \frac{1,1\,N}{2\omega};$$

d'où :

$$\omega \geqslant \frac{1,2\,M}{Rh} + \frac{1,1\,N}{2R}.$$

Le calcul se continuera ensuite de la même manière que dans le cas des pièces tirées et fléchies.

Si la pièce est en treillis, on calculera ses membrures comme nous l'avons indiqué pour les pièces tirées et fléchies; on cherchera ensuite le centre de gravité d'une membrure, puis la section exacte ω, son moment d'inertie i par rapport à l'axe passant par son centre de gravité, la distance exacte h' entre les centres de gravité des deux membrures, et on vérifiera la section par la formule :

$$R \geqslant \frac{M}{\omega h'} + \frac{N}{2\omega}\left(1 + 0,00008\,\frac{\omega}{i}\,l^2\right).$$

l étant la distance comprise entre deux nœuds.

Quant aux barres en treillis, on les calculera en raison de l'effort tranchant dû aux charges qui produisent la flexion, comme on le fait pour les poutres de planchers.

E. Calcul d'un arc. — Les dimensions d'un arc à âme pleine à section constante seront calculées par la formule :

$$R \geqslant \frac{M}{I : v} + \frac{N}{\Omega}.$$

On vérifiera en outre que l'âme est suffisante pour résister à l'effort tranchant, comme on le fait dans le cas d'une poutre droite.

Si la pièce est en treillis et à section constante, on calculera les dimensions de ses membrures, que l'on vérifiera ensuite comme il vient d'être dit pour les pièces comprimées et fléchies. Les barres de treillis seront calculées pour résister à l'effort tranchant.

CHAPITRE V

LES ESCALIERS

---

§ Ier. — GÉNÉRALITÉS

196. Définitions. — Un *escalier* est un organe de la construction destiné à *racheter deux niveaux* différents et à permettre de passer facilement de l'un à l'autre.

Lorsqu'on dispose d'un espace horizontal considérable, un *plan incliné* constitue la meilleure disposition à adopter; mais si cet espace est restreint, le plan incliné aura une pente trop rapide et il faudra lui substituer une série de plans horizontaux successifs, appelés *marches* ou *degrés*, dont l'ensemble constitue l'escalier. La largeur de la partie horizontale d'une marche s'appelle *giron*; la *hauteur* de la marche est la différence de niveau qu'elle rachète; la partie verticale de la marche est nommée *contremarche*. L'*emmarchement* est la longueur totale comprise suivant la ligne du bord des marches entre leurs deux extrémités : c'est la largeur de l'escalier.

On nomme *rampe* ou *volée* d'un escalier une suite non interrompue de marches; la volée peut être droite ou courbe; lorsque l'escalier présente des volées droites, raccordées par des parties courbes, on l'appelle *escalier à quartier tournant*.

On nomme aussi *rampe*, mais plutôt *main-courante*, le garde-corps placé du côté de l'escalier opposé au mur de la cage.

Dans un escalier à quartier tournant, les marches se trouvent tout à coup diminuées du côté de la rampe, à leur *collet*, en passant de la partie droite à la partie courbe et élargies au contraire à leur *queue*, partie placée contre le mur; pour éviter cet inconvénient, on doit répartir la diminution d'une manière progressive sur un certain nombre de marches de la partie droite : c'est ce qu'on appelle le *balancement* ou le *gironnement* de l'escalier.

Les volées successives d'un escalier s'arrêtent à des *paliers* qui ne sont autre chose que des girons plus étendus que ceux des marches et qui servent de repos ; ils sont placés soit aux extrémités de chaque étage, soit aux points où l'escalier change de direction. Pour qu'un escalier ne soit pas fatigant, il faut que les volées comprises entre deux paliers consécutifs n'aient pas plus de 18 à 20 marches chacune.

La place occupée par un escalier dans l'intérieur d'un édifice s'appelle la *cage de l'escalier*; la partie vide laissée entre les rampes et qui permet de voir depuis le haut jusqu'en bas est le *jour de l'escalier*. Pour les bâtiments à plusieurs étages, la cage de l'escalier doit être bien éclairée par des fenêtres; quand la construction n'a qu'un ou deux étages, on peut l'éclairer par une toiture vitrée ; on évitera de couper les fenêtres par les volées de l'escalier.

On appelle *limon* la pièce sur laquelle s'assemblent les marches du côté du vide ; c'est en réalité une poutre rampante supportant l'une des extrémités des marches, tandis que l'autre extrémité est supportée par le mur de la cage d'escalier. Un limon dont la face supérieure est découpée suivant le profil des marches de l'escalier, s'appelle une *crémaillère*. Le plus souvent les marches sont soutenues le long du mur par un véritable limon scellé contre le mur ; dans d'autres cas, elles y sont simplement scellées.

L'*échappée* d'un escalier est la distance verticale comprise entre le giron d'une marche et le plafond de la volée d'escalier placée au-dessus ; cette échappée ne doit jamais avoir moins de 2 mètres, même pour une descente de cave ; on ne descendra jamais au-dessous de $2^m 20$ pour les escaliers d'habitations, sans quoi le passage des meubles dégraderait certainement le plafond.

Comme le rez-de-chaussée a généralement une hauteur supérieure à celle des autres étages, il nécessite un plus grand nombre de marches ; la position du palier du premier étage étant invariable, on ne peut obtenir ce résultat qu'en avançant dans le vestibule les marches de départ de l'escalier, de sorte que le palier du premier étage passe au-dessus de la sixième ou de la septième marche, et la hauteur d'échappée se trouve réduite. Pour remédier à cet inconvénient, on fait les marches de la première volée de l'escalier un peu plus hautes que celles des autres, pour en diminuer le nombre, de telle sorte que le palier du premier étage se trouve au-dessus de la troisième ou quatrième marche.

L'emploi du fer à la construction des escaliers offre divers avantages : il est incombustible ; les scellements dans les maçonneries offrent une plus grande sécurité que ceux des pièces de bois, puisqu'ils ne sont pas sujets à la pourriture ; enfin, les limons en fer sont très résistants, on peut les exécuter sans joints sur une assez grande longueur ; leurs joints sont très solides et d'une exécution facile. On sait combien, au contraire, sont difficiles à réaliser le tracé d'un limon en bois, son débillardement, ses assemblages ; les bois souvent mal séchés lorsqu'on les met en œuvre se dessèchent, se fendent ensuite ; les joints nombreux d'assemblage s'ouvrent, et l'affaiblissement du limon qui en résulte amène un dénivellement des marches qui penchent du côté du jour de l'escalier.

197. Dimensions des marches d'un escalier. — Pour que la montée ou la descente d'un escalier s'accomplissent facilement, il est nécessaire que l'enjambée à faire pour passer d'une marche à l'autre ne soit pas trop considérable, mais ne soit pas non plus trop courte ; c'est ce qui a conduit à établir entre la largeur l du giron et la hauteur h de la marche une relation connue sous le nom de *formule de compensation de Blondel*, et qui est la suivante :

$$l + 2\,h = 0^m\,64.$$

Les dimensions ordinairement adoptées pour les escaliers d'habitations sont : $l = 0^m\,32$, $h = 0^m\,16$, qui conduit à trois marches par mètre en plan, et six en élévation ; pour les grands escaliers ou les escaliers extérieurs, on prend souvent $l = 0^m\,40$, $h = 0^m\,12$; pour les escaliers de service ou de peu d'importance, on ne doit pas descendre au-dessous de $l = 0^m\,26$ qui donne $h = 0^m\,19$; on arrive jusqu'à $h = 0^m\,20$ et $l = 0^m\,24$ pour des escaliers d'usines ou de greniers. Toutes les marches d'un escalier doivent avoir la même hauteur, au moins dans chacune des volées correspondant à un étage. Comme nous l'avons vu plus haut, on peut augmenter légèrement la hauteur des marches du rez-de-chaussée ; les marches des étages supérieurs doivent, au contraire, être plutôt un peu moins hautes que les autres.

On appelle *ligne de foulée* d'un escalier la ligne sur laquelle on monte ou l'on descend ordinairement ; elle est au milieu de la longueur des marches dans les escaliers ordinaires et à 0m 50 ou 0m 60 de la *rampe* ou *main-courante* dans les escaliers de grande largeur. Le développement de l'escalier se mesure sur cette ligne, suivant laquelle on compte les largeurs de giron des marches.

On donne généralement aux trois premières marches du rez-de-chaussée une largeur de giron un peu supérieure à celle des autres marches : par exemple, 0m 03 de plus à la première, 0m 02 à la seconde et 0m 01 à la troisième.

La *largeur d'un escalier* doit être en rapport avec le service auquel il est destiné : elle sera de 1m 60 à 2 mètres pour les grands escaliers ; de 1m 30 à 1m 45 pour les escaliers ordinaires des maisons d'habitation importantes ; de 1 mètre à 1m 20 pour les petits escaliers ; de 0m 65 au minimum à 0m 80 pour les escaliers de service. Il faut se garder, autant que possible, de réduire trop la largeur d'un escalier, dont l'usage est alors incommode, et dans lequel il devient impossible de faire passer les meubles.

198. Diverses sortes de marches. Leur constitution. — 1° *Noms des diverses sortes de marches.* Suivant leur figure, les marches prennent des noms différents : les *marches carrées* sont celles qui ont partout la même largeur : on les appelle aussi *marches droites* ; les *marches dansantes* sont celles qui coupent obliquement la ligne de foulée dans un escalier balancé ; les *marches biaises* ont partout la même largeur de giron, mais sont placées obliquement par rapport à la ligne de foulée ; les *marches tournantes* ou *rayonnantes* sont dirigées suivant les rayons du cercle qui forme la courbe de jour ; les *marches courbes* ou *cintrées* sont celles dont l'arête du giron est courbe ; les *marches d'angle* sont des marches tournantes, mais plus larges que les autres et qui forment comme une sorte de palier au milieu d'un quartier tournant ; les *marches rampantes* ont leur surface supérieure inclinée au lieu d'être horizontale.

Lorsque l'arête extérieure du giron est pourvue d'une astragale, on dit que la marche est *moulurée* ou *astragalée* ; dans le cas où cette astragale se retourne sur les bords latéraux du giron qui, dans les escaliers à crémaillère, sont visibles de l'intérieur de la courbe de jour, on dit que les marches sont *contre-profilées*. Lorsque l'extrémité d'une marche présente une partie arrondie en plan sur son arête antérieure, on dit qu'elle est *adoucie dans son plan*.

La première marche d'un escalier s'appelle *marche de départ*, elle repose sur le sol du rez-de-chaussée ; on la fait souvent en pierre dure. La dernière marche d'une volée, et qui fait corps avec le palier dont elle forme le bord, s'appelle *marche d'arrivée* ou *marche palière*. La première marche de chaque étage ou volée intermédiaire de l'escalier s'appelle *marche remontoir*.

2° *Constitution des marches.* Les marches des escaliers en fer peuvent, suivant le service auquel ils sont destinés, être constituées de différentes manières : soit en maçonnerie, soit en métal, soit en pierre, en marbre ou en bois ; certains escaliers d'usine ne comportent pas de contre-marches, mais il y en a toujours dans les escaliers des habitations ; on les fait en bois ou en fer.

Pour les escaliers de caves, les escaliers d'usines ou les petits escaliers extérieurs, on construit souvent les marches en maçonnerie de meulières et ciment, recouverte d'un enduit en ciment sur la face supérieure de la marche et sur la face verticale qui sert de contre-marche ; la maçonnerie est soutenue à la partie inférieure par des cornières dont l'aile verticale est percée de trous pour le passage de fentons ; on peut remplacer ces cornières par des fers à simple T sur les ailes desquels on appuie des tuiles plates supportant le hourdis; pour consolider l'arête de la marche on la garnit d'une cornière de 0m 040 de branches sur laquelle on visse un fer demi-rond de 0m 030, pour éviter d'avoir une arête vive, dangereuse en cas de chute ; on fixe la cornière au milieu de sa longueur à l'aide d'une patte à scellement, rivée sur elle (fig. 677), et faite en fer plat de 0m 040 ; à ses extrémités, la cornière est scellée de 0m 150 dans les murs de la cage d'escalier.

L'inconvénient de ce système est qu'à la longue la rouille pénètre entre la cornière et le fer rond qui finit par se détacher; il est préférable d'employer un fer spécial pour nez de marche, que l'on fixe de la même manière sur la maçonnerie. Pour les escaliers extérieurs formant perrons, on peut constituer à l'aide de ces fers des escaliers économiques ; les fers sont alors retournés suivant la figure en plan des marches, et scellés dans la maçonnerie par un nombre suffisant de pattes.

Dans un escalier d'usine compris entre limons, les fers formant le nez des marches seront fixés à leurs extrémités sur les limons ; ceux-ci seront alors entretoisés par des boulons à quatre écrous ou par des fers profilés assemblés sur eux par leurs extrémités, et qui maintiendront la maçonnerie.

Dans les escaliers très fréquentés ou qu'on veut rendre incombustibles, on fait souvent les marches en dalles de pierre dure auxquelles on donne de 0m 06 à 0m 08 d'épaisseur ; on peut remplacer la pierre par le marbre sous une épaisseur un peu moindre, mais qui ne descendra

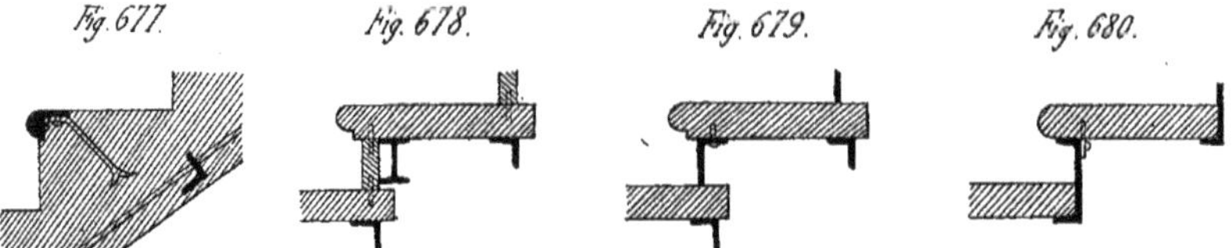
Fig. 677. Fig. 678. Fig. 679. Fig. 680.

jamais au-dessous de 0m 03; avec une épaisseur aussi faible, on devra poser les dalles sur une aire parfaitement dressée en plâtre ou en mortier.

La contremarche pourra être également en pierre ; dans ce cas, elle sera assemblée à chaque marche à plat joint par l'intermédiaire de deux goujons ; la marche sera supportée par une cornière ou mieux un petit fer à double T de 0m 08 placé directement derrière la contre-marche, et par une autre cornière de 0m 050 sur 0m 050, placée plus en arrière et qu'on nomme une *sous-marche* (fig. 678).

Si la contremarche est en fer, on peut la former d'une cornière à ailes inégales de 0m 100 sur 0m 050 ou d'une tôle de 0m 003 à 0m 004 d'épaisseur sur le bord supérieur de laquelle est rivée une cornière de 0m 040 sur 0m 040 ; la sous-marche sera placée comme dans le cas précédent (fig. 679). Il est bon de relier la contremarche et la sous-marche en leur milieux par un fer plat de 0^m 040 sur 0^m 004. On peut encore remplacer la contremarche et la sous-marche par un fer à U de hauteur convenable formant la première par sa partie supérieure et la seconde par son aile inférieure (fig. 680); cette disposition n'est applicable qu'à des escaliers peu importants. Dans ces deux derniers cas, la marche est maintenue sur la contremarche par de simples goujons fixés à cette dernière et qu'on fait pénétrer dans des trous percés à l'avance dans la face inférieure de la marche.

Il est indipensable, pour éviter les ruptures ultérieures des marches en pierre, de les poser sur un hourdis plein que l'on exécute d'avance ; lorsque le gros œuvre de la construction est terminé, on fait un crépi arasé au niveau des sous-marches, puis on pose les dalles de pierre formant les marches sur un coulis de plâtre très clair.

Les marches se font le plus ordinairement en bois ; on emploie le chêne, le pitchpin, le sapin, et très rarement le hêtre : le chêne de France est le plus résistant à l'usure, mais on lui préfère le chêne de Hongrie pour les travaux très soignés ; les bois dont on se sert ont de 0^m 027 à 0^m 054 d'épaisseur pour les escaliers ordinaires, et jusqu'à 0^m 070 pour les grands escaliers des gares par exemple ; ces dimensions sont réduites de 0^m 003 à 0^m 004 par le rabotage.

La contremarche peut se faire en bois, et alors on lui donne 0^m 027 d'épaisseur ; on l'assemble dans les marches par une languette à épaulement simple, de manière que le jeu du bois ne soit pas visible. Si les marches sont de peu de longueur, on ne les supporte que par leurs extrémités d'une part sur le limon à l'aide d'une cornière, et d'autre part sur le mur ; si les marches sont longues, on les supporte sur leur bord arrière par une sous-marche en cornière de 0^m 050 sur 0^m 050 (fig. 681).

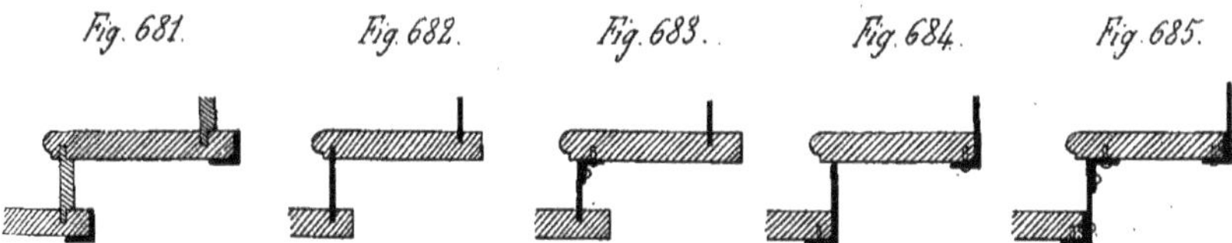

Fig. 681. Fig. 682. Fig. 683. Fig. 684. Fig. 685.

Mais le plus souvent, dans les escaliers en fer, la contremarche sera elle-même en métal ; la forme la plus simple sera celle d'une simple tôle de 0^m 003 à 0^m 004 d'épaisseur pénétrant de 0^m 005 à 0^m 007 dans des rainures poussées à cet effet sur les faces des marches (fig. 682). La marche se trouve mieux soutenue si on termine à sa partie supérieure la contremarche par une cornière de 0^m 040 sur 0^m 040 (fig. 683). Au lieu d'une cornière continue, on se contente quelquefois de placer trois équerres, une vers chaque extrémité de la marche et une en son milieu. On peut encore constituer la contremarche par une cornière à ailes inégales dont l'aile horizontale placée à la partie inférieure forme sous-marche (fig. 684). Si la longueur des marches est grande, on les soutient sur leurs deux bords longitudinaux, comme on le fait pour les marches en pierre à l'aide de cornières de 0^m 040 sur 0^m 040 fixées à la contremarche (fig. 685), et dont l'une forme sous-marche. Enfin, on a imaginé diverses dispositions de marches démontables qui permettent de changer une marche usée ou détériorée sans dégrader l'escalier.

Dans un premier système, la contremarche est en tôle avec équerres en cornière de 0^m 040 sur $0^m 040$ à sa partie supérieure et sous-marche en cornière de $0^m 040$ sur $0^m 040$; un liteau en bois de chêne de $0^m 03$ sur $0^m 03$ et de $0^m 50$ environ de longueur est cloué sur le bord postérieur de la marche ; il vient s'appuyer en arrière de la contremarche qu'on y fixe au moyen de deux vis (fig. 686). Dans un deuxième système, la contremarche se compose d'une cornière à ailes inégales de $0^m 110$ sur $0^m 050$, la grande aile verticale, la petite aile à la partie supérieure ; une sous-marche en cornière de $0^m 040$ sur $0^m 040$ reçoit le rebord postérieur de la marche dont le bord antérieur s'appuie sur la contremarche et y est fixé par des vis (fig. 687).

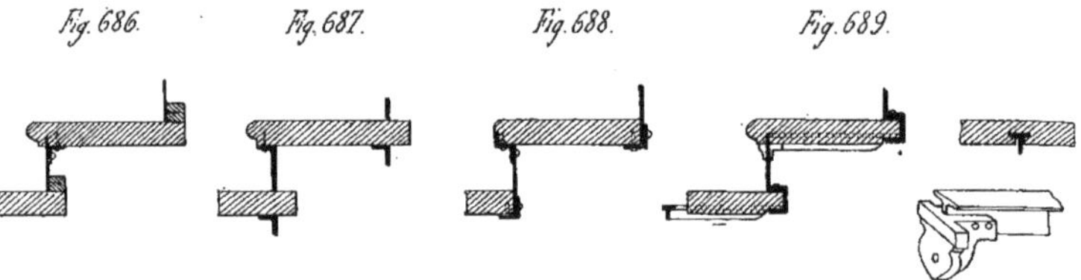

On peut encore former la contremarche d'une tôle avec une cornière de $0^m 040$ sur $0^m 040$, formant sous-marche à sa partie inférieure, et à sa partie supérieure un fer en Z (fig. 688), dans lequel s'engage le nez de la marche ; deux goujons rivés sur la cornière inférieure maintiennent la marche en arrière, et on la visse sur le fer en Z, sur le bord antérieur. La Société des Ateliers de Neuilly a fait breveter un système dans lequel la contremarche est une cornière à ailes inégales de $0^m 110$ sur $0^m 030$; la petite branche est placée horizontalement en bas et la sous-marche formée d'un fer à U de $0^m 050$ sur $0^m 030$ y est fixée. La marche est rainée transversalement pour recevoir trois fers à T de $0^m 030 \times 0^m 035$, qui soutiennent la marche et l'empêchent de se voiler tout en laissant au bois la liberté de se gonfler ou de se retirer suivant les variations atmosphériques ; la partie antérieure du fer à T s'engage dans un crampon à fourchette rivé sur ce fer et qui se fixe sur le bord supérieur de la contremarche ; l'extrémité postérieure du fer à T pénètre dans la feuillure formée par le fer à U (fig. 689). On voit qu'il est possible, d'après les mêmes principes, de constituer d'autres dispositions analogues aux précédentes.

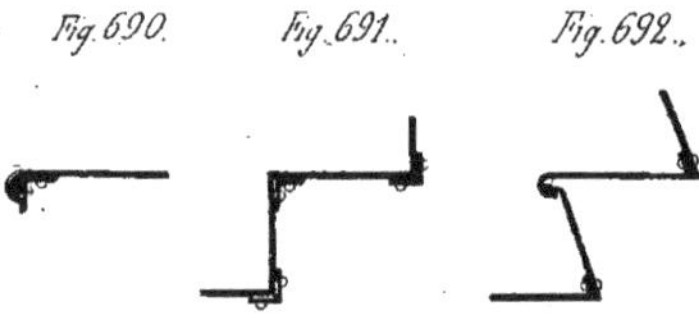

Les escaliers d'usines ou certains petits escaliers extérieurs peuvent être exécutés avec marches en fer sans contremarches. La marche est alors formée d'une tôle striée de $0^m 007$ d'épaisseur, dont le bord est adouci et raidi par une cornière de $0^m 030$ sur $0^m 030$; ces escaliers sont dangereux en cas de chute, et il est préférable de garnir le bord antérieur d'un fer demi-rond (fig. 690).

Dans le cas où l'on veut ajouter une contremarche, on la fait en tôle et on la fixe aux marches par des cornières (fig. 691) dont l'une forme sous-marche ; enfin, on peut encore constituer la marche par une tôle coudée (fig. 692).

Les petits escaliers sont quelquefois exécutés en fonte, surtout les escaliers tournants à noyau ; dans ce cas, chaque marche est fondue avec une partie du noyau. Pour les escaliers droits, la marche et la contremarche sont fondues d'un seul morceau ; une des extrémités est scellée dans le mur, et les marches forment voussoirs se soutenant sans limon (fig. 693 et 694). Si on place les marches entre limons on leur donnera la disposition de la figure 695.

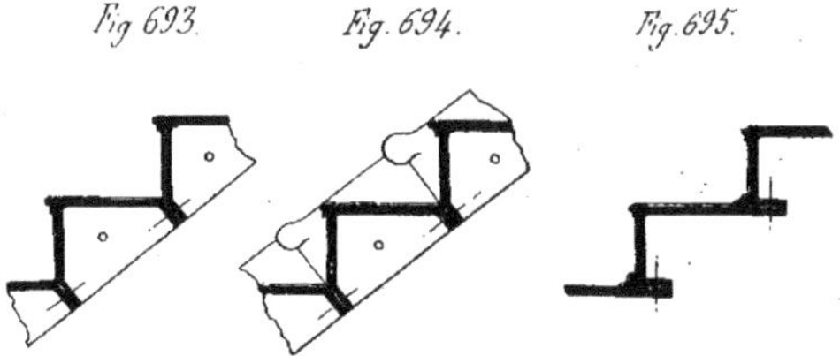
Fig. 693. Fig. 694. Fig. 695.

199. Plafond rampant sous un escalier. — Lorsqu'on exécute un plafond rampant sous les volées d'un escalier dont les marches sont formées par une maçonnerie pleine, il suffit de faire un crépi, puis un enduit sous cette maçonnerie, comme on le fait sous un plancher. Si l'escalier est construit avec marches en pierre, en bois ou en métal, il faut commencer par former une paillasse pour porter le hourdis ; celui-ci sera exécuté sur une épaisseur restreinte ou au contraire viendra remplir entièrement l'espace restant entre les limons sous les marches, suivant les cas. La paillasse est formée de fentons suspendus aux marches, aux contremarches ou aux sous-marches ; à cet effet, on fixe à la partie inférieure de la contremarche, à la partie arrière de la marche ou à la sous-marche, suivant les cas, des crochets en fer carré ou rond passant dans des trous percés à la demande, ou bien des crochets en fer plat, rivés ou vissés, dans lesquels on fait passer des fentons placés en long suivant le rampant de l'escalier et suffisamment rapprochés les uns des autres (fig. 696, 697, 698) ; pour bien supporter l'empâtement de plâtras et de plâtre formant le hourdis, on les place à raison de 5 par mètre de largeur environ.

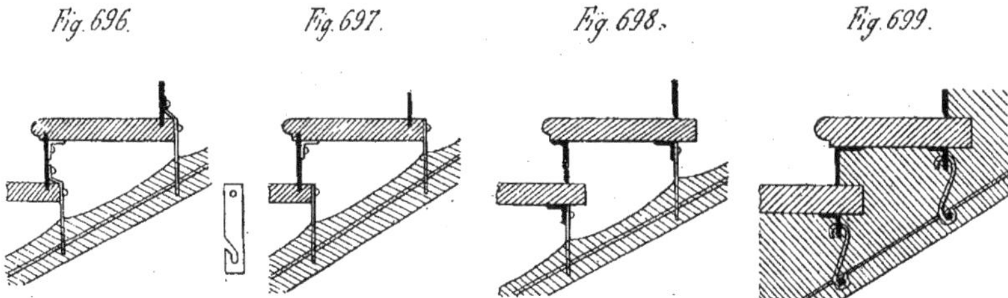
Fig. 696. Fig. 697. Fig. 698. Fig. 699.

Si le hourdis doit être plein, il est préférable de former la paillasse d'une première série de fentons soutenus par les crochets et parallèles aux arêtes des marches, et sur lesquels on fixe, à l'aide de ligatures en fil de fer, des fentons longitudinaux (fig. 699).

200. Assemblage de rampes sur les limons en fer. — 1° *Barreaux à col de cygne.* Les barreaux en fer rond ou carré de $0^{m}016$ à $0^{m}020$, écartés d'axe en axe d'environ $0^{m}160$, sont courbés sur un rayon de 0m 06 environ ; l'extrémité dont le diamètre est réduit à 0m 012 ou 0m 014, est filetée et fixée sur le limon à l'aide d'un écrou intérieur. Pour que le serrage puisse être suffisant, il est bon de pourvoir le barreau d'une embase solide formée par une rosace en fonte (fig. 700).

2° *Rampe à pitons.* Cette disposition est plus solide et plus décorative ; un culot en fonte porte un support horizontal terminé par une tige filetée qui traverse la tôle du limon et reçoit l'écrou ; à sa partie supérieure, il porte un petit tenon fileté sur lequel on vient visser le barreau, dont l'extrémité porte une mortaise taraudée correspondante (fig. 701). Le piton peut offrir encore plus de solidité si on fait traverser le culot par le barreau qui y est alors goupillé ou vissé (fig. 702).

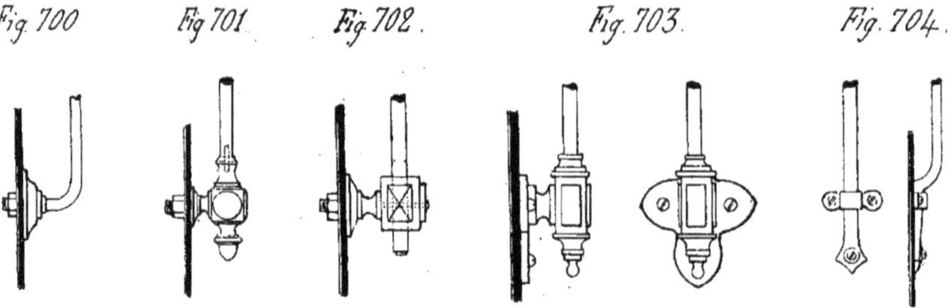

L'inconvénient de ces divers systèmes, c'est qu'il faut poser les barreaux de la rampe avant l'achèvement de l'escalier ; comme les hourdis sont alors déjà faits, il faut les percer pour pouvoir placer les écrous, et il en résulte des dégradations qu'il faut ensuite réparer. Il est alors préférable de faire venir de fonte le piton avec un plateau à trois ou quatre oreilles qu'on vient fixer extérieurement sur le limon par des vis (fig. 703). Ce dernier système est surtout favorable lorsque la rampe est composée d'un certain nombre seulement de barreaux principaux formant des montants que l'on relie par des lisses et entre lesquels on établit des panneaux de remplissage ou des barreaux secondaires.

3° *Barreaux montés à crampons.* Dans ce système, chaque barreau est coudé, et terminé par une patte amincie et élargie que l'on passe dans un crampon ou demi-collier fixé au limon par deux fortes vis de 0m 008 à 0m 010 (fig. 704) ; la patte est fixée elle-même par une vis.

4° *Barreaux montés sur le dessus du limon.* Lorsqu'on emploie les limons en fer et bois que nous décrirons plus loin, on peut poser les barreaux de la rampe à *pointes*. Le plus souvent on ne fixe sur le limon qu'un montant tous les 0m 50 ou 1 mètre, avec remplissages intermédiaires. Si le limon est en fer et présente une semelle supérieure assez large, c'est sur cette semelle qu'on assemble les montants.

§ 2. — LIMONS ET CRÉMAILLÈRES

201. Limons. Leur constitution. — Un *limon* est une poutre rampante sur laquelle viennent s'assembler latéralement les marches d'un escalier ; il est formé d'une pièce de hauteur constante. On peut le constituer par un fer laminé à section double T ou en U présentant une grande résistance pour une faible hauteur ; ces fers sont employés, par exemple, pour des escaliers d'usines à pente un peu raide ; mais ils conviennent surtout pour les volées droites à cause de la difficulté de leur cintrage.

La forme la plus simple et la plus pratique d'un limon est celle d'une tôle de 0^m005 à 0^m010 d'épaisseur qui se cintre facilement, et permet, par l'adjonction sur ses bords de petits fers à moulures, d'obtenir un aspect satisfaisant. On peut renforcer un pareil limon en le bordant en haut et en bas d'une cornière qui lui donne le profil en U, ou d'une double cornière qui l'amène à la section double T.

L'aspect d'un limon composé d'une tôle unique est trop grêle ; on obtient des formes plus étoffées ayant l'aspect de limons en bois, en constituant le limon par deux tôles parallèles entre lesquelles on assemble en haut et en bas des pièces de bois moulurées (fig. 705) ; on joint ainsi aux avantages du fer, au point de vue de la solidité, ceux du bois au point de vue de la décoration. La tôle a toujours une largeur suffisante pour assurer à elle seule la résistance et pour recevoir en entier les assemblages des marches. Mais ces limons sont coûteux et ne conviennent qu'aux ouvrages dans lesquels la question d'économie est tout à fait secondaire.

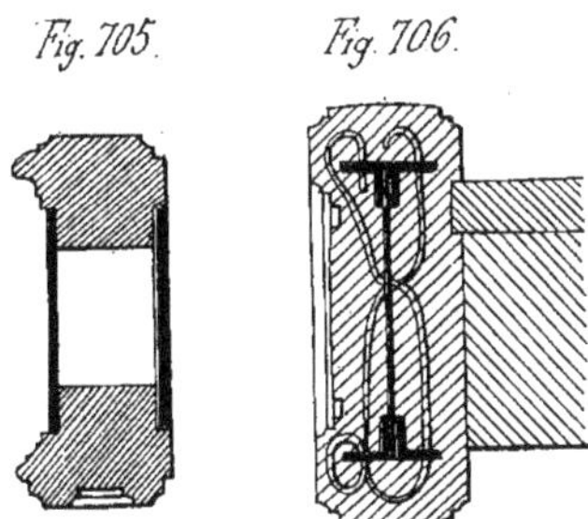
Fig. 705. Fig. 706.

Les limons à section composite formée de tôles et de cornières ne sont guère employés que pour des escaliers extérieurs ou des escaliers de gares ou d'usines ; lorsqu'on est amené, pour obtenir la résistance suffisante, à donner un tel profil au limon d'un escalier intérieur important, on l'enveloppe souvent d'une gaine de stuc imitant la pierre, qui présente l'avantage de protéger les fers en cas d'incendie et de fournir la matière nécessaire à des développements plastiques en rapport avec la destination de l'ouvrage. On donne à la poutre en tôle un peu moins de hauteur que si elle devait rester apparente, afin de réserver à l'enduit de stuc une épaisseur convenable ; pour que celui-ci soit solidement accroché au métal, on perce un certain nombre de trous, tous les 0^m10 environ, dans l'âme et dans les ailes de la poutre, et on y fait passer des bouts de fentons de 0^m011 tortillés irrégulièrement pour former une carcasse métallique, qui sera noyée dans la masse du stuc (fig. 706). Il est alors nécessaire de prévoir d'avance la position des montants de rampes et de préparer leurs emplacements par des douilles fixées sur le dessus du limon et destinées à les recevoir ; sinon, il faut placer les montants eux-mêmes avant le stucage.

L'assemblage de deux portions de limon se fait au moyen de couvre-joints intérieurs en tôle lorsque la longueur des volées le nécessite, de la manière qui sera indiquée plus loin à propos des crémaillères.

On maintient les limons à distance constante l'un de l'autre, lorsque l'escalier en comporte deux, ou le limon à distance constante du mur de la cage d'escalier, lorsqu'il n'y en a qu'un, à l'aide d'entretoises disposées de place en place à raison de deux ou trois dans chaque hauteur d'étage ; on les constitue par des fers double T de 0m08 à larges ailes, assemblés sur les limons par des équerres et scellés dans les murs de la cage d'escalier ; on obtient une rigidité plus grande en employant de petits filets formés de deux fers jumelés de 0m08.

202. Assemblage des marches sur un limon. — Cet assemblage est fait dans tous les cas, au moyen de cornières ou d'équerres. Pour les marches en pierre qui sont soutenues sur leur longueur par la contremarche et par une sous-marche, ce sont ces deux dernières pièces qui sont assemblées sur le limon (fig. 707 à 709). Il en est de même pour les marches en bois lorsqu'on juge utile de les soutenir dans toute leur longueur (fig. 710 et 711) ; le plus ordinairement, on assemble la marche elle-même au limon, à son extrémité, par l'intermédiaire d'une

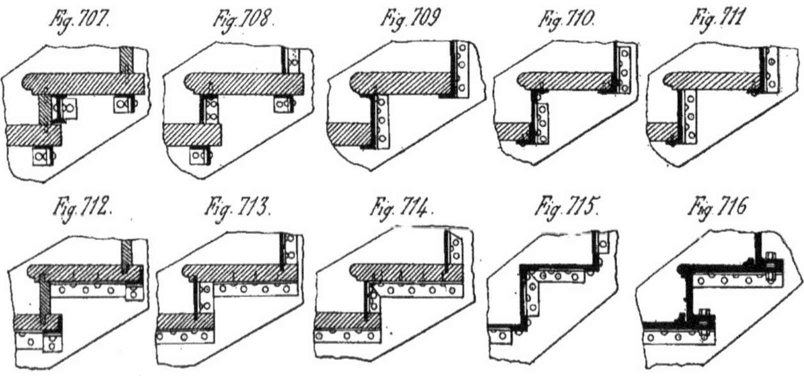

cornière horizontale sur laquelle on la fixe par des vis (fig. 712, 713 et 714). Enfin les marches en fer sont toujours assemblées sur le limon par des cornières (fig. 715) ; il en est de même des marches en fonte (fig. 716).

203. Départ d'un escalier à limon. — Le départ d'un escalier à limon au rez-de-chaussée se fait toujours d'après les mêmes principes : l'extrémité du limon vient reposer par un patin horizontal sur une fondation en maçonnerie, sur laquelle on fixe ce patin par des boulons à scellement ; le patin est formé d'une tôle de 0m010 à 0m012, reliée à l'extrémité du limon par des cornières rivées (fig. 717).

Lorsque le départ de l'escalier comporte des *marches à volutes*, c'est sur la plus haute d'entre elles que s'appuie le patin du limon ; celui-ci est tronqué verticalement à son extrémité pour assurer sa butée contre le socle même du pilastre de départ de la rampe qui repose alors directement sur les marches à volutes (fig. 718). Dans le cas où le limon est entouré de stuc, le socle

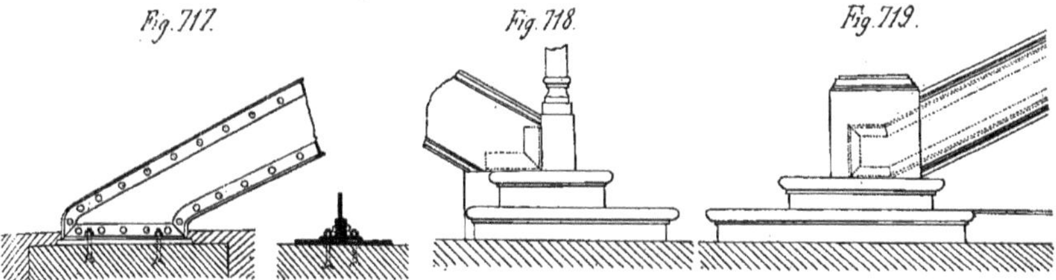

du pilastre de départ est lui-même en stuc; le limon est prolongé à l'intérieur du socle, de manière à présenter une base d'appui suffisante sur les marches à volutes (fig. 719).

204. Crémaillères. Leur constitution. — Pour former les crémaillières, on se sert exclusivement de tôle de 0m 007 à 0m 010 d'épaisseur et à laquelle on donne la hauteur suffisante pour assurer leur résistance. Cette tôle est découpée suivant le profil convenable ; elle doit présenter dans les parties les plus rétrécies par le découpage une largeur d'au moins 0m 130 à 0m 150 pour les escaliers ordinaires, ce qui permet d'employer pour les volées droites des larges plats de 0m 300 de largeur; les parties tournantes sont débillardées dans des tôles plus larges et on les réunit aux parties droites par des couvre-joints intérieurs de même épaisseur, fixés par des rivets à tête extérieure généralement fraisée et affleurée, au nombre de cinq sur l'une des pièces, et de boulons à tête extérieure fraisée, placés en même nombre sur l'autre (fig. 720).

Lorsque les marches sont en bois, l'encoche destinée à recevoir le retour d'astragale de la marche a la figure d'un trapèze inscrit dans le profil de la marche; pour les marches en pierre, l'encoche a la figure exacte du profil de l'astragale; si les marches sont en fer, la crémaillère ne présente pas d'encoches.

Lorsque les murs de la cage d'escalier ne présentent pas l'épaisseur convenable pour y faire les scellements des marches, on scelle le long de ces murs des *faux limons* ou *limons d'applique* destinés à recevoir les assemblages des abouts des marches et des contremarches ; ces faux limons peuvent être constitués par pièces d'une marche, découpées dans des chutes de tôle et qu'on relie entre elles par un fer plat (fig. 721) ou par une cornière.

Lorsqu'un escalier est important, et que la charge de la crémaillère est considérable, on la consolide en lui ajoutant intérieurement deux cornières de 0m 050 à 0m 070 de branches qui forment alors avec elle un profil en U très résistant (fig. 722); les rivets qui fixent les cornières à la crémaillère en tôle doivent avoir leurs têtes fraisées et affleurées du côté extérieur, et par suite invisibles. Cette disposition n'est économique que pour des volées droites ; dans les escaliers à quartier tournant d'une certaine importance, il sera toujours préférable d'employer les limons. Pour des escaliers d'usines, on peut constituer des crémaillères très résistantes dont le corps sera une poutrelle à section en U ou même en treillis, sur l'aile supérieure de laquelle on viendra river des fers plats coudés à la demande du profil de l'escalier (fig. 723 et 724); les marches et contremarches seront assemblées sur ces fers plats par des vis ou des boulons à

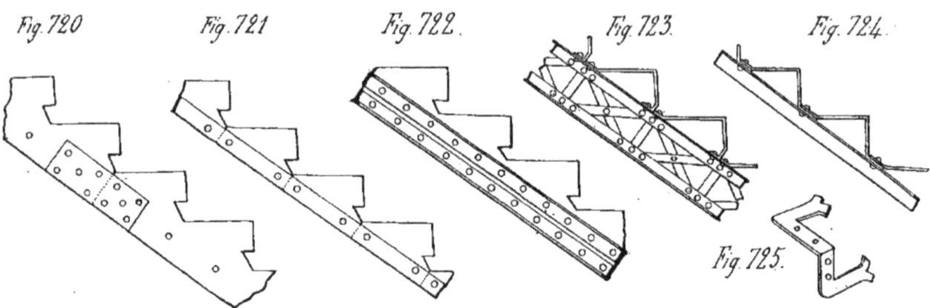

tête noyée dans le bois. Dans le même ordre d'idées, au lieu de sceller les marches dans le mur de la cage d'escalier, on pourra constituer le long de ce mur une fausse crémaillère, formée d'équerres en fer plat de 0m 040 sur 0m 007, coudées et contre-coudées, et scellées dans le mur (fig. 725). On y fixera les marches et les contremarches au moyen de vis.

De même que dans le cas des limons, il faut établir entre la crémaillère et le mur de la cage d'escalier des entretoises en fer double T de 0m08.

205. Assemblage des marches sur une crémaillère. Départ d'un escalier à crémaillère. — L'assemblage des marches sur une crémaillère se fait absolument de la même manière que sur un limon à l'aide d'équerres en cornières.

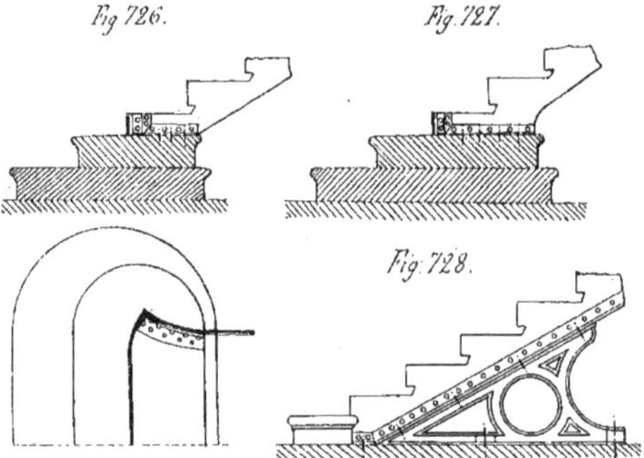

Pour le départ de l'escalier au rez-de-chaussée, on établit ordinairement deux marches à volutes en pierre; la troisième marche est légèrement arrondie en plan à son extrémité placée du côté du jour de l'escalier; la crémaillère présente la même courbure. Elle est affranchie bien horizontalement à son extrémité, et munie intérieurement d'une large cornière qui lui assure une surface d'appui assez étendue sur le dessus de la seconde marche à volute; on la fixe sur cette marche par deux à quatre boulons à scellement (fig. 726). Les rivets qui fixent la cornière à la crémaillère ont leur tête extérieure fraisée et affleurée. On peut, si on le juge à propos, élargir la base d'appui de la crémaillère en terminant son arête inférieure par un raccord arrondi (fig. 727).

Nous indiquerons encore une autre solution qui a été appliquée à un escalier extérieur dans lequel la crémaillère est bordée de deux cornières sur son arête inférieure (fig. 728) ; entre celle-ci et la maçonnerie de fondation, sur laquelle repose l'about de la crémaillère, est intercalée une pièce de fonte à nervures, qui élargit considérablement la base d'appui, et qui est fixée à la crémaillère et aux maçonneries par des boulons.

§ 3. — LES PALIERS

206. Dimensions des paliers. — Un *palier* est, comme nous l'avons dit, un giron plus étendu que ceux des marches, et qui sert de repos en un point de la hauteur d'un escalier.

Les paliers qui donnent accès aux appartements avec lesquels ils sont de plain-pied et qui sont placés aux étages s'appellent *paliers principaux*; les paliers placés dans la hauteur des étages s'appellent *paliers de repos* ou *demi-paliers*.

Les paliers les plus réduits doivent avoir au moins, suivant leur plus petite dimension, 0m80 de largeur; celle-ci ne doit jamais être inférieure à trois fois la largeur d'une marche au giron, pour les escaliers de service dont les cages ont toujours des dimensions très restreintes. Pour les escaliers importants, il faut donner le plus de largeur possible aux paliers principaux; quant aux paliers de repos, ils ont naturellement dans un sens une largeur égale à l'emmarchement ; dans l'autre, il faut leur appliquer ce qui vient d'être dit plus haut.

207. Dispositions des paliers. — 1° *Palier droit.* Un palier droit est celui dans lequel les deux volées d'escalier montante et descendante sont dirigées perpendiculairement à la longueur du palier ; les marches d'arrivée et de départ ont leur arête de nez normale à la ligne de foulée. On établit alors à une petite distance en arrière de l'arête de ces marches une *marche palière* qui a pour rôle de soutenir le palier pour en reporter la charge sur les murs latéraux, et de recevoir les assemblages des limons des deux volées d'escalier qui aboutissent à ce palier. On compose la marche palière de deux fers double T jumelés, comme un filet ; on y assemble d'une part les limons, d'autre part les solives du palier que l'on traite comme un plancher ordinaire (fig. 729 et 730).

2° *Palier de repos.* On emploie pour ces paliers la disposition de bascule qui est plus facile à appliquer que dans les escaliers en bois, grâce à la moindre hauteur des pièces, qu'on peut loger dans une épaisseur relativement faible. Un petit filet appelé *bascule* est placé diagonalement au palier et fortement scellé dans les murs ; un second filet, le *levier*, appuyé sur le premier, et placé perpendiculairement, est scellé par une de ses extrémités dans l'angle des deux murs de la cage, et il reçoit à son extrémité libre l'assemblage du limon (fig. 731). On peut construire des bascules pour escaliers de 0m80 d'emmarchement en fers de 0m08 ; si l'on est gêné par la hauteur, on peut les exécuter alors en fer carré de 0m040.

3° *Palier biais.* Dans un palier biais, les marches d'arrivée et de départ sont biaises, de sorte qu'il faut reculer la marche palière et lui faire supporter deux pièces en bascule aux extrémités desquelles on assemble le limon (fig. 732).

4° *Palier en encorbellement*. Cette disposition est applicable au cas où un palier de repos est biais et de telle sorte qu'il n'est plus possible de placer une bascule ; on fait alors passer par-dessus le mur les solives du plancher de la pièce voisine, qui ont dû être prévues à cet

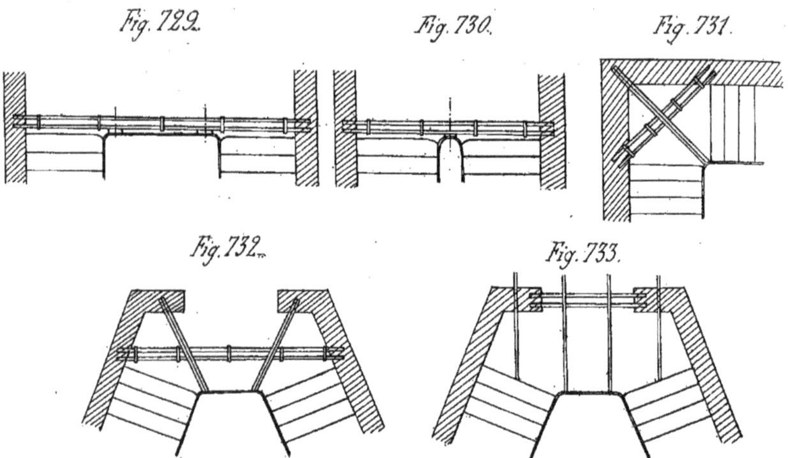

effet, et on assemble le limon sur leurs extrémités libres (fig. 733). Si le sens du solivage ne le permet pas, on prolonge les solives en encorbellement de l'autre côté du mur jusqu'à un chevêtre assez éloigné pour que leur équilibre soit assuré.

5° *Palier sur montants verticaux*. Cette disposition consiste à faire monter de fond des poteaux verticaux pour supporter les différents paliers, et même au besoin les limons en des points intermédiaires ; elle est fort rarement employée. Cependant, elle pourrait être avantageuse dans le cas où on installe un ascenseur au centre de la cage d'escalier.

208. Assemblage des limons sur les paliers. — Dans le cas d'un palier droit, on assemble la partie horizontale du limon sur la marche palière au moyen de boulons, en interposant entre ces deux pièces des cales en fonte de dimensions convenables (fig. 734) ; on n'en place qu'une si le jour de l'escalier est étroit, et deux s'il est large, chacune de ces pièces étant vers l'extrémité de la partie horizontale du limon (voir fig. 729 et 730).

A cause de la forme courbe qu'il présente à l'endroit où il bute sur la marche palière, le limon se trouve soumis à une flexion latérale qui peut être dangereuse ; on peut remédier à cet inconvénient de deux manières différentes : ou bien on fait le limon droit et on l'assemble d'équerre sur la marche palière ; la portion horizontale du limon vient elle-même s'assembler d'équerre sur la partie rampante (fig. 735) ; si l'on veut conserver la forme arrondie du quartier tournant, on rapporte dans l'angle une tôle découpée à la demande, que l'on fixe sur les deux parties du limon au moyen de vis. Ou bien encore, tout en conservant au limon la forme courbe ordinaire, on le double à l'extrémité de la partie rampante par une tôle de même épaisseur, qu'on assemble d'équerre sur la marche palière (fig. 736).

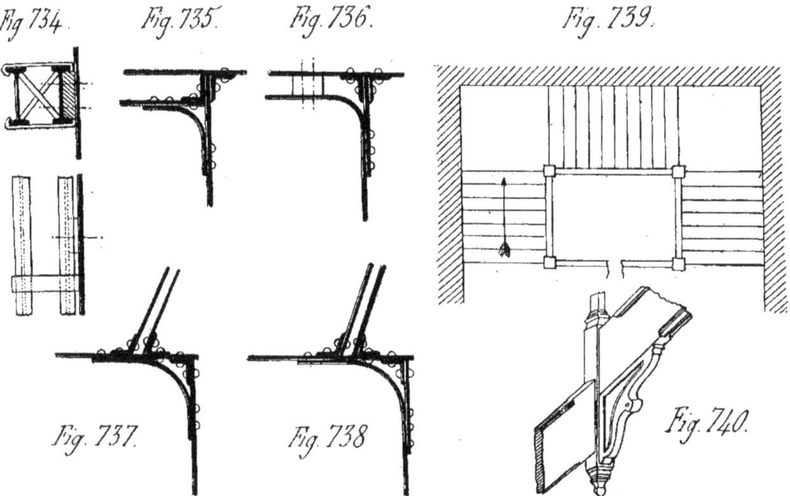

Dans tous les cas où l'on emploie des pièces en bascule pour soutenir le limon, celui-ci est assemblé sur elles à l'aide d'équerres en cornières. On pourrait encore, dans le cas d'un palier biais, appliquer au quartier tournant les deux dispositions que nous venons d'indiquer ; il suffirait pour cela d'assembler sur les têtes des pièces en bascule la partie horizontale du limon, qui jouerait alors par rapport aux limons rampants le même rôle que la marche palière dans les cas précédents (fig. 737 et 738).

Lorsqu'on établit un palier de repos entre deux volées d'escalier, nous avons vu qu'on soutenait ce palier et le limon par une pièce en bascule ; on peut encore, dans le cas des limons en bois et fer, adopter une disposition différente si l'on supprime le quartier tournant et qu'on fasse buter les limons rampants à angle droit l'un sur l'autre (fig. 739). On emploie alors un potelet de butée en fonte, à section carrée, placé à l'angle du palier et sur lequel on assemble par des équerres les deux portions de limons ; l'assemblage est fait à l'aide de boulons à tête extérieure fraisée ; on relie de plus ce potelet aux deux murs de la cage par des fers double T à larges ailes placés dans le prolongement du plan des limons et qui contrebutent la poussée que ceux-ci exercent sur le potelet ; c'est sur l'un de ces fers qu'on assemble les solives du palier de repos. Les deux portions de limons qui aboutissent au potelet y arrivent à des niveaux différents ; celui-ci est assez long pour les recevoir tous deux ; il s'amincit au-dessus pour former un des montants principaux de la rampe ; le limon de la volée supérieure est relié au pied du potelet par une console en fonte faisant amortissement (fig. 740). Ces dispositions conviennent parfaitement à des escaliers importants devant présenter une grande solidité ; il est bien évident que les limons devront s'assembler aux paliers principaux par l'intermédiaire de potelets identiques aux précédents et qui seront fixés à la marche palière.

§ 4. — ÉCHELLES DE FER. ESCALIERS DIVERS.

209. Échelles en fer. — Les *échelles* de fer sont formées de barreaux horizontaux ou *échelons* ordinairement en fer rond et dont la distance verticale varie de 0m30 à 0m 32 s'ils sont placés

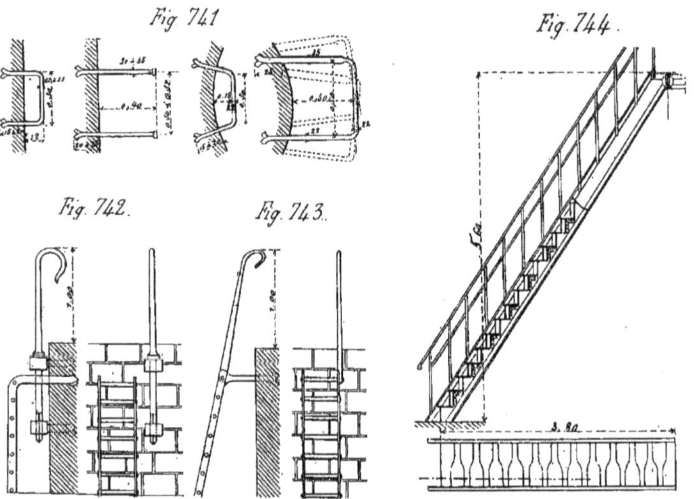

dans un même plan vertical ; cette distance est un peu moindre si l'échelle est légèrement inclinée.

Les échelons peuvent être scellés au long d'un mur plan et alors il y a deux dispositions à considérer : dans la première, qui correspond au cas où l'on monte face au mur, les échelons en fer de 0m 022 à 0m025 de diamètre sont deux fois coudés ; ils ont 0m 30 de longueur, et ils sont placés à 0m12 ou 0m 15 au mur, les scellements ont de 0m 15 à 0m 20 de profondeur. Dans la seconde disposition, on monte le côté au mur ; alors les échelons ont 0m 40 environ de longueur et ils sont en fer rond de 0m030 à 0m035 et terminés par un renflement pour arrêter le pied à l'extrémité ; les scellements ont de 0m20 à 0m25 de profondeur.

Dans les cheminées d'usines, les branches qui sont scellées dans la maçonnerie sont normales au parement, mais la disposition employée est ordinairement la première que nous venons d'indiquer. Dans certains cas où l'on veut établir une échelle au dehors d'une cheminée ou d'une tour en maçonnerie, M. Denfer conseille, pour éviter le vertige, de disposer les échelons en forme de cadres, de telle sorte qu'on monte entre eux et la maçonnerie, contre laquelle on peut ainsi prendre appui pour se reposer. Dans ce cas, on fait les barreaux en fer de 0,030 à $0^{m}035$ pour la branche sur laquelle on monte, et de $0^{m}022$ à $0^{m}025$ pour le reste du cadre auquel on donne $0^{m}50$ dans les deux sens (fig. 741) ; les scellements ont au moins $0^{m}25$ de profondeur. Comme on monte alors le côté à la maçonnerie, il est avantageux de disposer les échelons en hélice ; si on entoure le tout d'un fort grillage à mailles larges, on voit que toute chance d'accident est évitée.

Lorsque les scellements doivent être faits dans la brique, afin d'éviter une taille spéciale, on aplatit horizontalement la branche de la partie scellée de telle sorte qu'elle puisse se loger dans un joint, et on la termine par un talon vertical qui se retourne dans le joint vertical en dessus ou en dessous derrière la brique ; on pose alors les échelons à mesure qu'on élève la maçonnerie. Un scellement de $0^{m}12$ peut suffire dans la plupart des cas; sinon il faut le porter à $0^{m}23$.

Lorsqu'on veut éviter de nombreux scellements ou écarter davantage l'échelle de la maçonnerie, et on supporte les échelons par deux montants en fer plat dans lesquels ils sont assemblés par des tenons rivés. Ces montants se retournent à leur partie supérieure et vont se sceller dans la maçonnerie ; pour faciliter l'arrivée à la partie supérieure, on prolonge l'un des montants en forme de crosse ayant $1^{m}35$ environ de hauteur au-dessus du dernier échelon et qui sert de rampe (fig. 743), ou, ce qui vaut mieux, on scelle dans le mur deux supports qui reçoivent une crosse analogue (fig. 742).

210. Échelles de meunier. — Dans les usines, on remplace le plus souvent les échelles par de petits escaliers à marches de tôle striée, auxquels on donne une pente assez raide, afin qu'ils occupent le minimum de place. Les limons sont en fer plat ou en fer en U, les marches y sont fixées par des cornières, comme nous l'avons vu ; quant aux barreaux de la main-courante, ils sont à col de cygne dans le premier cas ou bien simplement droits et pourvus d'une embase pour permettre de les fixer sur l'aile supérieure du fer en U.

On peut améliorer ces escaliers dans lesquels le giron est toujours étroit, en donnant aux marches la disposition suivante : chacune d'elle se compose d'une partie étroite d'un côté et d'une partie élargie de l'autre, et on les dispose alternativement avec la portion élargie à droite et à gauche (fig. 744) ; on arrive ainsi, avec une pente très forte, à offrir cependant au pied un giron assez large sur lequel il pose avec sécurité ; il faut seulement avoir soin de choisir le pied qu'on doit, au départ, poser sur la première marche.

Fig. 745.

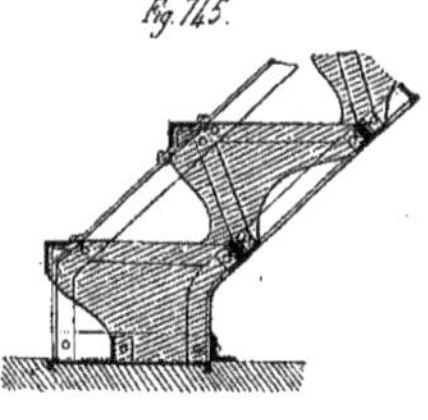

Lorsqu'on veut faire en maçonnerie les marches de ces petits escaliers, on peut obtenir un résultat analogue en évidant la contremarche ; tel est l'exemple que nous donnons (fig. 745), dans lequel le limon d'escalier est une poutre en treillis sur laquelle sont fixées les cornières du nez des marches et celles qui soutiennent les marches en dessous.

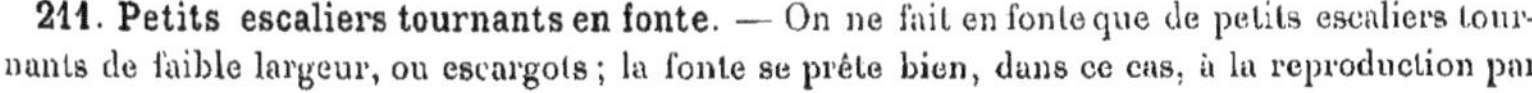

211. Petits escaliers tournants en fonte. — On ne fait en fonte que de petits escaliers tournants de faible largeur, ou escargots ; la fonte se prête bien, dans ce cas, à la reproduction par moulage de marches qui sont toutes identiques; le montage d'un pareil escalier est très simple. Les marches peuvent être fondues avec ou sans contremarche; chacune d'elles porte venue de fonte une portion de noyau de même hauteur et une portion de limon. Les noyaux se superposent et s'emboîtent les uns dans les autres par une tubulure de diamètre convenable placée au bas de chacun d'eux; ou bien si leur diamètre est plus faible, ils sont simplement posés les uns sur les autres et traversés par une barre verticale en fer rond ou en fonte. Les différentes marches se recouvrent de quelques centimètres, et des oreilles permettent de les réunir les unes aux autres par des vis à tête plate noyée. Dans certains cas, les barreaux de rampe eux-mêmes servent à faire l'assemblage des marches les unes sur les autres; à cet effet, ils sont terminés à leur partie inférieure par une tige filetée recevant un écrou, et, par l'intermédiaire d'une douille en fonte, ils relient ainsi les tablettes de deux marches superposées.

§ 5. — CALCUL DES ESCALIERS

212. Charges propres et surcharges d'un escalier. — 1° *Charges propres.* Les charges propres ou poids mort de l'escalier comprennent : 1° le poids des marches qu'on peut évaluer par marche et par mètre d'emmarchement à 15 kilogrammes pour une marche en bois, 60 pour une marche en pierre, et 120 pour une marche en maçonnerie pleine; 2° le poids de la contremarche, de la sous-marche et des pièces d'assemblage, évalué par marche et par mètre d'emmarchement à 15 ou 20 kilogrammes si les marches sont en bois et à 25 kilogrammes pour les marches en pierre; 3° le poids du hourdis, qui est d'environ 75 kilogrammes par marche et par mètre d'emmarchement pour le hourdis plein, et de 50 kilogrammes si le hourdis ne forme que le plafond; 4° le poids de la crémaillère ou du limon qui est d'environ :

de 15 à 20	kilogrammes pour	une crémaillère	en fer plat,
de 25 à 35	—	un limon	en fer plat,
de 60 à 70	—	—	en fer et bois,
de 25 à 50	—	—	en fer double T,
de 160 à 200	—	—	en fer recouvert de stuc.

On peut donc compter tout compris par mètre d'emmarchement et par marche 80 à 85 kilogrammes si les marches sont en bois, et 160 kilogrammes si les marches sont en pierre; cette charge sera reportée par moitiés sur le limon et sur le mur de la cage d'escalier.

2° *Surcharges.* On admet qu'il peut y avoir sur chaque marche une personne pesant 75 kilogrammes par $0^m 50$ de longueur d'emmarchement, c'est-à-dire une surcharge uniformément répartie de 150 kilogrammes par mètre courant d'emmarchement; cette surcharge est reportée par moitiés sur le limon et sur le mur de la cage d'escalier.

213. Calcul des dimensions des pièces d'un escalier. — 1° *Contremarche et sous-marche.* Ces deux pièces se calculent comme pièces fléchies soumises à une charge uniformément répartie; on suppose qu'elles se partagent par parties égales le poids propre de la marche; on applique à la contremarche deux tiers de la surcharge des personnes, l'autre tiers étant appliqué à la sous-marche; cette répartition approximative est justifiée par le fait que les personnes posent le pied en montant ou en descendant un escalier sur la partie antérieure de la marche presque directement au-dessus de la contremarche. On fait supporter le poids total du hourdis à celle des pièces, contremarche ou sous-marche, à laquelle sont attachés les crochets de support de la paillasse; lorsque ceux-ci sont fixés à l'arrière de la marche, on fait supporter le hourdis par la sous-marche. Si la contremarche et la sous-marche sont réunies en une seule pièce on fait supporter à celle-ci la charge totale d'une marche.

2° *Limon*. A. Limon droit appuyé a ses deux extrémités sur des paliers. Ce limon est une pièce oblique, il est chargé uniformément sur toute sa longueur et assemblé aux deux marches palières supérieure et inférieure; il reçoit de la part de celles-ci des réactions verticales égales chacune à la moitié de la charge totale du limon, c'est-à-dire au quart de la charge totale de la volée d'escalier que celui-ci supporte.

On calculera la section du limon, ou plutôt son module de résistance, par la formule :

$$\frac{I}{v} = \frac{M}{R},$$

dans laquelle M est le moment de flexion maximum qu'il supporte; ce moment de flexion est le même que celui qui serait produit par la charge totale P du limon uniformément répartie sur une pièce horizontale posée sur deux appuis, et ayant comme longueur la longueur de la projection horizontale du limon (fig. 746) soit $M = \frac{Pl}{8}$. On attribuera à la résistance de sécurité du fer la valeur R = 6 kilogrammes par millimètre carré.

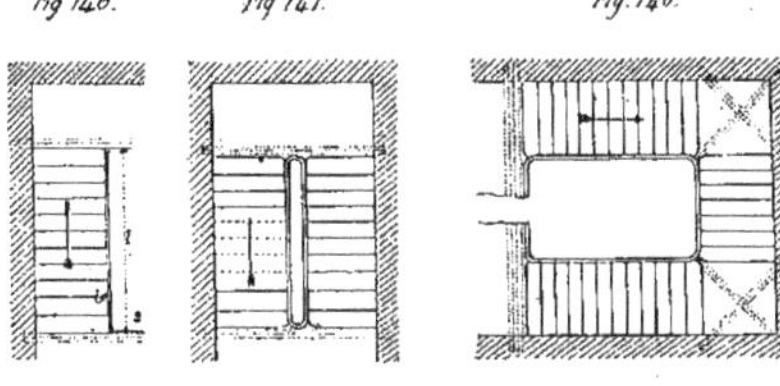
Fig 746. Fig 747. Fig. 748.

Dans le calcul d'un limon en fer et bois, la tôle intérieure supporte seule les assemblages des marches et contremarches; sa liaison avec la tôle extérieure n'est pas suffisamment assurée pour qu'on puisse les considérer comme résistant solidairement; il serait cependant exagéré de ne pas tenir compte de la présence de la tôle extérieure; on calculera donc la section totale de ces deux pièces en admettant R = 5 kilogrammes par millimètre carré, et on donnera à la tôle intérieure une épaisseur double de celle de la tôle extérieure.

Dans le calcul d'une crémaillère, on ne considérera comme section résistante que la section minima prise normalement à l'arête inférieure, de cette arête au fond d'une échancrure.

B. Limon d'escalier a quartier tournant avec palier droit de repos (fig. 747). Comme chacune des deux portions du limon correspondant à une volée d'escalier est assemblée à deux marches palières, on assimilera ces deux portions de limon au limon de l'exemple précédent, au point de vue du calcul de leur section, quelle que soit la disposition de leur assemblage sur les marches palières.

C. Limon d'escalier a quartier tournant avec paliers de repos soutenus par des bascules (fig. 748). Si on admet que les bascules constituent des appuis rigides, les portions de limon sont encore dans les mêmes conditions que dans les cas précédents; on calculera le limon de la volée la plus longue et on donnera aux autres la même section.

D. Limon d'escalier avec paliers de repos et potelets de butée (fig. 749). Nous étudierons un étage seulement d'escalier; le limon de la volée supérieure supporte une charge totale P uniformément répartie; la moitié de cette charge est reportée sur la marche palière supérieure en

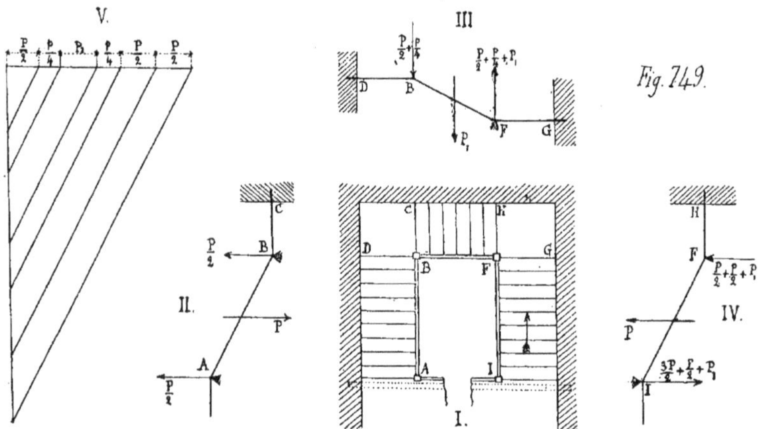

A, où elle se décompose en deux efforts, un effort de traction sur le limon AB et un effort horizontal sur la marche palière, l'autre moitié est reportée au pied B du limon sur la pièce DBFG formée par le limon de la seconde volée et par ses deux pièces horizontales de butée (fig. 749, I et II); cette réaction $\frac{P}{2}$ se décompose en deux efforts de compression suivant le limon AB et sa pièce de butée BC.

Le palier de repos reporte au point B un quart de la charge p de ce palier; le second limon qui supporte une charge totale P_1 uniformément répartie reporte la totalité de la charge qui lui est appliquée directement P_1 et de celle qui lui est transmise au point B, soit : $\frac{P}{2} + \frac{p}{4} + P_1$ sur la pièce formée par le limon de la volée inférieure et par sa pièce de butée au point F (fig. 749, I et III). L'effort $\frac{P}{2} + \frac{p}{4}$ se décompose au point B en deux efforts de compression suivant le limon BF et la pièce de butée BD; l'effort $\frac{P}{2} + \frac{p}{4} + P_1$ se décompose au point F en deux efforts de compression suivant le limon BF et la pièce de butée FG.

Le palier de repos reporte au point F un quart de sa charge, soit $\frac{p}{4}$, de sorte que la pièce formée du limon inférieur IF et de sa pièce de butée reçoit au point F une charge de

$\frac{P}{2} + P_1 + \frac{p}{2}$ qui jointe à la charge uniformément répartie P supportée par le limon FI se reporte entièrement sur la marche palière au point I de ce limon. L'effort $\frac{P}{2} + P_1 + \frac{p}{2}$ se décompose au point F en deux efforts de compression suivant le limon IF et suivant sa pièce de butée FH ; enfin au pied du limon en I, l'effort $P_1 + \frac{3}{2} P + \frac{p}{2}$ se décompose en une compression sur le limon IF, et un effort horizontal qui sera équilibré par la résistance de la marche palière.

La figure 749-V montre comment, par une épure très simple, il est possible d'obtenir les efforts supportés par les diverses portions de limons et leurs pièces de butée. On calculera le limon inférieur et on donnera les mêmes dimensions aux autres ; ce limon, outre l'effort de compression longitudinale qu'il supporte, est soumis à un moment de flexion que nous avons appris à calculer au paragraphe A, et dû à la charge P uniformément répartie. Si le limon intermédiaire est plus long que les autres, il sera bon de le calculer aussi, car ses dimensions pourraient être plus grandes alors que celles du limon inférieur.

Fig. 750

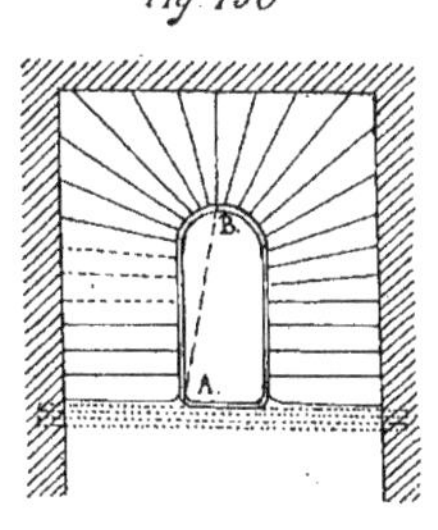

E. Limon a quartier tournant sans palier de repos. Dans ce cas, la charge totale P supportée par le limon d'un étage d'escalier est reportée sur la marche palière inférieure et sur la marche palière supérieure par parties égales $\frac{P}{2}$. On calculera d'une manière suffisamment approchée les dimensions du limon en le considérant comme un limon droit supportant la charge totale uniformément répartie P, et ayant une portée égale au double de la ligne AB qui joint sur le plan le milieu du limon au point où il s'assemble sur la marche palière (fig. 750).

F. Calcul d'une marche palière. Une marche palière est une poutre qui supporte une charge uniformément répartie due au plancher du palier, et en outre deux charges distinctes qui lui sont apportées par les extrémités des deux limons qui s'assemblent sur elle.

Si L est la portée de la marche palière, p la charge totale uniformément répartie qu'elle supporte, P et P' les deux charges distinctes qui lui sont transmises par les limons, P étant la plus grande des deux, l la distance des points d'application de ces charges aux extrémités de la marche palière, le moment fléchissant maximum a pour valeur :

$$M = \frac{pL}{8} + \frac{(P + P')l}{2} + \frac{(P - P')^2 l^2}{2Lp},$$

à la condition que l'on ait :

$$l\left(1 + \frac{P - P'}{p} <\right) \frac{L}{2}.$$

Si cette condition n'est pas remplie, le moment maximum aura pour valeur :

$$M = Pl + \frac{pl}{2} - \frac{(P - P')\,l^2}{L} - \frac{pl^2}{2L}.$$

§ 6. — MONTE-CHARGES ET ASCENSEURS

214. Monte-plats. — Ils servent, comme leur nom l'indique, à faciliter le service des cuisines; celles-ci, dans les hôtels particuliers que l'on établit sur des surfaces restreintes, sont souvent placées dans les sous-sols; l'escalier de service n'est pas toujours à proximité de la salle à manger, et d'ailleurs il est bien préférable ne ne pas l'employer pour ce service, afin d'éviter de répandre dans toute la maison les odeurs et les fumées de la cuisine.

On établit alors un monte-plats allant de la cuisine en sous-sol à l'office que l'on place à côté de la salle à manger, au rez-de-chaussée. La trémie de passage à établir dans le plancher doit avoir 0 m 05 de largeur dans un sens et 0 m 20 dans l'autre en plus des dimensions de la caisse du monte-plats, pour permettre de loger les guides et le contrepoids. L'appareil se place contre un mur, et la cage dans laquelle il se meut est construite en menuiserie, et a la forme d'un meuble; il faut la pourvoir de portes afin d'éviter qu'elle forme cheminée d'appel amenant dans l'office les fumées de la cuisine.

Sans décrire l'appareil d'une manière complète, nous indiquerons seulement les dimensions de la caisse, qui sont de 0 m 40 sur 0 m 60, pour le service ordinaire, de 0 m 55 sur 0 m 75, et 1 mètre de hauteur pour le grand service; dans ce dernier cas, l'appareil est construit d'une manière plus robuste et il peut servir de petit monte-charges si on a soin de lui faire desservir tous les étages.

On pourvoit souvent un monte-charge d'un frein et d'un arrêt automatique de manière qu'il s'arrête instantanément dès qu'on abandonne la corde de manœuvre; cette dernière disposition est obligatoire lorsque le monte-plats dessert plusieurs étages. Enfin des ressorts placés en haut et en bas de la cage évitent les chocs à l'arrivée et au départ.

215. Monte-charges. — Ces appareils sont d'une structure plus robuste que les précédents; la caisse en est ouverte à la partie supérieure et de dimensions plus grandes; ils sont mus à la main ou par un moteur spécial; lorsqu'ils sont destinés à élever de lourdes charges, supérieures à 400 ou 500 kilogrammes, on emploie un treuil pour mouvoir la caisse; celle-ci peut avoir, en dimensions courantes, 0 m 75 sur 1 mètre, ce qui exige une trémie de 0 m 82 sur 1 m 20. Cette trémie doit être, à tous les étages, protégée par des barrières toujours fermées et qu'il ne faut ouvrir qu'au moment où l'on se sert de l'appareil. Celui-ci ne doit être employé qu'au transport des marchandises et non des personnes; il est cependant toujours pourvu de parachutes qu'il faut vérifier souvent et entretenir en bon état; en outre, il comporte un frein et un arrêt automatique.

Lorsqu'on établit un monte-charge, il faut l'essayer en le faisant fonctionner avec une charge une fois et demie plus lourde que sa charge normale; mais ensuite il faut absolument éviter de dépasser celle-ci. Les monte-charges employés dans les ateliers sont construits, lorsqu'ils doivent élever de très lourdes charges, sur les mêmes principes que les ascenseurs, dont ils ne diffèrent que par la forme de la caisse.

Lorsqu'on veut établir des remises de voitures en sous-sol ou en étage, comme le font les carrossiers, par exemple, on construit un monte-charges spécial composé d'un grand plateau manœuvré à la main au moyen d'un treuil, ou hydrauliquement par un piston; ce plateau est placé au niveau du sol de la cour, et il a environ 2 m 20 sur 3 m 10. Il est nécessaire d'adopter des dispositions particulières pour recueillir les eaux de la cour qui passent au pourtour du plateau ; à cet effet, les bords inférieurs de celui-ci sont garnis d'une large bande de caoutchouc qui sert à diriger les eaux dans une gouttière suspendue au pourtour de la trémie et dont le bord est également garni d'une bande de caoutchouc.

216. Ascenseurs. — 1° *Conditions d'établissement.* Les ascenseurs sont des appareils destinés à monter les personnes automatiquement et sans fatigue aux différents étages d'une maison. On les considère aujourd'hui comme les accessoires obligés de toute habitation confortable.

Un ascenseur se compose essentiellement d'une cabine ou caisse destinée à recevoir un certain nombre de personnes, et qui est guidée sur tout son parcours dans le conduit vertical à l'intérieur duquel elle se déplace. La cabine est soit soulevée par un piston hydraulique, soit tirée par un câble qui s'enroule sur un treuil moteur.

Un ascenseur doit être placé de manière à donner facilement accès sur les paliers de l'escalier où se trouvent les entrées des appartements ; à cet effet, il peut occuper le jour de l'escalier et il est alors relié à chaque palier par une petite passerelle ; ou bien on le place dans une cage contiguë à l'escalier et avec lequel elle communique à chaque étage par des portes spéciales ; cette cage de l'ascenseur s'exécute souvent sur le type des windows avec vitrages dans toute la hauteur, par où s'éclaire l'escalier.

Une cabine, pour contenir deux personnes, ce qui est le minimum, doit avoir au moins 0 m 80 sur 1 m 20 ; en ajoutant à ces dimensions la place nécessaire pour loger les guidages et les contrepoids, on voit que la cage dans laquelle elle se déplacera n'aura pas moins de 0 m 85 sur 1 m 60.

Il importe pour la sécurité des personnes de prendre un certain nombre de précautions dans l'installation d'un ascenseur. Tout d'abord, les portes qui donnent accès d'un palier dans la cage de l'ascenseur doivent rester fermées tant que la cabine n'est pas au niveau du palier considéré, et ne pouvoir s'ouvrir qu'au moment où la cabine arrive à ce niveau. On obtient ce résultat en munissant ces portes de serrures d'un mécanisme d'enclanchement qui n'est libéré que par la cabine elle-même au moment où elle arrive au niveau de l'étage. Afin que la porte ne puisse ensuite rester ouverte lorsqu'une personne vient de monter dans l'ascenseur ou d'en descendre, on pourvoit la cabine d'un appareil de condamnation de manœuvre disposé de telle sorte qu'elle ne puisse quitter le palier tant que la porte n'est pas refermée. On obtient plus simplement un résultat analogue en munissant la porte d'un fort ressort qui la referme dès qu'elle a été lâchée par la personne.

En outre, la porte de la cabine elle-même doit être munie d'une condamnation de manœuvre disposée de telle sorte qu'une personne qui monte dans l'ascenseur ou en descend ne puisse mettre la cabine en mouvement tant que la porte n'est pas refermée. Enfin, pour éviter que pendant le mouvement la personne placée dans l'ascenseur puisse ouvrir prématurément la porte et risquer de se faire prendre entre la cabine et la paroi de la cage, il est bon que cette dernière soit absolument lisse du côté où est l'ouverture de la cabine, et que la distance entre cette paroi et la cabine soit aussi faible que possible.

Enfin il est commode d'être renseigné à un étage quelconque sur la position occupée par la cabine de l'ascenseur et de reconnaître le sens de son mouvement s'il est en marche; on emploie à cet effet un indicateur de marche, formé d'une aiguille qui se déplace verticalement sur une planchette graduée de 1 mètre environ de hauteur, en même temps que la cabine de l'ascenseur monte ou descend.

Dans un ascenseur, quel que soit son système, il faut se prémunir contre la chute possible de la cabine par suite d'une fuite dans les ascenseurs hydrauliques, ou d'une rupture des câbles de suspension dans les autres; on emploie à cet effet les parachutes. Les meilleurs parachutes sont ceux qui présentent les dispositions les plus simples, et dont la mise en action ne dépend pas de pièces susceptibles de se détériorer à la longue; il arrive en effet souvent que, comme ils ne fonctionnent presque jamais, ils ne sont pas entretenus en bon état.

2° *Divers systèmes d'ascenseurs.* Au point de vue de leur installation dans un immeuble, on peut diviser les ascenseurs en deux catégories : les ascenseurs à puits et les ascenseurs sans puits; les premiers sont des ascenseurs hydrauliques; les seconds sont mus par l'eau, soit directement, soit avec intervention d'un moteur à air comprimé, à gaz, ou électrique; ou bien ils sont mus directement par l'électricité.

Le système hydraulique à puits est l'un des plus simples et des plus sûrs; il se compose d'un corps de presse hydraulique engagé dans un puits dont la profondeur est égale à la hauteur à franchir; un piston qui s'y déplace supporte la cabine. Si celle-ci n'est pas équilibrée, la dépense d'eau sous pression est considérable, mais en revanche, les frais d'installation de l'appareil sont peu élevés; ce système convient pour les ascenseurs de faible parcours et de petite puissance employés dans les hôtels particuliers. On ne doit l'appliquer aux grands ascenseurs que dans les endroits où l'on ne regarde pas à la dépense d'eau et où on dispose d'une pression élevée.

Lorsque l'appareil est équilibré, soit par des contrepoids, soit par des dispositifs hydrauliques plus ou moins compliqués, la consommation d'eau est beaucoup moindre puisque l'eau motrice ne sert qu'à élever les personnes, mais les dépenses d'établissement sont plus considérables.

Le forage d'un puits de grande profondeur peut être fort difficile et même, dans certains cas, impossible; ainsi, dans les grandes villes d'eaux du centre de la France, il est interdit de creuser des puits qui risqueraient de modifier le régime des eaux minérales; on a dû avoir recours alors aux systèmes sans puits.

Les ascenseurs hydrauliques sans puits sont plus faciles à installer que les précédents; le moteur hydraulique se place dans la cave ou même au-dessus du sol, dans une courette ou dans la cage même de l'appareil; cette dernière disposition n'est cependant pas à recommander au point de vue de l'aspect. Ces ascenseurs consomment plus d'eau que les ascenseurs équilibrés à puits.

Dans un système particulier à piston télescopique, celui-ci est formé d'une série de pistons de 3 mètres environ de longueur, qui rentrent les uns dans les autres à la manière des tubes d'une longue-vue; la profondeur du puits est alors égale à la longueur d'un des éléments de la tige; mais la dépense d'eau est encore considérable.

En résumé, à cause de la forte dépense d'eau qu'ils nécessitent, les ascenseurs hydrauliques sans puits ne sont pas à recommander dans les maisons d'habitation; on les emploie surtout comme monte-charges.

L'ascenseur électrique est encore supérieur, comme facilité d'installation, aux ascenseurs sans puits, mais il présente une bien plus grande flexibilité par le fait que, même à charge réduite, l'ascenseur hydraulique consomme toujours le même volume d'eau, tandis que l'appareil électrique ne consomme que la puissance nécessaire pour effectuer le travail demandé ; dans bien des cas, l'ascenseur électrique pourra donc être plus économique que l'ascenseur hydraulique. Dans tous ces ascenseurs, la cabine est suspendue à un câble qui, après avoir passé sur une poulie placée à la partie supérieure de la cage, va s'enrouler sur un treuil mû par l'électricité et qui est placé soit dans la cave, soit au rez-de-chaussée dans un local contigu à la cage de l'ascenseur ; la cabine est toujours équilibrée.

La nécessité d'économiser l'eau dans les ascenseurs hydrauliques, et d'un autre côté la possibilité d'employer économiquement l'air comprimé, le gaz ou l'électricité, comme puissance motrice, ont conduit à une solution mixte comportant l'utilisation d'un volume d'eau constant. En principe, on emmagasine dans un réservoir l'eau sous pression nécessaire à la manœuvre d'un ascenseur hydraulique ordinaire ; pour soulever la cabine, on fait passer cette eau dans le cylindre de l'appareil hydraulique, soit à l'aide de pompes mues par une machine à gaz ou un moteur électrique, soit à l'aide de l'air comprimé. L'eau évacuée pendant la descente de l'appareil se rend dans une bâche où elle est reprise par les pompes, de sorte que c'est toujours la même eau qui sert ; il en résulte une économie assez considérable dans les villes où l'eau coûte cher ; l'application de ce système est encore indiquée dans le cas où l'eau de la ville n'a pas une pression suffisante.

Le choix d'un ascenseur est en résumé une question d'espèce, et il n'est pas possible de déterminer d'avance, d'une manière générale, les types à adopter dans les différents cas qui peuvent se présenter.

TROISIÈME PARTIE

SERRURERIE PROPREMENT DITE ET QUINCAILLERIE

CHAPITRE PREMIER

OUVRAGES COURANTS DE SERRURERIE

§ 1er. — PIÈCES DE FORGE DES GROS OUVRAGES

217. Pièces de forge pour les maçonneries. — 1° *Chaînages horizontaux.* On sait que les matériaux de maçonnerie, s'ils résistent bien à la compression, présentent, en général, une faible adhérence entre eux ; afin de les empêcher de se disjoindre sous l'influence des tassements inégaux, des poussées latérales ou des vibrations, on les arme de chaînages métalliques disposés de manière à s'opposer aux disjonctions possibles.

Il est indispensable de chaîner les murs d'un bâtiment à chaque étage, immédiatement au-dessous des planchers ; le chaînage se compose alors d'une barre de fer régnant dans toute la longueur des murs et noyée dans la maçonnerie, elle forme le chaînage longitudinal du mur ; mais il faut en outre relier les différents murs de la construction par des chaînages transversaux allant d'un mur à l'autre ; ce seront généralement les chaînages longitudinaux des murs de refend qui joueront ce rôle ; s'il n'existe pas un nombre suffisant de murs de refend, le chaînage transversal sera réalisé à l'aide des poutres des planchers, ou simplement de certaines solives de ces planchers, s'ils ne comportent pas de poutres ; on pourra encore placer des fers plats courant d'un mur à l'autre par-dessus le solivage des planchers, et dans ce cas il sera bon de les disposer en croix de Saint-André, entre les angles de la construction.

On ne chaîne pas ordinairement les sous-sols qui sont butés par le terrain sur tout leur pourtour ; il peut être cependant utile de le faire si les poussées intérieures sont considérables ou si, à un moment donné, le terrain peut être fouillé dans la partie contiguë à la construction pour l'établissement d'une maison mitoyenne.

Il n'est guère possible d'évaluer à l'avance les efforts qui s'exerceront sur les chaînages, de sorte que les dimensions s'établissent empiriquement, d'après les habitudes de la pratique ; ainsi on emploie des fers de 0m 050 sur 0m 009 pour les chaînages des habitations ordinaires ou des maisons à loyers ; on leur donne 0m 060 sur 0m 011 et plus dans les édifices plus importants ; on peut les constituer aussi en fers ronds. On les fait en fer ou bois de bonne qualité, de telle sorte qu'ils puissent résister à des efforts d'extension considérables.

Comme les fers du commerce qui servent à faire les chaînes ne se trouvent que par bouts de 4 à 5 mètres de longueur, on assemble ces tronçons de différentes manières déjà indiquées à propos des assemblages métalliques (n° 67). Les plus fréquemment employés sont l'assemblage à charnière (fig. 751) et l'assemblage à trait de Jupiter (fig. 752), qui présente une double clavette permettant de faire *bander la chaîne*.

Ce résultat ne sera cependant jamais obtenu d'une façon complète avec un tel assemblage ; il est bien préférable d'employer l'assemblage à lanterne (fig. 753) ; le chaînage doit alors être consti-

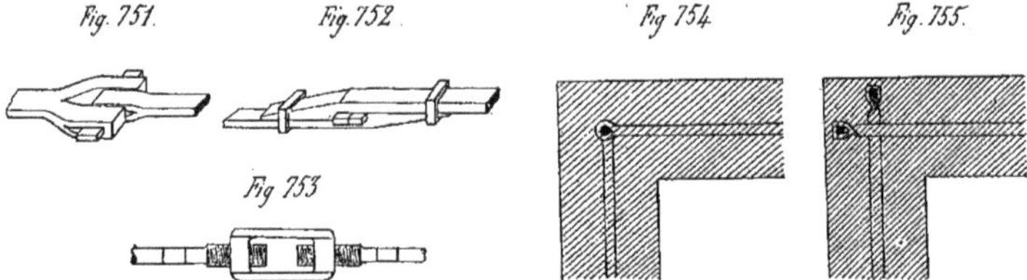
Fig. 751. Fig. 752. Fig 753 Fig 754 Fig. 755.

tué par des fers ronds, ou s'il est en fer plat, il faut rapporter par soudure des bouts de fer rond aux extrémités des chaînes. On fait alors venir des filets inverses sur les deux fers ronds, préalablement refoulés, et on a soin de ménager des portées carrées qui servent à maintenir les barres avec une clef pendant le serrage ; on évite ainsi toute torsion ou tout dérangement des chaînes. Ce système est un peu plus coûteux que les précédents, mais il donne une bien plus grande sécurité, parce que le serrage se fait progressivement et sans secousses, et d'une manière certaine.

2° *Ancres.* Les bouts des chaînes sont fixés aux extrémités des murs par des *ancres* de forme variable, suivant la constitution du mur. Dans une maçonnerie de pierre de taille, l'ancre est en fer rond de 0m 040 à 0m 050 de diamètres et noyée par moitié dans deux pierres d'assises consécutives, le chaînage occupant l'épaisseur du joint ; à l'angle de deux murs, on fixera sur la même ancre les chaînes venant de chacun de ces murs (fig. 754). Les extrémités des chaînes sont alors aplaties et percées d'un œil dans lequel passe l'ancre.

Dans une maçonnerie de petits matériaux, l'ancre ne peut être placée au milieu de la largeur, sans compromettre la solidité du mur ; on met alors une ancre pour chaque chaîne, et on la place le plus près possible des parements du mur, en laissant seulement la distance nécessaire pour qu'elle soit cachée par l'enduit (fig. 755) ; les ancres se font, dans ce cas, en fer carré de 0m 030 à 0m 040 de côté ; les chaînes sont chantournées à leur extrémité. Il n'est pas nécessaire de donner à ces ancres une longueur supérieure à 0m 30 ou 0m 40.

Dans certains cas, on profite de la présence des chaînes et des ancres pour obtenir un motif de décoration des façades; à cet effet, on fait les ancres apparentes en saillie sur les façades, en leur donnant une forme appropriée à l'importance et au caractère de celles-ci ; leur longueur n'est jamais inférieure à 0m 50. L'extrémité de la chaîne est alors pourvue d'un œil qui prend l'ancre à la hauteur de son centre de figure (fig. 756) ; ou bien encore, l'extrémité de la chaîne est formée d'une barre ronde filetée ; elle traverse le corps de l'ancre sur lequel on la serre au moyen d'un écrou (fig. 757). Cette dernière disposition présente l'avantage de permettre de placer les chaînes pendant la construction et de ne fixer les ancres qu'au moment où l'on fait les ravalements extérieurs.

Fig. 756. Fig. 757. 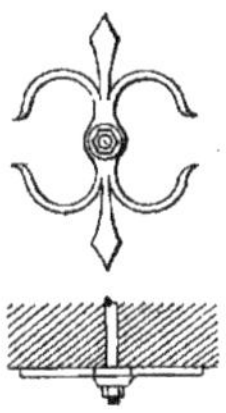 Fig. 758. 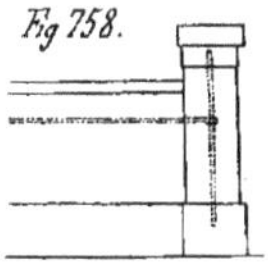 Fig. 759.

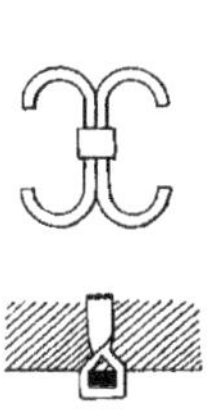

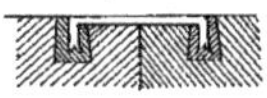

Lorsqu'une ancre se répète un grand nombre de fois, il est avantageux et économique d'adopter un modèle en fonte ; le prix de revient en est peu élevé si les frais de modèle se répartissent sur un grand nombre de pièces ; les fonderies possèdent des séries de modèles qu'elles livrent à très bon marché. On peut appliquer certains de ces modèles aux contreplaques qui, dans les ateliers, servent à fixer contre les murs les chaises de transmissions de mouvement.

3° *Chaînages verticaux*. Ces chaînages s'emploient dans les maçonneries exposées à des chocs violents, par exemple dans les pilastres de portes charretières construits en petits matériaux ; le chaînage se compose alors d'une longue barre verticale en fer rond de 0m 040 ou en fer carré de 0m 030, pénétrant par ses deux extrémités d'une part dans le socle, d'autre part dans la pierre de couronnement du pilastre, sur une longueur d'environ 0m 10 ; cette barre forme ancre d'un chaînage horizontal qui relie le pilastre à la partie courante du mur de clôture dans lequel la porte est établie (fig. 758).

4° *Goujons et crampons*. Les *goujons* sont de petites tiges de fer rond destinées à empêcher tout déplacement relatif par glissement de deux pierres superposées ; on les fait souvent en fer galvanisé, et à scellement à la partie inférieure.

Les *crampons* s'emploient pour relier entre elles les pierres d'une même assise ; ils sont coudés d'équerre à leurs deux extrémités et scellés au plomb, au soufre ou au ciment ; il est bon de les galvaniser (fig. 759).

218. Pièces de forges pour les charpentes. — 1° *Ferrements des planchers en bois*. Les ferrements les plus employés sont :

Le *harpon à queue de carpe*, qui se compose d'un fer plat de 0m 040 sur 0m 009, terminé d'un bout par un retour d'équerre appelé talon, et de l'autre par une queue de carpe pour scellement ; il porte plusieurs trous destinés à le fixer à l'extrémité d'une pièce au moyen de *clous mariniers* ou de *tirefonds* (fig. 760).

Le *harpon à boulon* ou *boulon à plate-bande*, qui n'est autre que le précédent, mais terminé par une tige filetée ; il sert à consolider l'assemblage de deux pièces d'équerre (fig. 761).

Le *harpon à ancre* ou *tirant à ancre*, analogue aux précédents, mais de plus grandes dimensions, dans lequel la queue de carpe est remplacée par un œil chantourné ou non dans lequel passe une *ancre* formée d'un morceau de fer carré (fig. 762) ; il sert à faire le scellement dans les murs des solives d'enchevêtrure. Souvent, il traverse toute l'épaisseur du mur, et l'ancre s'appuie sur le parement extérieur ; on peut donner à cette ancre des formes plus ou moins

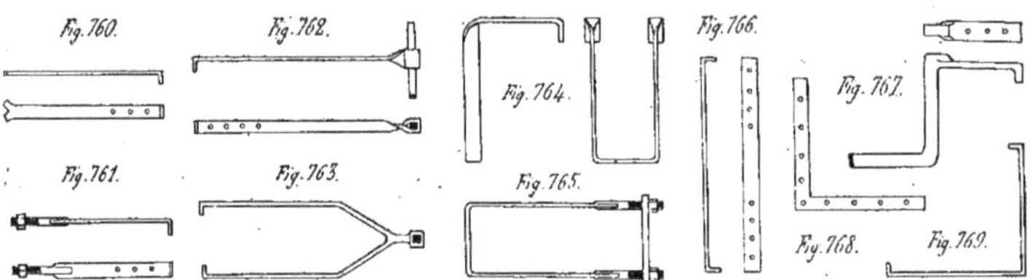

décoratives, de manière qu'elle contribue à orner la façade sur laquelle elle est apparente. Pour relier les grosses poutres aux murs, on emploie souvent un harpon double dont les deux branches, en forme de U, viennent prendre l'about de la poutre (fig. 763). Ces diverses pièces se font en fer plat de 0m 040 sur 0m 006 à 0m 009.

Les *étriers*, pièces forgées en fer plat, à deux branches, qui servent à soutenir une pièce de bois qui vient en rencontrer latéralement une autre ; l'étrier est coudé à plat pour embrasser trois faces de la première pièce ; les deux branches verticales sont chantournées à leur partie supérieure, et elles se retournent à plat sur la face supérieure de la seconde pièce ; elles se terminent par un talon ; les branches horizontales sont percées de trous qui reçoivent des tire-fonds (fig. 764). On emploie également, pour relier l'une à l'autre deux pièces parallèles, des étriers à branches droites, terminées par des boulons et qu'on nomme plus spécialement *liens* ; une *bride* ou barre de fer plat relie les deux branches, et c'est sur elle que portent les écrous (fig. 765) ; ces liens se font en fer plat de 0m 040 sur 0m 009.

Les *plates-bandes* sont des bandes de fer plat percées de trous pour recevoir des tirefonds ou des boulons, et qui servent à l'assemblage des pièces placées en prolongement l'une de l'autre (fig. 766). Leurs extrémités sont souvent terminées par un talon qui pénètre dans les pièces ; on les fait en fer plat de 0m 040 sur 0m 007 à 0m 009.

Les *chevêtres* se font souvent, lorsqu'ils sont courts, en fer carré de 0m 030 à 0m 050, suivant leur portée ; ils sont coudés et contrecoudés, à la demande, pour s'appuyer sur la solive d'enchevêtrure ; la partie qui repose horizontalement sur celle-ci est aplatie et percée de trous pour le passage de deux ou trois tirefonds ; elle est prolongée par un talon d'équerre (fig. 767). Les *bandes de trémie* s'exécutent de la même manière.

2° *Ferrements des pans de bois.* Les principaux sont les *plates-bandes*, les *tirants à ancre* et les *équerres*. Ces dernières sont posées soit à plat, et alors elles portent souvent un talon à chacune de leurs extrémités, soit de champ ; elles ont ordinairement 0m 400 environ de branches (fig. 768 et 769), et se font en fer plat de 0m 040 sur 0m 007 à 0m 009.

3° *Ferrements des combles en bois.* Ces ferrements comportent : des *boulons*, des *étriers* analogues à celui de la figure 765, des *équerres*, des *plates-bandes* ; enfin, diverses pièces, telles que : *fourches d'assemblage*, *lanternes de serrage*, etc., qui ont été étudiées à propos des combles mixtes en bois et fer.

§ 2. — PIÈCES DE QUINCAILLERIE SERVANT AUX FERREMENTS DES MENUISERIES

219. Vis, boulons, pitons, crochets et gonds du commerce. — Les vis, boulons ou gonds du commerce les plus employés pour fixer les ferrures aux menuiseries sont : les *vis à bois* et *à métaux*, à tête plate ou sphérique (fig. 770 et 771), les *vis à garnir* à tête plate, qui s'enfoncent au marteau ; les *tirefonds*, vis à bois à tête carrée (fig. 772) ; les *boulons* à tête ronde et

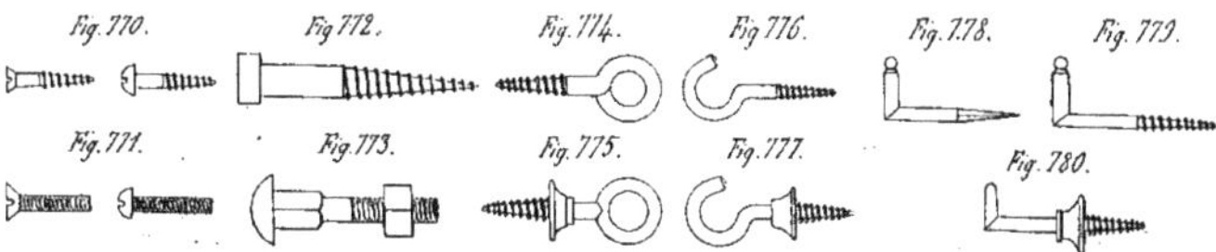

écrou carré (fig. 773) ; les *pitons* en fer sans embase (fig. 774) ; les *pitons* avec corps en laiton à embase et tige en fer (fig. 775) ; les *crochets* en fer sans embase (fig. 776) et les *crochets* en laiton à embase et tige en fer (fig. 777) ; les *gonds* à pointe et à vis en fer (fig. 778 et 779), et les *gonds* à embase et à vis, avec corps en laiton, et tige en fer (fig. 780) ; enfin, les *clous rivés*, à tête plate ou ronde, qui sont de véritables rivets.

Toutes ces pièces sont fabriquées en fil de fer de différentes grosseurs ; leurs dimensions sont indiquées par deux numéros : le premier est le numéro de la jauge décimale auquel correspond le diamètre du fil de fer ; le second donne la longueur de la pièce en millimètres pour les pièces droites, et sa longueur développée pour les gonds, pitons et crochets.

Fig. 781. Fig. 782. Fig. 783.

Nous indiquerons encore les pitons, crochets et tirefonds destinés à remplacer les clous pour fixer aux murs et aux plafonds des objets lourds ; ils se scellent au plâtre et donnent toute sécurité (fig. 781 et 782).

Dans le même ordre d'idées, et pour éviter les tamponnements au bois dans les murs, on emploie des tampons métalliques (fig. 783) ; pour la pose, on retire la vis, que l'on fait pénétrer dans son écrou lorsque le tampon a été enfoncé dans le trou préalablement percé dans le mur.

220. Principales pièces employées aux ferrements des menuiseries. — Les ouvrages mobiles de menuiserie doivent être complétés par des ferrements spéciaux qui ont pour but, les uns de consolider les assemblages et de rendre les ouvrages indéfigurables, en produisant l'effet de contreventements ; les autres de relier les menuiseries aux maçonneries ou aux bâtis fixes en bois ; d'autres enfin servent à la fermeture des parties mobiles ; ces dernières à cause de leur importance, seront étudiées dans des alinéas spéciaux. Nous allons donner ici les principaux types des pièces des deux premières catégories, en suivant dans cette étude l'ordre alphabétique.

1° *Arrêts.* On donne ce nom à une pièce destinée à circonscrire le mouvement d'une porte, d'une croisée, d'une persienne ou d'un volet et à l'arrêter à sa position d'ouverture.

L'arrêt d'une porte ou d'une croisée ou d'une persienne est souvent formé d'un simple *crochet* en fer rond fixé par un piton vissé dans le dormant, et qui pénètre par son extrémité recourbée dans un autre piton vissé dans le bâti de la menuiserie mobile.

Pour empêcher une porte qui s'ouvre le long d'un mur, de venir buter contre lui, on place sur le parquet un *arrêt* formé d'une bague en caoutchouc fixée sur une tige en bois et qui se visse sur le parquet.

Les arrêts de persiennes, destinés à en tenir les vantaux contre les murs lorsqu'on les a ouvertes, sont de plusieurs sortes :

L'*arrêt à broche*, qui est une patte de fer à pointe ou à scellement fixée dans le mur et correspondant à une ouverture quadrangulaire pratiquée dans la persienne; elle fait saillie sur celle-ci lorsqu'elle est appliquée contre le mur; cette patte est percée d'un œil dans lequel on introduit une petite clavette fixée à la persienne par un petit bout de chaîne.

L'*arrêt à bascule* est formé d'une patte à scellement fixée dans le mur à la partie inférieure du vantail de la persienne, et portant articulée à son extrémité une pièce mobile terminée par un vase ou une tête de turc (fig. 784), à sa partie inférieure et à sa partie supérieure par un biseau.

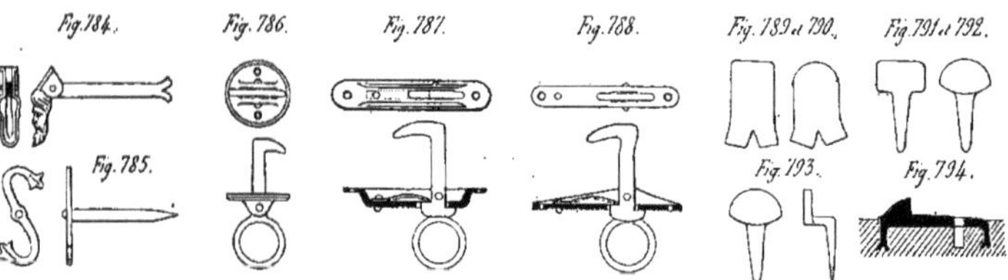

L'*arrêt à tourniquet* se compose d'une tige à pointe ou à scellement à l'extrémité de laquelle est fixé un morceau de fer plat mobile autour d'un axe horizontal, et découpé le plus souvent en forme d'S (fig. 785).

L'*arrêt à anneau* est fixé sur la traverse de la persienne par une plaque vissée, et la tige à mentonnet bascule autour d'une goupille (fig. 786) ; sa pointe accroche un crampon scellé dans le mur et qui est formé d'une patte à scellement percée d'un trou à son extrémité, ou encore d'un fil de fer recourbé de 0m 002 de diamètre scellé par ses deux extrémités dans le mur.

L'*arrêt à paillette* est analogue au précédent, mais un ressort dit *paillette* agit sur la tige et la maintient à la position de repos ; cet arrêt peut être avec *boîte* en fonte (fig. 787) ou *entaillé* (fig. 788).

L'*arrêt à queue de poireau* est ainsi nommé à cause de la forme du levier, dont le poids fixe la pointe du mentonnet dans le crampon ; on le désigne encore sous le nom de *bascule à queue de poireau*.

On donne aussi le nom d'*arrêts* à de petites pièces en cuivre qui servent à maintenir les cordons de tirage en septain des stores ; on distingue l'*arrêt à boule et excentrique*, l'*arrêt à fourchette*, l'*arrêt à feuille de sauge*.

2° *Battements*. Les *battements* sont de petites pièces recevant le choc d'une partie ouvrante pour l'arrêter à sa position de fermeture. Les battements de persiennes sont de plusieurs sortes : le *battement à tête élargie* carrée ou demi- ronde (fig. 789 et 790), et *à pointe* ou *à scellement* (fig. 791 et 792) ; le *battement à 2 coudes*, également à pointe ou à scellement (fig. 793) et dont la tête peut être carrée ou demi-ronde.

Le battement d'une porte cochère ou d'une porte charretière prend le nom de *butoir* ou *battée* ; il se compose d'une pièce de fer recourbée à ses deux extrémités, scellée dans la pierre, et dont la partie supérieure forme arrêt; un trou percé au milieu reçoit l'extrémité de la tige du verrou ou de la crémone qui fixe la porte lorsqu'elle est fermée (fig. 794).

3° *Charnières*. Une *charnière* est une pièce de quincaillerie en fer ou en cuivre, formée de deux *platines* mobiles autour d'un axe commun, et qui sert à ferrer les menuiseries mobiles pour les réunir aux bâtis fixes. Les platines sont pourvues sur l'une de leurs rives d'anneaux ou *charnons* qui forment par leur juxtaposition le *nœud* de la pièce et dans lesquels passe la *broche* qui forme l'axe de rotation. Les platines sont percées de trous qui servent à les fixer sur les menuiseries au moyen de vis.

Les charnières du commerce se trouvent sous trois marques : la charnière *ordinaire*, la charnière *forte* et la charnière *renforcée*; on distingue en outre, d'après leur forme : la *charnière carrée longue ordinaire*, qui se pose en feuillure (fig. 795) ; la *charnière toute carrée*, dont les

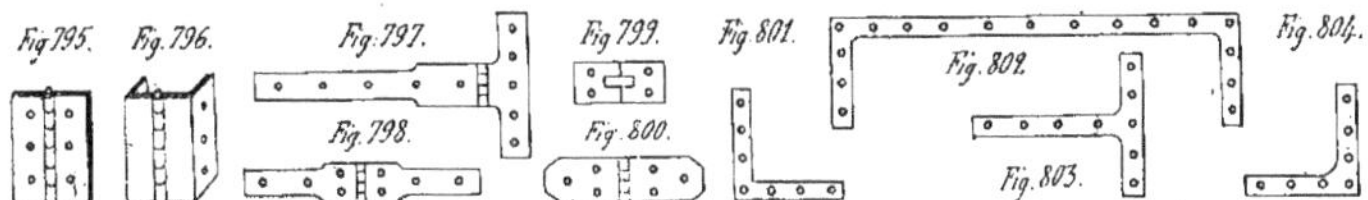

platines sont plus larges ; la *charnière à pans*, employée pour les portes d'armoires, mais qui n'est plus guère en usage aujourd'hui ; la *charnière coudée* (fig. 796) qui embrasse le battant sur lequel on la fixe ; la *charnière de caisson*, pour volets de devanture (fig. 797), dont une branche est une véritable penture ; la *charnière longue à nœuds soudés* (fig. 798), qui est élargie au collet et sert à ferrer les volets de boutiques ; la *charnière à briquet* ou *à coq*, pour abattants de comptoirs (fig. 799), le coq servant d'arrêt, il y a de ces charnières à deux coqs ; la *charnière à nœuds de compas* qui a la forme d'une tête de compas et s'emploie pour les vantaux brisés des grilles ; la *charnière à section droite* ; la *charnière à nœuds carrés* faite pour bien affleurer le bois ; la *charnière à nœuds à boules tournées* ; la *charnière à hélice*, dont les charnons sont taillés en hélice, de manière que les portes qui en sont pourvues se ferment seules.

On donne le nom de *couplets* à de petites charnières à platines plus larges que longues, et dont on se sert pour ferrer des portes légères (fig. 800).

4° *Équerres*. Les *équerres* sont des pièces de tôle coudées sur plat ou sur champ, qui servent à consolider, dans les menuiseries, les assemblages de pièces perpendiculaires entre elles. On distingue l'*équerre simple* (fig. 801), l'*équerre double* (fig. 802), bande de fer dont la longueur est celle d'une traverse de porte ou de croisée, et qui se termine à ses deux extrémités par deux branches courtes ; l'*équerre à T*, qui a la forme d'un T (fig. 803).

L'angle interne de l'équerre ordinaire est vif; mais le plus souvent, on emploie l'*équerre à congé*, dans lequel cet angle est renforcé par un profil circulaire (fig. 804).

5° *Fiches*. Les fiches sont des sortes de charnières ou de gonds dans lesquelles la broche est plus forte que dans les charnières ordinaires. On distingue les *fiches à boutons* avec broche terminée à sa partie supérieure par un bouton sphérique (fig. 805) et qu'on emploie à la ferrure des portes et des croisées; les *fiches rivées*, *de brisure* ou *à nœud*, dans lesquelles les deux extrémités de la broches sont rivées et qui servent à ferrer les secondes feuilles des volets; les *fiches à vases* qui n'ont que deux charnons, et dans lesquelles les extrémités de la broche sont terminées par des prolongements profilés en bouteilles, en glands, en panaches, en vases (fig. 806), on en trouve de beaux modèles dans les ouvrages de menuiserie et les meubles du XVIIIe siècle; les *fiches à broches tournées à une ou à deux boules*; les *fiches à gonds* qui sont formées d'un seul nœud portant une lame et se plaçant sur un gond (fig. 807); on les emploie pour ferrer les grands vantaux de portes cochères; les *fiches à chapelets*, grosses fiches rivées, à nœuds polis et séparés, qui servent à la ferrure des guichets de portes cochères; enfin les *fiches Chanteau*, les plus employées aujourd'hui, qui se rapprochent beaucoup des paumelles, et rendent les mêmes services, tout en coûtant moins cher (fig. 808); les deux nœuds peuvent être séparés par un bague en cuivre.

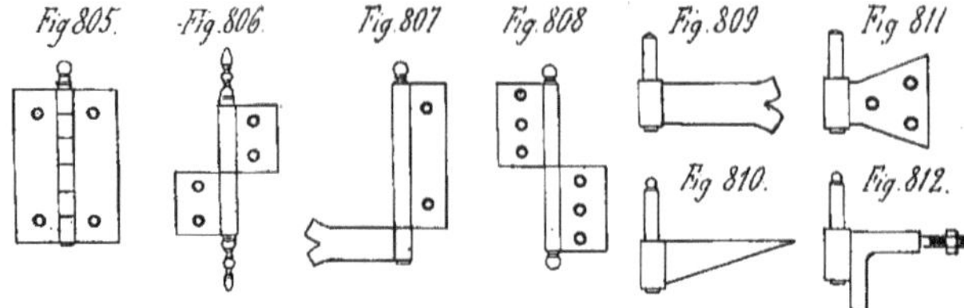

6° *Gonds*. Un *gond* est une pièce sur laquelle pivote un vantail de porte ou de fenêtre; il est fixé à cet effet dans le jambage et il porte un *mamelon* ou *goujon* qui entre dans l'œil d'une penture, d'une paumelle ou d'une fiche, fixée au vantail mobile; on ne met de gonds qu'aux portes lourdes et de grandes dimensions. On les distingue d'après la manière dont ils sont fixés dans les jambages : le *gond à scellement* (fig. 809) a sa tige fendue en queue de carpe et se scelle dans la maçonnerie; le *gond à pointe* a une tige pointue et s'enfonce dans les maçonneries tendres ou dans les bois (fig. 810); le *gond à patte* a sa tige élargie et il se fixe à vis sur les huisseries (fig. 811); le *gond à écrou* a une tige terminée par une partie filetée, qui reçoit un écrou (fig. 812); le *gond à repos*, dont le mamelon présente un renflement sur lequel repose l'épaisseur du nœud ou de l'œil de la penture; le *gond à vis*, dont la tige est filetée et se visse dans le bois. Nous verrons plus loin qu'il existe aussi des *paumelles à gonds*.

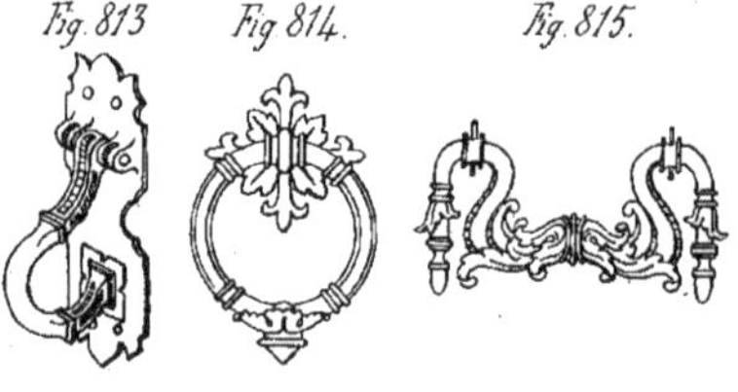

7° *Heurtoirs*. Les *heurtoirs* sont des sortes de marteaux de portes qui servent à appeler de l'extérieur et qu'on a presque partout remplacés aujourd'hui par des sonnettes; les entrées des habitations ont ainsi perdu un puissant motif de décoration, et on l'a si bien senti qu'on ajoute souvent aujourd'hui aux portes des marteaux purement décoratifs. Les heurtoirs sont de deux sortes : les *heurtoirs proprement*

dits, en forme de maillets suspendus à deux tourillons (fig. 813), et les *heurtoirs-poignées*, en forme d'anneau rond ou oblong, ou de poignée (fig. 814 et 815).

8° *Pattes*. Les *pattes* sont des pièces de fer destinées à fixer les menuiseries, les glaces, les dalles, les chambranles de cheminées ; d'après leur forme, on distingue : les *pattes à pointe*, qui sont soit à *patte percée* (fig. 816), servant à fixer des pièces de bois contre les murs ou contre d'autres pièces ; soit le *clou à patte* (fig. 817), qui sert à supporter une pièce sans la fixer, et dont la tête n'est pas percée ; soit la *patte à crochet* (fig. 818), qui forme un petit corbeau pour fixer des bois contre un mur ; les deux premières portent en arrière de la patte un talon sur lequel on frappe par l'intermédiaire d'un ciseau émoussé.

Les *pattes à scellement* sont en tôle et comprennent : la *patte ordinaire* (fig. 819), employée pour les portes d'intérieur à un ou deux vantaux ; la *patte à queue d'aronde*, qui se fixe sur les

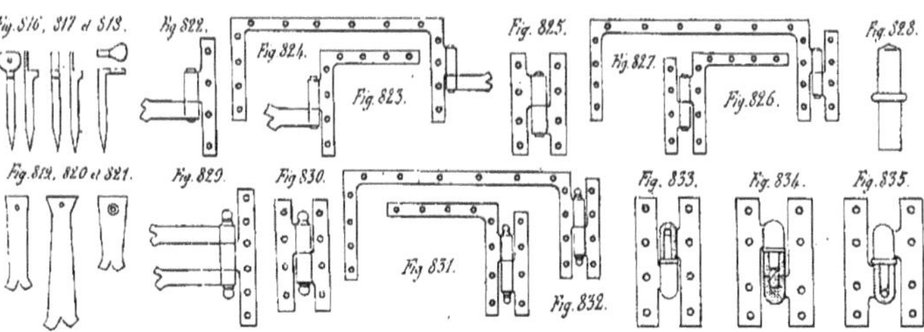

bâtis des menuiseries et se scelle dans les maçonneries (fig. 820) ; la *patte fraisée*, dont le trou est fraisé (fig. 851) ; ces pattes se font *droites* ou *coudées*. Il existe également des *pattes à vis* ou à *goujon*, qui se fixent par des vis sur les poteaux d'huisserie des pans de bois.

9° *Paumelles*. Un paumelle est une ferrure qu'on applique aux portes, aux croisées ou aux volets pour remplacer les fiches ou les charnières ; elle comporte une branche verticale avec laquelle fait corps un charnon. On distingue la *paumelle simple à T*, qui ne comporte qu'un *œil* dans lequel entre un gond à pointe ou à scellement (fig. 822) ; la *paumelle simple à équerre*, dont la branche se retourne d'équerre (fig. 823) ; la *paumelle simple à équerre double* (fig. 824), dont la branche forme équerre double ; la *paumelle double à T* (fig. 825), qui présente deux branches semblables dont l'une porte un *œil* et l'autre un *mamelon* ou *broche* servant de gond ; la *paumelle double à équerre* (fig. 826) et la *paumelle double à équerre double* (fig. 827).

La broche peut être pourvue d'une *bague* qui est venue d'une seule pièce avec elle (fig. 828) ; si cette broche est terminée par une boule à l'une de ses extrémités, on a les *paumelles dites à boules* ; si elle est appliquée aux paumelles précédentes on a alors les *paumelles simples à boule et gond*, à T, à équerre ou à double équerre, la *paumelle simple à double gond à boules* (fig. 829) ; la *paumelle double à boules* à T, à équerre ou à double équerre (fig. 830, 831, 832).

Parmi les paumelles doubles, on distingue les *paumelles à nœuds bouchés* (fig. 833), dont chaque œil est fermé par une de ses extrémités ; on trouve ces paumelles de trois forces : ordinaire, renforcée, extra-renforcée ; elles se font aussi en fer forgé, en acier laminé ou en cuivre ; dans celles en fer, on peut interposer entre les deux œils une *bague* en cuivre ou en fer destinée à adoucir le frottement, et qui peut, dans certain cas, être d'une seule pièce avec la broche. Les paumelles doubles à *olives* se font aussi en cuivre.

Dans toutes ces paumelles, la lame portant la broche se place sur la partie fixe de menuiserie; dans les *paumelles à bain d'huile*, au contraire, elle se place sur le vantail mobile; la broche peut être à bague d'une seule pièce; elle pénètre dans une boîte sur le fond de laquelle elle tourne soit directement (fig. 834), soit par l'intermédiaire d'une bille d'acier (fig. 835); cette boîte est remplie d'huile.

Nous signalerons encore, mais sans en donner le détail, les paumelles de divers systèmes perfectionnés. pour portes se fermant seules, ou pour portes à va-et-vient. Enfin on fait des paumelles à trois lames qui sont appliquées dans la fixation des vantaux de croisées munies de volets intérieurs.

Les paumelles sont dites *à droite* ou *à gauche* suivant que la porte ferrée de manière que le nœud de la paumelle soit en avant, celle-ci se trouve à droite ou à gauche de la porte.

10° *Pentures.* Les *pentures* sont des pièces de fer forgé qui servent à fixer un vantail mobile pour lui permettre de tourner autour d'une de ses arêtes, et en même temps à consolider la jonction des bois qui le forment. Une penture se compose d'une *branche* ou bande de fer méplat terminée à l'une de ses extrémités par un *œil* ou *nœud* qui se place sur un *gond*; cet œil est rapporté et soudé, ou simplement obtenu par l'enroulement de la branche sur elle-même à son extrémité; la branche est percée de trous destinés à recevoir les vis, les boulons ou les clous qui la fixent sur la menuiserie.

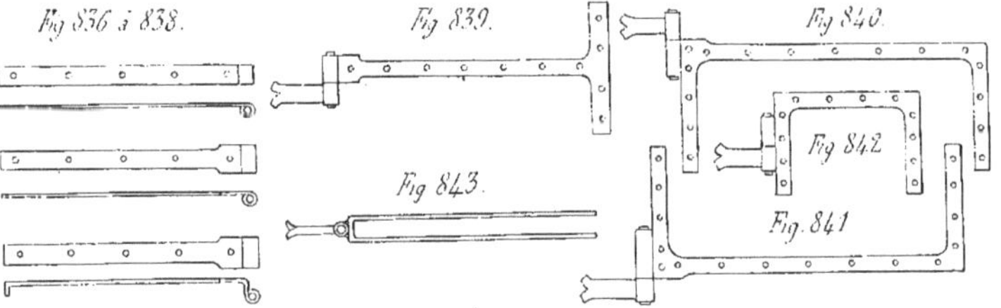

On distingue la *penture ordinaire* employée pour les portes de caves (fig. 836) et qui est généralement brute; la *penture à collet élargi*, dite aussi à *entaille extérieure* (fig. 837), qui est d'ordinaire dressée, limée et entaillée dans le bois; ces deux pentures se posent extérieurement; la *penture à entailler*, qui se pose à l'intérieur et qui est coudée au collet (fig. 838); elle se termine par un talon; la *penture à T avec gond* (fig. 839), employée ainsi que les suivantes au ferrement des portes charretières ou des portes de fermes ou d'usines, a sa branche terminée par un T; la *penture à équerre double supérieure* (fig. 840); la *penture à équerre double inférieure* (fig. 841); la *penture à équerre double avec gond à patte* (fig. 842), employée pour les guichets de portes charretières; la *penture flamande à fourche* (fig. 843) présente une forme d'étrier embrassant le vantail de la porte, intérieurement et extérieurement.

On peut employer la penture non seulement comme ferrement proprement dit, mais en même temps comme motif d'ornementation des portes, ainsi qu'on l'a fait dans les édifices du moyen âge; ces pentures sont alors *fleuronnées* (fig. 844) ou à *enroulements* (fig. 845); elles sont décorées de clous, de rosaces, d'engravures, de chanfreins, etc.; leurs ornements contribuent à la fois à la consolidation des menuiseries et à leur décoration, et ils doivent être conçus en vue de ce double rôle; comme un des plus beaux exemples qui existent nous citerons les pentures des grandes portes de Notre-Dame de Paris.

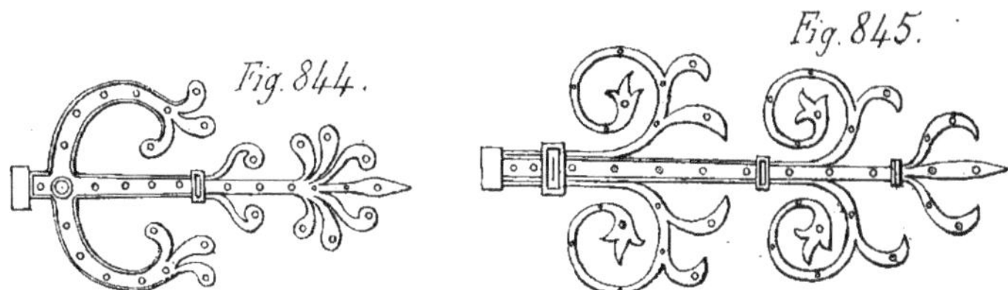
Fig. 844. Fig. 845.

On exécute quelquefois en tôle découpée de *fausses pentures* qui ne sont que des appliques purement décoratives; enfin on a cherché, mais sans succès, à imiter en fonte malléable les beaux modèles de pentures du moyen âge.

11° *Pivots*. Un *pivot* est une pièce qui supporte un vantail mobile et qui lui permet un mouvement de rotation autour d'un axe; les pivots servent au ferrement des grandes portes. Un pivot tourne dans une *crapaudine* percée d'un trou dans lequel pénètre l'*axe* du pivot, ou qui porte elle-même cet axe, disposition toujours préférable. La crapaudine est quelquefois formée d'une petite masse de métal simplement noyée dans la maçonnerie, et portant un goujon (fig. 846); elle peut encore être fixée au chambranle et alors elle est à *scellement* (fig. 847), à *pointe* ou à *patte* (fig. 848); lorsque l'axe du pivot est porté par la crapaudine et terminé par une boule, la crapaudine est dite *à boule*.

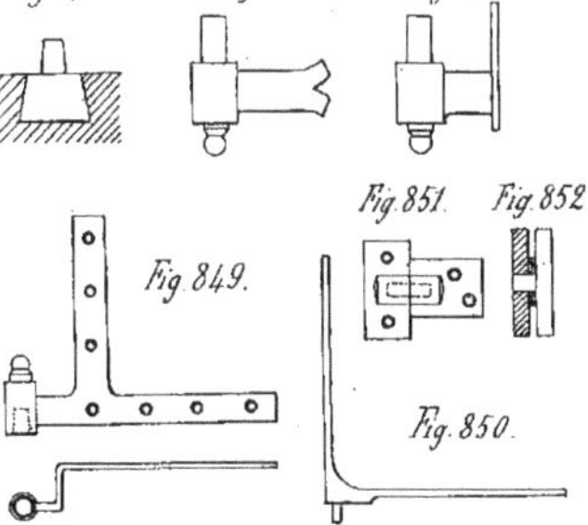
Fig. 846. Fig. 847. Fig. 848. Fig. 849. Fig. 850. Fig. 851. Fig. 852.

Le pivot est ordinairement *à équerre*, faisant corps avec une équerre coudée sur champ ou sur plat, et qui se fixe au bâti du vantail (fig. 849 et 850), soit sur sa face, soit en feuillure; le pivot porte lui-même son axe, ou bien celui-ci fait corps avec la crapaudine, et, dans ce dernier cas, le pivot est pourvu d'un œil alésé.

A la partie supérieure d'une porte, le pivot est remplacé par une *bourdonnière à équerre*, de forme semblable, mais qui porte toujours elle-même son mamelon; celui-ci tourne dans un gond renversé appelé *bourdonneau*, qui se fait à patte, à pointe, à scellement ou sous platine.

Les *pivots de siège* se font en cuivre; ils servent à ferrer les abattants des sièges d'aisances. Enfin on fait des pivots de forme spéciale, à plat (fig. 851) ou sur champ (fig. 852), pour vasistas ou impostes.

12° *Poignées*. Une *poignée* est une pièce que l'on saisit pour ouvrir ou tirer à soi des parties mobiles de menuiserie ; on distingue la *poignée à pointes molles* qui se fixe sur le bois par ses deux branches (fig. 853) ; la *poignée à pattes*, qui se fixe à l'aide de vis (fig. 854) ; les *poignées brisées ou à tourillons*, dont les branches entrent dans des *lacets à pointe* ou *à vis* (fig. 855 et 856). ou dans des *lacets en olives* montés eux-mêmes sur une platine (fig. 857) ; cette platine est fixée par des vis sur la menuiserie. Les mêmes poignées se font soit en fer, soit en cuivre.

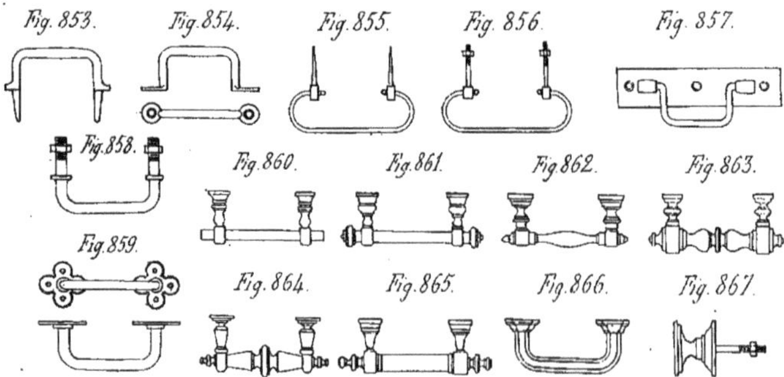

Les *poignées de portes cochères* qui remplacent les heurtoirs se font ordinairement en fonte, en fer ou en cuivre ; elles sont fixées sur la porte au moyen de tiges à écrous (fig. 858), ou de platines en tôle découpée (fig. 859) lorsqu'elles sont en fer ; les poignées de commerce en cuivre portent différents noms suivant leur forme : à bâton de maréchal (fig. 860) ; à bâton à culots (fig. 861) ; à simple ou à double balustre (fig. 862 et 863) ; turque (fig. 864) ; grecque (865) ; à pans pleins (fig. 866) ; toutes ces poignées se fixent horizontalement ou verticalement.

On remplace dans les portes extérieures moins importantes ou dans les portes d'intérieur la poignée par un simple *bouton de tirage* rond, profilé, en fonte ou en cuivre, avec rosette, qui se fixe à l'aide d'une tige filetée et d'un écrou (fig. 867).

221. Fermeture des portes et des fenêtres. — Nous allons étudier successivement les différents appareils qui servent à la fermeture des portes et des fenêtres, en suivant, comme nous l'avons fait dans l'alinéa précédent, l'ordre alphabétique.

1° *Becs-de-cane.* Le *bec-de-cane* est une serrure simple, fonctionnant sans clef, et qu'on ouvre à l'aide de *boutons* ou de *béquilles.* La *boîte* qui renferme les pièces de mécanisme se compose d'un fond ou *palastre*, portant à l'une de ses extrémités un *coude* ou *rebord* appelé aussi *tête* ou *têtière*, percé d'une mortaise pour le passage du *pêne* et de trous fraisés pour placer les vis de fixation du bec-de-cane ; les trois autres parois latérales de la boîte forment la la *cloison*, et ils sont reliés au palastre par des *étoquiaux* rivés, et au rebord par des tenons à queue d'hironde ; la boîte est fermée par une plaque appelée *couverture* ou *foncet*, qui est fixée au palastre par des tenons ou des pattes et qui est percé d'un trou pour le passage de la tige du bouton ou de la béquille.

Le *pêne* est à *demi-tour*, et sa tête est épaisse et chanfreinée ; l'inclinaison du *chanfrein* descend jusqu'à 32°, afin que la porte se refermant, le pêne puisse rentrer facilement dans la boîte par la seule rencontre de la *gâche*; à l'intérieur, le corps du pêne est élargi et évidé, et il se termine par un *talon* d'équerre; un *ressort* appuie constamment en arrière de la tête du pêne pour le faire sortir en dehors de la boîte. Le mouvement du pêne est obtenu à l'aide d'un *foliot* qui n'est autre chose qu'une *bascule* à deux branches en cuivre, agissant sur le talon du pêne; le foliot est muni d'une tige cylindrique faisant corps avec la bascule, et prenant appui sur deux *rondelles* ou *faux-fonds*, fixés l'un au palastre, l'autre au foncet; cette tige est percée d'une ouverture carrée dans laquelle on engage la tige de la béquille ou du bouton de manœuvre; on tourne le bouton ou la béquille dans un sens ou dans l'autre, une des branches de la bascule appuie sur le talon du pêne et le fait rentrer dans la boîte. Tel est le bec-de-cane *ordinaire*, *poli*, à *cloison* (fig. 868).

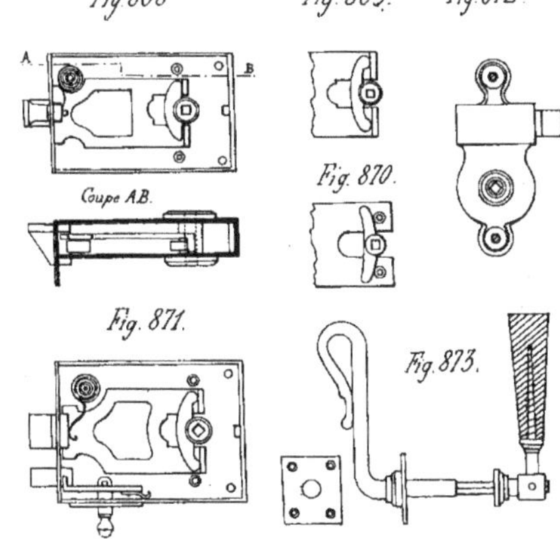

Comme le foliot s'use par frottement sur le talon du pêne, on l'exécute souvent en bronze comprimé qui est plus résistant ; on donne aussi une forme arrondie aux deux branches de la bascule (fig. 869) : on a encore remplacé le talon du pêne par deux roulettes placées sur des axes, et sur lesquels agit alors la bascule (fig. 870).

Le bec-de-cane peut être pourvu d'un second pêne ou *verrou de nuit à bouton de coulisse* placé à la partie inférieure de la boîte et qui permet de fermer de l'intérieur ; le pêne est droit et maintenu horizontal par un petit ressort (fig. 871).

On distingue encore le *bec-de-cane poli sur platine* ou *sans cloison*, employé pour la fermeture des armoires ou des volets brisés ; il n'a qu'un bouton ou un simple anneau à charnière dont la tige est fixée sur un écrou ; le *bec-de-cane à cuvette*, sorte de petit verrou en cuivre à ressort, employé aussi à la fermeture des volets; enfin, le *bec-de-cane de tirage en cuivre*, encloisonné, qui se manœuvre par tirage direct du pêne, prolongé par une queue.

Les becs-de-cane placés sur les portes ordinaires sont dits *en long*; sur les portes vitrées dont les montants sont seuls disponibles pour le placement du bec-de-cane, celui-ci est alors du type dit *en large*.

Un bec-de-cane de forme particulière et qu'on désigne sous le nom de son inventeur, *Gollot*, présente une boîte en fonte malléable, d'une seule pièce, ayant les dimensions strictement nécessaires pour loger le mécanisme; elle comprend un conduit rectangulaire renfermant le pêne et au-dessous le logement du ressort (fig. 872). On peut arrêter le pêne par une *goupille*; comme le ressort est très puissant, on adapte à ce bec-de-cane une béquille très forte.

On remplace quelquefois la goupille par un mécanisme de serrure, mû par une clef et qui fait de ce bec-de-cane une véritable serrure de sûreté; il est logé dans une annexe de la boîte; c'est le *gollot à clef* ou *à verrou de sûreté*. Ce mécanisme permet le déplacement d'un petit pêne qui vient s'engager dans une encoche du pêne du bec-de-cane, et joue le même rôle que la goupille.

2° *Béquilles*. Une *béquille* est une poignée formée d'une tige coudée, en fer ou en cuivre; on l'emploie toutes les fois qu'on ne peut se servir d'un bouton sans danger pour les doigts; la tige en est carrée, et la partie coudée affecte diverses formes, d'après lesquelles la béquille est dite *à anneau*, *à boule*, *à volute*, *à col de cygne*, *à pans*; le manche, au lieu d'être en métal, est souvent en corne de buffle, en composition céramique ou même en ivoire; il se visse alors sur la tige dont l'extrémité est filetée. La béquille est *simple* quand elle n'existe que d'un seul côté de la porte; elle est *double* si elle existe des deux côtés; la poignée intérieure est alors souvent remplacée par un *bouton*; l'une des deux poignées fait toujours corps avec la tige, l'autre est amovible et fixée à l'extrémité de la tige au moyen d'une goupille; la poignée fixe se place toujours du côté extérieur de la porte, et elle s'appuie sur le bois par l'intermédiaire d'une plaque de fer ou de cuivre nommée *entrée* ou *rosette*, que l'on fixe sur le bois par quatre vis, et qui sert de point d'appui à la tige pendant sa rotation (fig. 873).

3° *Boutons de fermeture*. Un *bouton de fermeture* est un bouton de métal, de bois, de cristal ou d'ivoire, emmanché sur une tige métallique et servant à faire mouvoir les pièces de fermeture; ces boutons, comme les béquilles, sont *simples* ou *doubles*; suivant leur forme, on distingue les *boutons à olives*, *ovales*, *ronds* ou *à l'antique*, *camards*.

Dans les boutons ordinaires du commerce, le bouton en bois ou autre matière est monté dans une garniture métallique sertie; on le fixe sur la tige par une goupille; il en résulte qu'un bouton double est rarement monté et ajusté avec précision. On a imaginé pour obvier à cet inconvénient divers systèmes de montage sans goupilles, avec tige filetée et bagues de serrage ou écrous de réglage.

Les boutons de bois sont en chêne, en noyer, en érable, en citronnier, en palissandre ou en acajou; on en fait en porcelaine, imitation ivoire ou ébène; en cristal blanc, taillé à six ou huit pans ou en pointe de diamant; enfin en métal creux, à surface lisse ou ornée.

Un *bouton à bascule* ou *à boîte d'horloge* a sa tige terminée par une partie filetée sur laquelle on fixe, par un écrou, une petite bascule; on s'en sert pour la fermeture des armoires.

Un *bouton de coulisse* sert à manœuvrer un verrou ou le pêne demi-tour d'une serrure; on le remplace souvent par un *bouton coudé*.

4° *Cadenas*. Un *cadenas* est une petite serrure mobile et portative, servant à la fermeture d'une porte, il est pourvu à cet effet d'une *anse* qui passe dans deux *pitons*, dont l'un est fixé au battant de la porte, l'autre au dormant. La boîte qui renferme le pêne se compose d'un *palastre* et d'une *couverture* réunis par une *cloison*; celle-ci est traversée d'un côté, à sa partie supérieure ou *rebord*, par la queue de l'*anse*, qui s'ouvre à charnière, et dont l'autre extrémité, dite *bout de l'anse*, pénètre dans la boîte et porte une encoche où s'engage le *pêne*.

La couverture est reliée au palastre par trois *étoquiaux*; l'*entrée* de la clef y est pratiquée, et ordinairement on y adapte un *cache-entrée*, formé d'une simple plaquette de métal pivotant autour d'un axe.

Les cadenas se font ronds, ovales, en écussons, en cœur, en boule; on en fait à *secret* et à *combinaison* ; ces derniers n'ont pas de clef et ils sont formés par la réunion de viroles ou *rouelles* en cuivre portant des lettres sur leur circonférence ; le cadenas ne s'ouvre que quand certaines lettres choisies d'avance sont sur une même ligne dont la direction est indiquée par deux repères marqués sur les plaques d'extrémité.

Le *cadenas cylindrique* présente un pêne terminé par une partie filetée dont la manœuvre se fait à l'aide d'une clef à tige forée en écrou recevant la vis du pêne.

5° *Chaînettes*. On nomme *chaînette* une sorte de bec-de-cane qui se place au milieu de la largeur d'une porte, à hauteur de la serrure et dont le pêne est relié par un crochet au bouton de tirage du pêne demi-tour de la serrure, ce qui permet de manœuvrer ce dernier du milieu de la porte ; la chaînette s'accroche ou se décroche à volonté, et lorsqu'elle est décrochée, la porte ne peut plus être ouverte de l'extérieur sans le secours de la clef. La chaînette se manœuvre à l'aide d'un bouton double ; on la fait carrée ou ronde, encloisonnée ou non, avec ou sans rondelles au foliot.

6° *Crémones*. Une *crémone* n'est autre chose qu'un double verrou mû par un *bouton* ou un *levier à poignée*, et qui sert à la fermeture des fenêtres et de certaines portes à deux vantaux. Une crémone ordinaire, dite *à double mouvement*, se compose d'une *tige* ou tringle en fer demi-rond en deux parties, de 0m 014 à 0m 022 de largeur, d'une *boîte*, ou *boîtier* ou *coquille*, qui renferme le mécanisme de manœuvre, sur laquelle est montée la *poignée* ou le *bouton* et qui est fixée au montant de la fenêtre ou de la porte par quatre vis, d'un ou plusieurs *coulisseaux* ou *conduits* servant à guider la tige sur sa longueur, de deux *chapiteaux* qui la guident à ses extrémités, et enfin de deux *gâches* qui se fixent au bâti dormant (fig. 874). La tige d'une crémone, qui est toujours en fer, peut être pourvue de *pannetons*, comme nous le verrons à propos des espagnolettes ; les autres parties de la crémone se font en fonte unie ou ornée, ou en cuivre uni ou orné ; certaines parties peuvent même être dorées ou argentées. On remplace quelquefois le bouton par une clef, et on a alors la *crémone unie à clef* ; dans d'autres cas, on laisse subsister le bouton, mais au-dessous on adapte une fermeture à clef ; c'est la *crémone à clef*. Pour les fermetures de portes cochères, les crémones se font avec tige en fer rond, de 0m 020 à 0m 030 de diamètre.

Le bouton de la crémone est fixé par une goupille sur une tige de fer qui traverse la face du boîtier en son milieu, et qui est solidaire avec un plateau circulaire portant deux taquets ; ceux-ci agissent comme des cames, en engrenant dans des encoches pratiquées, l'une dans la tige supérieure, l'autre dans la tige inférieure, dont ils produisent ainsi le mouvement ; lorsque les taquets sont à fin de course, ils se placent dans des encoches demi-cylindriques pratiquées dans chacune des tiges ; l'un de ces taquets porte en arrière du plateau un petit prolongement qui vient, aux extrémités de la course, buter dans des saillies venues de fonte dans le boîtier. Une *platine* ou plaque de fermeture, appliquée contre la coquille, entre celle-ci et le montant en bois, fait office de ressort pour maintenir en place les pièces de mécanisme (fig. 875).

Dans la *crémone à levier*, la manœuvre de la tige est obtenue au moyen d'une crémaillère engrenant avec un secteur denté fixé au levier ou au moyen d'une petite bielle reliant celui-ci à la tige.

On construit des *crémones à tringles indépendantes*, disposées pour être expédiées sans tringles demi-rondes, dans les pays où l'on se procure facilement ce genre de fer, afin d'éviter les frais de transport.

Pour les fenêtres placées à une certaine hauteur au-dessus du sol, les crémones ne permettent pas de fermer facilement le haut des fenêtres dès que celles-ci ont pris un peu de gauche ou serrent un peu dans leurs bâtis ; on emploie alors des *crémones à came de rappel* ; la gâche supérieure est à rouleau sur son bord antérieur, et la tige supérieure de la crémone commande une came logée dans le chapiteau supérieur et qui s'engage progressivement dans la gâche (fig. 876).

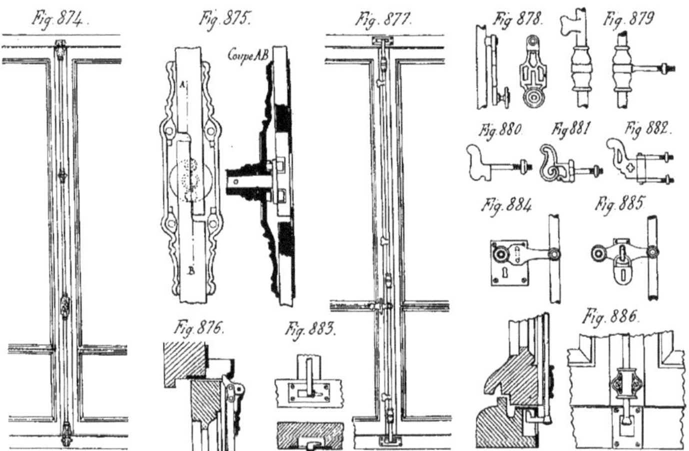

7° *Espagnolettes*. Les *espagnolettes* ainsi nommées parce que, dit-on, elles viennent d'Espagne, sont employées à la fermeture des croisées ; on les avait abandonnées depuis un certain nombre d'années par suite de l'économie résultant de l'emploi des crémones ; on y revient maintenant surtout pour les fermetures de luxe ; elles sont d'un service plus commode parce que, par suite du grand bras de levier dont on dispose pour rappeler la croisée, le mouvement est beaucoup plus doux à la main que celui de la crémone ; cette dernière est souvent très dure à manœuvrer lorsque le jeu manque dans les vantaux d'une croisée, ou qu'ils ont pris un peu de gauche.

Une espagnolette se compose d'une *tige* en fer rond, de 0m 016 à 0m 020 de diamètre, ou *verge*, munie à ses deux extrémités de crochets de forme spéciale qui s'engagent dans des gâches fixées au bâti dormant à la partie supérieure et à la partie inférieure de la fenêtre (fig. 877) ; l'espagnolette est pourvue en son milieu d'une *poignée* pleine ou ajourée qui se termine par un bouton rond, et qui est mobile sur la tige autour d'un axe horizontal faisant corps avec celle-ci (fig. 878). L'espagnolette se fixe sur le battant gueule de loup de la croisée, au moyen de colliers qui lui permettent de tourner autour d'un axe vertical et qu'on nomme *lacets* (fig. 879) ; les lacets sont fixés dans le montant par une tige et un écrou entaillé ; ils soutiennent la tige par des embases que porte celle-ci en trois points de sa hauteur. Les *pannetons*, prolongements méplats dont la tige est souvent garnie, servent à la fermeture des volets intérieurs qui est ainsi obtenue en même temps que celle de la croisée (fig. 879).

La poignée s'engage, à sa position de fermeture, dans une gâche ou *support* qui peut être *fixe*, et monté sur le battant mouton de la croisée, à l'aide d'un écrou entaillé (fig. 880) ; ou mobile autour d'un axe vertical à *simple* ou *double tourillon* (fig. 881 et 882); ce support peut être *plein* ou *évidé*. Les crochets d'extrémité de la tige s'engagent, comme nous l'avons dit, dans des entailles avec *gâches platines* solidement fixées aux traverses du dormant par quatre vis (fig. 883).

Les espagnolettes se font le plus souvent aujourd'hui avec *poignée verticale* ; les garnitures et la poignée sont en fonte ornée ou en cuivre, et richement décorées.

Les *espagnolettes de portes cochères* sont semblables aux autres, seulement la tige est de 0m 022 à 0m 040 de diamètre ; la poignée est aussi plus robuste et elle se ferme au moyen d'un *auberon* entrant dans une serrure dont il reçoit le pêne ; la partie inférieure de la tige ne porte pas de crochet et elle forme un verrou tourné entrant dans une gâche platine scellée dans une pierre. L'auberon est un petit crampon à double tenon rivé sur la poignée d'espagnolette ; il pénètre dans une fente pratiquée dans la plaque d'une serrure dont le pêne le traverse (fig. 884), ou bien encore, l'auberon fait corps avec une platine qui se fixe sur la porte et il pénètre dans une fente de la poignée, que l'on retient en place à l'aide d'un cadenas dont l'anse traverse l'auberon (fig. 885).

Nous indiquerons encore un type d'*espagnolette à poignée verticale*, intermédiaire entre l'espagnolette et la crémone, dans lequel la manœuvre se fait à l'aide d'un secteur denté prolongeant la poignée, et d'une crémaillère venue sur la tige ; celle-ci ne porte pas de crochet à la partie supérieure, et elle pénètre dans une gâche analogue à celle d'une crémone ; à la partie inférieure, le crochet, placé dans le plan de la tige, vient pénétrer dans une gâche platine (fig. 886).

8° *Fléaux*. Un *fléau* est une barre de fer méplat ou carré à l'aide de laquelle on ferme une porte à deux vantaux ; cette barre est mobile autour d'un axe formé par un boulon qui traverse

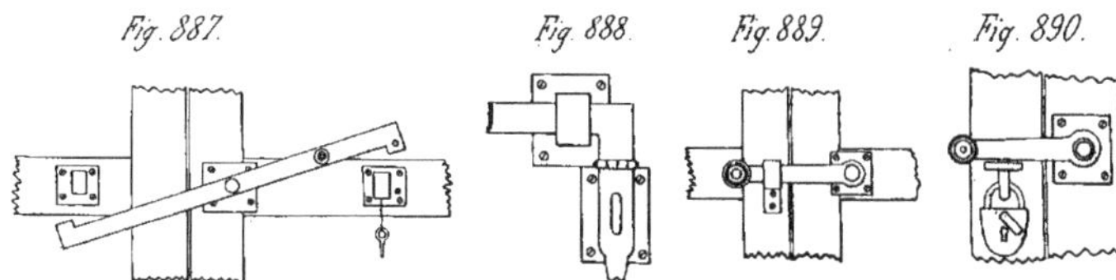
Fig. 887. Fig. 888. Fig. 889. Fig. 890.

un trou pratiqué en son milieu ; elle est munie à ses extrémités de crochets ; on la fixe à l'un des montants par l'intermédiaire d'une platine en tôle sur laquelle est monté son axe, et d'une contre-platine sur la seconde face de la porte. Les deux extrémités s'engagent, à la position de fermeture, dans deux *gâches* ou *crochets*, une par vantail, tournées en sens contraire. La barre étant horizontale, et ses extrémités placées dans les crochets, on la fixe à cette position par une *cheville* (fig. 887), ou par un *cadenas* ; dans ce dernier cas, l'une des extrémités de la barre est garnie d'un *moraillon* articulé percé d'une fente rectangulaire, dans laquelle passe, lorsqu'on l'abaisse, un *auberon* fixé à la porte par une platine et des vis; on traverse l'auberon par l'anse d'un cadenas, de sorte que la fermeture est assurée aussi bien pour l'intérieur que pour l'extérieur (fig. 888).

On emploie aussi les fléaux à la fermeture des volets de fenêtres ou des persiennes, mais dans ce cas on leur donne une forme différente ; la tige en fer plat est mobile autour d'une de ses extrémités, qui est montée sur une platine fixée à l'un des volets ; elle se ferme dans un support fixé à l'autre volet (fig. 889).

On pourra appliquer un fléau de même forme à la fermeture d'une porte roulante ; il suffira d'y adjoindre un *moraillon* qui passe dans un *crampon* fixé au dormant de la porte ; ce moraillon est percé à son extrémité d'un trou dans lequel on introduit l'anse d'un cadenas (fig. 890).

9° *Gâches*. Une *gâche* est une pièce que l'on fixe sur un bâti ou au chambranle d'une porte pour recevoir le pêne d'une serrure, d'un verrou, d'une targette, etc.

On distingue la *gâche ordinaire*, dite *gâche d'épaisseur* ou *à pattes*, qui est formée d'un fer plat coudé à quatre coudes et portant deux pattes percées de trous, qui servent à la fixer par des

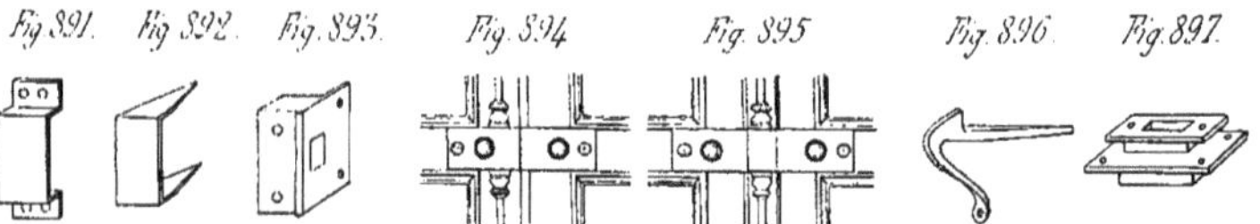

vis sur un chambranle ou sur un poteau (fig. 891) ; la *gâche à pointes*, qui a deux branches d'équerre terminées en pointes, et qu'on enfonce dans le bois (fig. 892) ; la *gâche à scellement* est pourvue de deux branches à double crochet qui permettent de la sceller dans la maçonnerie.

La *gâche encloisonnée* (fig. 893), en forme de boîte, a un *palastre* et une *cloison*, dont l'une des faces est percée d'un ou plusieurs trous pour le passage des pênes d'un bec-de-cane ou d'une serrure ; ces trous s'appellent des *empênages*. Dans ce type rentrent la *gâche à baguette* variable, suivant le tassement que peut prendre la serrure ; la *gâche à rouleau*, qui, au droit de l'empênage, présente un rouleau mobile autour de deux tourillons, et destiné à faciliter la fermeture de la porte lorsque le chanfrein du pêne vient appuyer sur le rouleau.

La *gâche de répétition* a la même forme que la serrure qu'elle accompagne ; dans une porte d'appartement à deux vantaux, on cherche à obtenir la symétrie d'aspect, en donnant à la gâche placée sur le vantail fixe les mêmes dimensions qu'à la serrure ; lorsque la porte est pourvue d'une crémone, celle-ci passe dans la gâche qui renferme alors son mécanisme (fig. 894). On obtient plus de symétrie en ajoutant au vantail un large battement qui occupe l'axe de la porte et sur lequel on pose la crémone ; la gâche comprend alors, outre la répétition de la serrure, une portion de boîte supplémentaire formant motif milieu (fig. 895) ; on met deux boutons symétriquement disposés, l'un pour la serrure, l'autre pour la crémone ; le mouvement de celle-ci est commandé par un petit verrou placé sous la gâche, et qui l'empêche de se déplacer si on se trompe de bouton en essayant d'ouvrir la porte.

La gâche d'un verrou de sûreté n'est autre chose qu'une gâche ordinaire, mais montée sur platine ; la gâche de certaines serrures, dites à entailles, employées pour les meubles, se compose d'une simple plaque de métal percée de trous d'empênage et de deux trous ronds pour les vis qui servent à la fixer en feuillure.

La *gâche à mentonnet* porte un mentonnet et reçoit le pêne d'un loquet; elle a la forme d'un simple crochet (fig. 895). La *gâche coulante* est celle qui se place à fleur des plâtres dans un ébrasement, et sur laquelle glisse le pêne. La *gâche à soupape* est celle dont l'empênage se ferme par une soupape à ressort.

Les *gâches platines*, qui reçoivent le pêne du verrou inférieur ou de la branche inférieure de la crémone d'une porte, sont composées d'une simple plaque rectangulaire percée d'une ouverture de forme convenable et fixée au parquet par quatre vis. Dans les appartements garnis de tapis, on emploie des *gâches à douille*, formées d'une gâche platine ordinaire dans laquelle, par dessus le tapis, on place une pièce à douille que l'on fixe par deux vis (fig. 897).

10° *Loquets*. Les *loquets* fort employés autrefois, le sont beaucoup moins aujourd'hui que les serrures sont à bas prix; ils permettent d'ouvrir une porte du dedans et du dehors. Un loquet se compose d'un *battant* ou *clenche* tournant autour d'un axe horizontal, et dont la course est limitée par un *crampon* qui le guide; il s'engage dans une *gâche à mentonnet* par son extrémité libre; la face du mentonnet est inclinée de telle sorte que le battant glisse sur elle en s'élevant dès qu'on pousse la porte, et va tomber dans l'encoche. Suivant la manière dont le battant est mis en mouvement, on distingue : le *loquet à bouton simple*, dont le battant est pourvu d'un bouton qui ne permet de l'ouvrir que de l'intérieur (fig. 898); le *loquet à poucier*, dans lequel le battant n'a pas de bouton, mais est soulevé par une petite bascule appelée *poucier*, monté sur une platine qui fait corps avec une poignée verticale (fig. 899); le *loquet à bascule*, dont le battant porte un bouton, mais est en outre manœuvré par une petite *bascule* montée sur platine et actionnée par un *bouton olive* monté sur une tige à écrou ou par un *anneau* monté de même et qui sert en même temps de poignée à la porte (fig. 900); le *loquet à vielle*, dans lequel une tige horizontale appelée *vielle*, munie d'une plaque verticale que l'on pousse avec le doigt, fait bascule autour du sommet de son angle et soulève le battant (fig. 901).

Le battant se fixe ordinairement sur la porte par une vis, mais il peut être monté au moyen d'une platine posée sur la porte avec quatre vis (fig. 902); sur cette platine se trouve un ressort qui maintient le battant dans le mentonnet. Dans les loquets à bascule, le battant et la bascule sont souvent montés sur une même platine (fig. 903).

11° *Loqueteaux*. Les *loqueteaux* sont de petits loquets qu'on emploie pour la fermeture des persiennes ou des volets, des châssis, des vasistas, etc.; leur battant, monté sur une platine, est retenu dans un cramponnet, et un ressort agit constamment sur lui pour le tenir à la position de fermeture. On ouvre les loqueteaux au moyen de fil de tirage. On distingue : le *loqueteau à pompe*, avec crochet terminant la tige du mentonnet (fig. 904); le *loqueteau à pompe, avec mentonnet en fer et anneau* (fig. 905); le *loqueteau à panneton* (fig. 906), qui se fait en fonte ou en cuivre : les deux premiers se ferment sur un battement ordinaire; le troisième se ferme sur un mentonnet.

Les *loqueteaux à bascule* comprennent : le *loqueteau à queue droite et ressort extérieur* (fig. 907); le *loqueteau à queue droite et ressort intérieur*, dans lequel le battant est creux, et le ressort logé à l'intérieur (fig. 908); le *loqueteau à pincette* est un loqueteau à queue droite dont le ressort est en forme de pincette (fig. 909); le *loqueteau à queue coudée* dont le battant est vertical, et le mentonnet d'équerre, la queue de ce battant est coudée et reçoit le tirage (fig. 910).

Le *loqueteau à douille* est formé d'une boîte cylindrique montée sur platine dans lequel glisse la tige du pêne; il comporte une gâche; il se fait en fonte ou en cuivre (fig. 911). Le *loque-*

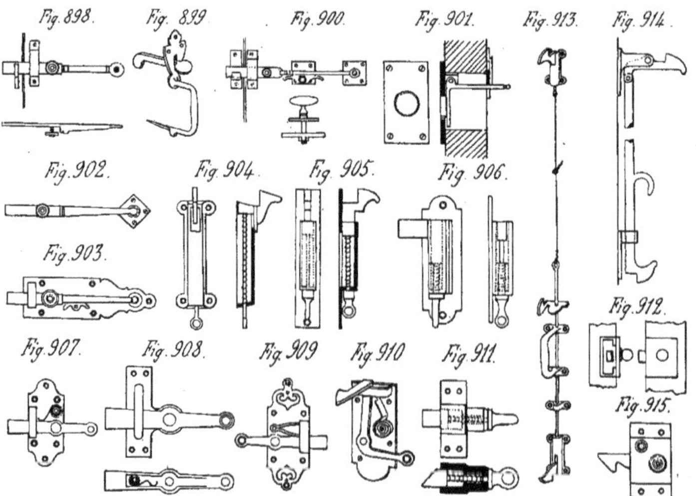

teau à chapeau a sa platine arrondie; le *loqueteau à croissant blanchi* a sa platine évidée en croissant; dans le *loqueteau à feuille*, elle est découpée en feuille de persil; on en fait de *blanchis* ou de *poussés*, qui sont plus forts; dans le *loqueteau à panache* la découpure, est plus compliquée que dans le précédent.

Le *loqueteau à coulisse* est une sorte de verrou à bouton, employé comme fermeture d'armoire; la platine qui s'entaille dans le montant est pourvue au fond d'un encoche, dans laquelle se meut l'extrémité de la tige du bouton, et qui en limite la course; cette tige est poussée par un ressort à boudin qui produit la fermeture du verrou (fig. 912).

Enfin le *loqueteau* ou *ferme-persiennes* Cudrue est composé d'un loqueteau à pompe ordinaire à la partie haute, d'un loqueteau renversé à la partie basse; ces deux loqueteaux sont reliés par un cordon de tirage et par une tige qui le prolonge (fig. 913); cette tige est guidée dans une poignée et dans un conduit fixés à la persienne. Au-dessous de la poignée est fixée à la tige une petite traverse horizontale pourvue d'un *poucier* et d'un mentonnet placé horizontalement d'équerre, et qui vient s'accrocher sur une patte fixée au vantail de persienne qui ne porte pas le loqueteau. En appuyant sur le poucier, on dégage en même temps les deux loqueteaux des battements sur lesquels ils sont accrochés, et le mentonnet horizontal de la patte, et l'on peut ouvrir les persiennes.

Nous signalerons encore un *loqueteau ferme-persiennes*, système Stavaux, très simple et robuste; une platine, portant en son milieu une saillie rainée, sert de guide à un mentonnet inférieur; le mentonnet supérieur à bascule est relié au premier par une tige rigide (fig. 914), de sorte qu'en soulevant celle-ci au moyen d'une poignée, on les dégage tous deux à la fois des battements sur lesquels ils sont accrochés; les deux mentonnets, lorsqu'on ferme les persiennes, retombent par leur propre poids.

Pour la fermeture des portes roulantes on emploie un *loqueteau encloisonné*, à clef carrée de manœuvre (fig. 915); le mentonnet s'engage dans une gâche fixée au dormant.

12° *Serrures*. A. DIVERSES ESPÈCES DE SERRURES. Une *serrure* est un mécanisme en fer ou en cuivre servant à fermer les portes, les armoires, les coffres, les tiroirs, les meubles de tous genres.

Les serrures du commerce que les serruriers achètent toutes faites et dont ils font seulement la pose se divisent d'après leur qualité en trois catégories : les *serrures ordinaires*, qui n'ont aucune marque; les serrures de bonne fabrication, *revêtues d'une estampille*, qui, par suite d'une entente entre les fabricants, sont munies d'une estampille spéciale en cuivre avec l'indication générale *Union des Quincailliers*, et des lettres différentes suivant le nom du fabricant; les *serrures de qualité supérieure*, pour lesquelles chaque fabricant a sa marque particulière.

Dans chaque catégorie, les serrures sont dites *noires*, *blanchies*, *polies* ou *moirées*, suivant l'état de la surface de la boîte; lorsque celle-ci n'est blanchie qu'à l'extérieur, on dit que la serrure est *poussée*.

Bien qu'une serrure de même forme offre une variété innombrable de combinaisons différentes dans la disposition de la clef et des garnitures, il peut arriver que la clef d'une serrure en ouvre une autre. Il est indispensable pour l'entrepreneur de serrurerie de s'assurer que, dans une construction dont il fournit toutes les serrures, surtout si c'est une maison de rapport, aucune clef ne puisse ouvrir une serrure autre que celle à laquelle elle est affectée.

Une serrure se compose toujours de trois parties principales : 1° la *serrure proprement dite*, formée en général d'une boîte métallique de laquelle des tiges de fer, appelées *pênes*, peuvent sortir à volonté sous l'action d'un mécanisme plus ou moins compliqué; 2° la *clef*, qui sert à faire mouvoir le pêne; 3° la *gâche*, pièce métallique qui reçoit le pêne lorsqu'il est sorti de la serrure et qui présente diverses formes étudiées précédemment; elle se fixe au bâti dormant de la porte au moyen de vis ou d'un scellement.

La *boîte de la serrure* comprend un fond formé d'une plaque rectangulaire appelée *palastre* et quatre côtés constituant la *cloison*; l'un d'eux, plus saillant que les autres, est traversé par les pênes et se nomme *coude*, *rebord* ou *têtière*; il fait corps avec le palastre; la cloison est est fixée au palastre par des *étoquiaux*, petites tiges rectangulaires à section carrée portant deux rivets qui pénètrent dans des trous fraisés l'un dans le palastre, l'autre dans la cloison; enfin les côtés formant la cloison sont réunis au rebord par de petits tenons en queue d'hironde. La boîte de la serrure est fermée par une *couverture* ou *foncet* placée parallèlement au palastre; le foncet s'appuie sur les étoquiaux de la boîte, il se fixe au rebord par deux petits tenons et à la cloison du côté opposé au rebord, au moyen d'une vis pénétrant dans un petit tenon rivé à la cloison; dans d'autres cas, on le fixe au palastre au moyen de deux vis qui pénètrent dans des étoquiaux cylindriques rivés à ce palastre. Le foncet est percé d'un trou pour l'*entrée* de la clef;

c'est lui qui porte le *canon* lorsque la serrure en comporte un ; celui-ci y est fixé par une embase ou par de petites pattes rivées.

Sur le palastre et extérieurement à la serrure est fixé le *cache-entrée*, petite plaque de fer ou de cuivre mobile autour d'un goujon et qui retombe par son propre poids devant l'entrée de la serrure ; on y fixe également le *faux-fond*, sorte d'embase maintenue par deux ou trois vis, et sur laquelle la *broche* de la serrure est rivée, ajustée ou brasée.

La serrure se fixe sur la porte à l'aide de quatre à six vis, dont deux à quatre traversent le palastre, les autres le rebord ou têtière.

Les *entrées* sont de petites plaques en tôle ou en cuivre qui se fixent sur le bois d'une porte du côté opposé à la serrure, à l'orifice d'entrée de la clef et à celui du bouton double, au moyen de quatre vis. L'*entrée rosette* porte en même temps que le passage de la clef celui du bouton double ; l'*entrée à cuvette* présente un enfoncement en forme de cuvette.

On classe les serrures d'après leur formes et les usages auxquels elles sont employées en cinq catégories : 1° Les *serrures d'armoires* ou *à canon* comportent un *canon* ou conduit extérieur rivé au foncet, servant à guider la clef dans la boîte ; elles sont à *tour et demi*, c'est-à-dire qu'elles possèdent un mouvement de *demi-tour* produit par la clef ou par un bouton et qui peut faire rentrer le pêne dans la serrure, ce pêne étant toujours sorti en temps ordinaire ; la clef permet de donner un mouvement supplémentaire au moyen d'*un tour de clef* pour le faire sortir davantage. La clef est guidée dans le canon et en même temps dans une *broche* ou dans une *bouterolle* fixée au palastre. Le pêne, qui est chanfreiné dans sa partie extérieure, est constamment poussé par un *ressort* et guidé par un *étoquiau* qui passe dans une fente longitudinale ; une *gorge* mobile autour d'un axe porte à sa partie supérieure une saillie qui limite le mouvement du pêne et pénétrant dans une des deux encoches pratiquées dans le dos de celui-ci et qui correspondent au demi-tour et au tour et demi (fig. 916). Lorsqu'on tourne la clef dans le sens de la fermeture, celle-ci, par son panneton, soulève la gorge dont le bord inférieur dépasse le dessous du pêne ; elle dégage ainsi le tenon de la gorge de l'encoche dans laquelle elle était placée ; en continuant sa rotation, la clef pousse une des barbes du pêne, et celui-ci pénètre dans la gâche ; en même temps le ressort pousse la gorge dont le tenon retombe dans la seconde encoche du dos du pêne et forme arrêt pour ce dernier. Le mouvement d'ouverture de la serrure se produit en sens inverse ; au premier demi-tour, la clef soulève la gorge, retire son tenon de l'encoche du pêne et accroche la seconde barbe du pêne qui glisse en arrière ; la clef continue sa rotation, fait un tour entier et vient accrocher la première barbe du pêne qu'un demi-tour de clef fait alors rentrer complètement dans la serrure.

Dans cette serrure, la seule sûreté consiste en une garniture circulaire appelée *rouet*, fixée au palastre, et qui s'engage dans une rainure correspondante du panneton de la clef.

Les serrures à tour et demi peuvent, tout en conservant le même principe, présenter des dispositions différentes ; celle que nous venons de décrire s'appelle serrure *encloisonnée à canon* ; il en est d'*encloisonnées sans canon* ; d'autres, dites *serrures à entailler*, n'ont pas de cloison ; on les loge dans l'épaisseur du vantail.

2° Les *serrures à pêne dormant*, dont le pêne est à section rectangulaire dans la partie qui sort de la boîte ; il reste toujours dans la position où la clef le met et il peut rentrer complètement dans la boîte ; on emploie ces serrures pour les fermetures de portes de caves ou d'armoires ; elles se manœuvrent en *deux tours de clef*. Dans celles qu'on applique aux portes de caves, l'extérieur de la boîte est brut et noir, d'où le nom de *serrures pêne dormant noires*. Dans une serrure à pêne dormant, le pêne est guidé par un étoquiau coulissant dans une rainure ; une gorge de forme spéciale est fixée à un levier articulé à l'une de ses extrémités et pré-

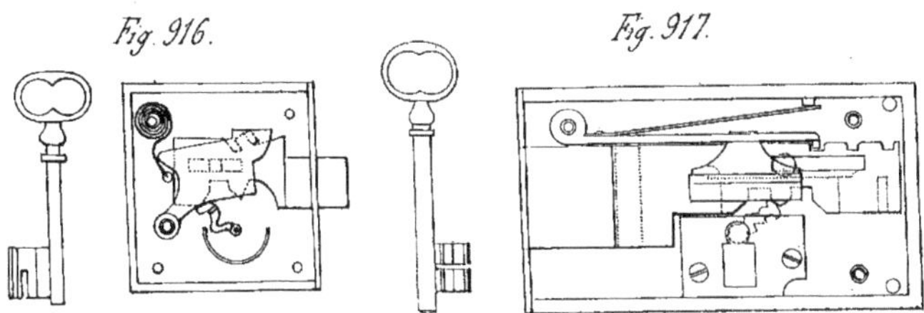

Fig. 916. Fig. 917.

sentant à l'autre un appendice qui pénètre dans les crans du dos du pêne (fig. 917) et qui y est maintenu par l'action d'une lame de ressort. A chaque tour de la clef, celle-ci soulève la gorge, dégage l'appendice du cran du pêne, dont elle attaque ensuite une barbe pour le faire avancer ou reculer. La clef peut-être *bénarde*, la serrure ne comportant ni broche, ni bouterolle ; celle-ci n'a qu'une seule garniture constituée par une cloison en tôle parallèle au palastre, et à laquelle correspond un trait dans le panneton de la clef. Les serrures de meubles dites à *entailler*, dont le mécanisme est fixé à une boîte réduite au palastre et à la têtière, le plus souvent en cuivre, rentrent dans cette catégorie.

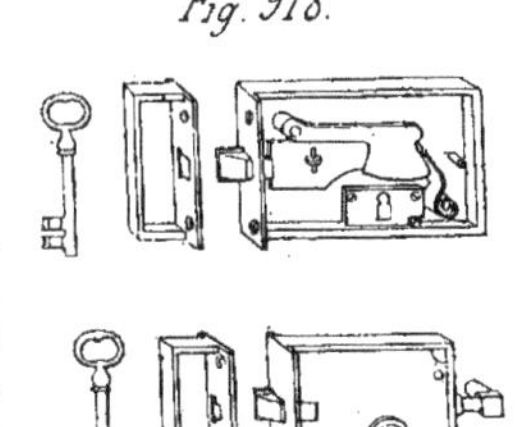

Fig. 918.

3° *Les serrures à tour et demi* qui sont employées pour les portes des cabinets, des chambres de communs ou de débarras, ont un seul pêne qu'on fait manœuvrer du dehors à l'aide de la clef pour un tour et demi, et du dedans à l'aide d'un bouton de coulisse et de la clef ; le mécanisme en est analogue à celui des serrures d'armoires, à part l'adjonction du bouton de coulisse en salllie sur le palastre (fig. 918) ; le bouton peut encore déboucher sur la cloison arrière, et il est alors fixé à la queue du pêne. Cette serrure est dite aussi *serrure bénarde* parce qu'elle n'a pas de broche, et qu'elle possède une ouverture de chaque côté pour la clef, qui est bénarde. On adjoint quelquefois à ces serrures un *verrou de nuit* placé à la partie inférieure.

4° *Les serrures à deux pênes* ou *à pêne dormant et demi-tour* sont employées en général pour les portes intérieures d'appartements ; l'un des pênes à demi tour est actionné par un bouton double ou un tirage, l'autre pêne est dormant et actionné par une clef, du dedans et du dehors ; c'est donc la combinaison d'un bec-de-cane et d'une serrure à pêne dormant fonctionnant d'une manière indépendante, bien que placés dans la même boîte.

Ces serrures se placent de différentes façons sur les portes, qui sont susceptibles de s'ouvrir sur l'une ou l'autre de leurs rives verticales, et suivant qu'on veut mettre la serrure sur une face ou sur l'autre des portes; les serrures peuvent fermer le demi-tour soit en tirant, soit en poussant; les fabricants ont établi différents modèles, et il est indispensable d'indiquer sur les commandes les désignations exactes. La figure 919 est une porte qui s'ouvre en tirant lorsqu'on est du côté de la serrure, et le pêne est alors à gauche; la serrure est dite *à gauche* et le chanfrein en *tirant*; dans la figure 920, la serrure est à *droite*, le chanfrein en *tirant*; la figure 921 donne une serrure à *gauche*, le chanfrein en *poussant*; enfin la figure 922, une serrure à *droite*, le chanfrein en *poussant*.

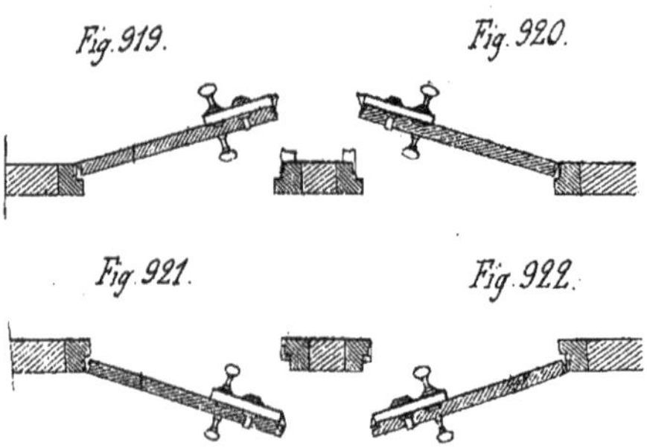
Fig. 919. Fig. 920. Fig. 921. Fig. 922.

5° Les *serrures de sûreté* appliquées aux portes extérieures sont à tour et demi ou deux tours et demi; elles s'ouvrent du dehors avec une clef, tandis que du dedans on ouvre le demi-tour au moyen d'un bouton de coulisse ou de tirage; de plus, le mécanisme doit être disposé de telle sorte que la serrure ne puisse ni s'ouvrir avec une clef qui n'est pas la sienne, ni être crochetée facilement; on fait aussi des serrures de sûreté à pêne dormant deux tours. On peut, au point de vue du mécanisme, classer ces serrures en trois catégories : les *serrures à clef forée et garnitures baroques*, les *serrures à gorges* et les *serrures à pompe.*

Dans les premières, la sûreté est constituée par une garniture en tôle rivée au palastre autour de la broche et présentant un profil plus ou moins compliqué que doivent reproduire les entailles de la clef; ces garnitures s'appellent *rouets* et *bouterolles* comme les entailles qui leur correspondent; en raison de leur forme, elles sont dites *droites*, *demi-baroques*, *baroques*, *baroques à l'infini*. Du dehors, la clef actionne le pêne demi-tour par l'intermédiaire d'un

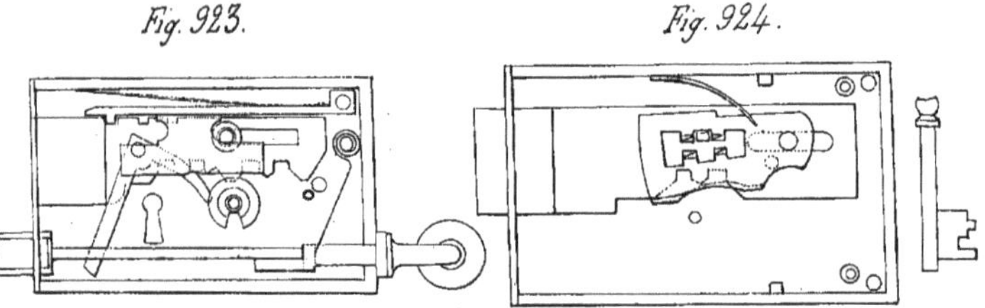
Fig. 923. Fig. 924.

levier coudé fixé au pêne, et qu'elle attaque lorsque ce dernier est ouvert (fig. 923). On a souvent complété la sûreté de la serrure par l'adjonction d'une *gâchette* pièce placée entre le pêne et le palastre; un ressort la maintient abaissée de telle sorte qu'elle engrène avec des tenons ménagés sous le pêne; la clef la soulève en même temps que la gorge pour permettre au pêne de manœuvrer; mais on voit que pour crocheter la serrure, il faut soulever à la fois la gorge et la gâchette, que sa position rend dans ce cas très difficile à atteindre. Ces serrures ont deux entrées qui ne sont pas disposées l'une en face de l'autre, d'où il résulte la nécessité de disposer la gorge et les barbes du pêne pour que la clef puisse manœuvrer celui-ci aussi bien dans une position que dans l'autre.

Ces serrures sont remplacées aujourd'hui par les *serrures à gorges mobiles*; elles s'exécutent sur trois types : 1° serrure à deux pênes à tirage ne s'ouvrant de l'extérieur qu'avec la clef; 2° serrure à foliot et rondelles pour recevoir un bouton double; 3° serrure à pêne dormant s'ouvrant des deux côtés avec la clef seulement; enfin ces serrures se font avec *quatre* ou *six gorges mobiles*. Nous allons donner par l'exemple d'une serrure à quatre gorges le principe du fonctionnement de ces serrures. Le pêne à tête rectangulaire est fait intérieurement d'une plaque mince munie sur son bord inférieur de barbes comme à l'ordinaire; son mouvement est guidé par un étoquiau qui sert en même temps d'axe à des gorges en cuivre, plaques minces entaillées intérieurement de trois encoches rectangulaires reliées entre elles par une rainure médiane de largeur constante et rappelées chacune par un ressort; les dents ainsi formées dans l'intérieur des gorges ont pour chacune d'elles une profondeur différente (fig. 924). D'autre part, un étoquiau rectangulaire est fixé au pêne, et celui-ci ne peut par suite se déplacer que si les gorges sont soulevées par la clef de la manière convenable pour que leurs rainures médianes viennent se placer devant l'étoquiau; la clef a son panneton entaillé en forme de petits redans étagés correspondant aux gorges; une dent supplémentaire forme la saillie qui actionne le pêne. Une quelconque des gorges est dite *gorge de garde*; elle seule présente des dents en plan incliné, de sorte que la rainure médiane est oblique, mais elle ne s'oppose pas pour cela au mouvement du pêne, parce que l'étoquiau présente à sa hauteur un plan incliné correspondant; il en résulte que le pêne est bien maintenu dans son mouvement. Le plus souvent la clef est bénarde, et les deux entrées sont en face l'une de l'autre; mais on fait de ces serrures avec clef forée et même avec garnitures baroques.

Les *serrures à pompe* sont moins employées aujourd'hui; le mécanisme en est plus compliqué, et la sûreté peut-être moins grande. Le pêne est mis en mouvement par une lanterne à deux fuseaux que l'on peut faire tourner au moyen d'une tige qui passe dans le canon de la serrure et qui, poussée par la clef, pénètre dans une ouverture carrée du plateau de la lanterne; on entraîne celle-ci en tournant la clef. La sûreté résulte du fait qu'une seule clef peut pousser la tige, et il faut pour cela qu'elle porte à l'extrémité de sa tige des encoches convenablement disposées et assez profondes.

Nous mentionnerons encore les *serrures auberonnières* dont le pêne reste toujours à l'intérieur de la serrure, la pièce qui forme gâche étant un anneau ou *auberon* qui pénètre dans le palastre par une ouverture de forme convenable; telles sont les serrures de malles ou de coffres.

B. Clefs. Une *clef* se compose de trois parties : la *tige*, ordinairement ronde, le *panneton*, et l'*anneau*, séparé de la tige par une partie moulurée appelée *embase*.

La tige peut être *forée* ou *pleine* et alors la clef est dite à *bouton* ou *bénarde*. Quant au panneton, il est dit *anglais* ou à *museau*, suivant qu'il est droit ou muni de nervures; il est dit *en chiffre* ou *tourmenté*, suivant que, vu en bout, il affecte la forme d'un chiffre ou d'une lettre; il est ordinairement découpé d'entailles destinées à laisser passer les garnitures de la serrure;

lorsque le museau du panneton est entaillé, la clef est dite à *gorge*; la clef à *pompe* est celle dont le panneton est très petit, l'extrémité de la tige étant refendue par des entailles dites à *barrettes*. La *hayve* est un petit filet parallèle à la tige sur le panneton d'une clef bénarde.

Un *passe-partout* est une clef dont les entailles sont combinées de telle sorte qu'elle puisse ouvrir différentes serrures.

13. Targettes. Une *targette* est un petit verrou court placé horizontalement et qui sert ordinairement à fixer un châssis ou une porte à un seul vantail ou à deux vantaux; la gâche se fixe sur le bâti fixe dans le permier cas, sur l'un des deux vantaux dans le second. La targette fonctionne entre deux *picolets* fixés sur une platine; quelquefois ces picolets et leur platine sont remplacés par une seule et même boîte.

Le déplacement de la *tige* ou *pêne* est limité par le bouton qui sert à la manœuvrer et qui vient buter à droite et à gauche contre les picolets.

Les targettes se font *en fer* avec platine ordinaire (fig. 925) ou découpée; elles sont dites ordinaires, demi-fortes, très fortes; suivant la forme du bouton, elles sont à bouton tourné, à patère ou à piédouche; les picolets peuvent être plats ou ronds; il en est de même du pêne.

Fig. 925. Fig. 926.

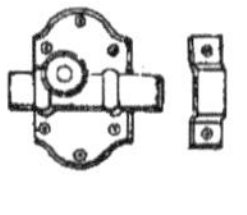

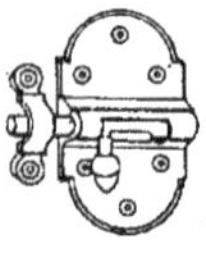

Une *targette à valet* est celle qui porte un arrêt entrant dans des encoches du pêne pour la maintenir fermée.

Les targettes *en cuivre* (fig. 926), qui se font avec les mêmes formes, et avec pêne en fer ou en cuivre, se font aussi à pêne couvert et cran d'arrêt dans le *conduit* ou douille qui remplace les picolets.

14. Verrous. Un *verrou* est une fermeture verticale ou horizontale en fer ou en cuivre composée d'un *pêne* glissant dans des *picolets* qui sont montés ou non sur platine. Dans les portes à deux vantaux, il est nécessaire, lorsqu'on veut fermer une porte, de fixer d'abord intérieurement l'un des deux vantaux; on emploie alors en général le *verrou à ressort*, composé d'une platine en tôle sur laquelle sont rivés deux *colliers* ou *conduits* dans lesquels glisse le pêne prolongé par une tige; celle-ci peut être guidée, en outre, dans un ou plusieurs colliers supplémentaires si le verrou est long, et elle se termine par un bouton qui sert à la manœuvrer (fig. 927). Sous le pêne est un *ressort paillette* qui l'empêche de glisser dans les colliers.

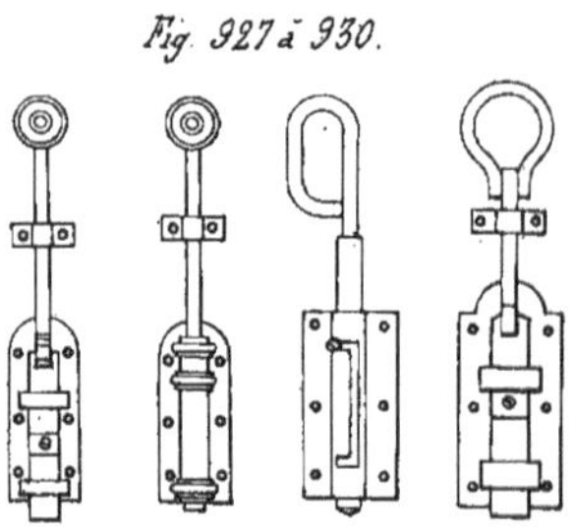
Fig. 927 à 930.

Lorsque le verrou est placé en bas d'une porte, le pêne s'engage dans un trou percé dans le seuil de la porte, et qui est régularisé par une plaquette de tôle percée d'une ouverture rectangulaire, fixée par quatre vis et qu'on nomme *gâche platine*; le pêne du verrou supérieur d'une porte s'engage dans une *gâche à pattes* fixée au bâti dormant.

Les verrous se font avec tige plate ou demi-ronde, blanchie ou polie; le bouton est tourné à patère, en fer ou en cuivre; les conduits sont à patte, ou remplacés par une *boîte* qui se fait en fonte ou en cuivre (fig. 928). Suivant leur force, on les désigne sous les noms de *verrou léger*, *quart placard*, *demi-placard*, *trois quart placard*, *placard*.

Pour les portes charretières, on emploie un *verrou à double platine* et à tige ronde (fig. 929), et pour les portes cochères, un *verrou renforcé à anneau* (fig. 930).

On remplace quelquefois dans les portes d'intérieur les verrous ordinaires par des *verrous entaillés* qui sont entièrement cachés dans l'épaisseur du bois, mais qui ont l'inconvénient d'affaiblir notablement les bâtis des portes; ils se font à *bascule articulée à ressort* ou à *coquille*; la platine, seule apparente, est percée d'une ouverture dans laquelle circule un bouton de manœuvre très peu saillant que l'on nomme *poucier*.

Les *verrous horizontaux* sont de véritables targettes; parmi ceux-ci nous citerons le *verrou à la capucine*, qui est une targette en fer ou en cuivre; le *verrou à entailler* ou *à cuvette*, employé surtout pour les volets intérieurs; le *verrou de nuit* des serrures ou des becs-de-cane.

Les *verrous de sûreté* sont de véritables serrures à un seul pêne ayant extérieurement l'aspect d'une grosse targette, et qui sont soit à *garnitures baroques* pour les verrous anciens, soit à *gorges mobiles* ou à *pompe* pour les verrous modernes; ils se manœuvrent de l'intérieur au moyen d'un simple bouton moleté tournant autour de son axe, et de l'extérieur à l'aide d'une clef.

§ 3. — MANIÈRE DE FERRER LES DIFFÉRENTES MENUISERIES

222. Précautions à prendre dans la pose des ferrements. — Un grand nombre de ferrements sont dits *entaillés*, c'est-à-dire posés dans des entailles faites dans le bois; l'exécution des entailles doit être très soignée; or, le plus souvent, elles sont faites d'une façon déplorable par les serruriers et la solidité des bois en est compromise; les éclats qui résultent de coups de ciseau donnés maladroitement et que l'on se contente de remettre en place avec des pointes ou des clous, donnent aux menuiseries un aspect désagréable. Il serait bien préférable de faire faire par les menuisiers eux-mêmes les entailles nécessaires.

Les serruriers posent souvent certaines pièces, et en particulier les équerres, à l'aide de vis à garnir qu'ils enfoncent au marteau, le travail étant ainsi beaucoup plus rapidement exécuté que la pose avec vis, qui les oblige à refraiser les trous des ferrures du commerce et à placer les vis au tourne-vis dans des trous convenablement percés dans les bois; cette manière de procéder ne permet d'obtenir qu'un mauvais travail et elle doit être absolument prohibée.

Tout ferrement doit être peint d'une couche de minium avant d'être posé; lorsqu'on veut le placer dans l'entaille correspondante, il faut peindre celle-ci, la garnir avec soin de mastic, de minium et de céruse, puis poser le ferrement avec des vis qu'on serre de manière à faire refluer le mastic excédant; on évite ainsi la pénétration de l'humidité entre le bois et le métal, et on assure la conservation de l'ouvrage.

223. Ferrements des portes extérieures. — 1° *Portes de caves.* Ces portes sont faites ordinairement en fortes planches de chêne, de 0m 027, rainées ou à claire-voie, qu'on assemble au moyen de deux ou trois barres transversales de 0m 090 sur 0m 034, clouées ou boulonnées; on les suspend au moyen de deux *pentures* au moins, en fer de 0m 050 sur 0m 005, avec *gonds* de 0m 016. Les pentures se fixent à vis ou à boulons; le trou le plus près de l'œil reçoit un rivet en fer doux qui serre fortement le bois et donne une grande solidité. Lorsque ces portes ne sont pas posées en feuillure, on place deux *battements* dans la baie du côté opposé aux gonds, pour arrêter la porte à sa position de fermeture. Ces portes sont fermées de plusieurs manières : soit à l'aide de deux *pitons* l'un fixé à la porte, l'autre au dormant quand celui-ci est en bois et reliés par un *cadenas*; soit au moyen d'un *moraillon* fixé à la porte et qui pénètre dans un *piton* fixé au dormant ; on traverse ce piton par l'anse d'un cadenas ; soit encore mieux à l'aide d'une *serrure de cave, pêne dormant noir de 0m 16*; on fait aujourd'hui des serrures tout en bronze pour les caves très humides.

2° *Portes d'usines ou de fermes.* Ces portes sont souvent établies dans la maçonnerie sans bâti dormant ; elles comportent comme ferrements des *équerres* destinées à en consolider les assemblages et des *pentures* pour les suspendre. On trouve ordinairement avantage à combiner ces deux sortes de ferrements et à employer les *pentures à équerres*, qu'on fixe sur le bois par des boulons de 0m 010 ou des vis à têtes fraisées; il y a alors sur chaque porte deux *pentures à équerres doubles*, en fer de 0m 060 sur 0m 010 à 0m 012, l'une à la partie supérieure, l'autre à la partie inférieure, et si la porte est de grandes dimensions, une *penture à T* au milieu de la hauteur; le guichet, s'il y en a un, sera ferré par deux *pentures à équerres doubles*, en fer de 0m 050 sur 0m 007 ; il sera fermé par un simple *loquet* et par une *serrure à pêne dormant noir de 0m 16*, avec *gâche à pattes*; la porte sera fermée soit par un *fléau*, soit par deux forts *verrous* placés à l'intérieur, ou mieux par une *crémone* ; des *battements* à la partie supérieure et à la partie inférieure arrêteront la porte à sa position de fermeture.

3° *Portes roulantes.* Ces portes, employées pour remplacer les portes ordinaires dans les usines ou les bâtiments agricoles, ont l'avantage de n'exiger aucune place pour le développement de leurs vantaux, puisqu'elles se déplacent dans leur plan et se logent derrière les piédroits de la baie; il est donc nécessaire de leur ménager d'un côté ou de l'autre un espace égal à leur largeur; elles ont l'inconvénient de ne pas joindre hermétiquement. On les déplace en les faisant rouler au moyen de *galets* sur l'une de leurs rives horizontales, tandis qu'elles sont simplement guidées sur la seconde.

Si les galets sont à la partie haute, au nombre de deux sur chaque vantail, leur *chape* est soudée à des *équerres* qui servent à consolider les assemblages des bois ; le chemin de roulement est en fer plat ayant comme longueur le double de l'ouverture de la porte, maintenu à distance du parement du linteau et terminé par des crosses d'arrêt à ses extrémités. A la partie inférieure, chaque vantail est guidé par un fer plat placé près du sol, en arrière du piédroit, sur une longueur égale à la moitié de l'ouverture, et sur lequel vient glisser un crochet fixé à l'angle externe de chaque vantail; ce fer guide porte à ses extrémités des arrêts dont l'un limite l'ouverture de la porte, tandis que l'autre arrête le vantail juste dans l'axe de la baie. Chaque vantail est ferré à sa partie inférieure par une *équerre double*.

La manœuvre des portes se fait au moyen de *poignées* en fer; la fermeture d'un vantail sur l'autre se fait à l'aide d'un *fléau*, avec arrêt d'équerre, ou d'un *loqueteau encloisonné*; il faut de plus arrêter l'un des vantaux contre son piédroit, si l'on veut que la porte soit complètement fermée ; ce résultat pourra être obtenu au moyen d'un *verrou*.

Si les galets sont placés à la partie inférieure de la porte, on les dispose sous les abouts des montants verticaux de celle-ci et on les fait rouler sur un fer plat dont les deux extrémités sont relevées en crosse pour limiter la course du vantail ; à sa partie supérieure, la porte est guidée par un fer formant coulisse, fixé au linteau de la baie.

4° *Portes d'écuries.* Ces portes sont ordinairement placées en feuillure dans un dormant en bois ; celui-ci est fixé dans la maçonnerie par des *pattes à scellement*, de 0m 040 sur 0m 005, et de 0m150 de longueur, au nombre de neuf : quatre sur chaque rive verticale et une au milieu de la traverse horizontale ; ces pattes sont vissées sur le dormant. Les assemblages de la porte sont consolidés par des *équerres doubles*, de 0m 040 sur 0m 006, entaillées avec soin et fixées à vis ; on en place une à la partie haute et une à la partie basse de chaque vantail. Les vantaux sont suspendus chacun par trois *paumelles à boules*, entaillées en feuillure et fixées à vis ; elles ont de 0m 250 à 0m 270 de longueur de branches, et sont en fer de 0m 025 sur 0m 003.

La fermeture de la porte est obtenue au moyen de deux *verrous* de 0m 450 de longueur pour celui du bas, avec pêne de 0m 034 sur 0m 011, et de 1 mètre de longueur pour celui du haut ; on la complète par un *loquet* et une *serrure à pêne dormant noire*, de 0m 16, avec *gâche à pattes*, ou encore une *serrure à bouton double*, qui évite l'emploi d'un loquet.

Il est avantageux de remplacer les verrous par une *crémone* en fer rond de 0m 022.

5° *Portes de remises.* Ces portes, qui sont plus larges que les précédentes, sont ferrées *d'équerres simples*, de 0m 400 ou 0m 500 de branches, en fer plat de 0m 050 sur 0m 009, fixées à vis aux quatre angles de chaque vantail ; celles qui sont le long des montants de la baie font corps avec les *paumelles*, qui sont *à boules* et *à gonds à scellement* ; au milieu de la hauteur de chaque vantail, est une *paumelle simple, à boules, à gond, à scellement*, de 0m 500 de longueur de branche. Les gonds à scellement sont entaillés dans le dormant et fixés avec une vis. La porte est fermée de la même manière que la porte d'écurie.

6° *Portes extérieures d'habitations.* Les *portes bâtardes* des vestibules se font à un ou à deux vantaux, et elles comportent toujours un bâti dormant qui est fixé aux maçonneries par sept *pattes à scellement*, en fer de 0m 040 sur 0m 005, et de 0m 150 de longueur, trois sur chaque rive verticale, une au milieu de la traverse horizontale supérieure. Une porte à un seul vantail se ferre au moyen de deux *paumelles doubles, à équerre double*, en fer de 0m 040 sur 0m 009, l'une en haut, l'autre en bas, et une *paumelle double*, à nœud raboté, de 0m 300, placée au milieu de la hauteur ; la *serrure* est *de sûreté, à gorges*, de 0m 14, avec bouton double ; enfin extérieurement, une *poignée* ou un *bouton de tirage* en cuivre. Ce dernier peut être complété par une *chaînette* si l'on veut pouvoir ouvrir la porte du dehors, sans que la serrure comporte de bouton double.

Pour les portes à deux vantaux, on peut ferrer chaque vantail au moyen de deux *équerres doubles*, en fer plat de 0m 035 sur 0m 007 ou de 0m 040 sur 0m 006, et le suspendre par *trois paumelles doubles à boules renforcées* de 0m 220 ; on peut encore appliquer comme à la porte à un seul vantail *deux paumelles doubles à équerres doubles*, l'une en haut, l'autre en bas de chaque vantail, et une *paumelle double à nœuds rabotés* de 0m 300 au milieu de la hauteur. Un *crémone d'allée* à tringle demi-ronde de 0m 025 ou à tringle ronde de 0m 022 fermera la porte, en même temps qu'une *serrure* qui pourra être à *demi-tour* avec cordon, ou une *serrure de sûreté à gorges* de 0m 14 avec ou sans bouton double, et commandée ou non par un cordon. Chaque vantail recevra extérieurement une *poignée* ou un *bouton de tirage*, et intérieurement on pourra le pourvoir d'un *piton* qui servira, au moyen d'un *crochet* fixé au mur, à maintenir le vantail ouvert.

Lorsque ces portes donnent accès à un vestibule non pourvu de fenêtres, on les dispose pour fournir l'éclairage ; à cet effet, le panneau supérieur de chaque vantail est remplacé par un *panneau de grille* en fonte ou en fer forgé, logé dans la rainure du cadre ; les jours doivent être assez étroits pour qu'on ne puisse pas passer le bras au travers des intervalles et manœuvrer la crémone du dehors ; ou alors il faut que celle-ci soit à clef. Derrière la grille, afin d'éviter les courants d'air, on ajoute un *vasistas*, petit châssis vitré en fer spécial de 0m014 qui porte deux *paumelles* et est fermé par une *targette à ressort* ; l'un des montants du vasistas est brasé avec les deux traverses ; c'est lui qui porte les paumelles ; l'autre est fixé aux traverses à tenons et mortaises avec goupilles, ce qui permet le remplacement facile de la vitre ; le vasistas est logé dans une feuillure spéciale ménagée dans le bâti ou dans le cadre de la porte.

7° *Portes cochères.* — Les portes cochères se ferrent d'après les mêmes principes que les précédentes, mais d'une manière plus robuste à cause de leurs grandes dimensions. Les ferrements de consolidation comprennent une forte *équerre double* de 0m700 de branches verticales, en fer de 0m060 sur 0m008, fixée à l'aide de vis fraisées de 0m040 sur la partie supérieure de chaque vantail ; le guichet est consolidé de même haut et bas par deux *équerres doubles* de même fer ; en outre, sur la traverse basse du vantail portant le guichet, une bande de fer plat de 0m007 d'épaisseur, fixées par de fortes vis fraisées protège le bois contre le frottement des pieds.

Chaque vantail est suspendu à l'aide de deux grandes *équerres extérieures* de façons, élargies au collet, ayant comme longueur de branches la longueur presque entière de l'arête horizontale du vantail ; elles sont entaillées de leur épaisseur sur la tranche du montant et des traverses haute et basse du vantail, et fixées par de très fortes vis ; celle du bas coiffe un *pivot* scellé dans le seuil de la porte ; celle du haut porte un pivot qui est engagé dans un collier à scellement. Le guichet est suspendu par trois fortes *paumelles à boules* à bain d'huile.

La fermeture des deux vantaux, qui sont à noix et gueule de loup, est obtenue à l'aide de deux gros *verrous*, ou mieux d'une *espagnolette* ou d'une *crémone* à tige ronde de 0m030 de diamètre avec *serrure de fermeture* ; le guichet est fermé par une *serrure à gorges*, de 0m18, avec cordon et clef. Enfin sur chaque vantail, à l'extérieur, est un *bouton de tirage* ou une *poignée* en cuivre ; à l'intérieur du guichet, une *poignée de tirage à pattes* en fer, de 0m180 de longueur.

Pour éviter que les roues des voitures qui passent par les portes charretières et les portes cochères puissent détériorer les jambages des portes et ces portes elles-mêmes, on place de chaque côté de la baie une *borne* en pierre ou en fonte, ou un *chasse-roues* en fonte ou en fer, scellé par le bas dans un dé en pierre, et par le haut dans le tableau de la porte ; le chasse-roue a dans ce cas la forme d'un quart de cercle ; pour éviter que le choc des roues ébranle le jambage de la porte, on ajoute au chasse-roues un montant vertical, de sorte que les deux scellements se font dans le dé en pierre.

224. Ferrements des portes intérieures. — 1° *Portes d'armoires.* Ces portes sont toujours posées sur dormant, pour une porte à un vantail, le dormant est fixé au mur par six *pattes à scel-*

lement en tôle de 0^{m}003 d'épaisseur, et de 0^{m}110 de longueur ; pour une porte à deux vantaux il y a sept *pattes à scellement*. Les portes sont suspendues chacune pas trois *charnières* en fer, de 0^{m}080 à 0^{m}110, qui sont carrées et posées à plat lorsque les bâtis sont en sapin, et plutôt longues et posées en feuillures si les bâtis sont en chêne. La fermeture est assurée au moyen d'une *serrure d'armoire*, de 0^{m}070, encloisonnée ou non ; dans le cas d'une porte à deux vantaux, il faut fixer l'un d'eux avant de fermer l'autre, ce qu'on obtient au moyen d'un *crochet* et d'un *piton* ou encore d'un *arrêt à ressort paillette* et d'un *mentonnet*, ce dernier système étant le plus commode ; le crochet ou l'arrêt à ressort se fixe sous une des tablettes de l'armoire ; on obtient un meilleur résultat en employant deux *verrous* intérieurs.

Pour les petites armoires, les *charnières*, au nombre de trois ou seulement de deux par porte, n'ont que 0^{m}080 de longueur ; on les ferme quelquefois avec un simple *bouton à boîte d'horloge* ou avec une *targette* en fer ou en cuivre de 0^{m}045. Pour les petites armoires sous éviers, il est préférable d'employer les charnières et la targette en cuivre.

2° *Portes d'appartements à un vantail*. Ces portes sont toujours encadrées dans une huisserie ou montées sur dormant ; celui-ci se fixe aux maçonneries par sept *pattes à scellement*, de 0^{m}003 d'épaisseur et 0^{m}110 de longueur ; la porte est suspendue par *trois paumelles doubles* laminées, de 0^{m}110 à 0^{m}160 de branches ; autrefois, et cela se fait encore quelquefois par économie, on mettait au lieu de paumelles des *fiches Chanteau* ou des *fiches à broches* de 0^{m}140 à 0^{m}160, entaillées en feuillure. La fermeture est assurée par une *serrure à deux pênes*, de 0^{m}14, avec clef bénarde et *bouton double* ; on ajoute souvent une *targette* ou bien on met une *serrure à verrou de nuit* pour les chambres à coucher. Pour les portes de cabinets de débarras ou autres qui n'ont pas besoin d'être fermées à clef, on se sert d'un simple *bec-de-cane*, de 0^{m}11 ; on le prend à *verrou de nuit* pour les portes de cabinets d'aisances, ou bien on met un bec-de-cane ordinaire et une *targette*.

3° *Portes d'appartement à deux vantaux*. Les portes sont ferrées d'une manière analogue aux précédentes : sept *pattes à scellement*, de 0^{m}110 à 0^{m}150, suivant l'importance de la porte, pour tenir le dormant contre les maçonneries ; trois *paumelles doubles*, de 0^{m}110 à 0^{m}160, sur chaque vantail ; une *serrure* à *deux pênes*, de 0^{m}14, avec *bouton double* et une paire de *verrous* ordinairement à boîte en fonte, pêne de 0^{m}032, forment la fermeture. On remplace avec avantage les deux verrous par une crémone, à tige demi-ronde, de 0^{m}018.

Pour les portes de salons ou d'appartements exigeant une certaine décoration, on emploie des paumelles avec ornements en cuivre ciselé ; les verrous sont à boîte en cuivre ciselé avec bouton orné ; la serrure est avec gâche à répétition ; si l'on emploie une crémone, elle est commandée par un mécanisme placé dans cette gâche, ainsi que nous l'avons indiqué précédemment (n° 221-9°).

4° *Portes d'entrée des appartements*. Ces portes sont à un ou deux vantaux et se ferrent comme les précédentes ; avec sept *pattes à scellement* de 0^{m}150 de long : trois *paumelles doubles*, de 0^{m}160, à nœuds bouchés par vantail ; une *serrure de sûreté à six gorges*, de 0^{m}14 ; une paire de *verrous* renforcés, à tige demi-ronde, à boîte en fonte, de 0^{m}032 ; enfin sur chaque vantail un *bouton de tirage* rond, en cuivre, de 0^{m}060 de diamètre.

Pour les portes de bureaux qui doivent s'ouvrir du dehors, on commande le pêne demi-tour de la serrure, à l'aide d'un *bouton double* ou mieux par le bouton de tirage du vantail, sur lequel est posée la serrure, et à l'aide d'une *chaînette*.

225. Ferrements des croisées. — 1° *Petits châssis et croisées à un seul vantail.* Ces châssis sont toujours posés sur dormant; ce dernier est fixé au mur par quatre ou six *pattes à scellement*, suivant la hauteur de la baie; si le châssis, qui est toujours consolidé dans ses quatre angles par des *équerres* entaillées, est de petites dimensions, il sera suspendu au dormant au moyen de deux *charnières* de 0m 070; on emploiera deux *fiches Chanteau* de 0m 120 s'il est plus élevé, trois s'il atteint à la hauteur d'une croisée ordinaire. La fermeture sera assurée par une *targette* ou par un *loqueteau* à ressort avec mentonnet, cordelette et anneau de tirage, si le châssis est placé trop haut pour qu'on puisse manœuvrer une targette.

Les châssis fermant les fenêtres d'écuries, les impostes des portes ou des fenêtres s'ouvrent le plus souvent à *abattant*, en pivotant autour d'un axe horizontal placé soit à la partie supérieure, soit à la partie inférieure, soit au milieu de la hauteur. Dans les deux premiers cas, le châssis est suspendu au dormant par deux *charnières* ou deux *fiches Chanteau*; dans le troisième, le même résultat est obtenu à l'aide soit de deux *pivots à plat*, soit de deux *pivots sur champ*. Quant à la fermeture, elle est réalisée de différentes manières, au moyen le plus souvent d'une corde passant sur des poulies de renvoi et fixée par l'une de ses extrémités à un col de cygne que porte le châssis, tandis que l'autre extrémité, pourvue ou non d'un contrepoids, peut être arrêtée à différentes positions; on peut y ajouter un *loqueteau* à tirage.

On emploie pour le même objet un certain nombre de systèmes spéciaux de *ferme-imposte* que nous ne pouvons décrire ici.

2° *Croisées à deux vantaux.* Le dormant d'une croisée est fixé aux maçonneries par sept ou huit *pattes à scellement*, de 0m 120 à 0m 140 de longueur, dont trois sur chaque montant; les vantaux sont consolidés chacun par quatre *équerres simples*, renforcées de 0m 190 à 0m 220 de branches, en fer de 0m 030 sur 0m 005, entaillées et posées à vis, ou encore par deux *équerres doubles* qui donnent une consolidation bien meilleure; les équerres supérieures se posent extérieurement, les équerres inférieures se mettent au contraire à l'intérieur; les vantaux sont suspendus chacun par trois *fiches à bouton* de 0m 120, ou trois *fiches Chanteau* de 0m 120 à 0m 140, ou encore trois *paumelles*, de 0m 100 à 0m 120. La fermeture est obtenue au moyen d'une *espagnolette* à tige ronde, de 0m 016 à 0m 020 de diamètre, avec poignée de 0m 160 à 0m 190 de longueur ou d'une *crémone* à tige demi-ronde, de 0m 014 à 0m 020; on les place sur le montant gueule-de-loup.

226. Ferrements des volets et persiennes. — 1° *Persiennes et volets ordinaires.* Chaque vantail est consolidé aux angles par quatre *équerres simples*, de 0m 190, de branches, entaillées et fixées à vis; il est suspendu au tableau de la fenêtre par deux ou trois *paumelles simples à T* de 0m 160, avec *gonds à scellement*. Lorsque les persiennes sont grandes et lourdes, on combine à la partie supérieure et à la partie inférieure l'équerre et la paumelle, en employant des *paumelles simples à équerre, gond à scellement*, de dimensions proportionnées à celles du vantail.

On arrête le vantail lorsqu'il est ouvert contre le mur, au moyen d'un *arrêt à bascule*, ou *à tourniquet* pour les fenêtres à rez-de-chaussée, d'un *arrêt à paillette*, ou *à broche et chaînette* pour les fenêtres des étages.

La fermeture des persiennes peut être obtenue d'un certain nombre de manières; on placera toujours un *battement à pointe* à la partie supérieure et un autre à la partie inférieure pour limiter le mouvement des vantaux; on pourra employer pour la fermeture les dispositions suivantes : 1° en haut, un *loqueteau à pompe*, avec cordon de tirage et anneau, dont le mentonnet mordra sur un *battement coudé*; en bas, un *crochet rond*, de 0m140, avec un piton appelé *tirefond* qui sert à le fixer au vantail de la persienne portant le loqueteau, et un autre tirefond dans lequel il s'accroche, et qui est vissé sur la traverse d'appui de la fenêtre ; une *poignée à pattes* est fixée au même vantail; 2° on peut supprimer le crochet inférieur et fermer les persiennes au moyen d'un *fléau* plus ou moins développé donnant plus de sécurité pour les fenêtres à rez-de-chaussée; 3° on peut remplacer les deux appareils de la première disposition, loqueteau et crochet, par deux *verrous*, avec gâches platines fixées haut et bas dans des trous tamponnés; 4° les verrous peuvent être remplacés par une *crémone* avec gâches platines, ou par une *espagnolette* avec broches remplaçant les gâches platines : on supprime alors la poignée à pattes qui ne sert plus à rien ; 5° enfin on peut employer le *ferme-persiennes Cudrue*. Nous citerons enfin pour mémoire et sans les décrire les systèmes qui permettent de manœuvrer les persiennes de l'intérieur sans ouvrir la fenêtre, tels que les systèmes Fontaine et Cairol.

Le décret du 22 juillet 1882 portant règlement sur les saillies permises dans la Ville de Paris, interdit l'emploi de persiennes ou volets se développant extérieurement dans la hauteur de 3m00 au-dessus du trottoir; ceux qui existent actuellement peuvent être conservés, mais ne pourront être remplacés.

2° *Persiennes et volets brisés*. Ces persiennes, composées de plusieurs feuilles par vantail qui, lorsqu'elles sont repliées, viennent se placer dans le tableau de la fenêtre, se posent de deux manières : 1° sur *tapée*, c'est-à-dire sur un dormant en bois formant prolongement extérieur du dormant de la croisée ; 2° sur un *dormant spécial* placé sur le bord extérieur du tableau de la fenêtre, ce tableau étant refouillé ou non.

Chacune des feuilles des vantaux est consolidée par deux *équerres doubles* en fer plat, de 0m002, entaillées et fixées à vis ; les feuilles de chaque vantail sont réunies entre elles par trois *charnières* de 0m110 dans la hauteur ou mieux, trois *fiches*; les vantaux sont fixés à la tapée par trois *fiches* de 0m140. Lorsqu'il y a plus de deux feuilles dans chaque vantail, on les réunit par des *charnières coudées* ou des *fiches spéciales*. On peut remplacer les fiches par des paumelles de 0m120 entre les feuilles, et de 0m140 pour fixer chaque vantail sur la tapée. Ordinairement, les vantaux une fois repliés ne sont pas arrêtés; mais il est facile de le faire de diverses manières.

Les feuilles viennent, lorsqu'on ferme les persiennes, buter contre des *battements*, à raison de deux par feuille, l'un à la partie supérieure, l'autre à la partie inférieure ; la fermeture peut être faite au moyen d'un *loqueteau* et d'un *mentonnet* à la partie supérieure, d'un *crochet* à la partie inférieure, comme pour les persiennes ordinaires, ou mieux pour les fenêtres à rez-de-chaussée, d'un *crochet* à la partie inférieure et d'un *fléau* au milieu de la hauteur; celui-ci sera d'autant plus efficace qu'il sera plus long; dans ce dernier cas, un anneau fixé à l'une des feuilles du milieu sert à tirer la persienne pour permettre au fléau de descendre dans ses supports; on peut fixer le fléau à l'aide d'une vis traversant l'un des supports, ce qui empêche alors qu'il soit possible de le manœuvrer du dehors et évite toute effraction. Signalons encore l'appareil *ferme persiennes Cairol*, qui permet de manœuvrer les persiennes brisées de l'intérieur sans ouvrir la fenêtre.

3° *Volets intérieurs des fenêtres.* Ces volets, qui se placent, une fois repliés, dans l'ébrasement de la baie, y sont arrêtés à l'aide d'un petit *verrou à entailler à cuvette*; ils se ferrent comme les précédents; la fermeture est assurée par les pannetons de l'espagnolette quand la fenêtre en comporte une, et par des *verrous* en fer plat ou par un *fléau*.

227. Ferrements de diverses menuiseries. — 1° *Menuiseries fixes.* D'une manière générale, les lambris et toutes menuiseries fixes sont placés au moyen de pattes à scellement de dimensions variables et en nombre convenable, ou quelquefois simplement de *clous* ou de *vis* tamponnés dans les murs.

2° *Volets de boutiques.* Les volets en menuiserie qui ferment les boutiques à rez-de-chaussée sont soit des volets mobiles, soit des volets brisés en feuilles qui se replient les uns sur les autres pour se loger dans le caisson de devanture. Dans le premier cas, chaque volet est muni à sa partie haute de deux *pannetons* ou *pattes* en fer plat entaillées dans le bois et dépassant de deux ou trois centimètres; ces pattes entrent dans des *gâches* en fer fixées à la traverse haute du châssis en menuiserie de la devanture; une *barre de fermeture* en fer plat s'engage par une de ses extrémités dans une *gâche* placée dans le caisson; elle est soutenue dans sa longueur par des *crochets de supports à charnière* entaillés dans les volets et qui se rentrent dans leur entaille quand on range les volets dans le caisson; enfin la barre est fixée à son autre extrémité dans la devanture par un *boulon* qui passe dans un trou pourvu d'une *platine* avec une *clavette*, celle-ci se posant de l'intérieur. Les volets qui se placent sur les portes sont fixés à leur partie inférieure par un *boulon à clavette*, qui traverse un trou pourvu d'une *platine*. Le caisson est ferré de trois *charnières* dans sa hauteur, et d'une *serrure d'armoire*. Ces volets sont pourvus de *poignées brisées à tourillons* qui servent à les saisir pour les transporter.

Lorsque les volets sont brisés en feuilles, celles-ci sont reliées entre elles et au bâti du caisson par de fortes *charnières*, dites *charnières de volets*, qui sont à nœuds soudés et élargies au collet, et placées de manière à permettre aux volets de se reployer à la manière d'un paravent. Une *barre de fermeture*, semblable à celle que nous avons décrite plus haut, complète la fermeture.

3° *Trappe de cave.* Les trappes de cave placées au niveau du plancher sont ordinairement formées de planches de chêne rainées et assemblées par des barres placées en dessous; on ferre une trappe de deux *pentures* en fer de 0m 045 sur 0m 007, élargies au collet, renforcées et fixées soit directement à vis, soit mieux à l'aide de tirefonds qui traversent les planches et les barres d'assemblage; de deux gonds à paumelle, de 0m 300 à 0m 350 de branche, fixés à vis; enfin d'un *anneau à boulon*, qui sert à lever la trappe, et qui est entaillé. Pour maintenir la trappe levée, on emploie un simple *crochet* fixé au mur, ou un *arrêt* spécial.

Les trappes de fosses à fumier qui se font à deux battants, se ferrent de la même manière, mais les gonds se posent à scellement dans la pierre formant châssis.

4° *Boîtes à charbon.* Les boîtes à charbon qui se placent sous la paillasse des fourneaux de cuisine sont pourvues de quatre *galets* destinés à en faciliter le déplacement, et qui sont fixés sous les barres en chêne du dessous de la boîte; ces galets se font en bois de gaïac avec petit coussinet en cuivre au centre, ou en fonte; on les place dans une encoche convenable faite dans la barre, sur un petit essieu en fer maintenu par deux crampons enfoncés dans celle-ci; il est préférable d'employer des galets spéciaux, montés sur platine, se fixant sur la barre par quatre vis. Sur la face antérieure de la boîte à charbon, on place une ou deux *poignées* à tourillons ou à pattes, suivant ses dimensions.

5° *Sièges d'aisances*. Un abattant de siège d'aisances est ordinairement ferré de deux *pivots* en cuivre et d'un *bouton* en cuivre.

§ 4. — SONNERIES ET OUVERTURES DE PORTES

228. Installation d'une sonnette. — Les *sonnettes* servent à établir une communication de l'extérieur à l'intérieur pour faire ouvrir une porte, ou à établir la communication entre les diverses parties d'un appartement pour permettre d'appeler un domestique, un employé, etc. Dans les grandes villes, la pose des sonnettes a donné naissance à une spécialité d'ouvriers serruriers qui sont nommés *poseurs de sonnettes*.

La sonnette, petite cloche ordinairement en bronze, est montée sur un ressort en spirale, dit *ressort à boudin* et fixée au mur par une *broche* ou *pointe* placée dans un petit carré réservé au milieu du ressort; l'autre extrémité du ressort, ou *bascule*, opposée à la sonnette, est attachée à un *fil de tirage* en fer, qui bande le ressort en tirant sur la bascule (fig. 931). Le fil de tirage va de la sonnette jusqu'au départ du mouvement du *cordon de tirage*; mais dans l'intervalle, il traverse des murs ou des planchers pour passer d'une pièce à l'autre, et même d'un étage à un autre; les percements se font au moyen de vrilles et de mèches de différentes longueurs; dans chacun des trous, on introduit une douille de fer blanc nommé *tuyau* qu'on scelle par les deux bouts, et qui a pour but d'empêcher les plâtras ou les débris de pierre de se détacher et de comprimer le fil à son passage, ce qui pourrait arrêter le jeu des mouvements. L'ouvrier passe le fil dans les tuyaux au moyen d'une broche dont l'extrémité est munie d'un œil allongé et étroit.

Pour que le fil reprenne bien sa position primitive après qu'on a sonné, on met sur son trajet des *ressorts de rappel* (fig. 931); ce sont de petits ressorts à boudin fixés au mur par une *broche* à tête carrée, ou encore un *ressort de renvoi* ou *à pompe*, qui n'est autre chose qu'un fil de fer tordu en hélice.

Pour changer la direction du fil de tirage, on l'interrompt aux points où il doit changer de direction et on l'y rattache aux deux branches d'un *mouvement* dit *ailes de mouche*, formé d'un levier coudé articulé (fig. 932), qui est monté sur pointe ou sur support à patte, ou sur platine, ou encore à scellement, etc. Le *mouvement* dit *à pied de biche* ou *à charnière* se place à l'extrémité du tirage d'une sonnette qui doit être mise automatiquement en mouvement par l'ouverture d'une porte. Entre les branches d'un mouvement, on place toujours une *pointe d'arrêt* destinée à leur laisser assez de liberté, mais à en empêcher le renversement en cas d'action trop brusque sur le cordon de tirage.

Dans les sonneries d'appartements il y a entre le cordon et le fil de tirage un *mouvement* destiné à transformer en déplacement horizontal le déplacement vertical imprimé au cordon par la personne qui sonne. Dans certains cas, le cordon se termine par un gland ou une boule; dans d'autres, il aboutit à un *coulisseau à poucier*, tige de fer guidée entre deux anneaux fixés sur platine, et terminée par un poucier (fig. 933). Dans les sonneries de portes bâtardes ou cochères, le déplacement horizontal est donné au fil de tirage par l'intermédiaire d'un *coulisseau à bascule* avec *anneau-poignée de tirage* et qui est ordinairement monté sur plaque de marbre (fig. 934), ou encore d'un *coulisseau à pompe*, tige ronde ou carrée, terminé par un *bouton rond de tirage* (fig. 935), et guidée dans une douille en cuivre; les coulisseaux se fixent dans le tableau de la porte.

Lorsque le fil de tirage doit passer d'une pièce à une autre, à travers un mur, et reprendre ensuite une direction parallèle à sa direction primitive, on interpose sur lui une *bascule horizontale* (fig. 936), composée d'un axe horizontal en fer traversant le mur, et aux extrémités duquel sont goupillés des leviers parallèles à chacun desquels on attache un des deux bouts du fil; l'axe passe dans un tuyau en fer-blanc ou *fourreau* dans lequel il se meut, ce qui évite le frottement contre la maçonnerie. Si les deux directions du fil, bien qu'étant dans des plans parallèles, ne sont pas parallèles entre elles, les deux leviers de la bascule ne sont plus parallèles entre eux, chacun d'eux est placé perpendiculairement à la direction du fil qui s'y attache.

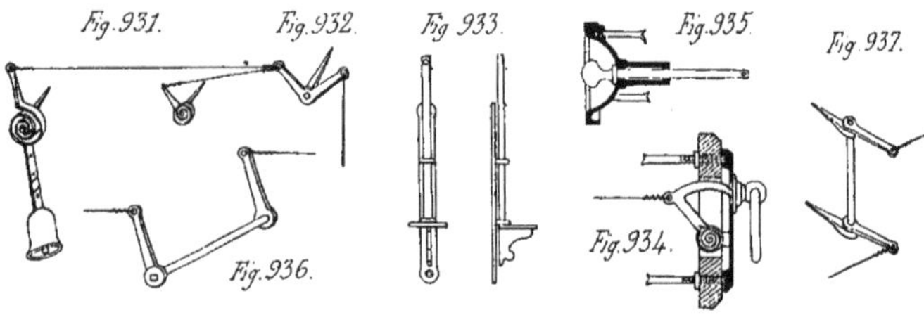

Quand le fil du tirage doit passer d'un étage à un autre, et reprendre ensuite une direction parallèle à sa direction primitive, on emploie une *bascule verticale*, pièce identique à la précédente, mais dont l'axe est placé verticalement dans un *fourreau* qui traverse le plancher. Si le fer doit simplement changer de hauteur sans traverser le plancher, la bascule verticale est fixée entre deux petits supports appropriés dans lesquels tourne son axe (fig. 937).

Dans toutes les parties rectilignes comprises entre les divers mouvements, le fil est guidé le long des murs ou des plafonds par de petits crampons à deux pointes ou *conduits*.

On remplace souvent aujourd'hui la sonnette par un *timbre* sur lequel frappe un marteau chaque fois qu'on tire le cordon de tirage.

On peut se servir d'une seule sonnette pour plusieurs cordons de tirage, en réunissant vers l'extrémité voisine de la sonnette tous leurs fils de tirages en un seul; chacun de ces fils, au voisinage du point de jonction, porte alors suspendu un *indicateur* formé d'un petit pendule qui reste en oscillation pendant quelques instants après qu'on a tiré la sonnette. On remplace presque partout aujourd'hui les sonnettes par des sonneries électriques, beaucoup plus simples d'installation, plus satisfaisantes d'aspect et plus commodes, et que nous étudierons plus loin.

229. Tuyaux acoustiques. Sonneries à air. — Les *tuyaux acoustiques* sont destinés à transmettre la parole d'un point à un autre d'une habitation. L'installation, très simple en principe, se compose de *tubes* avec *embouchures à sifflet* à chaque extrémité; si l'on veut se servir du porte-voix, on retire le sifflet et on souffle, puis on remet le sifflet; le sifflet fixé à l'autre extrémité ayant appelé la personne à laquelle on veut parler, celle-ci à son tour souffle et porte l'embouchure à son oreille ; elle fait ainsi fonctionner le premier sifflet qu'on retire aussitôt pour parler dans l'embouchure. Dans les grands établissements où ces tubes sont employés, lorsque plusieurs d'entre eux aboutissent à une même embouchure, on dispose un *tableau indicateur* qui permet de savoir quelle est la personne qui a demandé la communication ; dans les installations peu importantes, on peut obtenir le même résultat au moyen d'instruments donnant différents sons. M. Chabat cite une expérience faite sur un tube de 0m 037 de diamètre, de 250 mètres de longueur et présentant seize coudes, et dans lequel la voix a été entendue distinctement.

Généralement, ces tubes n'ont pas un aussi grand développement ; on les fait, pour les parties mobiles portant les embouchures, en caoutchouc garni d'un tissu de coton, de laine ou de soie, ou en tous cas toujours souples ; les parties fixes sont en zinc, mais mieux en cuivre poli à l'intérieur, le zinc se détériorant rapidement au contact du plâtre ; on leur donne de 0m 016 à 0m 040 de diamètre et on les pose comme des canalisations de gaz, sans cependant être tenu aux mêmes sujétions pour les traversées de murs ou de planchers. Les embouchures et les sifflets se font le plus souvent en palissandre, rarement en ivoire.

Les *sonneries par l'air comprimé* sont basées sur un principe analogue : c'est la pression de l'air renfermé dans les tuyaux qui agit sur une sonnerie présentant un mécanisme spécial ; seulement les tuyaux sont ici en plomb ou en caoutchouc, et de très petit diamètre, et ils se posent et se dissimulent presque aussi facilement que des fils électriques. L'appel se fait à l'aide d'un bouton ou plus ordinairement d'une poire en caoutchouc. Ces sonneries se prêtent à des installations semblables à celles des sonneries électriques.

230. Ouvertures de portes. — L'ouverture d'une porte cochère se fait à distance en agissant sur le pêne demi-tour de la serrure, le seul qui soit fermé en temps ordinaire, au moyen d'un *cordon de tirage*, par l'intermédiaire d'un *fil de tirage* et de *mouvements* identiques à ceux d'une sonnette ; un *ressort de renvoi* placé en feuillure aide la porte à s'ouvrir dès que le pêne est dégagé de la gâche. On obtient le même résultat au moyen de l'*air comprimé*, envoyé dans un tuyau par une poire en caoutchouc, et venant agir à l'aide d'un mécanisme spécial, que nous ne décrirons pas, sur le pêne demi-tour de la serrure, pour le faire ouvrir.

CHAPITRE II

MENUISERIE MÉTALLIQUE ET PETITES CONSTRUCTIONS EN FER

§ Ier. — MENUISERIE MÉTALLIQUE

231. Avantage de l'emploi des menuiseries métalliques. — On a déjà depuis longtemps essayé de substituer le fer au bois pour la construction des menuiseries du bâtiment; les avantages qui en résultent sont d'abord l'incombustibilité, puis une fixité à peu près absolue des dimensions, la dilatation du fer étant dans nos climats, assez peu importante, et les gonflements et gauchissements dus à l'action de l'humidité sur le bois, ne se produisant pas avec le métal; celui-ci étant toujours bien couvert de peinture ne s'altérera pas et assurera à la menuiserie métallique une durée supérieure ou au moins égale à celle de la construction en bois. Il faut cependant remarquer qu'un défaut d'entretien de la peinture, permettant le développement de la rouille, amènera des gonflements qui désorganiseront rapidement les assemblages et arriveront même à rendre impossible la fermeture des parties mobiles.

Dans les parties vitrées, grâce au peu de développement des bâtis et petits bois, l'emploi du fer procure une augmentation sensible de la surface éclairante; il donne en outre, par la rigidité du métal et la possibilité de resserrer les montants à la distance de barreaux de grille, la possibilité d'obtenir, dans certains cas, une fermeture de toute sécurité.

Pour les grandes surfaces, les menuiseries métalliques rivalisent de prix avec le bois; pour les petites dimensions, elles sont toujours plus chères, mais on les préfère pourtant dans un certain nombre d'applications à cause de leurs autres avantages. Il faut cependant tenir compte, dans l'application des menuiseries métalliques et en particulier des croisées en fer, de la nécessité de l'emploi dans le gros œuvre de la construction de matériaux rigides qui ne tassent pas, et veiller en outre à une grande exactitude des dimensions, car il n'est pas possible, comme avec le bois, de corriger les erreurs et de donner du jeu aux parties mobiles.

232. Lambris en bois et fer. — Ces *lambris* peuvent être composés de deux manières inverses : ou bien avec *bâtis en fer*, en U ou en double T, de 0m025 à 0m027 de hauteur avec *panneaux en bois* encastrés entre les ailes des fers, telles sont par exemple les séparations des stalles dans les marchés publics; ou bien au contraire avec *bâtis en bois*, de la forme ordinaire, et *panneaux en métal*; cette dernière disposition est avantageuse toutes les fois qu'on a besoin d'étanchéité, parce qu'on n'a pas à craindre que le panneau se fende par la sécheresse comme cela arrive aux panneaux en bois; il en est de même lorsque de larges panneaux sont exposés à l'humidité et risqueraient de se mal comporter s'ils étaient en bois. Enfin, en employant un panneau en tôle ajourée, on obtiendra une clôture convenable qui permettra cependant une bonne ventilation.

233. Châssis dormants. — 1° *Châssis en bois et fer.* Ces châssis comportent alors un *bâti dormant* en bois, les séparations des vitres ou *petits bois* étant seules en fer à simple T ou en fers à vitrages. Le dormant en bois porte une feuillure à vitre de même largeur que celle qui est formée par le fer; on coupe les ailes de ce fer, et on prolonge son âme par une patte en T fixée à tenon, brasée et percée de deux trous de vis qui servent à la fixer sur le bois dans une petite entaille faite au fond de la feuillure (fig. 938). Dans les travaux peu soignés, on se contente, au lieu de terminer le fer par une patte en T, de couder d'équerre l'extrémité de son âme, qu'on fixe alors par une vis dans la feuillure. Pour les travaux soignés, on remplace souvent le fer à T par un fer à vitrage profilé, et on a soin de retourner le même profil sur les rives du dormant. Si on espace les fers verticaux de 0m 16 d'axe en axe, en prenant un fer d'échantillon assez fort, on forme une clôture équivalente à une grille. On peut simplifier l'assemblage des petits bois sur le dormant lorsque celui-ci est, comme dans les cloisons intérieures d'appartements, un bâti de 0m 08 sur 0m 08, en vissant simplement les tables des fers à simple T dans une feuillure ménagée sur la rive du bâti (fig. 939).

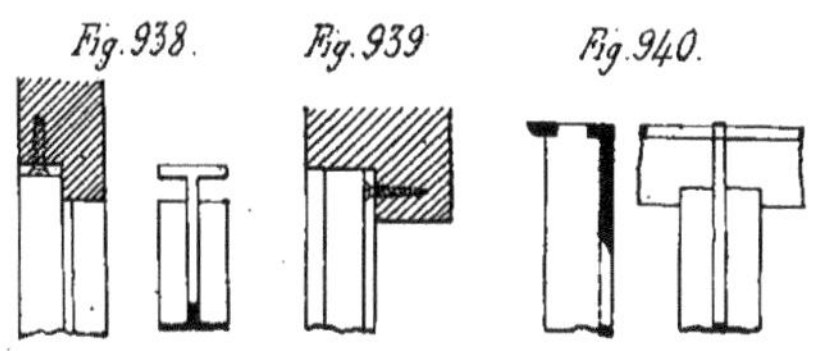
Fig. 938. Fig. 939 Fig. 940.

2° *Châssis tout en fer.* Lorsque le *bâti* est en fer, on le constitue par une cornière qui forme alors feuillure à verre ; les angles sont coupés d'onglet et brasés, ou mieux, assemblés au moyen d'une petite équerre fixée par des vis ; les fers à vitrage ont leur table coupée jusqu'au niveau de l'aile de la cornière avec une légère entaille seulement ; leur âme se prolonge et s'assemble à tenon et mortaise, avec tenon rivé en dehors, sur la cornière (fig. 940). Nous avons vu (n° 71) comment se font les assemblages des petits bois entre eux lorsque ce sont des fers à simple T ; lorsque ce sont des fers à vitrages, on fait à onglets les assemblages des moulures, on entaille les âmes, et on consolide l'assemblage par de petites équerres vissées en feuillure. La traverse inférieure d'un châssis doit être pourvue d'un fer spécial formant *jet d'eau*.

234. Croisées. — 1° *Croisées en bois et fer.* On remplace aujourd'hui, pour les croisées de grandes dimensions, les séparations en bois des carreaux par des *petits bois en fer* qui s'assemblent dans le bâti en bois de la croisée, comme nous venons de le voir plus haut.

Les *pièces d'appuis* ou traverses inférieures des bâtis dans les fenêtres situées au droit des balcons servent en même temps de seuils, de sorte qu'elles sont abîmées par le frottement des pieds; on peut les remplacer par des appuis en fonte (système Guipet) ou en fer (systèmes Mazellet ou Crosnier) de divers modèles, présentant les formes voulues pour recevoir les vantaux mobiles ; elles sont munies d'une gâche pour crémone, de canaux pour recueillir les condensations intérieures, avec un tube de buée, et d'un jet d'eau. Aux deux extrémités, la pièce d'appui porte deux entailles pour l'assemblage des montants en bois du bâti dormant ; elle se scelle de 0m 07 environ de chaque côté dans les tableaux de la baie.

2° *Croisées tout en fer*. Les premières applications de croisées en fer ont été faites dans des bâtiments industriels et ont été exécutées au moyen de fers laminés, plats, cornières, fers en U, fers à T ou fers à vitrages ; mais ces profils ne donnent pas des surfaces d'aspect satisfaisant, ni des fermetures bien hermétiques, inconvénients peu graves dans ces applications industrielles, mais d'une grande importance lorsqu'il s'agit des croisées d'une habitation. On n'a pu y remédier que par l'emploi de fers profilés spéciaux permettant d'obtenir des profils plus étoffés semblables à ceux des menuiseries ordinaires, et une plus grande précision dans les fermetures. Il y aura donc à distinguer deux systèmes de construction bien distincts par les croisées en fer : le premier, simple et économique, applicable aux bâtiments industriels ; le second, applicable aux maisons d'habitation, plus compliqué et plus coûteux.

A. Croisées d'usines. — Les *vitrages d'usines* doivent surtout être robustes et économiques ; aussi on combinera ordinairement leur ossature de manière que les baies présentent le plus possible de parties dormantes, et seulement les parties ouvrantes strictement nécessaires ; les parties dormantes sont composées, comme nous l'avons dit plus haut, de cornières pour former les encadrements, et de fers à simple T, ordinairement de 0m 025 sur 0m 025, pour former les séparations des vitres ; les montants ou traverses horizontales formant séparation des différents panneaux qui peuvent composer le vitrage seront en fers à simple T, de plus grandes dimensions, ou simplement en fers plats. La traverse inférieure d'un châssis doit être pourvue d'un fer spécial à *jet d'eau*.

Les *châssis ouvrants* seront autant que possible à un seul vantail ; ils s'exécuteront de la même manière que les châssis dormants, mais on soignera bien les assemblages, et on prendra des dispositions spéciales pour éviter la défiguration des angles ; à cet effet, on choisira des cornières ou des fers d'encadrement assez forts pour que leurs assemblages soient assez rigides ; on raidira ces assemblages à l'aide de petits goussets en tôle formant équerres de champ (fig. 941) et vissés sur les ailes des deux cornières assemblées d'onglet ; ou bien encore on renforcera le bâti en le formant d'un fer plat de 0m 025 sur 0m 014 à 0m 016, et d'une cornière de 0m 020 sur 0m 020 ou de 0m 025 sur 0m 025, reliée au fer plat par des vis, les cornières étant toujours assemblées d'onglet dans l'angle, et les fers plats à tenon et goupilles (fig. 942) ; enfin, si les dispositions des parties ouvrantes le permettent, on les contreventera par des pièces diagonales. Un châssis ouvrant devra toujours être pourvu d'un *jet d'eau* sur sa rive inférieure.

Les châssis ouvrants, lorsqu'ils tournent autour d'une de leurs rives verticales, sont pourvus de trois *paumelles* ; celles-ci, d'un type spécial, ont des lames étroites ; il est bon de les disposer pour pouvoir rappeler les vantaux, c'est-à-dire les mettre exactement à la hauteur voulue, et à cet effet, on emploie souvent les *paumelles à pivot*, dites *régulatrices*, dans lesquelles le nœud supérieur a son fond traversé par une vis qui porte sur le bout de l'axe, et qui permet de relever ou de descendre le châssis en serrant ou desserrant la vis (fig. 943). La fermeture est assurée par un *loqueteau* ou une *targette*.

Quand le châssis ouvrant est mobile autour d'un axe horizontal, on le pourvoit de deux *paumelles* seulement. On adopte souvent, pour éviter les accidents dus à la fermeture brusque par les courants d'air, une disposition qui consiste à prendre comme axe de rotation du châssis l'un de ses axes de figure, et à le suspendre sur deux tourillons; la manœuvre se fait à l'aide d'un col de cygne fixé au châssis à sa partie inférieure, et d'une corde dont l'extrémité peut être arrêtée à diverses positions, si l'axe de suspension est horizontal; dans ce cas, cet axe est un peu plus haut que l'axe de figure, de telle sorte que le châssis se ferme sous son propre poids.

Lorsque la partie ouvrante est à deux vantaux, ceux-ci sont suspendus chacun par trois *paumelles*; l'un des vantaux porte sur la rive interne la *crémone de fermeture*, l'autre porte sur la rive correspondante, mais à l'extérieur un fer plat formant *battement*; les deux vantaux sont pourvus d'un *jet d'eau* à leur partie basse. Les gâches de la crémone sont obtenues simplement en perçant d'un trou des renflements qu'on a fait venir au milieu de la traverse haute et de la traverse basse du bâti dormant.

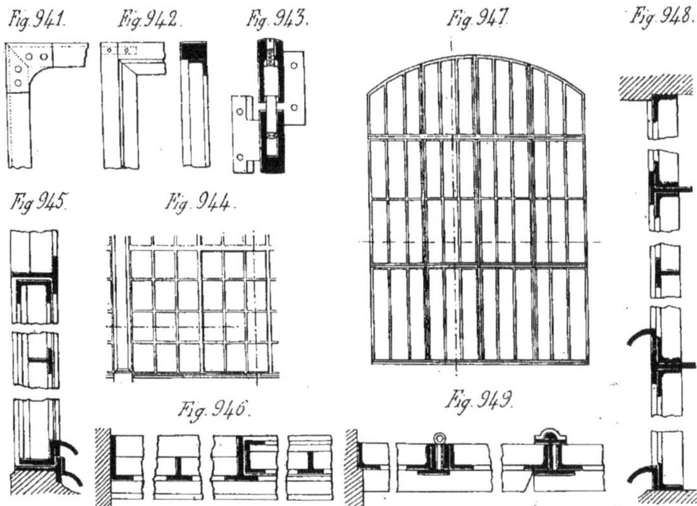

Nous donnons dans les figures 944, 945 et 946 un type de croisée avec châssis ouvrant à un vantail; le dormant du vitrage fixe est en cornières inégales de 0m 045 sur 0m 020 sur 0m 005; les montants verticaux et les traverses horizontales qui forment le dormant du vantail ouvrant sont en fer à simple T, de 0m 045 sur 0m 040 sur 0m 004; les divisions du vitrage sont en fer à simple T, de 0m 025 sur 0m 025 sur 0m 004; le châssis ouvrant est formé d'un cadre en fer en U, de 0m 035 sur 0m 020 sur 0m 004, avec séparations en fer à simple T, de 0m 025 sur 0m 025 sur 0m 004; il est ferré de deux paumelles de 0m 130 de long; la traverse basse est en cornière de 0m 035 sur 0m 025 sur 0m 004, de manière à ne pas arrêter les eaux de condensation; elle est pourvue extérieurement d'un jet d'eau.

Les figures 947, 948 et 949 donnent un type de châssis vitré ouvrant à deux vantaux ; le dormant placé contre la maçonnerie de la baie, et qui forme feuillure à vitres, est en cornière de 0m 025 sur 0m 025 sur 0m 004; les montants verticaux et les traverses qui recoupent le châssis sont en fer à simple T, de 0m 040 sur 0m 035 sur 0m 005 ; ils sont doublés de cornières de 0m 025 sur 0m 025 sur 0m 004, formant feuillures à vitres ; les fers verticaux qui constituent les divisions du vitrage sont en simple T de 0m 025 sur 0m 025 sur 0m 004, espacés de 0m 180 d'axe en axe, de manière à faire en même temps clôture ; les vantaux ouvrants sont bordés, sur la rive verticale portant les paumelles, d'un fer plat de 0m 035 sur 0m 005, et constitués par des cornières de 0m 025 sur 0m 025 sur 0m 004 ; la rive d'axe de l'un d'eux est pourvue d'un fer à simple T portant la crémone de fermeture, l'autre d'un fer plat formant battement ; les divisions du vitrage sont en fer simple T, de 0m 025 sur 0m 025 sur 0m 004.

B. Croisées d'habitation. — Il existe un assez grand nombre de systèmes proposés pour la construction de ces croisées, mais tous reposent sur le même principe : on constitue les châssis à l'aide de fers profilés spéciaux permettant d'obtenir sur les rives des parties mobiles une fermeture hermétique. Dans les uns, comme le système *Moreau*, ce résultat est obtenu sur les rives verticales par l'emploi de montants à profils cylindriques ; sur les rives d'axes, le montant ouvrant est cylindrique et concave, le dormant, convexe ; les deux cylindres égaux et de même axe, qui

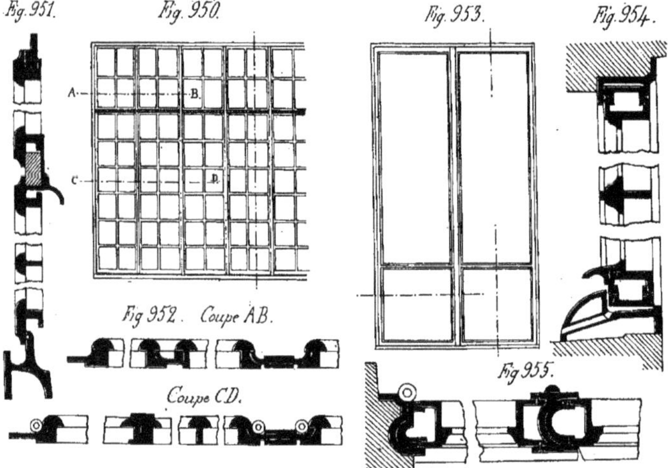

doit être exactement l'axe de la paumelle, glissent l'un sur l'autre dans le mouvement d'ouverture de la croisée. Les montants milieux ont l'un le profil du battant mouton, l'autre celui du battant gueule de loup ordinaire des croisées en bois. Sur les rives horizontales, le joint est obtenu simplement par superposition de deux surfaces planes ; on le complète par l'adjonction d'une bande de caoutchouc logée dans une rainure en queue d'hironde ménagée dans la pièce d'appui (fig. 950, 951 et 952).

Dans d'autres systèmes, comme celui de MM. *Mazellet et Pinget*, les fers profilés très étudiés reproduisent exactement par leurs assemblages les formes des croisées en bois, aussi bien à l'intérieur qu'à l'extérieur, mais avec des épaisseurs moindres, et on peut les appliquer à des croisées de dimensions quelconques. Des équerres spéciales, en fonte malléable, étudiées à la demande des différents profils, servent à réunir aux angles de la croisée les montants et les traverses des châssis (fig. 953, 954 et 955).

3° *Croisées en fonte.* — Il a été fait également des types de croisées en fonte mince qui peuvent remplacer avantageusement les croisées en bois ; le dormant est un cadre fondu d'une seule pièce, avec douilles pour recevoir les tourillons des parties ouvrantes ; chacun des vantaux est lui-même fondu d'une seule pièce avec ses deux tourillons supérieur et inférieur; la fermeture des vantaux, qui sont à noix et gueule de loup, se fait au moyen d'une crémone. Le dormant se fixe dans la feuillure de la baie à l'aide de pattes à scellement.

Enfin, on a fait aussi des *baies chambranles* en fonte, système *Guipet*, pour garnir extérieurement l'ouverture d'une baie de fenêtre, et qui se composent d'un cadre complet d'une seule pièce, que l'on scelle dans le mur au moyen de pattes à scellement; le cadre comporte un tableau de $0^m 20$ de profondeur et une face moulurée plus ou moins ornée ; les bâtis de la croisée se posent en arrière du tableau de la baie en fonte, à la manière ordinaire. Lorsqu'on doit poser des persiennes, la baie métallique est pourvue extérieurement des gonds nécessaires.

235. Portes métalliques. — 1° *Portes pleines.* Les portes pleines de petites dimensions se font avec une *tôle* suffisamment épaisse pour se passer d'armatures, et sur laquelle on fixe directement par des vis les paumelles et les fermetures. Si les dimensions ne permettent pas d'employer une tôle ordinaire, on peut prendre de la tôle striée qui est plus raide. Le *dormant* sera constitué par un fer méplat ou par une cornière, fixés aux maçonneries par des *pattes à scellement.* Si la porte est à deux vantaux, l'un de ceux-ci sera muni sur son bord opposé aux paumelles d'un fer plat formant *battement*, l'autre portera la fermeture.

On obtiendra une plus grande solidité en entourant la porte d'un encadrement en fer plat rivé sur elle, avec barres transversales la divisant en deux ou trois panneaux. Le plus souvent, dès que les vantaux sont un peu développés, et si l'on ne veut pas les faire en tôle épaisse, on les arme fortement en les composant de cadres en fer méplat ou en cornières, divisés en deux ou plusieurs panneaux par des traverses et que l'on contrevente par des croix de Saint-André dans l'un au moins des panneaux, ou par des écharpes placées dans les divers panneaux, de manière à reporter la charge sur les points d'appui (fig. 956, 957, 958). On emploie souvent, pour constituer le cadre d'un vantail, soit une cornière, soit un fer méplat doublé d'une cornière rivée sur lui et sur laquelle on rive la tôle des panneaux; on ne doit compter que sur le bâti pour assurer la rigidité de la porte; la tôle ne sert que de remplissage.

Nous donnons (fig. 959, 960 et 961) les dessins d'une grande *porte d'usine*, de $3^m 50$ d'ouverture, avec portillon ; le bâti principal est en fer plat de $0^m 050$ sur $0^m 025$, doublé d'une cornière de $0^m 045$ sur $0^m 045$ sur $0^m 005$; des montants et des traverses en fer simple T, de $0^m 045$ sur $0^m 045$ sur $0^m 005$, divisent chaque vantail en panneaux, qui sont remplis par une tôle de $0^m 005$ d'épaisseur, et raidis par des écharpes en fer simple T, de $0^m 035$ sur $0^m 035$ sur $0^m 004$, placés en arrière. Sur la rive milieu de chaque vantail est fixé un fer plat de $0^m 055$ sur $0^m 006$, formant battement sur l'un et servant sur l'autre à fixer la crémone de fermeture. Le cadre du guichet est formé d'une cornière de 0m 035 sur 0m 035 sur 0m 005, avec traverse horizontale en simple T de 0m 045 sur 0m 045 sur 0m 005, et panneau en tôle de 0m 005, raidi par une croix de Saint-André, en fer simple T, de 0m 035 sur 0m 035 sur 0m 005. Une robuste traverse d'imposte de 0m 200 de hauteur en forme d'U, est scellée aux deux bouts dans les tableaux de la baie; une tôle de 0m 005 qui constitue aussi tout le remplissage de l'imposte, est doublée sur les bords de cornières de 0m 050 sur 0m 040 sur 0m 005; dans l'imposte, des montants verticaux

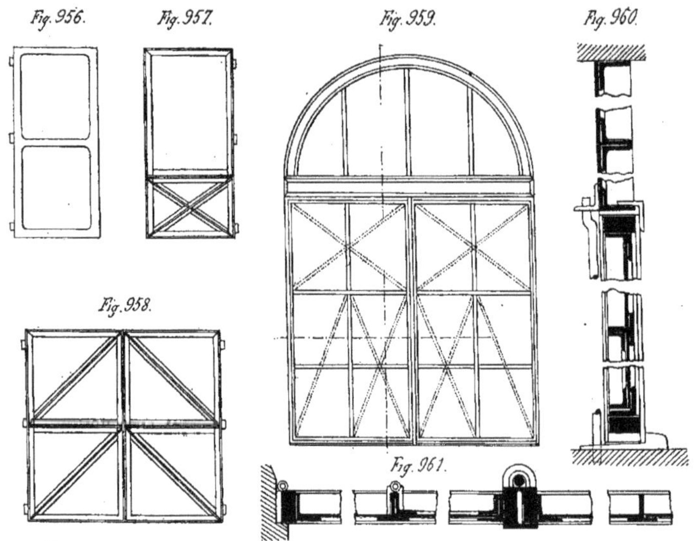

en fer plat, de 0m 050 sur 0m 005, prolongent ceux de la porte; elle est bordée, en outre, d'une cornière de 0m 050 sur 0m 050 sur 0m 005, et d'un plat de 0m 050 sur 0m 005 formant encadrement.

La porte est montée sur pivots et ferrée sur chaque vantail de deux paumelles à scellement; elle est fermée par une crémone en fer rond de 0m 020; le portillon est ferré de deux paumelles et d'une serrure de sûreté. L'imposte est fixée dans la maçonnerie par cinq pattes à scellement, en fer plat, de 0m 050 sur 0m 007.

Les portes de grandes dimensions doivent toujours être montées sur *pivot*, à leur partie inférieure, parce que leur poids considérable fatiguerait trop les paumelles.

Lorsqu'on exécute en fer des *portes cochères* d'édifices, on décore le parement de panneaux obtenus en général au moyen de fers plats appliqués et rivés ou vissés sur la tôle, et dont on se sert pour cacher les joints de celle-ci; ou bien on accuse davantage ces fers et on laisse en saillie les têtes des vis ou des rivets; dans certains cas, si la porte ne va pas jusqu'à la partie supérieure de la baie, on termine la partie haute par une grille dont les montants principaux prolongent les divisions des compartiments de la porte. La décoration peut être plus accusée encore si l'on encadre les panneaux au moyen de fers moulurés ; on peut enfin combiner le fer et la fonte pour obtenir un résultat analogue.

2° *Portes vitrées.* Dans ces portes, le cadre est toujours en fer plat ; une traverse de même fer le sépare en deux parties inégales : en haut, la partie vitrée ; en bas, un soubassement plein. Ces divers fers sont bordés tout autour et intérieurement par une cornière qui sert dans la partie vitrée à former la feuillure à verre, et dans le soubassement à recevoir la tôle de remplissage ; la partie vitrée est recoupée par des montants et des traverses en fer simple T. Le dormant en fer, auquel la porte est suspendue par des paumelles, est constitué par un fer plat doublé sur sa face d'un autre fer plat formant feuillure, et il est tenu dans la maçonnerie par des pattes à scellement (fig. 962, 963 et 964). La tôle du soubassement est ornée d'un cadre en fer plat ou d'ornements rapportés en fonte. Dans l'exemple que nous donnons, la porte, de 1^m10 de large sur 2^m20 de haut, est formée d'un cadre en fer méplat, de 0^m035 sur 0^m018, doublé d'une cornière de 0^m035 sur 0^m018 ; les fers à vitrage sont en T, de 0^m035 sur 0^m030 ; le soubassement en tôle, de 0^m0025 ; la porte est fixée dans un bâti dormant en fer de 0^m035 sur 0^m020, avec fer plat de 0^m040 sur 0^m007 formant feuillure. Dans les portes à deux vantaux, les dispositions sont les mêmes, mais l'une des portes est pourvue, sur la rive opposée aux paumelles, d'un fer plat formant battement.

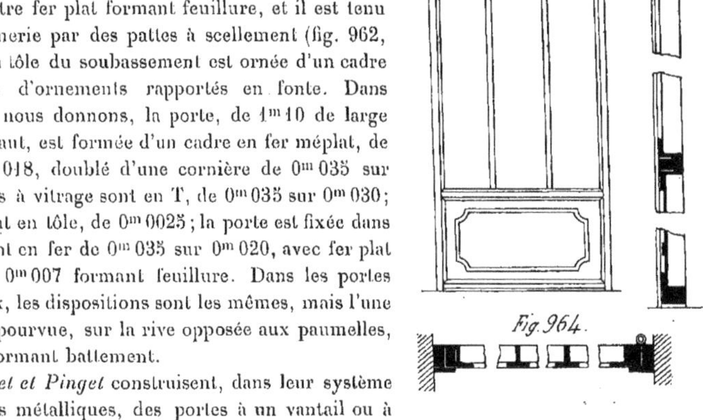

MM. *Mazellet et Pinget* construisent, dans leur système de menuiseries métalliques, des portes à un vantail ou à deux vantaux dont les dispositions, que nous ne donnerons pas ici, sont presque identiques à celles des croisées.

236. Persiennes et volets. — 1° *Persiennes en bois et fer.* Afin de donner plus de rigidité et de résistance aux *persiennes brisées*, on les fait avec cadre en fers spéciaux et lames en bois ; le cadre est formé de deux *montants* verticaux et de deux ou plusieurs *traverses* horizontales ; le fer est en forme d'U, et dans la rainure, on loge les lames de bois de chêne ou de pitchpin, avec des taquets dans les intervalles pour en régler les écartements ; on arrive ainsi à obtenir des feuilles dont l'épaisseur est de 0^m018 et qui sont cependant très rigides. Les fers formant les montants ont un profil tel qu'ils constituent une sorte d'assemblage à noix et à gueule de loup entre les diverses feuilles lorsqu'elles sont fermées. Ces feuilles sont ferrées de *paumelles* à nœud bouché spéciales, dont les branches ont des longueurs diverses pour permettre de replier les feuilles les unes sur les autres. La fermeture est faite au moyen d'une *espagnolette plate* fermant en haut et en bas sur deux *battements* ; elle se compose d'un fer plat de 0^m025 sur 0^m005, ayant comme longueur toute la hauteur de la persienne, sur laquelle il est fixé par trois charnières spéciales, et pourvu d'un fléau. On fixe ces persiennes au tableau de trois manières différentes :

1° On les dispose de telle sorte que la première feuille soit ferrée sur le dormant de la croisée ; à cet effet, on fixe sur la face extérieure de celui-ci une *tapée* en bois assez épaisse pour racheter la saillie des jets d'eau et de la pièce d'appui dans lesquels elle est entaillée, et assez large pour couvrir la tranche des persiennes lorsqu'elles sont ouvertes ; la barre d'appui de la fenêtre doit alors être rejetée entièrement en dehors du tableau de la baie pour laisser celui-ci complètement libre. La persienne fermée vient battre à la partie haute contre la traverse de la tapée, et à la partie basse contre la pièce d'appui du dormant de la croisée ; on la développe en tirant. Suivant le nombre de feuilles, qui est de 2 à 4 par vantail, et la largeur de la baie, il faut donner au tableau de celle-ci une largeur variable ; le tableau ci-dessous donne, pour les différents cas, le dimensions à adopter, d'après l'album de MM. Jacquemet et Dufrêne.

LARGEUR de la baie.	LARGEUR DU TABLEAU DE LA BAIE POUR VANTAUX		
	A 2 feuilles (Fig. 965).	A 3 feuilles. (Fig. 966).	A 4 feuilles. (Fig. 967).
0, 80	0, 200	»	»
0, 90	0, 225	»	»
1, 00	0, 250	»	»
1, 10	0, 275	0, 185	»
1, 20	0, 300	0, 200	»
1, 30	0, 325	0, 220	»
1, 40	»	0, 235	»
1, 50	»	0, 250	0, 195
1, 60	»	0, 270	0, 205
1, 70	»	»	0, 220
1, 80	»	»	0, 235
1, 90	»	»	0, 245
2, 00	»	»	0, 260

Fig. 965. Fig. 966. Fig. 967.

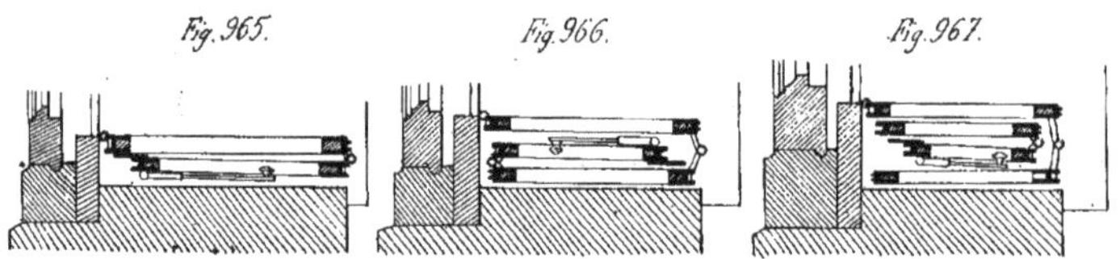

L'épaisseur totale des feuilles repliées est de $0^{m}050$ dans le premier cas, $0^{m}070$ dans le second, et $0^{m}090$ dans le troisième. On remplace encore la tapée en bois par une tapée en fer formée d'une cornière à branches inégales de dimensions variables suivant le nombre des feuilles; on la scelle au moyen de pattes en avant du dormant de la croisée (fig. 968), et elle est entaillée dans la pièce d'appui et dans le jet d'eau; les dimensions du tableau sont les mêmes que ci-dessus.

Fig. 968.

2° Comme la trop grande proximité de la croisée et des persiennes peut être gênante, on a modifié la position de celle-ci en plaçant la *tapée*, qui se fait alors toujours en fer, sur le bord externe du tableau de la baie, où on la scelle au moyen de pattes : les persiennes se développent dans ce cas en poussant. Une fois fermées, elles battent à la partie supérieure contre une cornière à ailes égales qui forme traverse supérieure de la tapée, et à la partie inférieure contre un battement spécial, placé au milieu de la largeur de la baie. Nous donnons ci-dessous la largeur du tableau pour les différents cas :

LARGEUR de la baie.	LARGEUR DU TABLEAU DE LA BAIE POUR VANTAUX		
	A 2 feuilles. (Fig. 969).	A 3 feuilles. (Fig. 970).	A 4 feuilles. (Fig. 971).
0,80	0,230	»	»
0,90	0,255	»	»
1,00	0,280	»	»
1,10	0,305	0,230	»
1,20	0,330	0,245	»
1,30	0,355	0,265	»
1,40	»	0,280	»
1,50	»	0,295	0,260
1,60	»	0,315	0,270
1,70	»	»	0,285
1,80	»	»	0,300
1,90	»	»	0,310
2,00	»	»	0,325

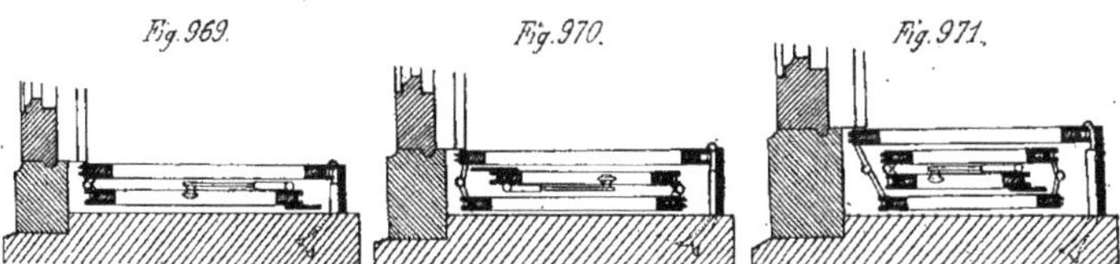

Fig. 969. Fig. 970. Fig. 971.

3° La dernière disposition que nous venons d'indiquer présente l'inconvénient de donner des tapées larges, qui, en élévation, rétrécissent beaucoup les baies et sont d'un aspect peu agréable. On est arrivé à corriger ce défaut en logeant toutes les lames, sauf une, dans le *tableau refouillé* à cet effet; une petite *tapée*, formée d'une cornière de 0m 025 sur 0m 025, scellée dans le tableau au moyen de pattes, ne fait plus qu'une saillie de 0m 020. Il faut laisser entre le refouillement et la face du mur une épaisseur qui varie de 0m060 à 0m080; quant au refouillement, on lui donne les dimensions indiquées dans le tableau ci-dessous :

LARGEUR de la baie.	LARGEUR DU REFOUILLEMENT DU TABLEAU DE LA BAIE POUR VANTAUX.		
	A 2 feuilles. (Fig. 972).	A 3 feuilles. (Fig. 973).	A 4 feuilles. (Fig. 974).
0,80	0,210	»	»
0,90	0,235	»	»
1,00	0,260	»	»
1,10	0,285	0,205	»
1,20	0,310	0,220	»
1,30	0,335	0,235	»
1,40	»	0,255	»
1,50	»	0,270	0,235
1,60	»	0,285	0,245
1,70	»	»	0,260
1,80	»	»	0,275
1,90	»	»	0,285
2,00	»	»	0,295

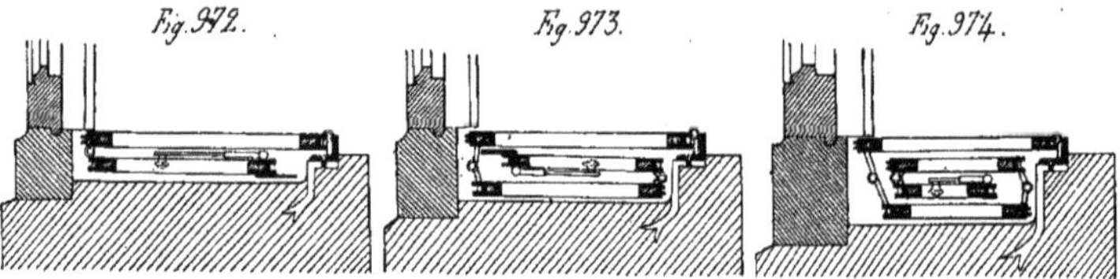

Fig. 972. Fig. 973. Fig. 974.

2° *Persiennes tout en fer.* Les persiennes tout en fer sont moins confortables, mais plus économiques que les persiennes en bois et fer; leur épaisseur est encore plus réduite, de sorte qu'elles se logent dans un espace plus restreint. Il en existe plusieurs types; les bâtis sont toujours en fers spéciaux dans lesquels s'emboîtent deux feuillures où sont rivés des panneaux d'une seule pièce, en tôle découpée et emboutie régulièrement pour simuler les lames; les fers du cadre peuvent avoir un profil extérieur capable de donner entre les feuilles successives des assemblages à noix et à gueule de loup. On fait également des persiennes entièrement en tôle forte emboutie.

Ces persiennes se posent comme celles en bois et fer; seulement les épaisseurs sont : pour deux feuilles, de 0m040; pour trois feuilles, de 0m055, et pour quatre feuilles, de 0m070. Les largeurs de tableau nécessaires dans les différents cas sont données dans le tableau suivant :

LARGEUR de la baie.	PERSIENNES POSÉES								
	sur tapée en bois.			sur tapée en fer.			sur tapée en fer avec refouillement.		
	Largeur du tableau pour vantaux			Largeur du tableau pour vantaux			Largeur du refouillement pour vantaux.		
	à 2 feuilles.	à 3 feuilles.	à 4 feuilles.	à 2 feuilles.	à 3 feuilles.	à 4 feuilles.	à 2 feuilles.	à 3 feuilles.	à 4 feuilles.
0, 80	0, 200	»	»	0, 230	»	»	0, 220	»	»
0, 90	0, 225	»	»	0, 255	»	»	0, 235	»	»
1, 00	0, 250	»	»	0, 280	»	»	0, 260	»	»
1, 10	0, 275	0, 185	»	0, 305	0, 230	»	0, 285	0. 210	»
1, 20	0, 300	0, 220	»	0, 330	0, 245	»	0, 310	0, 220	»
1, 30	0, 325	0, 220	»	0, 335	0, 265	»	0, 335	0, 235	»
1, 40	»	0, 235	»	»	0, 280	»	»	0, 255	»
1, 50	»	0, 245	0, 195	»	0. 295	0, 260	»	0, 270	0, 235
1, 60	»	0, 260	0, 205	»	0, 315	0, 270	»	0, 285	0, 245
1, 70	»	»	0, 220	»	»	0, 285	»	»	0, 260
1, 80	»	»	0, 235	»	»	0, 300	»	»	0, 275
1, 90	»	»	0, 245	»	»	0, 310	»	»	0, 285
2, 00	»	»	0, 260	»	»	0, 325	»	»	0, 295

A rez-de-chaussée, on se sert ordinairement de *volets-persiennes* dans lesquels les deux tiers inférieurs du panneau sont en tôle pleine, le tiers supérieur seul étant entaillé en lames.

De même que pour les persiennes brisées en bois, il existe des *ferme-persiennes* qui permettent de fermer celles-ci de l'intérieur sans ouvrir la croisée.

3° *Volets intérieurs*. Les persiennes en bois et fer ou tout en fer peuvent, à cause de leur faible épaisseur, être avantageusement employées comme *volets intérieurs*; deux dispositions sont possibles : dans la première (fig. 975), les persiennes sont visibles dans l'ébrasement, et leur tranche seule est cachée par un chambranle mouluré; la feuille visible est faite en tôle lisse et peinte de même couleur que le reste de l'ébrasement et les boiseries environnantes; les autres feuilles sont soit pleines, soit pourvues de lames et de jours. Dans une seconde disposition (fig. 976), la feuille visible de la persienne est doublée d'un lambris en bois remplissant complètement l'ébrasement et formant sa paroi.

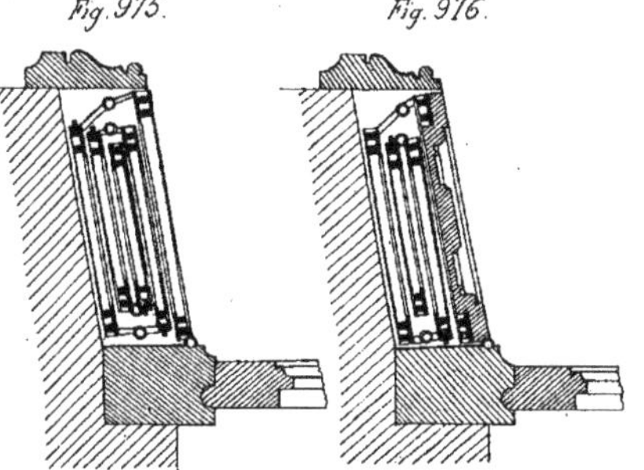
Fig. 975. Fig. 976.

237. Jalousies en fer. — Les *jalousies* sont des stores formés de lames minces réunies à un écartement maximum par des chaînettes, et qui, étant légèrement imbriquées l'une sur l'autre, laissent du jour tout en s'opposant à la pénétration des rayons solaires. Des chaînes ou des cordes prenant sur la traverse du bas et passant sur des poulies supérieures permettent de relever la jalousie à la partie haute de la fenêtre où les lames se réunissent sur une épaisseur de 0m 12 à 0m 15 derrière un *pavillon* en tôle découpée fixé dans le tableau de la baie. Quelquefois, les lames s'enroulent sur un tambour supérieur placé derrière le pavillon, et mû par des chaînes.

On peut obtenir une clôture, mais assez imparfaite, en guidant la jalousie dans des coulisses latérales dont un des montants est mobile et peut les serrer au moyen d'un mécanisme simple, pour empêcher tout mouvement.

Une *jalousie-store* est celle que deux bras de stores peuvent permettre d'écarter en dehors des tableaux de la baie.

D'après le décret du 22 juillet 1882, portant règlement sur les saillies permises dans la ville de Paris, la saillie faite par une jalousie sur le nu du mur ne doit pas dépasser 0m 16 ; la saillie faite par une jalousie-store développée ne doit pas dépasser 1m 50 à l'étage immédiatement au dessus du rez-de-chaussée, et 0m 80 aux autres étages.

238. Fermetures de boutiques à rideaux. — Les fermetures de boutiques au moyen de volets en bois sont aujourd'hui de plus en plus abandonnées et remplacées par des *fermetures métalliques à rideaux*. Celles-ci sont de deux types principaux : 1° les fermetures dans lesquelles le rideau est formé de *lames de tôle plane*, coulissant les unes contre les autres ; 2° celles dans lesquelles le rideau est formé d'une *feuille de tôle ondulée* d'une seule pièce qui s'enroule sur elle-même.

1° *Fermetures à lames*. Dans ces systèmes, qui ne diffèrent entre eux que par le mécanisme servant à manœuvrer les lames, le rideau est composé de plusieurs feuilles de tôle superposées, qui s'abaissent ou se relèvent en reposant les unes sur les autres par l'intermédiaire de cornières placées sur leurs rives inférieures ; lorsqu'on soulève la feuille du bas, qui est seule reliée au mécanisme, celle-ci, lorsqu'elle s'est élevée d'une quantité égale à sa hauteur, vient soulever la seconde feuille, qui, à son tour, soulèvera de même la troisième, et ainsi de suite. Le nombre et la hauteur des feuilles sont subordonnés à la hauteur de la baie et à celle du tableau de devanture de la boutique, derrière lequel elles doivent se ranger quand le rideau est ouvert. Le rideau est guidé dans son mouvement entre des coulisses latérales en fer, et il y a une coulisse spéciale pour chaque feuille ; ces coulisses sont composées de lames en fer plat ou bien en fers en F, et elles forment l'une des parois des caissons de devanture ; ceux-ci, qui ne doivent pas avoir, d'après le décret du 22 juillet 1882, portant règlement sur les saillies permises dans la ville de Paris, plus de 0m 160 de saillie sur le nu du mur, s'ouvrent sur leur face antérieure, et ils renferment le mécanisme de manœuvre. Lorsque la devanture est large et présente des divisions verticales en menuiserie, on se sert de ces montants pour établir des guides intermédiaires pour la tôle du bas seulement.

Dans le système *Maillard*, qui est le plus ancien, le mécanisme se compose essentiellement de deux grandes vis verticales placées dans les caissons, aux deux extrémités de la devanture, et qui sont reliées entre elles, à leur partie supérieure, par un arbre horizontal et deux jeux de pignons d'angles placés dans le tableau de devanture. La lame inférieure du rideau porte à chacune de ses extrémités un écrou engagé sur la vis verticale correspondante. Si, au moyen d'une manivelle amovible à douille à carré, et de pignons d'angle, on donne un mouvement de rotation à l'une des vis, l'autre, qui en est solidaire, prend le même mouvement, et les deux écrous s'élèvent en même temps sur les deux vis, la feuille inférieure étant ainsi soulevée bien horizontalement. Ce système est très sûr, parce que, aussi bien pendant la montée que pendant la descente, le poids du rideau est insuffisant pour faire tourner les vis ; enfin, comme la manœuvre peut être faite de l'intérieur, si on dispose à cet effet des mécanismes, il ne nécessite alors aucun verrou ni clavetage pour assurer la fermeture.

Dans d'autres systèmes, tel le système *Melzessard*, on a substitué aux vis des chaînes sans fin ; ces chaînes passent à la partie supérieure sur deux poulies à empreintes, placées aux extrémités d'un arbre horizontal placé dans le tableau de devanture ; chacune de ces chaînes passe à la partie inférieure du caisson correspondant sur une autre poulie, et ses deux extrémités sont fixées à la feuille inférieure du rideau ; ces deux chaînes, dans leur parcours vertical, passent en outre sur des galets de guidage qui les éloignent du mur et évitent les frottements sur la pierre. L'une des chaînes est mise en mouvement par un pignon et une vis sans fin au moyen d'une manivelle à douille à carré.

Dans le système *Jomain* et *Sarton*, le mouvement est donné à l'arbre horizontal supérieur par un arbre vertical, mû par une manivelle par l'intermédiaire d'un pignon et d'une vis sans fin ; la chaîne a ses extrémités attachées aux supports des poulies extrêmes, et elle passe sur des poulies de renvoi qui sont fixées à la première feuille du rideau ; ce mécanisme répartit mieux que le précédent l'effort entre les chaînes.

Dans le système *Lazon*, l'arbre horizontal supérieur porte sur sa longueur des tambours, sur lesquels s'enroulent des lames de ressort auxquelles est suspendu le rideau ; elles descendent jusqu'à la première feuille et y sont fixées par leur extrémité.

Dans le système *Blache*, l'arbre supérieur est manœuvré par une chaîne de Galle, mais le reste du mécanisme est le même que dans les précédents.

Dans toutes ces fermetures, l'effort à développer pour soulever le rideau augmente chaque fois qu'une nouvelle feuille est accrochée par la feuille inférieure ; c'est pourquoi on a eu l'idée d'équilibrer le rideau au moyen d'un contrepoids. Dans un système imaginé par M. Jomain, le contrepoids placé dans un caisson est attelé par une chaîne qui passe sur des poulies de renvoi au milieu du rideau métallique ; et il ne commence à entrer en jeu que lorsque le rideau est à moitié relevé ; ce contrepoids a ainsi peu de course, et il peut alors, grâce à la forme allongée qu'il est possible de lui donner, être logé dans le caisson.

MM. *Chedeville* et *Dufrène* sont arrivés par une disposition très ingénieuse à rendre sensiblement constant l'effort nécessaire à l'ouverture d'un rideau ; à cet effet, les feuilles successives, dont la largeur va en croissant depuis le bas jusqu'en haut, sont reliées entre elles par des croisillons en losanges articulés, inégaux, proportionnels aux largeurs des feuilles ; cette disposition a pour but de les forcer toutes à se soulever en même temps que la feuille inférieure, et de les faire arriver simultanément à la fin de leur course ; on diminue encore l'effort à exercer par l'adjonction de contrepoids placés dans les caissons, et qui ont toujours ainsi la même charge à équilibrer.

2° *Fermetures en tôle ondulée.* Ces fermetures, du système *Clarke*, sont tombées maintenant dans le domaine public et exécutées par tous les constructeurs. Elles ont l'avantage de supprimer tout mécanisme de manœuvre et de fonctionner avec une grande rapidité. Le rideau, formé d'une seule feuille de tôle d'acier ondulé, s'enroule sur deux bobines placées aux extrémités d'un arbre horizontal logé derrière le tableau de la devanture; les deux bobines contiennent des ressorts réglés de manière à équilibrer le rideau et à permettre de l'arrêter à volonté en un point quelconque de sa course. Pour la manœuvre, on a muni d'un piton le petit fer à simple T qui borde le rideau à la partie basse, et on le conduit au moyen d'un crochet emmanché. Le rideau est guidé sur ses deux rives latérales dans des coulisses en fer en U de 0^m030 sur 0^m032, fixées sur la menuiserie ou sur les piles en maçonnerie; on peut supprimer les caissons et les réduire à un simple cadre.

L'inconvénient de ces fermetures, qui sont les moins coûteuses de toutes celles connues, c'est qu'elles exigent des tableaux très développés au-dessus des devantures, le rouleau formé par le rideau ouvert ayant un gros diamètre; ainsi, il faut, en laissant 0^m01 de jeu tout autour du rouleau :

Pour 2^m50	à 3^m	de hauteur................	0^m30 d'épaisseur
— 3	à 4	—	0^m33 —
— 4	à 6	—	0^m45 —

Il est donc nécessaire d'en avoir prévu l'application lors de la construction de la maison, si l'on ne veut pas être entraîné à des dispositions particulières souvent gênantes. Enfin, il ne faut pas les appliquer par parties supérieures à 3 mètres de largeur, parce que, passé cette dimension, le rideau n'aurait plus une rigidité suffisante.

Pour éviter le bruit qui résulte toujours d'une manœuvre un peu brusque de ce rideau, MM. *Dufrène* et *Jacquemet* munissent les rives latérales d'une bande de tôle d'acier passant au milieu des ondulations et glissant entre deux tasseaux en bois de charme fixés dans les coulisses-guides; ce système, dit *silencieux*, présente en outre l'avantage d'éviter l'allongement du rideau par ouverture des ondulations; il permet la fermeture de bas en haut en logeant le rideau dans le sous-sol et en opérant la fermeture au moyen de contrepoids; enfin l'usure des ondulations au contact des guidages est évitée.

La fixation du rideau fermé se fait à l'aide de *boulons à clavette* traversant le fer de rive du rideau et la devanture, ou encore de *vis à tête de violon* traversant la devanture et venant former targette sur le bord du fer de rive; on peut même les y visser de deux ou trois filets. On peut se servir également de verrous ou de serrures.

Dans le système *Paccard, de Lyon*, le rideau en acier ondulé est mis en mouvement par une manivelle actionnant par l'intermédiaire d'un arbre vertical et d'une vis sans fin une roue dentée calée sur l'arbre horizontal placé dans le tableau de devanture; ce système permet de fermer de l'intérieur, mais il est moins simple que les précédents.

Le système de M. *Noirel, de Nancy*, est du même genre, mais le rideau, au lieu d'être d'une seule pièce, est formé d'éléments en forme d'S accrochés les uns dans les autres, cette disposition lui donne une très grande flexibilité qui permet de l'enrouler sur un diamètre beaucoup plus petit; ainsi, pour une fermeture de 2^m50, le rouleau n'aura que 0^m220 de diamètre, tandis qu'il en aurait 0^m300 avec un rideau ondulé ordinaire.

Les rideaux d'acier ondulé peuvent servir avec avantage pour remplacer des portes de remises, de magasins, pour former des fermetures solides de baies à rez-de-chaussée.

239. Rideaux de théâtres. — 1° *Législation relative à ces rideaux.* Ordonnance de police du 1er septembre 1897 concernant les théâtres, cafés-concerts, etc. *Article 9.* Le gros mur d'avant-scène ne pourra être percé que par : 1° L'ouverture de la scène qui sera fermée par un rideau de fer plein, ainsi qu'il est dit à l'article 14.

Article 14. L'ouverture de la scène sera fermée hermétiquement par un rideau de fer plein, d'une manœuvre facile et non bruyante. La manœuvre d'abaissement de ce rideau devra pouvoir se faire au moins de deux points différents : l'un à l'intérieur, et l'autre à l'extérieur de la scène.

Les points de déclenchement seront disposés de façon que la même personne puisse assurer simultanément la manœuvre du rideau de fer et celle de la trappe au-dessus de la scène.

2° *Construction des rideaux.* Les rideaux de théâtres sont soit *à mailles*, soit *pleins*, et l'on vient de voir que ces derniers étaient maintenant exigés dans les théâtres placés sous la juridiction du Préfet de police.

Le *rideau à mailles ordinaire* est formé d'un encadrement en fer rond sur lequel on tend un grillage en fort fil de fer, à mailles de 0^m 025 à 0^m 060 ; ce rideau est trop faible pour résister à la chute d'une pièce lourde de charpente tombant des cintres, et il laisse passer les flammes et la fumée.

Le *rideau à triple maille* consiste en deux bâtis identiques en fer rond juxtaposés, et entre lesquels est fixée une forte toile métallique, à mailles de 0^m 003, protégée des deux côtés par des barres de treillis robustes divisant les bâtis en panneaux. Ce rideau présente une résistance plus grande que le précédent, et les flammes ne le traversent pas.

Le *rideau à encadrement* n'est autre chose que le précédent, mais dans lequel tous les panneaux de bordure sont garnis de tôle pleine, formant un cadre qui protège les montants d'avant-scène et le lambrequin.

Le *rideau plein en tôle* peut être construit de différentes manières, soit en feuilles parallèles se soulevant successivement l'une l'autre à la manière des fermetures de boutiques, soit en tôle ondulée d'une seule pièce se roulant sur un tambour placé au-dessus du cadre d'avant-scène ; soit enfin en tôle ordinaire ou ondulée montée sur des bâtis en fer et manœuvrant en une seule pièce ou en deux. Ces systèmes sont plus lourds que les précédents, et ont pour but d'empêcher absolument la fumée et les gaz d'envahir la salle ; en outre, ils évitent la vue des flammes, et, par conséquent, les paniques qui peuvent en résulter.

Les rideaux sont suspendus par des cordages en chanvre et guidés latéralement dans leur mouvement ; les rideaux pleins sont généralement équilibrés ; on les monte quelquefois au moyen d'un treuil, ou même d'appareils hydrauliques.

§ 2. — PETITES CONSTRUCTIONS EN FER

240. Passerelles. — 1° *Passerelles découvertes.* Les *passerelles* qu'on établit quelquefois entre deux bâtiments, ou pour franchir des tranchées, des fossés ou des bras de rivière, sont de petits ponts affectés au seul service des piétons ; une passerelle se compose essentiellement de deux *poutres longitudinales* plus ou moins importantes suivant la portée à franchir, entre lesquelles sont assemblées des pièces transversales appelées *entretoises* ou *pièces de pont*, qui servent de solives au plancher de la passerelle. Le hourdis peut être exécuté en petites voûtes en maçonnerie, ou encore on peut relier les solives par des boulons d'entretoise et faire un hourdis plein, le sol étant constitué dans les deux cas par un enduit de ciment (fig. 977 et 978). La dernière entretoise à l'extrémité de la passerelle sera en général d'un modèle supérieur aux autres.

Si l'on veut établir un plancher en bois, on le formera de planches jointives ou non, posées sur les solives ; il faudra alors constituer au-dessous et entre celles-ci un *contreventement* horizontal formé de barres diagonales, pour empêcher la déformation des assemblages des solives sur les poutres.

Un *garde-corps* sera ordinairement fixé aux ailes supérieures des poutres, à moins que celles-ci ne soient assez hautes pour le former elles-mêmes ; elles seront alors en treillis, et les solives reposeront sur leur semelle inférieure.

On voit qu'à tous les points de vue, on peut traiter une passerelle comme une travée de plancher reposant sur deux poutres.

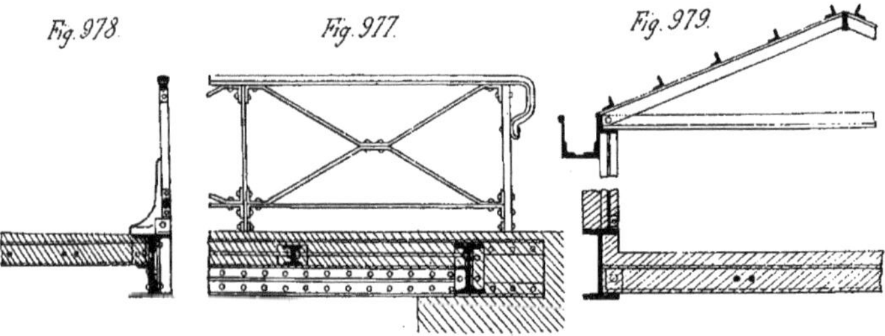
Fig. 978 Fig. 977 Fig. 979

2° *Passerelles couvertes*. Lorsqu'on voudra établir une passerelle couverte entre deux bâtiments, on la constituera encore par deux *poutres* reliées par des *entretoises* supportant le plancher ; des *montants* verticaux assemblés sur les semelles supérieures des poutres et des lisses horizontales formeront deux petits pans de fer constituant les parois de la construction ; à leur partie supérieure, des *sablières* recevront les abouts des *fermettes* très légères portant la couverture (fig. 979). Le remplissage des parois pourra être fait en maçonnerie, ou partie en panneaux vitrés ; on obtiendra un remplissage économique et rapide en employant le zinc ondulé.

241. Marquises. — Nous avons déjà donné dans l'étude des combles à un seul égout (n°s 159 à 163) un certain nombre de types d'*auvents* et de *marquises* ; nous avons vu que ces constructions pouvaient être supportées par des consoles ou par des haubans, et quelquefois par les uns et les autres à la fois. Les marquises, dont la construction est souvent artistique et en rapport avec le développement architectural de l'édifice auquel elles sont adjointes, arrivent à être de petits combles à un ou plusieurs égouts, présentant, suivant les dimensions et la figure en plan de l'espace à couvrir, et suivant aussi l'aspect qu'elles doivent avoir en élévation, des dispositions qui peuvent varier d'un grand nombre de manières :

1° *Législation relative aux marquises.* A) DÉCRET DU 22 JUILLET 1882 PORTANT RÈGLEMENT SUR LES SAILLIES PERMISES DANS LA VILLE DE PARIS. — TITRE Ier. — DISPOSITIONS GÉNÉRALES. — ARTICLE 1er. — A l'avenir, il ne pourra être établi, sur les murs de face des constructions alignées ou non alignées de la ville de Paris, aucune saillie sur la voie publique autre que celles autorisées par le présent décret.

ART. 2. — Pour les constructions alignées, les jambes étrières ou boutisses au droit des murs séparatifs devront toujours être sur l'alignement et ne pourront recevoir sur toute la hauteur du rez-de-chaussée, à compter du niveau du trottoir, aucune saillie inhérente au gros œuvre du mur de face.

ART. 3. — Toute saillie sera comptée à partir de l'alignement pour les constructions alignées, et à partir du nu du mur de face pour les constructions non alignées et joignant la voie publique.

ART. 4. — Les saillies dont les dimensions sont variables suivant la largeur des voies seront déterminées d'après la largeur légale de la voie pour les constructions alignées ou en retraite de l'alignement, et d'après la largeur effective pour les constructions en saillie sur l'alignement.

ART. 5. — Les saillies autorisées ne pourront excéder les dimensions fixées aux tableaux annexés au présent décret et devront satisfaire aux conditions qui y sont déterminées. Ces dimensions pourront être restreintes pour les constructions en saillie sur l'alignement.

ART. 6. — L'administration pourra autoriser, après avis du conseil général des bâtiments civils et avec l'approbation du ministre de l'intérieur, des saillies exceptionnelles pour les constructions privées ayant un caractère monumental.

TITRE IV. — DIMENSIONS ET CONDITIONS DES SAILLIES.

NUMÉROS des articles.	DÉSIGNATION DES OBJETS	SAILLIES AUTORISÉES		
		jusqu'à 2m60 au-dessus du trottoir.	de 2m60 à 3m00 au-dessus du trottoir.	à 5m75 au moins au-dessus du trottoir.
		m. c.	m. c.	m. c.
	OBJETS NE FAISANT PAS PARTIE INTÉGRANTE DE LA CONSTRUCTION.			
21	Baldaquins, marquises et transparents (supports compris).......	»	»	0.80
	La hauteur de ces objets, non compris les supports, n'excédera pas 1 mètre. Aucune partie des supports, consoles ou accessoires, ne devra être établie à moins de 3 mètres au-dessus du trottoir. Aucun de ces objets ne pourra être autorisé sur les façades au droit desquelles il n'y a pas de trottoir; ils ne pourront recevoir de garde-corps ni être utilisés comme balcons. Leur saillie devra, dans tous les cas, être limitée à 0m 50 en arrière de l'arête de la bordure du trottoir. L'administration pourra autoriser l'établissement de grandes marquises excédant la saillie de 0m 80, au-devant des édifices publics, théâtres, salles de réunion, de concert, de bal, ainsi qu'au-devant des établissements particuliers, hôtels, maisons d'habitation. Elle restera libre d'apprécier, dans chaque cas, la saillie qui pourra être permise suivant la largeur des voies et des trottoirs, et les besoins de la circulation.			

B) Conditions générales des permissions de saillies sur la voie publique. — 1° Les objets indiqués d'autre part seront établis dans le délai d'une année au plus à partir du jour où la permission est délivrée, et celle-ci devra être renouvelée dans le cas où il n'en aurait pas été fait usage avant l'expiration dudit délai. Ces objets ne pourront excéder les dimensions fixées par la permission, notamment en ce qui concerne la saillie, qui sera mesurée à partir du nu mur, au-dessus des assises de retraite.

2° Les objets autorisés ne devront, dans aucun cas, être posés de manière à nuire au service de l'éclairage public ou à masquer soit les incriptions indicatives des voies publiques ou la place destinée à ces inscriptions, soit les numéros de maisons, soit enfin les emplacements affectés à l'affichage des lois et des actes de l'autorité.

3° Les dégradations faites au trottoir ou au pavé, à l'occasion des ouvrages autorisés, seront réparées aux frais de l'impétrant, par les Ingénieurs du Service municipal. En conséquence, deux jours avant de commencer les travaux, le permissionnaire devra en donner avis à l'Ingénieur de la section et à l'architecte-commissaire voyer de l'arrondissement, et justifier au commissaire de police du quartier de l'accomplissement de cette formalité.

4° Aussitôt après leur exécution, les ouvrages autorisés seront vérifiés par le commissaire voyer de l'arrondissement.

Il ne pourra être établi, sans une nouvelle permission, aucun autre objet en saillie, aucun dépôt ou étalage sur la voie publique, au delà des maisons et boutiques.

5° La présente permission, accordée sous réserve des droits des tiers, est essentiellement révocable, et ne saurait, par conséquent, constituer aucun droit définitif en faveur du permissionnaire, qui devra, au contraire, supprimer ou modifier les objets autorisés à la première réquisition de l'Administration, et ne pourra prétendre, dans aucun cas, ni à une indemnité, ni au remboursement des droits payés.

6° En exécution de la loi du 13 brumaire an VII (3 novembre 1798) et de la décision du Ministre des Finances, en date du 14 février 1809, l'impétrant supportera les frais de timbre de l'extrait qui lui sera remis.

2° *Différents types de marquises.* A) Marquises a un seul égout sans chéneau. — Cette marquise, établie au-dessus d'une porte d'entrée, est supportée par deux consoles ; on l'établit sous le bandeau d'étage, de manière à mieux garantir le solin contre les infiltrations. Pour une saillie de 1 mètre, une panne formée d'une cornière de $0^m 050$ sur $0^m 030$ ou simplement d'un fer plat de $0^m 045$ sur $0^m 009$, posé sur champ, est supportée par les abouts des consoles ; celles-ci sont en fer simple T de $0^m 045$ sur $0^m 040$, avec remplissages en fer plat de $0^m 025$ sur $0^m 009$, ou en tôle découpée. Les fers à vitrages de $0^m 025$ sur $0^m 030$ reposent sur la panne et sont fixés à leur partie supérieure sur une cornière solin de $0^m 040$ sur $0^m 020$, scellée contre le mur.

B) Marquise relevée en éventail avec chéneau a l'arrière. — Dans ce cas, les fers à vitrages, de mêmes dimensions que précédemment, ont une disposition rayonnante ; ils sont supportés d'une part sur le chéneau placé à l'arrière, d'autre part sur une panne supportée par des consoles et qui présente une forme arrondie comme la rive de la marquise et qu'on forme d'un simple fer plat de $0^m 040$ sur $0^m 010$. Lorsque la marquise est de petites dimensions, la quantité d'eau à écouler est faible, et le chéneau peut être constitué par un fer à jet d'eau ou un fer quelconque en forme de gouttière ; il vaut mieux faire ce chéneau en lui donnant 0m 100 à 0m 120 de largeur, et autant de profondeur, en tôles assemblées par de petites cornières de 0m 025 sur 0m 025.

Comme variante de cette disposition, la panne en forme de ceinture peut être plus haute et constituée par un fer plat découpé, garni de fers moulurés sur ses rives, et sur lequel on fixe en outre des motifs en forme de crosses au-dessous de chaque fer à vitrage ; la face vue du chéneau sera elle-même décorée de rosaces rapportées. Les consoles supportant la ceinture seront arrondies en plan suivant la forme de celle-ci et constituées par des rinceaux en fer plat (fig. 980).

Une autre variante consiste à placer la ceinture au bord de la marquise et à y arrêter les feuilles de verre ; on forme alors cette ceinture d'un fer plat un peu large, bordé de cornières ou de fers à moulures, et on le surmonte d'une galerie en fer forgé.

C) Marquise a deux égouts. — Cette marquise s'exécute ordinairement sans chéneau, parce que, avec chéneau, elle nécessite deux descentes d'eau, ce qui est un inconvénient ; elle est sup-

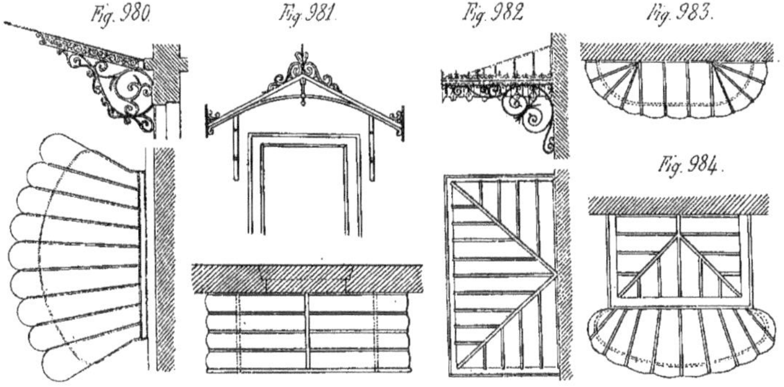

portée par deux consoles qui sont alors réunies sur la face par un petit arc formant avec les deux chevrons de rive un ensemble très rigide pour supporter l'about du faîtage. Pour une saillie de 1m 20, celui-ci sera formé d'un fer à T de 0m 030 sur 0m 035 ; les consoles en fer plat de 0m 030 sur 0m 015 seront décorées de rinceaux découpés en tôle ; les chevrons de rive et le petit arc de tête seront en fer à T de 0m 025 sur 0m 030 ; on peut décorer la face, au centre et aux angles, par des motifs en fer forgé (fig. 981).

D) Marquise a trois égouts. — Dans ce type, qui se fait ordinairement avec chéneau, celui-ci forme en même temps le support de l'ensemble, les consoles n'étant employées qu'au seul point de vue décoratif ; le chéneau, de 0m 140 de largeur sur 0m 120 de profondeur, est en tôle de 0m 003, assemblée aux angles par de petites cornières de 0m 030 sur 0m 030 ; il est scellé dans le mur d'appui et posé sur les consoles en fer carré de 0m 025 sur 0m 025 ou en fer plat de 0m 035 sur 0m 020, avec remplissages en fer plat de 0m 030 sur 0m 015 et de 0m 030 sur 0m 009. Les arêtiers en fer simple T de 0m 030 sur 0m 035 reposent sur les angles du chéneau ; les fers à vitrages ont 0^{m} 025 sur 0^{m} 030 ; enfin, la cornière solin a 0^{m} 020 sur 0^{m} 030. La rive inférieure du chéneau peut être décorée d'un lambrequin; sa rive supérieure, d'une galerie ornementale en fer forgé, et même d'un motif milieu (fig. 982).

Nous indiquerons comme variante une marquise composée d'un seul égout plan terminé par deux quarts de cônes qui le raccordent au mur (fig. 983) ; elle est supportée par une panne-ceinture soutenue sur deux consoles.

E) Marquise a trois égouts prolongée par une marquise en éventail (fig. 984). — Cette marquise n'est autre que la précédente, mais exécutée avec des proportions plus robustes; sur la face avant du chéneau est rapportée une marquise en éventail supportée par des consoles qui viennent s'appuyer sur le chéneau lui-même et sur les abouts des consoles de support de la marquise à trois égouts, qui doivent alors être plus développées qu'à l'ordinaire.

F) Marquise sur colonnes. — L'emploi de colonnes pour supporter une marquise permet de lui donner un développement bien plus considérable en profondeur; aussi on l'applique aux cas où l'on veut couvrir complètement un perron pour permettre par exemple de descendre de voiture complètement à couvert. Les dispositions adoptées seront variables avec la forme et les dimensions de l'espace à couvrir: les colonnes fourniront des appuis au chéneau et aux consoles destinées à supporter les diverses parties de la marquise.

242. Serrurerie horticole. — 1° *Différents genres de serres.* Les *châssis de couches* sont de simples vitrages qui se posent sur des *coffres de couches*; lorsque ces coffres sont doubles, on les désigne sous le nom de *bâches de couches*.

La *bâche hollandaise* est une serre creusée dans le sol et terminée par deux murs qui dépassent à peine celui-ci, et qui supportent directement la toiture vitrée.

Les *serres adossées* sont placées contre un mur bien exposé, et elles comprennent un muret bas sur lequel est monté un appentis en fer et vitres avec piédroits.

Les *serres hollandaises* sont des serres à deux versants avec piédroits sur leurs deux faces longitudinales.

Les *orangeries* sont des pièces peu profondes dont une seule paroi est vitrée, ou seulement même percée de grandes baies vitrées.

Les *jardins d'hiver* sont des serres de luxe généralement contiguës à des habitations, mais quelquefois aussi isolées.

2° *Châssis de couches.* Ce châssis est formé d'un cadre dont trois côtés sont en fer à T de 0^{m} 030 sur 0^{m} 020 sur 0^{m} 004 ; le quatrième est une cornière de 0^{m} 020 × 0^{m} 020, dont une aile est placée en dessous: les fers à vitrage en simple T de 0^{m} 020 sur 0^{m} 025 ou de 0^{m} 025 sur 0^{m} 030, suivant la longueur, s'appuient d'un bout dans le fer à T et de l'autre sur la cornière. Ces châssis se font de 1 mètre ou de 1^{m} 30 de largeur, et sur des longueurs variant de 0^{m} 05 en 0^{m} 05 depuis 1^{m} 20 jusqu'à 1^{m} 35. Pour la largeur de 1 mètre, le châssis comporte trois verres, soit deux chevrons: pour 1^{m} 30, il comporte quatre verres, soit trois chevrons. Ces châssis portent généralement deux poignées qui servent à les manœuvrer, pour les poser sur les *coffres de couches*.

Ceux-ci sont construits en bois ou en tôle, les deux faces latérales sont inclinées en trapèze, de sorte que les châssis qui y sont placés ont une pente de 0^{m} 10 par mètre qui permet l'écoulement de l'eau; ils ont la longueur correspondante à deux ou à trois châssis.

Une *bâche de couche* à deux versants est couverte par deux rangées de châssis vitrés ; ses deux bouts extrêmes forment pignons à double pente. Pour supporter les châssis, le coffre porte un faîtage en fer en U, soutenu en dessous par les divisions du coffre ou par de petits piédroits ; de ce fer en partent d'autres qui sont assemblés avec lui, et qui, venant reposer sur les parois de long pan du coffre où ils sont vissés, sont placés les uns des autres à une distance égale à la largeur des châssis ; ils forment les gouttières nécessaires pour l'écoulement des eaux pluviales ; on prend en outre la précaution de placer par-dessus les châssis une bande de faîtage en zinc de 0m 10 de largeur.

3° *Bâche hollandaise.* La bâche hollandaise est de petites dimensions ; sa hauteur est juste suffisante pour qu'on puisse y tenir debout ; on y descend par quelques marches creusées dans le sol, que les murets ne dépassent que de 0m 15 à 0m 20. La construction se compose ordinairement d'un faîtage en fer simple T, de deux sablières en cornières et de chevrons en fer simple T, de 0m 025 sur 0m 030 ; au-dessus du faîtage est fixée une barre ronde, servant à attacher les paillassons. Les cadres de pignons sont faits en cornières ; les petits fers verticaux sont des T de 0m 020 sur 0m 025. La porte d'entrée placée dans l'axe d'un pignon a des montants dormants en fer plat de 0m 036 sur 0m 016 ; son bâti est en fer plat de 0m 036 sur 0m 014, habillé d'une cornière de 0m 035 sur 0m 018, avec panneau inférieur plein en tôle de 0m 0025 et panneau supérieur vitré.

Un certain nombre de châssis ouvrants sont disposés dans le comble qui peut même, dans certains cas, être formé dans son entier de châssis ouvrants, et alors les dispositions prises seront les mêmes que dans le cas de la bâche de couches.

4° *Serres adossées.* Les principales formes de serres adossées sont : la *serre à vigne*, destinée à couvrir les espaliers pour les forcer ; elle n'a pas plus de 2 mètres de largeur ; la partie fixe se compose d'un muret bas en briques de 0m 11 dans lequel sont noyés les pieds des fermes ; celles-ci, espacées de 1m 28, sont composées de deux parties droites formant brisure et scellées en haut dans le mur ; la section d'une ferme est un fer plat de 0m 054 sur 0m 009, bordé de deux cornières de 0m 016 sur 0m 016 sur lesquelles viennent s'appuyer les châssis de remplissage qui sont ouvrants sur toute la surface et peuvent s'enlever totalement.

Les *serres adossées ordinaires* ont un soubassement en briques de 0m 60 à 0m 70 de hauteur en avant et sur les côtés ; la partie vitrée comprend un piédroit vertical et un versant en pente que l'on fait droit ou légèrement cintré. Les fermettes espacées de 1m 25 sont formées d'un fer plat unique, forgé et cintré suivant le profil voulu, fortement arrondi en congé au point de brisure, et scellé en haut dans le mur d'ados, et en bas dans un massif de fondation placé au pied du muret. On donne au fer 0m 054 sur 0m 009 pour les portées inférieures à 4 mètres ; 0m 060 sur 0m 009 pour les portées de 4 à 5 mètres ; 0m 070 sur 0m 009 et même 0m 080 sur 0m 011 pour des portées plus grandes. Les fermes portent les vitrages par l'intermédiaire de pannes en fer plat de 0m 023 sur 0m 011 que l'on place au-dessus du vitrage, les chevrons étant suspendus au-dessous, de telle sorte qu'elles ne s'opposent pas à l'écoulement de l'eau provenant de la condensation de la buée sous les vitres.

Les fermes servent en même temps de chevrons ; à cet effet, on double le fer plat de deux cornières de 0m 016 sur 0m 016 formant feuillures ; les chevrons sont en fer simple T de 0m 025 sur 0m 023 cintrés à la demande, et soutenus au-dessous des pannes, qui sont placées tous les 1m 25 ou 1m 50, au moyen d'agrafes en fer ou en fonte malléable et d'un boulon (fig. 985).

A la brisure, une sablière en cornière avec bord relevé forme gouttière intérieure pour recevoir l'eau de condensation venant du versant supérieur; des ajutages d'écoulement envoient cette eau au dehors. Au-dessous, une cornière de 0m 025 sur 0m 016 forme feuillure pour s'assembler avec les vitrages verticaux; les chevrons supérieurs sont arrêtés sur une cornière renversée de 0m 025 sur 0m 040, posée à cheval sur la branche verticale de la sablière (fig. 986).

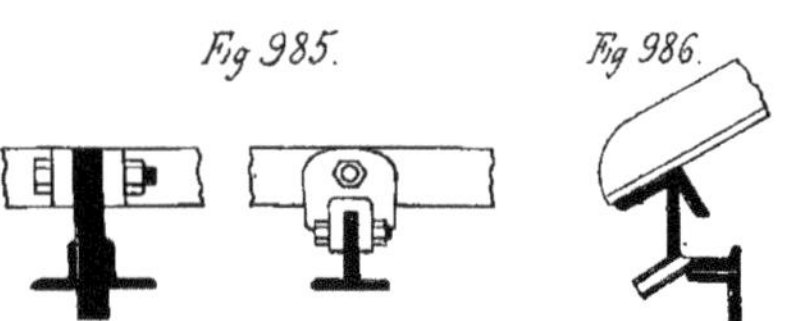
Fig 985. Fig 986.

On dispose des châssis ouvrants toutes les deux travées, l'un dans la partie verticale au-dessus du soubassement, l'autre à la partie haute; le premier est ferré à charnières et vient battre en feuillure; l'autre se pose dans les fers en U portés par les pannes.

Pour simplifier la construction, on dispose ordinairement la porte d'entrée sur l'un des pignons, comme on le fait dans la bâche hollandaise; mais on peut encore, à l'aide d'une pénétration, établir une entrée à deux vantaux comportant un petit corps vitré avec toiture à deux pentes et placée au milieu de la longueur de la serre. On peut même, pour des serres très importantes, établir un pavillon central plus élevé dans lequel viendront s'amortir les deux ailes formant le reste de la serre.

Le mur d'ados sert lui-même de chemin pour la manœuvre des paillassons; ou bien on y suspend sur consoles au-dessus de la serre un chemin de service; ou encore on établit ce chemin en le faisant reposer sur le mur et sur les fermes; une échelle doit y donner accès; on la construit avec montants en fers en U et barreaux en fer rond; le chemin est garni sur l'un de ses bords d'une main courante en fer rond.

5° *Serres hollandaises.* Les serres hollandaises complètement isolées sont à deux versants symétriques ayant chacun la figure d'une serre adossée. Leur construction se fait d'une manière identique; le faîtage est un fer plat de 0m 070 sur 0m 007 sur lequel viennent s'assembler les chevrons des deux versants. On peut, si la largeur des serres le permet, soutenir les fermes par de petites colonnes placées au milieu et qui remplacent le mur d'ados. Le chemin de circulation sera placé sur le faîtage et soutenu par les fermes.

6° *Jardins d'hiver.* Les jardins d'hiver se construisent d'une manière analogue, mais ils sont ordinairement installés sur plan régulier, et beaucoup plus élevés que les serres; on s'en sert non pas pour la culture, mais seulement pour abriter des plantes rares et d'agrément; ce sont de véritables pièces de réception, et, comme telles, ils doivent présenter des dispositions architecturales très étudiées, qui doivent souvent se rattacher à celles d'une habitation ordinairement luxueuse. Alors qu'une serre comporte toujours un aménagement fixe que nous allons décrire, il n'y en a aucun dans le jardin d'hiver; les plantes qu'on y met sont placées dans des bâches décorées en marbre, ou en fer avec revêtements de faïences.

7° *Aménagement intérieur d'une serre.* Dans une serre, les plantes sont placées dans des *bâches* ou coffres en tôle et tuiles sous lesquels passent les tuyaux de chauffage; ces bâches sont placées le long des parois de la serre, et laissent entre elles un couloir de circulation; dans les serres larges, il peut y avoir une bâche au milieu.

Une bâche comprend : un pied en fer T, de 0m 035 sur 0m 040, relié au muret par deux traverses de même fer scellées dans le muret, et assemblées au pied par des goussets en tôle de 0m 0025 ; la traverse inférieure porte les tuyaux de chauffage ; la traverse supérieure porte la bâche, qui est formée de deux bandeaux en feuillard de 0m 140 sur 0m 003, armés de cornières et bordés d'un fer demi-rond : ces bandeaux sont assemblés sur le pied. Deux ou trois fers à T de 0m 030 sur 0m 030 posés sur la traverse supérieure servent de feuillures à des tuiles plates constituant le fond de la bâche.

En outre, on dispose souvent le long du mur d'ados dans les serres adossées, ou au milieu de la largeur dans les serres hollandaises, des gradins pour porter les fleurs en pots. Ils ont 0m 150 de hauteur et 0m 150 de largeur et sont en nombre variable ; les pieds qui les supportent sont formés d'une cornière de 0m 070 sur 0m 040, coudée à hauteur de la bâche et scellée dans le sol à son pied et dans le mur à sa partie supérieure ; elle porte une crémaillère en fer plat de 0m 025 sur 0m 006, sur laquelle sont fixées les tablettes, simples planches vissées par-dessous. On constitue encore ces tablettes par une cornière de rive et trois cours de fers à T de 0m 027 sur 0m 025, le patin en haut, avec entailles et vis au droit des crémaillères ; quelquefois la rive est elle-même un fer à T placé l'âme horizontale. On dispose aussi des tablettes fixées le long du vitrage au-dessus des bâches et supportées par de petites consoles en fonte boulonnées sur les fermes. On peut également suspendre des tablettes à des tiges verticales dans une position analogue.

Les appareils de chauffage sont ordinairement placés dans un local voisin des serres et généralement contre l'un des pignons, en sous-sol, soit avec trappe de descente à l'air libre ou mieux, avec descente couverte par un petit bâtiment vitré.

243. Bow-windows. — Les *bow-windows* ou balcons vitrés à ossature métallique sont en réalité des fenêtres en saillie que l'on établit devant une baie pour permettre la vue de tous les côtés. L'usage s'en est répandu à Paris depuis un certain nombre d'années, parce que leur emploi permet d'utiliser un espace habitable plus considérable. La saillie à donner à un bow-window est réglée comme celle des balcons par le décret du 22 juillet 1882 portant règlement sur les saillies permises dans la ville de Paris. Titre IV (voir plus loin, n° 254).

Un bow-window se construit avec diverses formes en plan, rectangulaire, à pans coupés ou cintrés. On le supporte, lorsqu'il est isolé, et ne correspond qu'à un seul étage, soit sur un balcon en pierre, soit sur les extrémités en encorbellement des solives du plancher de la pièce, prolongées de la quantité voulue, soit enfin sur des consoles spéciales en fer forgé.

Le soubassement du window est soutenu par une ceinture ou sablière en tôle raidie par des cornières en fer en U, ou en fer double T, qui en forme le périmètre et que l'on scelle de 0m 25 au moins dans les murs ; les assemblages d'angles de la ceinture sont faits au moyen d'équerres et de rivets à tête extérieure fraisée ; les angles de la construction sont formés d'un fer carré de 0m 036, habillé de cornières de 0m 036 sur 0m 016. On ajoute des montants intermédiaires formés d'un fer à simple T, de 0m 035 sur 0m 030, espacés à la demande des vitres, et régnant sur toute la hauteur. Une sablière supérieure avec chéneau en tôles et cornières scellées aux deux bouts dans le mur forme la partie haute ; en outre, des divisions sont établies au moyen de traverses horizontales en fers à T, qui limitent en même temps les parties ouvrantes ; celles-ci sont établies comme nous l'avons vu à propos des châssis métalliques ouvrants, et avec jets d'eau à la partie inférieure. Le remplissage du soubassement est formé sur 0m 60 à 0m 75 de hauteur, d'une tôle mince de 0m 0025, avec moulures rapportées, derrière lesquelles on applique un revêtement en briques de champ ou en bois pour donner une protection suffisante contre le froid. Lorsque le soubassement ne monte pas à hauteur d'appui, on doit placer des grilles extérieures fixées aux montants verticaux devant toutes les parties ouvrantes.

Dans les maisons de rapport, on superpose les windows aux différents étages, ce qui en facilite la construction et donne plus d'unité à la façade. Le window inférieur est ordinairement porté sur un balcon en pierre que soutiennent de fortes consoles; tous les autres sont supportés par les solives des planchers, prolongées en encorbellement par-dessus le linteau de la baie, et sur lesquelles on assemble solidement, au moyen d'équerres, la ceinture de soubassement de chaque window, les abouts de cette ceinture étant toujours scellés dans le mur; la ceinture forme en même temps sablière pour le window inférieur. Il n'y a plus qu'à établir entre les ceintures successives les montants verticaux composés comme dans le cas précédent, mais avec des fers plus forts, le window étant plus haut; on prendra des fers carrés de 0m 045 doublés de cornières de 0m 040 sur 0m 035 pour les montants d'angles, des T de 0m 040 sur 0m 035 pour les montants intermédiaires; ceux qui forment calfeutrement le long de la façade seront en cornières de 0m 035 sur 0m 035. Les divisions horizontales seront constituées par un fer plat de 0m 040 sur 0m 015 doublé de cornières formant feuillures pour recevoir les vitres d'une part, les parties ouvrantes d'autre part. Celles-ci sont constituées par un simple bâti en cornières avec jet d'eau à la partie inférieure. Le soubassement en tôle de 0m 0025 avec fers à moulures est doublé d'un revêtement intérieur. Les parties ouvrantes doivent être assez nombreuses et assez rapprochées pour qu'on puisse nettoyer extérieurement les vitres du window.

Dans ces windows, les parties ouvrantes joignent souvent mal et laissent passer l'air; cet inconvénient est évité par l'emploi des menuiseries métalliques du système Mazellet et Pinguet; mais les constructions ainsi établies sont d'un prix plus élevé.

Le window de l'étage supérieur peut être couvert par une petite toiture, facile à construire; si cette toiture est vitrée, il formera véranda; ou bien on peut le terminer par une terrasse qui servira de balcon à l'étage supérieur.

244. Vérandas. — Les *vérandas* sont de petites constructions faisant suite à un salon ou à une salle à manger pour leur servir d'annexe, ou de vestibule; au point de vue de leur construction ce sont de petits jardins d'hiver lorsqu'on les établit à rez-de-chaussée; lorsqu'elles sont placées aux étages, ce sont des windows, mais dont la partie supérieure est recouverte d'une petite toiture vitrée.

Dans les maisons où l'on établit après coup des ascenseurs, on les place souvent dans une grande cage vitrée, qui est une véritable véranda, régnant sur toute la hauteur de l'édifice. Dans ce cas, comme il n'y a pas à supporter la construction sur les différents planchers d'étages, il faut qu'elle se soutienne par elle-même, ses montants d'angles étant alors des pièces importantes et bien rigides; en outre, au niveau de chaque étage, on établit une forte ceinture en fers en U ou en tôles et cornières, scellée dans les murs; on profite de la présence de ces ceintures pour y prendre des points d'appui pour les guidages de l'ascenseur. On voit combien alors il est nécessaire que la construction soit bien rigide et indéfigurable, et quel soin on devra apporter au contreventement dans tous les sens des grands pans vitrés verticaux qui la forment. Dans bien des cas, le mécanisme supérieur de l'ascenseur est supporté par la ceinture supérieure de la véranda; il est alors indispensable que cette ceinture soit très rigide et supportée d'une manière inébranlable aussi bien par les montants d'angles de la construction que par le mur dans lequel elle vient se sceller.

245. Réservoirs en tôle. — Les *réservoirs en tôle* se font de forme *rectangulaire*, ou de forme *cylindrique*; la forme rectangulaire est plus commode au point de vue de leur placement; la forme ronde est préférable au point de vue de la résistance.

On emploie pour la construction des réservoirs la tôle noire et la tôle galvanisée; lorsqu'ils sont en tôle noire, il faut les préserver de la rouille par la peinture; on emploie deux couches de minium et deux couches de peinture. Il est plus économique de remplacer la peinture par du goudron qu'on étend d'un peu de pétrole et qu'on pose à chaud; on le rend siccatif par addition d'un dixième de son poids de chaux ou de ciment en poudre. Les réservoirs en tôle galvanisée sont plus longs à s'oxyder que les réservoirs en tôle noire; mais quand la rouille a commencé à se former, la destruction de la tôle est plus rapide; il n'y a alors qu'un remède, c'est de peindre à l'huile ou au goudron; en somme, la tôle noire est la plus employée.

Les réservoirs se font en tôle ordinairement mince qu'on place par viroles superposées rivées l'une sur l'autre à emboîtement de $0^{m}050$ à $0^{m}060$; le fond est fixé aux parois au moyen d'une cornière; le bord supérieur est renforcé également par une cornière; toutes les rivures sont faites à chaud; les têtes des rivets sont chanfreinées et matées; pour assurer l'étanchéité de la rivure, on interpose souvent entre les tôles du papier gras ou imbibé de minium ou de céruse.

Les *réservoirs rectangulaires* ont l'inconvénient que leurs parois bombent sous la poussée de l'eau, et il faut les relier entre elles par des tirants; en outre, on établit sur chacune des faces latérales des cornières horizontales rivées à la tôle et qu'on rapproche de plus en plus en allant du bord au fond; ces cornières sont reliées d'une face à l'autre par des tirants en fer double T, en fer T ou simplement en fer rond placés environ tous les mètres. Les angles du réservoir sont formés de fortes cornières verticales.

Les *réservoirs cylindriques* sont plus avantageux, parce qu'ils n'exigent aucune armature, et qu'à volume égal ils sont bien plus légers; seulement ils ne se logent pas aussi facilement. Lorsqu'on les fait à fond plat, il faut les supporter sur une plate-forme horizontale, ou au moins sur des fers espacés de $0^{m}35$ à $0^{m}50$ d'axe en axe; alors avec des tôles de fond de $0^{m}005$ à $0^{m}007$ d'épaisseur, le fond est assez résistant pour supporter des hauteurs d'eau de 3 à 4 mètres. Ces fers reposent sur deux murettes, de manière à élever le fond du réservoir au-dessus du sol, et on leur donne de chaque côté un porte à faux égal à un sixième environ de leur longueur. Les réservoirs de grandes dimensions se construisent à fond sphérique relié aux viroles par une cornière ouverte; une autre cornière, fixée extérieurement par les mêmes rivets à la base du réservoir, sert à le poser sur une couronne en fonte faite à la demande, et sur laquelle elle est boulonnée, et qui repose elle-même sur une maçonnerie circulaire en plan, ou est supportée par un bâti ou beffroi en charpente.

L'épaisseur d'une virole pour un réservoir cylindrique de diamètre d, se calcule par la formule :

$$e = 0{,}000166\,hd + 0{,}0015,$$

dans laquelle h est la distance du niveau de l'eau à la base de la virole ; la tôle de la virole supérieure doit avoir toujours de $0^{m}002$ à $0^{m}003$ d'épaisseur.

RÉSERVOIRS CYLINDRIQUES						RÉSERVOIRS RECTANGULAIRES						
Contenances en litres.	DIMENSIONS		ÉPAISSEUR moyenne des tôles.		POIDS approximatifs. Kilog.	Contenances es.	DIMENSIONS			ÉPAISSEUR moyenne des tôles.		POIDS approximatifs. Kilos.
	Diamètres. m.	Hauteurs. m.	Côtés. mm.	Fonds. mm.			Longueurs. m.	Largeurs. m.	Hauteurs. m.	Côtés. mm.	Fonds. mm.	
100	0,40	0,80	3	3	45	80	0,40	0,40	0,50	3	3	40
150	0,50	0,80	3	3	50	100	0,60	0,35	0,50	3	3	50
200	0,50	1,00	3	3	60	150	0,75	0,40	0,50	3	3	65
250	0,57	1,00	3	3	70	200	0,80	0,50	0,50	3	3	75
300	0,62	1,00	3	3	80	250	0,80	0,50	0,65	3	3	85
500	0,80	1,00	3	3	105	500	1,00	0,50	1,00	3	3	135
700	0,94	1,00	3	3	125	750	1,50	1,00	1,00	3	3	160
1000	1,03	1,20	3	3	165	1000	1,00	1,00	1,00	3	3	200
1500	1,22	1,30	3	4	220	1500	1,50	1,00	1,00	3	4	250
2000	1,13	2,00	3	4	320	2000	2,00	1,50	1,00	3	4	370
3000	1,39	2,00	3	4	380	3000	2,00	2,00	1,00	3	4	455
4000	1,56	2,10	4	4	510	4000	2,00	2,00	1,00	4	4	635
5000	1,75	2,10	4	5	600	5000	2,50	2,00	1,00	4	4	700
6000	1,87	2,10	4	5	650	6000	2,50	1,95	1,20	4	5	820
7000	2,02	2,20	4	5	740	7000	3,00	2,00	1,20	4	5	975
8000	2,12	2,30	4	5	800	8000	3,10	2,00	1,30	5	5	1200
9000	2,24	2,30	5	5	960	9000	3,50	2,00	1,30	5	5	1285
10000	2,36	2,30	5	5	1060	10000	3,85	2,90	1,30	5	5	1390
12000	2,30	2,95	5	5	1200	12000	3,30	2,90	1,30	5	5	1440
15000	2,55	2,95	5	5	1450	15000	4,10	2,90	1,30	5	5	1680
20000	2,53	3,90	5	5	1770	20000	4,60	2,90	1,50	5	5	2700
25060	2,86	3,90	5	5	2050	25000	4,30	2,90	2,00	5	5	2900
30000	2,90	4,55	5	5	2380	30000	5,50	2,90	2,00	5	6	3400
35000	2,90	5,30	5	6	2700	35000	6,00	2,90	2,00	5	6	3850
40000	3,60	4,00	5	6	2800	40000	4,00	2,50	4,00	5	6	4250
45000	3,60	4,45	5	6	3030	45000	4,60	2,50	4,00	5	6	4550
50000	4,00	4,00	5	6	3200	50000	4,60	2,80	4,00	6	6	5100
60000	4,40	4,00	6	6	3900	60000	4,35	2,80	5,00	6	7	6000
75000	4,40	5,00	6	6	4400	75000	5,00	3,00	5,00	6	7	7240
80000	4,50	5,00	6	6	4900	80000	5,30	3,00	5,00	6	7	7700
100000	5,10	5,00	6	7	6000	100000	5,00	3,00	4,00	7	8	9000

L'épaisseur du fond sphérique, si R est son rayon de courbure et H la hauteur du niveau de l'eau au-dessus de la partie la plus base du fond, se calcule par la formule :

$$e' = 0{,}000166\ HR + 0{,}0015.$$

On donne aux rivets d'assemblage des viroles et du fond un diamètre égal à deux fois l'épaisseur de la tôle ; on les espace d'axe en axe de deux fois et demie leur diamètre.

Nous donnons ci-dessus, d'après M. Carpentier, un tableau des dimensions et des poids approximatifs des réservoirs cylindriques et rectangulaires pour des capacités variant de 100 litres à 100 mètres cubes.

CHAPITRE III

CLOTURES MÉTALLIQUES

§ 1er. — CLOTURES EN FIL DE FER. GRILLAGES

246. Clôtures en fil de fer. Ronces. — Les clôtures les plus simples employées dans la culture se font avec des *fils de fer galvanisés* de 0m 002 à 0m 004 tendus horizontalement sur des *supports verticaux*, au nombre de deux ou trois ou plus, suivant la hauteur de la clôture, et qu'on espace les uns des autres de 0m 30 à 0m 40.

Les supports sont de deux sortes : les uns placés aux extrémités ou aux angles des différentes parties de la clôture subissent de la part des fils une traction souvent considérable ; on les établit alors avec arcs-boutants ; les autres ne sont que de simples supports verticaux intermédiaires. Tous ces supports sont faits en fer carré ou plat, à scellement ; ou bien en fer à simple T, ce qui les rend plus légers, et terminés par un large pied qui, une fois placé dans le sol, leur assure une grande stabilité ; tous ces supports sont percés de trous pour le passage des fils de fer ou pour leur attache. Lorsqu'on emploie des supports en bois, ils sont quelquefois percés de trous, mais souvent aussi on y fixe les fils de fer au moyen de petits conduits à deux pointes.

Fig. 987.

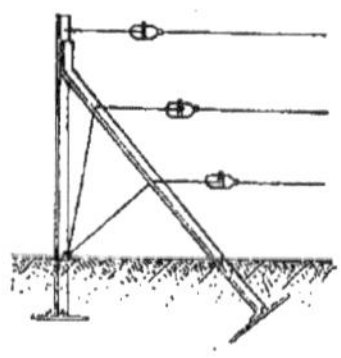

La clôture n'est bien établie que si les fils de fer sont tendus convenablement, et ce résultat est obtenu au moyen de *raidisseurs* que l'on trouve à bas prix dans le commerce ; on y attache l'un des bouts du fil, tandis que l'autre se fixe à un tambour muni d'un rochet et d'un cliquet, et qui se manœuvre à l'aide d'une clef à carré. On simplifie quelquefois les attaches d'extrémités en faisant converger tous les fils sur un gros piton à vis fixé au pied du montant vertical du poteau d'extrémité (fig. 987).

On obtient une clôture plus efficace en remplaçant un ou plusieurs des fils par de la *ronce* ; celle-ci est formée de fils de fer ou d'acier galvanisé, des numéros 13 à 16, c'est-à-dire de 0m 002 à 0m 0027 de diamètre, tordus deux à deux, entre lesquels sont maintenus, tous les 0m 10 à 0m 12, des picots à trois pointes ou à deux pointes seulement. Les animaux ne s'appuient plus sur ces ronces comme ils le font sur les fils de fer, lorsqu'ils s'y sont piqués quelquefois.

Les clôtures des enclos à chevaux se font quelquefois au moyen de cordes métalliques comportant quatre fils de fer galvanisés tordus, et dont le diamètre varie de 0m 0006 à 0m 0016, fournissant ainsi des cordes de 0m 003 à 0m 006 de diamètre.

Enfin on remplace quelquefois l'un des fils de fer d'une clôture par une bande de feuillard dont la largeur varie entre 0m 020 et 0m 040, et l'épaisseur entre 0m 001 et 0m 002.

247. Grillages en fil de fer. — 1° *Différentes sortes de grillages.* — Les *grillages* en fil de fer sont des treillis à mailles de diverses formes qu'on exécute à la main, ou mécaniquement au moyen de fil de fer galvanisé de faible diamètre. Ils sont de deux sortes : les *grillages à simple torsion* dont les mailles sont losanges, et les *grillages à double torsion* à mailles hexagonales, qui sont plus chers, mais sont aussi plus résistants. On désigne les grillages par la largeur de la maille et le numéro de jauge du fil employé. On exécute aussi des grillages semblables en fil de laiton ou de cuivre rouge. Ces grillages s'exécutent d'ordinaire sur un bâti de dimensions données, en fer rond un peu fort, que l'on prend d'ordinaire trois numéros au-dessus de celui qu'on emploie pour le grillage, et on les fait alors à la main.

Mais on fabrique maintenant dans les usines et par des moyens mécaniques des grillages de grande longueur, par pièces de 50 mètres, et sur des largeurs fixes à partir de 0m 50 ; les bords sont terminés par une lisière droite formée d'un double fil de fer tordu ; on les galvanise une fois achevés. Ils sont moins bien faits et moins réguliers que les grillages faits à la main, mais bien suffisants pour les applications aux clôtures. Nous donnons ci-dessous le tableau des principales dimensions employées dans divers cas.

DIMENSIONS des mailles. mm.	NUMÉROS des fils employés.	HAUTEUR du grillage. mm.	APPLICATIONS
13	3 et 5	0,50 — 0,65 0,80 — 1,00	Volières, parcs à huîtres. — Châssis.
16	5 et 6	0,50 — 0,65 0,80 — 1,00 — 1,20	Volières, parcs à huîtres. — Châssis.
19	5, 6 et 8	0,50 — 0,65 — 0,80 1,00 — 1,20 — 1,50	Volières. — Faisanderies. — Châssis de vitrages.
22	6 et 8	0,50 — 0,65 — 0,80 1,00 — 1,20	Faisanderies. — Châssis de vitrages.
25	6, 8 et 10	0,50 — 0,65 — 0,80 1,00 — 1,20 — 1,50	Poulaillers. — Faisanderies. — Parcs à perdreaux.
31	6, 8 et 10	0,50 — 0,65 — 0,80 1,00 — 1,20 — 1,50	Adopté par les forêts de l'État comme ne laissant pas passer les lapereaux.
34	6, 8 et 10	0,50 — 0,65 — 0,80 1,00 — 1,20 — 1,50	Adopté par les forêts de l'État contre les lapins.
37	6, 8 et 10	0,50 — 0,65 — 0,80 1,00 - 1,20 - 1,50 - 1,75	Clôtures de chasses.
41	4, 6, 8, 10, 12	de 0,50 à 2,00	Clôtures de chasses.
51	6, 8, 10, 12	de 0,50 à 2,00	Clôtures de parcs et jardins.
57	8, 10, 12	de 0,50 à 2,00	Clôtures de parcs et jardins.
76	8, 10, 12	de 0,50 à 1,80	Clôtures et palissages de plantes.

On exécute des grillages très rigides, en petit fer rond ou carré, dévié aux croisements, mais sans torsion ; ils sont connus sous le nom de *grillages Rodes*, du nom de leur inventeur ; leur rigidité est très grande et ils conviennent aux clôtures restreintes qui doivent présenter une grande sécurité. On les fait à mailles de diverses largeurs, et il est facile de les combiner avec des bâtis métalliques pour former des panneaux très résistants.

2° *Clôtures en grillages*. Pour employer les grillages ordinaires comme clôtures, on les étend sur toute la longueur des rives à protéger, en les soutenant sur une clôture ordinaire en fils de fer ; on les fixe sur les poteaux de support au moyen d'un fil de fer fin entourant les supports et passés dans toutes les mailles de rive. On donne une grande efficacité à cette clôture en la bordant d'une ronce à sa partie supérieure.

D'autres fois, on fixe les grillages sur des bâtis formés de poteaux en fer à T, espacés de $1^{m}50$ à 2 mètres, entre lesquels sont tendues deux ou trois lisses en fer plat vissées sur eux.

Dans d'autres cas, on fait à chaque bordure d'extrémité du grillage une rive plus solide, au moyen d'une tringle en fer rond un peu fort, et c'est cette tringle qu'on fixe au montant par quelques attaches en fil de fer, placés à environ $0^{m}10$ les unes des autres.

Les portes percées dans une telle clôture sont faites d'un bâti en cornières bien contreventé par une traverse et une diagonale si la porte est un peu grande, et sur lequel on fixe le grillage. Ces portes sont ferrées sur des montants renforcés et fermées par un loquet, un bec-de-cane ou une serrure.

3° *Grillages de protection des toitures vitrées*. Les vitrages des toitures qui sont dominés par des parties habitées doivent être garantis par des grillages contre la chute d'objets tombant des fenêtres. On exécute ces grillages en panneaux facilement maniables et on les maintient à $0^{m}15$ ou $0^{m}20$ au-dessus du vitrage, sur de petits supports à fourches fixés aux chevrons ; on les y retient par des goupilles.

Lorsque les vitrages sont en glace brute ou en verre strié, la chute des morceaux, en cas de bris, peut être dangereuse pour les locaux situés au-dessous ; on place alors en feuillure sur les chevrons, dans toute l'étendue du vitrage, un grillage à larges mailles dont les bords sont noyés dans le mastic, et qui présente assez de solidité pour retenir les gros éclats de verre. Le grillage Rodes en cuivre, à mailles de $0^{m}03$ ou $0^{m}04$, convient parfaitement dans ce cas.

248. Grilles en fil de fer. — On fait aujourd'hui mécaniquement en fil de fer de gros diamètre, bien dressé, de petites grilles de 1 mètre à $1^{m}50$ de hauteur qui peuvent s'appliquer à des clôtures de communs, de jardins, de chenils, etc., on les établit sur un soubassement en maçonnerie entre poteaux montants scellés dans ce soubassement ou bien on les fixe sur deux ou trois lisses horizontales.

§ 2. — GRILLES EN FER FORGÉ

249. Grilles dormantes fermant des baies. — 1° *Grilles des jours de souffrance*. — L'article 676 du Code civil prescrit que le « propriétaire d'un mur non mitoyen joignant immédiatement l'héritage d'autrui peut pratiquer dans ce mur des jours ou fenêtres à fer maillé et verre dormant. Ces fenêtres doivent être garnies d'un treillis de fer dont les mailles auront un décimètre d'ouverture au plus, et d'un châssis à verre dormant ».

Ce treillis de fer doit être scellé dans le tableau de la baie, et il ne peut pas faire saillie sur le mur; un grillage en fil de fer ne pourrait y suppléer. Cependant, il est fréquemment remplacé par de simples barreaux de fer avec ou sans grillage, sans que cette dérogation à la loi puisse donner aucun droit à celui qui la fait; l'état de chose qui en résulte doit être considéré comme n'existant que par un acte de pure tolérance du voisin.

2° *Grille de défense d'une fenêtre.* Une telle grille se compose en principe de deux traverses horizontales, en fer carré ou méplat, traversées par des barreaux verticaux en fer rond ou en fer carrés, espacés de 0m16 d'axe en axe. Les traverses se scellent dans les jambages de la baie, sur 0m15 environ de profondeur; quant aux barreaux, ils sont terminés à la partie supérieure par des pointes droites ou ramenées en avant, et à la partie inférieure par d'autres pointes descendant presque jusqu'à l'appui. Le nombre des traverses horizontales pourra être supérieur à deux; des ornements en forme de C ou de rinceaux pourront les relier aux barreaux, la décoration d'une telle grille devant être en rapport avec celle du reste de la façade dans laquelle elle est placée.

3° *Panneaux de portes ou d'impostes.* — Les panneaux de remplissage des portes cochères ont en général peu d'épaisseur parce qu'on doit les placer dans une feuillure qui n'a pas plus de 0m02; un tel panneau se compose d'un cadre en fer plat et d'ornements de remplissage en fer carré ou en fer plat, dont les dispositions peuvent varier à l'infini, depuis le simple barreaudage jusqu'aux motifs les plus riches. Par économie, on fait souvent ces panneaux en fonte.

Les panneaux destinés à former des impostes vitrées se font d'une manière analogue. Ces mêmes panneaux peuvent également être appliqués à la défense des fenêtres.

250. Grilles dormantes de clôture. — 1° *Grilles en fer plein forgé.* Une grille dormante se compose de *barreaux* verticaux assemblés dans des *traverses* horizontales; de distance en distance, des *montants* plus forts que les barreaux vont se sceller dans le *soubassement* ou *bahut* en maçonnerie sur lequel la grille est montée; certains de ces montants, pour donner plus de stabilité à l'ensemble, sont renforcés par un *arc-boutant.* Ces grilles sont ordinairement comprises entre des *pilastres en maçonnerie*; lorsque ceux-ci sont très espacés, ou même manquent complètement, on les remplace par des *pilastres métalliques.*

Les *barreaux* se font en fer rond ou en fer carré, dont les dimensions varient de 0m016 à 0m030 : les dimensions courantes sont de 0m016 à 0m025; ils sont généralement espacés de 0m12 à 0m13 d'un barreau à l'autre, ce qui donne, suivant les échantillons de fer, de 0m14 à 0m16 d'axe en axe. On les termine en pointe plus ou moins fine, droite ou ondulée; les barreaux carrés sont quelquefois tordus, on les refend à l'extrémité en dard ou on leur soude des épines. Les barreaux ronds sont le plus souvent terminés par un fer de lance en fonte, rapporté et goupillé à leur partie supérieure, et par une boule également rapportée à leur partie inférieure. On peut orner ces barreaux sur leur longueur de bagues en cuivre ou en fonte, ou d'ornements qui les relient entre eux et aux traverses, et qui se fixent par des goupilles rivées. Il suffit de deux *traverses* pour assurer la solidité d'une grille; cependant, on ajoute souvent des traverses supplémentaires mais seulement en vue de la décoration. Les traverses se font en fer plat d'épaisseur égale au diamètre des barreaux, et d'une largeur égale au double de ce diamètre; elles sont percées au foret pour laisser passer les barreaux ronds; on termine les mortaises au bédane et à la lime pour les mortaises destinées aux barreaux carrés; on traverse les deux pièces assemblées par une goupille. Dans les grilles très soignées, on fait l'assemblage à trous renflés; ces trous s'obtiennent par refoulement de la barre pour obtenir les renflements aux endroits des trous; on perce ensuite les trous à chaud en les ouvrant à l'aide d'une broche ronde ou carrée, suivant les cas, et de section un peu plus forte que celle du barreau; on termine les renflements à l'étampe.

L'assemblage des barreaux sur la traverse d'une grille, lorsqu'ils doivent s'y arrêter, peut s'exécuter soit en faisant passer le barreau dans un trou percé dans la traverse et le rivant sur la face de celle-ci, soit en faisant pénétrer le barreau légèrement aminci à son extrémité dans la traverse et l'y goupillant, soit encore en le faisant pénétrer à mi-épaisseur de la traverse seulement et l'y fixant par une vis à tête noyée, disposition la plus généralement employée (fig. 988, 989 et 990).

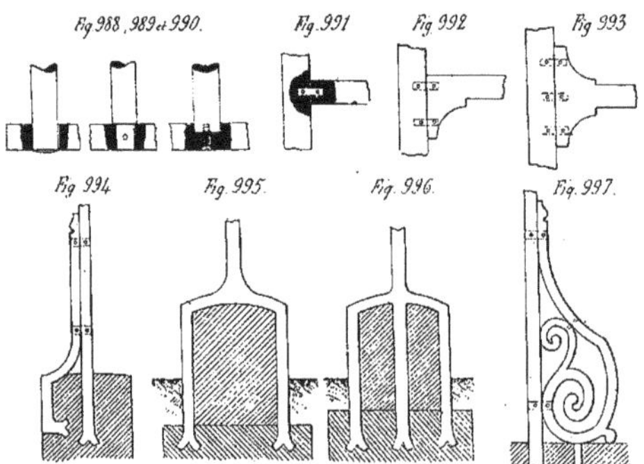

La traverse s'assemble sur un montant au moyen d'un *goujon* goupillé dans le montant et dans la traverse; on obtient le serrage convenable en perçant les trous de goupilles dans le goujon un peu trop rapprochés l'un de l'autre, de manière que la goupille enfoncée à force tire sur le goujon et serre l'assemblage (fig. 991).

On fait rarement dans les grilles fixes les *traverses à congés*; pour obtenir un congé (fig. 992), il faut refouler le métal après avoir coudé le bout de la traverse; on obtient quelquefois un double congé par encollage d'une ou de deux masselottes (fig. 993): l'assemblage sur le montant se fait toujours au moyen d'un goujon goupillé.

Les *montants* simples sont ou des barreaux plus forts que les autres, ou le plus souvent, un fer méplat de même épaisseur que la traverse, mais plus large qu'elle d'environ un quart; on les place environ tous les 1^m50 dans les diverses travées. Le montant est terminé à sa partie inférieure par un scellement de 0^m25 au moins dans le socle en maçonnerie; à sa partie supérieure, il est terminé de la même manière que les barreaux, ou bien il est plus long et porte un motif spécial.

Le *montant à arc-boutant* est semblable au précédent, mais à sa partie inférieure, il est renforcé par une *jambe de force* de même épaisseur, et de largeur double de cette épaisseur; il peut prendre différentes formes. La jambe de force, qui est assemblée sur lui au moyen de deux goujons plats goupillés ou de bagues, peut se retourner et s'entailler dans le socle où elle est scellée (fig. 994); ou bien si l'on veut une très grande solidité, on donne au montant un prolongement inférieur en forme de fourche qui embrasse le socle et dont les branches vont se sceller dans le sol (fig. 995); cette fourche peut présenter trois branches, dont l'une en prolongement du montant traverse le bahut (fig. 996). Enfin l'arc-boutant peut être décoré (fig. 997), mais les formes qu'on lui donne alors ne présentent jamais la même rigidité que l'arc-boutant droit ordinaire.

Les montants à arc-boutant se placent tous les deux montants, soit environ tous les 3 mètres. Les scellements doivent en principe avoir une longueur égale à cinq fois au moins la plus grande largeur du fer ; on les fait au plâtre pour les abouts des traverses lorsqu'elles viennent se terminer dans une maçonnerie ; les scellements des montants se font au plomb, au soufre ou au ciment. Le scellement au plomb est réservé pour les pièces exposées à des chocs ou supportant des trépidations continues.

On place quelquefois derrière les grilles des tôles qui empêchent la vue de l'extérieur ; on leur donne 0^m002 d'épaisseur, et on les maintient à l'aide de pattes fixées à vis sur la tôle et embrassant les barreaux.

On donnera à une travée de grille une longueur de 1^m40 à 1^m50 entre deux montants, et on s'arrangera autant que possible pour avoir un nombre impair de barreaux dans chaque travée, ordinairement neuf ; il sera bon de laisser descendre celui du milieu jusqu'au bahut où on pourra le sceller pour soutenir la traverse et éviter qu'elle plonge ; on obtiendra le même résultat en disposant des boules ou cales en fonte sous la traverse au-dessous d'un certain nombre de barreaux. Dans certaines grilles, les barreaux sont arrêtés à leur partie inférieure à une traverse qui se pose sur le dessus du bahut ou même y est noyée.

2° *Grilles légères ou économiques.* — Ces grilles sont construites en fers de petit échantillon, les traverses étant en fer plat mince, les barreaux également en fer plat ; par exemple les traverses sont en fer de 0^m022 sur 0^m010, les barreaux en 0^m020 sur 0^m004, les montants en fer de 0^m025 sur 0^m014.

On peut former les barreaux de fer demi-ronds creux qui, vus de face, donnent l'aspect du barreau rond plein ; on les fixe sur traverse en fer plat, en cornière, ou en fer en U par des rivets ; les montants sont en fer simple T et placés tous les douze barreaux. On y assemble les traverses dont l'âme est repliée d'équerre à l'extrémité et fixée par un rivet ; ou bien encore les barreaux passent dans des ouvertures poinçonnées à la demande dans les traverses. On obtient une plus grande résistance en employant des fers demi-ronds pleins.

On remplace aussi ces fers par de petites cornières que l'on place l'angle en avant et qui donnent, vues de face, l'aspect d'un fer carré vu sur l'angle. Dans le même ordre d'idées, on fait aussi les barreaux en fer à U, qui donnent l'aspect de barreaux en fer carré vus sur le plat. On peut encore employer pour les barreaux les fers à simple T ou les fers triangulaires, dits fers à baïonnette, et même des fers en croix.

Enfin on peut faire des barreaux pour grilles peu fatiguées avec des fers ronds creux ou tubes en fer étiré, qui présentent cependant une grande résistance, mais sont bien plus légers que les fers pleins, et ont cependant la même apparence. On fait les pointes des barreaux en y soudant une pointe en fer plein ou en y rapportant une lance. Leur emploi est particulièrement à recommander pour les grilles des boucheries.

251. Grilles ouvrantes. — Les portes placées dans les clôtures en grilles se font de la même manière que celles-ci ; elles sont soit à un seul vantail pour les piétons, et alors on les nomme *guichets* ou *portillons*, soit à deux vantaux. Lorsque les grilles à deux vantaux sont de grandes dimensions, et qu'elles servent d'entrée principale à une propriété, leur poids est considérable, et l'ouverture en est difficile ; pour donner passage aux piétons, on établit alors à côté de cette grille un *portillon* qui en est séparé par un pilastre soit en maçonnerie, soti en fer, et qui se raccorde d'autre part avec la grille dormante ; pour les besoins de la décoration, on établit quelquefois deux portillons placés symétriquement par rapport à la grille principale à deux vantaux.

On a quelquefois placé le portillon dans l'un des vantaux de la grille, disposition rappelant celle des portes cochères, mais qui n'est pas à recommander. Le vantail ainsi coupé est en effet affaibli ; souvent il baisse du nez, et alors l'ouverture du portillon devient impossible ou au moins très difficile.

1° *Portillons.* Les *portillons* se font de deux manières : soit à jour dans toute leur hauteur, soit avec soubassement en tôle pleine de même hauteur que le bahut de la grille dormante dans laquelle ils sont placés ; on leur donne de 0^{m}90 à 1 mètre de largeur, et de 2^{m}20 à 2^{m}30 de hauteur.

Dans le portillon à jour, on ne peut compter que sur la rigidité des assemblages pour maintenir les angles des traverses et des montants ; la tôle de soubassement contrevente en partie la porte ou permet de masquer un contreventement en croix de Saint-André placé à l'arrière.

Les portillons sont ferrés de *paumelles*, ou montés à *colliers* comme les vantaux des grandes grilles, et supportés à la partie inférieure par un *pivot* ; on emploiera les paumelles quand le portillon sera placé entre pilastres métalliques, et les colliers quand il sera placé entre pilastres en maçonnerie.

2° *Grilles à deux vantaux.* Ces grilles peuvent être placées entre pilastres en maçonnerie ou entre pilastres métalliques ; elles peuvent enfin être accompagnées de portillons ; on les fait entièrement à jour, ou avec soubassement plein de même hauteur que le bahut de la grille dormante. Pour pouvoir laisser passer les voitures, une grille à deux vantaux doit avoir au minimum 2^{m}25 de largeur ; on descend quelquefois jusqu'à 1^{m}80, mais alors l'entrée des voitures ne se fait qu'avec les plus grandes difficultés, et non sans risques pour les jambages de la porte. Lorsque la grille présente un fronton fixe, celui-ci doit être placé assez haut ; la hauteur minima de 3^{m}10 permet le passage d'une voiture ordinaire, coupé ou landau, avec le cocher sur le siège.

Des deux vantaux de la grille l'un, qui se nomme *vantail dormant*, porte un battement en fer plat formant une feuillure dans laquelle l'autre, nommé *vantail ouvrant*, vient se placer quand la grille est fermée ; ce dernier porte la *crémone de fermeture*.

Dans chaque vantail, le *montant pivot* est le montant vertical qui, placé contre les pilastres, reçoit les *colliers* de suspension du vantail ; l'autre s'appelle *montant battement*. Le montant pivot se fait toujours en fer carré ; aux points où il reçoit les colliers, il présente des parties arrondies ; il est terminé à sa partie inférieure par un retour d'équerre nommé *sabot* qui reçoit le *pivot* et l'assemblage de la traverse inférieure ou *sommier* ; ce dernier, également en fer carré, est assemblé au montant par un goujon goupillé (fig. 998). Lorsqu'une grille est ferrée à paumelles, ou à charnières, on emploie le *sabot renvoyé* (fig. 999) qui permet de reporter l'axe de rotation du pivot à l'aplomb de l'axe des paumelles. Le montant battement se fait d'ordinaire en fer méplat, quelquefois en fer carré. Les *traverses* de grilles se font comme celles des grilles fixes, mais leur assemblage sur les montants est presque toujours *à congé* simple ou double ; on les y fixe alors par deux goujons goupillés. Dans certains cas, l'assemblage de la traverse inférieure elle-même est fait par ce moyen.

L'assemblage des barreaux dans les traverses se fait comme dans les grilles fixes. Quant aux tôles des soubassements pleins, on les pose dans le cadre formé par les montants et les traverses, que l'on a habillés d'une cornière ou d'un fer carré pour former feuillure ; on les y maintient par des moulures formant au dehors comme au dedans cadres décoratifs (fig. 1000 et 1001). Si

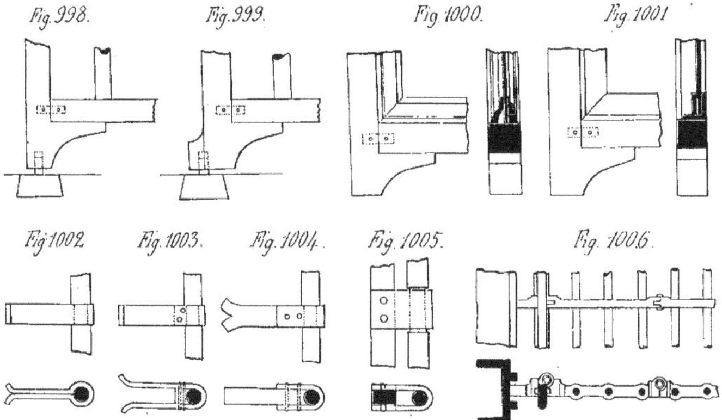

on a disposé un contreventement en croix de Saint-André dans le soubassement, on fixe des tôles sur ce contreventement, aussi bien sur une face de la porte que sur l'autre; les branches de la croix sont assemblées à tenon rivé dans les montants de la porte.

La *crapaudine* qui supporte le montant pivot se fait en fonte, lorsque la grille est fixée à des pilastres en maçonnerie ; elle est en fer et se fixe à rivet sur le pilastre, quand celui-ci est en fer. Elle porte un *tourillon* qui pénètre dans un trou percé sous le sabot; on place au fond de ce trou un *grain d'acier*.

Les *colliers* se font en fer demi-rond ou en fer plat; on enroule le fer de manière qu'il forme un trou rond de diamètre égal à la partie cylindrique du montant pivot, et on termine les deux branches par un scellement si le collier doit être fixé dans une maçonnerie (fig. 1002). On lui donne encore la forme d'une chape avec cale fixée par deux fortes goupilles (fig. 1003) ou celle d'une chape montée sur scellement carré à l'aide de deux goupilles (fig. 1004), disposition avantageuse qui permet de démonter le vantail sans arracher le scellement. Si le collier doit être fixé sur un pilastre métallique, la chape en fer plat est entaillée et fixée à vis sur le montant pilastre, avec cale entre celui-ci et le montant pivot (fig. 1005).

On a proposé de garnir les colliers de coussinets en bronze en deux pièces comme ceux des paliers de machines, avec orifice de graissage ; cette disposition donne une grande douceur de fonctionnement, mais elle est un peu compliquée et il n'est possible de l'appliquer qu'à des ouvrages de luxe. Les colliers se placent au nombre de deux sur chaque vantail : l'un au-dessous de la traverse supérieure ou entre les deux traverses supérieures, lorsqu'il y en a deux, l'autre au-dessus de la traverse placée immédiatement au-dessus du soubassement, ou entre les deux traverses placées en ce point.

On monte quelquefois les vantaux de grilles à *charnières à têtes de compas* : le pilastre comporte alors autant de traverses que la grille ouvrante ; ces traverses sont prolongées par une partie épaissie et élargie formant un ou deux disques horizontaux superposés ; les traverses du vantail portent des prolongements identiques, qui engrènent avec les précédents et s'assemblent avec eux au moyen d'un axe vertical formé d'un rivet ou d'une broche, constituant ainsi une articulation (fig. 1006). Cet assemblage permet de briser le vantail d'une grille en un point où l'on ne voudrait pas mettre de montant vertical, mais il a l'inconvénient de donner un frottement considérable, surtout lorsque les grilles sont lourdes, ce qui rend difficile la manœuvre d'ouverture et de fermeture. Avec cette même articulation on réalise des grilles à vantaux pliants en plusieurs feuilles et qui, une fois développés, conservent l'aspect de vantaux ordinaires.

Les *montants pilastres* en métal se font d'un seul fer méplat relié aux grilles dormantes par les traverses qui s'y assemblent, et armé d'un arc-boutant. Les *pilastres* proprement dits sont ordinairement composés de deux fers réunis entre eux par un remplissage et étayés chacun par un arc-boutant souvent très important ; on les couronne par des motifs en fer forgé ou par des chapiteaux en fonte décorée. On fait quelquefois pour des grilles importantes des pilastres composés de quatre montants réunis par des traverses ou des rinceaux et qui forment ainsi un ensemble pourvu d'une grande stabilité. On peut faire également les pilastres en fonte, en leur donnant la forme de colonnes, par exemple. Ces pilastres sont scellés sur le bahut, ou, le plus souvent, ils descendent jusqu'au sol et y sont scellés dans un massif spécial de fondation suffisamment développé.

On dispose, au milieu de la largeur d'une grille à deux vantaux, un *butoir* destiné à l'arrêter à sa position de fermeture ; ce butoir en fer ou en fonte est percé d'un trou pour recevoir la tige du verrou ou de la crémone de la grille ; il est toujours scellé dans une pierre dure ou dans un seuil. Si la saillie du butoir peut gêner lorsque la grille est ouverte, on fait usage d'un butoir mobile autour d'un tourillon horizontal, et qui peut s'éclipser dans un logement percé dans la pierre dure.

Pour maintenir ouverts les vantaux d'une grille, on se sert d'*arrêts à bascule* dont le mentonnet prend la traverse inférieure de chaque vantail, et qui sont scellés dans des pierres dures au niveau du sol.

Enfin les grilles qui doivent livrer passage à des voitures ont leurs pilastres protégés par des *chasse-roues* en fer ou en fonte analogues à ceux des portes cochères.

Une grille ouvrante est ordinairement fermée au moyen d'une *crémone à clef*, très rarement d'un *verrou* ; on ajoute une *serrure de sûreté* dans le cas où on veut une fermeture plus complète. A la partie inférieure, la tige de la crémone s'engage dans le trou ménagé dans le butoir ; à la partie supérieure, elle est rendue solidaire du vantail dormant, et à cet effet elle pénètre dans une gâche formée par le battement convenablement recourbé.

Les *frontons* qui couronnent les grilles à deux vantaux se font en fer méplat de divers échantillons. Leur développement doit être en rapport avec celui de la décoration de la porte, qu'ils ne doivent pas écraser par leur hauteur ou par la profusion de leurs ornements. Ils s'établissent suivant leur importance en deux parties symétriques montées sur la traverse supérieure des deux vantaux et qui s'ouvrent en même temps que ceux-ci (fig. 1007) ou bien au contraire sur

Fig. 1007.

Fig 1008.

une traverse fixée entre les pilastres et qui forme une feuillure supérieure dans laquelle viennent battre les vantaux (fig. 1008).

Lorsque les grilles sont larges, les vantaux ont tendance à baisser du nez, et on les soulage alors en fixant sous le sommier de chaque vantail, vers l'extrémité, un galet qui, dans le mouvement de la porte, roule sur un chemin circulaire en fer plat disposé au niveau du sol sur un petit massif de fondation, et à l'extrémité duquel est l'arrêt du vantail.

Il peut être avantageux, dans ce cas, s'il s'agit surtout de grilles d'usines ou d'établissements de commerce, de remplacer la grille ouvrante qui demande beaucoup de place pour se développer, par une *grille roulante*, de manœuvre plus facile, et qui, une fois ouverte, ne tient aucune place, allongée qu'elle est contre la partie dormante. La construction d'une telle grille se fait identiquement comme celle d'une grille ordinaire, seulement on la pourvoit, à sa partie inférieure, de galets de roulement qui se déplacent sur un rail spécial.

3° *Grilles de boucheries*. Ces grilles sont à barreaux ronds creux, et à bâtis en fer plat, articulées à nœuds de compas, de manière que chaque vantail soit divisé en autant de parties qu'il est nécessaire pour qu'il puisse se replier en tableau Les traverses, au nombre de trois ou quatre, sont à congés doubles, et elles portent les nœuds de compas, les uns en dedans et les autres en dehors alternativement, ce qui permet de replier la grille en soufflet ; des *verrous* placés dans les barreaux creux fixent la grille à la partie supérieure et à la partie inférieure ; au milieu, la grille est fermée par un *fléau à cadenas*, auquel on adjoint une chaîne, ou par une *serrure* qui commande deux verrous passant dans un barreau creux. Des *butoirs* mobiles à douille sont placés à chaque articulation, quand la grille est fermée.

Les barreaux se font en fer creux de 0^m018 à 0^m020, espacés de 0^m055 d'axe en axe ; le cadre en fer plat sera par exemple en fer de 0^m036 sur 0^m018, les traverses en fer de 0^m036 sur 0^m016. Les différents panneaux ont de 0^m45 à 0^m50 de largeur ; ils se replient, comme nous l'avons dit, à la manière d'un paravent.

§ 3. — GARDE-FOUS. — BALCONS. — RAMPES D'ESCALIERS.

252. Garde-fous. — Les balustrades servant de *garde-fous* ou de *garde-corps* se construisent avec hauteur d'appui, soit de 0m80 à 1 mètre le long d'un fossé, d'une passerelle, d'une terrasse ; elles se font en fer ou en fonte.

On compose toujours les balustrades en fer d'une suite de *poteaux* ou *montants* verticaux solidement établis sur lesquels sont fixées des *lisses*, auxquelles on attache les *remplissages*. Les montants verticaux, dans les balustrades en fer, sont fixés tous les mètres au minimum, tous les 2 mètres au maximum ; on les scelle dans une maçonnerie quand il y a lieu, ou bien on les boulonne sur la plate-bande supérieure de l'ouvrage s'il s'agit d'une passerelle. La lisse supérieure sert de main courante ; elle est soit en fer rond, soit en fer plat, doublé d'un fer demi-rond ; les remplissages, qui s'exécutent en fer plat, se fixent par des rivets aux lisses horizontales et entre eux.

On peut constituer aussi les montants par des poteaux en fonte ou des sortes de bornes entre lesquelles on place des lisses en fer rond, fixées par des goupilles.

Les balustrades en fonte sont surtout avantageuses lorsqu'on doit en poser de grandes longueurs; il en existe un grand nombre de modèles qui comportent tous à la partie inférieure un socle avec patin, à la partie supérieure une main courante, ces deux parties étant reliées par des remplissages verticaux ; le tout fondu d'une pièce par panneaux de 1 mètre de longueur environ. On les fixe à l'aide de pattes venues de fonte et de boulons, sur les maçonneries ou sur la plate-bande des poutres métalliques. Ils se posent les uns au bout des autres avec un léger emboîtement lorsqu'ils sont creux ; pour ceux qui sont pleins, l'assemblage est fait au moyen d'une main courante rapportée en fer demi-rond, fixée à la partie supérieure.

253. Barres d'appui de fenêtres. — Une barre d'appui de fenêtre est une solide traverse qui va d'un tableau à l'autre, qui y est scellée et qui est établie à hauteur d'appui, soit à 1 mètre au-dessus du sol de la pièce. La plus simple est un fer carré de 0m022 à 0m025, recouvert d'une main courante en bois de chêne, de 0m 060 de largeur sur 0m040 de hauteur environ, creusée au-dessous d'une rainure dans laquelle pénètre la barre carrée, ou encore d'un fer demi-rond ou d'un fer profilé spécial. Quand l'espace compris entre cette barre et le mur d'allège est trop grand, et supérieur à 0m15, il est bon de le recouper par une barre horizontale plus faible, scellée dans les tableaux.

On préfère aujourd'hui les *appuis* et les *barres d'appui* ornées en fonte qui se trouvent à bon compte dans le commerce, et remplissent bien l'intervalle compris entre la barre et l'allège ; elles n'offrent pas une résistance sérieuse, et il est prudent d'interposer, entre la fonte et la main-courante en bois, un fer plat de 0m020 à 0m025 sur 0m016. Les barres d'appui ont de 0m20 à 0m30 de hauteur; les appuis, de 0m35 à 0m45. Les ornements d'extrémité portent des saillies que l'on scelle dans les tableaux en même temps que la barre d'appui.

Si la distance entre le mur d'allège et la main courante est trop grande, on emploie les petits balcons.

254. Balcons. — 1° *Législation relative aux balcons.* Décret du 22 juillet 1882

PORTANT RÈGLEMENT SUR LES SAILLIES PERMISES DANS LA VILLE DE PARIS. TITRE IV. DIMENSIONS ET CONDITIONS DES SAILLIES.

NUMÉROS des articles.	DÉSIGNATION DES OBJETS	SAILLIES AUTORISÉES		
		à 2m00 au moins au-dessous du trottoir.	à 4m00 au moins au-dessus du trottoir.	à 5m75 au moins au-dessus du trottoir.
	§ 2. — BALCONS ET ACCESSOIRES			
	Les hauteurs de 2m 60, 4m 00, 5m 75, fixées ci-contre, seront mesurées pour les balcons jusqu'au parement inférieur de l'aire de ces balcons.			
4	Grands balcons (aires et garde-corps compris) .... Dans les voies de 7m 80, 9m 75 de largeur	»	»	0.50
	Grands balcons (aires et garde-corps compris) .... Dans les voies de 9m 75 de largeur et au-dessus	»	0.50	0.80
	Les consoles et autres supports des grands balcons de 0m 80 de saillie pourront avoir cette même saillie, mais seulement dans une hauteur de 0m 90 en contre-bas du parement inférieur de l'aire.			
5	Petits balcons, dans les voies de toute largeur	0 22	»	»
	Il pourra être établi sur les grands et les petits balcons des constructions légères qui ne dépasseront pas la saillie de ces balcons, à la condition que ces constructions présenteront toutes les garanties désirables de solidité.			
6	Herses, chardons, artichauts et autres objets analogues destinés à servir de défense sur les balcons, corniches et entablements : En sus de saillie permis pour lesdits objets	»	0.25	»
	Les parties de ces objets excédant la saillie de leurs supports ne pourront être qu'en fer forgé, sans partie pleine.			

2° *Petits balcons.* — Les *petits balcons* sont presque toujours scellés en tableau; leur hauteur varie de 0m 35 à 0m 60, et on les pose de manière que la lisse inférieure soit à 0m 12 au-dessus de l'allège. On les scelle en tableau lorsque les persiennes doivent se développer au dehors, mais lorsqu'on emploie les persiennes brisées en tableau, on pose les balcons en saillie sur le nu de la façade; cette saillie doit être inférieure à 0m 22.

Ces balcons se font tout en fonte, ou mieux avec lisses et montants en fer, entre lesquels on rapporte des ornements en fonte ou en fer forgé, et on a alors les *balcons montés sur fer*.

Ceux qui sont montés en tableau comportent à leur partie supérieure, lorsqu'ils sont tout en fonte, une plate-bande en fer plat, recouverte d'une main courante en bois ; on les scelle de 0m 06 à 0m 08 de chaque côté. Les balcons en saillie ont leur lisse supérieure, et quelquefois les autres, retournées d'équerre et scellées dans le mur de face ; comme la main courante en bois serait trop exposée aux intempéries, on la remplace par un fer demi-rond, ou un fer mouluré.

Les balcons de ces différents modèles sont toujours compris, suivant leur hauteur, sous six types de dispositions de montants et de traverses :

1° Une traverse haute, une traverse basse, un montant à chaque extrémité ;
2° Une traverse haute, une traverse basse, deux montants à chaque extrémité ;
3° Deux traverses hautes, une traverse basse, un montant à chaque extrémité ;
4° Deux traverses hautes, une traverse basse, deux montants à chaque extrémité ;
5° Deux traverses hautes, deux traverses basses, un montant à chaque extrémité ;
6° Deux traverses hautes, deux traverses basses, deux montants à chaque extrémité.

Il faut faire ces petits balcons assez hauts lorsqu'ils sont posés en saillie, parce qu'alors souvent on doit monter sur l'appui de la fenêtre pour pouvoir s'accouder sur la main courante ; dans ce cas, le balcon doit avoir un mètre de hauteur au-dessus de l'appui de la croisée.

3° *Grands balcons.* — Les *grands balcons* sont des balustrades de 1 mètre de hauteur, établies sur le bord d'une saillie en pierre. Ces balcons se font tout en fer forgé ou avec ossature en fer et remplissages en fonte. Dans tous les cas, l'ossature est formée d'une suite de montants verticaux, espacés de 1 mètre à 1m 50, et de lisses horizontales, au nombre de deux au moins, qui les réunissent ; mais on double souvent celle du haut et plus rarement celle du bas. La lisse du haut est à 1 mètre au-dessus de la dalle de pierre et elle porte la main courante en fer demi-rond ou mouluré ; celle du bas, est à 0m 12, pour faciliter les nettoyages ; on fait ces lisses en fer carré de 0m 020 à 0m 025 et on les assemble à tenons avec les montants. Ceux-ci sont scellés dans la dalle ; afin de donner de la solidité au scellement, on le renvoie à 0m 25 ou 0m 30 en arrière de l'arête de la pierre, en coudant et contre-coudant le fer ; on donne du raide à ce montant en le composant dans le haut d'un fer carré de 0m 020, et en le faisant, à partir d'un certain point, jusqu'en bas en fer méplat de 0m 020 sur 0m 040 (fig. 1009). Les montants d'angle ont leur pied coudé à 45°, en plan, pour éloigner également le scellement des deux rives de la pierre ; la main courante au-dessus d'eux est brasée d'onglet. Aux extrémités du balcon, les lisses sont retournées perpendiculairement au mur et scellées avec soin, ce qui augmente la stabilité de l'ensemble. On habille quelquefois le pied des montants de petits socles en fonte.

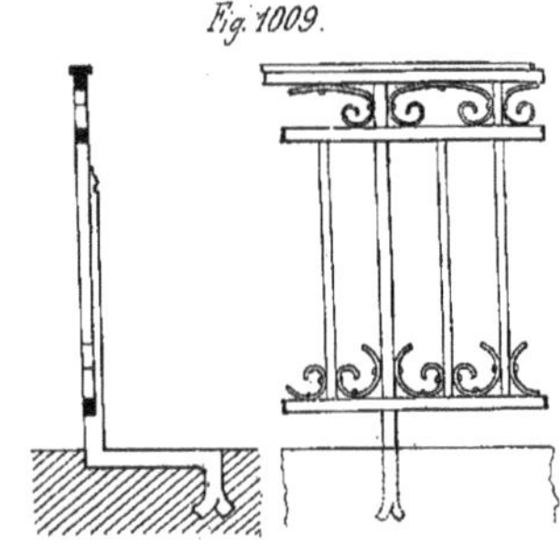
Fig. 1009.

Le remplissage en fer forgé peut être fait simplement au moyen de barreaux régulièrement espacés ; c'est ce qu'on nomme la disposition *en râtelier* ; mais on peut y ajouter divers ornements, et même composer des panneaux qu'on disposera entre les différentes pièces de l'ossature ; on devra adopter des formes décoratives qui ne puissent pas accrocher les vêtements, et qui ne fassent pas, autant que possible, de parties horizontales sur lesquelles on puisse mettre les pieds pour monter sur la main courante.

Les remplissages en fonte, qui sont les plus économiques, sont composés de panneaux formant des motifs principaux et des motifs secondaires appelés *raccords*, de longueurs variées ; on fait en sorte, en étudiant un balcon, d'axer les motifs avec les éléments de la façade en maçonnerie ; il en résulte une unité de composition de l'ensemble, favorable à l'aspect architectural de la construction. On fait aujourd'hui des balcons en fonte avec feuilles et volutes rapportées et qui présentent la forme ventrue usitée dans la ferronnerie du XVIIe siècle.

Lorsqu'un grand balcon dessert plusieurs appartements, on établit des *consoles* de séparation scellées dans le mur en trois ou quatre points et armées de pointes et de chardons pour empêcher l'escalade ; elles se font en fer forgé ou en fonte.

255. Rampes d'escaliers. — Nous avons déjà indiqué, à propos des escaliers (n° 200, p. 277), comment les barreaux de rampes se fixaient aux échiffres ou aux limons. Ces barreaux se font en fer rond, de 0^{m} 016, de 0^{m} 018 ou de 0^{m} 020 de diamètre ; on les espace de 0^{m} 16 d'axe en axe au maximum ; ils supportent à leur partie supérieure une plate-bande ou *bandelette* en fer fixée sur eux par des vis à métaux, et qui supporte la main courante en bois ; celle-ci est à 0^{m} 90 ou 1 mètre au-dessus du giron des marches. Nous rappelons qu'il y a trois sortes de rampes :

La *rampe à pointe*, dont les barreaux droits, terminés en pointe par le bas, se fixent directement dans le limon ou dans les marches.

La *rampe à col de cygne*, plus généralement employée, surtout aujourd'hui que l'escalier à limon est remplacé par l'escalier à crémaillère avec marches profilées du bout, consiste en une série de barreaux cintrés par le bas en forme de *col de cygne*. Ces barreaux, qui viennent presque toucher le bout de la marche, entrent horizontalement dans la crémaillère et sont ornés d'une rosace en cuivre ou en fonte qui cache la pénétration du fer dans le bois. Dans le haut, à environ 0^{m} 10 de la plate-bande recevant la main courante en bois, on fixe à chaque barreau une astragale, ou petit anneau en cuivre, qui sert à l'orner.

La *rampe à pitons*, plus riche que la précédente, se compose, dans le bas, d'un *piton* en fonte ornée, dont une des extrémités est à vis et se fixe dans le limon de l'escalier, et dont l'autre s'assemble à vis avec le barreau en fer. Le haut du barreau est orné d'un chapiteau en fonte dont la partie supérieure est fixée solidement à la plate-bande au moyen d'une forte vis.

Nous avons montré qu'on pouvait encore monter les barreaux *à crampons* et que cette disposition permettait d'établir, tous les 1^{m} 25 environ, des montants principaux qu'on relie par des lisses, entre lesquelles viennent se placer des barreaux secondaires ou des panneaux de remplissage.

Pour donner plus de force au départ de la rampe, on remplace, dans les escaliers ordinaires, le premier barreau par un *pilastre* ; c'est une espèce de colonnette en fonte unie ou ornée, avec base et chapiteau. Le pilastre est percé de deux trous taraudés recevant chacun une tige de fer ou *soie* ; celle du haut est disposée de façon à ce que l'on puisse y fixer une boule en fonte, bronze ou cristal, ou un ornement quelconque ; elle traverse l'extrémité de la bandelette élargie en ce point au volute, comme la main courante ; celle du bas, plus forte que la précédente, est à scellement et sert à fixer solidement le pilastre dans la pierre du limon ou dans la marche de départ. Les pilastres en fonte se trouvent de toutes dimensions comme hauteur et diamètre, dans le commerce.

Dans les escaliers importants où la rampe est en fer forgé, le pilastre en fonte est épaulé par des ornements en fer qui forment console renversée pour amortir la rampe sur le limon ; ou bien il est remplacé par un pilastre en fer forgé avec ornements d'amortissement rappelant ceux de la rampe.

QUATRIÈME PARTIE

CHAPITRE UNIQUE

INSTALLATIONS ÉLECTRIQUES DANS L'HABITATION

§ 1er. — PRODUCTION DE L'ÉLECTRICITÉ.

256. Courant électrique. — Lorsqu'on répète l'expérience de *Volta*, en plongeant dans de l'eau acidulée par l'acide sulfurique une plaque de zinc et une plaque de cuivre, séparées l'une de l'autre dans le liquide, et si on les réunit extérieurement par un fil métallique, ce fil est traversé par un *courant*; le courant est dû à une force qu'on appelle *force électromotrice*. On a constaté par expérience que les différents fils métalliques formant *circuit* se laissent traverser plus ou moins facilement par le courant, suivant la nature du métal et suivant leur section; le conducteur offre donc au passage du courant une certaine *résistance*. La quantité d'électricité qui passe par seconde dans un circuit se nomme l'*intensité* du courant.

Une comparaison permettra de nous rendre plus facilement compte de ces différentes notions : supposons une conduite ABC, de diamètre uniforme, partant d'un réservoir dans lequel le niveau de l'eau serait constant; l'eau va s'écouler au point C sous l'influence du poids de la colonne d'eau comprise dans le tube entre le point A et l'horizontale du point C; c'est cette force représentée par ce poids d'eau qui produit l'écoulement, tout comme la *force électromotrice* produit le courant électrique.

La quantité d'eau qui s'écoule par seconde au point C est le débit correspondant à l'*intensité* du courant électrique. Mais l'eau éprouve, en passant dans le tuyau ABC, une certaine résistance due au frottement de l'eau sur la paroi du tuyau; de même, le courant électrique éprouve une *résistance* pour passer dans le fil métallique. Enfin, l'écoulement de l'eau est dû à la différence des niveaux de l'eau au-dessus d'un certain plan horizontal, dans le réservoir et au point C; de même, nous pourrons dire que le courant électrique qui se produit entre deux points d'un fil métallique est dû à une *différence de niveau électrique* de ces deux points; nous appellerons *potentiel* en un point le niveau électrique de ce point, et nous dirons alors que le courant est dû à la *différence de potentiel* entre les deux points considérés ; cette différence s'appelle aussi *tension*. Par convention, le potentiel de la terre est supposé égal à zéro, de même que l'on rapporte les niveaux des liquides au niveau de la mer.

L'expérience prouve que la résistance d'un fil conducteur est proportionnelle à sa longueur, inversement proportionnelle à sa section, mais qu'elle est également proportionnelle à la *résistance spécifique* de la matière qui compose le fil. On appelle ainsi la résistance qu'oppose au passage du courant, d'une face à la face opposée, un cube ayant pour côté 1 centimètre. La *conductibilité* d'un corps est l'inverse de la résistance spécifique. Les corps qui possèdent une grande résistance spécifique sont dits *mauvais conducteurs* ou *isolants*.

Lorsqu'un corps conducteur est mis en contact avec une source d'électricité, il se produit un courant, l'électricité passant de la source au corps jusqu'au moment où le potentiel de celui-ci devient égal à celui de la source, de même que l'eau passera d'un vase à un autre, qui communique avec le premier par un tube, jusqu'à ce que le niveau de l'eau soit le même dans les deux vases. Le corps a reçu à ce moment une certaine *charge* d'électricité, et on appelle *capacité électrique* de ce corps la quantité d'électricité qu'il faut lui fournir pour élever son potentiel d'une unité.

257. Unités électriques. — On a créé, pour les calculs électriques, des *unités* dont les valeurs ont été déterminées une fois pour toutes et qui se rattachent à un système général d'*unités absolues*, dans lequel l'unité de longueur est le *centimètre*, l'unité de masse le *gramme*, et l'unité de temps, la *seconde*, ou par abréviation, *système* C. G. S.

L'*unité de résistance* est l'*ohm*, résistance d'un fil de cuivre pur ayant 1 millimètre de diamètre et 48 mètres de longueur, ou encore d'un fil de fer ayant 4 millimètres de diamètre et 100 mètres de longueur.

L'*unité de force électromotrice* est le *volt*, c'est la force produite par un élément de pile de Daniel.

L'*unité d'intensité* est l'*ampère* ; c'est l'intensité d'un courant qui circule dans un conducteur ayant 1 ohm de résistance, sous une force électromotrice de 1 volt ; un courant d'un ampère est capable de faire déposer, par son passage dans une dissolution de sel d'argent, 1 milligramme, 11888 d'argent en une seconde, soit 4 gr. 08 en 1 heure.

Le *coulomb* est la quantité d'électricité qui passe par seconde dans un conducteur quand l'intensité est d'un ampère ; on compte en pratique par *ampères-heures* valant 3.600 coulombs. De même quand la puissance d'une chute d'eau est le produit de la différence de niveau dans les deux biefs d'amont et d'aval par le débit, la *puissance électrique* est le produit de la différence de potentiel exprimée en volts par l'intensité exprimée en ampères. L'*unité de puissance* ou d'énergie électrique est le *watt*, puissance d'un courant dont l'intensité est de 1 ampère pour une force électromotrice de 1 volt. Cette puissance peut être convertie en travail mécanique, et si on veut exprimer ce travail en kilogrammètres, il faut diviser le nombre de watts par l'accélération de la pesanteur, qui est égale à 9,81.

Lorsque les unités que nous venons de définir sont trop grandes ou trop petites par rapport aux quantités mesurées, on les fait précéder des préfixes :

Méga, signifiant 1 million de fois l'unité.
Myria — 10.000 fois l'unité.

Milli — un millième de l'unité.
Micro — un millionième.

On emploie quelquefois dans le calcul des machines le *kilowatt* qui vaut 1.000 watts.

258. Disposition d'un circuit. — Pour produire un courant, il faut que le *circuit* conducteur ne présente aucune solution de continuité; on dit alors qu'il est *fermé*. S'il est interrompu en un point, on dit qu'il est *ouvert*, et le courant cesse de passer.

Dans une pile formée, comme celle de Volta, d'une lame de cuivre et d'une lame de zinc trempant dans l'eau acidulée, on admet que le courant part du cuivre, traverse le circuit, arrive ensuite au zinc, puis traverse la pile pour revenir au cuivre; le point de départ se nomme le *pôle positif*; le point d'arrivée, le *pôle négatif*.

Lorsqu'on veut placer un appareil sur le circuit, cet appareil est pourvu de deux bornes auxquelles on attache chacun des fils venant de la pile; le circuit se ferme alors au travers de l'appareil. On peut, dans certains cas, éviter la nécessité du fil de retour en coupant le fil qui relie

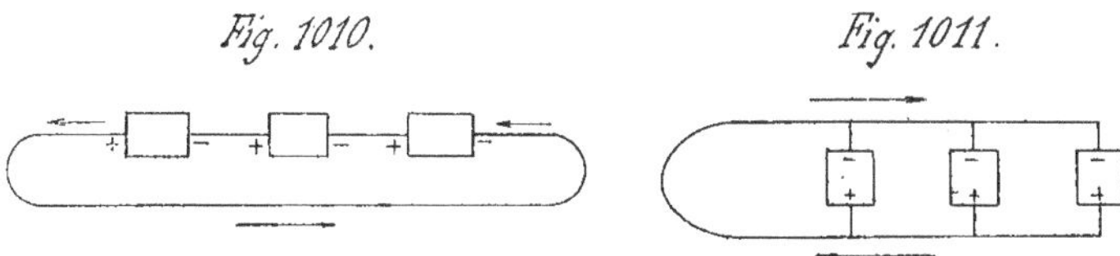
Fig. 1010. Fig. 1011.

l'un des pôles de la pile à l'appareil, et reliant à la terre les deux parties de ce fil; on réalise ainsi une économie sur la longueur du fil.

Lorsqu'entre deux parties d'un conducteur dans lequel passe un courant on établit un conducteur secondaire, une partie du courant passe dans celui-ci, qu'on nomme une *dérivation*.

Étant données plusieurs piles, on peut les grouper de différentes manières sur un même circuit; lorsque les pôles de nom contraire sont tous réunis entre eux en passant d'une pile à l'autre on dit qu'elles sont associées en *tension* ou en *série* (fig. 1010), si tous les pôles de même nom sont réunis à un même conducteur, et tous les pôles de nom contraire à un autre, les piles sont associées en *quantité* (fig. 1011).

259. Magnétisme. — Certains minerais de fer ont la propriété d'attirer le fer; ce sont des *aimants naturels*, et cette propriété se nomme *magnétisme*. Un barreau d'acier frotté avec un aimant acquiert les mêmes propriétés; on forme ainsi un *aimant artificiel*. Dans ce barreau, les deux extrémités seules attirent le fer; la ligne médiane, ou *ligne neutre*, n'a aucune action; les deux extrémités s'appellent *pôles*. Si on suspend horizontalement ce barreau sur un pivot vertical, il se place sensiblement dans la direction nord-sud : c'est le principe de la *boussole*.

Si l'on prend deux aimants, on remarque que l'un des pôles d'un des aimants attire un des pôles de l'autre, mais repousse le second; on en conclut que la terre agit comme un aimant, et on donne, au pôle de l'aimant qui se dirige vers le nord, le nom de *pôle nord*; à l'autre, de *pôle sud*. Un barreau de *fer doux* prend deux pôles sous l'action d'un aimant, mais son pouvoir magnétique cesse dès que l'action de l'aimant cesse.

Si au-dessus d'un aimant on place une feuille de papier et qu'on la saupoudre de limaille de fer, celle-ci se répartit suivant certaines courbes allant du pôle nord au pôle sud et seulement dans un espace limité, ce qui prouve que l'influence de l'aimant ne se fait pas sentir au delà d'une certaine distance et qu'il n'agit pas d'une manière uniforme sur tous les points soumis à son action. On nomme *champ magnétique* l'espace dans lequel s'exerce l'influence de l'aimant, et *lignes de force* les courbes suivant lesquelles la limaille se dispose dans l'expérience. On admet par convention qu'elles sont positives en allant du pôle nord au pôle sud de l'aimant, et que leur nombre est proportionnel à l'intensité du champ magnétique. L'action exercée sur un barreau placé dans le champ magnétique sera d'autant plus grande qu'il rencontrera un plus grand nombre de lignes de force, et cette action pourra être représentée par le nombre de lignes de force qu'il coupera.

260. Electro-magnétisme. — Quand on fait passer un courant dans un conducteur placé près d'une *aiguille aimantée*, elle subit une déviation et tend à se mettre en croix avec le conducteur; supposons un observateur placé le long du conducteur de manière que le courant entre par ses pieds et sorte par sa tête, et regardant l'aiguille aimantée il verra toujours le pôle nord de l'aiguille se placer à gauche : c'est la *loi d'Ampère*. L'action est réciproque, c'est-à-dire que si on approche un aimant d'un conducteur mobile, traversé par un courant, le conducteur tend à se mettre en croix avec l'aimant, leurs positions relatives étant les mêmes que dans le cas précédent.

Arago a constaté qu'en plaçant un barreau de fer doux en croix avec un fil traversé par un courant, le barreau s'aimante, et les pôles qui se forment à ses deux extrémités sont disposés suivant la loi d'Ampère, l'aimentation cesse dès que le courant ne passe plus.

Si l'on enroule le fil conducteur en hélice autour du barreau, l'action se trouve multipliée et l'aimantation obtenue est plus puissante, le pôle nord se forme à l'extrémité du barreau devant laquelle il faut se placer pour voir le courant suivre le fil dans le sens inverse du mouvement des aiguilles d'une montre. Le conducteur en hélice, dans lequel passe un courant, s'appelle un *solénoïde*.

Ampère a établi qu'un solénoïde se comporte absolument de la même manière que l'aimant formé dans son intérieur par le barreau de fer doux dans l'expérience d'Arago. C'est sur ce principe que sont construits les *électro-aimants* employés dans un grand nombre d'appareils : sonneries, dynamos, appareils télégraphiques.

Faraday a démontré qu'un courant peut engendrer d'autres courants ; si un courant passe dans un conducteur, il se développe dans un conducteur voisin, parallèle au premier, un courant de sens contraire ; si on interrompt le courant dans le premier conducteur, il se produit à ce moment dans l'autre un courant de même sens que le courant interrompu.

La même action se produira, mais avec une intensité plus grande, si les deux conducteurs sont enroulés sur des bobines concentriques ; le premier conducteur se nomme l'*inducteur* ; le second l'*induit* ; le premier *circuit* est dit *primaire*, le deuxième est dit *secondaire* ; ces phénomènes sont désignés sous le nom d'*induction*. Le courant inducteur ayant la forme d'un solénoïde peut être remplacé par un aimant correspondant à ce solénoïde ; un aimant qui pénètre dans le solénoïde induit y développe un courant inverse de celui du solénoïde auquel cet aimant peut être assimilé ; il se développe un courant direct lorsque l'aimant s'éloigne.

Si l'on place dans le solénoïde inducteur un barreau de fer doux, on voit que l'action de l'aimant qui s'y développe, lorsque le courant inducteur passe, s'ajoutera à l'action de ce courant inducteur et produira des courants induits d'autant plus énergiques.

Les éléments voisins d'un même circuit réagissent les uns sur les autres, principalement au moment de l'ouverture ou de la fermeture du circuit, et déterminent ainsi la production d'*extra-courants*, dits de *rupture* ou de *fermeture* ; l'extra-courant de rupture agit dans le même sens que le courant principal ; l'extra-courant de fermeture agit en sens inverse.

261. Appareils producteurs d'électricité. — 1° *Piles électriques.* Dans la *pile de Volta*, formée d'une lame de zinc et d'une lame de cuivre plongeant dans l'eau acidulée, une molécule d'eau est en équilibre sous l'action des forces d'affinité réciproques de l'hydrogène et de l'oxygène, tant qu'on n'a pas ajouté l'acide sulfurique et le zinc ; à ce moment, l'affinité du zinc pour l'oxygène et celle de l'acide sulfurique pour l'oxyde de zinc entrent en jeu pour rompre l'équilibre et attirer l'oxygène vers le zinc ; l'hydrogène, ainsi mis en liberté, est sollicité par une force égale et contraire à celle qui agissait sur l'oxygène ; c'est cette force qui donne naissance à la *force électromotrice*. Lorsque les deux métaux sont séparés, chacun d'eux prend la tension électrique qui lui est propre, et un état d'équilibre électrique s'établit ; mais dès qu'on les réunit par un conducteur, un courant s'établit de l'un à l'autre.

L'appareil ainsi constitué est un *élément de pile* : les deux lames de métal sont les *électrodes* ; les fils sont les *conducteurs*, et les parties auxquelles ils s'attachent sont les *pôles de la pile* ; on est convenu de considérer le cuivre comme *pôle positif* le zinc comme *pôle négatif*, et de considérer le courant comme allant du premier au second.

Lorsque cet élément a fonctionné un instant, on voit l'intensité du courant diminuer ; l'hydrogène, en s'accumulant sur le cuivre, s'oppose par son affinité pour l'oxygène à la décomposition de l'eau, une force contraire à la force électromotrice tend ainsi à recomposer les éléments que l'action chimique avait séparés, et il se forme un courant en sens contraire du premier, et qui vient contrarier celui-ci : ce phénomène se nomme *polarisation de la pile*, et c'est pour le combattre qu'on a imaginé un certain nombre de dispositions de piles.

Nous n'indiquerons ici que les *piles Leclanché* ; employées pour les installations de sonneries ou de téléphonie domestique. Dans cette pile, un des électrodes est en zinc, l'autre est formé de bioxyde de manganèse, et le liquide excitateur est une dissolution de chlorhydrate d'ammoniaque. Il y a deux types d'éléments Leclanché : le type à vase poreux et le type à agglomérés sans vase poreux.

Le *modèle à vase poreux* comporte un vase prismatique en verre, avec goulot cylindrique sur le côté ; dans ce goulot est logé un zinc en forme de crayon. Un vase poreux, placé au centre, renferme un mélange en parties presque égales de bioxyde de manganèse et de charbon de cornue ; au milieu est placée une plaque de charbon de cornue, surmontée d'une tête en plomb sur laquelle on visse un bouton de laiton pour attacher le fil, et qui forme le pôle positif. Le vase en verre renferme, jusqu'à moitié de sa hauteur, une dissolution de chlorhydrate d'ammoniaque bien pure et concentrée ; on ajoute un petit excès de sel, qui se dissout au fur et à mesure de la consommation. Le zinc doit être amalgamé.

Le *modèle à agglomérés* ne comporte pas de vase poreux ; celui-ci constituait en effet une résistance que M. Leclanché a pensé utile de supprimer ; l'électrode positive est constituée par une plaque de charbon de cornue placée entre deux plaques agglomérées de charbon et de bioxyde de manganèse, formées de 40 de bioxyde, 55 de charbon et 5 de résine gomme laque, le tout soumis à une pression de 300 atmosphères à la température de 100°. Ces trois plaques sont reliées par des bagues de caoutchouc. On peut dans ces piles changer les plaques agglomérées, lorsqu'elles sont usées, sans perdre le charbon.

La pile Leclanché ne se polarise pas d'une manière sensible, lorsqu'elle fonctionne d'une manière intermittente ; elle ne consomme rien à circuit ouvert ; les matières qui la composent sont d'un prix peu élevé ; enfin, elle ne gèle pas, même par des froids rigoureux. Une pile pour sonneries, lorsqu'elle est bien entretenue, peut durer deux ou trois ans, sans exiger d'autres soins que l'addition d'un peu de dissolution de chlorhydrate d'ammoniaque. On évite la formation de cristaux grimpants, en enduisant de paraffine la paroi interne du vase de terre, qui est au-dessus du niveau du liquide.

Les zincs s'usent et se coupent souvent au niveau du liquide, mais on les remplace facilement. Lorsque la tête en plomb d'un charbon se recouvre d'une croûte blanche d'oxyde de plomb, il faut remplacer l'élément. Dans les piles à agglomérés, il faut avoir soin que le niveau du liquide se maintienne à la partie supérieure des plaques, pour éviter la rupture des caoutchoucs.

Il faut toujours tenir les éléments dans le plus grand état de propreté et éviter l'humidité à l'extérieur ; lorsque les zincs se recouvrent de cristallisations salines, il faut les gratter et non les laver ; enfin il ne faut pas mouiller la partie supérieure des zincs ni les fils qui y sont soudés, ni les serre-fils qui doivent toujours être très propres.

Les éléments de pile peuvent être *accouplés* en *tension* ou en *quantité*. Dans le premier cas, la force élecro-motrice est égale à la somme des forces électro-motrices des éléments accouplés ; c'est le mode d'accouplement à employer quand la résistance extérieure est grande. Dans l'accouplement en quantité, la force électro-motrice reste égale à celle d'un élément seul, et c'est le système à employer quand les résistances extérieures sont faibles, l'intensité étant alors proportionnelle au nombre des éléments réunis. On peut enfin grouper les éléments d'une manière mixte, en formant plusieurs séries qu'on réunit ensuite en quantité.

2° *Machines électriques*. Dans ces machines on utilise les *courants d'induction* ; c'est en déplaçant un circuit dans un champ magnétique produit par un aimant permanent ou par un électro-aimant qu'on produit le courant. Il existe deux catégories de machines : dans les premières, le champ magnétique est formé d'un *aimant permanent*, ce sont les machines *magnéto-électriques* ; elles offrent l'avantage que leur force électro-motrice est à peu près proportionnelle à la vitesse de rotation, et elle est indépendante du circuit extérieur. Dans les secondes, le champ magnétique est formé d'un *électro-aimant* ; ce sont les *dynamos* ; ces machines ont, à égale puissance, des dimensions moindres que les machines magnétos, parce que l'aimantation permanente de l'acier n'atteint jamais le même degré que l'aimantation produite sur le fer doux d'un électro-aimant.

Nous n'étudierons pas ici ces machines avec plus de détail, leur théorie et leur description sortant absolument du cadre de cet ouvrage ; nous renverrons pour cette étude, de même que pour celle de l'installation de ces machines et de leur entretien, aux ouvrages spéciaux traitant cette question.

3° *Accumulateurs*. Les *accumulateurs* sont basés sur la *polarisation* dont nous avons parlé à propos des piles ; si l'on soumet de l'eau acidulée à l'action d'un courant, cette eau est décomposée ; l'oxygène se porte à un pôle, l'hydrogène à l'autre, mais ces deux gaz sont soumis à une force de polarisation qui tend à les recombiner pour reformer de l'eau ; si on supprime le courant, ou qu'on le diminue beaucoup, cette force de polarisation s'exercera et produira un courant de sens contraire au premier ; si donc on peut accumuler par un procédé quelconque sur les électrodes les éléments produits par le passage du premier courant, on aura constitué une réserve de force électro-motrice qui se développera lorsqu'on permettra à ces éléments de se recombiner.

Les accumulateurs ont pour but d'emmagasiner d'avance, par la polarisation, une grande quantité d'électricité qui sera reconstituée lorsqu'on le voudra sous forme de courant ; cette première période, pendant laquelle l'accumulateur est en rapport avec la source d'électricité, est la *charge* ; la seconde, pendant laquelle il restitue cette électricité, est la *décharge*. La *capacité d'un accumulateur* est la quantité d'ampère-heure qu'il peut fournir par kilogramme de matière constituant les plaques dont il est formé.

Les accumulateurs, quel que soit leur système, ont l'inconvénient d'être pesants et d'avoir besoin d'un entretien très minutieux qui exige des connaissances spéciales ; enfin, ils n'ont qu'une durée limitée, à cause de la manière même dont ils sont constitués. Leur emploi n'est pas économique parce qu'ils ne rendent qu'une partie de l'électricité qui leur a été fournie. On peut les employer à l'éclairage domestique ; certaines compagnies fournissent en effet les accumulateurs à domicile comme d'autres fournissent le gaz portatif.

§ 2. — SONNERIES ÉLECTRIQUES

262. Différents modèles de sonneries électriques. — *1° Sonnerie trembleuse.* C'est la sonnerie le plus couramment employée (fig. 1012) ; elle se compose d'un *électro-aimant* fixe dont l'armature porte le marteau de la sonnerie et est fixée à un ressort qui a pour effet de l'éloigner de l'électro-aimant, et de l'appliquer contre une vis de contact ; lorsque le courant passe dans le fil de l'électro-aimant, celui-ci attire l'armature, et le marteau frappe le timbre ; mais à ce moment, l'armature ne touche plus la vis de contact et le courant est interrompu, de sorte que l'armature revient à sa position initiale, et le courant passe de nouveau. Il faut avoir soin qu'à l'état de repos le marteau ne touche pas le timbre.

2° Sonnerie polarisée. Elle ne s'emploie que dans des cas particuliers, lorsque le courant employé à la faire mouvoir est un courant alternatif fourni par une machine dynamo.

3° Sonnerie à un coup. Dans cette sonnerie, l'armature en fer vient se fixer à l'électro-aimant et ne le quitte qu'au moment où le courant se trouve interrompu ; le marteau ne frappe qu'un seul coup.

4° Boutons d'appel. Ils servent à établir momentanément la fermeture d'un circuit électrique ; ceux qui sont destinés aux usages domestiques sont ordinairement formés de deux lames de ressort éloignées l'une de l'autre et dont on peut établir le contact en pressant avec le doigt sur un petit bouton en matière isolante ; chacune des lames est reliée à un bout de fil conducteur ; le tout est contenu dans une petite boîte qui sert de socle à l'appareil et qui peut se fixer contre un mur ou se poser sur une table.

Lorsqu'on veut commander plusieurs sonneries d'un même point, les boutons sont réunis sur un même socle et numérotés.

On construit également de ces petits appareils en forme de poires, s'accrochant à l'extrémité d'un fil composé de la juxtaposition des deux bouts du fil conducteur, et qui peuvent être mis à portée de la main, à des distances quelconques du point d'attache du conducteur contre les murs.

Il faut régler les ressorts du bouton d'appel de manière qu'ils soient bien écartés l'un de l'autre, et veiller à ce que les surfaces de contact de ces ressorts soient bien nettes. Ils sont généralement en cuivre, avec contacts argentés ou platinés ; les boîtes se font en bois, en corne ou en ébonite ; les boutons, en os, en ébonite, en ivoire.

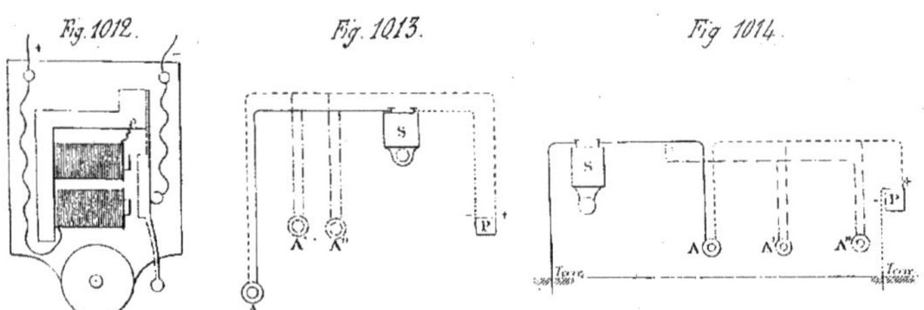

263. Installations de sonneries simples. — *1° Installation d'une sonnerie sur un ou plusieurs appels.* La figure 1013 donne le schéma de cette installation : S est la sonnerie ; P, la pile ; A, le bouton d'appel ; l'un des fils de la pile va directement au bouton d'appel, l'autre va de la pile à la sonnerie, et celle-ci est reliée au bouton d'appel par un autre fil.

Si on veut agir sur la même sonnerie avec d'autres boutons d'appel, il suffit d'intercaler ces boutons en dérivation entre le fil de la ligne qui va de la pile au premier bouton d'appel et celui qui va du bouton à la sonnerie.

Si l'on veut économiser le fil conducteur, on peut adopter la disposition de la fig. 1014 ; on relie alors la pile et la sonnerie à la terre.

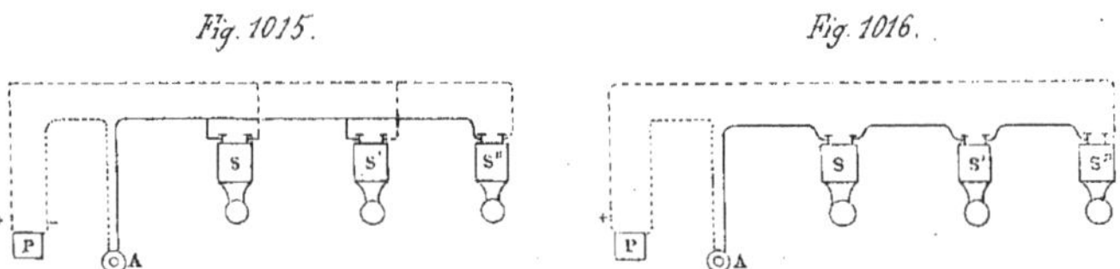

2° Installation de plusieurs sonneries fonctionnant sur un seul appel (fig. 1015). Les trois sonneries sont alors placées en dérivation sur le circuit qui va du bouton d'appel à l'un des pôles de la pile, tandis que le bouton est relié d'autre part au second pôle ; il faut avoir soin que les trois sonneries présentent des résistances égales, car si l'une d'elles présentait une trop grande résistance le courant dérivé qui y passerait pourrait être insuffisant pour la mettre en mouvement.

On peut encore employer la disposition de la fig. 1016, dans laquelle les trois sonneries sont montées en tension sur le fil de ligne, la totalité du courant traversant alors successivement chacune des trois sonneries ; dans ce cas il faut qu'une seule sonnerie soit pourvue d'un interrupteur ; dans les autres, l'électro-aimant doit être fermé et relié directement à la ligne sans que le courant ait passé par l'intermédiaire du marteau.

3° *Installation de plusieurs sonneries distinctes commandées d'un même point* (fig. 1017). On veut par exemple actionner quatre sonneries S, S′, S″, S‴, d'un même poste central : on dispose en ce poste un bouton d'appel unique, A, et un commutateur, M, permettant de fermer le circuit sur l'une quelconque des quatre sonneries, à l'exclusion des trois autres et sur le fil de ligne ; on peut encore placer en ce point un tableau à quatre boutons d'appel convenablement numérotés auxquels aboutissent les différentes lignes, comme l'indique la figure 1018. Les sonneries sont montées indépendantes sur le fil de ligne.

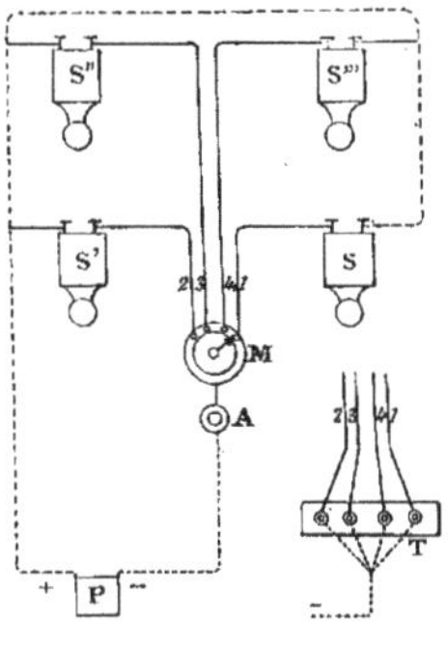

Fig. 1017. Fig. 1018.

4° *Installation de sonneries pour demande et réponse*. Ces sonneries ont pour but de savoir si, lorsqu'on a sonné, la personne a reçu l'appel ; il faut alors adopter la disposition de la figure 1019 ; dans chaque poste existent un bouton d'appel et une sonnerie : le poste n° 1 appelle le n° 2 en appuyant sur le bouton d'appel A qui commande la sonnerie S′ du deuxième poste ; le n° 2 répond en agissant sur un bouton d'appel a, ce qui actionne la sonnerie S du premier poste.

Si la distance des postes est grande, comme il peut arriver sur un chantier de construction, on doit chercher à économiser les fils, dont le développement deviendrait considérable avec la

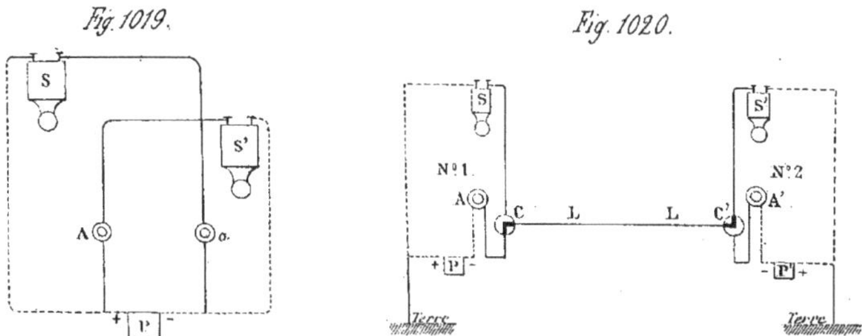

Fig. 1019. Fig. 1020.

solution que nous venons d'indiquer ; on adopte alors la disposition de la fig. 1020, dans laquelle les deux postes sont reliés par un fil unique. Chaque poste comprend alors une sonnerie S, une pile P réunie d'un côté à la sonnerie et à la terre ; l'autre pôle de la pile et la seconde borne de la sonnerie sont réunis à un *commutateur* auquel aboutit également le fil de ligne ; c'est un commutateur à deux directions. Le bouton d'appel de chaque poste est placé entre la pile et le commutateur. Les deux commutateurs étant dans la position indiquée sur la figure, le poste n° 1 peut appeler le n° 2, sa pile communiquant avec le fil de ligne ; il met ensuite son commutateur dans la position d'attente, de manière qu'il fasse communiquer le fil de ligne et la sonnerie de son poste ; le n° 2, pour répondre, fait subir à son commutateur un déplacement qui a pour but de lui permettre de relier la ligne avec la pile P′ de son poste ; lorsqu'il a répondu, il remet le commutateur dans la position initiale indiquée sur la figure ; le premier poste en fait autant dès qu'il a reçu la réponse.

264. Installations de sonneries avec tableaux indicateurs. — *1° Installation de sonnerie avec un seul tableau indicateur.* Dans un service un peu compliqué, comme celui d'un hôtel, d'un établissement de bains, d'une administration ou même d'un appartement important, il est indispensable que la personne appelée ne puisse confondre les appels, et qu'une seule sonnerie suffise à tous ; c'est dans ce but qu'on a imaginé les *tableaux indicateurs*. Dans une administration, par exemple, les fils des différents bureaux viennent aboutir à un tableau placé dans une antichambre, auprès du garçon de bureau ; quand un coup de sonnette se fait entendre, un numéro ou une indication apparaît sur le tableau pour lui indiquer d'où vient l'appel. En appuyant sur un bouton, il fait disparaître cette indication, et l'appareil est replacé dans les conditions primitives, prêt à recevoir un nouvel appel.

Nous donnons dans la figure 1021, la disposition schématique d'un de ces tableaux ; il se compose d'une boîte en bois fermée par un couvercle à charnière muni d'une glace dont la face intérieure est couverte de peinture épaisse, à l'exception de petits carrés transparents qui y sont ménagés et derrière lesquels doivent apparaître les numéros. Chaque numéro est inscrit sur une petite plaque très légère portée par une aiguille aimantée mobile autour d'un axe horizontal et maintenue en équilibre entre les deux bobines d'un électro-aimant. Les pôles de celui-ci changent lorsque le sens du courant change, et par suite l'aiguille se trouve attirée à droite ou à gauche, et le numéro qu'elle porte se montre au guichet ou disparaît ; un bouton placé au bas du cadre et nommé *repoussoir* R, qui agit sur un contact disposé comme celui des boutons d'appel, sert de commutateur ; nous allons voir comment fonctionne ce système.

Fig. 1021.

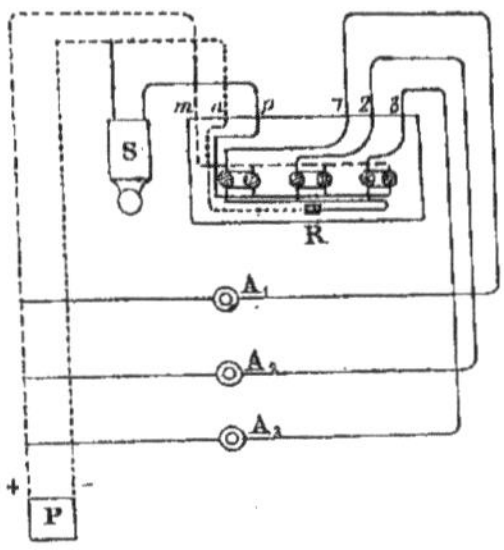

La boîte, pour trois numéros, présente six bornes, *m* s'attache au fil positif de la pile, *n* au fil négatif, *p* se relie à la sonnerie ; *1*, *2* et *3* sont en communication avec les trois points d'appel ; le second fil des boutons d'appel va se brancher sur le fil positif de la pile ; le second fil de la sonnerie, sur le fil négatif.

Quand on presse le bouton d'appel A, par exemple correspondant à la borne n° *1*, le courant pénétrant dans la boîte par cette borne vient agir sur l'électro-aimant n° 1, et le numéro apparaît au guichet ; le courant passe de l'électro-aimant par le fil qui le conduit à la sonnerie et qui s'attache à la borne *p*. Le domestique prévenu presse alors le repoussoir R ; le courant entrant par la borne *m* vient en sens contraire agir sur l'électro-aimant, et s'échappe par la borne *n*, le numéro disparaît du guichet et l'appareil est tout disposé à recevoir un nouvel appel.

2° *Installation avec deux tableaux indicateurs distincts marchant ensemble.* Il est parfois nécessaire qu'un même appel se produise à la fois en plusieurs points ; par exemple dans un hôtel, les domestiques doivent être prévenus en même temps que le bureau ; supposons par exemple qu'on veuille placer deux tableaux, l'un au rez-de-chaussée, l'autre au 1er étage, de manière à ce qu'ils manœuvrent ensemble et que les numéros apparaissent et disparaissent à la fois, tandis que les deux sonneries fonctionneront également ensemble. Nous indiquons sur la figure 1022 comment pourra s'effectuer le montage.

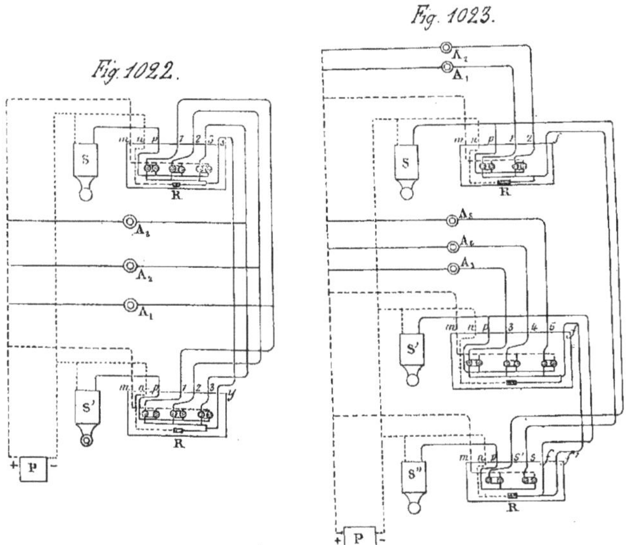

Les deux fils partant de la pile sont reliés à chacun des deux tableaux et à chacune des deux sonneries comme dans l'exemple précédent ; celles-ci sont reliées de même à leurs tableaux respectifs. Les tableaux sont réunis entre eux par des fils attachés aux bornes de mêmes numéros correspondant aux appels et en outre par un fil spécial, *xy*, qui relie les deux repoussoirs. Les fils des boutons d'appel sont établis en dérivation entre le fil positif de la pile et les fils respectifs qui relient les bornes de mêmes numéros ; le courant fermé par un bouton d'appel se dérive sur chaque tableau et s'échappe par la sonnerie correspondante, chaque bouton, grâce à la disposition adoptée, commandant à la fois les deux tableaux et les deux sonneries. Il y a toujours sur chaque tableau, outre les bornes correspondant aux appels, quatre bornes réservées :

l'une au fil positif de la pile, l'autre au fil négatif, une troisième au fil de sonnerie et la quatrième au fil de jonction des deux tableaux.

3° *Installation avec tableaux indicateurs et tableaux répétiteurs*. Il peut être utile de disposer à chaque étage d'un hôtel un *tableau indicateur* semblable à ceux que nous avons décrits, tandis qu'un *tableau*, dit *répétiteur*, placé au rez-de-chaussée indique simplement de quel étage l'appel a été fait ; ce dernier tableau ne renferme donc qu'un numéro par étage ; tant que le numéro d'étage reste apparent sur le tableau on sait qu'il n'a pas été répondu à l'appel ; ce numéro disparaît en effet dès que l'on agit sur le repoussoir du tableau de l'étage correspondant.

Nous représentons sur la figure 1023 une installation de ce genre. Le montage pour chaque tableau indicateur est fait de la même manière que dans le premier exemple que nous avons donné (fig. 1021), seulement c'est par une dérivation du fil de sonnerie de chaque étage que se fait l'apparition du numéro correspondant du tableau répétiteur ; chaque tableau est mis directement en communication avec celui-ci par un fil spécial qui relie le repoussoir de chaque tableau au tableau répétiteur, pour produire l'éclipse du numéro correspondant : une dérivation du courant s'établira par ce fil pour aller commander l'électro-aimant du tableau répétiteur.

265. Détails d'installation des sonneries. — 1° *Piles*. Les sonneries domestiques ne peuvent pas être alimentées par des courants alternatifs, mais par des piles, et on emploie presque exclusivement les éléments Leclanché qui sont disposés dans des boîtes fermées en bois, placées dans les sous-sols toutes les fois que c'est possible, afin d'éviter une évaporation trop rapide du liquide. Les éléments sont toujours disposés en tension, la quantité d'électricité nécessaire à actionner les sonneries étant ordinairement faible, et les résistances plutôt considérables. On ne met jamais moins de deux éléments sur une sonnerie simple, quand même le circuit serait de faible longueur ; on compte ordinairement en plus un élément Leclanché par 50 mètres de fil ; il faudra donc trois éléments pour un circuit de 50 mètres de long ; lorsqu'on se sert de tableaux indicateurs, il faut compter environ un quart d'élément en sus par numéro.

On arriverait par le calcul à des chiffres beaucoup moindres, mais il est préférable d'augmenter le nombre des éléments pour assurer le bon fonctionnement de l'installation, parce que les appareils employés ne sont pas de grande précision, et que l'isolement des fils n'est pas toujours parfait ; enfin les personnes chargées de l'entretien sont souvent fort incompétentes.

2° *Fils conducteurs*. Dans les appartements, on emploie les fils de cuivre recouverts d'un isolant formé d'un mélange de poix, de bitume, de gomme laque, avec une couverture de soie ou de coton ; cette enveloppe est suffisante lorsque les fils sont placés contre des murs bien secs. Si l'on veut un isolement parfait, il faut employer comme isolant la gutta-percha ; le fil sera toujours recouvert de soie ou de coton pour maintenir la gutta-percha et l'empêcher de désagréger.

Lorsque les fils sont nombreux, il est commode, au point de vue du montage, de leur donner des couleurs différentes, afin qu'on puisse en suivre plus facilement le parcours.

Les parties extérieures, ou qui sont placées sous les planchers, doivent être entourées d'une feuille de plomb, ou d'un tube ; on fait alors des câbles à plusieurs fils, entourés d'un tube de plomb, et qu'on rattache aux divers fils de l'installation par leurs extrémités.

Les fils employés ont généralement 0mm,9, pour les installations intérieures, et 1mm1, 1mm ou 1mm2, pour les conducteurs généraux ou les colonnes montantes. Les conducteurs placés à l'extérieur se font ordinairement en fil de fer galvanisé ; pour les distances ne dépassant pas 50 mètres on emploie du fil de 1mm8 ; pour les grandes distances, on prend du fil de 2mm à 2mm5 de diamètre. Ces fils sont placés sur des poteaux, des consoles ou des cadres en bois, avec interposition d'isolateurs en porcelaine.

Pour fixer les fils de cuivre le long des murs, dans les intérieurs, on emploie de petits crochets ou des pitons en fer émaillé pour les coins et les angles; pour les parties planes, on se sert de petits manchons à gorge, en os, traversés par une pointe de fer et autour desquels on enroule le fil. Dans la traversée des murs, on doit envelopper les conducteurs d'un tube de caoutchouc dépassant un peu des deux côtés.

Les raccords de fils doivent être faits avec beaucoup de soin, de manière qu'il n'existe aucune solution de continuité. Pour les fils fins on se borne à enrouler les deux bouts l'un sur l'autre ; lorsque ces fils sont isolés, on enlève la matière isolante sur une certaine longueur, on décape à l'émeri et, quand on a opéré l'attache, on remplace l'isolant par un ruban goudronné ou ciré. Pour les conducteurs de gros diamètre, on complète l'attache par une soudure à l'étain formée de 2 d'étain pour 1 de plomb.

§ 3. — TÉLÉPHONE DOMESTIQUE

266. Installation à deux postes. — Nous ne décrirons pas les appareils employés et nous ne donnerons pas leur théorie; nous indiquerons seulement la manière de les installer.

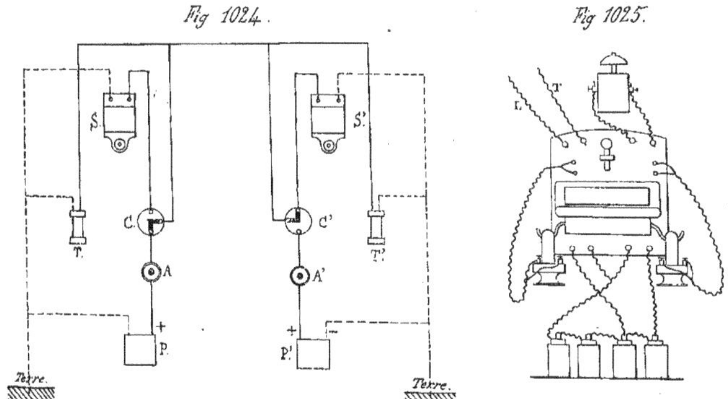

1° Téléphone de Bell. Lorsqu'on emploie le *téléphone de Bell*, chaque station comporte un de ces appareils, puisqu'ils servent en même temps de *récepteur* et de *transmetteur* ; il suffit de les réunir par un double fil, ou encore par un simple fil en établissant la communication d'une borne de chacun des appareils avec la terre; une sonnerie dans chaque poste est reliée au fil de ligne par un commutateur; elle doit comporter sa pile et un bouton d'appel (fig. 1024).

2° *Téléphone Ader*. Le *téléphone Ader* exige une batterie de piles servant en même temps pour la sonnerie et pour l'appareil *transmetteur*, qui est alors distinct du *récepteur* : les éléments Leclanché conviennent encore parfaitement à cet usage ; comme la sonnerie qui commande le premier poste est, ainsi qu'on va le voir, placée au deuxième poste, il faut un nombre d'éléments assez grand lorsque les distances deviennent considérables.

Le transmetteur, dont nous ne décrirons pas la construction, est relié par deux bornes avec la ligne et avec la terre ; il est en outre relié à une *sonnerie* par deux autres bornes. D'autre part, il est relié à la pile, comme l'indique la figure, par quatre bornes placées à sa partie inférieure (fig. 1025), de manière que la même batterie de pile actionne la sonnerie et le transmetteur ; enfin les récepteurs sont accrochés à l'appareil à droite et à gauche, et ils y sont fixés chacun par un double fil. Un *bouton d'appel* sert à prévenir l'autre poste lorsqu'on veut faire usage du téléphone.

Voici comment on se sert de l'appareil : les deux récepteurs étant accrochés, on commence au poste n° 1 par presser le bouton d'appel pour prévenir le n° 2 ; on décroche alors les deux récepteurs qu'on applique contre les oreilles ; on parle devant le transmetteur en se plaçant à environ 5 centimètres du pupitre et en gardant les récepteurs près des oreilles ; quand la conversation est finie, on replace les récepteurs à leurs crochets, et on presse le bouton de sonnerie pour indiquer que la conversation est terminée.

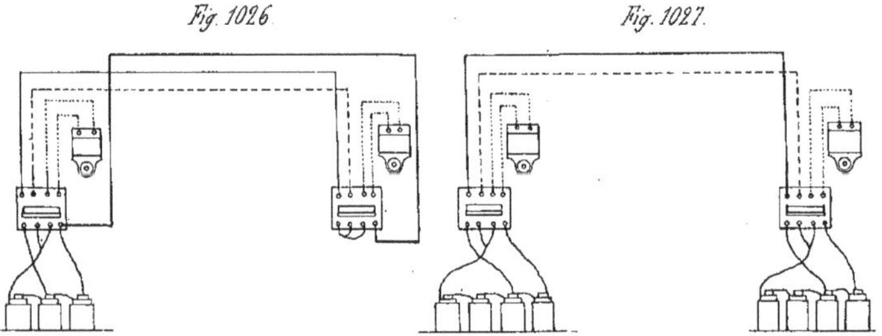
Fig. 1026 *Fig. 1027.*

Nous donnons (fig. 1026) l'installation à deux postes avec trois fils et une seule pile, convenables pour le cas où la distance des deux postes ne dépasse pas 50 mètres ; il est préférable d'employer deux piles, une à chaque poste, et de faire la jonction des postes par deux fils seulement (fig. 1027). On peut, dans les deux cas, supprimer le fil de retour reliant dans chaque poste la borne correspondante à la terre.

267. Installation à plusieurs postes. — Lorsqu'il y a plus de deux postes, on peut les installer soit avec *poste central*, soit par *postes embrochés*.

1° *Installation avec poste central*. Dans le premier cas, un *poste central* dessert tous les autres qui ne peuvent alors communiquer entre eux que par son intermédiaire ; chacun des postes est relié par une ligne au poste central ; chaque poste simple comporte :

1 transmetteur;
2 récepteurs;
1 parafoudre;
1 sonnerie;
1 batterie de piles;

Le poste central renferme :

1 transmetteur;
2 récepteurs;
1 sonnerie;
1 batterie de piles;
1 tableau annonciateur, avec *commutateurs* nommés *jack-knifes.*

L'appel d'un poste au poste central y fait tinter la sonnerie, et le numéro du poste secondaire se marque sur le tableau; l'employé préposé au poste central peut alors, sur l'indication du poste qui a demandé la communication, relier, par le commutateur spécial formé d'un cordon pourvu à chacune de ses extrémités d'une fiche, le poste appelant avec celui auquel il demande à parler. On prévient l'employé, lorsque la conversation est terminée, en pressant le bouton d'appel.

Cette installation est, en somme, la même que celle des bureaux de l'administration des téléphones. Son inconvénient, lorsque les postes sont peu nombreux, est d'immobiliser un employé pour ce service, et elle n'est applicable que lorsque les communications sont très fréquentes; elle exige, lorsque les postes sont placés à la suite les uns des autres, un très grand développement de fils.

2° *Installation par postes embrochés.* Le système par *postes embrochés* permet l'appel direct d'un poste à un autre, avec deux fils seulement et même avec un seul, si l'on veut employer la terre comme retour. L'installation, telle que l'établit la maison Breguet, comporte pour chaque poste un *indicateur à cadran* et un *bouton d'appel spécial à tirage.* Tous les postes sont successivement réunis l'un à l'autre par un fil unique, et si la terre sert de retour, le premier et le dernier poste sont reliés à la terre ; si le retour se fait par un fil, il relie directement le premier et le dernier poste.

Supposons qu'il existe dix postes, l'indicateur à cadran de chacun d'eux comprend douze cases : l'une marquée *occupée*, l'autre marquée *libre*, les dix autres numérotées de 1 à 10. Lorsque l'aiguille de chacun des postes est sur le numéro correspondant du cadran de ce poste elle ferme sa sonnerie. Supposons que le n° 8 veuille appeler le n° 3 ; il tire trois fois sur le bouton d'appel de son poste ; la première fois toutes les aiguilles qui étaient sur la case *libre* se mettent dans tous les postes au n° 1 et la sonnerie du poste n° 1 sonne un coup ; à la deuxième fois, les aiguilles se mettent au n° 2, et la sonnerie du deuxième poste sonne un coup; enfin au troisième, toutes les aiguilles se portent sur le n° 3, où la sonnerie se met à tinter, jusqu'à ce qu'une modification quelconque soit apportée à l'ensemble. A ce moment, l'employé du poste n° 3 va à son appareil où il tire le bouton d'appel assez de fois pour amener l'aiguille de l'indicateur sur la *case occupée* (dans le cas actuel, huit fois). La conversation peut alors s'établir entre les postes nos 3 et 8; lorsqu'elle est terminée, le poste n° 8 tire une fois sur son bouton d'appel et toutes les aiguilles se replacent sur la case *libre.*

§ 4. — LUMIÈRE ÉLECTRIQUE

268. Unités de lumière. Éclairement. — *L'unité de lumière* ordinairement adoptée est le *bec Carcel* qui équivaut à un bec de gaz ordinaire, consommant 125 à 140 litres de gaz à l'heure. On emploie aussi quelquefois comme unité la *bougie*, qui équivaut au huitième d'un bec Carcel.

M. Violle a proposé, comme unité, la quantité totale de lumière émise par un centimètre carré de platine, à la température de la solidification ; cette unité, appelée le *violle*, a été adoptée par la Conférence Internationale, en 1884 ; on l'a divisée en *20 bougies décimales* au Congrès des Électriciens de 1889 ; une bougie décimale vaut environ un dixième de carcel.

L'*éclairement* produit par un foyer lumineux est le quotient de l'intensité lumineuse du foyer par le carré de sa distance au point éclairé ; l'*unité d'éclairement* est l'éclairement produit par une bougie ou par un bec Carcel, placé à une distance de 1 mètre ; on lui donne le nom de *bougie-mètre* ou de *carcel-mètre*.

On compte qu'il faut un éclairement de 50 bougies-mètre pour pouvoir lire comme en plein jour, en se plaçant à un mètre de la source lumineuse. Un éclairage moyen doit donner un éclairement de 30 bougies-mètre dans tous les points de la pièce éclairée.

269. Foyers lumineux électriques. — Nous ne donnerons pas la description des appareils, et nous indiquerons seulement dans quels cas il est préférable d'employer l'un plutôt que l'autre.

La lumière électrique peut être obtenue :

1° Par les *lampes à arc*, dans lesquelles elle est produite par le passage d'un courant électrique intense entre deux pointes de *charbon*, que l'on maintient écartées l'une de l'autre. La quantité de lumière produite est en raison du diamètre des charbons et de l'intensité du courant ; on la rend constante à l'aide des *régulateurs*, qui ont pour but de maintenir les charbons à la même distance l'un de l'autre pour toute la durée de l'éclairage.

2° Par les bougies *Jablochkoff*, qui sont formées de deux charbons parallèles, réunis chacun à l'un des pôles de la source d'électricité, et isolés l'un de l'autre par du *colombin*, qui se consume en même temps que les charbons ; l'arc se produit à leur extrémité ; elles ne conviennent qu'aux courants alternatifs ; avec des courants continus, l'un des charbons s'userait deux fois plus vite que l'autre. Comme ces bougies brûlent assez vite, on les place par quatre dans un chandelier, et un commutateur permet de faire passer le courant de l'une à l'autre, dès qu'il y en a une de consumée.

3° Par les *lampes à incandescence*, dans lesquelles la lumière est produite par le passage du courant dans un filament peu conducteur de l'électricité, et renfermé dans une ampoule de verre où l'on a fait le vide, afin que le filament ne puisse pas se consumer.

270. Choix d'un foyer lumineux électrique. — Les *lampes à arc* conviennent toutes les fois qu'on a besoin d'un foyer lumineux de grande intensité ; mais lorsqu'on veut diviser la lumière, il faut employer les *bougies* ou les *lampes à incandescence*.

Les *régulateurs* seront donc employés pour l'éclairage des rues, des chantiers, des gares, des grands magasins ; on obtiendra de bons résultats avec des foyers de 15 ampères, placés à

12 mètres de hauteur, si, dans l'espace éclairé, on ne doit accomplir aucun travail; mais dans le cas où on doit travailler à la lumière, il faut diminuer la hauteur d'environ 2 mètres.

Les *bougies* seront employées dans les locaux où l'éclairage devra être intense, mais où l'atmosphère est chargée de poussières ou de gaz délétères, qui nuiraient au fonctionnement des régulateurs; elles donnent une lumière moins fixe que ceux-ci.

Dans un appartement, on emploiera les *lampes à incandescence*, qui permettent de diviser davantage la lumière ; les lampes sont de 8 à 20 bougies décimales ; il faut en employer un nombre calculé de telle sorte que le nombre total de bougies décimales qu'elles produisent représente la moitié du volume de la chambre, exprimé en mètres cubes.

On peut encore se régler, en admettant 1 à 2 bougies par mètre carré pour un éclairage moyen, et 4 à 6 pour un éclairage brillant. Dans les salles de théâtre, on compte une demi-bougie par mètre cube du volume total, salle et scène.

Pour l'éclairage des ateliers, on ne peut poser aucune règle précise, chaque machine devant être éclairée d'une manière spéciale, et il faut faire une étude pour chaque cas particulier.

271. Canalisations dans les habitations. — Les conducteurs pour la lumière électrique doivent être établis avec des précautions spéciales parce que l'électricité y circule sous des tensions souvent considérables et dangereuses ; nous ne pouvons mieux faire que de donner à ce sujet les *instructions générales* adoptées par la Chambre syndicale des industries électriques, et l'*arrêté du Préfet de la Seine* du 25 juillet 1895.

1° Instructions générales pour l'exécution des installations électriques à l'intérieur des maisons (adoptées par la Chambre syndicale des industries électriques). — A) QUALITÉ DES MATÉRIAUX. — *1° Tous les câbles et les fils conducteurs* seront en cuivre, d'une conductibilité au moins égale à 90 °/₀ de celle du cuivre pur.

2° La section sera déterminée par la condition que la perte de charge, entre le coffret de branchement et la lampe la plus éloignée, ne dépasse pas 3 °/₀ du voltage au coffret.

En outre, elle devra toujours être suffisante, pour que le passage accidentel d'un courant d'une intensité double de la normale, ne détermine pas un échauffement supérieur à 40°. Ce résultat sera obtenu en général, si la densité du courant ne dépasse pas :

3 ampères par mm^2 pour des sections de 1 à 5 mm^2 ;
3 ampères par mm^2 pour des sections de 5 à 50 mm^2 ;
1 ampère par mm^2 au-dessus de 50 mm^2.

Enfin on n'emploiera aucun conducteur dont l'âme soit formée par un fil unique, d'un diamètre inférieur à 0,9 mm.

3° L'emploi des fils nus, interdit en principe, pourra être autorisé dans certains cas particuliers. Quelle que soit la nature des locaux, la couverture isolante du fil, ou la gaine de protection mécanique, doit être (l'une ou l'autre) imperméable.

4° L'isolation sera obtenue par une ou plusieurs couches de matières non conductrices, placées directement sur l'âme de cuivre. Cette couverture isolante devra être assez solide pour résister aux détériorations dues au montage.

5° Protection mécanique. En règle générale, les fils seront toujours pourvus d'une protection mécanique, indépendante de leur couverture isolante. Si les conducteurs sont posés sur les murs, dans des locaux humides, cette protection devra former une gaine imperméable. On pourra employer les bois moulurés dans les locaux secs. Ces moulures devront être en bois bien sec, et fermées à l'aide de couvercles. Lorsque les fils seront laissés apparents dans des locaux secs, ce qui n'aura lieu, autant que possible, que hors de portée de la main, ils devront être protégés par un ruban.

6° *Interrupteurs*. La matière formant la base des interrupteurs devra être appropriée à la nature de l'emplacement qu'ils occuperont. Les interrupteurs devront assurer un bon contact et ne pas s'échauffer par le passage du courant. Lorsque la rupture peut donner lieu à un arc notable, par exemple au-dessus de 5 ampères ou 100 volts, il est nécessaire que l'appareil ne puisse pas rester dans une position intermédiaire, et que son support soit en matière incombustible et indéformable.

7° *Coupe-circuits et fils fusibles*. Les coupe-circuits doivent être disposés de telle sorte que la fusion d'un fil fusible ne détermine pas de court circuit. Les fils fusibles doivent être faciles à remplacer, ne pas donner lieu à des projections de métal fondu.

Ils devront être marqués d'un chiffre bien apparent, représentant le courant normal pour lequel ils sont établis. Ils devront fondre pour un courant au plus égal au triple du courant normal.

8° *Lampes à arc*. Les lampes à arc seront toujours pourvues d'enveloppes et de cendriers. Les lampes placées à l'extérieur auront leurs bornes bien protégées de la pluie et des chocs. Les rhéostats devront être montés sur matière incombustible et non hygrométrique. Leurs fils seront calculés de manière à ne pas dépasser la température de 200° au fonctionnement normal.

B) Conditions de pose. — 9° *Conducteurs*. Les moulures servant de protection mécanique aux conducteurs ne doivent présenter aucune discontinuité dans les raccords ou dans les angles vifs. Les conducteurs n'y seront maintenus que par le couvercle. On ne pourra pas mettre deux fils dans la même rainure. Aux croisements des tuyaux de gaz, il y aura un supplément d'isolement et de protection mécanique. A la traversée des murs et plafonds, la protection mécanique sera avantageusement formée d'un tube en matière dure, avec angles arrondis. Si ce tube et métallique, une gaine isolante supplémentaire devra recouvrir le fil et déborder les extrémités du tube. Lorsque les conducteurs séparés seront apparents, ils seront à un écartement minimum d'un centimètre, et assujettis de manière à conserver cet écartement.

10° *Fils doubles*. Des conducteurs doubles, renfermant sous une même tresse ou ruban les deux fils isolés séparément, peuvent être employés; mais l'isolement électrique des deux âmes et leur écartement devront être parfaitement assurés. Cette prescription est également applicable à des conducteurs de même polarité.

11° *Fils souples*. Les fils souples ne seront employés que lorsqu'ils seront inévitables. Ils seront reliés aux appareils de telle sorte que la traction ne puisse déchirer l'isolement des fils. Leurs raccordements avec des fils massifs seront faits par des soudures soignées. Il sera placé un fil fusible simple à l'un des points d'attache d'un fil souple à deux conducteurs.

12° *Soudures*. Les soudures seront faites en évitant l'emploi de substances décapantes liquides. Elles ne devront pas former des points faibles, soit mécaniquement soit électriquement, et l'isolement électrique devra être rétabli avec des matières isolantes équivalentes à celles qui servent d'enveloppes aux câbles et fils.

13° Tableaux et petits appareils. Il est toujours désirable que le départ des circuits s'effectue à partir de tableaux sur lesquels la subdivision est poussée aussi loin que possible sur la face apparente. Il faut prendre les précautions nécessaires pour qu'un court circuit n'y puisse pas être produit par le contact d'un objet métallique.

14° Coupe-circuits. Chaque circuit sera pourvu à son origine d'un double coupe-circuit. Chaque branchement en sera également pourvu, et, de même, chaque subdivision dans laquelle l'intensité peut atteindre 5 ampères. Ce coupe-circuit devra être facilement accessible et mis à l'abri de matières inflammables.

15° Appareillage. Si des appareils portent chacun un grand nombre de lampes, celles-ci seront divisées en plusieurs groupes, consommant chacun 5 ampères au plus, et chaque groupe muni d'un double circuit. Les appareils, tels que lustres, appliques, etc., exclusivement employés à l'électricité, seront isolés électriquement à leur point d'attache, et la masse des appareils ne devra pas faire partie intégrante du circuit. Les douilles y seront fixées de manière à ne pouvoir tourner. Lorsque les appareils devront servir à la fois au gaz et à l'électricité ils devront remplir les conditions suivantes :

1° La masse de l'appareil sera isolée électriquement de la canalisation du gaz par 500.000 ohms au moins;

2° Les douilles des lampes à incandescence ou la masse de la lampe à arc seront elles-mêmes isolées électriquement de celle de l'appareil;

3° Enfin les fils fortement isolés et protégés, seront assujettis en épousant les formes de l'appareil, et de manière à n'être pas détériorés par la chaleur du gaz.

16° Lampes à arc. Chaque circuit de lampe à arc comprendra un interrupteur et un plomb fusible. Si l'on fait usage de résistances, elles seront placées de manière à éviter le contact de toute matière inflammable, assez éloignées de la paroi pour que celle-ci n'ait rien à craindre de l'échauffement du fil, et disposées de telle sorte que la circulation de l'air soit assurée.

17° Isolement. L'isolement devra être tel que dans une section quelconque de l'installation, la perte du courant, qui peut se produire soit entre un conducteur et la terre, soit entre les deux conducteurs, atteigne au plus *un dix millième* du courant qui doit alimenter les appareils de cette section. Par exemple, un branchement parcouru par 10 ampères devra posséder un isolement tel que le courant n'y excède pas 0,001 ampère, et dans ce cas particulier, sur un circuit à 100 volts, la valeur de l'isolement sera donc au moins de 100.000 ohms.

2° Arrêté du Préfet de la Seine du 27 juillet 1895 réglementant les installations électriques à l'intérieur des propriétés. — Conditions générales. Art. 1er. — Les installations électriques alimentées par un concessionnaire de la Ville de Paris devront satisfaire aux conditions techniques ci-après indiquées, tant au moment de leur établissement qu'à une époque quelconque de leur établissement.

Résistivité des cables et fils. Art. 2. — Le métal entrant dans la constitution des câbles et fils aura une résistivité au plus égale à 1,80 microhm cm. à 20° centigrades.

Section des conducteurs. Art. 3. — La section métallique des conducteurs devra toujours être suffisante pour que le passage accidentel d'un courant d'une intensité double de la normale ne détermine pas un échauffement supérieur à 40°. En tout cas, la densité du courant ne devra pas dépasser :

3 ampères par $^{m}/_{m}{}^{2}$ pour des sections de 1 à $5^{m}/_{m}{}^{2}$.
2 — d° — 5 à $50^{m}/_{m}{}^{2}$.
1 — d° — au-dessus de $50^{m}/_{m}{}^{2}$.

Dans le cas d'emploi de fils nus, les chiffres ci-dessus pourront être doublés.

Enfin, on n'emploiera aucun conducteur dont l'âme serait formée par un fil unique d'un diamètre inférieur à 9/10 de millimètre.

Isolation et protection mécanique des cables et fils. Art. 4. — En dehors des tableaux de distribution, tous les câbles et fils seront à la fois isolés électriquement et protégés mécaniquement.

L'enveloppe des câbles et fils devra être assez solide pour résister aux détériorations pouvant résulter du montage. Elle sera de nature à ne jamais attaquer l'âme métallique.

Pour les fils posés dans les locaux humides l'enveloppe devra être imperméable.

Coupe-circuit. Art. 5. — Les coupe-circuit doivent être disposés de telle sorte que la fusion d'un fil fusible ne détermine pas de court-circuit.

La température de ces appareils devra, en régime normal, rester assez basse pour qu'il soit possible d'y maintenir la main.

Les fils fusibles doivent être faciles à remplacer et ne pas donner lieu à des projections de métal fondu. Ils devront fondre pour une intensité de courant au plus égale au triple de l'intensité normale.

Interrupteurs. Art. 6. — La matière isolante formant la base des interrupteurs devra être appropriée à la nature de l'emplacement qu'ils occuperont. Les interrupteurs ne devront pas s'échauffer par le passage du courant. Ils devront toujours rester à une température telle qu'il soit possible d'y maintenir la main.

La longueur de rupture dans l'air sera telle qu'il ne pourra pas se former d'arc permanent.

Branchements particuliers. Art. 7. — Chacun des fils du branchement d'arrivée sera muni d'un coupe-circuit et d'un moyen d'interruption.

Si ce circuit d'arrivée dessert un poste de transformateur, un deuxième coupe-circuit et un deuxième moyen d'interruption seront installés sur chacun des fils du circuit secondaire aboutissant au compteur.

Une plaque extérieure signalera les immeubles dans lesquels il sera fait usage de canalisations électriques et indiquera la position du branchement.

Installations de dynamos réceptrices, de transformateurs et d'accumulateurs. Art. 8. — Lorsqu'il sera fait usage de dynamos réceptrices, de transformateurs ou d'accumulateurs, ces appareils devront être disposés de façon à éviter tout accident.

Des précautions spéciales seront prises pour les isoler et les mettre hors de la portée des personnes qui ne sont pas appelées à s'en servir.

Les locaux affectés en particulier aux accumulateurs devront être convenablement ventilés.

Si l'on emploie une différence de potentiel primaire dépassant 800 volts en courant continu, ou 500 volts en courant alternatif, l'installation secondaire devra être protégée efficacement contre l'éventualité d'un contact entre les deux circuits.

Circuits de distribution. Art. 9. — Des dispositions seront prises pour que chacune des parties d'une installation puisse être facilement distinguée et isolée de l'ensemble.

Chaque circuit sera pourvu à son origine d'un double coupe-circuit, chaque branchement en sera également pourvu ; de même chaque subdivision dans laquelle l'intensité peut atteindre 5 ampères. Ce coupe-circuit devra être facilement accessible et mis à l'abri des matières inflammables.

Pose des cables et fils. Art. 10.— Les moyens employés pour fixer les canalisations devront à la fois assurer leur isolation et éviter toute détérioration des câbles et fils.

Aux croisements des masses métalliques, il y aura un supplément d'isolement et de protection mécanique.

A la traversée des murs et plafonds, la protection mécanique sera formée d'un tube en matière dure, à angles arrondis.

En outre, une gaine isolante supplémentaire devra recouvrir le fil et déborder les extrémités du tube.

Il sera placé un coupe-circuit unipolaire à l'un des points d'attache d'un fil souple à deux conducteurs desservant un appareil mobile.

Épissures. Art. 11. — Dans les parties de câbles destinées à être reliées par une épissure, le décapage se fera au moyen de substances qui n'altèrent ni le métal ni l'isolant : l'emploi des acides est proscrit. Les épissures ne devront affaiblir ni l'âme métallique, ni l'enveloppe isolante, ni l'enveloppe de protection mécanique.

Moulures. Art. 12. — La moulure ne devra présenter aucune discontinuité dans les angles, courbes et raccords.

Les angles des rainures devront être arrondis à chaque changement de direction. Les câbles et fils ne devront jamais être fixés dans les moulures au moyen de pointes ou de crochets. Les couvercles seront cloués avec grand soin et vissés si besoin est.

Appareillage. Art. 13. — Le plus grand soin sera apporté dans l'équipement des lustres, bras, appliques, etc.

Les conducteurs qui y seront placés seront supérieurement isolés ; ils épouseront les formes des appareils le plus strictement possible.

Dans les lustres ayant cinq lampes ou davantage, on devra éviter les épissures ; les fils de chaque lampe seront de préférence réunis à la dérivation sur des couronnes métalliques munies de vis.

Les douilles y seront fixées de manière à ne pouvoir tourner. Elles seront, en outre, isolées électriquement de la masse des appareils.

Installation des lampes a arc. Art. 14. — Chaque circuit d'arcs comprendra un interrupteur et, sur chaque pôle, un coupe-circuit.

En cas d'emploi de rhéostats, ces appareils seront placés dans un endroit abrité, aéré et loin de toutes matières inflammables ; leur fil, qui sera calculé de manière à ne pas dépasser la température de 200° en fonctionnement normal, devra être séparé par une couche d'air d'au moins 5 centimètres du mur ou du tableau portant les rhéostats.

Ces appareils devront être montés sur une matière incombustible et non hygrométrique.

Les lampes à arc seront toujours pourvues d'enveloppes et de globes constituant une fermeture assez complète pour arrêter toutes projections d'étincelles.

Les lampes à arc placées à l'extérieur auront leurs bornes bien protégées de la pluie et des chocs.

Règles spéciales aux installations mixtes de gaz et d'électricité. Art. 15. — Lorsque dans la même installation seront placés des tuyaux de gaz et des conducteurs électriques, il y aura lieu d'appliquer les règles suivantes :

a) Les appareils servant à la fois au gaz et à l'électricité seront toujours montés sur un raccord dont la résistance d'isolement sera au moins de 500.000 ohms et dont la disposition sera telle que les poussières et l'humidité ne puissent compromettre cette isolation.

b) Les fils placés sur les appareils servant à la fois au gaz et à l'électricité seront fortement isolés et protégés. En outre, ils seront assujettis, en épousant les formes de l'appareil, de manière à n'être pas détériorés par la chaleur du gaz.

Mode d'essai et détermination de la valeur d'isolement. Art. 16. — Sur toute partie de conducteur pouvant être séparée de l'ensemble par la manœuvre d'un interrupteur ou l'enlèvement d'un fil fusible, la résistance d'isolement, soit par rapport à la terre, soit par rapport au conducteur de nom contraire, exprimée en ohms, ne devra jamais descendre au-dessous de 5 E^2, E étant la différence de potentiel en volts mesurée aux bornes extrêmes des appareils générateurs ou transformateurs du courant.

Dans les mesures d'isolement, la différence de potentiel employée devra être égale à E, sans toutefois dépasser 500 volts, ni descendre au-dessous de 100 volts.

§ 5. — PARATONNERRES

272. Disposition des tiges de paratonnerres. — Un paratonnerre se compose de trois parties : 1° une *tige métallique*, terminée en pointe aiguë et de hauteur appropriée aux circonstances, qu'on établit à la partie haute des objets à protéger; 2° un *conducteur métallique* reliant la tige au sol; 3° un *perd-fluide* ou *prise de terre*, en communication aussi parfaite que possible avec le sol.

Le paratonnerre agit par son *action préventive*, parce qu'il prévient les coups de foudre en écoulant le fluide électrique à mesure de sa formation, et l'empêche d'arriver à la tension suffisante pour produire l'étincelle ; il a une *action préservatrice*, parce qu'au cas où l'étincelle peut se produire, il reçoit la foudre et préserve de ses effets la construction sur laquelle il est établi.

Les dispositions à adopter pour un paratonnerre sont résumées dans les instructions de l'Académie des sciences de 1867, et dans celle du préfet de la Seine de 1875.

La tige d'un paratonnerre protège efficacement tous les objets placés dans un cône, dont la pointe serait le sommet, le paratonnerre l'axe, et dont le rayon de base serait égal à deux fois la hauteur de la tige; les instructions du préfet de la Seine donnent 1,75 fois au lieu de 2 fois; dans la pratique, on donne souvent un écartement plus considérable, mais en employant un *circuit de faîte*. On peut se servir de grandes tiges, peu nombreuses, ou au contraire de petites tiges, très rapprochées ; au point de vue de l'usage, les grandes tiges, dont les conducteurs seront de fortes barres, subiront moins facilement les dégradations, dues au manque de soin des ouvriers, que les petites tiges de faible section, dont les conducteurs sont également minces ; la surveillance en sera plus facile.

Les *tiges* sont exécutées en fer forgé de Suède ou de Berry ; on les galvanise ou on les recouvre de peinture ; on leur donne, à la base, un diamètre égal à un centième environ de leur hauteur, et au sommet, leur diamètre est d'environ 0^m 020 ; on y fixe une *pointe*, qui peut être en platine, ou plus simplement en cuivre rouge ; dans ce dernier cas, la *pointe* est formée d'un cylindre de 0^m 500 de long, terminé par une pointe aiguë formant un cône, dont l'angle, au sommet, est de 30° ; on l'assemble par un tenon en fer, taraudé dans les deux pièces, et goupillé ; on recouvre le joint par un nœud de soudure à l'étain, qui assure le contact parfait des deux pièces et empêche l'oxydation. Lorsque la pointe est en platine, elle n'a pas plus de 0^m 05 de longueur et elle est soudée à l'argent sur une tige en cuivre jaune de 0^m 50 de long.

La tige est fixée ordinairement au sommet du poinçon d'une ferme ; on peut la terminer à sa base par quatre branches en croix : deux d'entre elles se fixant sur les arbalétriers de la ferme ; les deux autres sur les faîtages, au moyen de boulons. On peut encore chantourner ces quatre branches pour les descendre le long des faces des arbalétriers et les y assembler.

Enfin dans le cas d'un poinçon en bois, on peut percer ce poinçon à la tarière dans toute sa longueur, et faire passer dans le trou d'axe le prolongement de la tige paratonnerre ; une embase l'arrête à l'extrémité supérieure du poinçon, tandis qu'on la fixe à l'extrémité inférieure à l'aide d'un écrou et d'une plate-bande interposée.

273. Conducteurs métalliques. — Les *conducteurs* qui vont de la base de la tige au sol s'exécutent en fer galvanisé ou en câbles de fil de cuivre rouge ; ceux en fer doivent avoir 400 millimètres carrés de section, c'est-à-dire avoir 0^m 020 de côté s'ils sont en fer carré, et 0^m 023 de diamètre s'ils sont en fer rond ; les différentes parties en sont réunies à mi-épaisseur avec crossettes ; les deux parties étant jointes par des boulons, on enveloppe le joint d'un nœud de soudure à l'étain noyant les boulons. Si le conducteur est en fil de cuivre, il doit avoir de 0^m 016 à 0^m 018 de diamètre, et être d'une seule pièce du pied de la tige jusqu'au sol. S'il y a des jonctions à faire, on les effectue à l'aide de manchons de cuivre étamé avec soudure à l'étain. On peut encore employer des câbles en fil de fer galvanisé ; ils doivent être formés de quatre torons renfermant chacun quinze fils.

On attache les conducteurs sur la tige par une pièce de fer galvanisé ou de cuivre étamé, appelé *collier de prise* embrassant le pied de la tige. Ce collier est formé de deux pièces en fer reliées par des boulons qui serrent à la fois la tige et le conducteur ; une lame de plomb interposée assure le contact, et une masselotte de soudure complète la jonction. Les conducteurs descendent le long des rampants de la couverture ou suivent les arêtiers, et ils sont maintenus à 0^m 10 environ de celle-ci par de petits supports en fer galvanisé, fixés par des vis sur la charpente et dans lesquels ils passent librement ; ils descendent ensuite verticalement le long de la façade qu'ils suivent à distance jusqu'au sol ; ils y sont maintenus par des supports en fer galvanisé sur lesquels on les fait reposer par de petits talons pour éviter que le conducteur soit trop fortement tendu sous son propre poids. Depuis le sol jusqu'à une hauteur de 2 mètres environ, on les enferme ordinairement dans une conduite en fonte dont on ferme les extrémités par des tampons de bois coaltéré.

Depuis la surface du sol, jusqu'au point où il se termine au *perd-fluide*, on enferme le conducteur dans une gaine en bois coaltéré, ou dans des tuyaux en poterie ou en fonte.

Lorsqu'il y a sur un bâtiment un certain nombre de paratonnerres, il faut mettre un conducteur par deux tiges; il est bon également de placer les conducteurs sur la face de la construction la plus exposée à la pluie.

Les différentes tiges de paratonnerres d'un bâtiment sont reliées entre elles par un *circuit de faîte* dont la dilatation est ménagée à l'aide de *compensateurs de dilatation* qui ont la forme d'une boucle et qui sont formés d'une bande de cuivre rouge, de $0^{m}050 \times 0^{m}005$ et de $0^{m}700$ environ de long, fixée aux deux extrémités sur les bouts du conducteur par des boulons et de la soudure forte sur $0^{m}15$ de longueur.

274. Perd-fluide. — La terre sèche, les bancs calcaires, les glaises, les argiles conduisent mal l'électricité; l'eau est médiocrement conductrice; la terre humide, au contraire, est facilement traversée par les courants. Les terrains aquifères conviennent très bien pour l'établissement d'un perd-fluide.

On essaye donc, autant que possible, de descendre jusqu'à une couche aquifère, au moyen de puits assez profonds, l'extrémité du conducteur; on l'y termine par une surface métallique, aussi grande que possible, consistant en une feuille de tôle galvanisée, de 1 mètre carré de surface au moins et de $0^{m}002$ d'épaisseur, qu'on enroule en cylindre; on augmente la conductibilité en entourant le perd-fluide de coke concassé (un hectolitre environ), et l'on y dirige les eaux pluviales afin d'entretenir autour une humidité constante. Il faut l'enfoncer bien au fond du puits, dans le sol, et s'assurer que le puits communique bien avec une nappe aquifère et ne peut jamais s'assécher; si la couche aquifère est trop profonde, on remplace le puits par un forage avec tubage métallique dont on relie les parois au conducteur par une jonction métallique.

Dans certains cas, on établit le perd-fluide dans un forage à tubage métallique, descendant jusqu'à une couche aquifère profonde, et dont les parois sont reliées au conducteur. Le perd-fluide peut également être formé de quatre branches en fer, de $0^{m}60$ au moins de longueur, terminées en pointe, ou bien d'une sorte de grappin dont les branches sont terminées en pointe, ou encore d'un cylindre en cuivre rouge; on emploie également une bande de cuivre de 5 à 6 mètres de long enroulée en spirale.

275. Précautions relatives aux masses métalliques de la construction. — Il faut mettre, sans solution de continuité, les charpentes métalliques des constructions en communication avec les conducteurs des paratonnerres; toute partie métallique isolée un peu importante devra toujours être reliée à ces conducteurs par des bandes de cuivre rouge étamé, de $0^{m}020 \times 0^{m}005$, soudées à l'étain à leurs extrémités.

Les conduites souterraines d'eau et de gaz doivent également être reliées aux conducteurs, et elles constituent d'excellentes prises de terre.

Dans les constructions entièrement métalliques reposant sur colonnes en fonte ou piliers métalliques, on peut n'établir les conducteurs qu'à partir de la base des piliers; on devra alors avoir soin de relier entre elles les pièces principales de la construction au droit de leurs assemblages au moyen de bandes en cuivre rouge.

Ces précautions sont indispensables, car si un paratonnerre est mal établi, et que sa communication avec le sol soit interrompue, le fluide, en cas de foudroiement, peut l'abandonner et pénétrer dans l'habitation; l'étincelle peut de même jaillir entre le conducteur et une masse métallique voisine qui ne lui serait pas reliée, en produisant des dégâts, peut-être l'incendie, ou des accidents de personnes.

276. Instruction pour l'usage des paratonnerres. — Une commission a été chargée d'étudier l'établissement des paratonnerres des édifices municipaux de Paris, et a formulé ses observations dans une instruction adoptée dans la séance du 20 mai 1875 et dont voici le texte :

I. Pointes de paratonnerres. — Une tige constitue un conducteur s'élevant au-dessus des bâtiments à une certaine hauteur dans l'atmosphère. Quel que puisse être l'effet primitif produit par la pointe, cette dernière doit avoir une masse et une conductibilité suffisantes pour résister à une charge disruptive; cette pointe doit donc être faite en métal bon conducteur. La commission trouve inutiles les pointes en platine et adopte, pour placer au sommet de chaque tige, une flèche en cuivre rouge pur, d'environ 50 centimètres de longueur, terminée suivant un cône dont l'angle au sommet sera de 15° avec la verticale, soit 30° pour l'angle total. Cette flèche sera vissée, goupillée à vis, et soudée à la soudure faite à l'extrémité de la tige en fer.

II. Tiges des paratonnerres. — La tige sera en fer forgé, d'une seule longueur, polygonale ou légèrement conique. Elle sera, autant que possible, galvanisée en zinc, mais sous aucun prétexte elle ne devra être peinte. La mise en communication entre la tige et le conducteur du paratonnerre sera établie par une pièce ajustée et boulonnée, et finalement tout ce joint sera recouvert d'une couche de soudure à l'étain.

III. Délimitation de la zone de protection de chaque tige. — La commission admet que, dans une construction ordinaire, une tige protège efficacement le volume d'un cône de révolution ayant la pointe pour sommet et pour rayon de base la hauteur de cette tige mesurée à partir du faîtage multipliée par 1,75. Ainsi, une tige de 8 mètres protège efficacement un cône dont la base mesurée sur le faîtage aura $8^m \times 1,75 = 14$ mètres de rayon. Dans la pratique, on pourra donner un écartement plus considérable aux tiges, à la condition de faire usage d'un circuit des faîtes établi suivant les instructions de l'Académie.

On appelle circuit des faîtes, un conducteur métallique qui règne sans interruption sur le faîtage de tous les édifices qu'il s'agit de protéger, qui est relié métalliquement à toutes les tiges de paratonnerres et au conducteur, et par suite à la nappe d'eau qui forme seule le réservoir commun.

« Le circuit des faîtes est composé de barres de fer carré de 2 centimètres de côté ayant 4 ou « 5 mètres de longueur; ces barres doivent être jointes l'une à l'autre, par superposition des « extrémités, avec deux boulons et une bonne soudure à l'étain. La nouvelle branche se termine « en forme de T, dont la traverse se superpose à la ligne principale, où elle est boulonnée et sou- « dée à la manière ordinaire, tandis que la tige du T se prolonge pour constituer l'embranche- « ment. Dans certains cas, le circuit des faîtes pourra reposer immédiatement sur le faîtage; « cependant, comme il importe que ses joints et soudures ne soient en rien compromis, soit « par les réparations des couvertures, soit par d'autres causes, il est probable que, en général, « il faudra le soutenir à une certaine hauteur par des supports convenablement espacés. Les « supports pourront varier suivant la forme et la disposition des faîtages eux-mêmes; quelque- « fois, il faudra recourir aux supports fixes; alors, ils devront être à fourchette, afin d'empê-

« cher les déplacements latéraux d'une trop grande amplitude en même temps qu'ils permet-
« tront le jeu de la dilatation. D'autres fois, on pourra se borner à de simples coussinets de
« fonte, du poids de 5 ou 6 kil., simplement posés sur le faîtage et portant à leur face supérieure
« une gorge destinée à recevoir la barre. »

IV. Masses métalliques reliées au conducteur. Toutes les pièces métalliques de masse un peu considérable entrant dans la construction des édifices seront reliées métalliquement aux systèmes de paratonnerres : « Pour les édifices qui nous occupent, les plombs des chéneaux sont ajustés
« avec tant de soin qu'il est permis de les admettre comme ne faisant qu'un tout continu ; dans
« ce cas il suffira d'établir de loin en loin quelques bonnes communications entre les chéneaux
« et le circuit des faîtes. Ces communications pourront se faire, soit avec des lames de forte
« tôle, soit avec des fers plats ou autres dont la section soit au moins de 1 centimètre carré ;
« mais sous la condition, toujours nécessaire, que les deux soudures des extrémités, celle qui
« se fait sur le plomb du chéneau et celle qui se fait sur la base du circuit aient chacune 20 à
« 25 centimètres carrés d'étendue superficielle. Quant aux autres surfaces métalliques de la couver-
« ture il faudra, autant que possible, en rendre les parties solidaires entre elles en les reliant
« au besoin avec des bandes de tôle soudées d'une pièce à l'autre ; ces précautions prises on
« les fera communiquer métalliquement aux barres de circuit, ou, si on le trouve plus commode,
« on les fera communiquer aux chéneaux, puisque ceux-ci sont directement reliés au
« circuit. »

V. Conducteur. Si le conducteur est formé de barres de fer pleines, ces barres seront galvanisées ; les joints seront ajustés, boulonnés et recouverts définitivement d'une forte couche de soudure. Ces barres seront en fer carré de 18 à 20 millimètres. S'il n'est pas possible de les avoir galvanisées, on les recouvrira d'une forte couche de peinture. La commission prescrit l'emploi, notamment dans le circuit des faîtes, des *compensateurs de dilatation* établis conformément aux instructions de l'Académie.

« Compensateur de dilatation. La dilatation du fer est presque de 1 millimètre par mètre pour
« une variation de température de 80 degrés centigrades ; or dans nos climats les barres de circuit
« pourront sans doute pendant l'été s'élever à 60 degrés au-dessus de zéro, et pendant l'hiver
« descendre à 20 degrés au-dessous de zéro, ce qui fait une variation de température de 80
« degrés, ainsi chaque 100 mètres de longueur du circuit peut s'allonger de 1 décimètre en passant
« de l'extrême froid à l'extrême chaud et réciproquement. Il en résulte que dans le cas où le
« circuit des faîtes aurait une très grande longueur en ligne droite, il pourrait être nécessaire
« d'introduire dans les grandes longueurs un compensateur de dilatation, afin d'éviter des trac-
« tions et des poussées très fortes qui compromettraient l'ajustement de l'appareil lui-même. »

Dans ces circonstances, probablement rares et dont l'architecte est le meilleur juge, nous proposons l'emploi du compensateur décrit ci-dessous : « Ce compensateur se compose d'une bande
« de cuivre rouge de 2 centimètres de largeur, 5 millimètres d'épaisseur et 70 centimètres de
« longueur, dont les extrémités reçoivent à la soudure forte des bouts de fer du calibre ordinaire,
« et de 15 centimètres de longueur ; alors la bande de cuivre est pliée et n'oppose qu'une résis-
« tance peu considérable à une flexion un peu plus grande ou un peu plus petite. On comprend,
« par exemple, que les fers des extrémités de la bande étant maintenus sur une même ligne
« horizontale, si une force les oblige à se rapprocher ou à s'éloigner davantage le sommet de
« la courbe formée par la bande de cuivre montera un peu plus haut ou descendra un peu plus

« bas. Supposons maintenant que, pour le jeu des dilatations, on ait conservé une lacune « d'environ 15 centimètres entre deux barres, A et A', du circuit, la température étant, par « exemple, de 20 degrés centigrades au moment de la pose ; supposons qu'en même temps, « pour combler cette lacune et pour rendre au circuit sa continuité métallique, on ait boulonné « et soudé les fers du compensateur en les alignant sur les extrémités A et A' du circuit, alors « c'est sur ce point que viendraient se concentrer tous les efforts de la chaleur et du froid. A « mesure que la température s'élève et marche de plus en plus vers son maximum de 60 degrés « au-dessus de zéro, la dilatation rapproche les extrémités des barres A et A', de telle sorte « qu'au maximum de chaleur, la lacune est réduite, par exemple, à 10 centimètres et le com- « pensateur atteint son maximum de fermeture. Au contraire, le refroidissement au-dessous « de — 20 degrés écarte de plus en plus les extrémités des barres A et A' ; la lacune augmente « de telle sorte qu'au maximum du froid elle arrive, par exemple, à 20 centimètres, et le « compensateur atteint son maximum d'ouverture. S'il arrivait que le compensateur dût être « exposé à des chocs accidentels, on trouverait aisément des moyens de le protéger. »

Si l'on fait usage des câbles en fils de fer galvanisés, ces fils auront 2 millimètres 5 à 3 millimètres de diamètre, et leur nombre sera tel que la somme des aires de leurs sections droites soit égale à celle d'une barre de fer carrée de 20 millimètres de côté, plus 1/5. Ces câbles seront d'un seul bout, en fils de fer continus, recuits et galvanisés. Leurs extrémités, aussi bien celle partant de la tige que celle qui aboutit au sol, seront encastrées et goupillées à vis dans des pièces de fer ; ces assemblages seront ensuite noyés dans la soudure.

VI. Supports des conducteurs. — Les supports des conducteurs seront sans isolateurs ; ils seront à fourchette si les conducteurs sont en fer plein, et à serrage si l'on fait usage de câbles Leur nombre sera aussi restreint que possible.

VII. Arrivée en terre du conducteur. — Le conducteur arrive en terre après avoir traversé un fourreau ou manchon en bois ou métal. A l'extrémité du conducteur sera fixée et soudée une masse métallique, plaque ou cylindre creux, à surface aussi large que possible. Cette masse métallique devra toujours plonger d'au moins 1 mètre, même par les plus grandes sécheresses, dans la nappe d'eau souterraine. Si l'on ne peut pas utiliser des puits déjà existants, et dont les eaux les plus basses aient au moins 1 mètre, on atteindra la nappe d'eau au moyen d'un trou de sonde avec tubage métallique établi en la forme ordinaire des puits forés à la sonde. Lorsqu'on aura à proximité une conduite maîtresse des eaux de la ville, et qu'il ne sera pas possible d'atteindre la nappe d'eau pour une raison quelconque, on pourra faire aboutir le conducteur à cette conduite maîtresse, mais en ayant soin de faire un joint avec bride boulonnée à écrasement de plomb, le tout définitivement recouvert d'une couche de soudure après un décapage énergique. Lorsqu'il ne sera pas possible, soit d'atteindre la nappe d'eau par des puits ou par un forage, soit de se relier à une grosse conduite d'eau, il faut renoncer à établir un paratonnerre qui serait plus dangereux qu'utile.

VIII. Dispositions générales. Toutes les fois qu'il s'agira d'un monument un peu important, on emploiera deux ou plusieurs conducteurs distincts, descendant au réservoir commun, c'est-à-dire à la nappe d'eau. On établira des regards disposés de telle façon que l'on pourra toujours examiner la partie souterraine du conducteur et l'état de la prise de terre ; les pièces souterraines pourront être retirées facilement, tant pour les examiner que pour les nettoyer et faire disparaître l'oxydation.

APPENDICE

CHAPITRE PREMIER

PRIX DES OUVRAGES DE SERRURERIE ET DE QUINCAILLERIE

§ 1er. — PRÉLIMINAIRES

1. Établissement du prix des ouvrages. — Le prix d'un ouvrage se compose de quatre parties qui sont : 1° le *prix des matériaux* employés ; 2° le *prix de la façon*, c'est-à-dire le salaire des ouvriers qui ont mis les matériaux en œuvre ; 3° les *faux frais*, comprenant les dépenses relatives aux échafaudages, à l'outillage, aux avances de fonds que représentent les travaux exécutés ; 4° le *bénéfice* que l'entrepreneur doit légitimement retirer des travaux qu'il fait.

Les prix des matériaux et ceux des journées d'ouvriers sont variables suivant les localités et les époques ; ils constituent ce qu'on nomme les *prix de base* ou *prix élémentaires*. Les faux frais varient suivant la nature des ouvrages, mais on leur attribue une valeur moyenne ; on admet également que le bénéfice de l'entrepreneur doit normalement représenter une fraction donnée de la valeur des travaux.

On peut donc, pour chaque genre d'ouvrage, établir d'après ces données un *sous-détail* du *prix de l'unité*, cette unité étant suivant les cas le kilogramme d'ouvrage, le mètre linéaire, ou la pièce ; le total des sommes constituant le sous-détail est le *prix de règlement*. La nomenclature complète des prix de base et des prix de règlement forme une *série des prix* ; on conçoit que, connaissant les éléments des sous-détails, chacun puisse, dans les conditions particulières où il est placé et à une époque donnée, dresser une série de prix. Cependant, pour éviter ce travail, on se sert ordinairement de séries dressées à l'avance telles que la série de la Ville de Paris, celle de la Société centrale des architectes, etc. ; la première employée pour les travaux dépendant du service d'architecture du département de la Seine et de la Ville de Paris, la seconde pour les travaux particuliers exécutés à Paris ; il existe de même des séries de prix établies pour certaines villes ou certaines régions ; elles présentent toutes l'inconvénient de ne s'appliquer qu'aux conditions de travail spéciales à ces villes ou à ces régions.

Nous pensons qu'il sera plus utile à nos lecteurs de leur donner les sous-détails qui sont d'application absolument générale, et qui leur permettront d'établir eux-mêmes et très simplement une série convenant aux conditions particulières où ils se trouvent placés.

§ 2. — PRIX ÉLÉMENTAIRES

2. Prix des salaires des ouvriers à l'heure. — Ces prix varient suivant la catégorie et la valeur de l'ouvrier, mais on est obligé, pour établir une série, d'admettre des prix moyens ; il est entendu que moyennant ces prix, l'ouvrier doit être muni des outils de sa profession, suivant l'usage.

A Paris, les prix moyens sont les suivants :

Forgeron de grande forge	l'heure	0 fr. 85
Frappeur ou tireur de soufflet (grande forge)	—	0 fr. 55
Forgeron de petite forge	—	0 fr. 70
Frappeur ou tireur de soufflet (petite forge)	—	0 fr. 50
Ajusteur ou foreur, charpentier en fer, homme de ville ou heure d'ouvrier sans désignation spéciale	—	0 fr. 725
Perceur ou homme de peine	—	0 fr. 525

3. Prix des matériaux. — Les prix des matériaux comprennent, outre le prix d'achat, le transport à pied-d'œuvre ; on accorde une augmentation de 1 franc par 100 kilogrammes pour double transport sur les fers employés dans les réparations et les travaux faits à l'atelier ; mais cette augmentation n'est applicable, même pour les travaux en réparation, que dans le cas où les fournitures ne peuvent être faites directement des forges au chantier. Pour les travaux neufs, elle n'est applicable que lorsque le double transport a été nécessité par un travail d'assemblage ou par des façons ne pouvant se faire sur le chantier.

Nous avons donné au nº 19 la classification adoptée pour les fers de commerce ; le *Moniteur officiel* donne les cours des fers des différentes classes ; il faut remarquer que dans certaines localités, des droits d'octroi plus ou moins importants frappent diverses catégories de fers et doivent être ajoutés aux prix d'achat : le prix de base sera toujours celui du cours du jour de la commande du travail.

A défaut de conventions spéciales, les fers marchands sont fournis par les forges à des longueurs déterminées ; pour les longueurs supérieures, on admet une plus-value par 100 kilogrammes, et par mètre ou fraction de mètre en plus ; cette plus-value est de 1 franc pour les fers marchands au coke des quatre classes, les feuillards, les gros ronds et gros carrés ; elle est de 0 fr. 50 pour les larges plats, les fers à planchers et les fers spéciaux des diverses catégories.

Les prix des tôles sont de même donnés par le cours officiel des métaux ; on applique une plus-value de 2 fr. par 100 kilogrammes pour des tôles de 0m002 à 0m0025 d'épaisseur, et une plus-value de 1 fr. par 100 kilogrammes pour toute fourniture inférieure à 1.000 kilogrammes.

Le cours officiel des métaux donne également les prix des fontes du bâtiment de différentes sortes, telles qu'on les trouve dans le commerce ; pour celles qui seront faites sur modèles spéciaux, on devra ajouter à ces prix les frais de modèles.

§ 3. — PRIX DE RÈGLEMENT DE FERRONNERIE ET SERRURERIE

4. Etablissement des prix de règlement de ferronnerie et serrurerie. — Les prix de règlement des *salaires* comprennent :

1° Les prix à l'heure payés aux ouvriers par l'entrepreneur;

2° Les faux frais, évalués à 25 fr. 75 °/₀ de ces prix, y compris les risques d'accidents (loi du 9 avril 1898) ;

3° Le bénéfice de l'entrepreneur, évalué à 10 °/₀ et appliqué au total des prix à l'heure et des faux frais.

Cependant aucun travail ne peut, d'après la série de la Société centrale, être exécuté à l'heure que sur un ordre écrit de l'architecte, et dans ce cas, des attachements journaliers doivent constater le temps passé et les travaux auxquels il aura été employé ; l'entrepreneur devra dresser ces attachements en double, et les faire reconnaître en temps utile.

D'après cette même série, les heures supplémentaires jusqu'à huit heures du soir sont payées au même prix que les heures de jour. La série de la Ville de Paris n'admet que deux heures supplémentaires en plus de la journée réglementaire et les paie un quart en plus.

Après ces deux heures, le travailest considéré, par cette série, comme travail de nuit et payé le double ; la série de la Société centrale fait commencer le travail de nuit à huit heures du soir et le fait finir à six heures du matin ; elle les paie également le double des heures de jour.

Pour les travaux faits à la lumière, l'entrepreneur a droit au seul remboursement des fournitures qu'il a faites pour l'éclairage.

Les prix de règlement pour les *matériaux fournis et non posés* comprennent :

1° Le prix déboursé pour leur achat, y compris le transport ;

2° Le bénéfice de l'entrepreneur, évalué à 10 °/₀.

Pour les *ouvrages de ferronnerie ou serrurerie*, les prix de règlement comprennent :

1° Les déboursés pour l'achat des matériaux et leur transport, les diverses fournitures accessoires et la main-d'œuvre ;

2° Les faux frais appliqués à la main-d'œuvre seule et évalués à 25 fr. 75 °/₀, y compris les risques d'accidents (loi du 9 avril 1898) ;

3° Le bénéfice appliqué au total des déboursés et des faux frais et qui est de 10 °/₀.

Ces prix s'appliquent à des ouvrages faits avec des matériaux de première qualité dans l'espèce indiquée, et avec toute la perfection possible d'exécution; ils comprennent le montage des matériaux à toute hauteur, et en outre le nettoyage et l'enlèvement de tous les déchets et résidus provenant du travail exécuté.

5. Sous-détails des prix de règlement de ferronnerie et serrurerie. — Pour tous les ouvrages en gros fers, on compte comme prix du kilogramme de fer fourni le prix moyen des fers marchands au coke des quatre premières classes, au jour où la commande du travail a été faite. Les prix de façon portés dans les sous-détails sont basés sur les prix des salaires donnés plus haut ; en cas de variation dans ces prix, il suffira de faire subir à ceux des sous-détails une variation proportionnelle.

Gros fers a batiment (au kilogramme) :

Désignation	Éléments	Prix
Coupés de longueur seulement montés et posés pour fentons de planchers	fer de 1re classe	$1^{k}\,000$
	façon, montage et pose	$0^{f}\,020$
	transport	$0^{f}\,005$
Coupés de longueur et dressés en fer rond ou carré pour ancres de toutes espèces, linteaux droits, cales non forgées ou analogues	fer	$1^{k}\,020$
	façon, montage et pose	$0^{f}\,042$
	transport	$0^{f}\,005$
Pour chevêtres, bandes de trémie, chaînes, tirants, harpons, plates-bandes, entretoises de planchers, linteaux cintrés, manteaux de cheminées, ceintures de fourneaux ou autres ouvrages analogues, compris clous et entailles de talons ou pattes	fer	$1^{k}\,000$
	clous	$0^{k}\,015$
	façon, entailles et pose	$0^{f}\,095$
	transport	$0^{f}\,005$
	charbon	$0^{k}\,250$
Pour étriers ou embrassures, chapeaux de colonnes, cales et coins forgés ; cintrés pour colliers ou ceintures de tuyaux ; pour boulons de 6 kil. et au-dessus, ou fers à tiges taraudées avec écrous, ou autres ouvrages analogues, compris clous et entailles	fer	$0^{k}\,990$
	clous	$0^{k}\,060$
	façon et pose	$0^{f}\,142$
	transport	$0^{f}\,005$
	charbon	$0^{k}\,330$

Les vis à bois ou les tirefonds remplaçant les clous seront payés à part suivant leur nature.

Désignation	Éléments	Prix
Pour fermes de planchers et poitrails, compris boulons	fer	$1^{k}\,050$
	boulons	$0^{k}\,025$
	façon et pose	$0^{f}\,235$
	transport	$0^{f}\,005$
	charbon	$0^{k}\,400$
Pour combles en fer ordinaires, y compris pannes et chevronnage (quelle que soit d'ailleurs la nature ou la forme des ajustements, droits, biais ou autres), avec boulons, rivets et toutes fournitures ou mains-d'œuvre accessoires	fer	$1^{k}\,050$
	boulons et rivets	$0^{k}\,035$
	façon et pose	$0^{f}\,300$
	transport	$0^{f}\,005$
	charbon	$0^{k}\,400$
Pour comble circulaire de toutes formes, *plus-value*	façon	$0^{f}\,060$

Fers spéciaux (au kilogramme) :

Désignation	Éléments	Prix
Pour planchers composés de solives en fers à T ordinaire de 0m 08 à 0m 22 de haut jusqu'à 10 mètres de longueur, coupées de longueur seulement et posées (sans fentons ni entretoises, qui seront payées à part aux prix portés ci-dessus)	fer	$1^{k}\,050$
	coupe, montage et pose	$0^{f}\,030$
Pour planchers, id., mais les solives assemblées avec cornières en fer ou solives non assemblées garnies de tirants	fer	$1^{k}\,100$
	transport	$0^{f}\,005$
	façon, montage et pose	$0^{f}\,055$
	charbon	$0^{k}\,250$
Pour pans de fer assemblés avec ou sans poteaux corniers, montés et posés à tous étages, compris cornières, plaques de raccord, sabots de pied et de tête, boulons, rivets, percements et tous accessoires	fer	$1^{k}\,100$
	transport	$0^{f}\,005$
	façon, montage et pose	$0^{f}\,120$
	charbon	$0^{k}\,250$
Plus-value pour assemblage biais sur les deux prix précédents	façon	$0^{f}\,035$
Pour poitrails, filets ou poutrelles en fer à T ordinaire, jusqu'à 0m 22 de haut, les solives simplement accouplées au moyen de boulons ou servant d'armatures à des poutres en bois	fer	$1^{k}\,050$
	boulons	$0^{k}\,030$
	transport	$0^{f}\,005$
	façon	$0^{f}\,035$
	charbon	$0^{k}\,160$

Pour poitrails, filets ou poutrelles, les solives accouplées au moyen de brides ou boulons avec croisillons à l'intérieur en fer ou en fonte, et garnies ou non aux extrémités de tirants et harpons	fer marchand	1ᵏ 025
	fer à double T	1ᵏ 050
	boulons	0ᵏ 015
	transport	0ᶠ 005
	façon, montage et pose	0ᶠ 055
	charbon	0ᵏ 250
Plus-value pour poitrails, filets ou poutrelles assemblés avec les planchers droits	façon	0ᶠ 030
Plus-value pour poitrails, filets ou poutrelles assemblés avec les planchers biais ou en sous-œuvre, compris toutes plus-values pour montage et pose, les échafauds faits par les maçons payés à part	façon	0ᶠ 047
Pour chevronnage de combles, pannes ou plates-formes assemblés en fer à simple ou double T	fers	1ᵏ 050
	boulons et rivets	0ᵏ 020
	transport	0ᶠ 005
	façon, montage et pose	0ᶠ 140
	charbon	0ᵏ 250
Plus-value pour chevronnage circulaire, y compris tous ajustements	façon	0ᶠ 060
Plus-value pour emploi de fer à T simple pour chevronnage de comble applicable seulement au poids des fers à simple T	différence de prix de 1ᵏ 050 en fer simple T, au lieu de double T et bénéfice correspondant.	
Pour fermes de combles (quelle que soit d'ailleurs la nature ou la forme des ajustements, droits, biais ou autres) ; lesdites, composées d'arbalétriers ou d'arêtiers en même fer et compris pièces d'assemblage en fonte fondue sur modèle (sauf les sabots en fonte, qui seront déduits du poids total des fermes)	fer	1ᵏ 050
	boulons et rivets	0ᵏ 050
	transport	0ᶠ 005
	façon, montage et pose	0ᶠ 300
	charbon	0ᵏ 250
Nota. — Les *sabots en fonte* recevant les fermes seront toujours pesés séparément, quelle que soit leur forme, et seront payés (compris frais de modèle) un prix unique	fonte	1ᵏ 000
	modèles	0ᶠ 050
	transport	0ᶠ 005
	pose	0ᶠ 045
Plus-value pour fermes de comble circulaire de toutes formes (pour les parties cintrées seulement)	façon	0ᶠ 060
Plus-value pour emploi de fer de dimensions plus grandes que celles indiquées ci-dessus pour planchers, poitrails, etc., ou combles, en fer à double T, ailes ordinaires, de 0ᵐ 260 de haut : lesdits jusqu'à 10 mètres de longueur	différence entre les prix d'acquisition du fer ordinaire et des fers spéciaux et bénéfice correspondant.	
Plus-value pour emploi de fer à double T, ailes inégales, de 0ᵐ 120 de haut ; de fers à double T, larges ailes, de 0ᵐ 100 à 0ᵐ 160 sur 0ᵐ 060 à 0ᵐ 084 d'ailes ; de 0ᵐ 180 sur 0ᵐ 070 à 0ᵐ 078 d'ailes : lesdits sur 10 mètres de longueur		
Plus-value pour emploi de fer à double T, à larges ailes de 0ᵐ 080, 0ᵐ 170, 0ᵐ 175, 0ᵐ 180 et 0ᵐ 220 sur 0ᵐ 055 à 0ᵐ 105 ; de 0ᵐ 200 sur 0ᵐ 110 à 0ᵐ 117 et dissymétriques de 0ᵐ 166 à 0ᵐ 172 ; lesdits sur 10 mètres de longueur		
Plus-value pour emploi de fers à double T, larges ailes de 0ᵐ 160 sur 0ᵐ 120, 0ᵐ 125 et 0ᵐ 128 ; de 0ᵐ 260 sur 0ᵐ 117 à 0ᵐ 122 ; de 0ᵐ 235 sur 0ᵐ 095 à 0ᵐ 100 ; de 0ᵐ 248 sur 0ᵐ 127 à 0ᵐ 131 ; lesdits jusqu'à 10 mètres de longueur		
Plus-value pour emploi de fers à double T, larges ailes dissymétriques de 0ᵐ 300 sur 0ᵐ 130 à 0ᵐ 134 ; lesdits jusqu'à 10 mètres de longueur		
Plus-value pour emploi de fers à double T, larges ailes : de 0ᵐ 350 sur 0ᵐ 150 à 0ᵐ 152 ; lesdits jusqu'à 10 mètres de longueur		

Plus-value pour emploi de fer de dimensions plus grandes en longueur que celles indiquées ci-dessus, pour chaque mètre en plus et par kilogramme		0f 011

Observations. — Pour les pannes, chevronnages ou combles, ces plus-values ne seront pas admises sur l'ensemble des fers dont se composeront ces ouvrages.

Elles ne pourront être appliquées qu'aux parties isolées qui y auront droit, et qui devront par conséquent être pesées séparément, en observant que la plus-value de longueur sera acquise et comptée par mètres entiers, et non par fractions de mètres, sur les barres excédant les longueurs maxima.

Fer et tôle assemblés au moyen de cornières, rivés, bouterollés ou fraisés (au kilogramme) :

Pour poitrails, filets ou poutrelles, y compris percement de trous pour armatures et ajustement avec les planchers, poutres ou chevêtres. Les équerres adhérentes aux poitrails, filets ou poutres doivent être pesées comme les poutres dont elles font partie	tôles	0k 530
	cornières	0k 250
	fers	0k 250
	rivets	0k 120
	charbon	0k 160
	transport	0f 005
	façon, montage et pose	0f 180
Plus-value pour poutre à croisillon, dite américaine	façon	0f 100
Plus-value pour poutre tubulaire	façon	0f 040
Pour fermes de combles brisés jambe de force, arêtiers, etc., quel que soit le nombre ou la forme des ajustements, droits, biais ou autres, et y compris tous percements de trous pour chevrons, lattis en fer, ajustement de lucarnes, etc.	tôles	0k 530
	cornières	0k 250
	fers	0k 250
	rivets	0k 120
	charbon	0k 160
	transport	0f 005
	façon, montage et pose	0f 320
Plus-values pour assemblages droits de poutres entre elles ou de planchers droits	façon	0f 030
— pour assemblages biais de poutres entre elles ou de planchers biais	façon	0f 045
— pour fermes de combles circulaires de toutes formes	façon	0f 125
— pour fermes à croisillons, dites américaines	façon	0f 165

Les *sabots en fonte* sont pesés et payés séparément comme plus haut.

Observation. — Les plus-values pour arbalétriers circulaires s'appliquent exclusivement aux arbalétriers de combles seuls, composés en tout ou partie de pièces circulaires de toutes formes sur rayon donné, quels que soient le nombre et l'importance des parties circulaires de leurs ajustements et des déchets qui en résultent. Les plus-values pour assemblages droits ou biais ne s'appliquent jamais aux pannes, chevrons, entraits, poinçons, liens, jambes de force ou pièces quelconques complétant la forme de comble.

Dans les fermes de combles, les pièces recevant les planchers participent seules pour leur poids réel aux plus-values d'assemblages droits ou biais.

Fers a vitrages. Le prix du kilogramme de fers à vitrages est la moyenne des prix des fers de 4e et 5e catégories ; les prix ci-dessous comprennent les pattes en fer forgé, percements, trous taraudés et fraisés, vis à métaux, garde-verre.

Pour marquises ou combles de petite cour en appentis montés sur supports et sommiers en fer ordinaire	fer spécial	0k 700
	fer ordinaire	0k 400
	charbon	0k 330
	transport	0k 005
	façon et pose	0k 350
Plus-value pour assemblages biais	façon	0f 085

Pour lanternes, marquises ou châssis de combles à deux égouts montés sur supports et sommiers en fer ordinaire avec ou sans chéneaux unis.	fer spécial	0k 700
	fer ordinaire	0k 400
	charbon	0k 330
	transport	0f 005
	façon et pose	0f 560
Pour lanternes de combles à trois et quatre croupes, montées comme les précédentes, avec ou sans chéneaux unis	fer spécial	0k 700
	fer ordinaire	0k 400
	charbon	0k 330
	transport	0f 005
	façon et pose	0f 680

Observations. — Si les marquises, lanternes ou châssis sont supportés par des fermes en fer ou des poitrails, filets, etc., ces fermes et filets seront pesés séparément et payés suivant leur nature et leur façon.

Les sommiers et supports, s'ils étaient exécutés en fer spéciaux, seraient également comptés à part et payés suivant leur nature et leur façon.

Les parties supportant les lanternes ne doivent jamais être assimilées à ces lanternes et confondues avec elles; elles seront pesées à part et payées suivant leur valeur propre.

Quand les marquises ou lanternes auront une grande longueur terminée par une croupe, on ne paiera au dernier prix que les croupes et une longueur de un mètre à partir de la rencontre de la croupe avec le faîtage ; le reste sera payé comme marquise à deux égouts.

Plus-value d'assemblage sur le poids des fers à vitrages s'assemblant avec les fermes en fers ordinaires, fers spéciaux ou fer et tôle	façon	0f 080
— pour châssis ou lanternes de moins de 4 mètres de surface	façon	0f 120
— pour lanternes de forme circulaire ou à côté irréguliers	déchet	0m050
	façon	0f 165

Fers a moulures (au kilogramme) :

Plus-value pour l'emploi de ces fers au lieu de fers à vitrages dans la confection des marquises, lanternes ou châssis	différence de prix sur	0k 700
	façon	0f 120

Fers forgés sans entailles (au kilogramme) :

Pour équerres, supports ou platebandes, couplés sur plat ou sur champ à congés renforcés, fournis et posés	fer	1k 050
	charbon	0k 330
	transport	0f 010
	façon et pose	0f 300
Pour pentures ordinaires ou renforcées, collets non élargis, compris chanfreins (le fer acheté tout forgé)	fer tout forgé	1k 000
	clous, rivets et vis	0k 050
	pose	0f 095
Pour pentures à collets élargis bien dressés, y compris collets et vis, charnières longues et soudées, fléaux de porte cochère ou charretière, embrassures de colonnes accouplées (le fer acheté tout forgé)	fer tout forgé	1k 000
	clous, rivets et vis	0k 050
	pose	0f 120
Pour barres de fermeture en fer plat ou carré avec boutons	fer	1k 100
	boutons	0f 090
	façon	0f 350
Pour barres de fermeture coudées avec renflements et congés, bien dressées en fer plat	fer	1k 100
	boutons	0f 090
	façon	1f 500
Observations. — Les chanfreins faits au burin et à la lime seront payés au mètre linéaire.	façon	0f 300
Pour pivots, bourdonnières et équerres de porte cochère, compris rivets et vis (le fer acheté tout forgé)	fer tout forgé	1k 000
	clous, rivets, vis	0k 180
	pose	0f 140

Pour armatures de pompes, embrassures de stalles ou bat-flancs........	fer........................	1k 100
	charbon..................	0k 500
	transport.................	0f 005
	façon et pose.............	0f 870
Pour boulons, compris rondelles et écrous, pesant chacun moins de 1 kilogramme..	fer........................	1k 150
	charbon..................	0k 840
	façon.....................	1f 410
— pesant de 1 à 3 kilogrammes..........................	fer........................	1k 100
	charbon..................	0k 840
	façon.....................	0f 350
— pesant de 3 à 6 kilogrammes..........................	fer........................	1k 050
	charbon..................	0k 660
	façon.....................	1f 290

Observations. — Les boulons qui pèsent plus de 6 kilogrammes, y compris les rondelles et écrous, sont comptés comme gros fers.

Grilles en fer *à barreaux ronds* de 0m 016 et au-dessus (au kilogramme) :

Le prix du kilogramme de fer employé est la moyenne des prix des fers des deux premières classes.

Dormantes pour baies de croisées, les barreaux à scellement à chaque bout, les trous des deux traverses évidés à froid.........	fer........................	1k 050
	charbon..................	0k 165
	transport.................	0f 005
	façon et pose.............	0f 180
— composées de deux sommiers et d'une ou deux traverses sans arc-boutant..	fer........................	1k 060
	charbon..................	0k 165
	transport.................	0f 005
	façon et pose.............	0f 210
— composées de deux sommiers et d'une ou deux traverses avec arc-boutants.......................................	fer........................	1k 060
	charbon..................	0k 250
	transport.................	0f 005
	façon et pose.............	0f 280
— composées de deux sommiers et de deux ou trois traverses, avec culots ou lances par le haut, et pontets par le bas, en fonte sur modèles, sans arcs-boutants.................	fer........................	1k 060
	charbon..................	0k 250
	fonte, différence de prix sur.	0k 180
	transport.................	0f 005
	façon et pose.............	0f 280
— composées de même, mais avec arcs-boutants.............	fer........................	1k 060
	charbon..................	0k 330
	fonte, différence de prix sur.	0k 180
	transport.................	0f 005
	façon et pose.............	0f 360
— composées de deux sommiers et deux traverses assemblées, barreaux ronds assemblés par le bas ou terminés en pontets, le haut terminé en pointes forgées, remplissage en fer forgé entre chaque barreau, C ou enroulements, fixés par des vis à métaux, colliers ou gaines....................	fer........................	1k 150
	charbon..................	0k 750
	transport.................	0f 005
	façon et pose.............	0f 900

Observation. — Les grilles exécutées sur dessin spécial seront payées à ce dernier prix, mais il sera accordé une plus-value sur les ornements pour différence de main-d'œuvre.

Les grilles exécutées en fer de moins de 0m 016 seront traitées de gré à gré.

Désignation	Élément	Prix
Plus-values pour traverses et arcs-boutants arrondis sur champ........	charbon	$0^{k}165$
	façon	$0^{f}090$
— pour chaque traverse droite ou circulaire en élévation à trous renflés ordinaires....................................	charbon	$0^{k}080$
	façon	$0^{f}030$
— pour parties ouvrantes sur les grilles, compris colliers, pivots et crapaudines..	charbon	$0^{k}165$
	façon	$0^{f}130$
— pour grilles circulaires en place ou pour traverses cintrées en élévation et par chaque traverse......................	façon	$0^{f}020$

Observation. — La plus-value pour parties ouvrantes n'est applicable qu'aux vantaux de grilles et aux arcs-boutants qui les supportent ; les parties fixes qui s'assemblent aux arcs-boutants n'y participent pas.

Désignation	Élément	Prix
Grilles pour soupirail, ou puisard, composées d'un châssis d'encadrement en fer et de barreaux assemblés dans le châssis (au kilogramme)......	fer.......................	$1^{k}050$
Echelle pour égout ou fosse mobile..............................	charbon	$0^{k}165$
Supports de tinettes assemblés..................................	transport.................	$0^{f}005$
	façon et pose.............	$0^{f}400$

Grilles en fer carré (au kilogramme) :

Désignation	Élément	Prix
On ajoutera aux prix des grilles en fer rond, quelles que soient d'ailleurs la nature et la composition des grilles, une plus-value fixe.............	différence de 0,01 par kilog sur le prix de $1^{k}060$ de fer.	
	façon	$0^{f}300$

Terrasses et balcons sans mains courantes (au kilogramme) :

Désignation	Élément	Prix
Avec ou sans arcs-boutant à congés, châssis en fer carré, remplissage en barreaux ronds, sans panneaux ni frise..........................	fer.......................	$1^{k}100$
	charbon...................	$0^{k}330$
	transport.................	$0^{f}005$
	façon et pose	$0^{f}280$
Avec ou sans arcs-boutants à congés, châssis en fer carré, remplissage en barreaux ronds avec double châssis par le haut et frise en fonte.......	fer.......................	$1^{k}100$
	charbon...................	$0^{k}330$
	transport.................	$0^{f}005$
	fonte, différence de prix sur.	$0^{k}250$
	façon et pose.............	$0^{f}350$
Avec ou sans arcs-boutants à congés, châssis en fer carré, remplissage en panneaux de fonte ornée du commerce, avec ou sans frise ou double châssis..	fer.......................	$1^{k}100$
	charbon	$0^{k}330$
	transport.................	$0^{f}005$
	fonte, différence de prix sur.	$0^{k}600$
	façon et pose.............	$0^{f}380$
Balcons saillants semblables aux précédents, pour baies de $1^{m}50$ de largeur.................................. (Au-dessus de cette largeur, ils sont payés comme grands balcons).	fer.......................	$1^{k}100$
	charbon...................	$0^{k}330$
	transport.................	$0^{f}005$
	fonte, différence de prix sur.	$0^{k}600$
	façon et pose.............	$0^{f}500$

Tôle de $0^{m}002$ à $0^{m}005$ d'épaisseur :

Désignation	Élément	Prix
Planage (au mètre superficiel)....................................	façon	$4^{f}400$
Dressement de rives au burin ou à la lime (le mètre linéaire)..........	façon	$0^{f}750$
Perçage de trous à la machine, pour aération, avec tracé et division, de $0^{m}005$ à $0^{m}030$ (le trou).......................................	façon	$0^{f}035$
Découpage de tôle de $0^{m}001$ à $0^{m}010$ d'épaisseur, *à la machine* (le mètre linéaire)...	façon de...........	$0^{f}550$ à $2^{f}000$

A la main, le prix est une fois et demie le prix ci-dessus.

Fers façonnés. Gros fers à bâtiments, compris clous (au kilogramme) :

Coupés de longueur seulement pour fentons, ancres ou linteaux	double transport	0^{f} 010
	Façon, montage et pose	0^{f} 027
Coudés ou à scellement	charbon	0^{k} 250
	clous	0^{k} 015
	transport	0^{f} 010
	façon, montage et pose	0^{f} 100
Contre-coudés, cintrés ou à tiges taraudées, compris entailles	charbon	0^{k} 330
	clous	0^{k} 060
	transport	0^{f} 010
	façon et pose	0^{f} 200
Pour fermes de planchers ou poitrails en fer ordinaire	charbon	0^{k} 400
	boulons	0^{k} 025
	transport	0^{f} 010
	façon et pose	0^{f} 270
Pour combles en fer ordinaire	charbon	0^{k} 400
	rivets	0^{k} 035
	transport	0^{f} 010
	façon et pose	0^{f} 370
Observations. — Lorsque les vieux fers provenant de démolitions auront dû être redressés au feu, et que cette opération aura été constatée, on ajoutera aux prix ci-dessus une plus-value	charbon	0^{k} 085
	façon	0^{f} 022

Fers spéciaux, à simple, double ou triple T, refaçonnés et reposés (au kilogramme) :

Pour planchers sans assemblages, compris tous transport	façon, montage et pose	0^{f} 035
Pour planchers assemblés	charbon	0^{k} 085
	transport	0^{f} 005
	façon, montage et pose	0^{f} 075
Pour poitrails et poutrelles accouplés par boulons	charbon	0^{k} 085
	transport	0^{f} 010
	façon, montage et pose	0^{f} 080
Pour poitrails et poutrelles accouplés par brides ou boulons avec croisillons	charbon	0^{k} 165
	transport	0^{f} 010
	façon, montage et pose	0^{f} 120
Pour chevrons, pannes et plateformes, compris fournitures et rivets	charbon	0^{k} 160
	rivets	0^{k} 020
	transport	0^{f} 010
	façon, montage et pose	0^{f} 200
Pour fermes de combles, compris fournitures et rivets	charbon	0^{k} 160
	rivets	0^{f} 050
	transport	0^{f} 010
	façon, montage et pose	0^{f} 320

Grilles refaçonnées (au kilogramme) :

Dormantes : les barreaux à scellement de chaque bout ; compris transports et ajustements	charbon	0^{k} 160
	transport	0^{f} 010
	façon, montage et pose	0^{f} 230
— composées de deux sommiers et d'une ou deux traverses sans arcs-boutants	charbon	0^{k} 160
	transport	0^{f} 010
	façon, montage et pose	0^{f} 235

Dormantes même composition, mais avec arcs-boutants..................	charbon..................	0^{k}250
— avec culots, lances, pontets, sans arcs-boutants..............	transport..................	0^{f}010
	façon, montage et pose.....	0^{f}280
	charbon..................	0^{k}330
— avec culots, lances, pontets et arcs-boutants..................	transport..................	0^{f}010
	façon, montage et pose.....	0^{f}355
Pour les grilles en fer carré refaçonnées, plus-value....................	façon......................	0^{f}080

CLOUS. — RAPPOINTIS, GRAIN ou grenaille par scellements :

Le prix d'achat doit être augmenté de 0^{f}020 par kilogramme pour transport.

FONTES DE BATIMENT (au kilogramme) :

Le prix de règlement comprend le prix au cours officiel, augmente de 10 % pour le bénéfice ; il n'est accordé une plus-value de transport de 1 franc par 100 kilogrammes que si le double transport a été nécessaire par suite d'un travail d'assemblage ou de toute autre façon qui n'aurait pu s'effectuer au chantier.

Pour les pièces sur modèles spéciaux, les frais de modèles sont payés à part.

Enfin les prix de règlement ne comprennent pas le montage et la pose.

POSE DE COLONNE EN FONTE (au kilogramme) :

Colonne pleine, prix moyen admis..	0^{f}02
Colonne creuse ou à deux étages, prix moyen admis..............................	0^{f}03

PLOMB (au kilogramme) :

Vieux, fourni pour scellement de grille, sera payé pour fourniture seulement au prix du plomb neuf au cours du jour de la fourniture, avec moins-value par kilogramme, de....................................	....	0^{f}11
	charbon..................	0^{k}330
Vieux, non fourni, pour scellement..................................	transport..................	0^{f}005
	apprêt et façon............	0^{f}100

§ 4. — PRIX DE RÈGLEMENT DE QUINCAILLERIE

6. Établissement des prix de règlement de quincaillerie. — Les prix des salaires sont les mêmes que pour la serrurerie.

Les prix des articles fournis mais non posés comprennent :

1° Le prix des déboursés pour leur achat ;

2° Le bénéfice de l'entrepreneur évalué à 10 %.

Les prix des déboursés sont faciles à trouver dans un prix courant de quincaillerie, on en déduira, pour l'établissement des prix de règlement, la remise que font les fabricants aux entrepreneurs, quelles que soient l'importance de la fourniture et les conditions de paiement. Il y a lieu de distinguer les articles ordinaires qui ne portent aucune des marques indiquant les produits de première qualité : ces derniers se reconnaissent aux estampilles suivantes : JPM — FV — JD — GC — DCF — BF — HP — AG — FT — AV — LR — PM — AAG — TF — T — LN — DC — APC — LMY — EM , et Union des quincailliers marques BL — JBN — AT — LC — BT — DLF — VG — JN — EP — ED — ET — TCF — FP — PRF — DY

— CS — TA — FC — ADS — FTF. — Enfin la marque ST indique la quincaillerie tout à fait supérieure.

Les prix des articles fournis et posés comprennent :

1° Le prix déboursé pour leur achat et pour les fournitures accessoires et la main-d'œuvre ;

2° Les faux-frais appliqués à la main-d'œuvre seule, et évalués à 23 %, y compris les risques d'accidents ;

3° Le bénéfice appliqué au total des déboursés et des faux-frais et qui est de 10 %.

Les prix de règlement s'appliquent à des travaux ayant employé au moins une journée d'ouvrier ; pour les travaux de peu d'importance n'ayant pas employé la journée, on devra ajouter à l'ensemble du règlement, pour le dérangement de l'ouvrier, une plus-value de temps à apprécier par l'architecte. Cette plus-value ne sera admise qu'autant que le fait aura été régulièrement constaté ; d'après la série de la Ville de Paris, cette plus-value serait de une heure.

Lorsque le prix d'un article n'est pas indiqué dans une série, l'architecte doit l'établir d'après les factures d'achat qui lui sont fournies par l'entrepreneur, et d'après le temps réellement passé par les ouvriers.

7. Sous-détails des prix de règlement de quincaillerie. — Dans ces sous-détails, nous indiquerons le temps nécessaire à l'apprêt, à l'ajustement et à la pose des différentes pièces, en fractions décimales d'heures ; nous donnerons également la valeur approximative des fournitures accessoires ; pour les pièces de façon, qui ne s'achètent pas toutes faites, nous indiquerons en outre la quantité de matière première à employer.

AGRAFE (à la pièce)	*et contre-panneton* de volets intérieurs		vis	$0^{f}120$
			apprêt et pose	$0^{h}30$
	et contre-panneton à patte entaillée à fleur bois		vis	$0^{f}150$
			apprêt et pose	$0^{h}05$
ANNEAU (à la pièce)	*d'écurie*		apprêt et pose	$0^{h}20$
	de trappe à charnière entaillée à fleur bois	de $0^{m}08$	apprêt et pose	$0^{h}85$
		de $0^{m}11$	apprêt et pose	$0^{h}95$
	de trappe à charnière à entailler à fleur bois et sur platine	de $0^{m}08$	apprêt et pose	$0^{h}95$
		de $0^{m}11$	apprêt et pose	$1^{h}00$
	de dalle ou de tampon de fosse, entaillé dans la pierre ; de $0^{m}11$ de diamètre		pose, trou, entaille	$2^{h}10$
	en cuivre pour tiroir ou volet avec lacet à vis		apprêt et pose	$0^{h}15$
	en cuivre — avec écrou		apprêt et pose	$0^{h}18$
	en cuivre pour écurie		apprêt et pose	$0^{h}18$
ARRÊT (à la pièce)	*à boule en cuivre* pour tirage en septain		vis	$0^{f}010$
			apprêt et pose	$0^{h}20$
	de porte en bois des îles fixé à vis sur le parquet		apprêt et pose	$0^{h}20$
	de persienne à broche et chaînette		apprêt et pose	$0^{h}25$
	de persienne en fonte à anneau et paillette acier faisant mouvoir le mentonnet, garni de sa tige à scellement		vis	$0^{f}010$
			apprêt et pose	$0^{h}50$
	pour porte à galets, en cuivre, mentonnet à lyre en fer monté sur platine		vis	$0^{f}020$
			apprêt et pose	$0^{h}50$
BASCULE *à queue de poireau* en cuivre (à la pièce)			vis	$0^{f}100$
			apprêt et pose	$0^{h}35$
BATTEMENT à pointe			apprêt et pose	$0^{h}25$

Article	Désignation	Détail	Prix
BEC-DE-CANE compris gâche à baguette et posé à vis (à la pièce)	*ordinaire* de 0,080 à 0,14 de longueur	vis et rosette	$0^{f}100$
		apprêt et pose	$0^{h}85$
	— de 0,16 de largeur	vis et rosette	$0^{f}100$
		apprêt et pose	$0^{h}95$
	ordinaire poli en long de 0,08 de large	vis et rosette	$0^{f}100$
		apprêt et pose	$0^{h}85$
	— — de 0,095 de large	vis et rosette	$0^{f}100$
		apprêt et pose	$0^{h}95$
	première qualité, revêtu d'une estampille de 0,09 à 0,14 de longueur	vis et rosette	$0^{f}100$
		apprêt et pose	$0^{h}85$
	— de 0,16 de longueur	vis et rosette	$0^{f}100$
		apprêt et pose	$0^{h}95$
	première qualité en long ou à bascule	vis et rosette	$0^{f}100$
		apprêt et pose	$0^{h}90$
	première qualité à cylindre avec pêne enté en bronze	vis et rosette	$0^{f}100$
		apprêt et pose	$0^{h}95$
	marqués ST de 0,08 à 0,14 de longueur	vis et rosette	$0^{f}250$
		apprêt et pose	$0^{h}95$
	— de 0,16 de longueur	vis et rosette	$0^{f}250$
		apprêt et pose	$1^{h}00$
	plus-value sur les becs-de-cane ST, pour ajustement de bouton tubulaire, foliot à galet en acier	temps passé	$1^{h}65$
	marqués ST à mortaiser dans l'épaisseur du bois	vis	$0^{f}150$
		apprêt et pose	$2^{h}50$
	— en cuivre à entailler à plat	vis	$0^{f}100$
		apprêt et pose	$1^{h}15$
	de volet, en cuivre, à anneau ou à cuvette	vis et tôle de gâche	$0^{f}150$
		apprêt et pose	$0^{h}95$
	de tirage en cuivre, sans gâche	vis	$0^{f}050$
		pose	$0^{h}40$
BÉQUILLE SIMPLE (à la pièce)	pour bec-de-cane ou serrure	ajustement	$1^{h}05$
BOUCLE A BASCULE (à la pièce)	en fer ou en cuivre	pose	$0^{h}35$
BOUCLE DOUBLE (à la pièce)	à boules en cuivre, rosette en fer	ajustement	$0^{h}40$
BOULE DE RAMPE (à la pièce)	*unie en cuivre* de 0,050 à 0,070 de diamètre	pose	$0^{h}95$
	— de 0,080 à 0,120 —	pose	$1^{h}10$
	— de 0,120 et 0,135 —	pose	$1^{h}20$
	en cristal blanc massif 1er choix	pose	$1^{h}80$
BOULON EN FER (à la pièce)	*de penture* tête ronde, collet carré de 0,05 et 0,08 de long	ajustement et pose	$0^{h}10$
	— — — 0,110 à 0,160 de long	ajustement et pose	$0^{h}15$
	de volet avec platine, contre platine et mortaise rond ordinaire à clavette	platines et vis	$0^{f}150$
		apprêt, entailles et pose	$0^{h}55$
	— — carré à boîte en fonte	apprêt, entailles et pose	$0^{h}55$
BOUTON DOUBLE (à la pièce)	*en cuivre*, ovale, creux	ajustement et pose	$0^{h}40$

Article	Désignation	Nature	Prix
BOUTON DOUBLE (à la pièce) (*suite*)	*plus-value* pour montage avec tige à vis et bague de rallonge	pose	0h20
	en cuivre à olive creux, monture ordinaire	ajustement et pose	0h40
	pour montage sans goupille, avec ajustement variable et vis d'arrêt, on applique à ces derniers boutons une plus-value de $\frac{4}{10^e}$.		
	en composition dite porcelaine / *en fonte émaillée*	ajustement et pose	0h40
	en cristal blanc	ajustement et pose	0h65
	en bois	ajustement et pose	0h65
	en imitation d'ivoire	ajustement et pose	0h50
	en ivoire	ajustement et pose	0h90

Les boutons simples sont payés $\frac{3}{5}$ du prix des boutons doubles.

Article	Désignation	Nature	Prix
BOUTON A BOITE D'HORLOGE (à la pièce), *en cuivre*, avec crampon et rosette		crampon et rosette	0f150
		apprêt et pose	0h25
BOUTON ROND DE TIRAGE (à la pièce)	*en fer* profilé pour barres de fermeture	apprêt	0h65
	en fer pour porte, à tige taraudée, écrou rond entaillé	apprêt et pose	0h35
	en cuivre plein ou creux, avec rosette avec écrou	apprêt et pose	0h35
CHAINETTE EN CUIVRE (à la pièce)		rosette et vis	0f010
		ajustement et pose	0h70
CHARNIÈRE (à la pièce)	*en fer*, longue en feuillure. — ordinaire de 0,06 et 0,07 de longueur	vis	0f015
		pose	0h18
	— — de 0,08 et 0,095 —	vis	0f015
		pose	0h21
	— — de 0,11 et 0,12 —	vis	0f018
		pose	0h24
	— — de 0,135 —	vis	0f020
		pose	0h24
	— — de 0,160 —	vis	0f025
		pose	0h29
	— renforcée de 0,08 de longueur	vis	0f015
		pose	0h21
	— — de 0,095 —	vis	0f018
		pose	0h21
	— — de 0,110 —	vis	0f018
		pose	0h24
	— — de 0,120 et 0,135 de longueur	vis	0f020
		pose	0h24
	— — de 0,160 —	vis	0f025
		pose	0h29
	en fer carrée ou à pans, entaillée à plat — ordinaire de 0,07 de longueur et au-dessous	vis	0f018
		pose	0h18

CHARNIÈRE (à la pièce) (*suite*)	*en fer* carrée ou à pans entaillée à plat (*suite*)	— de 0,08 et de 0,095	vis	$0^{f}018$
			pose	$0^{h}21$
		— de 0,11	vis	$0^{f}020$
			pose	$0^{h}24$
		renforcée de 0,07 de longueur	vis	$0^{f}018$
			pose	$0^{h}18$
		— de 0,08 et de 0,95	vis	$0^{f}018$
			pose	$0^{h}21$
		- de 0,11	vis	$0^{f}020$
			pose	$0^{h}24$
	de caisson en cuivre pour volets de devanture, avec pentures à pivot en fer de 0,35 de branche.	lames de 0,035 sur 0,100 à 0,045 sur 0,105	vis	$0^{f}025$
			pose	$0^{h}95$
		-- de 0,050 sur 0,110	vis	$0^{f}030$
			pose	$0^{h}95$
		— de 0,055 sur 0,115	vis	$0^{f}040$
			pose	$0^{h}95$
		-- de 0,060 sur 0,120	vis	$0^{f}050$
			pose	$0^{h}95$
	Les mêmes renforcées sont payées un quart en plus.			
	en cuivre laiton ordinaire	de 0,060 et 0,067 de longueur	vis	$0^{f}015$
			pose	$0^{h}30$
		de 0,080 et 0,095	vis	$0^{f}018$
			pose	$0^{h}30$
		de 0,110	vis	$0^{f}020$
			pose	$0^{h}30$
	en cuivre fondu à nœuds ronds	de 0,060 et de 0,070 de longueur	vis	$0^{f}015$
			pose	$0^{h}30$
		de 0,080, de 0,090 et de 0,095	vis	$0^{f}018$
			pose	$0^{h}30$
		de 0,100 et de 0,110	vis	$0^{f}020$
			pose	$0^{h}30$
		de 0,120	vis	$0^{f}020$
			pose	$0^{h}35$
		de 0,140	vis	$0^{f}030$
			pose	$0^{h}40$
	Plus-value pour pose soignée sur chêne poli, par charnière		pose	$0^{h}15$
	en cuivre fondu très forte pour grande porte, entaillée, fixée avec vis	à nœuds ronds de 0,120 et de 0,130 de longueur	vis	$0^{f}020$
			pose	$0^{h}55$
		— de 0,140 et de 0,150	vis	$0^{f}025$
			pose	$0^{h}63$
		— de 0,160	vis	$0^{f}030$
			pose	$0^{h}70$
		à nœuds carrés de 0,070 à 0,095 de longueur	vis	$0^{f}018$
			pose	$0^{h}44$
		— de 0,100 et de 0,110	vis	$0^{f}020$
			pose	$0^{h}55$
		à nœuds carrés, à traverses, de 0,080 à 0,095 de longueur	vis	$0^{f}018$
			pose	$0^{h}44$

CHARNIÈRE (à la pièce) (*suite*)	*en cuivre fondu* très forte pour grande porte, entaillée, fixée avec vis (*suite*)	à nœuds carrés, à traverses, de 0,100 et de 0,110.	vis	$0^{f}020$
			pose	$0^{h}55$
		— — de 0,120.	vis	$0^{f}022$
			pose	$0^{h}55$
		— — de 0,140.	vis	$0^{f}025$
			pose	$0^{h}55$
	ordinaire à section droite, lame de 0,004 à boules tournées	de 0,080 de longueur	vis	$0^{f}015$
			pose	$0^{h}44$
		de 0,095	vis	$0^{f}018$
			pose	$0^{h}44$
		de 0,110	vis	$0^{f}020$
			pose	$0^{h}55$
	à section droite, lame de 0,004 à hélice avec ou sans boules tournées	de 0,080 de longueur	vis	$0^{f}018$
			pose	$0^{h}44$
		de 0,095	vis	$0^{f}020$
			pose	$0^{h}54$
		de 0,110	vis	$0^{f}022$
			pose	$0^{h}63$
	à briquets pour abattant de comptoir, en fer ou en cuivre	de 0,040 à 0,060 de largeur	vis	$0^{f}030$
			pose	$0^{h}70$
		de 0,070	vis	$0^{f}035$
			pose	$0^{h}80$
	de trappe à empattement en T, en fer, posée avec vis	de 0,30 de branche	vis	$0^{f}035$
			pose	$1^{h}10$
		de 0,40	vis	$0^{f}035$
			pose	$1^{h}20$
		de 0,50	vis	$0^{f}040$
			pose	$1^{h}27$
		de 0,65	vis	$0^{f}040$
			pose	$1^{h}60$
		de 0,80	vis	$0^{f}050$
			pose	$2^{h}00$
		de $1^{m}00$	vis	$0^{f}050$
			pose	$2^{h}45$

CHARNIÈRE LONGUE (à la pièce)

à nœuds soudés pour devanture de magasin, entaillée et posée avec vis.

nœuds de	0, 030	0, 035	0, 040	0, 045	0, 050	0, 055	0, 060	0, 065	0, 070	0, 080	0. 090
branche de	0, 380	0, 400	0, 420	0, 450	0, 480	0, 480	0, 500	0, 500	0, 550	0, 550	0, 600
vis et clous	$0^{f}050$	$0^{f}050$	$0^{f}050$	$0^{f}055$	$0^{f}055$	$0^{f}055$	$0^{f}060$	$0^{f}060$	$0^{f}065$	$0^{f}065$	$0^{f}070$
soudure, apprêt, entailles, pose	$2^{h}95$	$3^{h}00$	$3^{h}15$	$3^{h}30$	$3^{h}60$	$3^{h}60$	$4^{h}10$	$4^{h}25$	$4^{h}70$	$4^{h}70$	$5^{h}30$

plus-value pour chaque mètre de branche en sus.

1 mètre de fer de	0, 027 sur 0, 006	0, 027 sur 0, 006	0, 030 sur 0, 066	0, 035 sur 0, 007	0, 038 sur 0, 007	0, 040 sur 0, 007	0, 045 sur 0, 007	0, 050 sur 0, 008	0, 055 sur 0, 008	0, 060 sur 0, 008	0, 070 sur 0, 008
vis	$0^{f}050$	$0^{f}050$	$0^{f}050$	$0^{f}055$	$0^{f}055$	$0^{f}055$	$0^{f}060$	$0^{f}060$	$0^{f}065$	$0^{f}065$	$0^{f}070$
façon	$2^{h}25$	$2^{h}25$	$2^{h}30$	$2^{h}30$	$2^{h}55$	$2^{h}55$	$2^{h}90$	$3^{h}05$	$3^{h}05$	$3^{h}05$	$4^{h}00$

COL DE CYGNE (à la pièce)	*en cuivre plein* pour stalle	pose	$0^{h}35$
	en fer pour châssis à soufflet		

Article	Désignation		Détail	Prix
COLLIER (à la pièce)	*pour châssis à grillage* à pointe		pose	$0^{h}10$
	— — à patte		vis	$0^{f}010$
			pose	$0^{h}09$
CRÉMAILLÈRE (à la pièce)	*de fabrique* pour châssis à tabatière		pose	$0^{h}70$
CRÉMONE (à la pièce) jusqu'à 2 mètres de longueur.	*ordinaire de Paris*		vis	$0^{f}080$
			apprêt et pose	$0^{h}80$
	marquée ST à tringle indépendante		vis	$0^{f}150$
			apprêt et pose	$0^{h}85$
CRÉMONE (à la pièce) jusqu'à 3 mètres de longueur.	*de porte d'allée* fermant à clef		vis	$0^{f}100$
	de porte cochère —		pose	$1^{h}75$
CROCHET (à la pièce)	*plat* poli, posé avec vis et piton		vis	$0^{f}010$
			pose	$0^{h}10$
	rond avec ses deux tirefonds		vis	$0^{f}015$
			pose	$0^{h}10$
DOUILLE (à la pièce)	*à platine* pour crochet rond, entaillée, posée à vis		vis	$0^{f}015$
			entaille et pose	$0^{h}65$
ENTAILLE (au mètre linéaire) pour équerres, paumelles et autres ferrures comptées au kilogramme.	*ordinaire* de 0,02 de largeur		façon	$1^{h}00$
	— par chaque centimètre en plus		façon	$0^{h}15$
	bien faite de 0,03 de largeur pour paumelle de façon, équerre limée, pivot de porte cochère		façon	$1^{h}65$
	— par chaque centimètre en plus		façon	$0^{h}18$
ÉQUERRE (à la pièce)	*simple* renforcée, compris entaille, posée avec vis à garnir	de 0,16 et 0,19 de branche pesant 9^{k} et 12^{k} le cent	vis à garnir	$0^{f}015$
			pose	$0^{h}09$
		de 0,22 de branche, pesant 22^{k} le cent.	vis à garnir	$0^{f}018$
			pose	$0^{h}10$
	double ordinaire de 1 mètre de développement		vis	$0^{f}070$
			pose	$0^{h}44$
	— renforcée — —		vis	$0^{f}070$
			pose	$0^{h}65$
	à T double de 1 mètre de développement		vis	$0^{f}070$
			pose	$0^{h}70$
	forte de façon, sans congé coudée sur plat ou sur champ, entaillée et posée avec vis	de 0,005 d'épaisseur jusqu'à 0,025 de largeur pour 0^{m} 20 de développement.	fer de 3e classe	$0^{k}350$
			vis	$0^{f}018$
			façon, entaille et pose	$1^{h}10$
		par mètre de longueur en plus	1 mètre de fer.	
			vis	$0^{f}050$
			façon, entaille et pose	$2^{h}70$
		de 0,006 d'épaisseur jusqu'à 0,030 de largeur pour 0^{m} 20 de développement	fer de 3e classe	$0^{k}470$
			vis	$0^{f}018$
			façon, entaille et pose	$1^{h}40$
		par mètre de longueur en plus	1 mètre de fer.	
			vis	$0^{f}050$
			façon, entaille et pose	$3^{h}00$

ÉQUERRE (à la pièce) (*suite*)	*forte de façon, sans congé* coudé sur plat ou sur champ, entaillée et posée avec vis. (*suite*)	de 0,007 d'épaisseur jusqu'à 0,035 de largeur pour $0^{m}20$ de développement.	fer de 3e classe..	$0^{k}650$
			vis............	$0^{f}020$
			façon, entaille et pose	$1^{h}60$
		par mètre de longueur en plus........	1 mètre de fer.	
			vis............	$0^{f}055$
			façon, entaille et pose	$3^{h}60$
		de 0,005 d'épaisseur jusqu'à 0,025 de largeur pour $0^{m}20$ de développement	fer de 3e classe..	$0^{k}350$
			vis............	$0^{f}018$
			façon, entaille et pose	$1^{h}40$
		par mètre de longueur en plus........	1 mètre de fer.	
			vis	$0^{f}050$
			façon, entaille et pose	$2^{h}80$
	forte de façon, à congé, coudée sur plat seulement, demi-blanchie, les arêtes bien dressées entaillée et posée à vis............... ..	de 0,006 d'épaisseur jusqu'à 0,030 de largeur pour $0^{m}20$ de développement.	fer de 3e classe..	$0^{k}470$
			vis............	$0^{f}018$
			façon, entaille et pose	$1^{h}65$
		par mètre de longueur en plus	1 mètre de fer.	
			vis............	$0^{f}050$
			façon, entaille et pose	$3^{h}10$
		de 0,007 d'épaisseur jusqu'à 0,035 de largeur pour $0^{m}20$ de développement.	fer de 3e classe..	$0^{f}650$
			vis............	$0^{f}020$
			façon, entaille et pose	$1^{h}80$
		par mètre de longueur en plus........	1 mètre de fer.	
			vis............	$0^{f}055$
			façon, entaille et pose	$3^{h}75$

OBSERVATIONS. — Pour les équerres doubles la valeur de $0^{m}20$ de développement sera doublée.

Si les équerres ne sont ni entaillées, ni chanfreinées, on déduira par mètre de développement des branches : 1° pour celles sans congé, le prix des entailles ordinaires; 2° pour celles avec congé, le prix des entailles bien faites.

Les équerres formant T simple ou double seront payées respectivement comme les équerres simples ou doubles.

ESPAGNOLETTE ORDINAIRE (au mètre linéaire)			pose	$0^{h}95$
Accessoires.	*gâche* renforcée posée avec vis		vis et goujons..	$0^{f}050$
			pose	$0^{h}18$
	poignée.		pose	$0^{h}25$
	support.		pose	$0^{h}35$
ESPAGNOLETTE A POIGNÉE VERTICALE de 2 mètres de longueur (à la pièce).	*à tringle noire*, avec deux embases et crochet de rappel		vis..........	$0^{f}080$
			pose	$0^{h}85$
	marquée ST avec deux embases et crochet de rappel		vis............	$0^{f}100$
			pose	$2^{h}20$
	plus-values ...	par mètre de longueur..........	1 mètre fer rond.	
		pour chaque embase en plus..................	vis............	$0^{f}050$
			pose	$0^{h}25$
		pour agrafes et pannetons (la paire)...	vis............	$0^{f}050$
			pose	$0^{h}25$

Article	Désignation	Dimensions	Fourniture / main-d'œuvre	Prix
FERME-PERSIENNE A REFOULOIR pour $0^{m}90$ de longueur			vis	$0^{f}010$
			pose	$1^{h}00$
plus-value par mètre de tringle en plus			1 mètre fer rond.	
FICHE (à la pièce)	*à boutons*, avec broche, posée sur tréteaux ou tôle de 0,001 d'épaisseur	de 0,095 à 0,110 de long pesant au moins 14 ou 20^{k} le cent	pointes	$0^{f}005$
			pose	$0^{h}20$
		de 0,125 de long pesant 26^{k} le cent	pointes	$0^{f}006$
			pose	$0^{h}25$
		de 0,135 de long pesant 34^{k} le cent	pointes	$0^{f}007$
			pose	$0^{h}25$
		de 0,160 de long pesant 48^{k} le cent	pointes	$0^{f}010$
			pose	$0^{h}30$
	à broche tournée avec boule et nœuds polis	de 0,12 de longueur	pointes	$0^{f}006$
			pose	$0^{h}25$
		de 0,14 —	pointes	$0^{f}008$
			pose	$0^{h}25$
		de 0,16 —	pointes	$0^{f}010$
			pose	$0^{h}30$
	plus-value sur les fiches ci-dessus pour pose sur huisseries	fiches de 0,095 à 0,119 de longueur	pose	$0^{h}15$
		fiches de 0,125 à 0,160 —	pose	$0^{h}20$
	plus-value sur les fiches ci-dessus pour pose à l'échelle.	fiches de 0,095 à 0,110 de longueur	pose	$0^{h}20$
		fiches de 0,125 à 0,160 —	pose	$0^{h}30$
	chanteau entaillée et posée à vis	de 0,10 et 0,11 de longueur entre boules	vis	$0^{f}025$
			pose	$0^{h}20$
		de 0,12 de longueur —	vis	$0^{f}030$
			pose	$0^{h}25$
		de 0,14 — —	vis	$0^{f}040$
			pose	$0^{h}30$
		de 0,16 — —	vis	$0^{f}050$
			pose	$0^{h}35$
	en fer forgé, à nœuds rabotés, de 0,10 de longueur		vis	$0^{f}050$
			pose	$0^{h}25$
FLÉAU (à la pièce)	*ordinaire* marchand, monté sur platine et garni de son support à pattes, posé avec vis.	de 0,16 de longueur	vis	$0^{f}015$
			pose	$0^{h}35$
		de 0,19 —	vis	$0^{f}020$
			pose	$0^{h}35$
		de 0,22 —	vis	$0^{f}025$
			pose	$0^{h}35$
	de façon, garni de son support et renforcé de 0,16 à 0,22 de longueur.		vis	$0^{f}030$
			pose	$0^{h}50$
GACHE (à la pièce)	*plate*, en tôle forte de 0,001, blanchie, entaillée, posée à vis, percée d'un trou d'empênage rond ou carré, verrou à ressort et à coquille ou targette.	droite	vis et tôle	$0^{f}100$
			façon et pose	$0^{h}42$
		coudée	vis et tôle	$0^{f}150$
			façon et pose	$0^{h}50$
	à pattes, forte, blanchie, pour verrou à ressort et targette	de 0,035 et 0,040 entre coudes	vis	$0^{f}006$
			pose	$0^{h}25$
		de 0,045 et 0,050 entre coudes	vis	$0^{f}008$
			pose	$0^{h}25$

Article	Désignation	Détail	Nature	Prix
GACHE (à la pièce) (*suite*)	*à pattes*, renforcée, polie, à vives arêtes.	de 0,035 à 0,050 entre coudes	vis	0f 010
			pose	0h 25
		de 0,080 à 0,100 entre coudes	vis	0f 020
			pose	0h 44
	à pattes ou à pointes, compris trous tamponnés, pour bec-de-cane, serrure à pêne dormant ou serrure de sûreté		pose	0h 42
	en cuivre, pour verrou à la capucine ou posée à vis pour verrou à ressort		vis	0f 012
			pose	0h 08
GALET *ou poulie* (à la pièce)	*monté sur platine*	de 0,020 à 0,040 de diamètre	vis	0f 012
			apprêt et pose	0h 85
		de 0,045 à 0,080 de diamètre	vis	0f 016
			apprêt et pose	0h 85
GOND (à la pièce)	*pour paumelle*	à pointe	pose	0h 25
		à patte	vis	0f 020
			pose	0h 35
	pour penture	à pointe	pose	0h 25
		à patte	vis	0f 060
			pose	0h 35
	pour penture entaillée	à pointe	pose	0h 65
		à patte, de 0,65 de branche	vis	0f 080
			pose	0h 70
		à patte, de plus de 0,65 de branche	vis	0f 080
			pose	0h 85
LOQUET (à la pièce)	*ordinaire*, demi-léger ou *demi-fort* avec crampon et rosette, à bouton rond		vis et rosette	0f 100
			pose	0h 50
	renforcé, avec crampon et rosette, à bouton rond		vis et rosette	0f 150
			pose	0h 50
	très fort, à bouton, à patère à gorge		vis et rosette	0f 200
			pose	0h 50
LOQUETEAU (à la pièce)	*coudé*, *monté sur platine*, compris anneau, tirage et conduit		vis, anneau et tirage	0f 150
			pose	0h 20
	à pompe, boîte en fonte, avec anneau, tirage et conduit, ou *à douille*, à pans en fonte, œil en cuivre, avec gâche, anneau et tirage		vis, anneau et tirage	0f 150
			pose	0h 10
	droit, en fonte, à panneton, grand anneau en cuivre avec mentonnet, tirage et anneau		vis, anneau et tirage	0f 150
			pose	0h 45
	à douille en cuivre		pose	0h 45
	à pêne coudé en cuivre		pose	0h 35
	à pêne couvert en cuivre		pose	0h 40
	plus-value pour pose sur vasistas en fer		pose	0h 50
MENTONNET (à la pièce)	*à deux pointes* ou à tige à vis		pose	0h 10
	à patte, entaillée et posé à vis		vis	0f 020
			pose	0h 25
MORAILLON	(à la pièce), avec lacet et tirefond, *ordinaire ou renforcé*		pose	0h 25
PANNETON DE VOLET	(à la pièce), entaillé et posé avec vis		vis et clous	0f 100
			pose	0h 35

Article	Désignation	Dimensions	Fournitures et main-d'œuvre	Prix
PATTE (à la pièce)	*à chambranle*, faite exprès (en fer de 0,020 sur 0,006)		fer de 3e classe, 1,05 fois la longueur de la patte.	
			charbon	0k330
			façon et pose	0h40
	à scellement, posée entaillée, fixée à vis		fer de 3e classe, 1,20 fois la longueur de la patte.	
			vis	0f020
			pose	0h10
	à scellement, faite exprès pour huisserie, posée, entaillée, fixée à vis.		fer de 2e classe, 1,15 fois la longueur de la patte.	
			charbon	0k400
			vis	0f040
			façon et pose	0h50
PAUMELLE (à la pièce) entaillée ou chanfreinée sans entaille.	*simple à T*, avec gond à scellement, entaillée et fixée avec vis		vis et clous rivés	0f090
			façon et pose	0h25
	pour paumelle non entaillée, ni chanfreinée, déduire		façon et pose	0h15
	simple à équerre, avec gond à scellement, entaillée et fixée à vis	de 0,19 de branche, 0,25 d'équerre	vis et clous rivés	0f150
		à 0,30 — 0,40 —	façon et pose	0h60
		de 0,35 — 0,48	vis et clous rivés	0f200
		à 0,50 — 0,60 —	façon et pose	0h80
	pour paumelle non entaillée, ni chanfreinée, déduire		façon et pose	0h40
	double à T, ordinaire, entaillée et fixée avec vis	de 0,14 à 0,22 de branche	vis et clous rivés	0f110
			façon et pose	0h40
		de 0,25 à 0,30	vis et clous rivés	0f120
			façon et pose	0h55
		de 0,35 et 0,40	vis et clous rivés	0f140
			façon et pose	0h70
		de 0,50	vis et clous rivés	0f150
			façon et pose	0h80
	pour paumelle non entaillée, ni chanfreinée, déduire		façon et pose	0h25
	double à équerre, ordinaire, entaillée et fixée à vis	de 0,19 de branche et 0,25 d'équerre	vis	0f150
		à 0,30 — 0,40 —	pose	0h80
		de 0,35 — 0,48 —	vis	0f210
		à 0,50 — 0,60 —	pose	1h05
	pour paumelle non entaillée, ni chanfreinée, déduire	de 0,19 à 0,27 de branche	pose	0h45
		de 0,30 à 0,50 —	pose	0h70
	double à équerre double à congé, en plus			0f80
	double à T, de façon, posée en feuillure et entaillée	de 0,11 à 0,19 de hauteur de branche.	vis	0f110
			pose	0h40
		de 0,22 à 0,27 —	vis	0f120
			pose	0h55
	Plus-value pour paumelles à broche, bague d'une seule pièce, 1/10e sur les prix précédents.			
	simple à boules, à gond à scellement, entaillée et fixée avec vis	de 0,16 à 0,22 de hauteur	vis	0f045
			pose	0h55
		de 0,25 et 0,27 —	vis	0f060
			pose	0h70
		de 0,30 et 0,35 —	vis	0f090
			pose	0h85
		de 0,40 et 0,50 —	vis	0f150
			pose	1h30

PAUMELLE (à la pièce) entaillée ou chanfreinée sans entaille (*suite*)

Article	Dimensions	Vis	Pose
simple à boules, à gond à scellement, entaillée et fixée avec vis (*suite*).	de 0,60 et 0,70 —	0^f180	1^h80
simple à boules, à double gond, entaillée et fixée à vis	de 0,50 et 0,60 de hauteur.	0^f180	1^h50
	de 0,70 et 0,80 —	0^f200	2^h05
simple à boules, à équerre avec gond, entaillée et fixée avec vis.	de 0,19 de branche et 0,25 d'équerre... de 0,22 — 0,29 —	0^f150	0^h80
	de 0,25 — 0,32 — à 0,35 — 0,48 —	0^f150	0^h85
	de 0,40 — 0,55 — de 0,50 — 0,60 —	0^f180	0^h95
	de 0,60 — 0,70 —	0^f200	1^h10
double à boules, entaillée et fixée avec vis......	de 0,16 de hauteur de branche... à 0,22 — —	0^f040	0^h65
	de 0,25 — — à 0,30 — —	0^f060	0^h70
	de 0,35 — — et de 0,40 — —	0^f080	0^h85
	de 0,50 — — et de 0,60 — —	0^f200	1^h00
	de 0,70 — —	0^f50	1^h60
double à boules, à équerre, entaillée et fixée avec vis........	de 0,19 de branche et 0,25 d'équerre... de 0,22 — 0,29 —	0^f120	0^h90
	de 0,25 — 0,32 — de 0,27 — 0,35 —	0^f150	1^h05
	de 0,30 — 0,40 — de 0,35 — 0,48 —	0^f200	1^h25
	de 0,40 — 0,55 —	0^f250	1^h60
	de 0,50 — 0,60 —	0^f250	1^h95
	de 0,60 — 0,76 —	0^f300	2^h80

Plus-value pour paumelle à bain d'huile, 2/10ᵉ sur les prix des paumelles ordinaires.

Article	Dimensions	Vis	Pose
double S T, en fer forgé, pour guichet de porte cochère............	de 0,22 à 0,27 de branche...	0^f200	1^h95
	de 0,30 et 0,35 —	0^f300	2^h80
double à nœuds bouchés, entaillée et posée en feuillure et fixée avec vis..............	de 0,11 de hauteur de branche........	0^f025	0^h40
	de 0,14 et 0,16 —	0^f030	0^h50
	de 0,19 et 0,22 —	0^f050	0^h60
	de 0,25 et 0,27 —	0^f080	0^h70
	de 0,30 et 0,33 —	0^f020	0^h85

Article	Type	Hauteur		Prix
PAUMELLE (à la pièce) entaillée ou chanfreinée sans entaille (*suite*)	*double à nœuds bouchés*, de façon renforcée...	de 0,14 et 0,16 de hauteur de branche	vis.........	0f 050
			pose..........	0h 55
		de 0,19 et 0,22 — —	vis............	0f 100
			pose..........	0h 65
		de 0,25 et 0,27 — —	vis............	0f 120
			pose..........	0h 80
		de 0,30 et 0,35 — —	vis............	0f 150
			pose..........	0h 90
		de 0,40 — —	vis............	0f 180
			pose..........	1h 05
	double à nœuds bouchés, de façon extra renforcée..........	de 0,30 et 0,35 de hauteur de branche	vis............	0f 150
			pose..........	0h 90
		de 0,40 — —	vis............	0f 180
			pose..........	1h 05
		de 0,50 — —	vis............	0f 200
			pose..........	1h 20

Plus-value pour paumelles doubles à broche bague fer d'une seule pièce, 1/10e en plus sur les prix précédents.

Pour paumelles à bain d'huile, 1/4 en plus sur les prix précédents.

Article	Type	Hauteur		Prix
PAUMELLE (à la pièce) entaillée ou chanfreinée sans entaille (*suite*)	*double à olives*, entaillée et posée en feuillure avec vis........	de 0,14 et 0,16 de hauteur de branche	vis........	0f 050
			pose........	0h 45
		de 0,19 et 0,22 — —	vis............	0f 100
			pose...........	0h 55
		de 0,25 et 0,27 — —	vis..........	0f 120
			pose..........	0h 70
		de 0,30 — —	vis............	0f 150
			pose.........	0h 85
	double laminée ou acier, posée en feuillure avec vis..........	de 0,08 à 0,11 de hauteur de branche	vis............	0f 050
			pose.........	0h 40
		de 0,14 et 0,16 — —	vis..........	0f 100
			pose..........	0h 50
		de 0,19 et 0,22 — —	vis............	0f 150
			pose...........	0h 65
		de 0,25 et 0,27 — —	vis...........	0f 170
			pose..........	0h 75
	double laminée ou acier, renforcée, à gros nœuds, noire posée en feuillure avec vis.....	de 0,11 de hauteur de branche.......	vis............	0f 060
			pose...........	0h 40
		de 0,14 et 0,16 — —	vis............	0f 100
			pose..........	0h 55
		de 0,19 et 0,22 — —	vis............	0f 150
			pose..........	0h 70
		de 0,25 et 0,27 — —	vis............	0f 180
			pose..........	0h 82
		de 0,30 — —	vis............	0f 200
			pose..........	0h 95
	double en fer forgé, marqué S T, F T, J D, T F, J P M, à bille ou roulante..	de 0,11 de branche....	vis............	0f 070
			pose..........	0h 65
		de 0,14 et 0,16 —	vis............	0f 070
			pose..........	0h 80

Article	Désignation	Dimensions	Détail	Prix
PAUMELLE (à la pièce) entaillée ou chanfreinée sans entaille (*suite*)	*double en fer forgé*, marqué ST, FT, JD, TF, JMD, à bille ou roulante (*suite*)	de 0,19 et 0,22 —	vis	$0^{f}070$
			pose	$0^{h}95$
		de 0,25 —	vis	$0^{f}070$
			pose	$1^{h}20$
	double en cuivre, entaillée et posée avec vis	de 0,08 et 0,11 de branche	vis	$0^{f}100$
			pose	$0^{h}60$
		de 0,12 et 0,14 —	vis	$0^{f}100$
			pose	$0^{h}70$
		de 0,16 et 0,19 —	vis	$0^{f}100$
			pose	$0^{h}85$
		de 0,22 —	vis	$0^{f}100$
			pose	$0^{h}95$
	Plus-value pour pose soignée sur bois poli par paumelle		pose	$0^{h}30$
	Plus-value pour chaque lame posée sur fer avec vis à métaux		pose	$0^{h}80$
PENTURE (à la pièce)	*ordinaire*, chanfreinée au marteau, posée sans entailles avec clous, non compris le gond	de 0,35 et 0,40 de longueur	clous rivés	$0^{f}100$
			pose	$0^{h}50$
		de 0,50 et 0,60 —	clous rivés	$0^{f}150$
			pose	$0^{h}55$
		de 0,70 et 0,80 —	clous rivés	$0^{f}180$
			pose	$0^{h}68$
		de 0,90 et 1,00 —	clous rivés	$0^{f}200$
			pose	$0^{h}90$
	élargie au collet en congé, entaillée ou chanfreinée, et posée avec vis et clous rivés	de 0,35 et 0,40 de longueur	vis et clous rivés	$0^{f}100$
			pose	$0^{h}80$
		de 0,50 et 0,60 —	vis et clous rivés	$0^{f}150$
			pose	$0^{h}95$
		de 0,70 et 0,80 —	vis et clous rivés	$0^{f}180$
			pose	$1^{h}30$
		de 0,90 et 1,00 —	vis et clous rivés	$0^{f}200$
			pose	$1^{h}85$
PETIT BOIS EN FER (au mètre linéaire)	*petit bois en fer à T* du commerce, bien dressé et posé, les pattes et assemblages comptés à part, la dimension prise en hauteur sur la feuillure	en fer de 0,016 à 0,020 de hauteur	fer	$1^{m}15$
			vis	$0^{f}050$
			façon et pose	$0^{h}95$
		en fer de 0,023 à 0,027 —	fer	$1^{m}15$
			vis	$0^{f}050$
			façon et pose	$1^{h}05$
		en fer de 0,030 à 0,040 —	fer	$1^{m}15$
			vis	$0^{f}060$
			façon et pose	$1^{h}15$
		en fer de 0,045 à 0,050 —	fer	$1^{m}15$
			vis	$0^{f}060$
			façon et pose	$1^{h}35$
	Accessoires de petit bois en fer T.			
	Patte enlevée à même la feuillure, soit à plat, soit coudée, entaillée et posée avec vis	sur fer de 0,016 à 0,027	fer	$0^{k}150$
			façon et entaille	$0^{h}80$
		— 0,030 à 0,050	fer	$0^{k}225$
			façon et entaille	$0^{h}95$
	Patte bien faite, formant T à chaque extrémité, entaillée et posée avec vis	sur fer de 0,016 à 0,027	fer	$0^{k}150$
			façon et entaille	$1^{h}10$
		— 0,030 à 0,050	fer	$0^{k}150$
			façon et entaille	$1^{h}35$

PETIT BOIS EN FER (au mètre linéaire) (*suite*)

Ouvrage	Dimensions	Élément	Prix
Ajustement pour former croisillon à angle droit, assemblé à mi-fer, pour le croisillon complet	sur fer de 0,016 à 0,027	façon	$1^{h}45$
	— 0,030 à 0,050	façon	$1^{h}80$
Ajustement biais, pour croisillon formant losange, moitié en plus des prix précédents.			
Assemblage simple, sur châssis d'encadrement, en fer à feuillure, moitié du prix des ajustements pour croisillons droits.			
Assemblage d'angle à queue d'hironde, sur châssis en fer à T ou cornière, même prix que les ajustements de croisillons.			
Trous pour vitrage		façon	$0^{h}06$
petits bois en fer à moulures, du commerce, bien dressé, posé, les pattes et assemblages comptés à part, la dimension prise sur la hauteur	en fer de 0,018 à 0,025 de hauteur	fer	$1^{m}15$
		vis	$0^{f}050$
		façon et pose	$1^{h}10$
	— 0,030 à 0,040 —	fer	$1^{m}15$
		vis	$0^{f}060$
		façon et pose	$1^{h}30$
	— 0,045 à 0,060 —	fer	$1^{m}15$
		vis	$0^{f}090$
		façon et pose	$1^{h}56$
Accessoires de petis bois en fer à moulures.			
patte, enlevée à même la feuillure, comme il est dit aux petits bois en fer à T	sur fer de 0,018 à 0,025	fer	$0^{k}150$
		façon et entaille	$0^{h}90$
	— 0,030 à 0,045	fer	$0^{k}225$
		façon et entaille	$1^{h}05$
	— 0,050 à 0,060	fer	$0^{k}300$
		façon et entaille	$1^{h}35$
patte bien faite, formant T à chaque extrémité	sur fer de 0,018 à 0,025	fer	$0^{k}150$
		façon et entaille	$1^{h}20$
	— 0,030 à 0,045	fer	$0^{k}225$
		façon et entaille	$1^{h}45$
	— 0,050 à 0,060	fer	$0^{k}300$
		façon et entaille	$1^{h}80$
ajustement, pour former croisillon à angle droit ordinaire, à moitié fer, avec onglets	sur fer de 0,018 à 0,025	façon	$1^{h}75$
	— 0,030 à 0,045	façon	$2^{h}10$
	— 0,050 à 0,060	façon	$2^{h}40$
Pour ajustements biais ou assemblages, mêmes plus-values que celles indiquées pour les petits bois en fer T.			

PERCEMENT DE TROUS (à la pièce)

Ouvrage	Dimensions	Élément	Prix
de forêt, à l'atelier, jusqu'à 0,011 de diamètre	0,007 de profondeur	façon	$0^{h}08$
	par 5 milimètres en plus.	façon	$0^{h}03$
La fraisure équivaut à un demi-percement.			
Le taraudage est payé le même prix que le percement.			
Les percements sur place à l'arçon ou au cliquet se paient d'après le temps employé et constaté.			
de mèche dans la brique, la meulière, la pierre, le plâtre, compris fourniture de tampons en bois, par centimètre de profondeur		façon	$0^{h}05$

Désignation	Nature	Dimensions	Détail	Prix
PILASTRE DE RAMPE (à la pièce) à balustre avec scellement, dentelé ou clavette par le bas, soie par le haut; de 0,80 à 1m10 réduit de hauteur, compris pose, mais non compris plomb.	*en fonte unie ou ornée*	de 0,075 à la base	fer pour soie, scellement	0f 500
			façon	5h 00
		de 0,081 —	fer pour soie, scellement	0f 500
			façon	6h 00
		de 0,087 à 0,097 à la base	fer pour soie, scellement	0f 600
			façon	7h 00
	en fer tourné	de 0,041 à la base	fer pour soie et scellement	0f 500
			façon	12h 50
		de 0,045 —	fer pour soie et scellement	0f 500
			façon	14h 25
		de 0,054 —	fer pour soie et scellement	0f 600
			façon	16h 00
		de 0,061 —	fer pour soie et scellement	0f 600
			façon	17h 75
		de 0,068 —	fer pour soie et scellement	0f 700
			façon	21h 25
PIVOT (à la pièce)	*à équerre ordinaire* en congé, en fer forgé, entaillé et posé avec vis	de 0,16 et 0,19 de branche	vis	0f 050
			pose	0h 50
		de 0,22 et 0,25 —	vis	0f 050
			pose	0h 60
		de 0,28	vis	0f 050
			pose	0h 70
		de 0,30 et 0,35 —	vis	0f 060
			pose	0h 80
		de 0,40 et 0,50 —	vis	0f 070
			pose	0h 90
	Accessoires de pivot	*Crapaudine* forgée, à pointe, posée	pose	0h 35
		— — à patte, posée à vis	vis	0f 030
			pose	0h 50
	à équerre à boules, en fer blanchi, entaillé et posé avec vis	de 0,16 et 0,19 de branche	vis	0f 050
			pose	0h 70
		de 0,22 à 0,28 —	vis	0f 060
			pose	0h 80
		de 0,30 et 0,35 —	vis	0f 070
			pose	0h 90
		de 0,40 et 0,50 —	vis	0f 080
			pose	1h 05
	Accessoires de pivot. Crapaudine	à pointe tournée, posée	pose	0h 45
		à pointe tournée, montée sur platine	vis	0f 040
			pose	0h 50

PIVOT (à la pièce) (*suite*)	*Accessoires de pivot. Crapaudine* (*suite*)	à patte et à boule, entaillée, posée.	de 0,16 à 0,25 de branche	vis	$0^{f}030$
				pose	$0^{h}50$
			de 0,28 à 0,35 —	vis	$0^{f}040$
				pose	$0^{h}60$
			de 0,40 à 0,50 —	vis	$0^{f}050$
				pose	$0^{h}70$
	de siège en cuivre	à touillon avec crapaudine à pattes		vis	$0^{f}050$
				pose	$0^{h}65$
		à équerre sur champ		vis	$0^{f}050$
				pose	$1^{h}00$
	à double hélice marqué S T, sans pose (va et vient), à bain d'huile, avec sabot, compris ferrure du haut, avec platines en cuivre	N° 1, pour bois de 0,027 à 0,030		huile	$0^{k}100$
				apprêt	$1^{h}50$
		N° 2, — 0,030 à 0,035		huile	$0^{k}100$
				apprêt	$2^{h}00$
		N° 3, — 0,040 à 0,045		huile	$0^{k}125$
				apprêt	$2^{h}50$
		N° 4, — 0,045 à 0,055		huile	$0^{k}125$
				apprêt	$3^{h}00$
	Pose de ces pivots, y compris toutes entailles et accessoires			pose	$7^{h}25$
PLATEBANDE (au mètre linéaire)	pour toutes les platebandes			fer	$1^{m}050$
	droite, pour réunion de bâtis, tablettes, etc., entaillée et posée à vis ; noire	en fer de 0,005 d'épaisseur jusqu'à 0,025 de largeur		vis	$0^{f}050$
				façon et pose	$2^{h}35$
		en fer de 0,006 d'épaisseur jusqu'à 0,030 de largeur		vis	$0^{f}060$
				façon et pose	$2^{h}50$
		en fer de 0,007 d'épaisseur jusqu'à 0,035 de largeur		vis	$0^{f}070$
				façon et pose	$2^{h}65$
	droite, demi-blanchie, à vive arête	en fer de 0,005 d'épaisseur jusqu'à 0,025 de largeur		vis	$0^{f}050$
				façon et pose	$2^{h}65$
		en fer de 0,006 d'épaisseur jusqu'à 0,030 de largeur		vis	$0^{f}060$
				façon et pose	$2^{h}95$
		en fer de 0,007 d'épaisseur jusqu'à 0,035 de largeur		vis	$0^{f}070$
				façon et pose	$3^{h}50$
	d'assemblage de limon d'escalier, entaillée et fixée avec vis	en fer de 0,005 d'épaisseur sur 0,027 et 0,034 de largeur		vis	$0^{f}070$
				façon et pose	$3^{h}50$
		en fer de 0,007 d'épaisseur sur 0,041 de largeur		vis	$0^{f}100$
				façon et pose	$4^{h}40$
		en fer de 0,009 d'épaisseur sur 0,047 de largeur		vis	$0^{f}100$
				façon et pose	$5^{h}30$
		en fer de 0,010 d'épaisseur sur 0,055 de largeur		vis	$0^{f}100$
				façon et pose	$6^{h}20$
POIGNÉE (à la pièce)	*à pattes*, posée avec vis ; en fer	de 0,080 à 0,110 de longueur		vis	$0^{f}030$
				pose	$0^{h}09$
		de 0,140 —		vis	$0^{f}030$
				pose	$0^{h}40$
		de 0,160 —		vis	$0^{f}030$
				pose	$0^{h}50$
	à olive tournante, sur platine entaillée et posée	de 0,160 de longueur de platine		vis	$0^{f}050$
				pose	$0^{h}25$
		de 0,190 — —		vis	$0^{f}050$
				pose	$0^{h}35$
		de 0,220 — —		vis	$0^{f}050$
				pose	$0^{h}45$

Article	Désignation	Dimensions	Élément	Quantité
POIGNÉE (à la pièce) (*suite*)	*à olive tournante*, à glands ronds sur platine, entaillée et posée.	de 0,160 de longueur de platine.......	vis............	$0^{f}050$
			pose...........	$0^{h}45$
		de 0,190 — —	vis............	$0^{f}050$
			pose...........	$0^{h}55$
	en fer demi-rond, à charnière sur platine, polie et entaillée à fleur bois...............	de 0,14 de longueur de platine........	vis............	$0^{f}050$
			pose...........	$0^{h}85$
		de 0,19 —	vis............	$0^{f}050$
			pose...........	$0^{h}92$
		de 0,22 — —	vis............	$0^{f}050$
			pose...........	$1^{h}00$
RAMPE D'ESCALIER (au mètre linéaire) à barreaux ronds, espacés de 0,16 en 0,16 et recouverts d'une platebande en bandelette.	*à pointes* sur limon, les barreaux ornés d'une astragale en cuivre, compris percement de trous dans la platebande pour la main-courante, mais les vis à bois non fournies..............	barreaux de 0,016 de diamètre............	fer rond.......	$7^{k}750$
			bandelette.....	$1^{k}250$
			goujons, vis à métaux......	$0^{f}150$
			astragales......	$0^{f}500$
			charbon........	$0^{k}900$
			façon, trous et pose.........	$5^{h}75$
		barreaux de 0,018 de diamètre............	fer rond.......	$9^{k}900$
			bandelette......	$1^{k}500$
			goujons, vis à métaux......	$0^{f}150$
			astragales......	$0^{f}500$
			charbon........	$0^{k}900$
			façon, trous et pose.........	$5^{h}75$
	à col de cygne, avec rosace et astragale en cuivre........................	barreaux de 0,016 de diamètre............	fer rond........	$9^{k}300$
			bandelette......	$1^{k}250$
			vis............	$0^{f}150$
			astragales......	$0^{f}500$
			rosaces........	$0^{f}500$
			charbon.......	$0^{k}900$
			façon, trous et pose.........	$6^{h}60$
		barreaux de 0,016 de diamètre (*a*).........	fer rond.......	$11^{k}880$
			bandelette.....	$1^{k}500$
			vis............	$0^{f}150$
			astragales......	$0^{f}500$
			rosaces........	$0^{f}500$
			charbon.......	$0^{k}900$
			façon, trous et pose........	$6^{h}60$
	à col de cygne, avec rosace en fonte, légère et forte astragale pour barreaux de 0,018, en plus du prix ci-dessus (*a*)...............		astragales et rosaces........	$0^{f}200$
			charbon.......	$0^{k}100$
			façon et pose...	$0^{h}50$
	à col de cygne, avec rosace en fonte, chapiteau et astragale en cuivre, pour barreaux de 0,018, en plus du prix ci-dessus (*a*)....		chapiteaux, astragales et rosaces........	$1^{f}800$
			façon et pose...	$1^{h}75$
			charbon à déduire........	$0^{k}750$

RAMPE D'ESCALIER (au mètre linéaire) à barreaux ronds, espacés de 0,16 en 0,16 et recouverts d'une plate bande en bandelette. *(suite)*	*à col de cygne*, avec rosace en fonte et chapiteau à fuseau arasé sur le rampant, barreaux de 0,018, en plus du prix ci-dessus (*a*)....		chapiteaux et rosaces........	1^{f}900
			façon et pose...	2^{h}75
			charbon à déduire........	0^{k}750
	à col de cygne, avec rosace, ornement de milieu et chapiteau à boule tout en cuivre, barreaux de 0,018, en plus du prix ci-dessus (*a*)..............		chapiteaux, rosaces, ornements	4^{f}20
			façon et pose...	3^{h}00
			charbon à déduire........	0^{k}570
	à col de cygne, avec rosace forte et chapiteau en fonte, à boule tournée, barreaux de 0,020..............		fer rond.......	14^{k}640
			bandelette.....	1^{k}800
			vis............	0^{f}150
			rosace et chapiteau.........	4^{f}500
			charbon.......	0^{k}150
			façon, trous et pose.........	10^{h}60
	à piton en fonte, avec rosace et chapiteau à boule..............	barreaux de 0,016 de diamètre............	fer rond.......	6^{k}975
			bandelette.....	1^{k}500
			vis et fil de fer..	0^{f}300
			garniture fonte..	12^{k}000
			charbon.......	0^{k}150
			façon, trous et pose.........	9^{h}75
		barreaux de 0,018 de diamètre............	fer rond.......	8^{k}910
			bandelette.....	1^{k}500
			vis et fil de fer..	0^{f}300
			garniture fonte..	15^{k}000
			charbon.......	0^{k}250
			façon, trous et pose.........	10^{h}50
	à piton en fonte, garniture forte, avec barreaux de 0,020 de diamètre.		fer rond.......	10^{k}980
			bandelette.....	1^{k}800
			vis et fil de fer..	0^{f}350
			garniture fonte..	18^{k}000
			charbon.......	0^{k}250
			façon, trous et pose.........	11^{h}00
	à piton en fonte, garniture très forte, barreaux de 0,023 de diamètre.		fer rond.......	14^{k}540
			bandelette.....	2^{k}000
			vis et fil de fer..	0^{f}350
			garniture fonte..	20^{k}000
			charbon.......	0^{k}250
			façon, trous et pose.........	11^{h}50
RESSORT	*à torsion* en acier, limé, trempé, posé avec pattes pour portes battantes (le mètre linéaire)..............		fer pour pattes..	1^{k}000
			fil d'acier......	0^{f}350
			vis............	0^{f}050
			façon, montage et pose......	1^{h}45

Article	Désignation	Variante	Détail	Prix
RESSORT (*suite*)	*en acier*, pour fermeture de vantail d'armoire, compris mentonnet (la pièce)		fournitures	0f 350
			vis	0f 030
			façon et pose	0h 25
SERRURE ORDINAIRE (à la pièce) compris pose et vis.	*de tiroir*, à entaille, avec gâche		vis et entrée	0f 100
			pose	0h 85
	d'armoire, avec entrée et gâche		vis et entrée	0f 100
			pose	0h 90
	de tiroir ou d'armoire, à gorges	encloisonné	vis et entrée	0f 100
			pose	0h 85
		à entailler	vis et entrée	0f 100
			pose	1h 45
	de tiroir ou d'armoire, à pompe	encloisonné	vis et entrée	0f 100
			pose	1h 10
		à entailler	vis et entrée	0f 100
			pose	1h 60
	à demi-tour, pour cabinets d'aisances, avec une clef, compris gâche et entrée		vis et entrée	0f 100
			pose	0h 85
	de coffre, avec moraillon, auberonnière et clef		vis	0f 060
			pose	0h 55
	à pêne dormant, avec entrée sans gâche		vis et entrée	0f 120
			pose	0h 85
	à tour et demi, avec entrée et gâche		vis et entrée	0f 120
			pose	0h 85
	à deux pênes, à foliot, rosette en fer avec entrée et gâche encloisonée		vis, entrée et rosette	0f 150
			pose	1h 20
	de sûreté	à bouton coudé ou en long, avec entrée et gâche encloisonnée, deux clefs forées	vis et entrée	0f 120
			pose	1h 05
		plus-value pour foliot	pose	0h 15
	de sûreté, à gorges mobiles	à 4 ou à 6 gorges, à bouton coudé, avec entrée et gâche à baguette	vis et entrée	0f 120
			pose	1h 05
		plus-value pour foliot	pose	0h 30
SERRURE REVÊTUE D'UNE ESTAMPILLE PREMIÈRE QUALITÉ (à la pièce) compris pose et vis.	*d'armoire*, compris entrée et gâche		vis et entrée	0f 150
			pose	0h 90
	à pêne dormant, noire, à gorges, à bouterolle, avec entrée sans gâche ; ou de sûreté		vis et entrée	0f 150
			pose	0h 85
	à tour et demi, bouton de coulisse, en fer ou en cuivre		vis et entrée	0f 120
			pose	0h 85
	à deux pênes, avec entrée, rosette et gâche à baguette		vis, entrée et rosette	0f 160
			pose	1h 20
	de sûreté, dite bon poussé	avec entrée, rosette en fer, gâche à baguette, deux clefs	vis et entrée	0f 120
			pose	1h 05
		plus-value pour foliot	pose	0h 15
	de sûreté, à gorges mobiles	à 6 gorges, avec entrée et gâche à baguette	vis et entrée	0f 120
			pose	1h 05
		plus-value pour foliot, pour serrure à pêne, enté en bronze, marque T F.	pose	0h 25

Observation. — Si les serrures revêtues d'une estampille ne sont pas, par la forme des pièces et le fini de l'exécution, entièrement conformes aux types, ou si une seule des pièces qui les composent, clef, pêne, gorge ou bouton de coulisse, est en fonte malléable, elles perdent leur distinction de qualité supérieure, et ne doivent être payées que comme serrures ordinaires.

	Article	Variante		Prix
SERRURES MARQUÉES S T (à la pièce)	*d'armoire*, compris entrée et gâche		vis et entrée	0f 150
			pose	0h 85
	à pêne dormant	à clef forée	vis et entrée	0f 120
			pose	0h 95
		à entailler, avec gâche	vis et tôle pour gâche	0f 160
			pose	1h 90
		de sûreté	vis et tôle pour gâche	0f 160
			pose	1h 20
		à pompe	vis et tôle pour gâche	0f 160
			pose	1h 75
	à demi-tour, pour cabinets d'aisances, sans gâche		vis et entrée	0f 100
			pose	0h 80
	à tour et demi, à bouton de coulisse, sans gâche		vis et entrée	0f 100
			pose	0h 80
	plus-value pour gâche sur les deux articles ci-dessus		pose	0h 15
	à deux pênes, avec gâche à baguette	ordinaire	vis et tôle pour rosette	0f 220
			pose	1h 65
		à entailler	vis et tôle pour rosette	0f 220
			pose	1h 90
		avec gâche de répétition	vis et tôle pour rosette	0f 330
			pose	2h 25
	de sûreté	pour porte de chambre de comble, ou porte d'entrée d'appartement, avec gâche à baguette	vis et tôle	0f 160
			pose	0h 90
		plus-value pour foliot bronze comprimé	pose	0h 70
	de sûreté, à gorges mobiles	à 6 gorges avec gâche à baguette	vis et tôle	0f 160
			pose	1h 20
		plus-value pour foliot bronze comprimé	pose	0h 45
	de sûreté, à pompe	avec gâche à baguette	vis et tôle	0f 160
			pose	1h 75
		plus-value pour foliot bronze comprimé	pose	0h 45
	de sûreté, à deux canons, gâche à rouleau	de 0,16 de longueur	vis et tôle	0f 270
			pose	1h 75
		de 0,20 —	vis et tôle	0f 270
			pose	2h 25
	de sûreté pour guichet de porte cochère, à entaille, se fermant de l'intérieur seulement, gâche à rouleau		vis et tôle	0f 270
			pose	1h 75
SUPPORT (à la pièce)	*à charnière*, entaillé ou à platine		vis	0f 010
			pose et façon	0h 40
	à pattes, de 0,11 à 0,24 de longueur		vis	0f 016
			pose et façon	1h 30

Ouvrage	Désignation	Dimensions	Détail	Prix
SUPPORT (à la pièce) (*suite*)	*à fourchette*, pour châssis grillagé	de 0,16 à 0,22 de longueur	vis	$0^{f}035$
			pose et façon	$1^{h}35$
		de 0,24 —	vis	$0^{f}050$
			pose et façon	$1^{h}45$
		de 0,28 —	vis	$0^{f}055$
			pose et façon	$1^{h}55$
TARGETTE (à la pièce)	*en fer*, platine à chapeau, noire, avec crampon à pattes ou à pointes; demi-forte, picolet carré, bouton tourné	de 0,040 et au-dessous et de 0,048 de largeur de platine	vis	$0^{f}030$
			pose	$0^{h}30$
		de 0,055 et 0,060 de largeur de platine	vis	$0^{f}040$
			pose	$0^{h}30$
		de 0,070 et 0,080 — —	vis	$0^{f}050$
			pose	$0^{h}30$
	en fer, comme dessus, demi-forte, picolet rond, bouton à patère	de 0,040 à 0,070 de largeur de platine	vis	$0^{f}040$
			pose	$0^{h}30$
		de 0,080 — —	vis	$0^{f}050$
			pose	$0^{h}40$
	en fer, comme dessus, très-forte, polie, bouton à piédouche	de 0,048 à 0,080 de largeur de platine	vis	$0^{f}050$
			pose	$0^{h}40$
		de 0,095 et 0,100 — —	vis	$0^{f}060$
			pose	$0^{h}50$
		de 0110 — —	vis	$0^{f}060$
			pose	$0^{h}60$
	en cuivre, pêne plat, en fer, avec platine, bouton, crampon à pattes	de 0,035 à 0,045 de largeur de platine	vis	$0^{f}030$
			pose	$0^{h}30$
		de 0,045 à 0,080 — —	vis	$0^{f}040$
			pose	$0^{h}40$
	en cuivre, pêne rond, en fer, dite de sûreté, compris crampon à patte	de 0,035 à 0,065 de largeur de platine	vis	$0^{f}040$
			pose	$0^{h}40$
		de 0,070 — —	vis	$0^{f}050$
			pose	$0^{h}60$
TIREFOND (à la pièce)	*en fer blanchi*, compris pose sur mur ou plafond, avec recherche du point de centre	de 0,07 à 0,22 de long	trou tamponné et pose	$0^{h}70$
		de 0,25 —	trou tamponné et pose	$1^{h}00$
		de 0,33 à 0,35 —	trou tamponné et pose	$1^{h}10$
		de 0,45 —	trou tamponné et pose	$1^{h}20$
TRINGLE (au mètre linéaire)	*en fer*, coupé et dressé pour châssis de vitrage, sans assemblage	sur toutes les tringles	fer	$1^{m}050$
		noire de 0,009 à 0,012 de diamètre	façon de dressage	$0^{h}30$
		— 0,013 —	façon de dressage	$0^{h}40$
		— 0,014 —	façon de dressage	$0^{h}55$
		— 0,016 et 0,018 —	façon de dressage	$0^{h}70$
		— 0,020 —	façon de dressage	$0^{h}80$
		— 0,022 —	façon de dressage	$0^{h}85$
	en fer blanchi, plus-value par mètre		façon	$0^{h}65$
	en fer poli, — —		façon	$1^{h}25$
	œil pour tringle — —		charbon	$0^{k}800$
			façon	$0^{h}40$

Article	Désignation	Nature	Prix
TRINGLE (au mètre linéaire) (*suite*)	*assemblage complet* pour former châssis par assemblage — fer brut	façon	$0^{h}70$
	— blanchi	façon	$0^{h}90$
	— poli	façon	$1^{h}05$
	les assemblages biais sont comptés moitié en plus.		
VASISTAS (au mètre linéaire), sans assemblage ni pose.	*en fer rainé*, pour toutes les épaisseurs	fer	$1^{m}050$
	de 0,009 d'épaisseur	façon	$1^{h}25$
	0,011 —	façon	$1^{h}65$
	0,014 —	façon	$2^{h}05$
	0,016 —	façon	$2^{h}45$
	0,018 —	façon	$2^{h}85$
	0,020 —	façon	$3^{h}50$
	Valeur fixe des *quatre assemblages* de la traverse mobile et de la pose	fournitures diverses	$0^{f}270$
		façon	$5^{h}20$
ACCESSOIRES DE VASISTAS	*Double châssis en tôle* en feuillure, formant battement, compris pose (le mètre linéaire)	tôle	$1^{k}000$
		façon et pose	$1^{h}60$
	Charnière ou pivot en fer, avec bourdonnière (la pièce)	vis	$0^{f}050$
		pose	$1^{h}30$
	Loqueteau droit, à baril en cuivre (la pièce)	broche	$0^{f}270$
		pose	$0^{h}70$
	Mentonnet, à pattes en cuivre, à feuillure (la pièce)	pose	$0^{h}16$
	Loqueteau en cuivre avec mentonnet, compris pose sur fer (à la pièce) : *force ordinaire*, de 0,040 et 0,045 de longueur	broche	$0^{f}270$
		pose	$0^{h}85$
	force ordinaire, de 0,050 et 0,055 de longueur	broche	$0^{f}270$
		pose	$1^{h}00$
	force ordinaire, de 0,060 de longueur	broche	$0^{f}270$
		pose	$1^{h}20$
	renforcé, de 0,070 de longueur	broche	$0^{f}270$
		pose	$1^{h}20$
	— 0,075	broche	$0^{f}380$
		pose	$1^{h}35$
	— 0,080 —	broche	$0^{f}450$
		pose	$1^{h}50$
VERROU (à la pièce)	*à ressort*, en fer blanchi, compris conduit à pattes, bouton tourné à patère, de 0,035 de diamètre avec gâche : quart-placard, pêne de 0,018 de large et de 0,40 de longueur	vis	$0^{f}050$
		pose	$0^{h}40$
	demi-placard, pêne de 0,023 de large et de 0,40 de longueur	vis	$0^{f}050$
		pose	$0^{h}45$
	trois-quarts placard, pêne de 0,028 de large et de 0,40 de longueur	vis	$0^{f}050$
		pose	$0^{h}50$
	placard, pêne de 0,031 de large et 0,40 de longueur	vis	$0^{f}050$
		pose	$0^{h}55$
	à arrêt à vis, tige de 0,40 de longueur	vis	$0^{f}050$
		pose	$0^{h}50$
	sur champ, bouton tourné, tige demi-ronde, de 0,40 de longueur, picolets demi-ronds, arrêt à vis	vis	$0^{f}050$
		pose	$0^{h}55$
	à tige demi-ronde, blanchie, bouton tourné à patère, tige de 0,40 de longueur	vis	$0^{f}050$
		pose	$0^{h}50$
	pour chaque *conduit à pattes*, des verrous précédents	vis	$0^{f}100$
		pose	$0^{h}15$

Article	Désignation	Dimensions	Détail	Prix
VERROU (à la pièce) (*suite*)	à *tige demi-ronde*, polie, bouton tourné, boîte en fonte ou en cuivre, tige de 0,40 de longueur		vis	0^{f}100
			pose	0^{h}65
	à *tige demi-ronde*, marquée ST, FV, FT, RIV, LC, avec bouton tourné en cuivre, boîte en fonte, tige de 0,40 de longueur	boîte de 0,026, 0,032 et 0,037 de largeur	vis	0^{f}060
			pose	0^{h}65
		— 0,041 de largeur	vis	0^{f}100
			pose	0^{h}70
		— 0,052 —	is	0^{f}120
			pose	0^{h}80
	à *tige demi-ronde*, marquée ST, FT, FV, TF, RIV, LC, avec bouton platine, boîte en cuivre, tige de 0,30 de longueur		vis	0^{f}070
			pose	0^{h}80
	pour chaque *conduit à pattes*		vis	0^{f}030
			pose	0^{h}25
	par décimètre de tige en plus ou en moins, sur tous les verrous ci-dessus		0^{m}100 de fer.	
	à *coquille*, monté sur platine, entaillée en feuillure, tige de 0^{m}50 de longueur	platine de 0,014 à 0,027 de largeur	vis	0^{f}050
			entaille et pose	1^{h}25
		— 0,030 à 0,035 —	vis	0^{f}060
			entaille et pose	1^{h}35
	à *coquille*, marqué ST, FV, TF, FT, LC, monté sur platine entaillée en feuillure, tige de 0^{m}50 de longueur		vis	0^{f}070
			entaille et pose	1^{h}35
	par décimètre de tige en plus ou en moins		0^{m}100 de fer.	
			entaille et pose	0^{h}10
	à *entailler*, en cuivre, ordinaire, à bouton ou à coulisse	de 0,40 à 0,55 de longueur	vis	0^{f}030
			pose	0^{h}40
		de 0,60 et 0,65 —	vis	0^{f}040
			pose	0^{h}50
		de 0,70 —	vis	0^{f}040
			poso	0^{h}60
		de 0,80 —	vis	0^{f}050
			pose	0^{h}70
VIS A BOIS (à la pièce)	à *tête plate ou ronde*, compris pose	de 0,020 et 0,025 de longueur	pose	0^{h}018
		de 0,030 —	pose	0^{h}027
		de 0,035 et 0,040 —	pose	0^{h}035
		de 0,045 —	pose	0^{h}043
		de 0,050 —	pose	0^{h}053
		de 0,060 —	pose	0^{h}070
		de 0,070 et 0,080 —	pose	0^{h}085
		de 0,090 —	pose	0^{h}100
		de 0,100 —	pose	0^{h}120
	à *tête carrée*, compris pose	de 0,06 de longueur	pose	0^{h}25
		de 0,07 —	pose	0^{h}35
		de 0,08 à 0,11 de longueur	pose	0^{h}44
		de 0,12 et 0,16 —	pose	0^{h}52
		de 0,18 et 0,20 —	pose	0^{h}60
		de 0,22 —	pose	0^{h}70

VIS A MÉTAUX (à la pièce)	*en fer*, à tête ronde, plate ou goutte de suif, compris coupement, repassage à la filière et pose (trous et taraudages payés à part)	de 0,010 et 0,015 de longueur	pose	$0^{h}15$
		de 0,020 et 0,015 —	pose	$0^{h}17$
		de 0,030 et 0,035 —	pose	$0^{h}19$
		de 0,040 et 0,045 —	pose	$0^{h}21$
		de 0,050 et 0,055 —	pose	$0^{h}23$
		de 0,060 —	pose	$0^{h}25$

en laiton; ces vis sont payées le double des prix des vis en fer.
Les vis à tête à pans ou à tête carrée sont payées 2/5 en sus du prix des vis ordinaires.

§ 5. — PRIX DES GRILLAGES

8. Prix élémentaires. — Le prix des *salaires* est variable avec la valeur de l'ouvrier; à Paris, on peut admettre comme prix de base 0 fr. 80 l'heure.

Le prix des *matériaux*, fil de fer rond ou carré, recuit ou non, ou fil de laiton ou de cuivre, comprend aussi le double transport à l'atelier et à pied d'œuvre. Les prix d'achat des grillages mécaniques de différentes sortes sont donnés par les tarifs des fabricants.

9. Établissement des prix de règlement des grillages. — Le prix de règlement des *salaires* comprend :

1° Le prix de l'heure payé par l'entrepreneur ;

2° Les faux frais calculés sur la main-d'œuvre et s'élevant à 30 %, y compris les risques d'accidents (loi du 9 avril 1898).

3° Le bénéfice de l'entrepreneur évalué à 10 % et appliqué au total du prix de l'heure et des faux frais.

Les conditions concernant les heures supplémentaires, les heures de nuit, les travaux faits à la lumière sont les mêmes que pour les prix de règlement de serrurerie.

Les prix de règlement pour les *matériaux* comprennent :

1° Les déboursés pour la main-d'œuvre et les fournitures ;

2° Les faux frais appliqués à la main-d'œuvre seulement et évalués à 30 %, y compris les risques d'accidents (loi du 9 avril 1898) ;

3° Le bénéfice de l'entrepreneur appliqué aux déboursés pour la main-d'œuvre et les fournitures et aux faux frais, et s'élevant à 10 %.

Ces prix s'appliquent à des travaux ayant employé au moins la journée d'un ouvrier ; pour les travaux minimes ne demandant qu'une partie de la journée, il sera ajouté à l'ensemble du règlement, pour le dérangement de l'ouvrier, une plus-value à apprécier par l'architecte, à la condition que le fait ait été régulièrement constaté.

10. Prix de règlement des grillages. — Les grillages se paient au mètre superficiel ; on ajoute au prix par mètre carré de grillage à la main en fil de fer brut les plus-values suivantes :

Plus-value pour grillage en fer galvanisé		20 %
—	— étamé	30 %
—	— fil de laiton	120 %
—	— fil de cuivre	150 %

Plus-value pour partie de grillage formant pointe, triangle ou trapèze ;
— pour grillages faits sur bois ou châssis grillagés avec trois trous ; pour panneaux de surface inférieure à 1 mètre carré .... 20 %
— pour panneaux d'une surface inférieure à 50 centimètres carrés .... 50 %

Pour panneaux de surface inférieure à 10 centimètres carrés, on paiera comme pour 10 centimètres et en outre la *plus-value* de .... 50 %

Dans les travaux en réparations, les bouchements de trous de moins de 10 centimètres de surface seront payés à leur valeur réelle, et on paiera pour chacune une plus-value de .... 1 fr.

Moins-value pour les grillages mécaniques à simple torsion .... 25 %
— — à triple torsion .... 50 %

Pose de grillage. La pose sans échafaudages de panneaux ou châssis grillagés sera payée par lien ou par clou .... 0 fr. 05

Coupe de grillage (au mètre superficiel) ; les coupes jusqu'à 0m 10 seront payées .... 0 fr. 50

Encadrement en fil de fer du n° 14 au n° 16 (le mètre linéaire) .... 0 fr. 15
— en fil de fer du n° 17 au n° 18 — .... 0 fr. 20

Les encadrements en fer rond, en fer rainé, en fer à U, seront payés au mètre linéaire ; les assemblages comptés en sus aux prix de serrurerie.

CHAPITRE II

ÉTUDE DE LA SERRURERIE ET DE LA QUINCAILLERIE D'UN BATIMENT D'HABITATION

§ 1er. — DEVIS DESCRIPTIF DES TRAVAUX DE SERRURERIE ET CAHIER DES CHARGES GÉNÉRALES

Comprenant : GROS FERS, FONTES ET QUINCAILLERIE, *à exécuter pour l'édification d'un bâtiment d'habitation pour le compte de Monsieur X... sur un terrain lui appartenant, situé à....*

ANNÉE 1901

Monsieur Y..., architecte,

Savoir :

1° GROS FERS.

Solives. — Les solives des planchers seront en fer à double T ; elles seront espacées suivant les cotes indiquées aux plans. Leur portée dans les murs seront de 0m25 à chaque extrémité. Elles auront les sections et les poids indiqués aux plans.

Filets. — Sous toutes les cloisons, les solives seront doublées et accouplées par des boulons à quatre écrous de 0m 018 de diamètre espacés de mètre en mètre, et scellées en murs de 0m30 de profondeur.

Boulons d'entretoises. — Les solives seront entretoisées par des boulons à quatre écrous placés de mètre en mètre, et en fer rond de 0m 018 de diamètre.

Fentons. — Dans chaque entrevous des solives et reposant sur les boulons d'entretoises, il sera posé des fentons en fer carillon de 0m 009 d'une seule longueur, avec scellements de 0m 15 aux deux extrémités : deux fentons pour toutes les travées inférieures à 0m 75, et trois dans tous les autres cas.

Linteaux. — Pour toutes les baies cintrées, linteaux en fer carré de 0m 040 encastrés en feuillure avec portées de 0m 20 à chaque extrémité.

Les linteaux des baies intérieures seront en fers à double T, accouplés avec boulons d'entretoisement à quatre écrous de 0m 018 de diamètre. Lorsque les linteaux devront fermer des baies rapprochées, séparées par des trumeaux de moins de 0m 75, l'entrepreneur devra faire passer un seul cours de linteaux de façon à bien solidariser la maçonnerie.

Les portées des linteaux sur les murs auront 0m 300 de longueur et se feront par l'intermédiaire de plaques en fer plat de 0m 015 d'épaisseur, de 0m 150 de longueur, et de largeur à la demande.

Chaînages. — Des chaînes en fer de 0m 050 sur 0m 009 avec talons, bagues, clavettes et coins de serrage seront placées à chaque étage et en tous sens, sur tous les murs et dans toutes les directions, de manière à faire une parfaite liaison. Elles seront posées sous les solives auxquelles elles serviront de cales.

Ancres. — Les ancres des filets et des gros linteaux porteront 1 mètre de longueur et de 0m 025 à 0m 030 de diamètre. Les ancres des chaînes auront 1 mètre de longueur et seront en fer de 0m 025 ; les ancres des solives ordinaires, s'il y a lieu, seront en fer rond, de 0m 016 et de 0m 20 de longueur.

Menus fers. — L'entrepreneur devra fournir indépendamment des gros fers, les ancres, tirants, harpons, équerres, platebandes, étriers, brides, linteaux de cheminées, colliers pour tuyaux de descente des eaux, tuyaux de chute et de ventilation, pattes à chambranles, pattes, équerres et platebandes pour les huisseries, bâtis et contre-bâtis, chéneaux, etc.

Boulons. — Les boulons pour les divers usages seront en fer doux, de force et de dimensions nécessaires pour leur emploi.

Accessoires. — L'entrepreneur devra fournir également les vis de toutes dimensions, de toutes formes et de toutes forces, pour la pose des menuiseries, charpentes, etc., les chevillettes clous d'épingle, clous à bateau, broches, rappointis, et tous autres accessoires de serrurerie.

Deux rangs d'entretoises en fil de fer galvanisé avec pitons vissés dans les poteaux ou huisseries seront placés dans la hauteur de chaque cloison légère.

Crochet de descente des vins. — Il sera fourni également un fort crochet en fer forgé, à scellement, à double enroulement en corne de bélier pour la descente des vins.

Platebandes. — Les platebandes d'escalier seront en fer doux du Berry, de 0m 047 sur 0m 009; elles seront entaillées d'épaisseur et fixées avec vis fraisées.

Pitons de suspensions. — Il y aura dans la salle à manger et le salon des pitons de suspension ; ils sont vissés dans une platebande en fer reposant sur deux solives, et munis d'un écrou surmonté lui-même d'une clavette.

Hotte et manteau. — Les ceintures de manteau ainsi que la carcasse de la hotte en forme de treillis seront en fer carré de 0m 030. Tous ces fers porteront des scellements pour les maintenir dans les murs ; ils seront coudés à chaud. Des barres de languette de 0m 020, en fer carré, seront placées sous les planches de ventouses.

Balcons en fer et fonte. — Il sera fourni des balcons du commerce suivant les besoins et d'après le choix du propriétaire et de l'architecte. Ces balcons auront 1m 050 de hauteur d'appui au-dessus du sol des pièces ; ils seront montés sur fer carré de 0m 020, avec main courante en fer demi-rond de 0m 040. L'extrémité du fer carré haut et bas sera retournée d'équerre et portera un scellement à queue de carpe permettant l'éloignement du mur de 0m 080.

A la terrasse du 2e étage, balcon en fonte, monté de même que les précédents. Les fenêtres d'escaliers et de cuisine seront pourvues de barres d'appui en fonte du commerce.

Rampe d'escalier. — La rampe de l'escalier de service portera $0^{m}900$ de hauteur, elle sera en fer à barreaux ronds de $0^{m}018$, espacés de $0^{m}16$ d'axe en axe, col de cygne avec rosace et astragale en cuivre, fixés avec vis sur la platebande en fer recevant la main courante ; dans le bas, pilastre en fonte ornée avec amortissement en cuivre.

2° Fontes.

Tuyaux. — Les tuyaux de chute des water-closets seront en fonte de $0^{m}250$ de diamètre intérieur, posés avec colliers à charnières ; le tuyau de ventilation sera de $0^{m}190$ de diamètre et posé avec colliers en feuillard, dans la hauteur du rez-de-chaussée seulement.

Descentes. — Les descentes des eaux pluviales seront en fonte ornée, modèle marchand, de $0^{m}110$ de diamètre intérieur, et se raccorderont avec la canalisation. Elles porteront des cuvettes à leur partie supérieure. Les colliers nécessaires à la pose seront à charnière.

3° Quincaillerie.

Portes de caves. — La porte de descente de cave, ainsi que la porte de la cave aux vins seront à deux vantaux ; elles seront ferrées de quatre pentures élargies au collet, renforcées et chanfreinées de $0^{m}600$ de longueur, posées avec clous rivés au collet, et à l'extrémité de la branche, et boulons pour le surplus ; quatre gonds à scellement ; pour fermeture, deux verrous, tige carrée demi-placard, de $0^{m}400$ de longueur, et une serrure pêne dormant, fer forgé, de $0^{m}16$, ST, avec deux clefs bénardes, entrée, et gâche à scellement. Les portes à un vantail seront ferrées deux de pentures élargies au collet, renforcées et chanfreinées, de $0^{m}800$ de longueur, posées comme dessus ; deux gonds à scellement, deux battements en fer à scellement ou à pointe ; pour fermeture, une serrure pêne dormant, fer forgé, comme dessus, mais de $0^{m}14$, gâche à scellement ou à pattes.

Portes du rez-de-chaussée. — La porte d'entrée du vestibule, à deux vantaux, sera ferrée de six paumelles doubles, à nœuds bouchés, et bague en cuivre renforcée, de $0^{m}22$ de branche ; quatre équerres doubles, entaillées, en fer forgé, de $0^{m}040$ sur $0^{m}007$, posées avec vis ; de sept pattes forgées, de $0^{m}19$; pour fermeture, une crémone RG, tige demi-ronde, de $0^{m}022$, fermant à clef, avec garnitures en fonte ; en haut, gâche en fer entaillée ; en bas, platine en cuivre ; une serrure de sûreté de $0^{m}16$, à 6 gorges mobiles, ST, avec deux cléfs forées, garnitures tournées baroques, bouton de coulisse, gâche à baguette, entrée en cuivre, entaillée et fixée avec vis. A l'extérieur, deux boutons ronds de tirage en cuivre plein, de $0^{m}065$ de diamètre sur rosette en cuivre, avec chaînette de renvoi ronde de $0^{m}060$ de diamètre.

Les châssis d'imposte seront ferrés pour chaque vantail de quatre équerres simples renforcées de $0^{m}19$ de branches, entaillées et fixées avec vis ; ils seront fixés à vis dans les bâtis dormants.

Dans les panneaux d'imposte, petits motifs de défense en fer forgé, dans un châssis idem, suivant dessin fourni par l'architecte.

La porte d'entrée de l'escalier de service et celle sous l'escalier principal seront à un vantail, ferrées de trois paumelles doubles à nœuds bouchés et bague en cuivre, renforcées de $0^{m}22$ de de branche, de quatre équerres doubles entaillées et posées avec vis, en fer forgé de $0^{m}040$ sur $0^{m}007$, de sept pattes forgées de $0^{m}16$; pour fermeture, une serrure de sûreté de $0^{m}16$, à 6 gorges mobiles, ST, avec deux clefs forées, garnitures tournées baroques, boutons de coulisse, gâche à baguette, entrée en cuivre, entaillée et fixée avec vis. A l'extérieur, bouton de tirage rond en cuivre plein, de 0m065 de diamètre sur rosette en cuivre, avec chaînette de renvoi ronde de 0m060 de diamètre.

Les châssis d'imposte seront ferrés comme celui ci-dessus et comporteront également un motif de défense en fer forgé.

La porte d'intérieur à deux vantaux sera ferrée de six paumelles doubles laminées, à nœuds rabotés, et bague en cuivre, de 0m 16 de branche, entaillées et posées en feuillure avec vis fraisées; comme fermeture, une serrure ST, à deux pênes, de 0m 14, avec gâche de répétition, verrous se fermant haut et bas par un mécanisme à bascule dans la gâche, fouillot bronze comprimé, chanfrein de 32° à nervures, avec les tiges demi-rondes placées dans l'axe de symétrie des battants de la porte, bouton double rond ST, imitation ivoire de 0m 055 de diamètre.

Les portes d'intérieur à un seul vantail pour la salle à manger, le salon et le cabinet de travail seront ferrées de trois paumelles doubles laminées, à nœuds rabotés et bagues en cuivre, de 0m 14 de branche, entaillées et posées en feuillure, avec vis fraisées; pour fermeture, une serrure à deux pênes, de 0m 14, ST, pêne à chanfrein de 45°, gâche encloisonnée, à baguette et clef bénarde, bouton double rond, ST, imitation ivoire, de 0m 055 de diamètre, entrée et rosette en cuivre, entaillées; sept pattes à chambranle de 0m 140 pour les cinq portes percées dans des murs de 0m 40.

Les autres portes d'intérieur à un seul vantail seront ferrées de même, mais auront comme fermeture un bec-de-cane de 0m 11, ST, avec bouton double rond, ST, imitation ivoire, de 0m 055 de diamètre.

La porte des cabinets d'aisances sera ferrée de même, mais le bec-de-cane comportera un verrou de nuit.

La porte de descente de cave sous l'escalier de service sera ferrée de même, mais avec serrure ST, de 0m 14, pêne dormant, fer forgé, entaillée, posée avec vis, deux clefs bénardes, entrée et gâche à pattes.

Portes du 1er étage, du 2e étage et du grenier. Les portes des chambres de ces étages seront ferrées comme les portes d'intérieur du rez-de-chaussée, mais les serrures comporteront, en outre, un verrou de nuit; les portes de la lingerie et de la salle de débarras, comme celles de la salle à manger; les portes de la salle de bains et des cabinets de toilette, comme celles des cabinets d'aisances; les portes d'escalier de service, comme celles du rez-de-chaussée; la porte du grenier, comme celle de la descente de cave sous l'escalier de service.

Les portes d'armoires sont ferrées, pour chaque vantail, de trois charnières carrées, de 0m 11, entaillées et posées avec vis; comme fermeture, une serrure d'armoire, polie à canon, ST, de 0m 07, avec entrée et gâche, entaillées et posées avec vis; les portes à deux vantaux auront en plus un ressort paillette en acier avec mentonnet. Six pattes à scellement, de 0m 11, pour chaque corps d'armoire.

Croisées. — Toutes les croisées sans exception seront ferrées de sept pattes à scellement de 0m 14, entaillées et fixées à vis; à chaque vantail, trois paumelles doubles laminées, à nœuds rabotés et bague en cuivre de 0m 11 de branches, entaillées et posées en feuillure avec vis fraisées; quatre équerres simples renforcées de 0m 19 de branche, entaillées et posées avec vis.

Pour fermeture des croisées à deux vantaux, une crémone RG en fer demi-rond, de 0m 018, garnie de coulisseaux, boîte, gâche et bouton en fonte ornée. Même fermeture pour les croisées à un seul vantail de la salle à manger, du salon et de la chambre à coucher.

Pour celles des cabinets d'aisances et des cabinets de toilette, une targette en fer, platine à chapeau, demi-forte, de 0m 055, avec crampon à pattes.

Les croisées des lucarnes seront ferrées comme les croisées à deux vantaux ci-dessus, mais sans pattes à scellement. Toutes les ferrures des portes et des croisées seront blanchies pour être vernies au four.

Les châssis ouvrants des soupiraux des caves seront ferrés comme les croisées, mais avec deux paumelles seulement par vantail ; comme fermeture, sur chaque vantail, un loqueteau droit en cuivre, de 0m 095 de longueur, avec mentonnet, tirage et anneau.

Volets-persiennes brisés en tôle. — Les volets-persiennes brisés en tôle seront du système choisi par l'architecte de concert avec le propriétaire ; ils seront composés de six vantaux pour les fenêtres à deux vantaux, de quatre vantaux pour les fenêtres à un seul vantail, fixés avec vis sur tapée en bois, avec battement à la partie basse, et motif ajouré à la partie haute.

Sièges d'aisances. — Chaque abattant de siège d'aisances sera ferré de deux pivots en cuivre renforcés, entaillés et fixés à vis, à équerres sur champ de 0m 08 ; bouton rond de tirage, en cuivre plein de 0m 040, avec rosette et écrou.

4° Observations générales.

Le présent devis descriptif et cahier des charges n'a pour but que d'éclairer l'entrepreneur sur la nature et l'importance des travaux qui le concernent ; en conséquence, l'entrepreneur ne pourrait arguer d'une omission pour ne pas faire et fournir les objets nécessaires à l'achèvement complet de toute la serrurerie en général, ainsi que pour les divers corps d'état qui concourent à l'ensemble des travaux.

Il est bien entendu que le bâtiment doit être rendu dans un état parfait et complet, propre à l'habitation des locataires, c'est-à-dire les clés en main.

Tous les fers, les fontes, la quincaillerie et les autres métaux nécessaires seront de première qualité, tirés des meilleures usines et fabriques de France, et peints au minium. Les travaux exécutés avec des matériaux autres que ceux indiqués seront enlevés et remplacés à la première réquisition de l'architecte sans que l'entrepreneur puisse réclamer de ce chef aucune indemnité. Lors de la pose de chaque pièce de ferrure, l'entrepreneur aura le soin d'imprimer l'entaille ou le derrière et les côtés de la pièce de manière à la préserver de l'oxydation.

Comme clause de rigueur, l'entrepreneur ne pourra jamais, pendant l'exécution des travaux, laisser accumuler sur les planchers plus de 400 kilogrammes de fer en un seul point.

Il devra veiller à ce que tous les chaînages prescrits soient faits au fur et à mesure de l'avancement des travaux, et à ce que le maçon scelle les ancres au fur et à mesure de leur pose. D'ailleurs, l'architecte entend rendre solidairement responsables le maçon et le serrurier pour tous défauts d'exécution des prescriptions qui précèdent.

Pour le surplus des obligations de l'entrepreneur, voir le marché.

Enfin, l'entrepreneur remboursera à l'architecte, lors de la signature du marché, les frais d'autographie, des plans, coupes, élévation, copies de devis, etc., calculés à raison de 1 % du montant des travaux.

Le présent devis descriptif dressé par l'architecte soussigné.

Paris, le.......................... 1901.

Signature de l'architecte.

Lu et approuvé par le propriétaire.

Paris, le.......................... 1901.

Signature du propriétaire.

Lu et approuvé par l'entrepreneur concessionnaire des travaux, comme annexe au marché en date de ce jour. L'entrepreneur reconnaît de plus avoir reçu une série complète des plans, coupes et élévations, et du présent devis descriptif et cahier des charges dont il a signé la minute.

Paris, le.......................... 1901.

Signature de l'entrepreneur.

Plan des Caves.

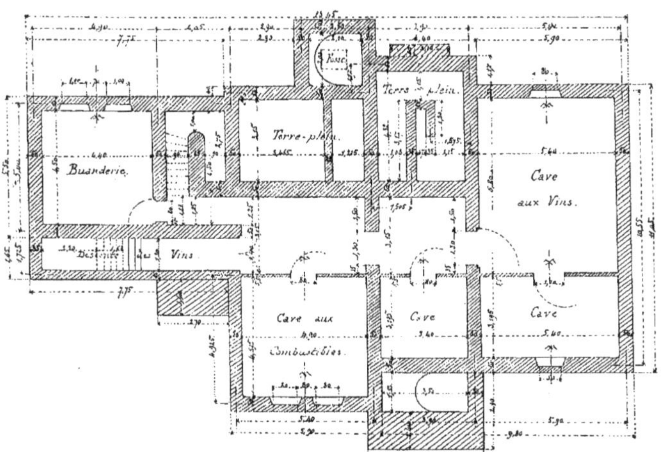

Planchers du Rez-de-Chaussée.

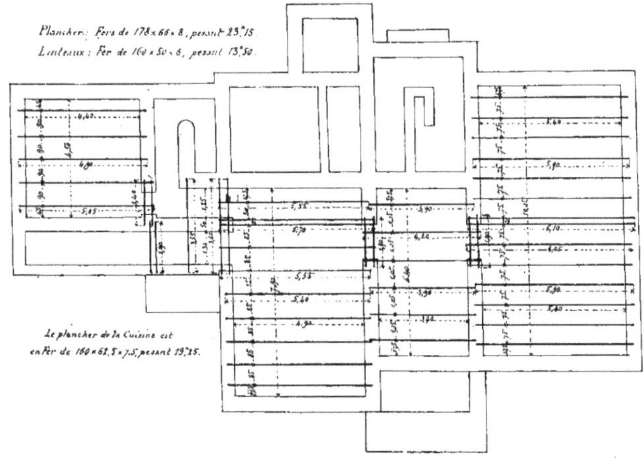

Plan du Rez-de-Chaussée.

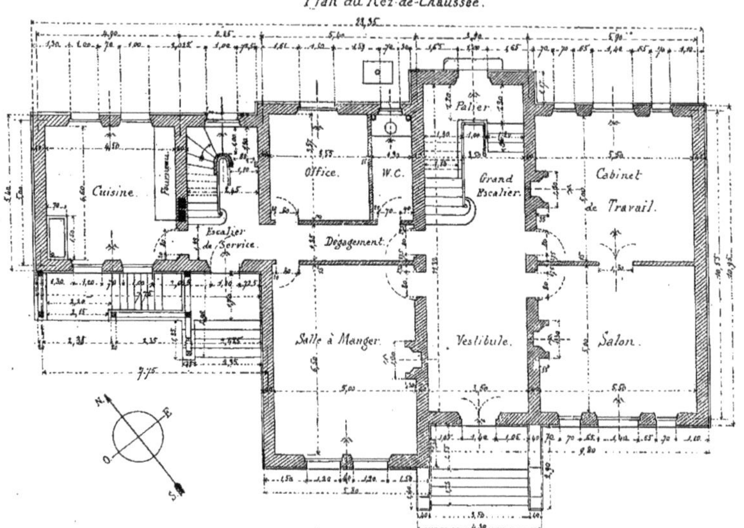

Plancher du 1er Etage.

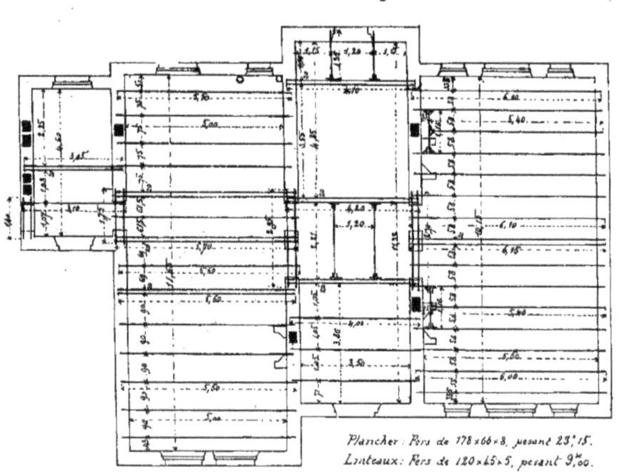

Plan du 1er Etage.

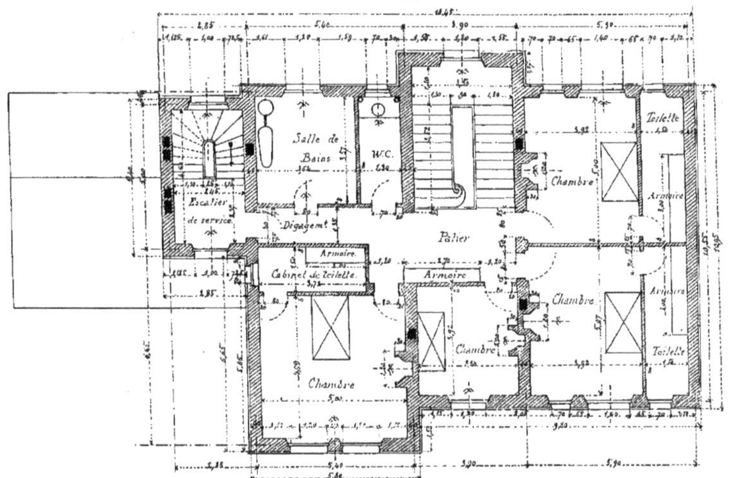

Plancher du 2e Etage

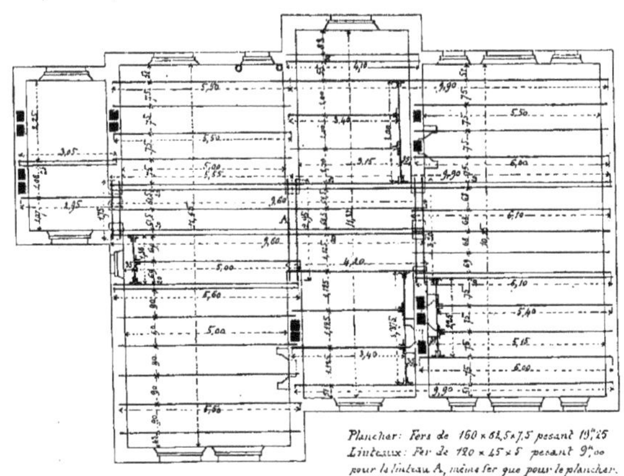

Plancher: Fers de 160 × 62,5 × 7,5 pesant 19k,25
Linteaux: Fer de 120 × 45 × 5 pesant 9k,00
pour le linteau A, même fer que pour le plancher.

Plan du 2e Etage sous comble

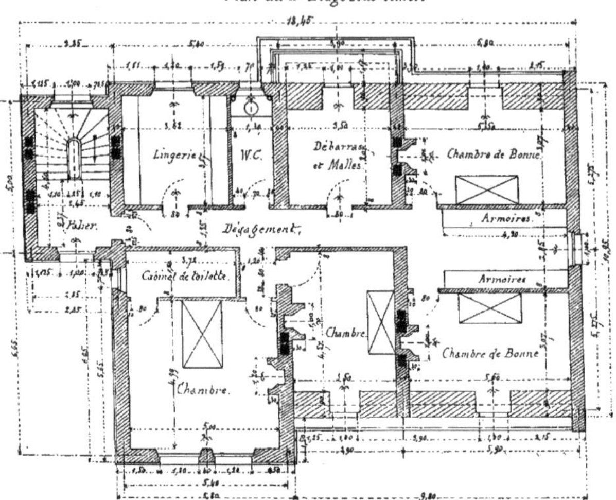

Plancher du Grenier.

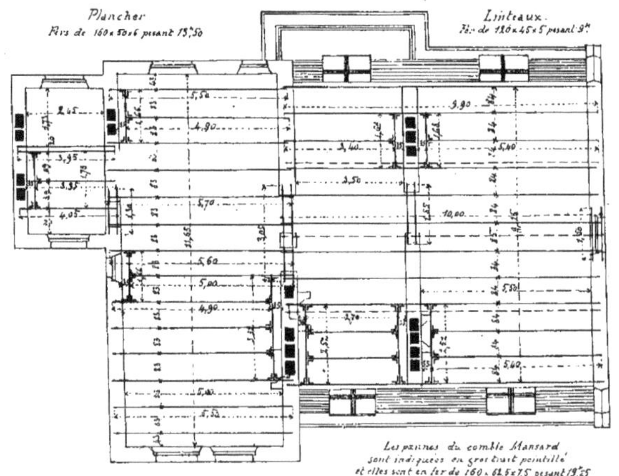

Plan du Comble.

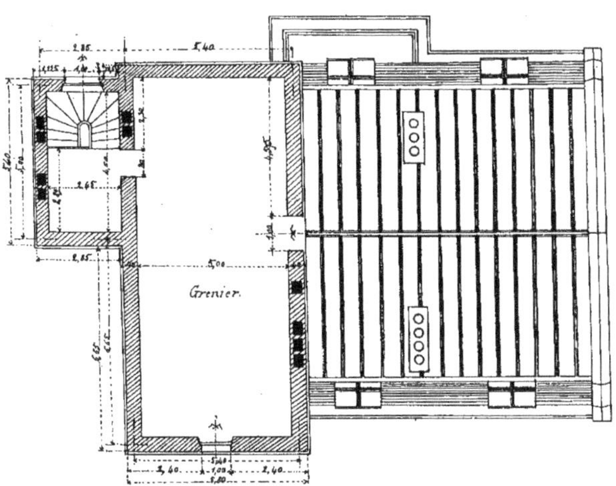

§ 2. — DEVIS ESTIMATIF DES TRAVAUX DE SERRURERIE

A exécuter pour l'édification d'un bâtiment d'habitation pour le compte de M. X....., sur un terrain lui appartenant, situé à......

ANNÉE 1901.

Monsieur Y...., architecte.

SAVOIR :

1° GROS FERS

Plancher haut du Sous-sol et des Caves.

BATIMENT PRINCIPAL

4 linteaux de soupiraux en fer carré de 0,040, de chaque 1m 20 = 4m 80, pesant ensemble.............................. — Fer dressé pour linteaux 59k 904

3 linteaux en fer double T de 0,160, à 2 lames, dont : 2 de 1m 90 = 3m 30......... 1 de 3m 65 = 3m 65......... } 7m 45, pesant ensemble.......... — Linteaux fer double T 201k 150

2 filets en fer double T de 0,178,
dont : 1 de $5^m 70 = 5^m 70$..........
1 de $6^m 10 = 6^m 10$..........
} $11^m 80$, pesant ensemble.......... Filets fer double T $546^k 340$

26 solives ordinaires en fer double T de 0,178,
dont : 4 de $3^m 90 = 15^m 60$.........
2 de $4^m 20 = 8^m 40$.........
5 de $5^m 40 = 27^m 00$.........
3 de $5^m 55 = 16^m 65$.........
10 de $5^m 90 = 59^m 00$.........
2 de $6^m 05 = 12^m 00$.........
} $138^m 75$, pesant ensemble.......... Fer double T pour planchers ordinaires. $3212^k 062$

ANNEXE

2 linteaux de soupiraux en fer carré de 0,040,
de chaque $1^m 40 = 2^m 80$, pesant ensemble.............................. Fer dressé pour linteaux $37^k 800$

2 linteaux en fer double T, de 0,160, à 2 lames,
dont : 1 de $1^m 40$..................
1 de $1^m 90$..................
} $3^m 30$, pesant ensemble.......... Linteaux fer double T $89^k 100$

6 solives ordinaires en fer double T, de 0,160,
dont : 1 de $3^m 55 = 3^m 55$.........
3 de $4^m 90 = 14^m 70$.........
2 de $5^m 05 = 10^m 10$.........
} $28^m 35$, pesant ensemble.......... Fer double T pour planchers ordinaires. $545^k 438$

Boulons d'entretoises,
dont : 72 de $0^m 81 = 58^m 32$........
22 de $0^m 66 = 14^m 52$........
20 de $1^m 11 = 22^m 20$........
8 de $0^m 56 = 4^m 48$........
35 de $0^m 91 = 31^m 85$........
5 de $0^m 86 = 4^m 30$........
6 de $1^m 35 = 8^m 10$........
2 de $1^m 26 = 2^m 52$........
20 de $0^m 96 = 19^m 20$........
10 de $0^m 64 = 6^m 40$........
10 de $0^m 36 = 3^m 60$........
2 de $0^m 31 = 0^m 62$........
12 de $0^m 26 = 3^m 12$........
} $179^m 23$, pesant ensemble.......... Boulons d'entretoises $579^k 41$

Fentons de 0,009,
dont : 14 de $4^m 70 = 65^m 80$.......
6 de $3^m 45 = 20^m 70$.......
26 de $5^m 20 = 135^m 20$.......
17 de $3^m 70 = 62^m 90$.......
26 de $5^m 70 = 148^m 20$.......
} $432^m 80$, pesant ensemble.......... Fentons $272^k 097$

Cales,
12, pesant ensemble.. Cales $32^k 400$

Chaînages de 0,050 sur 0,009,
dont : 2 de $5^m 00 = 10^m 00$........
2 de $8^m 90 = 17^m 80$........
2 de $10^m 55 = 21^m 10$........
} $48^m 90$, pesant ensemble.......... Chaînes $171^k 340$

Ancres en fer rond, de 0,025 :
20, de $1^m 00 = 20^m 00$, pesant ensemble................................. Ancres $76^k 560$

Ancres en fer rond, de 0,016 :
20, de 0,20 = $4^{m}00$, pesant ensemble.. Ancres $6^{k}272$

Plancher haut du Rez-de-chaussée.

12 linteaux en fer carré de 0,040, pour portes ou croisées,

dont :			Fer dressé pour linteaux
5 de $1^{m}10$ = $5^{m}50$..........	$25^{m}50$, pesant ensemble..........		$318^{k}240$
7 de $1^{m}40$ = $9^{m}80$..........			
3 de $1^{m}60$ = $4^{m}80$..........			
3 de $1^{m}80$ = $5^{m}40$..........			

4 linteaux fer double T, de 0,120, à deux lames,

dont :			Linteaux fer double T
1 de $1^{m}40$ = $1^{m}40$..........	$8^{m}80$, pesant ensemble..........		$158^{k}400$
1 de $1^{m}75$ = $1^{m}75$..........			
1 de $2^{m}70$ = $2^{m}70$..........			
1 de $2^{m}95$ = $2^{m}95$..........			

5 filets en fer double T, de 0,178,

dont :			Filets fer double T
1 de $3^{m}05$ = $3^{m}05$.........	$26^{m}20$, pesant ensemble..........		$1213^{k}060$
1 de $5^{m}60$ = $5^{m}60$.........			
2 de $5^{m}70$ = $11^{m}40$.........			
1 de $6^{m}15$ = $6^{m}15$.........			

3 filets en fer double T, de 0,178, assemblés,

dont :			Filets assemblés
1 de $4^{m}10$ = $4^{m}10$..........	$12^{m}50$, pesant ensemble..........		$578^{k}750$
2 de $4^{m}20$ = $8^{m}40$..........			

23 solives ordinaires en fer double T, de 0,178,

dont :			Fer double T pour planchers ordinaires.
1 de $3^{m}10$ = $3^{m}10$.........	$124^{m}20$, pesant ensemble..........		$2875^{k}230$
3 de $4^{m}00$ = $12^{m}00$.........			
9 de $5^{m}50$ = $49^{m}50$.........			
1 de $5^{m}60$ = $5^{m}60$.........			
1 de $5^{m}70$ = $5^{m}70$.........			
5 de $6^{m}00$ = $30^{m}00$.........			
3 de $6^{m}10$ = $18^{m}30$.........			

10 solives assemblées en fer double T, de 0,178,

dont :			Fer double T pour planchers assemblés.
2 de $1^{m}16$ = $2^{m}32$.........	$44^{m}24$, pesant ensemble...........		$2048^{k}312$
2 de $1^{m}35$ = $2^{m}70$.........			
2 de $2^{m}21$ = $4^{m}42$.........			
2 de $5^{m}40$ = $10^{m}80$.........			
4 de $6^{m}00$ = $24^{m}00$.........			

Equerres de 0,080 sur 0,009, de 0,140;
24, pesant ensemble.. Fer forgé pour équerres $36^{k}000$

Boulons de moins de 1 kilog., de 0,016 de diamètre;
96, pesant ensemble.. Fer forgé pour boulons $96^{k}000$

Boulons d'entretoises,

dont : 10 de $0^{m}26$ = $2^{m}60$
39 de $0^{m}36$ = $14^{m}04$
12 de $0^{m}52$ = $6^{m}24$
5 de $0^{m}61$ = $3^{m}05$
84 de $0^{m}64$ = $53^{m}76$
10 de $0^{m}67$ = $6^{m}70$
5 de $0^{m}69$ = $3^{m}45$
10 de $0^{m}75$ = $7^{m}50$ $97^{m}34$.

Détail	Total	Poids
Boulons d'entretoises (suite)		
Report..... $97^{m}34$		
dont : 20 de $0^{m}81$ = $16^{m}20$........		
3 de $0^{m}89$ = $2^{m}67$........		
25 de $0^{m}96$ = $24^{m}00$........		
9 de $1^{m}11$ = $9^{m}99$........	$168^{m}52$, pesant ensemble...........	Boulons d'entretoises $581^{k}000$
6 de $1^{m}14$ = $6^{m}84$........		
7 de $1^{m}26$ = $8^{m}82$........		
2 de $1^{m}33$ = $2^{m}66$........		
Fentons,		
dont : 9 de $1^{m}30$ = $11^{m}70$........		
9 de $2^{m}30$ = $20^{m}70$........		
6 de $2^{m}75$ = $16^{m}50$........		
11 de $3^{m}80$ = $41^{m}80$........	$434^{m}30$, pesant ensemble..........	Fentons $274^{k}430$
32 de $5^{m}30$ = $169^{m}60$........		
30 de $5^{m}80$ = $174^{m}00$........		
Cales,		
17, pesant ensemble..		Cales $45^{k}900$
Chaînages de 0,050 sur 0,009,		
dont : 2 de $3^{m}25$ = $6^{m}50$........		
1 de $4^{m}30$ = $4^{m}30$........		
1 de $5^{m}40$ = $5^{m}40$........		
2 de $5^{m}80$ = $11^{m}60$........		
1 de $6^{m}30$ = $6^{m}30$........		
1 de $10^{m}20$ = $10^{m}20$........	$93^{m}44$, pesant ensemble.........	Chaînes $327^{k}414$
1 de $12^{m}45$ = $12^{m}45$........		
1 de $10^{m}95$ = $10^{m}95$........		
1 de $12^{m}12$ = $12^{m}12$........		
1 de $13^{m}62$ = $13^{m}62$........		
Ancres en fer rond de 0,025;		
38 de $1^{m}00$ = $38^{m}00$, pesant ensemble..................................		Ancres $107^{k}184$
Ancres en fer rond de 0,016;		
6 de 0,20 = $1^{m}20$, pesant ensemble......................................		Ancres $1^{k}882$
Chaînages de la cuisine, de 0,050 sur 0,009,		
dont : 2 de $5^{m}30$ = $10^{m}60$........	$21^{m}40$, pesant ensemble..........	Chaînes $74^{k}985$
2 de $5^{m}40$ = $10^{m}80$........		
Ancres en fer rond de 0,025;		
8 de $1^{m}00$ = $8^{m}00$, pesant ensemble......................................		Ancres $30^{k}592$

Plancher haut du premier Étage.

Détail	Total	Poids
15 linteaux en fer carré de 0,040, pour croisées,		
dont : 6 de $1^{m}10$ = $6^{m}60$..........		
2 de $1^{m}40$ = $2^{m}80$..........	$21^{m}00$, pesant ensemble..........	Fer dressé pour linteaux $262^{k}080$
5 de $1^{m}60$ = $8^{m}00$..........		
2 de $1^{m}80$ = $3^{m}60$..........		
2 linteaux fer double T de 0,120, à 2 lames,		
dont : 1 de $1^{m}75$ = $1^{m}75$..........	$4^{m}95$, pesant ensemble..........	Linteaux fer double T $89^{k}100$
1 de $3^{m}20$ = $3^{m}20$..........		
1 linteau fer double T de 0,160,		
de 2,95 = 2,95, pesant..		Linteaux fer double T $113^{k}574$

2 filets en fer double T de 0,160,

dont : 1 de $3^{m}05$ = $6^{m}10$.......... 1 de $4^{m}10$ = $4^{m}10$..........	$10^{m}20$, pesant ensemble..........	Filets fer double T $392^{k}700$

5 filets en fer double T, de 0,160, assemblés,

dont : 1 de $5^{m}55$.................. 1 de $5^{m}60$.................. 1 de $6^{m}10$.................. 1 de $9^{m}60$.................. 1 de $9^{m}90$..................	$36^{m}75$, pesant ensemble..........	Filets assemblés $1414^{k}174$

17 solives ordinaires en fer double T de 0,160,

dont : 1 de $2^{m}95$ = $2^{m}95$......... 9 de $5^{m}50$ = $49^{m}50$......... 3 de $6^{m}00$ = $18^{m}00$......... 3 de $6^{m}10$ = $18^{m}30$......... 1 de $9^{m}60$ = $9^{m}60$.........	$98^{m}35$, pesant ensemble..........	Fer double T pour planchers ordinaires $3746^{k}460$

15 solives assemblées en fer double T de 0,160,

dont : 1 de $1^{m}38$ = $1^{m}38$........ 1 de $2^{m}25$ = $2^{m}25$........ 1 de $3^{m}00$ = $3^{m}00$........ 1 de $3^{m}375$ = $3^{m}375$....... 4 de $3^{m}40$ = $13^{m}60$........ 1 de $4^{m}20$ = $4^{m}20$........ 1 de $5^{m}00$ = $5^{m}00$........ 2 de $5^{m}40$ = $10^{m}80$........ 1 de $6^{m}00$ = $6^{m}00$........ 2 de $9^{m}90$ = $19^{m}80$........	$69^{m}405$, pesant ensemble.........	Fer double T pour planchers assemblés $1336^{k}046$

Equerres de 0,070 sur 0,008 et de 0,120 ;

30, pesant ensemble.. Fer forgé pour équerres $30^{k}000$

Boulons de moins de 1 kilogr., de 0,014 de diamètre,

90, pesant ensemble.. Fer forgé pour boulons $90^{k}000$

Boulons d'entretoises,

dont : 9 de $0^{m}61$ = $5^{m}49$......... 38 de $0^{m}69$ = $26^{m}22$......... 34 de $0^{m}75$ = $25^{m}50$......... 68 de $0^{m}81$ = $55^{m}00$......... 25 de $0^{m}96$ = $24^{m}00$......... 4 de $1^{m}01$ = $4^{m}04$......... 9 de $1^{m}06$ = $9^{m}54$......... 6 de $1^{m}14$ = $6^{m}84$......... 13 de $1^{m}19$ = $15^{m}47$......... 41 de $0^{m}26$ = $10^{m}66$......... 12 de $0^{m}36$ = $4^{m}32$.........	$192^{m}08$, pesant ensemble..........	Boulons d'entretoises $639^{k}890$

Fentons,

dont : 6 de $2^{m}75$ = $16^{m}50$........ 31 de $3^{m}80$ = $117^{m}80$........ 33 de $5^{m}30$ = $174^{m}90$........ 26 de $5^{m}80$ = $150^{m}80$........	$460^{m}00$, pesant ensemble..........	Fentons $290^{k}260$

Cales ;

14, pesant ensemble.. Cales $37^{k}800$

Chaînage de 0,050 sur 0,009, semblable au chaînage du plancher haut du rez-de-chaussée, pesant.	Chaînes $327^{k}414$
Ancres en fer rond de 0,025; 32, de $1^{m}00 = 32^{m}00$, pesant ensemble.	Ancres $122^{k}496$
Ancres en fer rond de 0,016; 6 de $0,20 = 1^{m}20$, pesant ensemble.	Ancres $1^{k}882$

Plancher haut du deuxième Étage.

7 linteaux en fer carré de 0,040, dont : 2 de $1^{m}10 = 2^{m}20$. . . . . 2 de $1^{m}40 = 2^{m}80$. . . . . 3 de $1^{m}60 = 4^{m}80$.	$9^{m}80$, pesant ensemble.	Fer dressé pour linteaux $122^{k}304$
4 linteaux fer double T de 0,120, à 2 lames, dont : 1 de $1^{m}30 = 1^{m}30$. . . . . 1 de $1^{m}50 = 1^{m}50$. . . . . 1 de $1^{m}85 = 1^{m}85$. . . . . 1 de $3^{m}05 = 3^{m}05$.	$7^{m}70$, pesant ensemble.	Linteaux fer double T $138^{k}600$
1 filet assemblé fer double T de 0,160, de $3^{m}95 = 3^{m}95$, pesant.		Filets assemblés $108^{k}650$
10 solives ordinaires en fer double T de 0,160, dont : 3 de $5^{m}50 = 16^{m}50$. . . . . 2 de $5^{m}70 = 11^{m}40$. . . . . 1 de $9^{m}90 = 9^{m}90$. . . . . 4 de $10^{m}00 = 40^{m}00$.	$77^{m}80$, pesant ensemble.	Fer double T pour planchers ordinaires $1050^{k}300$
28 solives assemblées en fer double T de 0,160, dont : 1 de $1^{m}66 = 1^{m}66$. . . . . 2 de $1^{m}68 = 3^{m}36$. . . . . 1 de $1^{m}78$ $1^{m}78$. . . . . 3 de $2^{m}52 = 7^{m}56$. . . . . 2 de $2^{m}70 = 5^{m}40$. . . . . 1 de $3^{m}35 = 3^{m}35$. . . . . 1 de $3^{m}40 = 3^{m}40$. . . . . 1 de $4^{m}05 = 4^{m}05$. . . . . 4 de $4^{m}90 = 19^{m}60$. . . . . 1 de $5^{m}00 = 5^{m}00$. . . . . 3 de $5^{m}40 = 16^{m}20$. . . . . 3 de $5^{m}50 = 16^{m}50$. . . . . 1 de $5^{m}60 = 5^{m}60$. . . . . 4 de $9^{m}90 = 39^{m}60$.	$133^{m}06$, pesant ensemble.	Fer double T pour planchers assemblés $3593^{k}160$
Equerres de 0,07 sur 0,008 et de 0,120; 64, pesant ensemble.		Fer forgé pour équerres $96^{k}000$
Boulons de moins de 1 kilog., de 0,014 de diamètre: 192, pesant ensemble.		Fer forgé pour boulons $192^{k}000$
Boulons d'entretoises, dont : 3 de $0^{m}26 = 0^{m}78$. . . . . 9 de $0^{m}36 = 3^{m}24$. . . . . 10 de $0^{m}61 = 6^{m}10$. . . . . 175 de $0^{m}90 = 157^{m}50$. . . . . 9 de $0^{m}95 = 8^{m}55$.	$176^{m}17$, pesant ensemble.	Boulons d'entretoises $553^{k}345$

Désignation		Poids
Fentons,		
dont : 9 de 2^{m}75 = 24^{m}75........		Fentons
41 de 5^{m}30 = 217^{m}10........	565^{m}25, pesant ensemble..........	356^{k}672
33 de 9^{m}80 = 323^{m}40........		
Cales,		Cales
11, pesant ensemble..		29^{k}700
Chaînages de 0,050 sur 0,009,		
dont : 2 de 3^{m}25 = 6^{m}50........		
1 de 5^{m}40 = 5^{m}40........		Chaînes
2 de 5^{m}80 = 11^{m}60........	59^{m}35, pesant ensemble..........	207^{k}962
1 de 10^{m}95 = 10^{m}95........		
2 de 12^{m}45 = 24^{m}90........		Ancres
Ancres en fer rond de 0,025,		68^{k}904
18, de 1^{m}00 = 18^{m}00, pesant ensemble..................................		
Ancres en fer rond de 0,016,		Ancres
10, de 0^{m}20 = 2^{m}00, pesant ensemble..................................		3^{k}136

Comble en fer du Bâtiment principal.

Désignation		Poids
3 linteaux en fer carré de 0,040,		Fer dressé pour linteaux
dont : 2 de 1^{m}40 = 2^{m}80........	4^{m}40, pesant ensemble..........	17^{k}472
1 de 1^{m}60 = 1^{m}60........		
3 linteaux fer double T de 0,120, à 2 lames,		Linteaux fer double T
dont : 1 de 1^{m}60 = 1^{m}60........	4^{m}40, pesant ensemble..........	79^{k}200
2 de 1^{m}40 = 2^{m}80........		Fer double T ordinaire,
3 pannes fer double T de 0,160;		pour planchers
3, de 9^{m}90 = 29^{m}70, pesant ensemble..................................		571^{k}717
Boulons d'entretoises;		Boulons d'entretoises
9, de 0,36 = 3^{m}24, pesant ensemble..................................		12^{k}738
Cales;		Cales
12, pesant ensemble..		32^{k}400
Chaînage de 0,050 sur 0,009,		
dont : 2 de 12^{m}45 = 24^{m}90........		Chaînes
2 de 5^{m}80 = 11^{m}60........	48^{m}40, pesant ensemble..........	169^{k}690
1 de 5^{m}40 = 5^{m}40........		
2 de 3^{m}25 = 6^{m}50........		
Ancres en fer rond de 0,025;		Ancres
14, de 1^{m}00 = 14^{m}00, pesant ensemble..................................		53^{k}592
Ancres en fer rond de 0,016;		Ancres
2, de 0,20 = 0^{m}40, pesant ensemble..................................		0^{k}627

Comble de la Cuisine.

Désignation		Poids
		Fer double T
1 panne fer double T, de 0,160;		pour planchers ordinaires.
1, de 5^{m}40 = 5^{m}40, pesant..................................		103^{k}950
5 solives fer double T de 0,120, pour faux plafond;		Fer double T
5, de 4^{m}90 = 24^{m}50, pesant ensemble..................................		pour planchers ordinaires.
Boulons d'entretoises,		219^{k}500
dont : 20 de 0^{m}96 = 19^{m}20........	25^{m}60, pesant ensemble..........	Boulons d'entretoises
10 de 0^{m}64 = 6^{m}40........		65^{k}790

Fentons, de 0,009;	Fentons
16, de 5m 00 = 80m 00, pesant ensemble..................................	50k 480
Ancres en fer rond de 0,016;	Ancres
6, de 0m 20 = 1m 20, pesant ensemble..................................	1k 882

Comble en bois du Bâtiment principal.

Ferrements de ce comble, évalué suivant surface,	
Bâtiment principal........ 87m² 60 } 100m² 78, pesant ensemble.........	Fer forgé
Appentis devant la cuisine... 13m² 18 }	60k 000

Gros fers divers.

Linteaux de cheminées en fer carré de 0,030;	Fer dressé pour linteaux
11, de 1m 40 = 15m 40, pesant ensemble..................................	107k 939
Divers, pour ceintures de hotte et manteau, tirants, pitons de suspensions sur platebandes, colliers à charnières, colliers des chutes et ventilateur, crochet de descente des vins, fil de fer et pitons d'entretoises des cloisons légères, etc....	Argent 150f 00
	Clous à bateau
Clous à bateau 100k	100k 00
	Rappointis
Rappointis.. 120k	120k 00
Fer carré de 0,020, pour cadre des balcons en fonte, coudés et coupés en queue de carpe pour scellements, trous de vis taraudés, pesant ensemble...	Fer forgé 317k 730
Main-courante en fer demi-rond de 0,030, posée avec vis taraudées, arrondis des angles, pesant ensemble..................................	Fer forgé 98k 173

2° FONTES

Tuyaux de chute en fonte de 0,25 et ventilateur de 0,19,	Fontes
pesant ensemble, poids approximatif..................................	560k
Tuyaux de descente des eaux pluviales et ménagères, en fonte de 0,108,	Fontes
pesant ensemble, poids approximatif..................................	990k 000
Balcons d'un poids approximatif de 15 kilog..	Fonte pour balcons
pesant ensemble..................................	300k 000
Balcon de la terrasse, côté jardin,	Fonte pour balcons
pesant..................................	162k 000
Appuis pour lucarnes et fenêtres d'escalier,	Fonte pour barre d'appui
pesant ensemble..................................	108k 000

3° RÉSUMÉ

NUMÉROS d'ordre	DÉSIGNATION DES OUVRAGES	NUMÉROS de série	QUANTITÉS	PRIX de l'unité	SOMMES
1	Fers coupés de longueur pour fentons	72	1243k 939	0f 32	398f 06
2	— dressés pour ancres, cales, linteaux droits	73	1578k 948	0f 36	568f 42
3	— forgés pour chaînes, tirants, harpons, ceintures, etc.	75	1754k 708	0f 45	789f 62
4	— forgés pour boulons d'entretoises	76	2434k 173	0f 56	1363f 14
5	— à double T, pour planchers ordinaires	81	12324k 657	0f 35	4313f 63
6	— — — assemblés	82	6977k 518	0f 39	2721f 24
7	— — pour filets, poitrails ou linteaux boulonnés	85	5122k 798	0f 39	1997f 89
8	Plus-value pour filets assemblés avec planchers	87	2101k 574	0f 03	63f 05
9	Fers forgés pour équerres	131	162k 000	0f 73	118f 26
10	— pour boulons de moins de 1 kilogramme	139	378k 000	0f 96	362f 88
11	Clous à bateaux	242	100k 000	0f 49	49f 00
12	Rappointis	247	120k 000	0f 34	40f 80
13	Fonte pour tuyaux	au cours	1550k 000	0f 28	434f 00
14	— balcons	249	462k 000	0f 41	189f 42
15	— barres d'appui	261	108k 000	0f 43	46f 44
16	Argent pour divers	»	»	»	150f 00
			Total		13605f 85

4° QUINCAILLERIE

Caves.

Ferrure des portes à deux vantaux. — Détail d'une :				
4 pentures de 0,60, avec gonds à scellement	l'une	2,30	9,20	
2 verrous tige carrée, demi-placard, de 0,40	l'un	1,65	3,30	
1 serrure pêne dormant, fer forgé, de 0,16, ST			7,95	
1 gâche à scellement			0,65	21,10
Répétition pour une porte semblable				21,10
Ferrure d'une porte à un vantail, dans un gros mur :				
2 pentures de 0,80, avec gonds à scellement	l'une	3,35	6,70	
2 battements à scellement, en fer	l'un	0,56	1,12	
1 serrure pêne dormant, fer forgé, de 0,14, ST			6,05	
1 gâche à scellement			0,65	14,52
Ferrure des portes à un vantail dans une cloison. — Détail d'une :				
2 pentures de 0,80, avec gonds à scellement	l'une	3,35	6,70	
2 battements à pointe, en fer	l'un	0,56	1,12	
1 serrure pêne dormant, fer forgé, de 0,14, ST			6,05	
1 gâche à pattes			1,10	14,97
A reporter				71,69

Report......			71,69
Répétition pour deux portes semblables..........			29,94
Ferrure des châssis de soupiraux. — Détail d'un :			
7 pattes à scellement, de 0,14.......... l'une	0,25	1,75	
8 équerres renforcées, de 0,19.......... l'une	0,19	1,52	
4 paumelles doubles, nœuds bouchés à bague en cuivre, de 0,11, l'une	0,80	3,20	
2 loqueteaux droits, cuivre, de 0,095.......... l'un	3,30	6,60	
2 tirages septain, de 1m 50.......... à	0,31	0,93	14,00
Répétition pour cinq châssis semblables..........			70,00

Rez-de-chaussée.

Ferrure d'une porte d'entrée de vestibule à deux vantaux :			
7 pattes forgées, de 0,19.......... l'une	0,75	5,25	
4 équerres doubles, entaillées.......... l'une	1,30	5,20	
6 paumelles doubles, à nœuds bouchés, bague en cuivre, de 0,22 de de branche, renforcées.......... l'une	2,30	13,80	
1 crémone RG, tige demi-ronde, de 0,022, à clef..........		10,70	
1 gâche en fer entaillée et platine en cuivre, sur pierre..... évaluées		3,00	
1 serrure de sûreté, de 0,16, à 6 gorges mobiles, ST, bouton de coulisse et gâche à baguette..........		25,60	
2 boutons ronds de tirage, cuivre plein, de 0,065.......... l'un	2,30	4,60	
1 chaînette ronde, de 0,060 de diamètre..........		2,35	70,50
Ferrure d'un châssis d'imposte :			
8 équerres simples, renforcées, de 0,19.......... l'une	0,19	1,52	
20 vis à bois, de 0,080.......... l'une	0,154	3,08	
2 motifs fer forgé.......... l'un	15,00	30,00	34,60
Ferrure des portes d'entrée à un vantail. — Détail d'une :			
7 pattes forgées, de 0,16.......... l'une	0,75	5,25	
équerres doubles, entaillées.......... l'une	1,30	2,60	
3 paumelles doubles, à nœuds bouchés, bague en cuivre, de 0,22 de branche, renforcées.......... l'une	2,30	6,90	
1 serrure de sûreté de 0,16, à 6 gorges mobiles, ST, bouton de coulisse et gâche à baguette..........		25,60	
1 bouton rond de tirage, cuivre plein, de 0,065..........		2,30	
1 chaînette ronde, de 0,060 de diamètre..........		2,35	45,00
Répétition pour une porte semblable..........			45,00
Ferrure des châssis d'imposte. — Détail d'un :			
4 équerres simples, renforcées, de 0,19.......... l'une	0,19	0,76	
10 vis à bois, de 0,080.......... l'une	0,154	1,54	
1 motif fer forgé..........		15,00	17,30
Répétition pour un châssis semblable..........			17,30
Ferrure d'une porte d'intérieur à deux vantaux :			
6 paumelles doubles, à nœuds rabotés et bague en cuivre, de 0,16 de branche.......... l'une	1,10	6,60	
1 serrure ST à deux pênes, de 0,14, avec gâche de répétition, se fermant haut et bas par un mécanisme à bascule, dans la gâche..........		27,90	
1 gâche platine en cuivre..........		1,50	
1 bouton double, ST, imitation ivoire, de 0,055 de diamètre..........		2,85	38,85
A reporter.......			454,18

Désignation	Prix	Montant	Total
Report.........			454,18
Ferrure des portes à un vantail des salon, salle à manger et cabinet de travail.			
Détail d'une :			
3 paumelles doubles, à nœuds rabotés et bague en cuivre, de 0,14 de branche........ l'une	1,00	3,00	
1 serrure à deux pênes, de 0,14, ST........		6,90	
1 bouton double, comme dessus........		2,85	12,75
Répétition pour trois portes semblables........			38,25
Ferrure des portes de service du rez-de-chaussée. — Détail d'une :			
3 paumelles doubles, comme dessus........ l'une	1,00	3,00	
1 bec-de-cane de 0,11, ST........		3,90	
1 bouton double, comme dessus........		2,85	9,75
Répétition pour deux portes semblables........			19,50
Ferrure d'une porte de cabinets d'aisances :			
3 paumelles doubles, comme dessus........ l'une	1,00	3,00	
1 bec-de-cane de 0,11, ST, avec verrou de nuit........		4,72	
1 bouton double, comme dessus........		2,85	10,57
Ferrure d'une porte de descente de cave, sous l'escalier de service :			
3 paumelles doubles, comme dessus........ l'une	1,00	3,00	
1 serrure ST, de 0,14, à pêne dormant, fer forgé........		6,05	
1 gâche à pattes........		1,10	10,15
35 *pattes à chambranle*, de 0,14........ l'une	0,11		3,85
Ferrure des croisées à deux vantaux. — Détail d'une :			
7 pattes à scellement, de 0,14........ l'une	0,25	1,75	
8 équerres simples, de 0,19 de branche........ l'une	0,19	1,52	
6 paumelles doubles, à nœuds rabotés et bague en cuivre, de 0,11 de branche........ l'une	0,80	4,80	
1 crémone RG, en fer demi-rond de 0,018, avec plus-value de longueur		3,50	11,57
Répétition pour neuf croisées semblables........			104,13
Ferrure d'une croisée à un vantail. — Détail d'une :			
7 pattes à scellement, comme dessus........ l'une	0,25	1,75	
4 équerres simples, comme dessus........ l'une	0,19	0,76	
3 paumelles comme dessus........ l'une	0,80	2,40	
1 crémone, comme dessus........		3,50	8,41
Répétition pour trois croisées semblables........			25,23
Ferrure d'une croisée à un vantail des W.-C.			
7 pattes à scellement, comme dessus........ l'une	0,25	1,75	
4 équerres simples, comme dessus........ l'une	0,19	0,76	
3 paumelles, comme dessus........ l'une	0,80	2,40	
1 targette en fer, platine à chapeau, demi-forte, de 0,055, avec crampon à pattes........		0,85	5,76
Volets-persiennes brisés en fer, à quatre vantaux :			
5 croisées de 0,70 × 3 = 10m² 50........ le mètre superficiel	26f00		273,00
Volets-persiennes brisés en fer, à six vantaux :			
3 croisées de 1,20 × 3 = 10m² 80........ le mètre superficiel	22f05	238,14	
2 — de 1,40 × 3 = 8m² 40........ le mètre superficiel	19f55	164,22	402,36
Pose de ces volets-persiennes :			
5 à quatre vantaux........ l'un	4,00	20,00	
5 à six vantaux........ l'un	5,00	25,00	45,00
A reporter........			1434,46

Report.........				1434,46
Pavillons en tôle avec motifs ajourés :				
8 de 0,70 à 1m20	l'un	9,50	76,00	
2 de 1m40	l'un	11,50	23,00	99,00
Ferrure d'un abattant de siège d'aisances :				
2 pivots cuivre, renforcés, à équerre sur champ, de 0,08	l'un	2,75	5,50	
1 bouton rond de tirage, cuivre plein, de 0,040			1,20	6,70

Premier Étage.

Ferrure des portes à un vantail des chambres à coucher. — Détail d'une :				
3 paumelles doubles, à nœuds rabotés et bague en cuivre, de 0,14 de branche	l'une	1,00	3,00	
1 serrure à deux pênes, ST, de 0m 14, avec verrou de nuit			7,60	
1 bouton double, ST, imitation ivoire, de 0,55 de diamètre			2,85	13,45
Répétion pour trois portes semblables				40,35
Ferrure d'une porte à un vantail de l'escalier de service :				
3 paumelles, comme dessus	l'une	1,00	3,00	
1 bec-de-cane, ST, de 0,11			3,90	
1 bouton double, comme dessus			2,85	9,75
Ferrure des portes de cabinets de toilette et d'aisances :				
5 semblables à celles du W.-C. du rez-de-chaussée	l'une	10,57		52,85
21 *pattes à chambrante*, de 0,14	l'une	0,11		2,31
Ferrure d'une porte d'armoire à un vantail :				
3 charnières carrées, de 0,11	l'une	0,80	2,40	
1 serrure d'armoire polie, ST, à canon, de 0,07			3,70	6,10
Ferrure des portes d'armoires à deux vantaux. — Détail d'une :				
6 charnières carrées, comme dessus	l'une	0,80	4,80	
1 serrure d'armoire, comme dessus			3,70	
1 ressort acier, avec mentonnet			0,70	9,20
Répétition pour six semblables				55,20
24 *pattes à scellement*, de 0,11	l'une	0,11		2,64
Ferrure des croisées à deux vantaux :				
9 semblables à celles du rez-de-chaussée, à raison de	l'une	11,57		104,13
Ferrure des croisées à un vantail des chambres :				
2 semblables à celles du rez-de-chaussée, à raison de	l'une	8,41		16,82
Ferrure des croisées à un vantail des cabinets de toilette et d'aisances :				
4 semblables à celles du rez-de-chaussée, à raison de	l'une	5,76		23,04
Volets-persiennes brisés en fer, à quatre vantaux :				
5 croisées de 0,70 × 2,40 = 8m2 40	le mètre superficiel	26,00		218,40
Volets-persiennes brisés en fer, à six vantaux :				
4 croisées de 1,20 × 2,40 = 11m2 52	le mètre superficiel	22,05		254,02
2 croisées de 1,40 × 2,40 = 6m2 72	le mètre superficiel	19,55	131,38	385,40
Pose de ces volets-persiennes :				
5 à quatre vantaux	l'un	4,00	20,00	
6 à six vantaux	l'un	5,00	30,00	50,00
Pavillons en tôle avec motifs ajourés :				
9 de 0,70 à 1,20	l'un	9,50	85,50	
2 de 1,20	l'un	11,50	23,00	108,50
A reporter.........				2892,32

	Prix	Partiel	Total
Report..........			2892,32
Ferrure d'un abattant de siège d'aisances :			
Comme au rez-de-chaussée......................................			6,70

Deuxième Étage.

	Prix	Partiel	Total
Ferrure des portes à un vantail des chambres :			
4 comme au premier étage, à raison de........................ l'une	13,45		53,80
Ferrure des portes de lingerie et débarras :			
2 comme les portes de salle à manger, à raison de............. l'une	12,75		25,50
Ferrure de la porte d'escalier de service :			
Comme au premier étage..			9,75
Ferrure des portes de cabinets de toilette et d'aisances :			
2 comme celles du premier étage, à raison de.................. l'une	10,57		21,14
14 *pattes à chambranle*, de 0,14.............................. l'une	0,11		1,54
Ferrure des portes d'armoires à deux vantaux :			
6 comme celles du premier étage, à raison de.................. l'une	9,20		55,20
12 *pattes à scellement*, de 0,11.............................. l'une	0,11		1,32
Ferrure des croisées à deux vantaux :			
6 semblables à celles du premier étage, mais sans plus-value de longueur de crémone, à raison de.................................. l'une	10,97		65,92
Ferrure des croisées à un seul vantail des cabinets de toilette et d'aisances :			
2 semblables à celles du premier étage, à raison de............ l'une	5,76		11,52
Ferrure des croisées des lucarnes. — Détail d'une :			
8 équerres simples, de 0,19 de branche......................... l'une	0,19	1,52	
6 paumelles doubles, à nœuds rabotés et bague en cuivre, de 0,11 de branche.. l'une	0,80	4,80	
1 crémone RG, fer demi-rond de 0,018..........................		2,90	9,22
Répétition pour trois croisées semblables......................			29,46
Volets-persiennes brisés en fer, à quatre vantaux :			
1 croisée de $0{,}70 \times 2{,}00 = 1^{m2}40$............ le mètre superficiel	26,00		36,40
Volets-persiennes brisés en fer, à six vantaux :			
3 croisées de $1^{m}20 \times 2{,}00 = 7^{m2}20$............ le mètre superficiel	22,05		158,76
Pose de ces volets :			
1 à quatre vantaux... l'un	4,00	4,00	
3 à six vantaux.. l'un	5,00	15,00	19,00
Pavillons en tôle avec motifs ajourés :			
4 de 0,70 à $1^{m}20$.. l'un	9,50		38,00
Ferrure d'un abattant de siège d'aisances :			
Comme au premier étage..			6,70

Grenier.

	Prix	Partiel	Total
Ferrure d'une porte à un vantail :			
Comme la porte de descente de cave sous l'escalier de service........			10,15
7 *pattes à chambranle* de 0,14................................ l'une	0,11		0,77
Ferrure d'une croisée à deux vantaux :			
Comme à l'étage précédent.....................................			10,97
A reporter......			3464,14

Report..............		3464,14

Escalier principal.

Pour joints de limon :		
4 platebandes de 0,047 sur 0,009, de 0,50 de longueur ; ensemble, 2m00.............................. le mètre linéaire	6,55	13,10

Escalier de service.

Rampe à col de cygne, barreaux de 0,018, avec rosace et astragale en cuivre, développant 11m75...................... le mètre linéaire	11,90	139,83
1 pilastre, en fonte ornée .... évalué		25,00
1 amortissement, en cuivre .... évalué		15,00
Total de la quincaillerie.......		3657,07

RÉCAPITULATION

Gros fers....................................	12785,69
Fontes.......................................	669,86
Argent pour divers	150,00
Quincaillerie................................	3657,07
Total général..............	17262,62

INDEX ALPHABÉTIQUE

A

D

G

Q

T

U

V

TABLE DES MATIÈRES

CHAPITRE II

Travail des métaux ferreux.

§ 1er. — *La forge.*

§ 2. — *Fonderie.*

§ 3. — *Chaudronnerie.*

§ 4. — *Ajustage.*

§ 5. — *Montage.*

DEUXIÈME PARTIE
CHARPENTE EN FER

CHAPITRE PREMIER

Assemblage des éléments métalliques.

§ 1er. — *Classification des assemblages métalliques.*

§ 2. — *Assemblages ne nécessitant l'interposition d'aucun organe de jonction.*

§ 3. — *Organes de jonction.*

§ 4. — *Assemblages de barres dont les axes sont parallèles.*

CHAPITRE II

Planchers en fer.

§ 3. — *Planchers avec poutrages.*

§ 4. — *Planchers sur plan non rectangulaire.*

§ 5. — *Planchers mixtes en fer et en bois.*

§ 6. — *Linteaux et poitrails.*

CHAPITRE III

Colonnes et piliers métalliques. Pans de fer.

§ 1er. — *Colonnes en fonte.*

CHAPITRE IV

Les combles métalliques.

§ 5. — *Combles à une seule travée à deux versants symétriques.*

§ 6. — *Combles à plusieurs travées parallèles couvrant un espace rectangulaire en plan.*

§ 7. — *Combles à deux versants dissymétriques.*

§ 8. — *Combles couvrant un espace polygonal ou courbe en plan.*

§ 9. — *Combles mixtes en bois et fer.*

§ 10. — *Calcul des combles métalliques.*

CHAPITRE V

Les escaliers.

§ 1er. — *Généralités.*

§ 2. — *Limons et crémaillères.*

§ 3. — *Les paliers.*

§ 4. — *Échelles de fer. Escaliers divers.*

§ 5. — *Calcul des escaliers.*

§ 6. — *Monte-charges et ascenseurs.*

TROISIÈME PARTIE

SERRURERIE PROPREMENT DITE ET QUINCAILLERIE

CHAPITRE PREMIER

Ouvrages courants de serrurerie.

§ 1er. — *Pièces de forge des gros ouvrages.*

§ 2. — *Pièces de quincaillerie servant aux ferrements des menuiseries.*

§ 3. — *Manière de ferrer les différentes menuiseries.*

§ 4. — *Sonneries et ouvertures de portes.*

CHAPITRE II

Menuiserie métallique et petites constructions en fer.

§ 1er. — *Menuiserie métallique.*

§ 2. — *Petites constructions en fer.*

CHAPITRE III

Clôtures métalliques.

§ 1er. — *Clôtures en fil de fer. Grillages.*

§ 2. — *Grilles en fer forgé.*

§ 3. — *Garde-fous. Balcons. Rampes d'escaliers.*

QUATRIÈME PARTIE

CHAPITRE UNIQUE

Installations électriques dans l'habitation.

§ 1er. — *Production de l'électricité.*

§ 2. — *Sonneries électriques.*

§ 3. — *Téléphone domestique.*

§ 4. — *Lumière électrique.*

§ 5. — *Paratonnerres.*

APPENDICE

CHAPITRE PREMIER

§ 1er. — *Préliminaires.*

§ 2. — *Prix élémentaires.*

§ 3. — *Prix de règlement de ferronnerie et serrurerie.*

CHAPITRE II

Étude de la serrurerie et de la quincaillerie d'un bâtiment d'habitation.

MACON, PROTAT FRÈRES, IMPRIMEURS.

www.ingramcontent.com/pod-product-compliance
Ingram Content Group UK Ltd.
Pitfield, Milton Keynes, MK11 3LW, UK
UKHW020126220726
13923UKWH00001B/18